中国北方砂岩型铀矿床研究系列丛书

国家出版基金项目（2019年度）

鄂尔多斯盆地北部古层间氧化带型砂岩铀矿床

Paleo-interlayer-oxidation Type Sandstone-hosted Uranium Deposit in the Northern Ordos Basin

彭云彪　焦养泉　等著

Peng Yunbiao, Jiao Yangquan, et al. (Eds.)

著 者 名 单

彭云彪	焦养泉	剡鹏兵	陈安平	苗爱生	王　贵
鲁　超	李华明	吴立群	任志勇	白一鸣	胡昱杰
李鹏飞	荣　辉	郭　涛	王永君	李　强	王龙辉
胡立飞	高俊义	邢立民	张　帆	乐　亮	陶振鹏

中国地质大学出版社

内容提要

本书着重论述了鄂尔多斯盆地北部直罗组古层间氧化带型砂岩铀矿床的成矿作用特征和特殊性,并给该类型铀矿床以初步的定义。分别从铀成矿构造背景及演化、含铀岩系充填演化序列、铀活化条件、含氧含铀水渗入及运移条件、还原地球化学障、岩石地球化学特征等方面,对东胜铀矿田5个典型铀矿床进行了系统的解剖和总结,探讨了砂岩型铀矿床科学研究和预测评价过程中值得注意的几个关键问题。

本书为砂岩型铀矿床预测评价工作提供了可借鉴的思路,适宜于从事沉积盆地砂岩型铀矿床研究与勘查的广大铀矿地质工作者参阅。

图书在版编目(CIP)数据

鄂尔多斯盆地北部古层间氧化带型砂岩铀矿床/彭云彪等著. —武汉:中国地质大学出版社,2023.12
(中国北方砂岩型铀矿床研究系列丛书)
ISBN 978-7-5625-5526-1

Ⅰ.①鄂… Ⅱ.①彭… Ⅲ.①鄂尔多斯盆地-砂岩型铀矿床-研究 Ⅳ.①P619.14

中国国家版本馆 CIP 数据核字(2023)第 044184 号

鄂尔多斯盆地北部古层间氧化带型砂岩铀矿床　　　　　彭云彪　焦养泉　等著

责任编辑:王凤林　周　旭	选题策划:王凤林　张晓红　毕克成	责任校对:徐蕾蕾

出版发行:中国地质大学出版社(武汉市洪山区鲁磨路388号)　　　　邮编:430074
电　　话:(027)67883511　　传　　真:(027)67883580　　E-mail:cbb@cug.edu.cn
经　　销:全国新华书店　　　　　　　　　　　　　　　　　　　　http://cugp.cug.edu.cn

开本:880毫米×1230毫米　1/16　　　　　　　　　　字数:499千字　　印张:19.5
版次:2023年12月第1版　　　　　　　　　　　　　　印次:2023年12月第1次印刷
印刷:湖北睿智印务有限公司

ISBN 978-7-5625-5526-1　　　　　　　　　　　　　　　　　　　　　定价:168.00元

如有印装质量问题请与印刷厂联系调换

"中国北方砂岩型铀矿床研究系列丛书"
序

铀矿是国内外重要的能源资源之一。铀矿的矿床类型很多,其中砂岩型铀矿是日益引起重视的矿床类型,具有浅成、易采、开发成本低、规模较大的优势。这类矿床在成因上比较特殊,不是岩浆、变质热液的成因类型,而是表层低温含铀流体交代、堆积的成因类型。

我国从20世纪50年代起就开始对砂岩型铀矿进行勘查,最早在伊犁盆地取得了找矿的突破,并建成了国内第一个地浸开采的砂岩型铀矿矿山。从21世纪开始在北方盆地开展砂岩型铀矿的勘查和科研工作,取得了找矿的重大突破,为国家建立了新的铀矿资源基地及开发基地。在这方面,中国核工业集团下属的核工业二〇八大队,一支国家功勋地质队,做出了突出贡献,先后在鄂尔多斯盆地、二连盆地和巴音戈壁盆地取得了找矿的重大突破,找到一批超大型、特大型、大型、中小型等砂岩型铀矿床及矿产地,并与中国地质大学(武汉)展开合作,在铀矿成矿理论方面亦取得了创新性成果,功不可没。

由彭云彪同志和焦养泉同志组织编撰的包含《内蒙古中西部中生代产铀盆地理论技术创新与重大找矿突破》在内的五部铀矿专著,系统地总结了鄂尔多斯盆地、二连盆地和巴音戈壁盆地砂岩型铀矿床的成矿特征,是我国铀矿找矿及成矿理论创新的重要成果。其主要体现在以下3个方面。

(1)在充分吸取国外"次造山带控矿理论""层间渗入型成矿理论"和"卷型水成铀矿理论"等成矿理论的基础上,针对内蒙古中生代盆地铀矿成矿条件,提出了"古层间氧化带型""古河谷型"和"同沉积泥岩型"等铀矿成矿的新认识,创新了铀矿成矿理论。

(2)在上述新认识的指导下,发现和勘查了一批不同规模的砂岩铀矿床,多次实现了新地区、新层位和新类型的重大找矿突破,填补了我国超大型砂岩铀矿床的空白,在鄂尔多斯盆地、二连盆地和巴音戈壁盆地中均落实了万吨级及以上铀矿资源基地,在铀矿领域,找矿成果和勘查效果居国内榜首,为提升我国铀矿资源保障程度做出了贡献。

(3)该系列专著主线清晰、重点突出,既体现了产铀盆地的整体分析思路,也对典型矿床进行了精细解剖,还有面对地浸开采的前瞻性研究,给各地砂岩型铀矿的找矿工作提供了良好的素材和典型案例。

总之,这五部铀矿专著是在多年勘查和研究积累的基础上完成的,自成体系,具有很强的实用性和创新性。因此,该套丛书的出版,对我国铀矿床勘查与成矿理论探索研究具有重要的参考价值,为从事砂岩型铀矿勘查、科研和教学的广大地质工作者提供了十分丰富有用的参考资料。

2019 年 1 月

"中国北方砂岩型铀矿床研究系列丛书"
前 言

铀矿是我国紧缺的战略资源,也是保障国家中长期核电规划的重要非化石能源矿产。自20世纪末以来,我国开展了大规模的砂岩型铀矿勘查和研究,促成了系列大型—超大型铀矿床的重大发现和突破,如今可地浸砂岩型铀矿已成为我国铀矿地质储量持续增长的主要矿床类型,也由此彻底改变了我国铀矿勘查和开发的基本格局,事实证明国家勘查的重点由硬岩型向砂岩型转移是一项重大的英明决策。

在这一系列的重大发现和找矿突破中,位于内蒙古中西部的鄂尔多斯、二连和巴音戈壁三大盆地具有率先垂范和举足轻重的作用。在中国核工业地质局的统一部署下,核工业二〇八大队作为专业的铀矿勘查队伍,自2000年以来先后在三大盆地发现了包括著名的大营铀矿床、努和廷铀矿床在内的2个超大型、3个特大型、4个大型、1个中型和1个小型铀矿床,取得了重大找矿突破。在此期间,与具有传统优势学科的中国地质大学(武汉)开展了无间断的长期合作,其互为补充的友好合作被业界誉为"产、学、研"的典范。

由项目负责人彭云彪总工程师和学科带头人焦养泉教授策划组织编撰的"中国北方砂岩型铀矿床研究系列丛书"(5册),是对三大盆地铀矿重大勘查发现和深入研究成果的理论性技术的系统总结。组织编撰的五部专著各具特色,既有对以往成果的总结,也有前瞻性的探索,构成了一个严谨的知识体系。其中,第一部专著包含了三大盆地,是对区域成矿规律、成矿模式和勘查理念的系统总结;第二部、第三部和第四部专著分别是对单一盆地、不同成因类型铀矿床的精细解剖;第五部专著通过铀储层地质建模的前瞻性探索研究,深入揭示铀成矿机理和积极应对未来地浸采铀面临的"剩余铀"问题。该丛书被列入2019年度国家出版基金资助项目。

"中国北方砂岩型铀矿床研究系列丛书"的编撰出版,无疑将适时地、及时地反映我国铀矿地质勘查与科学工作者的最新研究成果,所总结的勘查实例、找矿标志、成矿规律和成矿理论认识与实践经验,可供有关部门指导我国陆相盆地不同成因砂岩型铀矿的勘查部署和科研工作。在欧亚成矿带上,其他国家对砂岩型铀矿的勘查与研究基本处于停滞状态,而中国境内却捷报频传,理论知识不断加深,应运而生的这五部专著不仅具有鲜明的地域特色和类型特征,而且必将成为欧亚成矿带东段铀矿地质特征与成矿规律的重要补充,因而具有丰富世界砂岩型铀矿理论,供国内外同行借鉴、对比、交流和参考的重要意义。尤其值得肯定的是,面对陆相盆地不同成因砂岩型铀矿而采取的有效勘查部署和研究思路,以及分别总结的找矿标志、成矿规律和勘查模式具有科学性和先进性。

综上所述,系列专著的编撰出版,丰富了世界砂岩型铀矿理论,对于指导我国不同地区类似铀矿勘查具有重要意义。

《鄂尔多斯盆地北部古层间氧化带型砂岩铀矿床》
前　言

美国和苏联的铀矿地质工作者对砂岩型铀矿床进行了较早的研究。在20世纪60—70年代，美国地质学家对怀俄明盆地、科罗拉多高原和南得克萨斯地区等的砂岩型铀矿床的成矿物质来源、矿床成因、成矿模式等进行了深入研究和系统总结，建立了"卷型"铀成矿理论及矿床模式，阐明了层间氧化带型砂岩铀矿的成矿地质条件和机理，建立了怀俄明、科罗拉多和南得克萨斯等几种不同类型砂岩铀矿床的成矿模式及找矿标志。其中代表性的研究者有 H. H. Adler，B. J. Sharp，W. I. Finch，R. I. Rackley，E. N. Harshman，S. S. Adams，C. G. Warren，H. C. Granger，W. R. Keefer，J. W. King，D. H. Eargle，W. F. Galloway，J. S. Stuckless 等。他们的研究成果不仅为怀俄明盆地、科罗拉多高原和南得克萨斯地区等的铀成矿规律总结、找矿预测及新矿床的发现做出了重要贡献，而且为水成铀矿理论的建立和发展打下了扎实的基础。

20世纪50年代，苏联在中亚地区发现了大量可地浸砂岩型铀矿床。自20世纪70年代起，А. И. 别列里曼、Р. И. 戈利得什金、К. Г. 布洛文、М. В. 舒尔林、В. И. 肖托奇金、В. А. 格拉博夫尼科夫等苏联铀矿地质学家对中亚地区砂岩型铀矿床的成矿环境、形成机理、成矿模式等进行了深入系统的研究，提出了一套完整的"层间-渗入型"和"潜水-渗入型"铀成矿理论和找矿标志，进一步完善了水成铀矿理论；通过对层间氧化带型砂岩铀矿床形成的大地构造背景研究，提出了"次造山带成矿理论"，并通过找矿实践，形成了一套比较系统的层间氧化带型砂岩铀矿床的找矿预测评价体系及勘查准则和方法，并在地浸采矿工艺领域取得了重要进展。

"次造山带成矿理论"的提出进一步促进了"水成铀矿理论"的发展，"水成铀矿理论"强调了不同大地构造属性的自流水盆地地下水动力学，存在着水动力运动方向相反的两类水动力区（渗入和渗出）。地槽、地台和造山带盆地中绝大部分是渗出方式，而次造山区则以渗入方式为主。据А. И. 别列里曼的观点，依据垂直断块运动的特点和强度，构造活化区域可进一步划分为造山带、次造山带。造山带垂直断块运动的幅度大于2000m，次造山带幅度在500～2000m之间。在次造山带的地台活化阶段，铀矿床与次一级构造存在各种各样的关系,如中亚地区的费尔干纳盆地、沿塔什干边部次级盆地、阿穆达林东北缘、塔吉克-阿富汗盆地北缘均经历了次造山阶段(中新世),瑟尔达林盆地和中克兹库姆小盆地群在其地质发展史中也经历了次造山阶段(中新世—上新世)。上述次造山作用阶段控制了层间水向盆地运移的水动力方式,产生层间水渗入区,形成层间氧化带和相应的铀矿床。因此,不难看出,苏联地质学家对砂岩型铀成矿有利构造的研究中,次造山作用在铀矿化的定位中起着巨大的作用,控矿的层间氧化带一般形成于次造山阶段,盆地次造山带的发育程度被认为是进行铀矿预测评价的重要因素之一。

但是,鄂尔多斯盆地北部次造山作用不明显,水动力环境表现为渗入型盆地是在地台阶段(侏罗纪—白垩纪),新构造运动后不具有层间渗入型盆地的特点,矿体主要特征也不具有卷状水成铀矿理论的特点。而上述中亚地区产铀盆地表现为渗入型盆地是在中新世—上新世,并存在明显的次造山作用,也是层间氧化带及铀矿床的形成阶段。所以,鄂尔多斯盆地特殊的构造背景使铀矿床的形成和特征也具有很强的特殊性,上述铀成矿理论并不完全适用于鄂尔多斯盆地砂岩型铀矿找矿实践。

在充分吸收世界铀成矿理论的基础上,结合鄂尔多斯盆地砂岩型铀成矿条件的特殊性,团队研究认为,鄂尔多斯盆地在河套等周边断陷形成以前为一个具有完整地下水补、径、排系统的渗入型盆地,盆地北部中侏罗统直罗组具备形成层间氧化带型砂岩铀矿床的构造、岩性、岩相、古水动力条件及岩石地球化学等条件。由于后期石油、天然气和煤层气对早期形成的古层间氧化带的后生还原改造作用,使红色或黄色氧化岩石还原成现在的灰绿色、绿色岩石,灰绿色、绿色砂岩与灰色砂岩过渡部位为新的找矿岩石地球化学标志,笔者提出了古层间氧化带型砂岩铀成矿理论及成矿模式等新认识,应属砂岩型铀矿新类型。

在中国核工业地质局统一部署下,核工业二〇八大队对鄂尔多斯盆地北部开展了系统的铀矿勘查工作,发现和落实了皂火壕、柴登壕、纳岭沟、大营、巴音青格利和塔然高勒等一批超大型、特大型、大型和中型等古层间氧化带型砂岩铀矿床,统称为鄂尔多斯盆地东胜铀矿田,取得了我国重大铀矿找矿突破,落实了我国最大的铀资源基地。其中,纳岭沟特大型铀矿床取得了"二氧化碳+氧气"浸出工艺的重大突破并开始工业化试采,正在建设成为我国首批千吨级现代化地浸铀矿山,对满足我国对铀资源的需求具有重要意义。

在鄂尔多斯盆地北部20年的铀矿勘查工作中,核工业二〇八大队与中国地质大学(武汉)合作成立了铀矿研究与勘查的"产、学、研"基地,由盆地铀资源研究团队负责持续系统地开展鄂尔多斯盆地砂岩型铀矿的沉积体系分析,从铀储层沉积学的新颖角度进一步完善古层间氧化带型砂岩铀矿理论与成矿模式,及时有效地指导铀矿勘查工作。同时,铀矿勘查工作造就了一批博士、硕士研究生,提升了核工业二〇八大队人才队伍的科学素质和技术水平。核工业北京地质研究院开展了大量的科研工作,进一步提升了对鄂尔多斯盆地古层间氧化带型砂岩铀成矿环境的认识。

本专著是对核工业二〇八大队几代铀矿地质工作者勘查与研究成果的高度概括和总结，集成了中国地质大学（武汉）、核工业北京地质研究院的科研成果。编撰纲要由彭云彪和焦养泉策划设置，全书由彭云彪、焦养泉主编和统编，刹鹏兵统编，参加总结编撰的人员还有陈安平、苗爱生、王贵、鲁超、李华明、吴立群、任志勇、白一鸣、胡昱杰、李鹏飞、荣辉、郭涛、王永君、李强、王龙辉、胡立飞、高俊义、邢立民、张帆、乐亮、陶振鹏等。

本专著从鄂尔多斯盆地北部直罗组砂岩型铀成矿构造背景、沉积体系、古水动力条件、岩石地球化学环境、矿床地质特征和成矿作用过程等方面对我国特有的、唯一的古层间氧化带型砂岩铀矿床进行了全面系统的论述，对蕴含石油、天然气和煤等能源沉积盆地中指导铀矿找矿具有重要的示范和指导作用，但是在铀成矿机理方面还需进行深入系统的研究。

感谢中国核工业地质局郑大瑜原总工程师、张金带原总工程师、陈跃辉原副局长、李有良原总工程师，核工业北京地质研究院李子颖院长、秦明宽总工程师，东华理工大学聂逢君教授等人的长期关心和指导，感谢核工业二〇八大队陈法正、杨建新、徐建章、刘忠厚、赵金锋、郭虎科等人做出的重要贡献，感谢为此项成果做出贡献的每一位劳动者。

由于作者水平有限，不妥之处敬请读者批评指正！

2023 年 5 月 21 日

目 录

第一章 勘查与研究历史 (1)
- 第一节 东胜铀矿田概况 (1)
- 第二节 铀矿勘查历史 (3)
- 第三节 铀矿研究历史 (10)

第二章 砂岩铀矿床研究现状 (21)
- 第一节 国外砂岩铀矿床研究现状 (21)
- 第二节 我国砂岩铀矿床研究现状 (23)
- 第三节 有关铀成矿成因及成矿模式几个问题的讨论 (24)
- 第四节 古层间氧化带型砂岩铀矿床定义 (29)

第三章 盆地构造背景及演化与铀活化条件 (31)
- 第一节 区域大地构造背景 (31)
- 第二节 盆地基底和盖层 (34)
- 第三节 盆地中-新生代构造演化特征及铀活化 (39)

第四章 含铀岩系充填演化序列 (51)
- 第一节 含铀岩系地层结构 (51)
- 第二节 铀储层空间分布规律 (59)
- 第三节 含铀岩系沉积成因解释 (61)

第五章 含铀岩系岩石地球化学特征 (64)
- 第一节 古氧化砂岩残留体特征 (64)
- 第二节 后生还原改造作用 (67)
- 第三节 古层间氧化带蚀变特征 (70)
- 第四节 古层间氧化带空间展布特征 (74)
- 第五节 还原地球化学障 (83)

第六章 皂火壕铀矿床特征 (92)
- 第一节 沉积学特征 (93)
- 第二节 水文地质特征 (97)
- 第三节 岩石地球化学特征 (100)
- 第四节 矿体特征 (102)
- 第五节 矿石特征 (105)
- 第七节 铀成矿控制因素 (113)

第八节　铀成矿模式 …………………………………………………………………………（120）

第七章　柴登壕铀矿床 ……………………………………………………………………………（123）
　　第一节　构造特征 ………………………………………………………………………………（123）
　　第二节　沉积特征 ………………………………………………………………………………（123）
　　第三节　水文地质特征 …………………………………………………………………………（129）
　　第四节　岩石地球化学环境 ……………………………………………………………………（132）
　　第五节　矿体特征 ………………………………………………………………………………（136）
　　第六节　矿石特征 ………………………………………………………………………………（143）
　　第七节　控矿因素及成矿模式 …………………………………………………………………（147）

第八章　纳岭沟铀矿床 ……………………………………………………………………………（154）
　　第一节　构造特征 ………………………………………………………………………………（154）
　　第二节　沉积特征 ………………………………………………………………………………（154）
　　第三节　水文地质特征 …………………………………………………………………………（163）
　　第四节　岩石地球化学特征 ……………………………………………………………………（165）
　　第五节　矿体特征 ………………………………………………………………………………（170）
　　第六节　矿石特征 ………………………………………………………………………………（176）
　　第七节　控矿因素及成矿模式 …………………………………………………………………（195）

第九章　大营铀矿床 ………………………………………………………………………………（199）
　　第一节　构造特征 ………………………………………………………………………………（199）
　　第二节　沉积特征 ………………………………………………………………………………（200）
　　第三节　水文地质特征 …………………………………………………………………………（208）
　　第四节　岩石地球化学特征 ……………………………………………………………………（216）
　　第五节　矿体特征 ………………………………………………………………………………（223）
　　第六节　矿石特征 ………………………………………………………………………………（237）
　　第七节　铀成矿控制因素及成矿模式 …………………………………………………………（242）

第十章　巴音青格利铀矿床 ………………………………………………………………………（245）
　　第一节　构造特征 ………………………………………………………………………………（245）
　　第二节　沉积特征 ………………………………………………………………………………（248）
　　第三节　水文地质特征 …………………………………………………………………………（260）
　　第四节　岩石地球化学特征 ……………………………………………………………………（263）
　　第五节　矿体特征 ………………………………………………………………………………（270）
　　第六节　矿石特征 ………………………………………………………………………………（277）

第十一章　古矿床成因探讨及勘查经验总结 ……………………………………………………（285）

主要参考文献 ………………………………………………………………………………………（296）

第一章　勘查与研究历史

核工业二〇八大队从20世纪80年代开始,通过对鄂尔多斯盆地北部铀矿找矿30多年的艰苦拼搏,取得了砂岩型铀成理论创新和铀矿重大找矿突破。核工业二〇八大队在充分吸收国外"卷型""层间-渗入型""潜水-渗入型"和"次造山带成矿理论"等传统水成铀矿理论的基础上,创新性地提出了具有中国特色的鄂尔多斯盆地以灰绿色、绿色砂岩与灰色砂岩过渡部位为找矿标志的古层间氧化带型砂岩铀成矿理论,先后发现和落实了皂火壕特大型(已完成详查)、纳岭沟特大型(已完成详查)、磁窑堡中型(已完成普查)、柴登壕中型(已完成普查)、大营超大型(已完成普查)、巴音青格利特大型(已完成详查)等砂岩铀矿床及塔然高勒铀矿产地(已完成部分普查),合称为东胜铀矿田,是我国唯一超过十万吨级的铀资源基地。纳岭沟特大型铀矿床取得了"CO_2+O_2"浸出工艺的重大突破并已开始工业化试采,正被建设成为我国首批千吨级现代化地浸铀矿山之一。上述成果是对层间氧化带型砂岩铀成矿理论的补充、完善和升华,促进了我国铀资源勘查,改变了开发格局,是科技创新与找矿勘查紧密结合的成功典范。

第一节　东胜铀矿田概况

东胜铀矿田产出于鄂尔多斯盆地北部直罗组下段,主要由皂火壕、纳岭沟、柴登壕、大营、巴音青格利等砂岩型铀矿床构成,矿田呈东西向展布,长约120km、南北宽约23km(图1-1)。东胜铀矿田各矿床产出于乌拉山大型物源-沉积朵体的不同部位,它们具有相似的铀成矿作用特征和统一的岩石地球化学找矿标志,主要形成于晚侏罗世和晚白垩世而终于始新世,是一种具有复杂演化历史的古层间氧化带型砂岩铀矿床,组成了迄今为止我国已探明的最大的盆地铀资源基地。

东胜铀矿田行政区划位于内蒙古自治区鄂尔多斯市境内,分属东胜区、达拉特旗、伊金霍洛旗及杭锦旗管辖,铁路、公路四通八达,交通便利。鄂尔多斯市经济发达,是一个以蒙古族、汉族为主体的多民族聚居区。鄂尔多斯市是国家能源重化工基地,也是我国西煤东运、西气东输、西电东送的重要基地,资源富集,有"塞外能源宝库"之美称,其中尤以"羊、煤、土、气、铀"驰名中外。

东胜铀矿田位于鄂尔多斯高原的北部,海拔一般在1100~1500m之间,为典型的高原丘陵区,构造剥蚀地貌、剥蚀堆积地貌、堆积地貌及沙漠地形和河成地形组成高原地貌景观(图1-2)。自西向东地形切割逐渐强烈,沟谷纵横交错,切割坡面陡峻,多呈"V"形,平面上沟谷呈树枝状分布,形成"千沟万壑"的地貌景观。东部有乌兰木伦河等常年水系,北部有塔拉沟、卜尔色太沟等较大的季节性水系,西部有摩林河季节性水系。区内属典型的大陆型气候,冬季严寒,夏季酷热,年平均气温5.3~8.7℃,全年气温日差为11~15℃,年差为45~50℃。降水量小,蒸发量大,年降水量仅为190~400mm,集中在7—9月,年蒸发量为2000~3000mm。

东胜铀矿田位于伊陕单斜区的东胜-靖边单斜,赋矿层位为直罗组下段的下亚段(J_2z^{1-1})和上亚段(J_2z^{1-2})。下亚段和上亚段在区域上具有相似的铀成矿条件及铀成矿规律,即在大体统一的铀源、岩性-岩相、古气候、古水文地质及岩石地球化学环境下形成。受古层间氧化带前锋线的控制,铀矿化产于灰

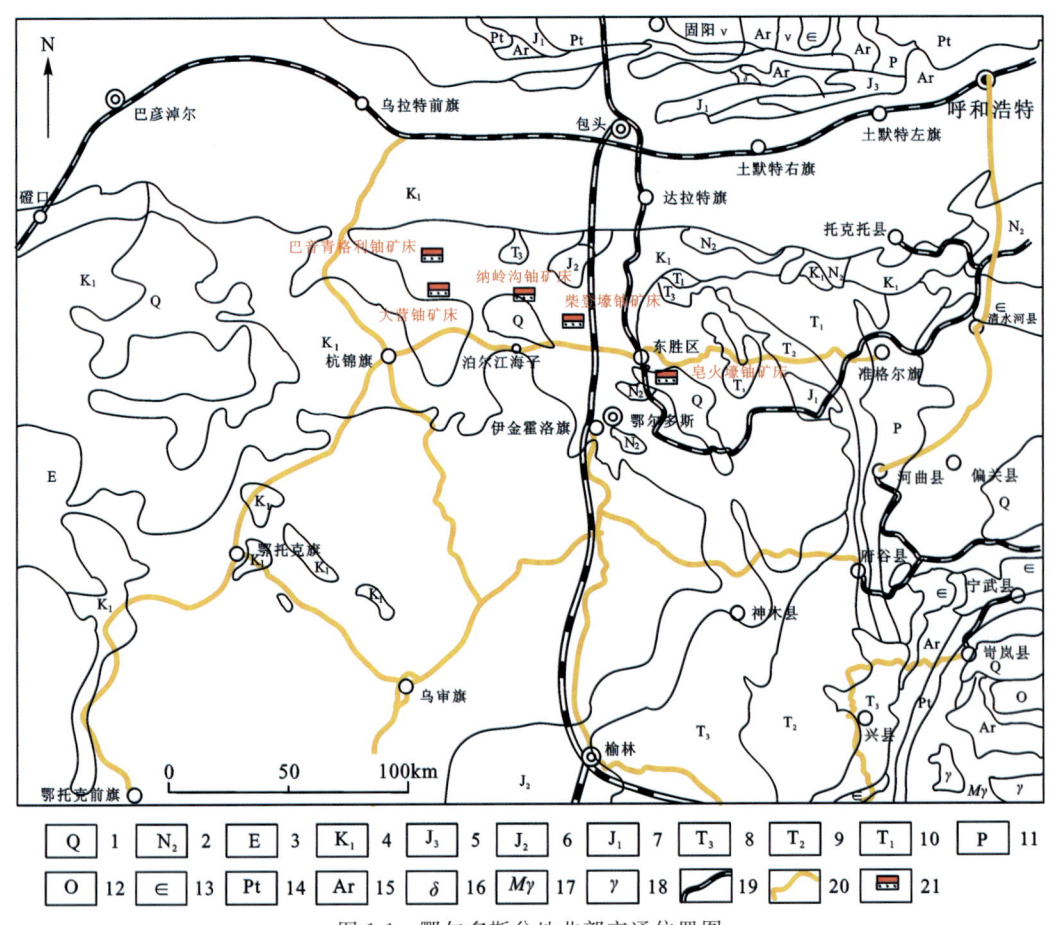

图 1-1 鄂尔多斯盆地北部交通位置图

1.第四系;2.上新统;3.古近系;4.下白垩统;5.上侏罗统;6.中侏罗统;7.下侏罗统;8.上三叠统;
9.中三叠统;10.下三叠统;11.二叠系;12.奥陶系;13.寒武系;14.远古界长城系;15.太古界;
16.闪长岩;17.混合花岗岩;18.花岗岩;19.铁路;20.公路;21.矿床

色砂岩和灰绿色、绿色砂岩的叠置部位。直罗组下段赋矿砂体呈明显的"朵状"形态(图1-3),是一个源于乌拉山的大型物源-沉积朵体(焦养泉等,2021),其中的主河道骨架砂体是含氧含铀水运移的主要通道,是层间氧化作用主要推进和层间氧化带主要发育的空间,也是铀矿化的空间。层间氧化带发育及前锋线展布形态主要受大型物源-沉积体系中骨架砂体及内部非均质性、物质成分、还原地球化学障的控制。"朵状"边缘部位的"泥-砂-泥"结构发育,单层砂体由厚变薄,有机质丰富,泥岩层屏蔽作用等部位既是还原地球化学障叠加发育的有利部位,同时也是古水动力条件的变异部位,阻止了层间氧化作用的发育并控制了氧化带前锋线的空间定位,大规模铀成矿作用得以广泛进行,形成铀的沉淀和富集并孕育了一系列大型铀矿床。

直罗组下段赋矿层具多层性和多旋回的特点,不同岩石地球化学类型不仅沿层间氧化作用方向具有由氧化到还原水平分带的特征,也具有垂向叠置的特点,层间氧化带在垂向上呈多个舌状体产出,铀矿化在垂向上也呈多层产出。

直罗组下段区域上层间氧化作用方向与物源和沉积方向是一致的,沉积体系、岩石地球化学环境和铀矿化三者之间具有明显的空间耦合关系及成因联系,各矿床成矿特征也具类似的特点,但是各矿床产出特征与沉积体系、岩石地球化学环境的空间耦合关系及成因联系又有所不同。

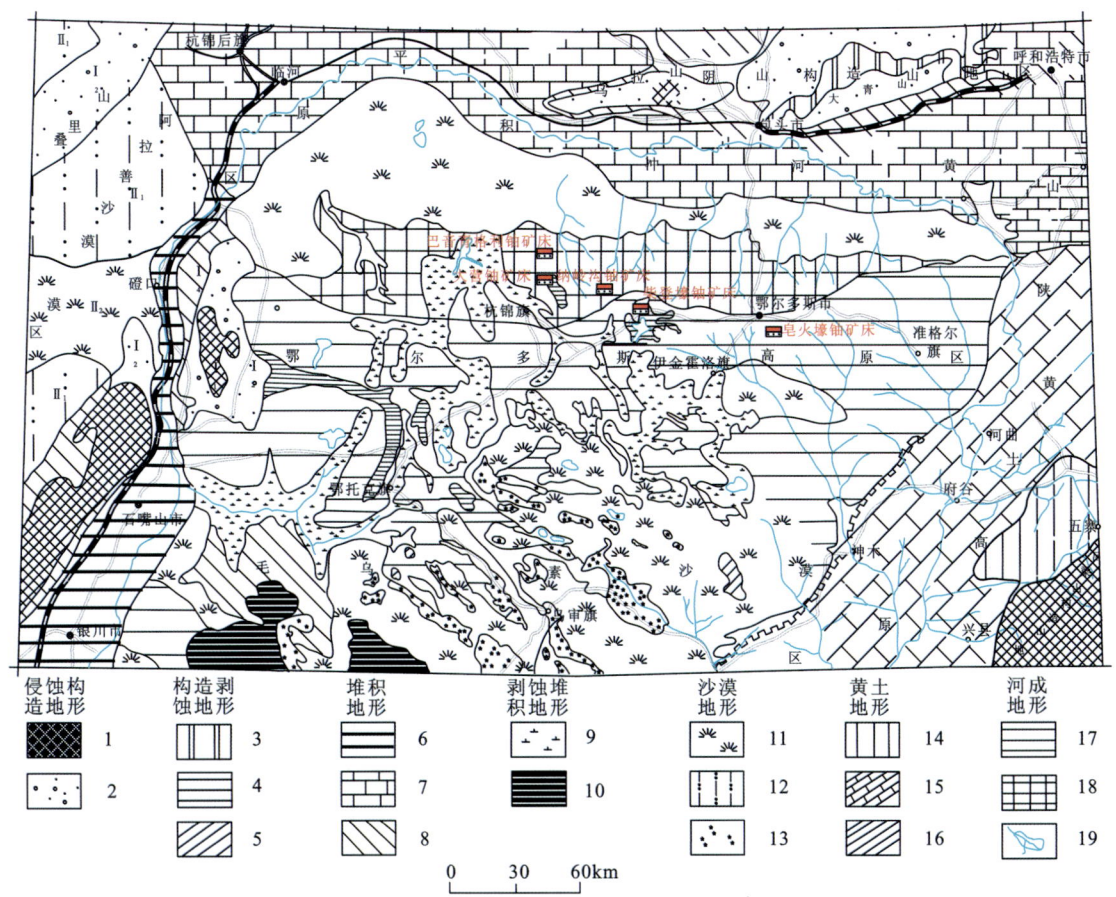

图 1-2 鄂尔多斯盆地北部构造地貌图

1.中山;2.低山;3.低山丘陵;4.波状高地;5.残丘;6.银川冲积平原;7.河套冲积平原;8.山前倾斜平原地形;9.旱谷;10.浅洼地;11.沙丘;12.石漠;13.草滩湿地;14.黄土塬;15.黄土梁;16.黄土峁;17.间歇河分水岭;18.常年河分水岭;19.河谷

第二节 铀矿勘查历史

鄂尔多斯盆地是我国重要的能源基地,蕴含石油、天然气和煤炭等资源,相应部门做了大量的地质调查和勘查工作。石油、天然气的勘查工作始于20世纪50年代,在鄂尔多斯盆地北部开展了大量的重磁、地震和钻探等勘查工作,在区域构造的认识方面取得了较大的成就,对整个盆地的地质情况首次进行了系统总结。煤炭地质勘查工作在盆地北东部东胜煤田开展了系统的勘查工作,施工了大量地震和钻孔,使盆地北东部的基础地质研究程度进一步提高。1992年出版的《鄂尔多斯盆地北东部层序地层学及沉积体系分析》系统分析和总结了侏罗系延安组沉积体系和层序地层及聚煤规律,基础地质工作又上了一个新的台阶。上述工作的开展,为铀矿勘查工作提供了必要的基础地质资料。

铀矿勘查工作也始于20世纪50年代,根据勘查思路的变化,大致可以分为20世纪50—80年代"就点找矿"阶段、90年代"模式找矿"阶段和21世纪开始的"理论找矿"阶段。

一、"就点找矿"阶段

在20世纪50—80年代,鄂尔多斯盆地北部铀矿勘查工作主要是根据1∶20万航空放射性测量,进

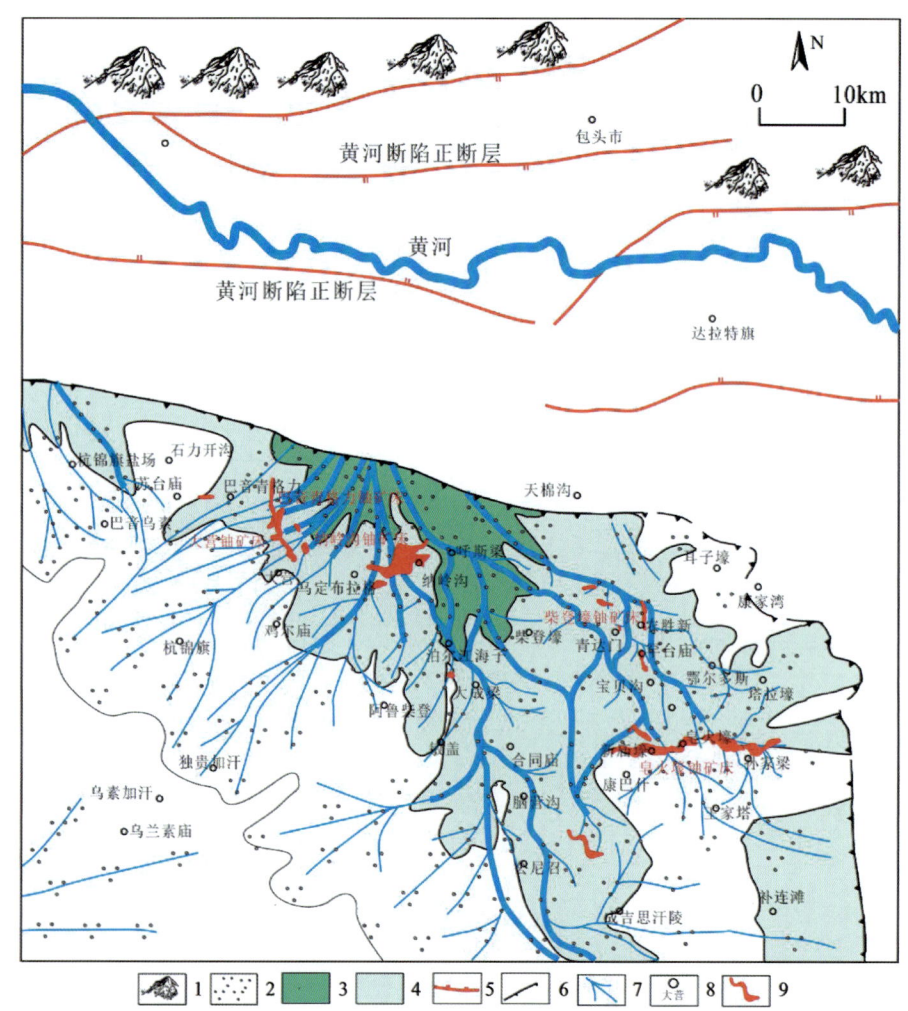

图 1-3 鄂尔多斯盆地北部直罗组区域构造-沉积体系-古层间氧化带-铀矿化空间耦合模式图
1. 蚀源区；2. 直罗组砂体；3. 古层间氧化带(绿色)；4. "过渡带"；5. 断层；6. 剥蚀边界；7. 物源体系；8. 地名；9. 铀矿体

一步开展地面放射性调查。1959—1961 年,内蒙古自治区第三地质队在内蒙古东胜地区开展了地面放射性调查工作,在神山沟、五道沟、壕赖沟、马连厂沟和罕台川等地段发现了多个地表矿化点和异常点,均赋存于中侏罗统延安组(J_2y)和直罗组(J_2z)。1984 年,核工业二〇八大队在东胜地区开展"内蒙古东胜地区铀矿点检查"项目(郑和平等,1984),主要是对内蒙古自治区第三地质队发现的多个矿化点和异常点进行检查,并进行了浅井、坑探等浅部揭露,在神山沟地段落实了一批地表铀矿点和铀矿化点,同时提出对直罗组砂体开展调查研究工作的思路,即沿地层倾向对铀矿进行"攻深找盲"。受新构造运动的影响,盆地北东部大幅度抬升,使中侏罗统延安组(J_2y)和直罗组(J_2z)出露地表,遭受长期风化剥蚀作用,铀矿点和矿化点主要为古矿床的剥蚀残余,受煤层和深灰色泥岩及有机质碎屑控制明显,部分为由大气降水淋滤作用形成的地表氧化带所控制,规模小。受找矿手段束缚和工作量的限制,后期工作投入中断,找矿效果不明显,至此鄂尔多斯盆地北部的铀矿地质工作长期处于停滞状态。

二、"模式找矿"阶段

1952 年,苏联在乌兹别克斯坦境内最早发现了乌奇库杜克典型层间氧化带型砂岩铀矿床,1958 年落实铀资源量 50 000t,后期陆续落实了布吉纳伊、萨贝尔萨伊、苏格拉雷、利亚弗利亚康等 22 个层间氧化带型砂岩铀矿床,总资源量达 356 578t(赵凤民,2013)。早期采用酸法地浸开采,后期又采用"CO_2+

O_2"等新方法,2010 年金属铀产量达 2874t,2011 年达 3350t。20 世纪 70 年代,苏联在哈萨克斯坦境内发现了乌瓦纳斯、坎茹甘、莫英库姆、英凯、门库杜克、查尔巴克、布琼诺夫、阿克达拉、绍拉-艾斯佩等一批层间氧化带型砂岩铀矿床。到 20 世纪末,探明铀资源量超过百万吨,成为世界最大的铀成矿区之一。英凯、布琼诺夫、查尔巴克等对多个铀矿床成功进行了地浸开采,其中,查尔巴克目前与我国广东核电集团有限公司合作进行地浸开采。同时,美国、加拿大和澳大利亚等国家也发现了资源可观的层间氧化带型砂岩铀矿床并成功进行了地浸开采(黄文斌等,2017)。

层间氧化带型砂岩铀矿床具有埋藏浅、规模大、经济易采的特点,随着 20 世纪国际上一系列层间氧化带型砂岩铀矿床的发现和地浸开采技术的成功,水成铀矿理论得以不断完善和发展,层间氧化带型砂岩铀矿床成为世界各国的重点找矿类型。20 世纪 90 年代初,在中国核工业地质局的统一部署下,为了寻找经济可采的层间氧化带型砂岩铀矿床,以苏联提出的"次造山带成矿理论""层间-渗入型"和美国提出的"卷型"水成铀矿理论为指导,我国铀矿勘查的重点由南方"硬岩型"铀矿床转移到北方层间氧化带型砂岩铀矿床。

1996—1997 年,核工业二一一大队承担了核工业西北地勘局下达的"陕甘宁盆地北部可地浸砂岩铀矿综合区调"项目,通过收集资料和野外地质调查,用水成铀矿理论分析盆地北西部砂岩型铀成矿地质条件,确定目的层位,预测砂岩铀成矿有利地区。通过该项目的实施,确定下白垩统和侏罗系为主要找矿目的层,找矿类型为层间氧化带型。项目组预测了下白垩统都思兔河、公卡汉和乌兰三片铀成矿远景区,均位于天环向斜两翼,预测了侏罗系磁窑堡和东胜远景区;从铀成矿条件、层间氧化带分布、铀矿化等方面分析,提出下白垩统都思兔河为最有利铀成矿远景区,建议首先开展该地区 1∶25 万带钻区域地质调查。

在上述成果的基础上,2000 年由核工业二〇八大队和二一一大队共同实施了"鄂托克前旗毛盖图地区 1∶25 万铀矿带钻区调"项目,以白垩系华池组—环河组为主要找矿目的层,以层间氧化带型砂岩铀成矿理论为指导,施工钻孔 18 个,钻探工作量 6000m,发现铀矿化孔 2 个,圈定找矿靶区 1 处,未取得砂岩铀矿找矿的突破性进展。研究人员在广泛收集鄂尔多斯盆地北部系统内外各类地质资料和研究成果的基础上,总结了华池组—环河组岩性、岩相的发育特征及空间展布规律,分析了铀矿化与岩性、岩相、岩石地球化学及水文地质之间的关系,提出了鄂尔多斯盆地北部掀斜构造运动及强烈含氧含铀水渗入作用是形成层间氧化带型砂岩铀矿床的有利条件;同时,提出了在盆地北东部侏罗系有利于发育层间氧化作用的砂体和"泥-砂-泥"地层结构等条件,由于受新构造运动影响及河套断陷的形成,层间氧化作用及铀成矿期应为晚白垩世—始新世。

上述两个项目的实施,为后期鄂尔多斯盆地白垩系铀矿找矿提供了扎实的地质依据。

虽然上述两个工作阶段没有取得突破性找矿成果,但是为鄂尔多斯盆地后期铀矿找矿成果的突破积累了丰富的地质资料和宝贵的找矿经验。

三、"理论找矿"阶段

鄂尔多斯盆地由华北克拉通之上的大华北盆地收缩而成,盆地构造类型应属内克拉通盆地(长庆石油勘探局勘探开发院,1988),面积达 25km²。盆地周缘地区构造比较复杂,但盆地内部构造相对简单,在盆地北部以伊陕大型单斜构造为主体,是寻找层间氧化带型砂岩铀矿床的有利构造条件。

1. 皂火壕特大型铀矿床

2000 年,在毛盖图地区开展 1∶25 万铀矿带钻区域地质调查的同时,核工业二〇八大队按照中国核工业地质局制定的"主攻北方地浸砂岩型铀矿,兼顾南方硬岩型铀矿"的铀资源勘查战略,坚持"以鄂尔多斯盆地、二连盆地和巴音戈壁盆地为重点,主要寻找超大型、特大型和大型砂岩铀矿床"的基本思路,对鄂尔多斯盆地北部进一步开展了砂岩铀矿勘查工作。研究人员充分收集了地矿、石油、煤田等部门地质资料,以水成铀矿理论为指导,重点对鄂尔多斯盆地北东部东胜地区开展了综合编图研究、野外调研和成矿预测工作。

对东胜煤田 117 队 284 个钻孔的自然伽马测井资料分析,发现伽马异常孔 106 个,赋存岩性主要为中侏罗统直罗组浅灰色砂岩,少数赋存于延安组灰色砂岩中,提出了盆地北东部具有层间氧化带型砂岩铀成矿的铀源、岩性、岩相和古水动力等条件。特别指出"由于鄂尔多斯盆地油气及煤层气丰富,且始新世后,因地质构造条件的变化导致地下水的渗入作用减弱,造成已氧化地层发生广泛的二次还原现象,使现在的氧化砂岩层普遍有发绿、发蓝现象,因此,圈定古氧化带前锋线时应格外谨慎"。这一创新性认识解决了长期制约鄂尔多斯盆地铀矿找矿的关键地质问题,并由此圈定了皂火壕-碌碡壕直罗组层间氧化带前锋线和迎盘沟-黄铁绵兔沟-准格尔召延安组层间氧化带前锋线。

2000 年 9 月,在中国核工业地质局安排下,为初步探索直罗组铀成矿地质环境和验证煤田钻孔伽马测井异常资料的可靠性,核工业二〇八大队沿皂火壕-碌碡壕直罗组层间氧化带前锋线施工钻探工作量 1 375.5 m,8 个钻孔,发现工业铀矿孔 4 个、矿化孔 2 个,含矿岩性为浅灰色、灰色中粗砂岩,矿化深度为 135～180 m,鄂尔多斯盆地铀矿找矿首次取得了突破性进展。

2001—2002 年,核工业二〇八大队实施了中国核工业地质局下达的"内蒙古东胜地区 1∶25 万铀矿资源评价"项目,采用"区域潜力评价与局部解剖相结合、成矿环境评价与总结规律相结合"的技术思路,投入工作量为 40 300 m,施工钻孔 161 个,工程间距为 (3200～800) m×(400～200) m,在孙家梁重点解剖地段加密到 200 m×(100～50) m。通过该项目的实施,新发现直罗组工业矿孔 51 个,矿化孔 43 个,铀资源规模达到了大型砂岩铀矿床。通过对鄂尔多斯盆地构造动力学演化特点的综合分析研究,核工业二〇八大队指出中生代构造演化的相对稳定性和伊陕巨大斜坡区为有利的铀成矿地质构造背景,揭示了中、晚侏罗世隆升、掀斜的重大地质构造事件的性质与特点及其对铀成矿的重要控制作用。在沉积盖层沉积演化和古气候变迁研究的基础上,研究人员对直罗组沉积体系进行了研究并划分了 3 个不同的沉积亚相,圈定了规模宏大的深切谷砂质辫状河骨架砂体,并初步查明其空间展布的特点,铀矿化位于分流河道变窄、分叉、拐弯和边缘等部位;提出盆地在侏罗纪—白垩纪也具有"渗入型盆地"的特点,具备了形成层间氧化带型砂岩型铀矿的古水动力环境。核工业二〇八大队认为皂火壕铀矿床的形成,既有后生层间氧化,又有二次还原作用的复式后生改造条件下形成的层间灰绿色、绿色蚀变带前锋对矿化富集的直接控制作用。早期含氧含铀水沿含水层运移,形成红色和黄色古氧化岩石,后期受沿断裂构造上升的油气和岩石还原地球化学环境的双重影响,将红色和黄色古氧化岩石改造成灰绿色、绿色,并形成了独特的古层间氧化带及非典型卷状矿体。灰绿色、绿色与灰色砂岩的蚀变接触界面是鄂尔多斯盆地北部及东胜地区砂岩型铀矿的直接控矿因素,是重要的岩石地球化学找矿标志。从还原介质的矿物成分上可以发现有后生还原介质的加入,即酸解烃的含量明显增高。核工业二〇八大队总结了铀成矿"断裂+地球化学障+砂质辫状河"三位一体空间定位条件,将皂火壕铀矿床形成过程划分为含矿岩系沉积铀预富集阶段、古层间氧化作用阶段、后期还原改造作用阶段及后期氧化改造作用阶段,铀的富集具有多期性和长期性,塑造了多源多期混合叠加的古层间氧化带型砂岩铀成矿模式,对鄂尔多斯盆地下一步找矿工作具有十分重要的指导作用。

2003—2011 年,因矿床规模大,东西跨度长,为大致查明矿床的地质特征,落实铀资源量,为矿床的进一步勘查提供依据,核工业二〇八大队按照"逐年分段普查、控制矿带、扩大外围、落实资源"的勘查部署思路,先后完成了"内蒙古鄂尔多斯市皂火壕地区铀矿普查(2003—2005 年)""内蒙古鄂尔多斯市皂火壕—沙沙圪台地区铀矿普查(2006—2008 年)""内蒙古鄂尔多斯市皂火壕铀矿床及外围普查(2009—2011 年)"等项目,对皂火壕铀矿床孙家梁、沙沙圪台、皂火壕铀成矿地段分年度进行了普查,对矿床外围铀成矿环境进行了探索,共完成钻探工作量 166 000 m,将皂火壕铀矿床落实为我国第一个特大型砂岩型铀矿床。在对皂火壕铀矿床开展整体普查的同时,为进一步查明矿床的地质特征,落实铀资源量,为矿床的开发提供依据,核工业二〇八大队采用"矿体控制、分段加密、落实资源"的技术思路,对皂火壕铀矿床(A32—A183 线)进行了详查,完成钻探工作量 40 500 m。此外,核工业二〇八大队先后完成了

"内蒙古鄂尔多斯市皂火壕铀矿床孙家梁 A0—A7 线详查(2007 年)""内蒙古鄂尔多斯市皂火壕铀矿床孙家梁地段 A9—A23 线详查(2008 年)"与"内蒙古鄂尔多斯市皂火壕铀矿床沙沙圪台地段 A27—A79 线详查(2009—2010 年)"等项目,进一步落实了皂火壕铀矿床特大型铀资源规模。

2. 纳岭沟特大型铀矿床

在发现皂火壕铀矿床的基础上,核工业二〇八大队进一步收集地矿、石油和煤田等部门地质资料,沿皂火壕铀矿床向西进一步预测了古层间氧化带前锋线,以皂火壕铀矿床"古层间氧化带型"成矿模式为指导,发现和落实了纳岭沟特大型铀矿床。

2003—2005 年,核工业二〇八大队实施了中国核工业地质局和中国地质调查局共同下达的"鄂尔多斯盆地北部地浸砂岩型铀资源调查评价"项目,以寻找第二个"皂火壕式"古层间氧化带型砂岩铀矿床为目标,进一步开展资料收集和综合预测,并配合大间距钻探查证,开展鄂尔多斯盆地北部铀资源调查评价。其中在呼斯梁地区,以皂火壕铀矿床古层间氧带前锋线为线索,以灰绿色、绿色砂岩为找矿标志,进一步圈定古层间氧化带前锋线和探索其含矿性。施工钻探工作量共 5000m,钻孔 16 个。其中在呼斯梁地区发现铀工业矿孔 1 个、矿化孔 1 个,受直罗组下段辫状河砂体及区域性古层间氧化带前锋线控制,与皂火壕铀矿床具有类似矿化特征和控矿因素。

2006—2008 年,在上述调查评价工作的基础上,为了快速评价呼斯梁地区铀资源潜力,核工业二〇八大队实施了中国核工业地质局下达的"内蒙古鄂尔多斯市伊和乌素—呼斯梁地区 1∶25 万铀资源区域评价"项目,以"区域展开、适当追索"的总体技术思路,其中对呼斯梁地区直罗组铀成矿环境进行了总体评价,扩大铀矿化规模。项目组发现直罗组铀工业矿孔 13 个,落实了可开展预查的铀矿产地。

2009—2011 年,核工业二〇八大队实施了中国核工业地质局下达的"内蒙古鄂尔多斯市呼斯梁地区铀矿预查"项目。以"总体控制、局部解剖、分段预查、落实资源"的总体技术思路,对呼斯梁地区纳岭沟地段开展了铀矿预查工作。对呼斯梁地区铀成矿环境进行总体评价的同时,扩大纳岭沟地段矿体规模,对矿体进行连续性解剖,落实铀资源规模。估算铀资源量达大型矿床规模,落实了纳岭沟大型铀矿床。

2012 年,核工业二〇八大队实施了中国核工业地质局下达的"内蒙古达拉特旗纳岭沟铀矿床普查"项目,采用"矿带总体控制、分段普查、局部加密、提交实验段"的总体技术思路对纳岭沟铀矿床开展了普查工作,对矿床进行总体控制和分段普查的同时,系统总结了矿体的产出特征、分布规律、控制因素,进一步摸清了纳岭沟铀矿床大型铀资源规模。

2013—2015 年,核工业二〇八大队实施了中国核工业地质局下达的"内蒙古达拉特旗纳岭沟铀矿床详查(2013 年)""内蒙古达拉特旗纳岭沟铀矿床东南部勘查(2014 年)""内蒙古鄂尔多斯市纳岭沟铀矿床勘查(2015 年)"等项目,采用"矿床总体控制、主要矿体详查"总体技术路线,在对纳岭沟铀矿床进行总体控制和主要矿体详查的同时,进一步总结了矿体的产出特征、局部隔水层的分布规律,深入系统研究了铀成矿的控制因素,进一步完善了古层间氧化带型砂岩铀成矿模式,指导区域找矿。落实的铀资源量达到了特大型矿床规模,并对铀矿资源开发利用前景进行了预可行性研究。该矿床已采取"CO_2+O_2"浸出工艺开始工业化试采。

3. 磁窑堡中型铀矿床

鄂尔多斯盆地西缘银东地区磁窑堡铀矿床并不属于古层间氧化带型砂岩铀矿床,应属局部层间氧化带型砂岩铀矿床,受典型黄色层间氧化带控制。鄂尔多斯盆地北部中侏罗统直罗组找矿取得重大突破后,为了进一步扩大鄂尔多斯盆地铀矿找矿成果,扩大找矿区域,探索区域铀成矿环境,鉴于盆地西缘中侏罗统直罗组和延安组埋藏较浅,2002 年,核工业二〇八大队实施了中国核工业地质局下达的"鄂尔多斯盆地西缘磁窑堡地区 1∶50 万铀矿地质条件研究及编图"项目,从铀源、古气候、构造、岩性、岩相、后生蚀变、水文地质 7 个方面综合分析了银东地区的砂岩型铀成矿地质条件,确定找矿类型为层间氧化带型,在延安组和直罗组下亚段砂体圈定了3条层间氧化带前锋线,预测了磁窑堡铀成矿远景区。

2003—2005年,在开展鄂尔多斯盆地北部呼斯梁等地区铀资源调查评价的同时,核工业二〇八大队实施了中国核工业地质局和中国地质调查局下达的"鄂尔多斯盆地北部地浸砂岩型铀资源调查评价"项目,其中对鄂尔多斯盆地西缘按照"总体评价区域铀成矿环境、重点地段钻探查证"的技术思路,对银东地区磁窑堡成矿远景区进行了调查评价。投入钻探工作量2300m,施工钻孔5个。在磁窑堡—清水营—冯记沟一带的直罗组下段砂体中发现一条规模巨大的层间氧化带,其长度在80km以上,宽度一般为3.0km,钻探发现3个铀工业矿孔,落实了磁窑堡找矿靶区。

2005—2006年,核工业二〇八大队实施了中国核工业地质局下达的"鄂尔多斯盆地北部银东地区1∶25万铀矿资源区域评价"项目,采用"区域展开,适当追索和重点突破"的技术路线,控制直罗组层间氧化带前锋线,兼顾对延安组、延长组层间氧化带的探索,落实了直罗组磁窑堡和冯记沟铀矿产地。

2007—2008年,核工业二〇八大队实施了"鄂尔多斯盆地北部银东地区铀矿预查"项目,采用"区域展开,适当追索和重点突破"的技术路线,控制磁窑堡和冯记沟地段直罗组层间氧化带前锋线,磁窑堡地段为重点勘查区,初步落实了磁窑堡中型铀矿床。结果显示银东地区直罗组是西缘逆冲构造带继续向东推进抬升的背景下形成的河流沉积体系,与盆地北部皂火壕铀矿床是不同的重要产铀体系和不同的铀成矿构造背景。

2010—2012年,核工业二〇八大队实施了"宁夏灵武市银东地区铀矿普查"项目,落实了磁窑堡中型铀矿床,首次提出了磁窑堡地区主要是短轴背斜控矿这一观点,建立了磁窑堡地区铀成矿模式,为在盆地西缘逆冲构造带区域成矿预测和找矿工作提供了依据。

4. 柴登壕中型铀矿床

2003—2005年,核工业二〇八大队实施了中国核工业地质局和中国地质调查局下达的"鄂尔多斯盆地北部地浸砂岩型铀资源调查评价"项目,在开展鄂尔多斯盆地北部呼斯梁、磁窑堡等地区铀资源调查评价的同时,采用"调查区域环境、查证延安组和直罗组氧化带前锋线含矿性"的技术思路,以皂火壕铀矿床古层间氧化带成矿模式为指导,开展了柴登壕—塔拉壕地区铀资源调查评价,圈定了延安组和直罗组古层间氧化带前锋线,发现延安组工业矿孔1个,预测了柴登壕-塔拉壕铀成矿远景区。

2006—2008年,核工业二〇八大队实施了中国核工业地质局下达的"内蒙古鄂尔多斯市伊和乌素—呼斯梁地区1∶25万铀资源区域评价"项目,采取"查证评价成矿环境、追索控制铀矿带"的总体技术路线,在查证区域铀成矿环境的同时,对柴登壕地区农胜新与宝贝沟地段延安组和直罗组古层间氧化带前锋线含矿性开展了钻探查证。以灰绿色、绿色砂岩为古层间氧化带判别标志,圈定了农胜新、宝贝沟和柴登壕地区的三片灰色残留体,在农胜新地段发现3个工业矿孔和1个矿化孔,在宝贝沟地段发现5个工业矿孔和4个矿化孔,在柴登壕地段发现1个矿化孔,证实了柴登壕地区为中型铀矿产地。

2007—2008年,中央地质勘查基金中心在东胜煤田艾来五库沟—台吉召地区开展煤炭勘查的同时,同步开展了放射性调查工作。由中央地质勘查基金中心投资,核工业二〇八大队对中央地质勘查基金中心矿业权范围内的179个煤田钻孔进行了定量伽马测井,发现2个铀工业矿孔、1个矿化孔。由此,核工业二〇八大队对矿化相对集中的阿不亥(宝贝沟)、艾来五库沟地段进行了专项铀矿勘查,共施工11个钻孔,发现4个工业矿孔、4个矿化孔。

2009年,核工业二〇八大队实施了中国核工业地质局下达的"内蒙古鄂尔多斯盆地北部铀矿地质调查"项目,采取"区域查证、分段评价"的技术路线,在查证区域铀成矿环境的同时,对柴登壕地区直罗组铀成矿潜力开展进一步评价,扩大了柴登壕矿产地铀矿化规模,圈定了柴登壕地区青达门地段直罗组灰色残留体,发现工业矿孔2个,圈定了青达门铀成矿远景区。

2009—2011年,核工业二〇八大队实施了中央地质勘查基金中心下达的"内蒙古自治区东胜煤田艾来五库沟-台吉召地段铀矿勘查"项目,采取"总体评价、局部控制"的技术路线,在对艾来五库沟-台吉召地段进行总体评价的同时,重点对柴登壕地区阿不亥地段(宝贝沟地段)开展普查工作,落实了阿不亥

(宝贝沟)中型铀矿床。

2012—2014年，核工业二○八大队实施了中国核工业地质局下达的"鄂尔多斯盆地柴登壕—罕台庙地区铀矿调查评价"项目，采取"整体控制、分段评价"的技术路线，在对柴登壕铀矿产地矿化规模进行整体控制的同时，分别对农胜新、宝贝沟和青达门3个地段铀矿化进行重点解剖和评价，进一步圈定了直罗组灰色残留体分布范围，进一步扩大了农胜新、宝贝沟、青达门3个地段铀矿化规模，圈定了柴登壕地区农胜新、青达门两个铀矿产地。

2015—2016年，实施了中国核工业地质局下达的"内蒙古鄂尔多斯市罕台庙地区铀矿预查"项目，采取"总体控制、疏密结合、追索矿化、扩大规模"的技术路线，大致查明了柴登壕地区直罗组灰色残留体空间展布特征，以环状氧化为特点，识别出未被后生还原改造的红色、黄色古氧化砂岩，进一步扩大了柴登壕地区农胜新、青达门2个铀矿产地铀资源规模，将柴登壕地区铀资源规模达到了大型。

2017—2018年，核工业二○八大队实施了中国核工业地质局下达的"内蒙古鄂尔多斯市罕台庙地区铀矿普查"项目，采取"整体控制、分段普查"的技术路线，在对柴登壕地区铀矿体规模及连续性进行整体控制的同时，重点对农胜新地段和青达门地段分年度开展了普查工作，发现铀矿体平面上均产于灰色残留体北东部边界氧化-还原岩石过滤带内，位于辫状河道迎水面一侧，受氧化作用方向控制明显。估算铀资源量近万吨，落实了柴登壕中型铀矿床(包括宝贝沟地段铀资源)。

5. 大营超大型铀矿床

2009—2010年，中央地质勘查基金管理中心在东胜煤田杭东、车家渠-五连寨子勘查区开展煤炭勘查时，按照"煤铀兼探"和"连片勘查"的思路，同步开展了放射性调查工作。核工业二○八大队实施了"内蒙古东胜煤田杭东、车家渠-五连寨子勘查区放射性矿产调查评价"项目，负责煤炭钻孔的放射性测井与岩芯编录工作，共完成放射性测井与岩芯编录煤炭钻孔283个，发现9个工业矿孔、29个矿化孔。其中在杭东地区唐公梁-大营地段发现工业矿孔7个，初步估算铀资源达到了中型砂岩铀矿床规模，显示出唐公梁-大营地段很好的成矿前景。同时，结合早期收集的资料编制了盆地北东部东胜煤田杭东、车家渠—五连寨子勘查区系列基础图件，重建了该勘查区层序地层格架，对中侏罗统直罗组下段砂体等厚图与岩石地球化学图进行了编制与完善，圈定了古层间氧化带前锋线，是皂火壕-柴登壕-纳岭沟铀矿床区域古层间氧化带前锋线的向西延伸，具有相似铀成矿特征。

2011—2012年，中央地质勘查基金管理中心下达了"内蒙古自治区杭锦旗大营矿区铀矿普查"项目，开展专项铀矿预查、普查，由核工业二○八大队负责组织协调、技术工作和部分钻探施工，内蒙古地质工程有限责任公司、中煤地质工程总公司和内蒙古自治区地质调查院负责了部分钻探施工。按照"区域评价、整体控制，局部解剖"的技术路线，对大营地区铀成矿环境、直罗组古层间氧化带前锋线及其含矿性进行评价，对铀矿体空间展布特征、规模及连续性进行总体控制，对主矿体进行了重点解剖。核工业二○八大队落实了我国第一个超大型砂岩铀矿床［本专著铀资源量沿用了《内蒙古自治区杭锦旗大营矿区铀矿普查地质报告》评审意见书(中基报审字〔2013〕001号)］，进一步完善、丰富了东胜铀矿田古层间氧化带型砂岩铀成矿模式。

6. 巴音青格利特大型铀矿床

2013年，核工业二○八大队实施了中国地质调查局下达的"内蒙古鄂尔多斯市呼斯梁—补连滩地区铀矿调查评价"项目，采取"物探选区与钻探评价相结合"的技术思路，对鄂尔多斯盆地北东部的铀成矿潜力进行了整体评价，其中在大营铀矿床的北部巴音青格利地区发现工业矿孔2个、矿化孔3个，落实了巴音青格利铀矿产地。研究发现巴音青格利铀矿产地与大营铀矿床具有相似的铀成矿条件，直罗组下段上、下亚段均发育很好的工业铀矿体，矿体的产出主要受古层间氧化带前锋线控制，具有厚度大、层数多的特点，铀成矿潜力巨大。同年，核工业二○八大队实施了由中国核工业地质局下达的"鄂尔多斯盆地北部杭锦地区铀矿资源调查评价"项目，其中在巴音青格利地区新发现工业矿孔1个、矿化孔3

个,追索铀矿化的同时,对砂体及古层间氧化带的展布形态及发育规模进行了探索。

2013—2014年,中央地质勘查基金管理中心下达了"内蒙古自治区杭锦旗大营铀矿西段铀矿预查"项目,核工业二〇八大队采取"远景地段查证与矿床矿带扩展相结合、环境控制与扩大资源规模相结合"的技术路线,对大营西段直罗组和延安组铀成矿环境进行整体控制,并对层间氧化带前锋进行含矿性查证的同时,在其中的巴音青格利地区新发现工业矿孔8个、矿化孔6个,累计估算铀资源超万吨,落实了巴音青格利大型铀矿产地。

2016年,核工业二〇八大队实施了中国核工业地质局下达的"内蒙古鄂尔多斯市苏台庙—巴音淖尔地区铀矿资源调查评价"项目,采取"整体评价、重点地段解剖、扩大铀资源规模"的技术思路,在巴音青格利地区新发现工业矿孔6个,进一步扩大了巴音青格利大型铀矿产地的铀资源规模。

2017—2020年,核工业二〇八大队实施了中国核工业地质局下达的"内蒙古鄂尔多斯市巴音青格利地区铀矿普查"项目,采取"主矿体分段普查、外围探索、整体评价、落实资源"的技术思路,对主矿体开展普查,对矿体南部与大营铀矿床衔接的部位进行了适当探索,新发现了一条长2km、宽200~600m的高品位工业块段,大幅增加铀资源规模,落实了巴音青格利特大型砂岩铀矿床。

7. 塔然高勒大型铀矿产地

2013年,核工业二〇八大队实施了中国核工业地质局下达的"鄂尔多斯盆地北部大成梁—代杜梅地区铀矿资源调查评价"项目,采取"环境探索、分段评价"的技术路线,其中对塔然高勒地区吴家渠地段的铀成矿条件进行了探索,发现1个工业矿孔,发现其铀成矿地质条件基本与纳岭沟铀矿床一致,具有较大的铀成矿潜力。

2014年,核工业二〇八大队实施了中国地质调查局下达的"内蒙古鄂尔多斯市呼斯梁—补连滩地区铀矿调查评价"项目,采取"总体控制、扩大矿化规模"的技术路线,对塔然高勒地区的砂体展布特征及氧化带的发育规模进行了控制,落实了库计沟铀矿产地,进一步扩大了吴家渠地段的铀资源规模。

2015年,核工业二〇八大队实施了中国核工业地质局下达的"内蒙古鄂尔多斯市泊太沟地区铀矿资源调查评价"项目,采取"整体控制、重点解剖"的技术思路,对吴家渠地段铀矿化进行了追溯,初步圈定出1条长4.4km、宽200~600m,呈北东-南西向展布的工业铀矿带,落实了吴家渠铀矿产地。

2019年,为了加快塔然高勒煤矿采矿权范围内煤炭资源和铀资源的协调开发,根据中核集团与国家能源集团会议精神,中国铀业有限公司与神华杭锦能源有限公司于2019年12月签订了《关于在塔然高勒煤矿采矿权范围内从事铀矿资源勘查协议》(简称《勘查协议》)。

2020年,在上述《勘查协议》的基础上,核工业二〇八大队实施了中国核工业地质局下达的"内蒙古鄂尔多斯市塔然高勒地区铀矿勘查"项目,对煤矿采矿权范围开展了铀矿资源调查评价与勘查工作。采取"排除无矿区、查证矿体、加密控制、落实资源"的技术路线,对塔然高勒地区铀成矿潜力进行了整体评价,进一步落实了吴家渠、库计沟铀矿产地,其中库计沟铀矿产地达到大型矿产地的铀资源规模。

2021年,核工业二〇八大队实施了中国核工业地质局下达的"内蒙古鄂尔多斯市吴家渠地区铀矿普查"项目,采取"圈定矿体边界、提高资源级别"的技术路线,对塔然高勒地区吴家渠铀矿产地的主矿体开展了铀矿普查,对矿体形态、规模及连续性进行了控制,落实了吴家渠中型铀矿床,加上库计沟矿产地,进一步落实了塔然高勒大型铀矿产地。

此外,核工业航测遥感中心、核工业北京地质研究院在鄂尔多斯盆地北部开展了大量的物化探工作,为后期的勘查和研究工作提供了丰富的基础地质资料。

第三节 铀矿研究历史

鄂尔多斯盆地北部铀矿地质研究工作最早开始于1984年,核工业二〇八大队实施了由核工业西北地勘局下达的"陕甘宁盆地北缘东胜地区铀成矿条件综合研究"项目,对东胜地区的区域地质、铀成矿条件及前景进行了调查和初步分析,预测了铀成矿有利远景区。在分析了鄂尔多斯盆地东胜地区构造特征、基底和盖层发育特征、后生蚀变特征、铀矿化特征及控制因素的基础上,研究人员提出主要找矿目的层为中侏罗统直罗组,次要找矿目的层为中侏罗统延安组。东胜地区具有蚀源区和地层两大铀源:一是来自蚀源区铀源,二是直罗组本身也是形成铀矿化的重要铀源层。铀矿化类型为砂岩型和含铀煤型,主要赋存于直罗组,受地表或近地表紫红色砂岩控制,硫化氢和潜育化形成的绿色岩石是铀沉淀和富集的还原障。东胜地区砂岩铀矿既有别于沉积矿床,也有别于后生矿床,应属"水成砂岩型铀矿化",建立了"水成砂岩型铀矿成因模式"。从盆地构造、地层、后生蚀变、铀矿化及控制因素等方面与美国科罗拉多和怀俄明砂岩铀矿进行了对比,认为东胜地区与美国科罗拉多和怀俄明铀成矿区具有类似铀成矿条件,是铀成矿远景地区。预测了Ⅰ级铀成矿远景区4片、Ⅱ级2片和Ⅲ级2片,其中皂火壕地区为首选的Ⅰ级铀成矿远景区,面积12km²,找矿目的层为直罗组。提出对皂火壕Ⅰ级远景区开展钻探查证,钻探深度不超过300m,对地表铀矿化进行查证和对岩性、岩相及氧化-还原条件进行调查评价。由于受当时找矿手段单一和深部资料所限,苏联和美国建立的层间氧化带型砂岩铀成矿理论还没有系统引入,所以没有认识到绿色岩石是黄色或红色氧化岩石经二次还原作用形成的,并不是控制铀矿化形成的还原地球化学障。紫红色砂岩可能是钙质胶结程度较高的古氧化岩石残留,也可能是河套断陷形成后由于构造抬升作用而由二次氧化作用形成,后期在皂火壕铀矿床勘查过程中发现由二次氧化作用形成的卷状铀矿体,是古矿床后期氧化改造作用形成。但是,提出的"水成砂岩型铀矿化"观点应是鄂尔多斯盆地北部铀矿找矿的重要依据,首选对皂火壕Ⅰ级远景区开展钻探查证是合理的工程部署,由于当时砂岩型铀矿还不是我国重点找矿类型且资金投入有限,后期铀矿找矿长期处于停滞状态,这一研究成果没有得到重视并发挥应有的作用。

20世纪90年代,我国把砂岩型铀矿确定为我国主要找矿类型,中国核工业地质局所属单位和相关高校对鄂尔多斯盆地北部砂岩型铀成矿条件开展了大量的专题研究工作。根据鄂尔多斯盆地北部砂岩型铀矿研究工作进展,研究工作大致可以分为层间氧化带型砂岩铀矿和古层间氧化带型砂岩铀矿两个研究阶段。

一、层间氧化带型砂岩铀矿研究阶段

1993年,核工业二〇三研究所承担了核工业西北地勘局下达的"陕甘宁盆地铀矿资料评价"项目,以层间氧化带型砂岩成矿理论为指导,开展了鄂尔多斯盆地砂岩型铀成矿条件研究和远景预测。在广泛收集地矿、石油和煤田部门基础地质资料和核工业系统铀矿成果资料的基础上,对鄂尔多斯盆地(也称陕甘宁盆地)开展了铀成矿条件分析和远景预测。通过对盆地构造背景、地层发育特征、层间氧化带空间展布规律、水文地质条件、铀矿化特征及控制因素进行了系统分析,确定白垩系志丹群是重要找矿目的层,重点预测了盆地南部白垩系志丹群鄂托克旗西南部、盐池-吴旗和环县-镇原-陇县3片铀成矿有利地区。确定中侏罗统直罗组为找矿目的层,预测了直罗组东胜-伊金霍洛旗-杭锦旗、横山-靖边和安塞-黄陵-彬县3片铀成矿有利地区,并指出华亭以东、布伦庙-红石头井、环县西南和盐池-大水坑4片白垩系志丹群远景地区是重点找矿区域。在上述成果的基础上,核工业二〇三研究所于1996—1997年开展了"陕甘宁盆地北部可地浸砂岩铀矿综合区调"项目工作,核工业二〇八大队和核工业二一一大队共同于2000年开展了"鄂托克前旗毛盖图地区1∶25万铀矿带钻区调"项目工作。

1996年,中国核工业地质局实施了"中国北方中新生代陆相砂岩盆地选盆"项目(刘兴忠等,1996),对北方中新生代盆地砂岩型铀成矿条件进行分析和选区。其中,对鄂尔多斯盆地侏罗系和白垩系的地层结构、岩性岩相特征、水文及古水文地质条件等进行了研究,认为陕甘宁盆地形成层间氧化带型砂岩铀矿床最主要层位为下白垩统,尤为重要的是华池-环河组,最有远景的地区是盆地西北部的伊陕单斜带,其范围大致包括定边—靖边以北、巴彦乌苏—伊克乌苏以南、靖边—乌审旗—乌审召以西、石咀山以东地区，面积 25 000km²。

上述研究工作为后期鄂尔多斯盆地白垩系铀矿找矿发挥了重要的参考作用，为中侏罗统铀矿找矿提供了丰富的基础地质资料。

二、古层间氧化带型砂岩铀矿研究阶段

2000 年以后，随着核工业二〇八大队对鄂尔多斯盆地皂火壕特大型砂岩铀矿床的发现和勘查工作的不断深入及找矿成果的持续突破，在中国核工业地质局的统一安排下，核工业二〇八大队、中国地质大学（武汉）、核工业北京地质研究院、核工业二〇三研究所、核工业航测遥感中心、东华理工大学等单位针对盆地直罗组古层间氧化带型砂岩铀矿成矿构造背景、沉积体系、铀矿化特征及控制因素、铀成矿作用过程等方面开展了大量的研究工作，取得了丰硕的科研成果，进一步为古层间氧化带型砂岩铀成矿理论及成矿模式的不断补充和完善、找矿成果不断扩大提供了依据。

1. 核工业二〇八大队

2000 年，核工业二〇八大队开展了鄂尔多斯盆地北东部东胜地区综合编图研究、野外调研和成矿预测工作，并实施了中国核工业地质局下达的"内蒙古杭锦旗—东胜地区砂岩型铀矿成矿地质条件研究及编图"项目，对皂火壕地区开展钻探查证的同时，对鄂尔多斯盆地北部的地质构造条件、岩性岩相特征、盆地地质发育演化过程、水文地质条件、古水文地质条件、层间氧化带发育规律和铀成矿条件进行了较深入的研究。研究认为始新世末以前盆地北部相对稳定的构造背景和持续性隆升的构造活动，使盆地沉积中心不断西移，从而造成中生代沉积相均由北向南、由东向西发育，古地下水流向也与此保持一致，同时中生代古气候条件为温暖潮湿气候向干旱气候的转型期，这种稳定的动态地质构造条件和古气候条件对中生代地层发育区域性层间氧化带和铀矿的形成非常有利。层间氧化带的主形成期和铀成矿的主成矿期应自中生代地层沉积期后至始新世末。中生代地层氧化带内渗透砂岩的颜色主要为灰绿色、绿色，造成这种现象的原因是区内曾出现广泛的二次还原作用，从而圈定了皂火壕—碌碡壕一带直罗组层间氧化带前锋线。

2001—2002 年，核工业二〇八大队实施了中国核工业地质局下达的"鄂尔多斯盆地北部 1∶50 万砂岩型铀矿成矿地质条件研究及编图"项目，充分收集和利用地质、煤田、水文等部门钻孔资料，对鄂尔多斯盆地北部构造演化、中生代地层发育及沉积特征、古水动力机制及演化、区域层间氧化带发育特征、铀矿化成因及规律等进行了系统分析；明确了盆地北部直罗组为河流沉积体系，其中下段为辫状河沉积体系，上段为曲流河沉积体系；初步确定了北西-南东向展布的榆林红石峡、神木瑶填-伊金霍洛旗新街和东胜地段 3 条辫状河沉积砂岩相带。盆地北部由北向南径流的古地下水为层间氧化带发育提供了有利的古水文地质条件。铀矿化主要产于直罗组下段底部辫状河砂体中，多位于氧化带前锋线相邻灰色砂体一侧；进一步论述了绿色砂岩是由二次还原改造作用形成的，油气活动大大增强了直罗组还原能力，断裂构造决定了层间氧化带空间定位及铀矿化展布；预测了东胜地区西部直罗组柴登壕-东胜、杭锦旗北部伯音乌素-杭锦旗铀成矿远景区。

2003 年，核工业二〇八大队实施了中国核工业地质局下达的"内蒙东胜地区后生蚀变作用与铀成矿关系研究"项目。该项目是核工业北京地质研究院牵头的"鄂尔多斯盆地北部地浸砂岩型铀矿时空定位和成矿机理研究"项目（由研究院所、高校、大队联合承担）的子课题，对直罗组含矿砂岩蚀变类型、蚀变性质和成因进行研究，总结其与铀矿化的关系。砂岩后生蚀变主要有绿泥石化、绿帘石化、赤（褐）铁矿化、黄铁矿化、水云母化和菱铁矿化，其中绿泥石化、绿帘石化、褐铁矿化在灰绿色、绿色砂岩中较为发育，黄铁矿化主要发育在灰色岩石中。灰绿色、绿色砂岩主要由黑云母和长石的绿泥石化造成，少见黄铁矿进一步说明了灰绿色、绿色砂岩是早期氧化砂岩经二次还原改造作用形成。

2003—2005 年，核工业二〇八大队实施了中国核工业地质局下达的"鄂尔多斯盆地北部中生代构

造和建造演化特征研究"项目。该项目是"鄂尔多斯盆地北部地浸砂岩型铀矿时空定位和成矿机理研究"项目的子课题,研究鄂尔多斯盆地北部中生代地质构造格局、地质构造事件及其响应、盆地地质构造特征及其对沉积建造的控制,分析盆地地质构造和建造演化与铀成矿的关系,并由此进行区域成矿预测。项目组进一步厘定了盆地北部中生代地质构造演化特征,主张划出"东胜隆起"构造单元并强调了其对铀成矿的重要控制作用,其中预测了磁窑堡—石沟驿地区中侏罗统直罗组和延安组铀成矿远景区。

2003—2005年,核工业二〇八大队实施了中国核工业地质局下达的"鄂尔多斯盆地北部古水文地质条件及其与铀成矿关系研究"项目。该项目是"鄂尔多斯盆地北部地浸砂岩型铀矿时空定位和成矿机理研究"项目的子课题,在对盆地地质构造条件和演化过程分析的基础上,对盆地的古水文地质条件进行了系统研究,进一步阐明了鄂尔多斯盆地北部的古水文地质条件具有长期的稳定性,渗入作用时间很长,除去中侏罗世延安期和早白垩世晚期两次超覆沉积作用使地下水渗入作用减弱外,稳定的渗入作用可从早中三叠世延续到渐新世河套断陷形成、地下水渗入系统完全被破坏之前,这对层间氧化带的发育和砂岩型铀矿的形成是非常有利的。

2018—2019年,核工业二〇八大队实施了中国核工业地质局下达的"鄂尔多斯盆地北部古层间氧化带特征分析及远景评价"项目,重点开展直罗组古层间氧化带特征及形成机制、沉积体系-氧化带-铀矿化关系研究。研究认为:鄂尔多斯盆地北部直罗组由一个源于阴山的大型物源-沉积体系构成,直罗组下段下亚段6个物源及上亚段5个物源分别具有相对独立的子成矿单元,分别控制了相对独立的前锋线,单个砂体氧化方向顺物源体系中心往前推进,形成多个指状伸出雁列式的氧化舌。氧化带有多层,前锋线有多条,并不是完整的一条北西—南东向展布的区域层间氧化带前锋线。由此重新圈定了直罗组下段下亚段6个物源及上亚段古层间氧化前锋线,分别顺河道中心发育,铀矿体主要产于分流河道边部,受氧化强度和深度、小层序、河道边缘及泛滥平原细粒沉积物的控制。

2019—2020年,核工业二〇八大队实施了中国核工业地质局下达的"鄂尔多斯盆地北东部直罗组铀矿体产出与沉积体系及层间氧化带空间耦合与成因联系研究"项目,主要开展铀矿体与不同沉积环境成因的赋矿砂体空间耦合关系、古层间氧化带前锋线位置及氧化-还原过渡带与铀矿体产出的空间耦合关系、铀矿化成因和控矿因素研究。进一步阐明了盆地北东部直罗组物源朵体是一个相对独立的超级铀成矿系统,直罗组下段下亚段6个物源分别具有相对独立的子成矿系统,物源方向与氧化作用方向基本一致,分别控制了相对独立的层间氧化带前锋线,组成多个雁行状排列氧化舌组成的集合体。沿主河道和分流河道砂体均有层间氧化带产出,在分流河道不同部位层间氧化带前锋线发育和铀矿化产出具有不同特点。

2. 中国地质大学(武汉)

2000年9月在鄂尔多斯盆地北部的重大找矿突破,为中国地质大学(武汉)盆地铀资源研究团队从事铀储层沉积学研究带来了机遇。该团队于20世纪80年代起针对鄂尔多斯盆地三叠系—侏罗系开展了煤、油气和盆山耦合作用系列研究,特别是对东胜和神木地区的直罗组具有充分的认识和了解。在中国核工业地质局的部署组织下,中国地质大学(武汉)首先于2001年7月6—10日举办了砂岩型铀矿沉积学研讨会和野外露头考察活动,传授了现代沉积学《层序地层学及沉积体系分析》的先进理念和技术,重点调研了东胜、神木和榆林地区直罗组—延安组的层序地层结构与沉积体系类型,从此开展了长达20余年的未间断的铀储层沉积学研究。

2002年,中国地质大学(武汉)实施了中国核工业地质局下达的生产科研项目"鄂尔多斯盆地东北部直罗组底部砂体分布规律及铀成矿信息调查",从沉积学角度优先将"揭示直罗组底部砂体的空间分布规律"和"调查直罗组底部砂体的铀矿化信息"列为2个关键科学问题。首次构建了鄂尔多斯盆地东北部含铀岩系等时地层格架和地层结构模式,将重要目标层——直罗组下段划分为沉积旋回A和沉积旋回B,指出每个旋回底部均包含有大型河道砂体,即A砂体和B砂体,这两套砂体是研究区铀矿产出的主要空间;分别编制了东胜、神木和榆林地区直罗组底部骨架砂体系列图件,指出在东胜西北部、神木西北部和榆林西北部分别存在着各自的大型主干河道,这些主干河道分别向研究区东南部延伸并频繁分叉,从而演变为一系列总体呈北西-南东向展布且彼此基本平行的分支河道。

2003—2005年,项目研究统一归并至由核工业北京地质研究院和核工业二〇八地质大队共同负责的"鄂尔多斯盆地北部可地浸砂岩型铀矿成矿条件及矿化特征"之中,中国地质大学(武汉)完成提交了《鄂尔多斯盆地东北部侏罗系含铀目标层层序地层与沉积体系分析》课题报告,对含铀岩系的成因提出了新的解释,认为直罗组下段下亚段由辫状河沉积体系和辫状河三角洲沉积体系构成,而上亚段由曲流河沉积体系和(曲流河)三角洲沉积体系构成,直罗组中段由近岸冲积平原沉积体系和干旱湖泊沉积体系构成,直罗组上段可能由(曲流河)三角洲沉积体系构成。研究证实研究区直罗组的古水流总体指向东南方向。同时,进行了详细的沉积体系和骨架砂体内部结构解剖,阐明了沉积微相对铀成矿的控制规律,认为辫状分流河道砂体是最有利的层间氧化带发育和铀储集的空间,砂体非均质性是导致铀成矿的关键因素之一。指出在区域上铀异常一般罕见于主干辫状河道砂体中,而是与规模较小的辫状分流河道砂体密切相关。在辫状分流河道砂体中,铀异常多发育在砂体分叉或拐弯处。就单个辫状分流河道而言,砂体的西南侧更容易成矿,因为该处是成矿期成矿流体迎水面。对于多条辫状分流河道而言,铀矿化就具有北西-南东向雁列式展布的特点。详细解剖还发现,辫状分流河道砂体的频繁分岔、河道规模的减小、砂体平面和垂向非均质性的增强以及分流间湾的发育首先控制和抑制了层间氧化带的发育,进而控制了铀成矿。更精细的解剖发现,铀成矿正好位于砂体的无隔档层到隔档层突发区的过渡部位上,这个区域能成矿主要因为隔档层对成矿流体运动状态和速度的影响,以及细粒物质和还原物质的增多。

2006—2007年,中国地质大学(武汉)承担了中国核工业地质局下达的"鄂尔多斯盆地西部铀成矿规律研究"项目的子课题"鄂尔多斯盆地西部直罗组和延安组沉积体系分析",建立了鄂尔多斯盆地西部地区侏罗系完整的等时地层格架,对其内部含铀目标层系——直罗组和延安组进行了再划分。对直罗组下段铀储层和延安组(J_2y^1和J_2y^5)潜在铀储层进行了空间定位预测,强调了延安组J_2y^1深切谷铀储层对铀成矿的重要性。识别了含铀岩系沉积体系类型,重建了沉积体系域,结合其他控矿要素分析指出瓷窑堡—碎石井—马家滩—惠安堡一带为有利勘探目标区。其间,提出了砂岩型铀矿储层的新概念,出版了专著《铀储层沉积学——砂岩型铀矿勘查与开发的基础》。"铀储层定位预测——矿岩型铀矿勘查与开发的关键技术"荣获湖北省2007年度科技进步成果一等奖。

2008—2010年,中国地质大学(武汉)实施了国家自然科学基金项目"铀储层非均质性制约下的成矿流体动力机制(项目批准号:40772072)"。本项目以东胜铀矿床为目标,依托铀储层沉积学分析和三维流场数值模拟2项关键技术,精细刻画了铀储层内部的非均质结构,恢复了研究区5个重要演化阶段的古地貌,揭示了从沉积到接受铀成矿再到铀矿被改造期间铀储层的空间形态演化历史,重建了5个不同时期古地下水系统和结构参数的空间变化面貌,再现了研究区5个演化阶段成矿古流场的特征及其演化规律。综合分析认为,铀储层内部非均质性及其改造演化导致的铀储层空间变化制约了成矿流场的基本格局,成矿流场又无疑控制着层间氧化带的发育和铀成矿。当铀储层形成期的古水流与主成矿期地下水流场一致时有利于铀成矿,而当两者流向垂直时则成矿效力降低。

2008—2010年,中国地质大学(武汉)实施了中国核工业地质局的高校科技攻关项目"鄂尔多斯盆地铀储层预测评价研究",构建了全盆地侏罗系等时地层格架,依靠近千口钻孔和几十处露头等资料系统编制了鄂尔多斯盆地直罗组下段、中段和上段铀储层残留等厚度分布图,指出铀储层总体上呈现盆地西部和北部厚、东部和南部薄,且具有向盆地东部和东南部频繁分叉的朵状平面几何形态。据此认为在直罗组下段沉积期鄂尔多斯盆地主要存在4个大型物源-沉积朵体,并经多次优化最终分别命名为北部乌拉山物源-朵体、西北部狼山弧物源-朵体、西部龙首山物源-朵体、西南部西秦岭北坡物源-朵体。研究认为,鄂尔多斯盆地直罗组下段,无论是铀储层还是铀成矿均以物源-朵体为单位进行发育,指出除西北部物源-朵体由于埋深较大尚未实施勘查外,其余三大物源-朵体均与砂岩型铀矿成矿关系密切,其中北部物源-朵体控制了东胜铀矿田的形成,西部物源-朵体控制了磁窑堡—惠安堡铀矿床的形成,西南部物源-朵体则控制了店头铀矿床的形成。同时,尝试性地建立了鄂尔多斯盆地北部直罗组铀储层评价的分类评价指标体系。

2009—2011年,中国地质大学(武汉)实施了国家自然科学基金项目"鄂尔多斯盆地古地貌变迁与东胜铀成矿过程(项目批准号:40802023)",探讨了中新生代鄂尔多斯盆地发育和演化的地球动力学背景,总结了不同构造演化阶段的盆地构造模型及其与东胜铀矿床形成发育演化的相关性,识别和划分了铀成矿形成过程中的重要演化阶段。依据重要演化阶分别进行地貌关键参数选择、古地貌参数恢复与拾取、古地貌参数融合计算、古地貌参数系列制图,并借助地学空间信息三维可视化技术和平台,构建了鄂尔多斯盆地不同时期的古地貌3D可视化模型,恢复了古地貌形态。深入剖析了东胜铀矿不同演化阶段古地貌的基本特征,总结古构造背景控制下的古地貌演化规律,并对古构造、古地貌、铀成矿过程三者之间的关系进行了对比研究。综合分析认为,古构造变革影响着盆地的古地貌形态,古地貌形态进一步制约了铀储层的空间演变和内部非均质性,以及地下水流场的特征和演化规律,这些恰恰是东胜铀矿床的关键成矿因素。后续研究发现,煤及铀储层中的碳质碎屑作为重要的还原剂类型在铀成矿阶段以及铀矿的保矿和改造阶段发挥了重要作用。

2011—2013年,中国地质大学(武汉)实施了中核集团地矿事业部高校科技攻关项目"鄂尔多斯盆地东北部阴山物源-沉积体系重建及与铀成矿关系研究",进一步确认鄂尔多斯盆地东北部直罗组下段的物源方向为北西方向,该时期古流方向为北西-南东向。乌拉山蚀源区的乌拉山岩群片麻岩系和中酸性岩浆岩及其岩脉为东胜铀矿田的铀成矿提供了丰富的铀源。阴山物源-朵体的砂分散体系总体上展现了一个以呼斯梁为点源,沿着呼斯梁—柴登壕—红碱淖一线为轴线,向东南、东北和西南方向逐渐分叉的结构特征,且内部具有较强的非均质性。铀储层内部的层间氧化带总体呈北西-南东向展布,其中层间氧化带前锋线主要位于铀储层厚度减薄、非均质性突变、暗色泥岩和煤层厚度增加的部位。皂火壕铀矿床、纳岭沟铀矿床、柴登铀矿产地、农胜新-罕台庙铀矿床和大营铀矿床,它们共同产出于乌拉山物源-朵体的超级铀成矿系统中,其成矿背景和成矿作用既具有明显相似性又存在有限差异性。会同大营铀矿的研究,揭示了微弱的聚煤作用与铀矿化的关系和机理,这是对古层间氧化带成矿模式的重要补充。

2011年9月—2012年12月,中国地质大学(武汉)主持实施了中央地质勘查基金管理中心特别设立的铀矿普查配套专题研究项目"内蒙古自治区杭锦旗大营铀矿成矿规律与预测研究",在宏观构造格架和地层格架建立的基础上,精细地刻画了铀储层的空间形态与分布规律,依据岩石地球化学标志定量地给予古层间氧化带以准确的空间定位与预测,研究发现古氧化-还原的过渡带是铀矿化最活跃的空间。勘查和研究发现,大营铀矿直罗组下段上亚段是一个新的、主力含矿目的层,分析认为上亚段特有的微弱聚煤作用在铀成矿过程中起到了重要作用,由此提出了砂岩型铀矿双重还原介质联合制矿模型(模式)。系统地总结了微弱聚煤作用参与下的古层间氧化带成矿模式,指出铀储层非均质性制约着古层间氧化带发育的轨迹,而双重还原介质则共同控制着古层间氧化带发育的程度,并进而控制铀矿化作用。首次识别了铀储层中存在具有搬运性质的含铀碎屑颗粒,由此总结了砂岩型铀矿的双重铀源供给模式。通过大营铀矿会战探索的一整套铀矿化空间定位预测技术方法体系,被及时应用于工程设计、钻孔部署和优化调整之中,从科技支撑的角度促进了我国首个超大型砂岩铀矿的快速找矿突破。研究指出,相对稳定的构造背景、适当规模的铀储层和隔水层、微弱的泥炭沼泽化作用(薄煤线)、区域的氧化-还原地球化学障等地质信息是研究区重要的找矿标志,据此提出值得优先勘查的2个A类靶区,其中巴音乌素靶区被后期的勘查证实为巴音青格利特大型铀矿床,新胜北靶区被勘查证实为乌定布拉格铀矿产地。项目验收专家组认为:该项目圆满完成了既定的工作任务,成果具有创新性、实用性,在理论上和方法技术上有重大突破,为矿产勘查中科研与生产紧密结合树立了典范,研究成果在陆相盆地砂岩型铀矿勘查领域总体达到了国际先进水平。

2013—2014年,中国地质大学(武汉)主持了中央地质勘查基金管理中心设立的大营铀矿西段铀矿普查配套专题研究项目"内蒙古自治区杭锦旗大营铀矿西段铀成矿规律与预测研究",在大营铀矿会战期间根据关键控矿因素和找矿标志研究,指出大营铀矿西部的巴音乌素地区是一个值得优先勘查的A类靶区,会战指挥部采纳了该建议并实施了大营铀矿西部铀矿普查项目。专题研究项目借鉴大营铀矿模式和铀矿化空间定位预测技术方法体系,在巴音乌素勘查区开展含铀岩系等时地层格架、铀储层分布规律、古层间氧化带分布规律、铀异常分布规律研究,及时指导和优化勘查部署,2014年巴音乌素A类靶区被勘查证实为巴音青格利大型铀矿产地,直接扩大了大营铀矿的铀资源规模。后续的铀矿勘查将巴音青格利大型铀矿产地进一步落实为巴音青格利特大型铀矿床。

2014—2015年,中国地质大学(武汉)实施了中核集团地矿事业部高校科技攻关项目"鄂尔多斯盆地北部铀储层结构和层间氧化带精细解剖",进一步厘定和优化了鄂尔多斯盆地北部含铀岩系的等时地层格架,利用2000余口钻孔资料系统编制了《1∶5万大比例的区域铀储层和隔档层分布图》《区域特殊岩性(暗色泥岩和煤层)分布图》《区域古层间氧化带和矿化信息分布图》等共18张。对东胜铀矿田各个铀矿床的铀储层厚度、结构参数、暗色泥岩厚度、煤层厚度、氧化砂体厚度和比率等进行了数理统计和对比研究,结合其与铀矿体空间配置关系及相关性的研究,总结了控矿因素和找矿标志,提出了鄂尔多斯盆地东北部3个级别的铀成矿远景评价区。

2016—2017年,中国地质大学(武汉)实施了中国核工业地质局高校科技攻关项目"鄂尔多斯盆地北部铀储层非均质性建模研究",通过东胜神山沟张家村和榆林横山石湾镇典型露头剖面解剖发现,直罗组下段下亚段铀储层内部结构异常复杂但有序可循。首先表现在由等级界面和构成单元造成的沉积非均质性,即由第5、4、3、2、1级界面分别限定了具有固定时空配置规律的复合河道、河道单元、大底形、中底形和小底形。其次表现为成岩-成矿作用导致的非均质性,如钙质胶结作用、后生蚀变作用,它们一方面使沉积非均质性更加复杂化,另一方面也为层间氧化带识别和铀矿化预测提供了标志。研究人员深入剖析了东胜神山沟张家村露头剖面的后生蚀变、层间氧化带、铀矿化的相互作用与成因联系,重点从碳质碎屑、黄铁矿以及双重还原介质等角度揭示了铀矿化非均质性的制约因素与成岩-成矿响应,系统筛选了适宜于露头铀储层非均质性地质建模表征的关键要素和参数(沉积作用参数、成岩作用参数、沉积-成岩混合参数),构建了野外地质模型。总结了露头地质模型与地下矿床地质建模的区别与特色,筛选出具有共性的建模参数应用于纳岭沟铀矿床的先导性建模研究,为区域铀成矿规律总结和地浸采铀工艺方案制定奠定了坚实的沉积地质基础。

2018年7月—2021年12月,中国地质大学(武汉)实施了国家重点研发计划"深地资源勘查开采"重点专项课题"北方重要盆地矿集区铀富集机理和成矿模式(课题编号:2018YFC0604202)",聚焦"盆地深部铀成矿关键控矿要素和流体耦合成矿机理"和"盆地深层流体示踪及氧化-还原环境判别技术方法组合"2个关键科学问题,对具有潮湿→干旱过渡沉积背景的东胜铀矿田进行了解剖,构建了直罗组铀储层氧化-还原环境判别的岩石矿物学和地球化学指标体系,建立了古层间氧化带的精细分带模型。识别了8种与铀成矿作用关系密切的敏感矿物和物质,通过岩石、矿物和地球化学的精细研究,探讨了氧化-还原反应和酸-碱反应的铀成矿作用,揭示了浅层富氧含铀流体与深层含烃流体的特点,形成了一套铀成矿流体示踪技术。从"源-汇系统分析"和"铀成矿系统分析"的角度,揭示多要素耦合成矿机理,建立了铀成矿模式和找矿标志。验收专家组认为:课题在重要盆地矿集区铀富集机理和成矿模式方面为项目做出了重要贡献;课题研究工作细致,创新点具体、有意义且实用,具有很好的推广价值。以此为基础,整合了长期以来在铀成矿作用方面的思考以及科学主张,并于2023年初出版了专著《中国北方重要盆地铀富集机理与成矿模式》。

2021年12月,中国地质大学(武汉)对20多年来多个项目研究成果进行集成,编著出版了专著《铀储层非均质性地质建模——揭示鄂尔多斯盆地直罗组铀成矿机理和提高采收率的沉积学基础》。该专著以目前国内最大的产铀盆地——鄂尔多斯盆地为例,聚焦直罗组砂岩型铀矿床,在全盆地铀储层砂体的大型物源-沉积朵体的恢复与重建基础上,依据不同的物源朵体、铀储层类型以及铀成矿的多样性等选择了3个典型露头区,重点构建了辫状河三角洲和深切谷中4种铀储层的沉积、成岩-成矿非均质性地质模型;深入剖析了铀储层物理结构和物质成分的非均质性对铀成矿的制约关系。将露头地质建模的思路和经验引申于地下,选择并构建了典型铀矿床的非均质性地质模型,以期为揭示铀成矿机理、提高采收率以及进一步开展数字建模和数值模拟提供必要的沉积学基础。

2022年,中国地质大学(武汉)开始实施国家自然科学基金项目"砂岩型铀矿衰变的地质效应研究(项目批准号:42172128)",以东胜铀矿田典型铀矿床为对象,旨在通过系统的铀衰变地质效应研究,建立放射性敏感标志组合,总结铀矿衰变导致的地温场、有机质成熟度、碎屑矿物等地质参数指标的空间变化规律,以期揭示放射性衰变诸多敏感标志与铀矿体的空间配置规律,建立以"铀矿衰变"为特色的找矿标志,丰富砂岩型铀矿勘查预测的地质依据。

3. 核工业北京地质研究院

2001—2003年,核工业北京地质研究院实施了中国核工业地质局下达的"内蒙古—东北地区地浸砂岩型铀矿1∶250万系列编图及成矿预测"项目(王正邦等,2003),全面系统地收集本系统及石油、煤炭、地矿等单位的大量有关资料,系统编制内蒙古—东北地区地浸砂岩型铀矿1∶250万系列图件,对砂岩型铀成矿条件进行分析及远景预测。其中,对鄂尔多斯盆地砂岩铀成矿条件进行了研究,重点研究了盆地构造演化和铀成矿作用时期古地下水水文地质及水动力特征,进一步分析了东胜地区铀成矿条件并预测为铀成矿远景区。

2001—2005年,核工业北京地质研究院实施了中国核工业地质局下达的"中国北方中部及东部大型中新生代盆地铀成矿机理及预测技术研究"项目,对我国北方中新生代盆地铀成矿特征、成矿机理及预测技术进行研究。其中,确定鄂尔多斯盆地北部皂火壕铀矿床矿石中的主要铀矿物为铀石,并含有少量钛铀矿和沥青铀矿,富矿形成于白垩纪(22.2~9.0Ma)古层间氧化成矿作用之后的富矿形成期。进一步查明了皂火壕铀矿床灰绿色、绿色砂岩的化学成分中硅酸盐矿物二价铁含量高是该类型砂岩呈绿色的主要原因,在矿物组成上主要表现为黏土矿物总量高,特别是绿泥石含量高,是古氧化岩石遭受还原性流体改造的产物。建立了皂火壕铀矿床的"多阶段铀成矿模式",提出"成岩期预富集→层间渗入成矿→再改造富集→还原性流体保矿"的多阶段、多成因流体长期富集改造的铀成矿模式。

2002—2005年,核工业北京地质研究院实施了中国核工业地质局下达的"鄂尔多斯盆地北部铀成矿规律和模式研究""鄂尔多斯盆地东胜地区砂岩铀矿物质成分与蚀变作用研究""鄂尔多斯盆地东胜地区砂岩型铀矿成矿作用的同位素地球化学研究"和"鄂尔多斯盆地北部东胜地区成矿流体研究"等项目。这些项目是"鄂尔多斯盆地北部地浸砂岩型铀矿时空定位和成矿机理研究"项目的子课题,重点对盆地北部东胜地区及皂火壕铀矿床直罗组铀成矿条件、规律、铀矿化控制因素及铀成矿模式进行了系统研究。认为东胜地区直罗组后生蚀变主要有早期酸性氧化蚀变、氧化期后弱碱性蚀变、晚期还原弱碱性蚀变和还原期后热改造蚀变,铀矿化主要形成于早期酸性氧化蚀变。进一步阐明了砂体绿色成因,砂岩碎屑颗粒表面绿泥石是岩石呈绿色的主要原因,是晚期二次还原作用的产物。铀成矿年龄为(177 ± 16)Ma、(120 ± 11)Ma、(80 ± 5)Ma、(77 ± 6)Ma、(20 ± 2)Ma、(18 ± 1)Ma,说明铀矿化具有多期次的特点。东胜地区存在3次油氧活动,铀含量与包裹体烃类含量关系密切,提出油和油层水也可能提供部分铀源。皂火壕铀矿床的形成经历了预富集阶段、古潜水氧化作用阶段、古层间氧化作用阶段、油气还原作用阶段和热改造作用阶段,建立了叠合铀成矿模式。

2002—2005年,核工业北京地质研究院实施了国防科学技术工业委员会(2008年改为工信部)下达的"鄂尔多斯盆地地浸砂岩型铀矿成矿环境及综合预测评价"核能开发项目,分析鄂尔多斯盆地铀成矿的区域地质背景、成矿环境和成矿条件,对比研究新发现铀矿化的特征、控矿因素、成矿规律及成因模式,筛选出有利成矿远景区段。其中,论述了鄂尔多斯盆地北部直罗组下段的褪色蚀变(漂白)是渗逸到该层位中的酸解烃类气体对岩石发生诱发蚀变的结果,提出沉积相组合与油气阻滞-储集域的空间配置是油气诱发蚀变带与铀矿化层位空间定位的制约因素。进一步阐明了鄂尔多斯盆地北部东胜地区铀矿床可能经历了早期层间氧化成矿作用、后期油气还原作用、再发生新的层间氧化成矿作用的复杂过程,建立了古层间氧化叠加油气改造铀成矿作用及成矿模式,预测了塔然高勒-温家梁、伊金霍洛-大柳塔直罗组铀成矿远景区。

2003—2006年,核工业北京地质研究院实施了国防科学技术工业委员会下达的"地浸砂岩型铀矿快速评价技术及应用研究"核能开发项目,在鄂尔多斯盆地建立大型层间氧化带型砂岩铀矿综合找矿技术方法,在成矿规律和成矿理论研究方面取得新突破,并落实铀资源勘查基地和后备远景靶区。研究认为,鄂尔多斯盆地北部东胜地区直罗组铀矿化主要受构造、沉积相、岩性-地球化学、油气还原、后生氧化等因素的联合控制,经历了预富集-潜水氧化板状矿体形成阶段(J_2z)、早期层间氧化作用及主要卷状矿体形成阶段(J_2z末—K_1y)、油气还原-渗入成矿交替作用阶段(K_1y末—E)、晚期层间氧化铀矿体改造叠加阶段(N_1至今)4个铀成矿阶段,据此建立了东胜式"叠合成矿模式"。改进或开拓了EH_4测量、分量化探测量、氡及其子体测量、高精度磁测、活性炭吸附氡测量、遥感评价、航磁航放数据处理、弱信息提取、稳定同位素核酸探针技术(SIP)、同位素示踪和地质评价等技术方法。在鄂尔多斯盆地北部预测了新庙壕-温家梁-呼斯梁-君土梁直罗组铀成矿远景区。

2006—2008年,核工业北京地质研究院实施了中国核工业地质局下达的"基于GIS的鄂尔多斯盆地东北部砂岩型铀矿预测评价技术"项目,对直罗组沉积体系、岩性地球化学特征及与铀成矿关系开展研究,并进行预测评价。东胜地区存在古(绿色)、新(黄色)两种层间氧化带,绿色古层间氧化带控制了主要铀成矿带,与黄色氧化带相互叠加时,矿化品位会有所提高,是今后部署勘探工作的重要部位。建立了以地质成矿理论为基础的砂岩型铀矿综合评价体系,并进行了远景区预测。

2006—2008年,核工业北京地质研究院实施了中国核工业地质局下达的"不同类型氧化带及其与砂岩型铀矿成矿作用的关系"项目,其中对鄂尔多斯盆地北部古层间氧化带与铀成矿作用关系进行了研究。进一步明确了盆地北部砂岩显绿色的原因主要是覆盖于砂岩颗粒表面的新生绿泥石,是氧化砂岩遭受富含镁、铁的碱性还原性低温热液流体(不含H_2S)改造的结果,并由古氧化岩石控矿转变为具有还原性质的灰绿色、绿色砂岩控矿。铀成矿作用大致经历了铀预富集、沉积时期潜水氧化、J_3—K_1层间氧化作用、K_2—E_1层间氧化作用、N_1层氧化作用、N_2还原及层间氧化作用等阶段。

2007—2008年,核工业北京地质研究院和核工业二〇八大队共同实施了中国核工业地质局下达的"鄂尔多斯盆地东北部铀矿勘查信息系统的构建及综合预测评价"项目,对直罗组岩性特征、盆地构造特征、沉积相特征、层间氧化带特征及与铀矿化关系进行了综合评价。进一步说明了铀矿化带主要位于辫状河三角洲平原的分流河道边部,由宽变窄、分叉及拐弯等部位,灰绿色、绿色古层间氧化带和黄色氧化带叠加部位是今后的重点勘查部位。

2007—2009年,核工业北京地质研究院实施了"鄂尔多斯盆地东胜大型砂岩铀矿成矿特征研究"项目,该项目是国家重点基础研究发展计划(973计划)"多种能源矿产共存-富集环境和成藏(矿)机理"的子课题,对鄂尔多斯盆地北部东胜地区皂火壕铀矿床成矿物质及铀源、蚀变分带特征、成矿期次及年龄、含矿层碳酸盐成因等开展研究。直罗组下段砂岩主要为近源堆积的岩屑长石砂岩。矿石以铀石为主,此外还有少量的钛铀矿及晶质铀矿(沥青铀矿),铀主要以吸附态为主。灰绿色、绿色砂岩基本不含黄铁矿和碳屑(或有机质细脉),泥砾常具氧化边,其中所夹钙质砂岩呈灰紫色,并含强烈氧化的炭化植物碎屑,灰绿色、绿色砂岩的铀含量明显低于灰色砂岩,反映出它是早期经历过较强的氧化作用、晚期又遭受了还原作用的产物,绿泥石化是引起砂岩呈现绿色的主要原因。矿化阶段大体可分为120~74Ma主成矿期和22.2~9.8Ma叠加成矿期。

2008年,核工业北京地质研究院和核工业703航测遥感中心共同实施了中国核工业地质局下达的"鄂尔多斯盆地砂岩型铀矿资源潜力评价"项目。该项目属于"中国铀矿资源潜力评价项目"的子课题,对鄂尔多斯盆地砂岩型铀矿资源潜力进行评价。研究指出,鄂尔多斯陆相沉积盆地(J_3—K_2)—盆地抬升、盆缘断陷、盆地解体(E—Q)阶段在干旱古气候的匹配下控制了盆地砂岩型铀矿的形成及其油气渗出还原作用的发生,盆地北部铀源、构造斜坡带、沉积建造、沉积相、后生蚀变、绿色蚀变和铀矿化标志7种成矿条件是控制盆地砂岩型铀成矿的主要因素。总结了鄂尔多斯盆地北部砂岩型铀矿成矿规律,建立了盆地北部含矿岩系沉积预富集阶段(J_2)、多期古层间氧化作用成矿阶段(J_3—N_1初)、后期油气渗出还原作用保矿阶段(N_1末—N_2)、晚期地表潜水氧化作用阶段(Q)的皂火壕铀成矿模式;确定了对铀矿床定位、蚀源区和含矿建造富铀性具有一定指示作用的放射性综合信息,通过重力、航磁和遥感解释成果厘定出对地下水补-径-排古水文地质条件和铀矿床具有一定控制作用的断裂构造。

2010—2014年,核工业北京地质研究院实施了中国核工业集团公司下达的"铀矿大基地资源扩大与评价技术研究"重点科技项目,进一步深化、完善各铀矿大基地成矿理论,建立地质、物化探综合勘查方法,提升深部勘查技术,预测新的勘查区和铀资源。其中,对鄂尔多斯盆地北部砂岩型铀矿床构造、建造和改造等多方面进行了综合研究,认为直罗组铀成矿与其上覆地层安定组的剥蚀程度有关,直罗组顶界面(白垩系底界面)的低洼部位是铀成矿的有利地段。证实了纳岭沟铀矿床—大营铀矿床一带泊尔海子断裂构造,为深部油气向上逸散以及含氧水的排泄提供了重要通道。紫红色古氧化残留砂岩,其U含量、全岩S及有机C含量最低,Fe^{3+}与Fe^{2+}比值高,进一步阐述了灰绿色、绿色砂岩主要由深部逸散上来的油气对古氧化砂岩进行二次还原改造所致。铀成矿年龄分别为$(94.5±2.7)$Ma、$(83.1±2.4)$Ma、$(82.9±9.9)$Ma、$(75.2±2.1)$Ma、$(67.8±2.4)$Ma、$(66.8±7.2)$Ma,具有叠合成矿的特点,并且在后期成矿的同时不仅将前一期矿体中的一部分U^{4+}氧化成U^{6+},同时沉淀富集更多的铀矿物,使U含量升高。建立了东胜地区"三阶段"铀成矿模式,即同沉积富集-潜水氧化阶段、古层间氧化阶段、还原性气体再改造阶段。

2013—2014年,核工业北京地质研究院实施了中国核工业地质局下达的"大型盆地砂岩铀矿与其他能源矿产成藏关系对比"项目,其中对鄂尔多斯盆地北部大营-纳岭沟铀矿床成矿特征及控矿因素进行了研究。通过对大营-纳岭沟铀矿床直罗组灰色砂岩和灰绿色、绿色砂岩全岩S、有机C、酸解烃、方解石、黄铁矿、黏土矿物、C和O同位素、S同位素等方面的研究,用微观数据证明了宏观地质认识,灰绿色、绿色砂岩经历了早期古氧化作用,经历的二次还原改造作用的产物,提出二次还原作用是由深部油气上逸引起的,并非是由延安组顶部的煤层气引起的。认为大营-纳岭沟铀矿床与皂火壕铀矿床经历了相同的铀成矿阶段,大致分为铀预富集、古层间氧化作用和二次还原作用3个阶段,并由此建立了铀成矿模式。

4. 核工业二○三研究所

2014年,核工业二○三研究所实施了中国核工业地质下达的"东胜地区砂岩型铀矿后生蚀变地质作用研究"项目,对东胜地区直罗组后生蚀变特征与铀矿化关系进行了研究。认为直罗组早期为氧化酸性蚀变,主要表现是"红色、黄色蚀变"残留,蚀变类型为针铁矿、水针铁矿、黄钾铁矾;中期为弱酸—弱碱—碱性、弱还原—还原蚀变,主要表现是"绿色蚀变"和铀矿化蚀变,类型有绿泥石化、铀石化、黄铁矿化;晚期为碱性还原蚀变,类型有碳酸盐化、黄铁矿化。"绿色蚀变"的本质就是绿泥石化,古流体成因为"与沉积作用或热卤水"有关的(中)低温浅成热液,而绿色蚀变阶段和铀矿化蚀变阶段似乎存在短暂热事件。铀矿化蚀变阶段形成的铀石一是从早期沥青铀矿转化而来,二是从含U、Si组分的强还原性(碱性)溶液沉淀富集,二者必居其一或互有贡献。

5. 核工业航测遥感中心

2004年,核工业航测遥感中心实施了中国核工业地质局下达的"应用航测遥感技术开展内蒙古鄂尔多斯盆地砂岩型铀成矿综合评价"项目,通过航放航磁资料综合解译,开展综合研究和编图,对盆地铀成矿环境进行分析研究。主要以航测遥感解译成果为依据,认为鄂尔多斯盆地北部潜水氧化、层间氧化带型砂岩铀矿是主要找矿类型,侏罗系延安组、直罗组,白垩系罗汉洞组、华池-环河组是主攻层位,并预测了伊金霍洛旗—成陵庙直罗组、杭锦旗直罗组和华池-环河组、新民—三眼井罗汉洞组、乌兰不冷—盐池华池-环河组、乌加庙罗汉洞组和华池-环河组、三岔镇直罗组和华池-环河组等铀成矿远景区。

6. 东华理工大学

2003—2005年,东华理工大学实施了"鄂尔多斯盆地北部近代水文地质条件及铀矿地浸开采条件研究"项目。该项目是中国核工业地质局下达,由核工业北京地质研究院牵头的"鄂尔多斯盆地北部地浸砂岩型铀矿时空定位和成矿机理研究"项目的子课题。研究认为,东胜地区皂火壕铀矿床南部东西向构造带为径流-排泄区,由补给-径流区向径流-排泄区地下水矿化度逐渐增大,现代水文地质和古水动力条件具有继承性特点。铀矿物在地下水样中均处于不饱和状态,铀处于不断溶解淋滤过程之中,不利于成矿,并指出塔拉壕收费站、王家塔-孙家梁、神山沟、刘家梁和达尔汗豪-皂火壕5个水中铀高值区为可能的铀成矿远景区。

7. 中山大学

2003—2005年,中山大学实施了"鄂尔多斯盆地北部新生代构造和构造演化特征研究"项目,是中国核工业地质局下达,由核工业北京地质研究院牵头的"鄂尔多斯盆地北部地浸砂岩型铀矿时空定位和成矿机理研究"项目的子课题。阐述了盆地北部中生代构造演化特征,类似"次造山带"作用的东翘西倾的构造格局,对东胜地区砂岩型铀矿床的形成具有很大影响;阐述了新构造运动与砂岩型铀矿化的关系。晚白垩世—古新世发生的广泛的剥蚀夷平作用十分有利于铀的活化、迁移和富集。始新世中期盆地北、西缘断陷分别形成,地表水、地下水已由鄂尔多斯盆地内部向外流动,但盆地东部尚未形成裂陷,加上地块呈西斜势态,铀仍有向鄂尔多斯盆地内部活化、迁移和富集的条件。中新世晚期盆地东部裂陷形成,并发生较强的热事件(地幔上隆、玄武岩喷发等),对铀矿化进行了改造,富集成矿作用与剥蚀破坏作用相比已经微不足道,特别是在黄河诞生后更是如此。

8. 天津地质调查中心

2015—2019年,天津地质调查中心牵头实施了"中国北方巨型铀成矿带陆相盆地沉积环境与大规模成矿作用"项目,该项目属国家重点基础研究发展计划(973计划),其中,成都理工大学负责"中国北方陆相盆地含铀岩系成矿环境研究"课题,东华理工大学负责"中国北方砂岩型铀矿流体成矿过程研究"课题,中国核科技信息与经济研究院负责"煤铀的时空关系及有机质对铀成矿的影响研究"课题,核工业北京地质研究院负责"典型产铀盆地成矿机理与成矿模式研究"课题,吉林大学负责"基于大数据的铀资源潜力评价"课题,天津地质调查中心负责"中国北方陆相盆地大规模铀成矿作用"课题,重点对陆相盆地含铀岩系沉积环境对成矿的制约、表生流体作用下铀的超常富集机理和煤等有机质对铀成矿的影响开展研究。根据中生代地层由上到下为红色、黄绿色和灰色岩石的颜色垂直分带性,针对鄂尔多斯盆地北部划分了代表氧化条件的上部"红色岩系",它是指一套黄色-褐色-红色的陆相碎屑岩层组合;代表还原条件的下部"黑色岩系",它是指一套绿色-灰色-黑色陆相碎屑岩层及含丰富的还原介质如煤、油气等。提出了"红黑岩系"耦合沉积控矿的观点,"红-黑-铀"三者具有密切共生的关系,强调了成岩环境红黑耦合沉积变化对后期成矿作用影响的重要性。由此建立了砂岩型铀矿"跌宕"成矿模型,即地下潜水面周期性上升下降,构造斜坡带内具泥-砂-泥结构岩层中的流体与开阔区域流体形成虹吸潟湖现象,为砂岩型铀成矿提供了驱动力,形成水进水退交替脉动循环的成矿过程。该模式强调了砂岩型铀成矿层位沿潜水面变化而变化,即潜水面波动层位为成矿有利层位。由此解释了北方系列盆地砂岩型铀矿板状矿体、蚀变矿物组合反分带、铀储层自西向东穿时(侏罗系→白垩系)变新等现象。

第二章 砂岩铀矿床研究现状

砂岩铀矿床是世界主要勘查和开采的铀矿类型之一,也是我国主要勘查和开采的铀矿类型,具有储量大、埋深浅、易开采的特点,具有极大的工业价值。砂岩铀矿床在世界上有较为广泛的分布,乌兹别克斯坦、哈萨克斯坦、俄罗斯、美国、加拿大和澳大利亚等国家铀资源较为丰富。我国砂岩铀矿床主要分布在北方鄂尔多斯盆地、二连盆地、伊犁盆地、松辽盆地、吐哈盆地和巴音戈壁盆地,其中,伊犁盆地和松辽盆地已经取得了很好的开采效果,鄂尔多斯盆地纳岭沟铀矿床和二连盆地巴彦乌拉铀矿床已经取得了地浸开采试验的成功,正将其建设成为现代化地浸铀矿山。

第一节 国外砂岩铀矿床研究现状

美国和苏联对砂岩铀矿床进行了较早的研究。在 20 世纪 50—70 年代,美国陆续发现了一系列砂岩铀矿床,逐渐形成了格兰茨(U-腐殖酸型板状矿床)、尤拉凡(V-Cu-U 型板状矿床)、怀俄明(细菌型卷状铀矿床)和得克萨斯(非细菌型卷状铀矿床)四大砂岩铀矿床(王正邦,1994)。地质学家对怀俄明盆地、科罗拉多高原和南得克萨斯等砂岩铀矿床的成矿物质来源、矿床成因、成矿模式等进行了深入研究和系统总结,提出了铀矿空间定位受到含矿建造形成期的沉积体系及有利岩相的控制、后生改造期地下水补-径-排水动力系统及层间氧化带前锋线控制等砂岩成矿理论,建立了怀俄明、科罗拉多和南得克萨斯式等几种不同类型砂岩铀矿床的成矿模式及找矿标志,比较典型的为"卷型"铀成矿理论。其中具代表性的研究者有 H. H. Adler, B. J. Sharp, W. I. Finch, R. I. Rackley, E. N. Harshman, S. S. Adams, C. G. Warren, H. C. Granger, W. R. Keefer, J. W. King, D. H. Eargle, W. F. Galloway, J. S. Stuckless 等。他们的研究成果不仅为怀俄明、科罗拉多和南得克萨斯地区的铀成矿规律总结和找矿预测及新矿床的发现做出了重要贡献,而且为水成铀矿理论的建立和发展打下了扎实的基础。自 20 世纪 90 年代以来,美国对砂岩型铀矿的研究基本处于停滞状态。

1952 年,苏联在乌兹别克斯坦的中卡兹尔库姆地区通过 1∶5 万航空放射性测量,发现赋存于古生代花岗岩风化壳和地台盖层(白垩系)中的伽马异常(狄永强和孙西田,1996)。后续在勘查过程中,进一步发现了赋存于渗透性砂岩中的沥青铀矿,集中产于黄色(氧化的褐铁矿化)和灰色(未氧化岩石)的边界上,这一发现揭开了对赋存于渗透性砂岩中的铀矿化研究的新篇章。以黄色(氧化的褐铁矿化)和灰色(未氧化岩石)的边界(层间氧化带前锋线)为找矿标志,取得了寻找砂岩铀矿床的巨大成果,乌兹别克斯坦中卡兹尔库姆地区发现了乌奇库都克、肯得克秋拜、苏格拉雷、布吉纳依和萨贝尔萨依等砂岩铀矿床,属近天山铀成矿省(赵凤民,2013)。在哈萨克斯坦北部发现了蒙库杜克、英凯、布琼诺夫、查尔巴克、乌代纳斯等砂岩铀矿床,属近天山铀成矿省的楚-萨雷苏铀成矿区。在哈萨克斯坦南部发现了卡拉穆龙、依尔科立、哈拉桑、扎列奇诺等砂岩铀矿床,属近天山铀成矿省的锡尔达林铀成矿区。其中,乌奇库都克铀矿床铀资源就达近 10×10^4 t,仅楚-萨雷苏铀成矿区和锡尔达林铀成矿区铀资源就达 150×10^4 t 以上,估计中亚地区砂岩铀资源量占全球当时探明铀资源量的 30% 以上。

苏联对层间氧化带型砂岩铀矿床的研究工作主要从乌奇库都克铀矿床开始。1956—1960年，通过对乌奇库都克铀矿床区域性岩相古地理、岩石地球化学环境、放射性水文地球化学环境，逐步总结出铀矿化的空间定位规律，层间氧化成矿的概念得到了绝大部分地质工作者的支持，形成了全新的层间氧化成矿作用的概念，即这种成矿作用是在含水系统中由于水化学环境从氧化条件急剧变为还原条件而发生的（狄永强等，1996）。1965年，А. И. 别列里曼主编的《水成铀矿床》，从地球化学障铀富集类型、水文地球化学因素、岩石地球化学环境、铀矿床形成控制因素等方面进行了系统的总结和研究，基本形成了"层间-渗入型"和"潜水-渗入型"铀成矿理论，统称为水成铀矿理论。为了与"外生"（主要是沉积岩中由外生成矿流体作为成矿溶液的矿床，与"内生"的概念对应）和"后生"（主要是指一些矿物、矿物组合和岩石组分在成岩阶段发生的变化，不取决于成岩阶段地下水将物质带入和带出，与"同生"概念对应）的区别，由此提出了"水成铀矿"的概念，指由外生地下水形成的铀矿床归入"水成"铀矿床，也称"外生-后成渗入型"铀矿床，包括"层间氧化带型"和"潜水氧化带型"铀矿床。区域氧化带前锋线控矿的概念已为世界地质学界普遍接受，并建立了水成铀矿床分类原则，划分了水成铀矿床类型。自20世纪70年代起，Р. И. 戈利得什金、К. Г. 布洛文、М. В. 舒尔林、В. И. 肖托奇金、В. А. 格拉博夫尼科夫等苏联铀矿地质学家对中亚地区砂岩型铀矿床的成矿环境、形成机理、成矿模式等进行了深入系统的研究，进一步系统完善了"层间-渗入型"水成铀矿理论。通过对层间氧化带型砂岩铀矿床形成的大地构造背景研究，发现乌奇库都克铀矿床的形成与区域性含氧含铀水补给区的某些古生代隆起无关，而是天山造山带最新的构造活化引起了含氧含铀水向盆地含水地层运移和排泄，由此提出了"次造山带成矿理论"。通过找矿实践，形成了一套比较系统的层间氧化带型砂岩铀矿的找矿预测及勘查准则和方法。

"次造山带成矿理论"的提出，进一步促进了水成铀矿理论的发展。该理论强调了对不同大地构造属性的自流水盆地地下水动力学所进行的详细研究，存在着水动力运动方向相反的两类水动力区（渗入和渗出方式区）。在地槽、地台和造山带盆地中绝大部分是渗出方式区，而在次造山区则以渗入方式为主。按照А. И. 别列里曼的观点，依据垂直断块运动的特点和强度，构造活化区域可进一步划分为造山带、次造山带，造山带垂直断块运动的幅度大于2000m，次造山带幅度在500～2000m之间。在次造山带的地台活化阶段，铀矿床与次一级构造存在着各种各样的关系，如中亚地区的费尔干纳盆地、沿塔什干边部次级盆地、阿穆达林东北缘、塔吉克-阿富汗盆地北缘均经历了次造山阶段（中新世），瑟尔达林盆地和中克兹尔库姆小盆地群在其地质发展史中也经历了次造山阶段（中新世—上新世）。上述次造山作用阶段控制了层间水向盆地运移的水动力方式，产生层间水渗入方式区，形成层间氧化带和相应的铀矿床。因此，不难看出，苏联地质学家对砂岩型铀成矿有利构造的研究中，次造山作用在铀矿化的定位中起着巨大的作用，控矿的层间氧化带一般形成于次造山阶段，盆地次造山带的发育程度认为是进行铀矿预测评价的重要因素之一。自20世纪90年代，随着中亚地区水成铀矿理论逐步完善和大批铀矿床的发现，研究工作逐步缩减。

20世纪70—80年代，苏联发现了外乌拉尔地区的达尔马托夫、西伯利亚地区的马林诺夫和外贝加尔地区的希阿格达等产于古河谷中的砂岩铀矿床，由此提出了"古河谷型"砂岩铀矿床的概念，并进一步划分为"基底古河谷型"和"建造间古河谷型"（赵凤民，2006）。也有文献将俄罗斯"古河谷型"称为"古河道型"，如1998年5月核工业北京地质研究院和核工业东北地质局组成的赴俄地质编图考察小组编著的《俄罗斯及蒙古铀矿地质概况——赴俄技术考察报告》中所示，2010年聂逢君所著《二连盆地古河道砂岩型铀矿》中也将其归属于"古河道型"。蒙古乔伊尔盆地发现了哈拉特"古河道型"砂岩铀矿床（赵凤民，2005年）。苏联地质学家通过对达尔马托夫、马林诺夫和希阿格达等铀矿床成矿特征及控矿因素研究，达尔马托夫铀矿床早期为潜水氧化铀成矿作用（称之为古河道型铀矿化），后期受构造活化的影响，产生了层间氧化铀成矿作用，哈拉特铀矿床为潜水氧化铀成矿作用。上述铀矿床的矿化成因与中亚地区砂岩铀矿床是一致的，均属于外生-后成渗入成因范畴，但是在形成的构造条件、地质条件、水文地质条件、矿化特征及控制因素、预测评价标志等方面具有较大区别。

第二节 我国砂岩铀矿床研究现状

从 20 世纪 90 年代初,我国引进了由苏联在中亚地区建立的水成铀矿理论和预测评价方法,从此开始了我国北方中生代沉积盆地的砂岩型铀矿预测评价研究和勘查工作。在伊犁盆地南缘发现了蒙其古尔、乌库尔其、扎吉斯坦、洪海沟等铀矿床,在吐哈盆地南缘发现了十红滩铀矿床,在鄂尔多斯盆地北部发现了皂火壕、柴登壕、纳岭沟、磁窑堡、大营、巴音青格利等铀矿床,在二连盆地发现了努和廷、巴彦乌拉和哈达图等铀矿床,在巴音戈壁盆地发现了塔木素铀矿床,在松辽盆地发现了钱家店铀矿床,取得了我国砂岩型铀矿找矿的历史性重大突破。通过对上述盆地铀成矿条件和成矿特征进行研究,取得了砂岩型铀成矿理论的创新性认识,创建了具有中国特色的铀成矿模式,进一步补充和完善了水成铀矿理论,促进了我国北方砂岩型铀矿找矿的跨越式发展。

伊犁盆地和吐哈盆地与哈萨克斯坦、乌兹别克斯坦境内的天山地区同属于天山铀成矿省,属天山造山带中的山间盆地,二者与境外卡拉套铀成矿区、恰特卡洛-库拉明铀成矿区、费尔干纳铀成矿区和东吉尔吉斯斯坦铀成矿区相邻(赵凤民,2013),具有类似的成矿特征。伊犁盆地和吐哈盆地具有共同的地球动力学背景,是弱伸展构造环境下形成的产铀建造在弱挤压构造环境下进一步导致铀的叠加聚集、富集成矿。伊犁盆地南缘蒙其古尔等铀矿床明显受层间氧化-还原"过渡带"控制,经历了铀预富集、层间氧化作用及成矿和矿后叠加富集 3 个阶段,建立了"伊犁式"铀成矿模式,属典型的层间氧化带型砂岩铀矿床(张金带等,2010)。吐哈盆地十红滩铀矿床经历了含矿建造沉积及后生预富集、层间氧化作用及主成矿阶段和新构造叠加改造 3 个阶段,受层间氧化-还原过渡带控制,属典型层间氧化带型砂岩铀矿床,建立了"吐哈式"铀成矿模式。

鄂尔多斯盆地北部皂火壕等古层间氧化带型砂岩铀矿床成矿构造背景、成矿特征和找矿标志具有很强的特殊性,由于受构造活动和后生还原作用的影响,岩石地球化学环境、古水文地质条件、铀成矿作用过程等多变而复杂,与国内外层间-渗入型铀矿床明显不同。如前所述,核工业二〇八大队、核工业北京地质研究院、核工业二〇三研究所、核工业航测遥感中心、中国地质大学(武汉)、东华理工大学、中山大学、地质调查中心和中央地质勘查基金中心等相关单位开展了深入系统的研究工作,得出了具有中国特色的创新性理论和认识,对该类型铀矿床的研究成果及认识领先于世界,在此不再赘述。

鄂尔多斯盆地西缘磁窑堡铀矿床产于逆冲断裂构造带的马家滩-甜水堡段的马家滩断褶带,地质构造复杂。铀成矿作用划分为地层预富集、地层褶皱与剥蚀、局部层间氧化作用及铀成矿、泥岩覆盖保矿等阶段,提出了磁窑堡地区主要是短轴背斜控矿这一观点,建立了"逆冲断裂带"磁窑堡铀成矿模式,属局部层间氧化带型砂岩铀矿床(郭庆银,2010;刘忠厚等,2011)。按"外生-后成渗入型"铀成矿理论观点,该类型铀矿床一般不形成于构造活动相对强烈的地区,而是形成于后期弱活化构造活动的"静中有动"的地区。磁窑堡铀矿床的发现为在大型盆地边缘构造活动带砂岩型铀矿找矿提供了参考依据和方向。

二连盆地马尼特坳陷巴彦乌拉铀矿床为古河谷型砂岩铀矿床,但该类型矿床的构造背景、含矿沉积建造、控制含氧含铀水渗入的构造活化条件等与俄罗斯型古河谷型铀矿床具有明显的不同。苏联地质学家对古河谷型铀矿床进行了定义,但国内部分地质学者将其归属于古河道型,均没有将古河谷型和古河道型砂岩铀矿作进一步区分和定义,普遍认为古河谷型就是古河道型。古河谷型和古河道型在砂岩铀矿床分类中也没有区分,在潜水氧化带型中只划分了古河谷(道)亚类之一。张金带等(2015)对铀矿化成因进行了砂岩类型划分,但没有将古河谷(道)型进行单独划分。聂逢君等(2010)对古河谷型和古河道型进行了区分,并对古河道型砂岩铀矿进行了定义,将其划分为砂岩型铀矿床的单独类型之一,认为俄罗斯古河谷型铀矿床和二连盆地古河谷型铀矿床属古道型铀矿床。笔者认为,俄罗斯达尔马托夫、马林诺夫和希阿格达等铀矿床应归属于古河道型，但是二连盆地巴彦乌拉铀矿床不是古河道型，应归属于古河谷型铀矿床，属砂岩型铀矿床类型之一。二连盆地断坳转换期古河谷侧向发育赛汉组上段属冲积扇-辫状河-辫状河三角洲沉积体系的大规模骨架砂体，沉积后构造反转导致古河谷两侧剥蚀严重，为含氧含铀水渗入创造了极为有利的构造条件，由潜水氧化作用、潜水-层间氧化作用成矿，成矿特征具有明显的独特性，由此建立了巴彦乌拉铀矿床古河谷型铀成矿模式。古河谷型铀矿床定义及成矿特征在《二连盆地古河谷型砂岩铀矿床》（彭云彪等，2021）一书中有详细论述，在此不再赘述。

二连盆地努和廷铀矿床属同沉积泥岩型铀矿床，裂后热沉降是控制晚白垩世铀源持续供给、湖泊稳定发育和持续铀矿化的重要构造背景，铀富集成矿形成于湖泊扩张体系域3次主要的湖泛事件，每次湖泛事件的湖泊淤浅阶段均形成一层铀矿体，其中最大湖泛事件的湖泊淤浅阶段沉积了主矿体，从早至晚各次湖泛面积逐渐变大，从下至上矿体规模依次扩大，由此建立了同沉积泥岩型铀成矿模式。努和廷同沉积泥岩型铀矿床成矿特征在《同沉积泥岩型铀矿床——二连盆地超大型努和廷铀矿床典型分析》（彭云彪等，2015）一书中有详细论述，在此不再赘述。

巴音戈壁盆地塔木素铀矿床形成于以重力流为特色的扇三角洲沉积体系，这对铀成矿起到了重要影响，成矿之后热流体改造现象较为突出。在充分认识了断陷湖盆背景下扇三角洲沉积体系控矿机制的基础上，将塔木素铀成矿作用过程划分为铀预富集和同生沉积型铀成矿阶段、层间氧化作用阶段和中—低温热液改造作用阶段，建立了"同沉积-层间氧化-后生热液改造"的铀成矿模式。由此可以看出，层间氧化作用为主要成矿作用，铀矿化受层间氧化带前锋线控制，属层间氧化带型砂岩铀矿床。但是，该矿床形成于走滑拉分构造背景条件下，中新生代盆地演化的地质背景极其复杂，冲积扇、扇三角洲和湖相沉积共同发育，铀矿仅产在扇三角洲沉积砂体中，扇三角洲砂体是砂岩型铀矿化的直接控制因素之一，与国内外其他层间氧化带型砂岩铀矿床有所不同。塔木素铀矿床成矿特征在《内蒙古中西部中生代产铀盆地理论技术创新与重大找矿突破》一书中有详细论述（彭云彪等，2019），也即将有新的专著出版，在此不再赘述。

松辽盆地钱家店铀矿床受局部氧化带控制，铀成矿作用经历原生沉积预富集阶段、油气与煤层气还原再富集阶段和层间氧化叠加成矿阶段，由构造天窗渗入-氧化水渗入形成局部层间氧化带及铀沉淀富集成矿，建立了"松辽式"铀成矿模式（张金带等，2010）。焦养泉等（2015，2018）研究认为，导致钱家店铀矿床形成发育的关键要素是"沉积相变"，松辽盆地的姚家组属于典型的红层，在辫状河三角洲平原上由稳定分流间湾形成的暗色泥岩充当了铀储层的外部还原介质，它的存在大大增强了铀储层的整体还原能力，从而抑制了区域层间氧化带的发育，形成了沿相变边界分布的氧化-还原地球化学障以及相应的铀矿体，并用"干旱红层相控铀成矿模式"总结了松辽盆地南缘的区域铀成矿规律。

综上所述，从矿化成因方面，我国北方中生代沉积盆地砂岩铀成矿类型主要可划分出层间氧化带型、古层间氧化带型、潜水氧化带型和潜水-层间氧化型等"外生-后成渗入型"砂岩铀矿床及同沉积泥岩型铀矿床，从铀矿化形成的构造条件、地质条件、水文地质条件、矿化特征及控制因素、预测评价标志等方面的独特性，可划分出古河谷型和古河道型"外生-后成渗入型"砂岩铀矿床，并具有相应的成矿模式和预测评价标志，形成了具有中国特色的铀成矿理论体系。

第三节 有关铀成矿成因及成矿模式几个问题的讨论

鄂尔多斯盆地北部古层间氧化带型砂岩铀矿床绿色古层间氧化带成因及成矿模式已被国内外地质工作者普遍接受，但是在某些成矿地质要素方面还存在不同的观点，也存在继续补充完善的地方。

一、"次造山带成矿理论"适用性

"次造山带成矿理论"是在一定的构造背景和地质条件下建立的,是一个综合性的构造概念,是针对新构造运动对原有构造形态改造程度而言的,具有一定的地域性、阶段性和时限性。如前所述,"次造山带成矿理论"是苏联地质学家通过对中亚地区乌奇库都克等层间氧化带型砂岩铀矿床的研究建立的,该地区在成矿前为稳定的地台环境,包括侏罗纪、白垩纪和新近纪,从渐新世至今的造山作用导致含氧含铀水的渗入成矿,一系列铀矿床均产于次造山带边缘地带。在次造山带的地台活化阶段,铀矿床与次一级构造存在着各种各样的关系。因此,不难看出,苏联地质学家对砂岩型铀成矿有利构造背景的研究中,次造山作用在铀矿化的定位中起着巨大的作用,控矿的层间氧化带一般形成于次造山阶段。中亚地区已有的层间氧化带型砂岩铀矿床在空间上基本与年轻的次造山带有紧密联系,还见其赋存在新近纪—第四纪的构造活化区。

处于不同级别的大地构造单元上的大型坳陷盆地和小型山间盆地都可以形成大小不等的层间氧化带及铀矿床,如美国科罗拉多、怀俄明及得克萨斯三大铀矿区,其中科罗拉多高原的盆地是在地台区,怀俄明的盆地是在褶皱带内,而得克萨斯海岸平原为大陆边缘沉降带。哈萨克斯坦的楚-萨雷苏坳陷位于地台区,新疆伊犁盆地、内蒙古二连盆地均在褶皱带内,所以层间氧化作用可以形成于各种大地构造环境内。一般地讲,大型铀矿床受控于较大的坳陷盆地中的层间氧化带内,但是,不同盆地层间氧化作用形成的构造背景有所不同。盆地沉积岩形成以后,层间氧化带型砂岩铀矿床的形成需要有一个构造活化条件,构造活化要适度,地层倾角以0°~5°为佳,含矿层的边缘直接或间接(如断层、上覆为透水层)暴露在地表,使含矿层接受地表含氧水的补给。例如在中亚地区,渐新世以来的年轻次造山区(出现构造-岩浆活化和构造活化的区域)控制了层间氧化带型砂岩铀矿床的空间分布,费尔干纳盆地、沿塔什干边部次级盆地、阿穆达林东北缘、塔吉克-阿富汗盆地北缘均经历了次造山阶段(中新世),瑟尔达林盆地和中克兹尔库姆小盆地群在其地质发展史中也经历了次造山阶段(中新世—上新世)。上述次造山作用阶段控制了层间水向盆地运移的水动力方式,产生层间水渗入方式区,形成层间氧化带和相应的铀矿床。铀矿床一般位于盆地边部,不仅见于次造山带的外部边界范围,而且一直延伸至地台区很远的范围内。

在鄂尔多斯盆地北部,新生代时期没有明显的次造山作用,反而是在盆地四周表现出强烈的断陷构造运动,形成河套、银川、汾渭等断陷盆地并接受沉积,此新构造运动后也不具有层间渗入型盆地的特点,不存在来自蚀源区至盆地完整的含氧含铀地下水补-径-排系统、区域层间氧化作用及铀成矿作用。有地质工作者提出可将东胜古隆起划为次造山带,但从现有地貌特点可以看出并没有次造山带的存在,如果追溯到新构造运动之前,鄂尔多斯盆地北部也并不发育次造山带,况且古隆起并不能代表次造山带,古隆起并不一定是在铀成矿时由次造山作用形成,在铀成矿时也可能处于静止状态,而次造山带强调的是在铀成矿时存在次造山作用。根据直罗组碎屑物组分分析,沉积物主要来源于盆地北部阴山山脉的太古宙—元古宙的变质岩系及显生宙岩浆岩(金若时等,2020)。对全盆地中侏罗世大型物源-沉积朵体的恢复与重建表明,鄂尔多斯盆地北部直罗组的物质来源主要为北部阴山造山带中的乌拉山(焦养泉等,2021)。上述特征可以间接说明,盆地北部并不发育次造山带。受燕山构造运动的影响,中侏罗世晚期一直到河套断陷形成之前,盆地北部开始整体上隆,伊陕单斜构造也发生了适度的构造掀斜作用,从而为含氧含铀水向盆地渗入并产生区域性层间氧化作用及铀成矿作用奠定了必要的构造活化条件。乌兹别克斯坦乌奇库都克铀矿床的形成与区域性含氧含铀水补给区的某些古生代隆起无关,而是因为天山造山带最新的构造活化,引起了含氧含铀水向盆地含水地层运移和排泄(狄永强等,1996)。

此外,次造山作用不仅是蚀源区含氧含铀水向盆地渗入的构造活化条件,而且也是蚀源区富铀地质体中铀活化迁出的构造条件。次造山带相对较低的低山丘陵地区,在干旱、半干旱气候条件下,化学风化促使富铀地质体发育较厚的风化壳,才可使铀通过大气降水充分淋滤活化迁出而随含氧水向盆地渗入和运移。如果受各种地质条件的制约,盆地地层中含氧含铀水运移距离相对较短,只发生局部层间氧化作用，铀成矿的铀源主要来自盆地蚀源区。强烈造山带不利于化学风化作用的发生，富铀地质体风化壳不发育，往往以物理风化为主，铀随着碎屑物搬运至盆地形成富铀碎屑沉积物，如果盆地砂岩发育规模大及稳定展布，并且具有足够使含氧含铀水长距离运移的水动力条件，在后期层间氧化作用过程中地层中富铀碎屑沉积物可以提供丰富的二次铀源。所以，对于区域层间氧化带型铀矿床，由于含氧含铀水运移距离长，地层中的铀可以为大规模铀成矿作用提供充足的铀源，由次造山带富铀地质体风化壳中通过构造活化迁出的铀，对于局部层间氧带型铀矿床形成的铀源条件显得更为重要，尤其是基底型古河道砂岩铀矿床更是如此。而鄂尔多斯盆地北部并不见次造山带及风化壳的发育，盆地内直罗组富铀碎屑沉积物正是这一系列铀矿床形成的重要铀源。

所以，"次造山带成矿理论"在鄂尔多斯盆地北部砂岩型铀矿预测评价中是不适用的。二连盆地巴彦乌拉古河谷型砂岩铀矿床形成的构造活化条件也不具有次造山作用的特点，而是控制古河谷的断裂构造反转造成局部抬升剥蚀，是含氧含铀水渗入的构造活化条件。

二、"深源成矿"观点

"水成铀矿理论"虽然已普遍被铀矿地质工作者所接受，其中"层间-渗入型"是这一铀成矿理论的精髓，但是仍存在不同的观点。比较典型的就是20世纪70年代苏联地质学家 Х. Б. 阿乌巴基医洛夫提出的"砂岩型铀矿床热液成因论"（核工业北京地质研究院，2016），对水成铀矿理论持有否定态度。他通过对哈萨克斯坦南部楚-萨雷苏铀成矿区和锡尔达林铀成矿区的勘查实践过程，认为铀矿床分布不受岩性-岩相边界和区域层间氧化带前锋线的控制，经常见到切穿围岩走向和倾向的非岩相控制的矿体，矿带中可见碳酸盐化、高岭土化、赤铁矿化、黄铁矿化、白云母化及其他蚀变等热液矿床的典型特征，外生条件不具备钼、锌、铅、砷、钒及其他一些元素的迁移和富集能力，来自深部的氯质水浸到上部的碳酸水和硫酸水造成了对矿田内天然水化学分带性的破坏等，上述现象无法用"水成铀矿理论"来解释。通过对铀矿化成因的研究，他提出成矿热液来自地层深部，成矿热液沿断裂构造上升过程中，在氧化-还原环境和热力学环境发生剧变的情况下，还可能有其他没有研究的未知条件，形成了稳定的地球化学障，并形成铀的沉淀和富集成矿，建立了"砂岩型铀矿床热液成因论"。该理论重点研究了依次变化的各种地质作用与热液成矿作用机制之间的逻辑关系，其核心内容是指"成矿热液来自深源"的观点。Х. Б. 阿乌巴基医洛夫曾与中国核工业地质局及核工业二四〇研究所有关专家对松辽盆地钱家店铀矿床进行了现场技术讨论，他们也认为应该用"成矿热液来自深源"观点对该矿床进行成因解释。

但是，作者认为用"砂岩型铀矿床热液成因论"的观点代替"层间-渗入型"铀成矿理论也有许多对铀矿化特征及成因难以解释的方面，目前还不能被广大地质工作者接受。比如，层间氧化带型铀矿床未氧化灰色还原砂体铀含量明显高于黄色或红色的氧化砂体，沿含水层铀从氧化砂岩至还原砂岩具有明显的水平运移和富集的过程，具有明显的氧化带—过渡带—还原带的岩石地球化学水平分带性。有时候矿体具有跨越岩性岩相的特点，可能是层间水在运移过程中由于局部断裂构造或"天窗"造成局部越流而引起的，也可能是由断裂构造控制形成的"堆状"铀矿化。卷状矿体和板状矿体均沿含氧层间水运移方向与地层平行发育。铀富集与岩石地球化学环境具有明显的空间耦合关系，与地层中固有的还原介质具有明显的相关关系。如果成矿热液流体沿断裂构造来自于深部，铀一般富集在断裂构造附近，与断裂构造具有明显的空间关系，断裂构造与铀矿体之间应该明显存在成矿热液流体在地层中活动所留下不同的岩石地球化学痕迹和热液蚀变痕迹。

针对鄂尔多斯盆地北部铀矿床成因问题，国内部分地质工作者也提出了有来自深部成矿热液参与成矿的观点，但并没有否定"层间-渗入型"铀成矿作用的存在。欧光习（2015）通过对皂火壕铀矿床油气包裹体的研究认为，铀源除了来自蚀源区和地层本身之外，来自深部油气流体（石油、油层水、煤层水）也可能带来部分铀源，但是对深部油气流体是否是成矿热液流体及是否参与铀成矿作用没有进行进一步的阐述。聂逢君（2019）通过对鄂尔多斯盆地北部白垩系和直罗组砂岩型铀矿化成因的研究，发现了方铅矿、闪锌矿、黄铜矿、黄铁矿和毒砂等低温热液金属硫化物,认为有来自深部的低温成矿热液流体沿断裂构造的渗出作用,也有来自表生含氧含铀水的渗入作用,提出了"双向流体"铀成矿模式。李子颖(2020)也提出了类似的观点。但是,我国对"砂岩型铀矿床热液成因论"的研究还处在初期阶段,需要对深部热液成矿流体的成因机制以及与地质事件的耦合成因关系进行深入系统的研究,特别是需要对原生搬运沉积碎屑和后生蚀变胶结物进行准确判别。

三、板状矿体成因

板状矿体成因只针对"层间-渗入型"铀矿床而言,即层间氧化带型砂岩铀矿床,其他类型砂岩铀矿床的板状矿体形态不具有研究和讨论的意义。

中亚地区层间氧化带型铀矿床矿体形态以卷状为主,而我国鄂尔多斯盆地北部、二连盆地和松辽盆地铀矿床矿体形态以板状为主,几乎见不到卷状矿体,所以大家对我国板状矿体形态的成因讨论甚多。国际原子能机构(IAEA)的世界铀矿床分布图阅读指南把砂岩铀矿床分为卷状、板状(包括非层间氧化带型砂岩铀矿床)、底河道型和前寒武纪砂岩4个亚类(聂逢君,2010),将板状矿体划分为单独的砂岩铀矿床类型之一。

卷状矿体和板状矿体共存是层间氧化带型铀矿床客观存在的普遍现象。

中亚地区乌其库都克、萨贝尔撒依等典型层间氧化带型砂岩铀矿床不乏有板状矿体的存在(李普洲等,2001)。其中,乌其库都克铀矿床矿体形成的渗透过程决定了矿体的独特形态,形成各种形式的矿卷,卷头和翼部是组成卷状矿体的两个基本要素,分布最广泛的矿体形态是卷状。如果卷头缺失,见到的是卷状矿体的翼部矿体,呈板状,有时候只发育一翼的板状矿体,有时候发育上、下两翼的板状矿体,可以理解为板状矿体是卷状矿体特殊的表现形式,但对卷头矿体缺失的地质因素没有进一步阐明。萨贝尔撒依铀矿床矿体形态取决于岩性成分、含矿围岩的孔隙和裂隙的复杂程度、所含还原剂的数量,以及所处断块的构造活化程度,根据复杂程度,矿体分为层状矿体(即板状矿体)、简单矿卷和复杂矿卷(主要指双矿卷)。其中,层状矿体和复杂卷状矿体与夹持在不同方向的层间氧化带尖灭线之间的未氧化岩石残留体有关,但对决定矿体形态的各地质因素没有进一步讨论。

А.И.别列里曼在《水成铀矿床》一书认为由层间水形成的矿床,矿体形态与含矿围岩的岩性-地球化学特性及其中还原剂的分布特点紧密相关。矿体形态与含同生还原剂岩石中的矿床含矿围岩的岩性-地球化学特点之间的联系表现得特别清楚,在有机物分布极不均匀的碳质层剖面中,煤和碳质粉砂岩与砂岩层交替分布,此时矿体多数为层状-透镜状,而且铀矿化趋向于煤层和含煤粉砂岩层,富集于与层间氧化砂岩相接触的边部。是否可以理解为当砂岩层中分布不均匀的还原介质(包括同生和后生)和还原能力更强的暗色泥岩(及粉砂岩)时,由于其具有较强还原能力,含氧含铀水流经时,首先卸载铀并顺还原介质较强的部位或暗色泥岩处形成板状矿体。在鄂尔多斯盆地北部、二连盆地、巴音戈壁盆地和松辽盆地铀矿床,在砂岩层中均见顺泥岩或渗透性相对较弱的部位发育板状矿体。

焦养泉等(2018,2021)通过对铀储层非均质性地质建模的研究发现,砂岩型铀矿的矿体形态受制于铀储层双重还原介质的垂向非均质性。当还原介质垂向分布均匀或者对称分布时,通常有利于"舌状层间氧化带"和"卷状矿体"的发育;而当还原介质在垂向上逐渐衰减时,则有利于"上倾层间氧化带"和"下翼矿体"发育,该结构使上翼矿体发育受到抑制、卷头矿体萎缩并与下翼矿体合并;当还原介质在垂向上逐渐增加时,则有利于"下倾层间氧化带"和"上翼矿体"发育,该结构使下翼矿体发育受到抑制、卷头矿体萎缩并与上翼矿体合并。这主要取决于铀储层中层间氧化作用与铀的变价受控于还原介质的空间分布结构,铀储层中的层间氧化作用总是趋向在还原通量的低势区发育,而铀的沉淀则主要趋向在还原通量的高势区发生。

矿体形态与含矿围岩岩性特点存在联系,在中亚和美国多为海相产铀盆地,在海岸沉积物中,具有沿倾向稳定发育的砂岩层,岩性相对稳定,还原介质分布相对均匀,通常以规则的卷状矿体为主。我国北方陆相产铀盆地,岩相-岩性分布复杂,砂岩层中发育不同渗透性的层间和透镜状岩石,不可避免地造成还原介质分布"有富有贫"的非均质性,不乏有板状矿体发育。根据上述特点可以想到,在含石油、天然气和煤等能源盆地中,如果呈液体或气体状态的后生还原介质充当主要还原障时,由于其在渗透性最强的岩层中均匀运移和分布,则在渗透性最强的岩层中以卷状体为特征。所以,地层中固有还原介质和后生气液还原介质两种不同性质的还原障,在形成主要矿体形态时也会有所不同。

含水层中地下水运移的速度在许多情况下不仅决定了它所在岩石的层间氧化作用的发育程度,而且也决定了层间氧化带在平面和剖面中的形态,同时也直接反映在由其控制的铀矿层(体)的形态上(夏同庆等,1995)。控矿层间氧化带迁移速度永远低于层间水运移速度的许多倍。当地下水运移速度发生变化时(受水力坡度、渗透系数和含水层厚度变化等影响),层间氧化带运移速度将发生变化并影响层间氧化带前锋线的形状,层间氧化带前锋线的形状无论是在平面上还是在剖面上也将由于地层中层间水运动速度的变化而发生变化(在地下水运动力速度高的地方,向前形成舌状体;在速度低的地方发生滞后)。同时也指出,矿体形态和大小在许多方面取决于含水层岩石的岩性-岩相的均匀程度,含水层越均匀,它的渗透系数也越均匀,层间氧化带前锋线形状也越简单,其矿体形态也越简单(以卷状矿体为主)。反之,层间氧化带前锋线具有更为复杂的形态,形成的矿体形态也复杂多变,不乏有板状矿体产出。所以,一般情况下由于海相沉积盆地含水层岩石的岩性-岩相的均匀程度远远好于陆相沉积盆地冲积或洪积成因的岩性-岩相,海相沉积盆地铀矿床矿体形态以简单卷状为主,如中亚地区乌其库都克等层间氧化带型砂岩铀矿床;陆相沉积盆地铀矿床矿体形态相对复杂,板状矿体发育,如我国北方中生代沉积盆地。此外,含水层中还原剂的数量和性质对层间氧化带的运移速度有很大影响。含水层中岩石还原剂含量愈高,其他条件相同的条件下,层间氧化带的运移速度愈慢,地球化学反差度也愈大,从而影响到矿体形态。还原剂分布不均匀导致层间氧化带前锋线和矿体形态更为复杂,也导致层间氧化带岩石后方出现大量残留板状矿体。

美国科罗拉罗高原板状铀矿床是美国重要的矿床类型,得克萨斯沿岸平原卷状矿床系统中板状矿体较为发育(黄文斌,2017),板状砂岩铀矿床构成了美国最大的铀资源类型。RICHARDF·SANFORD采用地下水流的定量模型对美国科罗拉罗高原San Juan盆地板状铀矿床成因机制进行了分析(郭三民等,1995),研究认为含水岩层中存在沿地层倾向的重力驱动水流和垂向上的压实水流,压实水流相对于重力驱动水流是可以忽略不计的,而且压实水流一般是向上的,大多数泥岩中的孔隙水一般在埋藏早期损失,向下运动的溶液造成有机物对铀的晚期后生富集作用的假定是不可能的,所以否定了由上覆软泥向下和向外的压实作用驱动的单一流体的湖积-腐殖酸盐模型形成板状铀矿床的观点。该学者提出了重力驱动的地层沿倾向向下流动的上部流体和近于水平的流体两者之间存在密度分层界面,这个界面很可能存在于浅部新鲜水(含氧含铀水)和深部咸地下水之间,界面之上有氧化岩石的水位,沿倾向向下运移的水流在流体界面形成了铀的沉淀富集,自然是以板状矿体产出。

板状矿体也可由后期对原有卷状矿体的改造作用形成,当后期含氧水渗入和运移条件进一步加强时,沿着卷状矿体向前继续发育层间氧化作用,再向前往往还原介质相对贫乏,则破坏原有卷头矿体,只存在板状矿体。所以,矿体形态有时具有阶段性特点。

可以看出,铀矿体产出形态受岩性-岩相、岩性成分、含矿围岩的孔隙和裂隙的复杂程度、固有还原剂的数量及分布、后生还原介质的分布、含水层厚度变化、地下水运移的速度及流体界面等诸多地质因素影响,只是不同地质学家从不同角度分别对不同矿床板状矿体成因进行了初步分析,而对同一矿床从不同角度对板状矿体成因的分析还不够系统和深入。不同地区层间氧化带型砂岩铀矿床影响矿体产出形态的地质因素也有所区别,所以也不可能有一个统一模式来解释某一矿床板状矿体的成因问题。

此外,层间氧化带型砂岩铀矿床的矿体形态是否更取决于矿体边界指标圈定的影响,目前按照《地浸砂岩型铀矿地质勘查规范》(EJ/T 1157—2018)只圈定了品位≥0.01%、平米铀量≥$1kg/m^2$(埋深≤500m)和平米铀量≥$2kg/m^2$(埋深>500m)的矿体,而这一指标是根据地浸开采的经济性人为主观因素来确定的指标,并不代表客观地质因素。所以,建立在主观因素上讨论矿体形态本身存在一定的局限性,也就是说不应受品位≥0.01%、平米铀量≥1kg/m²和≥2kg/m²指标的限制。试想,我国鄂尔多斯盆地北部、二连盆地和松辽盆地中以板状矿体产出的铀矿床,如果设定品位≥0.005%、平米铀量≥0.5kg/m²或1kg/m²的指标,是否可以圈出卷状铀矿体。

四、其他值得注意的几个问题

鄂尔多斯盆地北部铀矿床除上述讨论的问题外,还有进一步研究和完善的地方。盆地北部直罗组和延安组发育100多千米层间氧化带前锋线,在相似的岩石和水文地球化学环境下,在氧化带前锋线位置普遍存在"成矿与无矿"的现象,而成矿部位只占其中很少的一部分,这种现象需要从"水成铀矿理论"或"砂岩铀矿床热液成因论"进行研究和解释。任何一个砂岩铀矿床,都存在有的氧化带前锋线含矿、大部分前锋线不含矿的现象,因此应对含矿与不含矿的岩性-岩相条件、氧化-还原条件、水动力条件等进行差异性深入研究。

盆地北部赋矿层位直罗组古层间氧化带从下部灰绿色、绿色砂岩向上逐渐过渡为绿色、深绿色泥岩,现在理解为砂岩绿色是后生还原改造形成的。一般情况下泥岩受后生改造的程度远远低于砂岩,成岩后更是不可能造成普遍及均匀的后生蚀变,通常理解为泥岩中的绿色为原生的。但是,后生绿色砂岩和原生绿色泥岩之间在颜色上是渐变关系,而不是突变关系,也不存在明显的岩石地球化学界面,即矿物地球化学界面,如果砂岩绿色和泥岩绿色分别是后生和原生形成的,那么在二者之间必然存在明显的矿物地球化学分界面,所以绿色泥岩地球化学成因类型值得进一步研究。

盆地北部直罗组下段普遍存在上部绿色砂岩粒度略小于下部灰色砂岩粒度的特征,这与通常含氧承压层间水沿含水层运移时的水动力条件不相符。一般情况下,承压水在含水层中运移首先应该沿粒度相对较粗、渗透性相对较好的部位优先运移,被氧化的首先是粒度相对较粗的砂岩,也就是说直罗组下段绿色古氧化岩石首先应发育于下部粒度相对较粗的砂岩,而不是上部粒度相对较细的砂岩。这一现象与常规的层间水动力机制不相符,应该是值得进一步研究的问题。

典型层间氧化带型砂岩铀矿床存在由氧化带(红色、黄色,赋存Fe^{3+})、过渡带(杂色,赋存Fe^{3+}和Fe^{2+})、还原带(灰色,赋存Fe^{2+})的岩石地球化学分带,是矿物地球化学分带在岩石中的体现。鄂尔多斯盆地北部直罗组下段发育绿色和灰色两种岩石地球化学类型,由氧化到还原的分带性体现为绿色氧化带、"过渡带"(绿色与灰色垂向叠置带)、灰色还原带,并不存在真正意义上的过渡带岩石。这一现象是否与二次还原作用有关及形成的地球化学机制,目前尚不明确。

另外,鄂尔多斯盆地北部铀矿床直罗组下段沉积体系、岩石地球化学环境、构造事件和铀成矿作用四者之间的空间耦合关系及成因联系、内生因素与外生因素和铀成矿作用之间的成因联系、成矿时古地貌及古水动力条件、水中铀沉淀时Eh值和黄铁矿、煤屑等固体还原剂的Eh值及相互之间的关系、铀矿田定位的区域构造和地质条件等都值得进一步研究。

第四节 古层间氧化带型砂岩铀矿床定义

鄂尔多斯盆地北部砂岩型铀矿床虽然由层间-渗入作用形成,属于层间氧化带型铀矿床,但是其产出特点、岩石地球化学环境、成矿作用过程、控制因素和预测评价标志都具有很强的特殊性,与典型层间氧化带型铀矿床有很大不同。所以针对鄂尔多斯盆地北部砂岩型铀矿床独特的成矿特征,有必要对其进行单独划分,成为层间氧化带型铀矿床的亚类型,并给予特定的含义。

前人还未对古砂岩型铀矿床进行过准确定义,也没有建立一套完整的概念体系,此处只对古砂岩型铀矿床的含义进行初步论述。

古砂岩型铀矿床特指"成矿时后生氧化岩石地球化学环境完全被后期还原改造并隐伏于还原岩石地球化学环境中的砂岩铀矿床"。该类型铀矿床的主要特点是成矿时的后生氧化岩石地球化学环境完全被还原改造,完全体现不出成矿时岩石地球化学环境的特点,矿床完全隐伏于现在的还原岩石地球化学环境中;不存在Fe^{3+}和Fe^{2+}共存的过渡带岩石环境,只发育原生还原灰色和后生还原改造岩石地球化学环境(一般为绿色、灰绿色、灰色)。该类型铀矿床形成时间往往较早,一般在新构造运动之前。

中亚地区及我国伊犁盆地南缘和吐哈盆地南缘铀矿床,虽然经历了一定程度的后生还原改造作用,但是还原改造作用并不彻底,仍保持了成矿时的氧化岩石地球化学环境,铀矿床产于氧化带与还原带之间的过渡带岩石中,其成矿时间主要在中新世—第四纪,形成时间相对较晚。

与古砂岩型铀矿床相对应的古氧化带是指"氧化岩石经后期还原作用完全改造后的具有还原性质的岩石地球化学类型",原有红色或黄色氧化岩石经后期还原改造后,完全体现不出原有氧化岩石地球化学类型的特点,现在表现为还原岩石的特点,称之为古氧化带,也可理解为"二次还原带",此处用"古"来区别红色或黄色典型氧化带。古氧化带不发育碳质碎屑等还原介质,不含原生二价铁的硫化物,一般呈现为绿色、灰绿色、灰色,其分布代表了古氧化岩石的空间展布特点。有时可见由于后生还原改造作用的不均匀性而残留于古氧化带中的团块状氧化岩石,仍保存了原有的黄色或红色岩石的特点,少数呈现为褐铁矿发育的灰色岩石。古氧化带中氧化岩石的残留主要是岩石渗透性的不均匀性造成的,由于细砂岩、钙质胶结砂岩的渗透性相对较差,烃类流体在其中的渗滤作用较弱而导致还原作用不彻底,使其以氧化残留体的形式保存了下来。

古氧化带的发育进一步造成了对古砂岩型铀矿床勘查工作的复杂性,加大了勘查工作的难度,因为易于识别的控矿的黄色或红色氧化带岩石已不存在。古氧化带在识别和鉴定上是一项很复杂的工作,在野外勘查过程中古氧化带往往被误认为原生还原带而漏掉矿床。

古氧化带形成以后,新构造运动对矿床的抬升作用,使矿床暴露或接近于地表,造成含氧水对古砂岩型铀矿的再次氧化改造作用,形成对原矿体的破坏及铀的重新富集。矿体往往呈透镜状、长条状,残留于重新富集矿体的上游部位,或暴露于地表被完全破坏,如鄂尔多斯盆地北东部神山沟一带地表铀矿化点就是古砂岩型铀矿床的剥蚀残留。

根据氧化带成因类型,将层间-渗入形成并经后期还原完全改造的氧化带称为古层间氧化带,由古层间氧化带控制的古砂岩型铀矿床称为古层间氧化带型铀矿床,属于层间氧化带型砂岩铀矿床的新亚类。

黄净白等(2006)所称的古砂岩型铀矿床相对于现代砂岩型铀矿床而言,是指沉积盆地内成矿期早于第四纪的砂岩铀矿床,不包括沉积成岩型砂岩铀矿床和潜水氧化带型砂岩铀矿床。换句话说,第四纪之前铀成矿作用已终止的砂岩铀矿床称为古砂岩型铀矿床,属层间氧化作用形成的铀矿床称为古层间氧化带型砂岩铀矿床;而第四纪形成的砂岩铀矿称为近代砂岩铀矿。

本书中提出的古砂岩型铀矿床的含义,与黄净白等(2006)提出的古砂岩型铀矿床含义有所不同。黄净白等(2006)提出的古砂岩型铀矿床强调的是时间概念,把古砂岩型铀矿床的成矿时间限于第四纪之前,但是,砂岩型铀矿床的形成在不改变古地下水铀成矿系统的前提下,成矿作用就不会终止,只是成矿作用有强弱之分,没有时间间隔。本书中提出的古砂岩型铀矿床,一方面强调的是现今完全看不到成矿时原有的岩石地球化学环境,后期的还原改造作用完全掩盖了矿床形成时的岩石地球化学环境。另一方面强调的是古地下水铀成矿系统在古砂岩型铀矿床形成后发生了彻底改变,成矿作用被迫终止。这是对一类铀矿床的成因定义,而不是一个简单的时间概念。

第三章 盆地构造背景及演化与铀活化条件

鄂尔多斯盆地是中国北方最重要的含能源沉积盆地,中-新生代特有的大地构造环境以及盆地充填和构造演化历史,共同制约了煤、油、铀等多种能源矿产资源的同盆共存富集效应。从"源-汇系统"和"铀成矿系统"的角度看,铀的活化-迁移-沉淀是盆地构造背景及其演化历史的具体响应。

第一节 区域大地构造背景

鄂尔多斯盆地位于华北板块西部(图3-1),属华北地台的一部分(张抗,1989),其形成历史早、演化时间长,是中国现存的较为稳定、完整的构造单元,是中生代发育起来的大型内陆坳陷盆地,面积达25万 km²。盆地南北缘分别受近东西向展布的祁连-秦岭构造带及阴山构造带边部深大断裂的控制,太行-吕梁及贺兰山南北向构造带分别构成了盆地东西边界(并与阿拉善地块和山西地块相分隔),形成南北向展布的矩形盆地。盆地北部被河套断陷围绕,伊陕单斜是其主要构造单元(王双明,1996)。鄂尔多斯盆地的发育时限为中晚三叠世—早白垩世,晚白垩世以来为盆地的后期改造时期,现今盆地为经过多

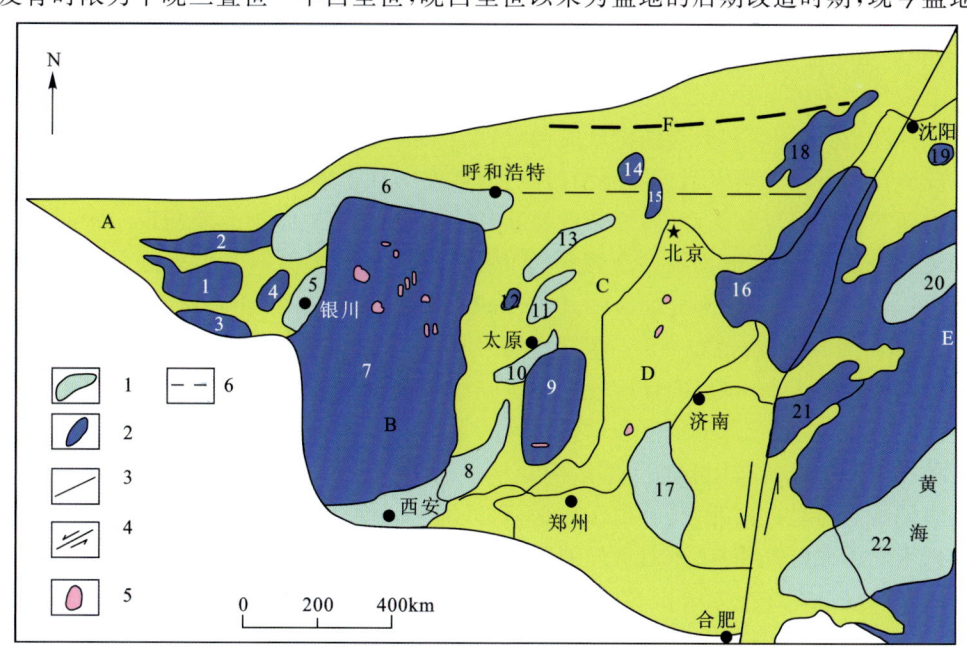

图 3-1 华北克拉通构造分区图(据张抗,1989)

地块:A.阿拉善;B.鄂尔多斯;C.山西;D.河淮;E.胶辽;F.内蒙古
图例:1.新生代盆地;2.中生代盆地;3.克拉通边界;4.断层及活动方向;5.气田位置;6.隐伏断层
盆地:1.潮水;2.雅布赖;3.武威;4.巴音浩特;5.银川;6.河套;7.鄂尔多斯;8.渭河;9.沁水;10.太原;11.忻县;12.宁武;13.桑干河;14.张家口;15.延庆;16.渤海湾;17.南华北;18.阜新-义县;19.本溪(上古生界残留盆地);20.北黄海;21.莱芜;22.苏北-南黄海

期不同形式改造的残留盆地(刘池洋等,2006;赵俊峰等,2008)。鄂尔多斯盆地集石油、天然气、煤和铀于一盆,多种能源矿产丰富,是我国重要的能源盆地,蕴含丰富的石油、天然气、煤炭和铀等资源。其中,鄂尔多斯盆地北部依次发现了皂火壕、柴登壕、纳岭沟、大营、磁窑堡和巴音青格利等一系列砂岩铀矿床,合称为东胜铀矿田,是我国最大的铀资源基地。如此大规模铀成矿作用的形成和终止明显受盆地构造背景的影响。

根据盆地构造特点,鄂尔多斯盆地自燕山期以来可划分为西缘褶皱冲断带、天环向斜、伊陕单斜区、渭北断隆区、河东断褶带、河套断陷和汾渭断陷7个三级构造单元(图3-2)。为了进一步区别不同地段的构造特征,西缘褶皱冲断带进一步划分为乌拉山-桌子山、贺兰山-横城堡、马家滩-甜水堡、少井子-平凉和华亭-陇县5段;伊陕单斜区分为东胜-靖边、延安和庆阳3个单斜;渭北断隆区分为彬县-黄陵坳褶带和铜川-韩城褶断带;河东断褶带分为准格尔-兴县、兴县-临县、离石-吴堡和石楼-乡宁4段,共14个四级构造单元(陈占仓等,1992)。与鄂尔多斯盆地北部铀成矿作用有关的主要是阴山古隆起、河套断陷、伊陕单斜区及东胜-靖边单斜(也称东胜斜坡)和天环向斜,已发现铀矿床主要位于伊陕单斜区北部。

阴山古隆起为内蒙古地轴的一部分,自西向东主要有巴音乌拉山、狼山、渣尔泰山、色尔腾山、乌拉山和大青山等。按照P.И.戈利得什金等苏联铀矿地质学家提出的"次造山带成矿理论",阴山古隆起构造活动相当剧烈,属于造山带的范畴,由于阴山造山带与鄂尔多斯盆地之间断裂构造十分发育,后期又有河套断陷的形成,所以隆起和盆地之间次造山带发育不明显。鄂尔多斯盆地从中侏罗世沉积开始到后期砂岩铀成矿过程中,一直到河套断陷形成之前,阴山古隆起为盆地提供了丰富的富铀碎屑沉积物,是盆地含氧地下水的主要渗入区。

河套断陷呈东西向展布于北侧阴山古隆起和南侧鄂尔多斯盆地之间,最大深度达15 500m,一般在3000～8000m之间。断陷结晶基底为前寒武纪地层,主要充填物为古近系、新近系和第四系。按照P.И.戈利得什金、К.Г.布洛文等苏联铀矿地质学家提出的自流盆地类型,河套断陷应属于渗出型自流盆地类型,也往往是伴随造山带产出的盆地类型。据地震资料,河套断陷之下存在下白垩统,这可能是断陷形成之前的沉积充填,属于鄂尔多斯盆地下白垩统的一部分。这也明确指示,在始新世之前"古河套"应该属于鄂尔多斯盆地的一部分,该区的侏罗系—下白垩统是鄂尔多斯盆地北部的边缘相沉积物,属于阴山造山带与鄂尔多斯盆地之间的"古斜坡"而非"古隆起"。结合河套断陷形成之后铀成矿作用终止、伊陕单斜的掀斜构造运动和砂岩铀矿形成条件,笔者认为鄂尔多斯盆地北部中侏罗世和早白垩世沉积及后期铀成矿作用可以忽略伊盟古隆起的影响,所以本书并未采用有伊盟隆起的构造分区。

伊陕单斜区相邻于河套断陷南侧,南与渭北断隆区相接,其东属于河东断褶带,西与天环坳陷相邻。除北部有断裂相隔外,其他三面均属过渡关系。伊陕单斜区是构成鄂尔多斯盆地主体构造单元的南西倾平缓单斜,占据了盆地的绝大部分地区。其中,东胜-靖边单斜占据了伊陕单斜的绝大部分地区,倾角0°～3°,盆地北部向南倾斜,倾角0°～5°。伊陕单斜及东胜-靖边单斜稳定的构造背景使盆地北部侏罗纪延安期开始进入稳定的沉积阶段(成煤阶段),为延安组和直罗组砂体的发育和稳定展布创造了极为有利的构造条件,后期构造背景的继承性和弱活化性为盆地含氧含铀水长期稳定运移创造了水动力条件,对中生代沉积作用和铀成矿作用有直接的影响。

天环向斜轴线总体呈近南北走向,位于盆地西部,北与河套断陷相邻,西侧为固源褶皱冲断带(西缘褶皱冲断带),南与渭北断隆相接,不对称向斜的东翼是伊陕单斜区,宽340～350km。该向斜总体平缓而开阔,但其西翼窄陡,宽20～50km。在古生代表现为鄂尔多斯盆地西部隆起带,中侏罗统及以下地层也不受天环向斜的影响,表现为单斜形态。但是,该向斜沉积了较厚的下白垩统,构成了早白垩世沉积中心,并对后期地下水的运移方向具有控制作用,充当了后期地下水的区域性排泄区。

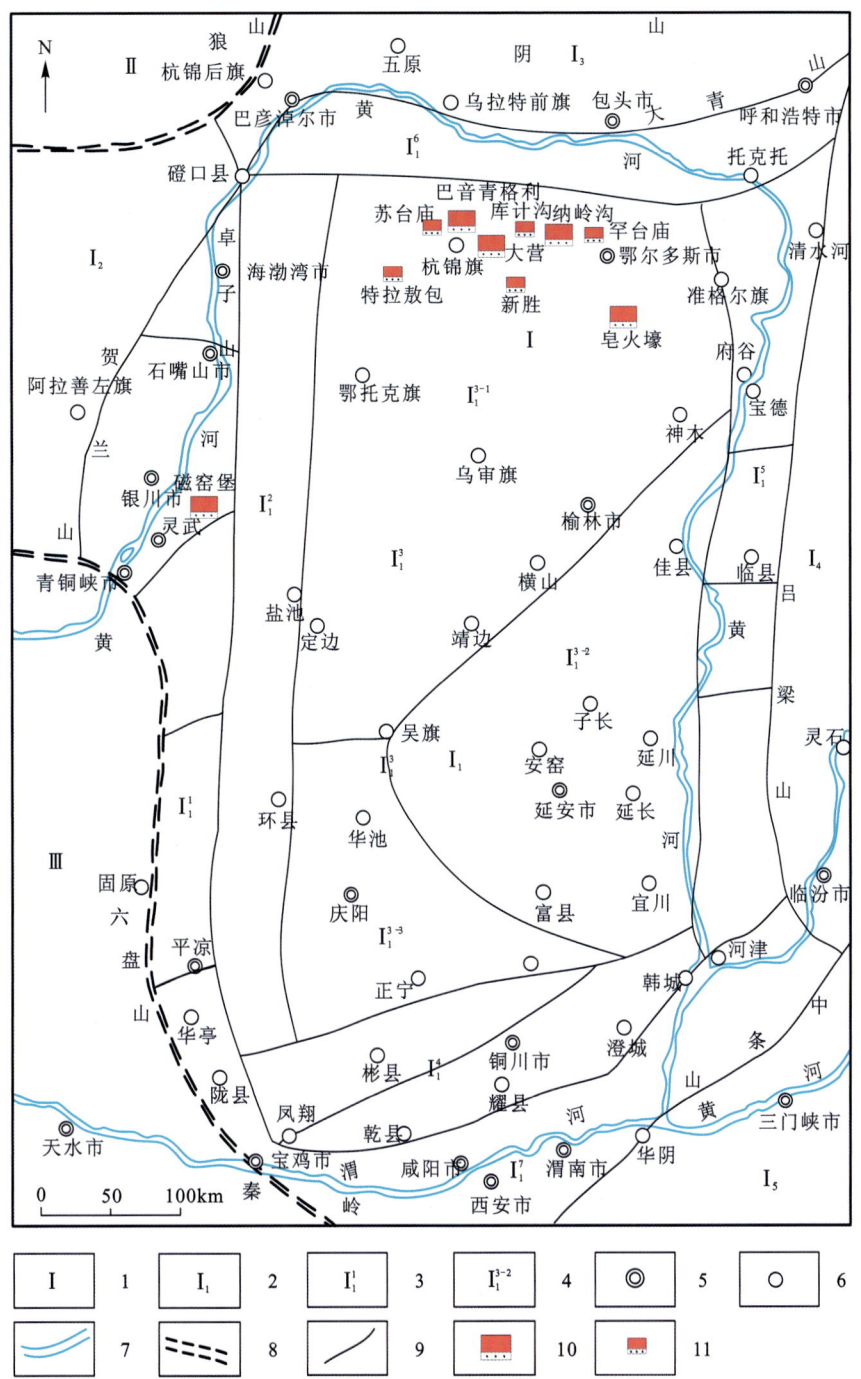

图 3-2 鄂尔多斯盆地构造分区图(据陈占仓,1992)

1.一级构造单元(Ⅰ.中朝大陆板块;Ⅱ.兴蒙褶皱带;Ⅲ.秦祁褶皱带);2.二级构造单元(I_1.鄂尔多斯断块;I_2.阿拉善断块;I_3.阴山断块;I_4.山西断块;I_5.豫皖断块);3.三级构造单元(I_1^1.固原褶皱冲断带;I_1^2.天环向斜;I_1^3.伊陕单斜区;I_1^4.渭北断隆区;I_1^5.河东断褶带;I_1^6.乌拉山-呼和浩特断陷;I_1^7.汾渭断陷);4.四级构造单元(I_1^{3-1}.东胜-靖边单斜;I_1^{3-2}.延安单斜;I_1^{3-3}.庆阳单斜);5.地级市;6.县级市;7.水系;8.一级构造单元界线;9.二级、三级、四级构造单元界线;10.矿床;11.矿产地

第二节 盆地基底和盖层

一、基底特征

鄂尔多斯盆地基底由前中生代沉积-变质岩组成,并具有"双重"基底的结构特征,分别为结晶基底和直接基底(表3-1)。

表3-1 鄂尔多斯盆地基底地层特征表

界	系	统	组	代号	厚度/m	岩性特征描述	备注
上古生界	二叠系	上统	石千峰组	P_2sh	167	棕红色砂质泥岩,灰白色、灰绿色中细粉砂岩,底部为灰白色砾岩	直接基底
			上石盒子组	P_2s	290	灰黄色中细粉砂岩、粉砂质泥岩,暗紫色泥岩夹含砾粗砂岩,底部为灰白色含砾粗砂岩	
		下统	下石盒子组	P_1x	119	黄褐色、灰绿色粉土质粉砂岩,页岩夹紫色中粒硬砂质岩,底部为灰白色含砾粗砂岩	
			山西组	P_1s	88	灰色至灰白色石英砂岩、深灰色粉砂岩、泥质岩、生物碎屑灰岩夹薄煤层	
	石炭系	上统	太原组	C_2t	94	上部和下部为煤系地层,中部为石英砂岩,底部为灰白色砂砾岩	
			本溪组	C_2b	48	泥岩、石英砂岩、粉砂岩、灰岩、铁矿,含蜓科、腕足及珊瑚	
下古生界	奥陶系	中统	马家沟组	O_2m	183	深灰色、灰褐色薄层、巨厚层状灰岩,豹皮灰岩,中上部为浅黄色白云质灰岩,底部为细粒石英砂岩	
		下统	亮甲山组	O_1l	139	浅灰色薄层、厚层白云质灰岩,夹少量白云岩,燧石结核,底部夹黄绿色页岩,含三叶虫、头足类	
			冶里组	O_1y	87	黄灰色薄层、厚层状结晶白云岩	
	寒武系	上统	凤山组	ϵ_3f	79	浅灰色薄层白云质灰岩,泥灰岩白云岩	
			长山组	ϵ_3c	9	紫色竹叶状灰岩,含白云质结晶灰岩	
			崮山组	ϵ_3g	81	青灰色竹叶状灰岩夹紫色钙质页岩	
		中统	张夏组	ϵ_2z	110	浅灰色、黄灰色薄层、厚层鲕状灰岩,夹少量竹叶状灰岩及生物碎屑灰岩,含三叶虫	
			徐庄组	ϵ_2x	18	深灰色中厚层状含粉砂质泥质灰岩,含三叶虫	
			毛庄组	ϵ_2m	35	紫红色页岩夹薄层粉砂岩,含三叶虫	
		下统	馒头组	ϵ_1m	23	石英砂岩夹紫红色页岩,底部巨砾岩	
中元古界			白云鄂博群、渣尔泰山群	Pt_2BY Pt_2ZH	不详	浅变质砂岩,大理岩夹石英岩及黄铁矿薄层	结晶基底
古元古界			二道凹群	Pt_1ER	不详	大理岩夹片岩,片岩夹大理岩,绿片岩	
			色尔腾山群	Pt_1SR	不详	中级变质绿片岩,深度变质混合岩化片麻岩、混合岩、片岩	
中太古界			集宁群	Ar_2JN	>5	黑云石榴钾长片麻岩、黑云二长片麻岩、黑云石榴片岩	

据《内蒙古自治区区域地质志》整理。

结晶基底为太古宇及古元古界变质岩系,太古宇(Ar)由麻粒岩相、角闪岩相的变质岩和混合花岗岩组成,古元古界(Pt_1)主要岩性为角闪岩相和绿片岩相。盆地内部结晶基底全部被巨厚的地台沉积盖层覆盖,对盆地盖层没有直接的影响,但在盆地周边蚀源区上述结晶基底均有不同程度的出露。太古宇集宁群、乌拉山群主要出露于盆地北部蚀源区的大青山—乌拉山一带,古元古界在盆地北部蚀源区的大青山—色尔腾山一带主要出露有色尔腾山群、二道凹群。

直接基底由中元古界和古生界的寒武系($\in$)、奥陶系(O)、上石炭统(C_2)、二叠系(P)组成,之间缺失志留系(S)、泥盆系(D)、下石炭统(C_1),岩石固结程度较高,并发生过一定程度的变质作用,主要分布在盆地北部的阴山隆起及东部的吕梁山上。

中元古界主要为浅变质砂岩、大理岩夹石英岩及黄铁矿薄层,在盆地北部蚀源区的阴山一带主要出露有白云鄂博群和渣尔泰山群。这套沉积是研究区地槽回返、结晶基底形成后的第一套地台型沉积,发育明显的石英岩建造,反映了盖层形成初期地壳仍然不稳定的沉积特征。

古生界寒武系和奥陶系总体以灰岩、泥灰岩、白云岩和白云质灰岩为主,代表浅水碳酸盐台地沉积,但是在鄂尔多斯盆地(地块)的西部和南部接近祁连山和秦岭地槽的边缘地带,出现了代表深水和半深水沉积的笔石页岩、复理石和类复理石沉积等,显示出构造环境相对活动的特点。石炭系和二叠系由海陆交互相含煤建造、陆相含煤建造、复陆屑建造和红色建造组成。石炭系岩性主要为铁铝质泥岩、泥岩、粉砂岩、石英砂岩、生物泥晶灰岩夹煤层,二叠系岩性主要为石英砂岩、粉砂岩、泥质岩、生物碎屑灰岩、砂质页岩、碳质页岩夹薄煤层。

上述地层在盆地周边蚀源区有不同程度的出露,为盆地盖层的沉积提供了丰富的含铀碎屑物。

二、盖层特征

在鄂尔多斯盆地北部,盆地盖层主要为三叠系(T)、侏罗系(J)和下白垩统(K_1),除断陷盆地之外,古近系、新近系和第四系的分布极为有限(表3-2)。三叠系在盆地东北部、准格尔旗一带呈三角形状大面积出露,向西、南西倾伏于侏罗系之下。侏罗系在盆地东部鄂尔多斯市—榆林市一带呈南北带状大面积出露,向西倾伏于白垩系之下,为盆地重要的含油、含煤地层之一,也是铀矿找矿的主要目的层之一。白垩系在盆地中部大部分地区分布,是盆地北部出露最广泛的地层(图3-3)。古近系、新近系和第四系极不发育,仅分布于盆地西部边缘局部地区。

1. 三叠系

在鄂尔多斯盆地北部的钻孔和露头中,三叠系主要为延长组(T_3y),局部存在二马营组(T_2e)。晚三叠世末,受印支期北东-南西方向挤压构造应力场的影响,使盆地抬升遭受剥蚀。二马营组在东胜铀矿田东部的冲沟中有零星出露,为半干旱转温湿气候条件下形成的杂色碎屑岩建造,沉积厚度大于35m,与上覆延安组呈角度不整合接触。延长组主要为灰绿色砂岩,夹灰黑色粉砂岩,岩石胶结程度中等,透水性较好,砂岩中见龟背石,可作为延长组顶部标志层。在神木一带,延长组顶部夹煤线,反映沉积期为相对潮湿的古气候背景。

2. 侏罗系

侏罗系自下而上分为下侏罗统富县组(J_1f),中侏罗统延安组(J_2y)、直罗组(J_2z)及安定组(J_2a)。

富县组(J_1f):富县组发育于印支古构造运动面之上,总体上显示为北高南低、西高东低的丘陵古地形,其构造背景与上三叠统有明显区别,沉积范围小,发育不均,岩性、厚度变化极大,具有"填平补齐"的特点。富县组在古地形低洼处接受沉积,古地形隆起处未沉积或很少沉积,主要为河流沉积、吉尔伯特型三角洲和湖泊沉积,其次为坡积、洪积及残积等组成。其中,在盆地北部即神木以北地区,岩性下部为深灰色、

表 3-2 鄂尔多斯盆地北部盖层特征表

界	系	统	群 组 北西部	群 组 北东部	代号	厚度/m	岩性特征 北西部	岩性特征 北东部
新生界	第四系				Q	>5	砂土层、砂砾石层、淤泥	
新生界	新近系	上新统			N_2	>30	上部为粉砂岩与粉砂质泥岩互层,下部为砂砾岩、含砾砂岩	
新生界	古近系	渐新统			E_3	160	中上部为土红色、砖红色砂质泥岩,含钙质结核及化石,下部为泥岩夹石膏层,底部具不稳定砾岩	
中生界	白垩系	下统	泾川组	东胜组第二岩段	$K_1 j$ $K_1 dn^2$	<100	砖红色、灰绿色泥岩	红色泥岩与绿色砂岩互层
中生界	白垩系	下统	罗汉洞组	东胜组第一岩段	$K_1 lh$ $K_1 dn^1$	560	褐红色细砂岩夹薄层粗砂岩	砾岩,局部夹钙质砂岩
中生界	白垩系	下统	环河组	伊金霍洛组第三岩段	$K_1 h$ $K_1 e^3$	770	褐色、褐红色、褐灰色、绿色砂岩	褐红色、紫红色砂岩、泥岩夹绿色砂岩
中生界	白垩系	下统	洛河组	伊金霍洛组第一、二岩段	$K_1 l$ $K_1 e^{1+2}$	390	褐色、褐灰色砂岩、砾岩	上部为褐红色砂岩,下部为褐红色砾岩和砂砾岩
中生界	侏罗系	中统	安定组		$J_2 a$	230	灰绿色、紫红色泥岩夹细砂岩	
中生界	侏罗系	中统	直罗组		$J_2 z$	>50	绿色、灰绿色泥岩、砂质泥岩、泥质粉砂岩和绿色、灰色砂岩,底部为含砾砂岩	
中生界	侏罗系	中统	延安组		$J_2 y$	170	灰白色长石砂岩、泥质粉砂岩、黑灰色砂质泥岩夹煤层	
中生界	侏罗系	下统	富县组		$J_1 f$	130	下部为深灰色、灰黑色泥岩,上部为杂色泥岩与砂岩互层	
中生界	三叠系	上统	延长组		$T_3 y$	>40	含砾砂岩夹粉砂质泥岩,砂岩中含龟背石	
中生界	三叠系	中统	二马营组		$T_2 e$	280	灰绿色、灰白色砂岩夹紫红色泥岩	
中生界	三叠系	下统	和尚沟组		$T_1 h$	160	棕褐色、棕红色泥质粉砂岩、粉砂质泥岩夹灰白色长石石英砂岩、含砾砂岩,泥岩中含铁质结核	
中生界	三叠系	下统	刘家沟组		$T_1 l$	>140	浅粉红色、灰白色砂岩夹紫红色泥岩	

黑灰色泥岩、页岩、碳质页岩、油页岩夹薄层煤,底部以一层黄绿色砾质石英砂岩或砾岩不整合于延长组之上。上部为黄绿色砾质砂岩,砂岩与紫红色、灰绿色、黄绿色杂色砂质泥岩、泥岩不等厚互层。在盆地东部零星出露的岩性主要是黄绿色砂岩、泥岩互层,底部夹黑色页岩和油页岩,厚度变化在数米至数百米之间,产丰富的动植物化石,与下伏三叠系呈平行不整合接触,局部为角度不整合接触。

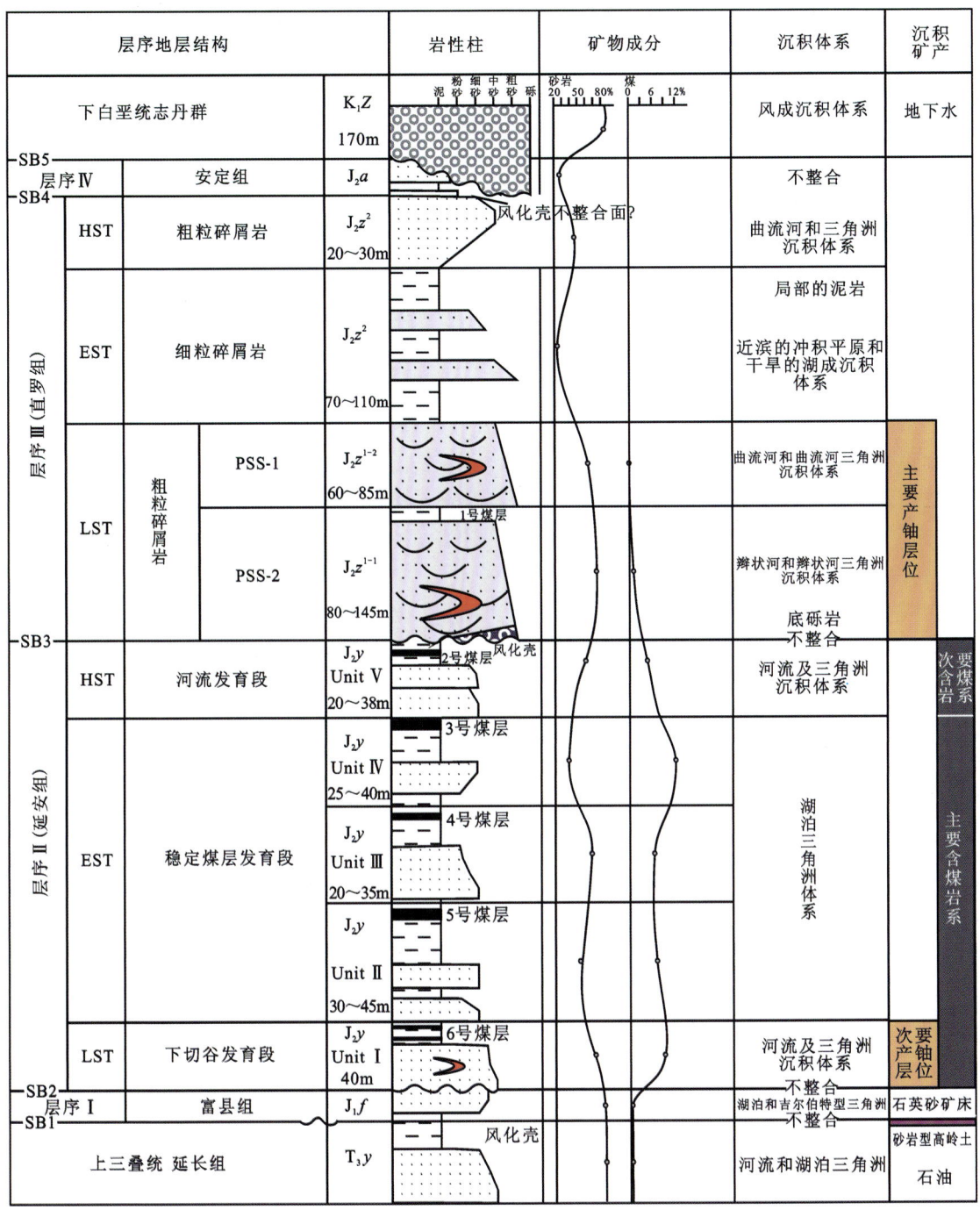

图3-3 鄂尔多斯盆地北部侏罗纪地层结构图(据焦养泉等,2007)

延安组(J_2y):延安组主要发育于印支古构造运动面之上,沉积时古地形在区域上表现为北西高、南东低的丘陵地形,沉积中心位于延安一带。在盆地北部的东胜—神木—横山一带大面积出露,超覆于富县组、延长组甚至二马营组之上。根据成因地层对比以及沉积旋回、煤层组对比,可以进一步将延安组划分为5个成因地层单元,每个成因地层单元均拥有对应的煤层组(2~3层煤,通常有1层为可采工业煤层),煤层组顶界面为成因地层单元分界线。研究区的延安组总体为灰色沉积岩建造,具有良好的可供区域对比的泥岩、砂岩和煤层构成的沉积旋回,厚50～250m,最厚可达450m,产丰富的动植物化石。据区域资料,延安组顶部普遍发育了一套白色富含高岭土和石英砂的风化壳,一些泥岩和煤层遭受了严重的风化改造。在东胜—神木一带的露头区,产出有纯白色的砂岩型高岭土矿床,一些沟谷存在几米到几十米厚的纯石英砂岩河道,并能在较大范围内追踪对比,历来作为石英砂矿开采(焦养泉等,2020)。但是,由于覆盖缺失、二次暴露风化或是勘查控制精度的原因,钻孔编录资料中并不普遍存在该风化壳。该风化壳的存在,说明延安组沉积之后研究区被整体抬升,具有长时间的暴露、剥蚀和充分的风化作用过程,该风化壳可作为划分延安组与直罗组的区域标志层。

直罗组(J_2z):在盆地北部罕台川—神山沟—大柳塔一带呈弧形出露,与延安组呈平行不整合接触。根据直罗组沉积时期沉积环境和沉积作用的变化,可将其分为上段(J_2z^2)和下段(J_2z^1)。直罗组下段下亚段(J_2z^{1-1})为潮湿气候环境下的辫状河沉积体系和辫状河三角洲沉积体系,发育连续稳定的分流河道砂体,沉积厚度一般为80～145m;直罗组下段上亚段(J_2z^{1-2})为曲流河沉积体系和(曲流河)三角洲沉积体系,沉积厚度一般为60～85m。岩性主要为绿色、灰色中砂岩、粗砂岩和含砾砂岩(砾岩),固结程度疏松,发育槽状交错层理,可见褐铁矿化、碳质碎屑及黄铁矿。在东胜地区,直罗组下段上、下亚段之间发育了一套稳定的泥岩,局部夹薄煤层或者煤线。在大营铀矿床和巴音青格利铀矿床,直罗组下段上亚段也通常产出薄煤层或者煤线,是重要的找矿标志,这反映东胜地区直罗组下段沉积期是一种半潮湿半干旱的古气候背景,正处于侏罗纪含煤岩系演化发育的衰退期(焦养泉等,2021)。直罗组下段为鄂尔多斯盆地北部主要赋矿层位,已发现的铀矿床均位于该层位。至直罗组上段沉积期,演化为干旱古气候环境,发育干旱湖泊、三角洲和曲流河沉积,岩性主要为砂岩与粉砂岩、泥岩互层,其中泥岩、粉砂岩呈粉红色、紫红色、灰紫色,内多含绿色、蓝绿色砂质团块或巢状砂,而砂体呈紫色、灰绿色、灰白色,普遍发育褐铁矿化,并呈斑状或带状沿裂隙分布,碎屑成分以石英为主,次为长石,少量云母,砂岩粒度普遍偏细,固结程度疏松,成岩度相对较低。

安定组(J_2a):鄂尔多斯盆地安定期,水域扩大,水体加深,湖泊环境形成,气候仍然炎热干燥,主要发育一套干旱气候条件下的内陆湖泊沉积。安定组主要岩性为灰绿色泥质砂岩、紫红色细砂岩、泥岩夹钙质胶结的白色细砂岩。在盆地中部,安定组产黑色油页岩。安定组顶部通常发育一套高电阻泥灰岩。在盆地西部,石油孔中安定组厚度大于300m。受盆地北部和东部抬升剥蚀的影响,研究区东部安定组大部分缺失,仅在天棉沟有小范围出露。安定组与下伏直罗组呈整合接触关系。

3. 下白垩统

鄂尔多斯盆地北部的下白垩统存在东西分带现象。据区域地质调查资料,在东胜以西与杭锦旗以东存在一条近南北向的断裂(F_7断裂),该断裂北起阿不大太,向南经纳林什利至乌审旗一线,将盆地北部分为东、西两大沉积区,两大沉积区沉积相带有较大的差别,其东侧地层单位采用伊金霍洛组和东胜组划分方案,西侧采用志丹群划分方案(内蒙古区测队,1979)。根据露头的出露情况结合钻探施工,认为鄂尔多斯盆地北部大部分地区从下到上依次发育洛河组、环河组、罗汉洞组、泾川组,因此本次地层划分整体采用西侧的划分方案。

事实上,鄂尔多斯盆地北部下白垩统的东西地层分区是一种区域尺度的"沉积相变"关系。程守田等(2003)的研究指出,东胜组的砾石属于下白垩统的边缘相沉积,而伊金霍洛群是盆地边缘相与风成沉积体系的交互沉积,它们向南和向西逐渐过渡为以风成沉积体系和湖泊沉积体系为特色的志丹群,东胜组和伊金霍洛群不存在先后发育的时间差,而是一种相变关系。这样一来,既可以将F_7断裂以东的下白垩统解释为一个冲积扇发育的大型物源-沉积朵体,还可以用全盆地广泛使用的志丹群进行铀矿勘查和评价。

洛河组(K_1l):在盆地东部的孟家湾—巴拉素—九里滩一带大面积出露,与侏罗系在盆地边缘为角度不整合接触、盆地内部为平行不整合接触。该组可分为上、下两段：下段主要以褐色砾岩为主，夹薄层的褐色细砂岩层；上段主要以褐色、褐灰色、绿色细砂岩和泥岩互层为主，较疏松，厚200～300m。

环河组（K_1h）：在盆地中分布范围较广，沉积环境主要为河流-三角洲-湖泊相沉积，其中三角洲砂体广泛分布。在盐池县东北2km处以及吴起—华池一带，发育典型的湖相泥岩（灰色、杂色）夹薄层砂体和泥灰岩，含大量昆虫化石，反映为当时的湖盆中心或前三角洲沉积；在鄂托克旗都思兔河（苦水河）一带，砂泥互层夹透镜状砂体较为发育，为一套典型的三角洲前缘沉积；而在杭锦旗特拉敖包铀矿产地一带，则为辫状河道砂体较为发育的三角洲平原沉积。环河组是鄂尔多斯盆地北部一个崭新的重要找矿目的层。

罗汉洞组（K_1lh）：地表呈"厂"字形出露于盆地北部和西部。在伊盟隆起和桌子山地区及盆地西缘南北向"古脊梁"等处，分别不整合超覆于奥陶系—三叠系、侏罗系直罗组和安定组之上。罗汉洞组出露厚度变化较大，盆地北部伊和乌素一带最厚可达350m以上，西部鄂托克前旗、镇原—经川一带最厚超过250m，其他地区厚度一般在0～150m之间。岩性主要为褐红色细砂岩，下部见薄层粗砂岩、砾岩，粒度整体较细，局部为灰色细砂岩夹含砾砂岩。

泾川组（K_1j）：主要分布于盆地北部伊和乌素—杭锦旗一线以北及西部布隆庙—盐池—环县—泾川一线以西的盆缘地区，呈南北向条带状断续出露，与罗汉洞组连续沉积。北部最大厚度在300m以上，西南部泾川—镇源一带最大厚度在200m左右，形成南北两个沉积中心。岩性主要以砖红色、灰绿色泥岩为主，夹薄层细砂岩。在鄂托克旗查布一带，泾川组盛产恐龙化石。

5. 新生界

新生代地层主要发育古近系渐新统（E_3）、新近系上新统（N_2）以及第四系。渐新统发育于盆地西部边缘的阿嘎陶勒盖—敖包梁一带，地表大面积出露，厚度在160m左右，与下伏白垩系呈角度不整合接触。岩性主要为棕红色、橘红色粉砂质泥岩、粉砂岩，灰绿色夹灰白色细砂岩，含钙质结核及石膏层，成岩度差。上新统零星分布于鄂尔多斯市地区，岩性主要为土红色粉砂质泥岩（半成岩）夹似层状钙质结核层，底部为不稳定的红色砾岩，厚度大于30m，与下伏白垩系呈不整合接触。第四系主要发育于盆地西部和北部边缘及鄂尔多斯市地区，由黄土和风积砂组成。

第三节 盆地中-新生代构造演化特征及铀活化

鄂尔多斯盆地经历了华北克拉通基底结晶变质、中-新元古代、早古生代、晚古生代、中-新生代5个构造演化阶段，不同的构造演化阶段表现出不同的构造样式和沉积格架及其充填组合。其中，中生代和新生代两个构造演化阶段与铀成矿作用关系密切，其他构造演化阶段在此不再赘述。

一、中生代构造演化特征

中生代开始，华北地台进入了新的构造演化阶段并形成了新的构造格局。强烈的挤压剪切作用，使大华北盆地在晚三叠世末期全面抬升，遭受剥蚀和变形，鄂尔多斯盆地从华北地块分化出来，开始了独立盆地的沉积序幕和重要演化阶段，发育形成了大型内陆坳陷盆地。

鄂尔多斯盆地经历了中生代印支、燕山两大构造旋回，对古生代稳定的构造格局进行了改造，完成了从古生代欧亚构造域演化阶段向环太平洋构造域阶段的转变，形成了中生代新的构造格局。根据地层序列、构造幕次及其演化特点，中生代出现了6次较为明显的构造造山运动和岩浆活动，形成了6个中生代盆地，即早-中三叠世、晚三叠世、早-中侏罗世、晚侏罗世、早白垩世和晚白垩世（王同和等，

1999)。其中,从燕山期构造演化开始,鄂尔多斯盆地的铀成矿作用就比较活跃了。

三叠纪末的印支运动使华北地区整体抬升,彻底改变了至少到晚三叠世的鄂尔多斯断块与古生代一脉相通的克拉通内大型坳陷沉积盆地(也称大华北盆地),使三叠系遭受到了不同程度的剥蚀。但是,鄂尔多斯断块作为一个稳定陆壳块体的性质并没有发生根本性的变化,鄂尔多斯盆地北部伊陕单斜构造保持了北升南降的整体掀斜,造成了北高南低的基本古地形与地貌。

印支运动以后,鄂尔多斯盆地进入了全新的构造演化时期。根据构造活动期次、盆地分布及其性质等,燕山期经历了5次明显的构造运动(表3-3),即燕山Ⅰ、Ⅱ、Ⅲ、Ⅳ、Ⅴ幕,并大致划分为早、中、晚和末4期各有特点的古构造格局,与早-中侏罗世、晚侏罗世、早白垩世和晚白垩世相对应,形成了4种不同类型的沉积盆地。

表 3-3 华北地区燕山旋回分期表(据王同和等,1999)

构造旋回		地质年代	距今年代/Ma	运动幕次	主要表现		
					鄂尔多斯地区	山西地区	东部地区
喜马拉雅期		古新世	65	Ⅴ			
燕山期	末期	晚白垩世		Ⅳ	整体隆起遭受剥蚀	断裂发育,整体隆升,发育个别断陷沉积盆地	
	晚期	早白垩世	96		沉降为盆,西深东浅	褶皱强烈,断裂岩浆活动减弱	褶皱断裂强烈,发育中小型断陷盆地
	中期	晚侏罗世	135	Ⅲ	隆起剥蚀,西部沉积厚度大		
	早期	中侏罗世	154	Ⅱ	大型坳陷盆地	发育北北东向断裂、褶皱、岩浆活动强烈,分布广,并发育小型火山断陷湖盆	
		早侏罗世	175	Ⅰ			
印支期		三叠纪	203		大型坳陷盆地		

1. 早-中侏罗世

早-中侏罗世的燕山Ⅰ、Ⅱ旋回,随着太平洋板块向北北西的俯冲消减作用继续加强,华北地区东部强烈抬升,并伴以强烈的冲断-褶皱作用和大规模的岩浆活动。西部由于受太平洋板块活动构造应力影响较弱,在东隆西拗的构造背景下形成了鄂尔多斯大型坳陷盆地,出现了大范围的沉积,但与晚三叠世盆地相比沉积范围向西大大缩小。早-中侏罗世不仅是华北地区重要的成盆时期,也是鄂尔多斯盆地重要的含铀层位沉积时期,为陆相富铀、含煤地层。鄂尔多斯盆地北部总体上表现为以北高南低的掀斜构造运动为主(张抗,1989),继承了晚三叠世以来北高南低的特点。盆地北部东胜-靖边单斜北高南低及具有长期继承性的这一构造特点,控制了早-中侏罗世含铀地层由北向南的沉积作用及砂体展布。

鄂尔多斯盆地北部在三叠纪地层风化剥蚀不整合面上,早-中侏罗世自下而上沉积了下侏罗统富县组(J_1f),中侏罗统延安组(J_2y)、直罗组(J_2z)及安定组(J_2a)。

富县组盆地北部几乎没有接受沉积,仅在东胜—乌审旗东部地区有小范围的沉积,主要为浅湖和泛滥平原沉积(图3-4)。由于沉积范围有限,砂岩不发育,上覆地层超覆沉积,不具有砂岩铀成矿的岩性、岩相和含氧含铀水的渗入及运移的水动力条件。

在中侏罗世,鄂尔多斯盆地整体抬升的构造背景下,盆地北部伊陕单斜构造仍然保持了北升南降的继承性构造运动特点。鄂尔多斯盆地北部及大部分地区,物源总体上来自盆地北部阴山古隆起蚀源区,盆地北缘断裂是侵蚀的边界。

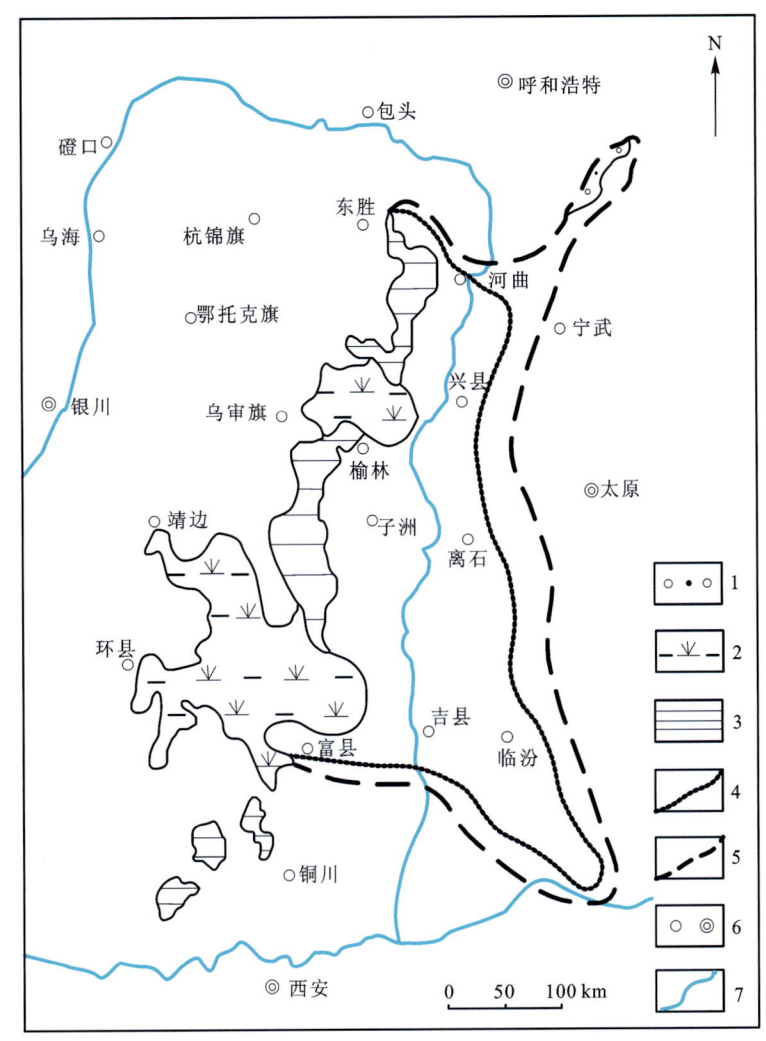

图 3-4 鄂尔多斯盆地富县期沉积古地理图(据张泓,1996)
1.冲积扇;2.泛滥平原;3.湖泊;4.推测的沉积相界线;5.推测的盆地边界;6.行政区划;7.河流

在上述构造背景下,盆地北部延安组冲积平原较为发育,在近阴山古隆起沉积不宽的山前洪积平原,盆地边缘部位发育砾岩,但沿倾向展布规模并不大。湖相面积与三叠纪相比大大缩小,湖深也较小,多为湖洼和湖沼相。延安期沉积中心也有较大迁移,沉积中心位于延安—富县一带,与三叠纪相比沉积中心开始向北东移到盆地中南部,这与盆地南缘作为物源之一的作用逐渐加大、盆地逐渐萎缩有关。延安期气候温湿,河湖并存,广泛发育泥炭。延安组第Ⅰ成因地层单元沉积时盆地整体有所下降,沉积范围扩大,剥蚀区已有所缩小,此时以河流、浅湖并存的沉积环境为特点。这一时期盆地北部主要古河流或沉积方向仍以由北向南为主。第Ⅱ、Ⅲ、Ⅳ成因地层单元具有相似的沉积特点,此时的古地理环境发生了显著的变化,由原来的河流、浅湖并存发展为深湖、湖泊三角洲和河流3种沉积体系并存的局面。由北向南依次发育河流、三角洲和深水湖泊沉积体系,表明了盆地北部由北向南的古水流的方向或沉积特点。延安组第Ⅲ成因地层单元沉积的后半期,整个盆地湖水扩张到极点,后期发展为河进湖退阶段,一直到延安组第Ⅴ成岩地层单元沉积期末。第Ⅴ成岩地层单元沉积时盆地整体上升,盆地已进入萎缩阶段的后期,河流冲积体系得到空前发展,深水湖区已经消失,只保存了一些小的浅湖区,沉积范围也大大缩小。盆地北部沉积方向仍以由北向南为主,尤其在杭锦旗—东胜一带表现得更为明显,由冲积平原发育至浅湖沉积,冲积河道由北向南发育(图 3-5)。

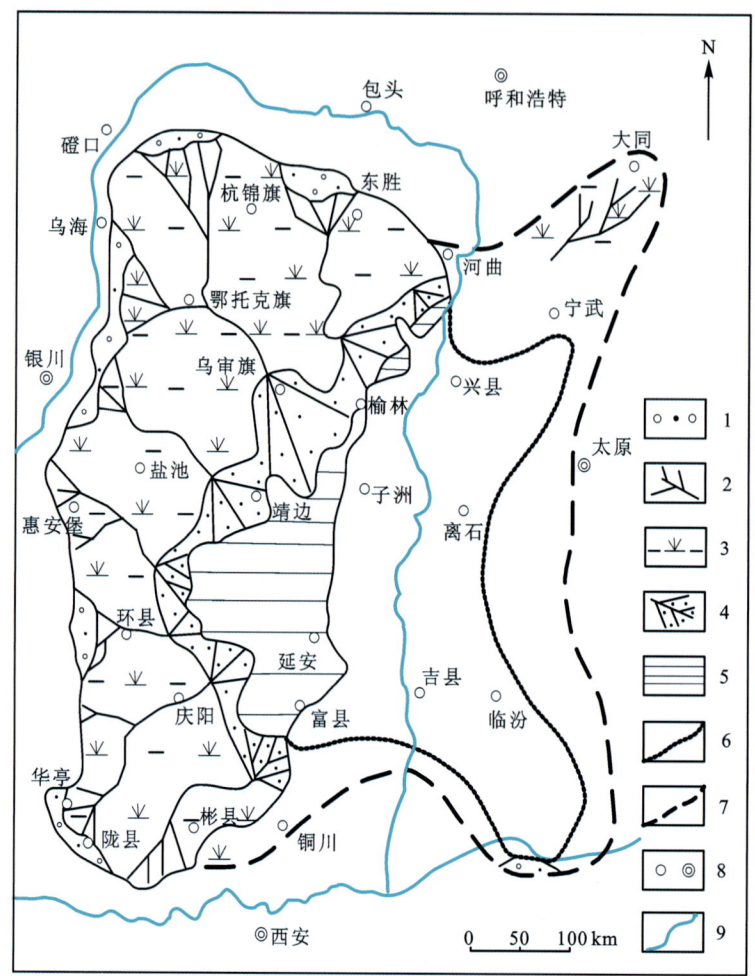

图 3-5　鄂尔多斯盆地延安期沉积古地理图（据张泓，1996）

1.冲积扇；2.河道或分支河道；3.泛滥平原；4.三角洲；5.湖泊；
6.推测的沉积相界线；7.推测的盆地边界；8.行政区划；9.河流

可以看出，延安期盆地北部具有北升南降、北高南低的构造特点，使得这一时期的古水流及沉积方向以由北向南为主，第Ⅰ和第Ⅴ成岩地层单元沉积了由北向南大规模展布的带状富铀砂体，是砂岩铀矿形成的有利岩性岩相条件，是鄂尔多斯盆地北部砂岩铀矿找矿的次要层位。

延安期末，受鄂尔多斯盆地整体抬升的构造背景影响，延安组整体抬升并遭受风化剥蚀，在盆地北部形成广泛分布的高岭土风化壳，但沉积间断不长。此时盆地表现为不均衡的整体抬升，造成对延安组不同程度的剥蚀。盆地受南缘秦岭构造带抬升幅度影响较大，盆地南部抬升幅度相对较大，延安组第Ⅴ成岩地层单元在盆地南部延安以南地区基本全被剥蚀。盆地北部抬升幅度相对较小，延安组第Ⅴ成岩地层单元在大部分地区均有残留。

盆地北部直罗组发育和空间展布主要受控于鄂尔多斯盆地整体抬升构造背景下的伊陕单斜北高南低的构造背景，延安组与直罗组为平行不整合接触关系，说明伊陕单斜构造具有相对的稳定性。直罗组沉积时，伊陕单斜构造具有继承性构造运动特点，使主体古地形仍然保持了延安组沉积时北高南低的地形特点，基本上继承了延安期沉积时的古构造格局，使得直罗期沉积环境对延安组具有继承性发育的特点，基体保持了由北向南为主的古水流及沉积方向，地层产状一致。只是由于富县组填平补齐和延安组区域稳定的沉积作用，直罗组沉积时的古地形进一步趋于平缓。伊陕单斜相对稳定抬升的构造活动背景造成延安组古风化壳上直罗组早期（J_2z^{1-1}）明显的河流下切侵蚀作用，河道砂体发育并主要赋存于深切谷内，洪泛平原受到限制，属盆地低水位期、基底平坦、稳定的侵蚀下切和物源供给充足等背景下形成的远源砂质辫状河沉积体系。伊陕单斜在直罗组沉积过程中相对稳定抬升构造活动背景具有继承性，使直罗组早期河道沉积砂体（J_2z^{1-1}）呈带状顺河道由北向南区域性稳定展布，河道流程长，砂体规模大，在皂火壕铀矿床向北近40km的罕台川和高头窑一带仍没有追溯到近缘的砾质河道或冲洪积扇沉积，而矿床还基本处于辫状河下游区或辫状河三角洲平原区。河道砂体宽度大，不同的辫状河道宽度达几千米，为多期河道沉积的复合砂体。直罗组早期辫状河沉积体系发展到中期演变成低弯度曲流河沉积体系（J_2z^{1-2}），洪泛沉积、决口沉积相当普遍。与延安组相比，直罗组河流下切侵蚀作用更强，河道流程更长，沉积环境整体表现为河流冲积平原，缺乏同时期的湖相沉积，沉积面貌发生了重大改变，一改以前延安组沉积时期的河湖并存且广泛发育泥岩的局面，取而代之的是以河流为主、河湖为辅的地理景观，沉积中心位于延安以西地区，略有西移（图3-6）。

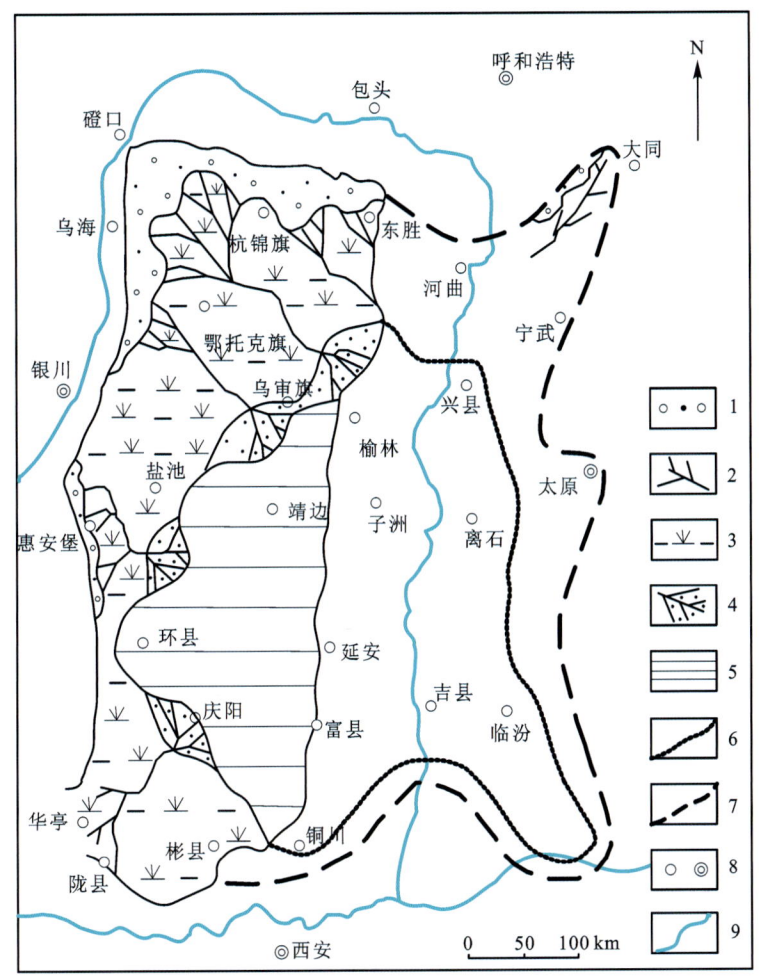

图3-6　鄂尔多斯盆地直罗-安定期沉积古地理图（据张泓,1996）
1.冲积扇；2.河道或分支河道；3.泛滥平原；4.三角洲；5.湖泊；
6.推测的沉积相界线；7.推测的盆地边界；8.行政区划；9.河流

可以看出，鄂尔多斯盆地北部伊陕单斜相对稳定的抬升构造活动背景及其继承性，加上延安组填平补齐作用和沉积后的准平原化，为直罗组河流相砂体（J_2z^{1-1}、J_2z^{1-2}）发育和稳定展布创造了极为有利的构造条件。直罗组比延安组具有更为广泛发育的河流相富铀砂体，为含铀流体的运移和铀的大规模富集提供了广阔空间和丰富的二次铀源，为砂岩型铀矿的形成奠定了物质和结构基础，是砂岩铀矿找矿的主要目的层。

直罗组沉积后，鄂尔多斯盆地有一个短期的整体抬升和风化剥蚀阶段，安定组沉积时，古地形更加趋于平缓，但盆地北部仍继承了北高南低的构造格局。安定组沉积范围基本与直罗组一致，广泛分布于鄂尔多斯盆地,但沉积环境有了很大变化。盆地北部是以河流为主的冲积平原,西部以滨湖沉积为主,中东部以浅湖沉积为主,沉积中心又回到了延安地区。与直罗组相比,沉积面貌再次发生了很大变化。安定期湖泊发育广泛,河流-三角洲沉积有限,仅在盆地北部鄂托克前旗—神木一线以北地区,主要发育以河流相为主的红色冲积平原沉积,岩性主要为红色砂砾岩、砂岩、粉砂岩和泥岩互层。滨湖相沉积岩性主要为红色砂岩与粉砂岩、泥岩互层,浅湖相沉积岩性主要为黄绿色和黑色粉砂质泥岩、粉砂岩、细砂岩及黑色页岩互层。安定期变为炎热、干旱古气候,总体上以原生氧化岩石地球化学类型为主,砂体规模小,连续性差,安定组不具有砂岩铀矿床形成的岩性、岩相条件和岩石地球化学条件。

2. 晚侏罗世

中侏罗世末的燕山Ⅱ幕构造运动十分强烈,鄂尔多斯盆地由于受到了北西-南东方向的挤压应力和逆冲带的向东冲断及贺兰山、卓子山的隆起,鄂尔多斯盆地整体抬升,沉积范围大大缩小,盆地迅速萎缩、消亡,并伴随有断裂和火山活动。盆地绝大部分地区缺失上侏罗统沉积,只在逆冲带前缘接受了芬芳河组磨拉石堆积(图3-7),以巨厚红色粗碎屑岩沉积为特征。鄂尔多斯盆地的整体抬升及盆地北部伊陕单斜构造适度的掀斜作用,使直罗组暴露地表并遭受长期风化剥蚀,在盆地北部延安组也大面积暴露

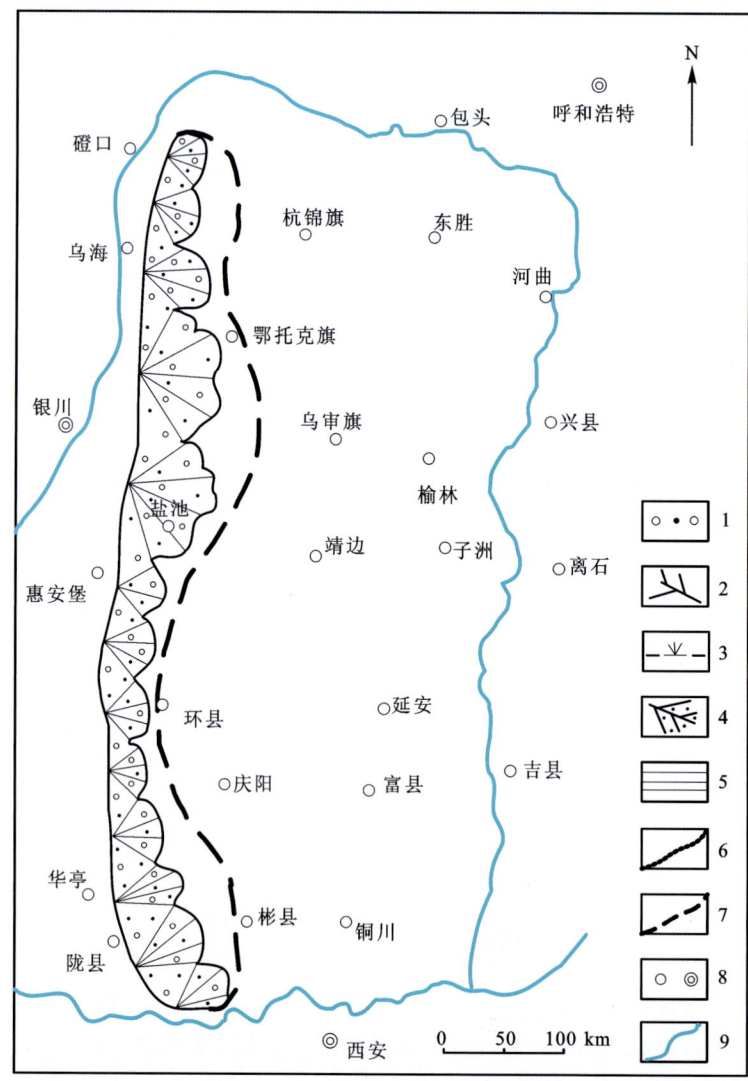

图 3-7 鄂尔多斯盆地芬芳河期沉积古地理图(据张泓,1996)
1.冲积扇;2.河道或分支河道;3.泛滥平原;4.三角洲;5.湖泊;
6.推测的沉积相界线;7.推测的盆地边界;8.行政区划;9.河流

地表并遭受大面积的风化剥蚀,伴随这一时期古气候向半干旱、干旱气候的转变,代表了构造活化、含氧含铀水向盆地渗入和运移、铀成矿作用的开始。由于盆地北部基本上保持了中侏罗世北高南低的继承性构造格局,伊陕单斜在一定程度上加强了由北向南的倾斜趋势,造成盆地北部东胜地区高头窑和罕台川一带延安组和直罗组被大面积剥蚀。上述伊陕单斜构造相对稳定和继承性的掀斜构造背景,使盆地北部古地下水长期稳定地从盆地北部边缘向南径流,也决定了晚侏罗世地下水的径流方向基本上与延安组和直罗组辫状河道沉积砂体的发育方向保持了一致,沿河道砂体形成了完整、较强的补-径-排古水动力条件,这对层间氧化带的发育和铀矿化的形成是非常有利的。所以,晚侏罗世是含氧含铀水渗入和运移的有利时期之一,是砂岩铀成矿的重要地质时期之一,火山活动应该是延安组和直罗组富铀碎屑物中铀活化和迁出的重要地质因素之一。

3. 早白垩世

晚侏罗世末发生的燕山Ⅲ幕构造运动,在鄂尔多斯盆地边缘构造变形中表现得十分明显,断褶作用发育,但是盆地内部仍表现出鄂尔多斯地块的整体性,构造变形很不发育。燕山Ⅲ幕构造运动至早白垩世,鄂尔多斯盆地受逆冲构造带的继续褶断冲起和盆地东侧吕梁山的挤压隆升的影响,最后形成西深东浅的大型"箕状"早白垩世沉积盆地。沉积中心与沉降中心一致,其位置与现今的天环向斜的位置相吻合(孙国凡等,1985;张岳桥等,2006;赵俊峰等,2008),由于沉积中心不断西移,沉积了较厚的河湖碎屑岩沉积。宜君组到环河组沉积时,沉积范围限于盆地内部,大致呈矩形轮廓。罗汉洞组至泾川组沉积时,盆地大部分地区开始变为隆起,沉积中心迁移至西缘和西北缘。盆地西部的南段以湖泊沉积体系为主,砾质冲积扇经过扇三角洲推进至低能湖泊,北段出现了纵向河(即河流沿盆地长轴发育)与横向扇(冲积扇在盆地西缘大体垂直盆地长轴分布)的充填格局,盆地东部的河流体系向西经过湖泊三角洲沉积体系,推进至湖泊体系。扇三角洲沉积主要见于盆地西缘的志丹群中下部。在鄂尔多斯盆地北部(如东胜)、西南部(如彬县)、中部(如安塞)发育典型的风成沉积体系,主要由沙丘和丘间成因相组成,其次是红色泥岩夹层代表的沙漠湖沉积。志丹群的风成沉积主要发育于洛河组,环河组和罗汉洞组也见有风成沉积夹层。从总体上看,志丹群所代表的早白垩世地层是一套由风成沙丘与冲积扇(扇三角洲)、河湖沉积物交互叠置的沉积组合。但是,盆地北部阴山古隆起的"古狼山""古大青山""古乌拉山"等地区,一直为统一剧烈上升的山区,剥蚀强烈,造成早白垩世早期盆地北部边缘地带没有接受沉积(缺失宜君组),洛河期、华池-环河期、罗汉洞期和泾川期以山麓相堆积和河流相沉积为主,由北向南发育的冲洪积扇沉积,沉积作用方向仍以由北向南为主(图3-8),同时造成了盆地东部三叠系和中侏罗统大面积剥蚀。上述特征说明在早白垩世,盆地北部杭锦旗—东胜一带基本上继承了北升南降、北高南低的构造掀斜的特点,继承了侏罗纪古地下水由北向南的补-径-排方向,含氧含铀水顺直罗组河道砂体由北向南继续渗入和运移,氧化作用继续发育。另外,这一期间盆地北部北升南降、北高南低的构造掀斜进一步加强,早白垩世沉积范围较中侏罗世大面积缩小,中侏罗统沿蚀源区周边地带大面积出露于地表,古气候更加趋于干旱,使含氧含铀水渗入作用和由北向南古水动力条件及层间氧化作用变得更为强烈,这对中侏罗统延安组和直罗组层间氧化带的进一步发展和铀的大规模继续富集成矿具有积极的推动作用。所以,早白垩世是鄂尔多斯盆地北部砂岩铀成矿的又一重要地质时期。

4. 晚白垩世

早白垩世末发生的燕山Ⅳ幕构造运动,鄂尔多斯盆地整体隆升,缺失上白垩统沉积,从而结束了大型坳陷盆地的历史,致使下白垩统发生了轻微的褶皱变形,但构造变形较弱,地层倾角小于8°。鄂尔多斯盆地西缘断裂构造带和北缘阴山地区的断裂构造逆冲活动已趋于平息,开始了盆地在整体抬升构造背景下的东升西倾的构造活动。但盆地北部北高南低的构造格局基本上没有改变,尤其是杭锦旗—东胜一带在晚白垩世—中侏罗世延安组和直罗组具有与晚侏罗世、早白垩世含氧含铀水渗入作用、由北向南古水动力条件、层间氧化作用等类似的有利铀成矿条件,铀沉淀富集得以持续发展。所以,晚白垩世

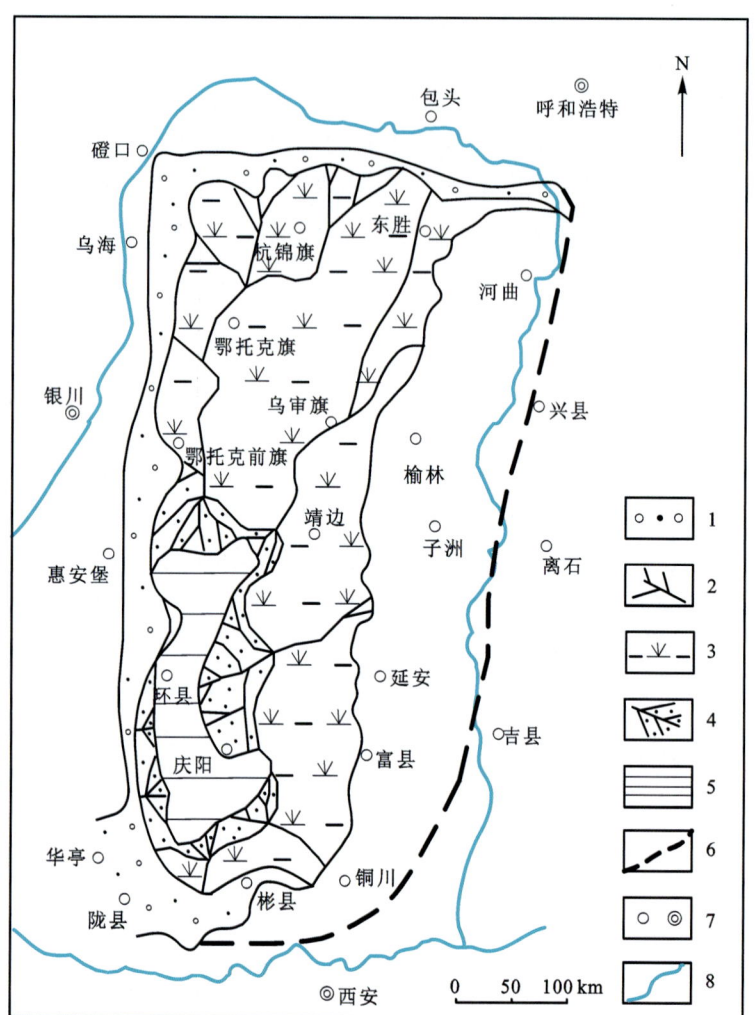

图 3-8 鄂尔多斯盆地早白垩世沉积古地理图(据张泓,1996)
1.冲积扇;2.河道或分支河道;3.泛滥平原;4.三角洲;
5.湖泊;6.推测的盆地边界;7.行政区划;8.河流

也是鄂尔多斯盆地北部中侏罗统延安组和直罗组砂岩铀成矿的重要地质时期之一,同时也是下白垩统铀成矿的重要地质时期之一。

综上所述,早-中侏罗世鄂尔多斯盆地边缘褶皱和断裂等构造变形十分强烈,但是鄂尔多斯地块为极稳定的构造单元,构造变形极其微弱,盆地北部以整体性北升南降、北高南低的继承性掀斜构造运动为特点,而且这一特点在位于东胜-靖边单斜构造的杭锦旗—东胜一带表现得更为明显。这一构造背景造成了含氧含铀地下水顺中侏罗统河道砂体由北向南长期稳定地运移,形成了由蚀源区向盆地完整的补-径-排古地下水铀成矿系统,使铀成矿作用具有长期性、稳定性和继承性,最终形成了大规模的铀沉淀和富集。所以,造成含氧含铀水渗入和迁移的构造活化条件并不局限于次造山作用,而大型单斜构造的整体性、继承性掀斜同样是造成铀活化和迁移的又一重要的构造条件。

二、新生代构造演化特征

受晚白垩世末燕山Ⅴ幕构造运动的影响,鄂尔多斯盆地仍然处于稳定隆升状态。古新世盆地为准平原发育阶段,经历长期的风化剥蚀(表 3-4),仍然保持了其完整性的特点,盆地北部由蚀源区向盆地完整的补-径-排古地下水铀成矿系统还没有被打破,铀成矿作用持续发育。但是,由于鄂尔多斯盆地东升西降的构造特点逐步趋于明显,在一定程度上影响了盆地北部由北向南补-径-排古地下水的运移方向,区域上与中侏罗统岩性、岩相展布方向的耦合程度相对变差,铀成矿作用与之前相比会有所减弱,但是在盆地北部更靠近盆地边缘的杭锦旗—东胜一带由北向南的补-径-排古地下水的运移方向基本上没有改变,铀成矿作用得以继承性发育。纳岭沟铀矿床测得的成矿年龄中有(61.7±1.8)Ma,巴音青格利铀矿床测得的成矿年龄中有(60.2±1.4)Ma,均相当于古新世。

由于印度板块、欧亚板块、太平洋板块向北西西俯冲的影响,始新世鄂尔多斯盆地构造格局发生了重大变化,盆地周边逐步形成断裂破碎带和活动带,但河套断陷还未彻底形成。盆地南北两侧和西侧开始破裂,在盆地北侧形成河套断陷,盆地西侧形成银川断陷,盆地南侧形成渭河断陷,并接受巨厚沉积。始新世末,盆地周边断陷盆地继续破裂与发展。盆地内部准平原逐步解体,并抬升成最高夷平面,与周边山地相比,抬升幅度小。但是,盆地内部抬升具有不均衡性,银川断陷的渐新世地层向东超覆达100km,而盆地东部无古近系沉积,说明鄂尔多斯盆地北部仍然具有东升西降的构造特点,呈整体向西倾斜(张珂,2005)。盆地继续西倾可能造成补-径-排古地下水的运移方向与中侏罗统岩性、岩相展布方向的耦合程度变得更差,但在杭锦旗—东胜一带由北向南的补-径-排古地下水的运移方向还没有被彻底改变,铀成矿作用仍在继续。纳岭沟铀矿床测得的成矿年龄中有(56.0±5.2)Ma和(38.1±3.9)Ma,分别相当于古新世—始新世之间和始新世中期。

表 3-4 鄂尔多斯盆地新生代地质演化分期表(据王同和等,1999)

期次	地质年代		距今年龄/10^4a	鄂尔多斯地块	周边断陷带
第三阶段	第四纪	全新世	1.1	隆升、剥蚀、夷平	断裂多次活动,地震活动频繁
		晚更新世	12	稳定沉降,形成萨拉乌苏湖	断裂差异活动强烈,山西大同有玄武岩浆喷发,沉积物在鄂尔多斯东北的断陷中较发育
		中更新世		隆升为主,南部有较厚的风成黄土堆积	
		早更新世	73	风成黄土堆积为主	沉积稳定,断裂活动性弱
第二阶段	新近纪	上新世	240	形成广阔的浅水洼地	山西断陷形成,断陷间差异运动强烈,沉积厚度大
		中新世	510	隆起,剥蚀为主	差异运动明显,伴有火山活动
第一阶段	古近纪	渐新世	1440	隆起,剥蚀为主	除山西外,其他断陷形成
		始新世	2460	隆起,剥蚀为主	渭河、银川、河套断陷具雏形
		古新世	5490	隆起,剥蚀为主	灵宝潭头、三门峡有局部沉积

渐新世鄂尔多斯盆地继承了始新世构造运动的特点,东升西降的掀斜运动没有改变,东部剥蚀程度大于西部。但是,该时期河套断陷进一步沉降,基本上隔断了由盆地北部阴山古隆起含氧含铀水的补给,完整的补-径-排古地下水铀成矿系统被打破,铀成矿作用基本上终止。

中新世时期,河套断陷和银川断陷沉降作用进一步加剧,特别是银川断陷发展成以裂陷为主的阶段,大幅度下沉可能引发鄂尔多斯盆地东缘上翘抬升幅度更大,但仍保持了东升西降的构造特点。中新世晚期,鄂尔多斯盆地东部大致以黄河为轴线,出现了近南北方向的裂陷,沉积范围进一步扩大,向西进入盆地中部,反映鄂尔多斯盆地东部由抬升转变为下沉,掀斜方向发生了逆转。该时期河套断陷基本形成,来自盆地北部阴山古隆起完整的补-径-排古地下水铀成矿系统的大规模铀成矿作用终止。

上新世是鄂尔多斯盆地周边裂陷作用最强的时期,沉降速度加快,形成统一的断陷带,沉积厚度巨大。鄂尔多斯盆地发育广阔的浅水洼地，沉积了较薄的上新统。

第四纪鄂尔多斯盆地表现出与之前不同的构造运动形式，以间歇性的小幅度垂直抬升构造运动形式为主。现代地貌特征是第四纪构造运动的直接表现形式，构造运动形成了鄂尔多斯盆地北部的现代地貌轮廓。鄂尔多斯盆地北部地貌类型包括构造剥蚀地貌、剥蚀堆积地貌、堆积地貌、沙漠地形和河成地形，组成鄂尔多斯盆地北部的高原地貌景观。其中以构造剥蚀地貌类型为主，波状高地（海拔1352~1510m）占主体地位，桌状高地（海拔1450~1550m）零星分布于高原之上，岛状残丘（海拔1460~1618m）零星分布于波状高地上，一般较波状高地高50~100m，构造剥蚀地貌是在地壳缓慢而稳定的小幅度上升前提下长期遭受剥蚀而形成的，反映出构造运动具有弱活化的性质。剥蚀堆积地貌类型的干谷呈网状有规律地嵌入波状高地中，谷坡保存有残余阶地，对比旱谷底面相当于现代河成二级阶面，反映出构造运动具有间歇性和弱活化性。沙漠地貌类型除反映气候因素外，可反映小幅度上升的构造运动的性质。堆积地貌类型主要有北部河套冲积平原（海拔1000~1050m）及湖盆洼地，它们是盆地间歇性下降或相对稳定的间歇期的产物，也是间歇性构造运动的反映。河成地形皆为黄河支流所成，河成地形中三级阶地的发育是盆地构造运动具有间歇性的直接反映，并且抬升幅度小。上述特征说明构造运动在抬升背景下具有弱活化性和间歇性的特点。

综上所述，鄂尔多期盆地新构造运动不同的运动形式对盆地北部古地下水铀成矿系统及成矿作用造成不同的影响。古新世鄂尔多斯盆地北部具有完整的古地下水铀成矿系统，始新世铀成矿作用在一定程度上持续发育。从始新世开始，随着河套断陷带的逐步形成，隔断了北部阴山古隆起向盆地内的地下水补给，阴山古隆起向盆地内完整的补-径-排古地下水铀成矿系统彻底被打破，形成外泄水系和没有统一的补-径-排古地下水系统，只能接受大气降水的补给，不具备形成含氧含铀水渗入和运移的古水动力条件，铀成矿作用基本终止。第四纪在抬升背景下具有弱活化性和间歇性的构造运动特点，有利于大气降水的渗入，在埋藏较浅、抬升幅度相对较高的地段，造成了潜水或潜水-层间的二次氧化作用对早期矿体的再次改造和富集，而且改造和富集作用也具多期性。但是，河套断陷的形成造成来自蚀源区和区域层间渗入水及铀源的补给不充分，在干旱气候条件下大气降水的补给更为有限，所以二次氧化带发育规模不会太大，只会造成对原有矿体的重新改造和富集。这一现象在埋藏较浅的皂火壕铀矿床东部孙家梁地段体现得十分明显，而在埋藏逐渐变深的皂火壕铀矿床西部沙沙圪台地段和皂火壕地段及以西的纳岭沟等其他铀矿床均没有受到新构造运动的影响。同时，鄂尔多斯盆地内部的鄂尔多斯地块一直具有稳定性和整体性的特点，早期形成的铀矿床没有受到构造变形的破坏。

三、其他产铀盆地铀构造活化条件

产于不同大地构造背景下的产铀盆地，共同特征是任何一个后生砂岩铀矿床的形成必须要有一个含氧含铀水渗入和运移的构造活化条件，但是，构造背景的不同引起铀活化渗入和运移的构造活化条件也不同。由于鄂尔多斯盆地构造背景及演化的特殊性，铀活化渗入和运移的构造活化条件也呈现出与其他产铀盆地明显的差异性。

如前所述的中亚地区费尔干纳盆地、沿塔什干边部次级盆地、阿穆达林东北缘、塔吉克-阿富汗盆地北缘，中新世次造山作用是铀活化渗入和运移的构造活化条件，瑟尔达林盆地和中克兹尔库姆盆地铀活化渗入和运移的构造活化条件是在中新世—上新世的次造山作用，年轻的次造山区控制了层间氧化带型砂岩铀矿床的空间分布，次造山作用阶段控制了层间水向盆地运移的水动力方式，产生了层间水渗入方式区，形成层间氧化带和相应的铀矿床。

美国南得克萨斯产铀盆地处于北美地块边缘沉降带的海岸平原，盆地基底由元古宇、古生界和白垩系碎屑岩、碳酸盐岩和碱性侵入岩组成，基底演化成熟度高，为富铀基底（碱性侵入岩铀含量达45×10^{-6}）。盆地盖层为古近纪—新近纪海陆交互相地层，沉积时经历了多次海侵和海退。海退期沉积以杂色碎屑岩建造为主，河流相发育（王正邦，2002）。该盆地主要赋矿层位为渐新世Catahoula组和中新世

Oakville组，成矿年龄为5.07Ma（黄文斌，2017）。含氧含铀水的补给区为风化壳发育的富铀丘陵地区，渐新世Catahoula组和中新世Oakville组发达的河道系统为含氧含铀水的渗入和运移提供了良好的通道，区域上，地下水向海流动，断裂构造带是地下水区域性排汇源，所以具有由盆地蚀源区向盆地内完整的地下水补-径-排铀成矿系统。含氧含铀水渗入和运移的构造活化条件，一是由盆地蚀源区跨佩科斯火山带和西马德雷山脉向盆地及海岸平原由高到低的构造格局，与中亚地区铀成矿的构造活化条件相类似。但是，南得克萨斯产铀盆地主要是海平面下降驱动了地下水的运移，因为在海平面处于低位期间，内陆地下水位的上升可导致地下水发生流动，成矿年龄与新近纪海平面下降引起的海岸退覆事件相对应。

美国科罗拉多产铀盆地位于褶皱带中，曾经是北美地台的一部分，属古老地块边缘活化区的沉积盆地，被二叠纪隆起分隔成凸凹相间的众多次级盆地。盆地具有地块基底、古生代地块盖层和中新生代盖层。主要赋矿层位为上侏罗统Morrson建造，其次为三叠系Chinle组。中等强度的造山作用（相当于中亚地区产铀盆地的次造山作用）造成了盆地区域抬升，是含氧含铀水渗入和运移的构造活化条件，形成的主要是层间渗入水动力方式，存在于整个自流水盆地中，形成区域层间氧化带型砂岩铀矿床。

伊犁盆地属天山造山带内的山间盆地，盆地具有前中生界基底、石炭系—二叠系基底及侵入岩和中新生代沉积盖层，赋矿层位为中下侏罗统。新生代天山隆升作用增强（伴随有相当于中亚地区的次造山作用），盆地南缘含矿建造抬升出露，形成南升北降的构造格局，含矿建造的掀斜明显，形成完整的由蚀源区向盆地内的层间渗入水动力方式。在始新世—中新世，构造隆升使盆地南缘含矿层普遍出露至地表，开始发育含氧含铀水的渗入和运移，形成层间氧化带和铀的富集成矿。在上新世末—早更新世，盆地新构造运动十分强烈，东西部构造强度出现明显差异，快速隆升使部分层间氧化带及铀矿体遭受剥蚀，其北侧单斜带发育新的层间氧化带；西部仍基本保持单斜状整体抬升，层间渗入水动力方式进一步加强，层间氧化带及铀矿体大规模发育，为盆地南缘最重要的铀矿体叠加富集期。中更新世至今，以差异升降为主的新构造运动促进保存下来的铀矿体进一步富集。成矿年龄为30～15Ma、12～3Ma，相对较年轻。所以，盆地差异升降构造活动和整体掀斜抬升构造型式是伊犁盆地含氧含铀水渗入和运移的构造活化条件，与中亚地区相类似（张金带等，2010）。

吐哈盆地与伊犁盆地同属天山造山带中的山间盆地，具有前寒武系和上古生界基底及侵入岩和中新生代沉积盖层，赋矿层位为中侏罗统。中侏罗世晚期至早白垩世晚期，艾丁湖斜坡带整体掀斜抬升，中下侏罗统隆升掀斜出露地表遭受广泛的剥蚀及淋滤氧化，开始发育含氧含铀水的渗入和运移，形成层间氧化带和铀的富集成矿，成矿年龄为104～84Ma。渐新世末期，盆地南缘再次隆升，觉罗塔格山的含铀含氧地下水持续渗入补给，形成层间氧化带及铀的富集成矿，成矿年龄为24Ma。上新世末期以来，新构造活动导致艾丁湖斜坡带上的北西、北北西向断层、挠曲及小型背斜等构造强烈活动，改变了局部地下水动力条件，含矿建造局部地下水二次补给，叠加和改造了局部层间氧化带及其前锋线附近铀矿化的空间展布，并在氧化带中留下了一些残留矿体，成矿年龄为8Ma。所以，吐哈盆地差异升降构造活动和整体掀斜抬升构造是含氧含铀水渗入和运移的构造活化条件。

巴音戈壁盆地位于塔里木、哈萨克斯坦、西伯利亚、华北四大板块的结合部位，地跨4个性质不同的大地构造单元，与国内盆地相比，处于复杂多变的区域构造背景（聂逢君，2019）。盆地基底由太古宇、下元古界、古生界和海西中晚期及印支期侵入岩等组成，盖层为中新生代沉积地层，赋矿层位为下白垩统。早白垩世末—晚白垩世初（从116Ma左右开始），盆地受到由西向东的挤压作用，整体表现为挤压背景下的断块作用，稳定沉降的状态结束，再次开始抬升，并伴随早白垩世晚期火山活动。此次抬升的时间应为目的层沉积之后立刻被抬升，导致下白垩统被整体抬升至地表并被风化剥蚀，提供了含氧含铀水的渗入条件。位于巴音戈壁盆地西部的塔木素地区发生构造反转，同时产生由北向南的构造掀斜，创造了由蚀源区向盆地内、由北向南含氧含铀水层间渗入水动力方式，形成层间氧化带和铀的富集成矿。塔木素矿床成矿年龄为(111.6±8.1)Ma，与盆地整体抬升和构造掀斜及火山活动等时间基本一致。所以，巴音戈壁盆地整体抬升构造背景下的构造掀斜和盆缘局部构造反转是含氧含铀水渗入和运移的构造活化条件。

二连盆地位于蒙古-兴安裂谷系中部,是中生代后期在海西褶皱基底和侏罗系残留盆地的基础上,经正向断层强烈拉伸、裂陷而形成的中、小型盆地群的组合(聂逢君,2010)。盆地基底为元古宇和古生界及海西期、印支期及燕山期侵入岩,盖层为中新生代沉积地层,赋矿层位为下白垩统。晚白垩世二连盆地整体抬升,上白垩统零星发育,使下白垩统大面积暴露地表并遭受长期风化剥蚀,是含氧含铀水良好的渗入条件。同时,控制盆地古河谷边缘的断裂构造普遍开始构造反转,沿反转断裂构造一侧(古河谷北侧)形成构造抬升,形成大范围的剥蚀天窗,同时造成晚白垩世和古新世的沉积缺失,现今下白垩统为经历构造反转抬升剥蚀残留后的地层,矿床正好位于残留地层与反转断裂构造之间。构造反转产生的差异升降构造活动,创造了由古河谷北侧蚀源区向盆地内、由北向南含氧含铀水渗入水动力方式,形成潜水、潜水-层间氧化带和铀的富集成矿。后期二连盆地古河谷基本处于隆升剥蚀状态,只接受了零星沉积,铀成矿作用一直在进行。所以,二连盆地整体抬升构造景下的古河谷边缘断裂构造反转是含氧含铀水渗入和运移的构造活化条件。

松辽盆地经历了西伯利亚板块和华北板块碰撞、拼合、热隆张裂、裂陷、拗陷(热沉降)等构造演化阶段,晚白垩世成为大陆内部坳陷盆地,后又受东亚大陆边缘板块作用的影响发生盆地反转(王海涛等,2021)。盆地基底由元古宇和古生界组成,盖层为中新生界,赋矿层位为上白垩统。晚白垩世末期,松辽盆地整体抬升,并呈现出南东强北西弱的构造掀斜作用,使上白垩统在盆地南东部广泛出露并遭受剥蚀。同时,上覆晚白垩世地层沉积中心逐渐西移,沉积作用也不断萎缩,湖泊已基本消失。古近纪时期沉积作用更加萎缩,集中在盆地西缘偏北部分布,继承了南东强北西弱的构造掀斜的特点。晚白垩世末期—古近纪,在松辽盆地整体抬升的构造背景下,南东强北西弱的构造掀斜作用使盆地产生由南东向北西含氧含铀水的渗入和运移及富集成矿,这一阶段对应的成矿年龄为(53 ± 3)Ma、(40 ± 3)Ma。由于新近纪早期盆地整体沉降,中新统超覆于盆地南东部下白垩统之上,含氧含铀水的渗入条件变差,铀成矿作用基本终止或减弱。上新世,盆地南东部重新抬升,使上新统的沉积中心不断向北西偏移,仍继承了南东强北西弱的构造掀斜的特点,在盆地南东部重新遭受剥蚀,姚家组出露,由南东向北西含氧含铀水的渗入和运移继续进行,该期对应的铀成矿年龄为(7 ± 3)Ma。虽然第四纪时整个盆地下陷接受沉积,将南部的姚家组出露区覆盖,但第四系厚度较薄,整体为松散层,铀成矿作用持续发育。所以,在松辽盆地整体抬升的构造背景下,南东强北西弱的构造掀斜作用是含氧含铀水的渗入和运移的构造活化条件。

第四章　含铀岩系充填演化序列

2000年以来,在鄂尔多斯盆地北部直罗组下段下亚段发现工业铀矿化以来,中侏罗统直罗组(J_2z)就被认定为最重要的含铀岩系,其内部已发现了多个超大型—特大型—大型砂岩型铀矿床,从而构成了东胜铀矿田。对国内外砂岩型铀矿的研究发现,铀矿的形成发育与含铀岩系地层结构及铀储层本身的形态规模、物质成分等因素密切相关,而这一切都受控于沉积期的沉积环境,所以开展含铀岩系地层结构、铀储层分布规律和沉积体系分析具有重要意义。

第一节　含铀岩系地层结构

直罗组具有"北浅南深、东浅西深"的埋藏特征。根据地层结构、区域标志层和关键界面等要素,可进一步将直罗组划分为两个段,即直罗组下段(J_2z^1)和直罗组上段(J_2z^2)。多年的勘查实践证实,主要产铀层位为直罗组下段,依据同样的思路又进一步将直罗组下段划分为下亚段(J_2z^{1-1})和上亚段(J_2z^{1-2})。

一、地层划分依据

(一)测井曲线响应

直罗组下段主要岩性有砾岩、各种粒度的砂岩,以及粉砂岩和泥岩,电阻率曲线基本能够很好地反映出各粒级的岩性特征。自然电位曲线效果总体较好,但对薄层砂体响应不够明显。密度测井曲线在直罗组下亚段能较好地反映岩性的变化,但是对于薄层泥岩的反映不明显,主要原因可能是厚层砂体对薄层泥岩起到了屏蔽作用;然而在直罗组下段上亚段,密度测井曲线变化较大,其中由井径突变而引起的变化较为明显。密度曲线另外一个显著的特点是泥岩和粉细砂岩的密度要大于中砂岩和粗砂岩。天然伽马在无伽马异常区能很好地反映岩石的泥-砂-泥结构。钙质砂岩的测井响应较为明显,表现为高电阻率、高密度和低声速时差,识别相对容易(图4-1)。

总之,划分直罗组岩性时,以电阻率曲线为基础,将几种曲线有机地结合起来进行对比分析,能较好地反映直罗组的岩性特征。

(二)关键界面划分

直罗组底部与延安组之间存在重要的沉积间断面,有人称之为平行不整合界面。在研究区东部,直罗组顶部与上覆下白垩统之间也存在不整合界面,向研究区西部逐渐演变为直罗组—安定组与下白垩统之间的不整合,这是识别直罗组最明显的分层依据(图4-1)。

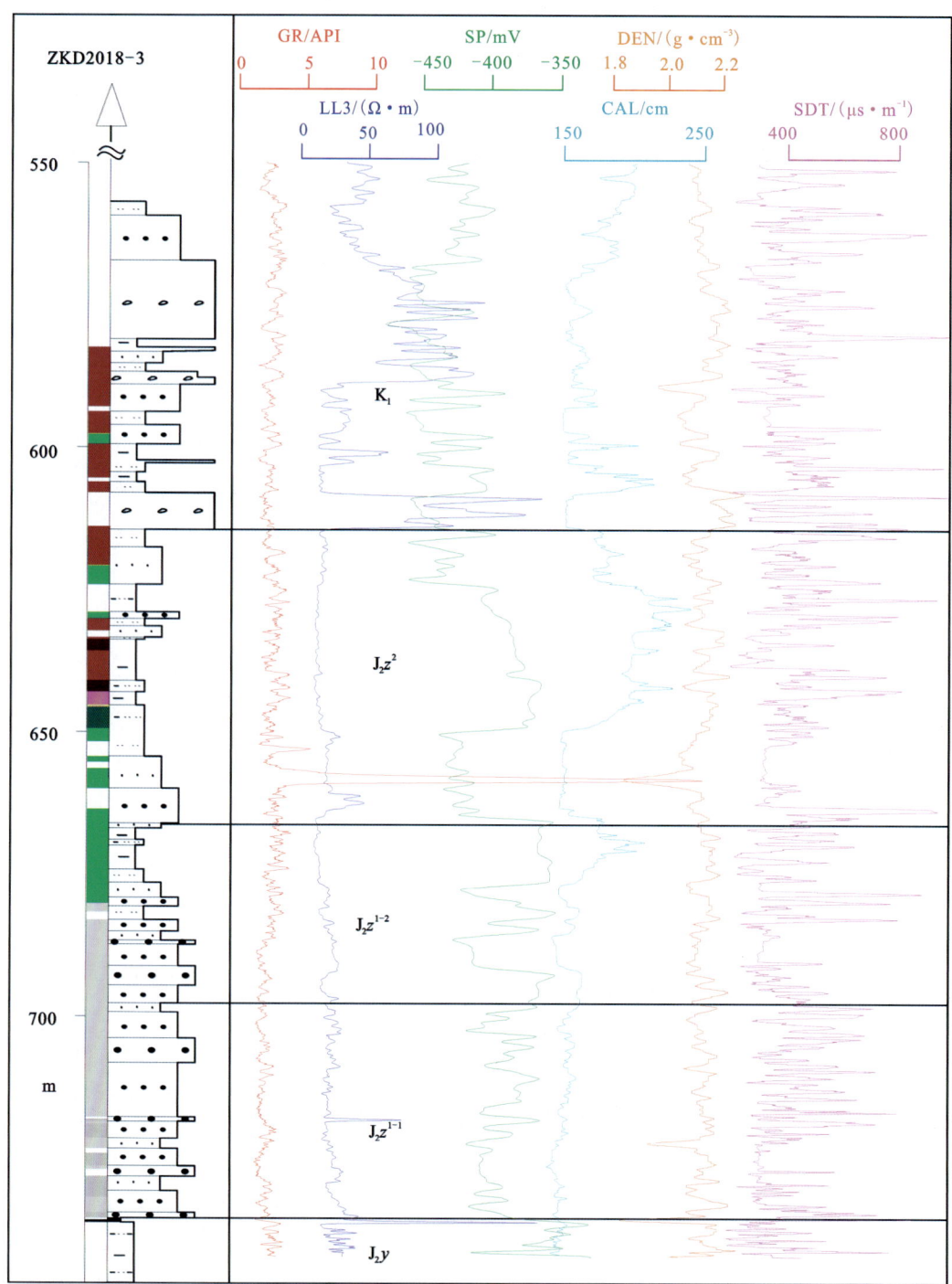

图 4-1 鄂尔多斯盆地北部典型钻孔中侏罗统测井曲线组合图

1. 直罗组下段(J_2z^1)

(1)直罗组下段下亚段。直罗组下段下亚段岩性主要为浅灰色、灰色、绿色中砾岩、粗砂岩、中砂岩、细砂岩夹薄层泥岩,顶部常见浅绿色和灰色泥岩。砂岩以石英、长石等碎屑物为主,多为泥质胶结,固结程度低,渗透性好,是研究区内铀矿找矿的骨架砂体和主要目的层(图4-2)。灰色砂岩中多见有机质和黄铁矿。有机质多为炭化植物叶片和碳质碎屑,局部可见呈层状分布的炭化植物碎片。黄铁矿多呈细晶分散状或面状、条带状分布,局部可见黄铁矿交代碳质碎屑的现象。

(2)直罗组下段上亚段。直罗组下段上亚段岩性为绿色、浅绿色、浅灰色和紫红色中砂岩、细砂岩及褐红色、紫色泥岩和粉砂岩,普遍发育褐铁矿化(图4-2)。单层厚度多在10～50m之间。砂岩以石英、长石等碎屑物为主,多为泥质胶结。砂岩中可见平行层理和小型交错层理,底部冲刷面上偶见叠瓦状泥砾,冲刷特征明显。直罗组上亚段是铀矿找矿的次要目的层。

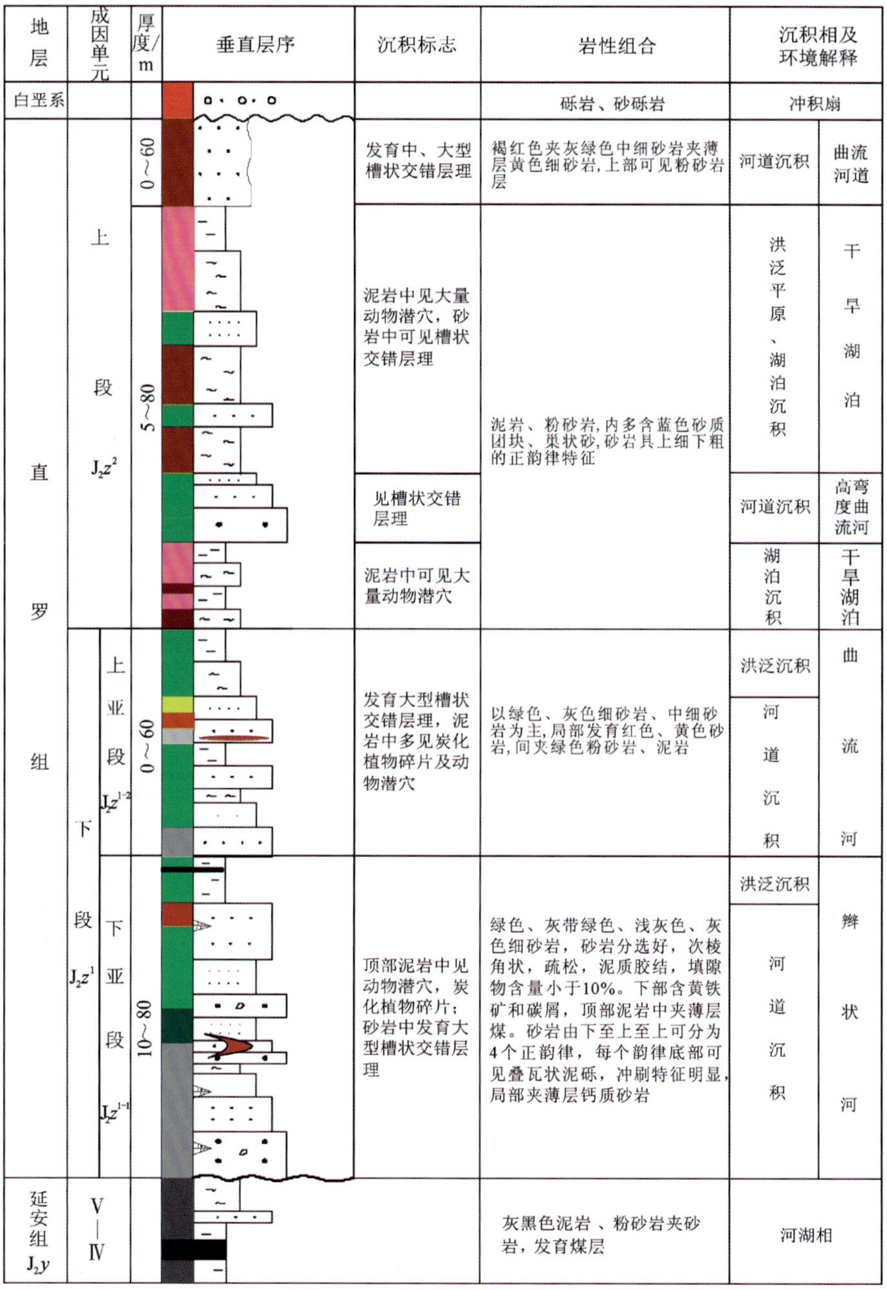

图4-2 鄂尔多斯盆地北部直罗组典型钻孔综合柱状图

2. 直罗组上段(J_2z^2)

直罗组上段(J_2z^2)为沉积晚期的湖泊沉积体系和高弯度曲流河沉积体系,为干旱气候条件下的杂色沉积。洪泛平原沉积发育,岩性组合为频繁出现的砂泥互层,"二元结构"特征明显。该层位不具铀矿找矿意义,是区域隔水层(图4-2)。

二、地层对比

区域地层对比剖面的编制,是实现研究区地层统一对比的关键技术与基本方法,对于含铀岩系等时地层格架内部重要含矿地层单元空间定位、关键参数统计与系列要素编图、矿体对比和预测等工作至关重要。在含铀岩系地层划分的基础上,特别选取具有代表性的纵Ⅰ、纵Ⅱ、横Ⅰ和横Ⅱ共4条骨干地层对比剖面(图4-3),简要阐述研究区直罗组的基本地层结构与空间分布规律。

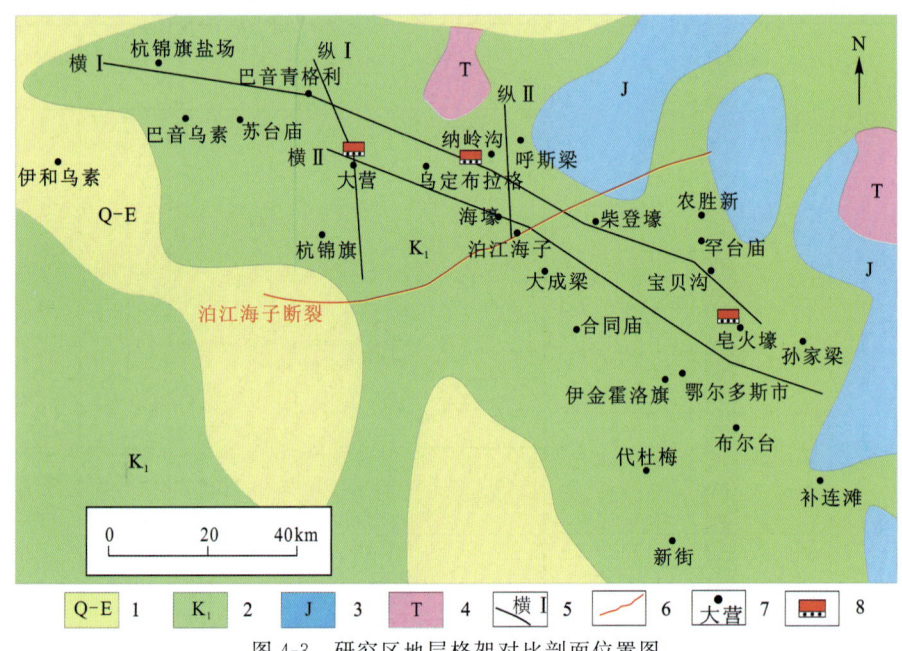

图4-3 研究区地层格架对比剖面位置图
1.新生界;2.下白垩统;3.侏罗系;4.三叠系;5.地层对比剖面;6.泊江海子断裂;7.地名;8.矿床位置

从纵Ⅰ剖面可以看出,研究区西部的巴音青格利—大营地区,直罗组下段下亚段地层厚度大致保持在50～100m之间,且由北向南沉积厚度增加,底板埋深从钻孔S965-233-1到T159-16快速增大后逐渐平稳。与下亚段相比,上亚段的地层展布形态与其基本一致,但沉积厚度明显大于下亚段,为90～130m(图4-4)。

从纵Ⅱ剖面可以看出,在研究区中部的纳岭沟—泊江海子地区,下亚段厚度在80～150m。由北向南,地层埋深同样先快速加深后逐渐平稳,地层厚度也呈现逐渐增加的趋势。在纳岭沟地区,由于处于主干砂带的中心部位,水动力条件极强,上亚段砂体将下部的隔水层冲刷殆尽,致使上、下亚段组成了一套宽厚的含矿含水层,其厚度达到180m以上(图4-5)。此外,纳岭沟地区的直罗组下段的地层厚度要明显高于西部的巴音青格利地区及东部的罕台庙地区,说明该时期主干砂带的中心也位于纳岭沟地区。

从横Ⅰ剖面可以看出,该剖面依次贯穿盆地北缘的巴音乌素—巴音青格利—纳岭沟—柴登壕—宝贝沟,直罗组下段下、上亚段的地层厚度变化较小,单个亚段的地层厚度基本在50～90m之间,整体较薄,但埋深由巴音乌素地区ZKS644-287的730m逐渐降低至罕台庙地区ZKC3-5的200m,泊江海子断裂在该剖面上的断距不明显。而直罗组上段的地层厚度变化较大,主要受控于上覆下白垩统的剥蚀作用,残留最厚部位位于大营地区的T159-68钻孔附近,达到330m,向东剥蚀严重,至罕台庙地区的钻孔CD489-146残留地层厚度仅为30m(图4-6)。

横Ⅱ剖面位于横Ⅰ剖面南侧20km处,由西向东依次贯穿了大营南部—泊江海子—大成梁—皂火壕。直罗组的地层厚度、地层展布与横Ⅰ剖面基本一致,即直罗组下段地层厚度变化小,直罗组上段在大营地区残留地层厚度明显大于其东西两侧,由西向东埋深逐渐增加,各层位埋藏深度整体较横Ⅰ号剖面增加了100m。此外,在钻孔X2016-9与D2014-3之间存在一个明显的错断,结合区内收集的资料,推断为泊江海子断裂,断距在100m以上(图4-7)。

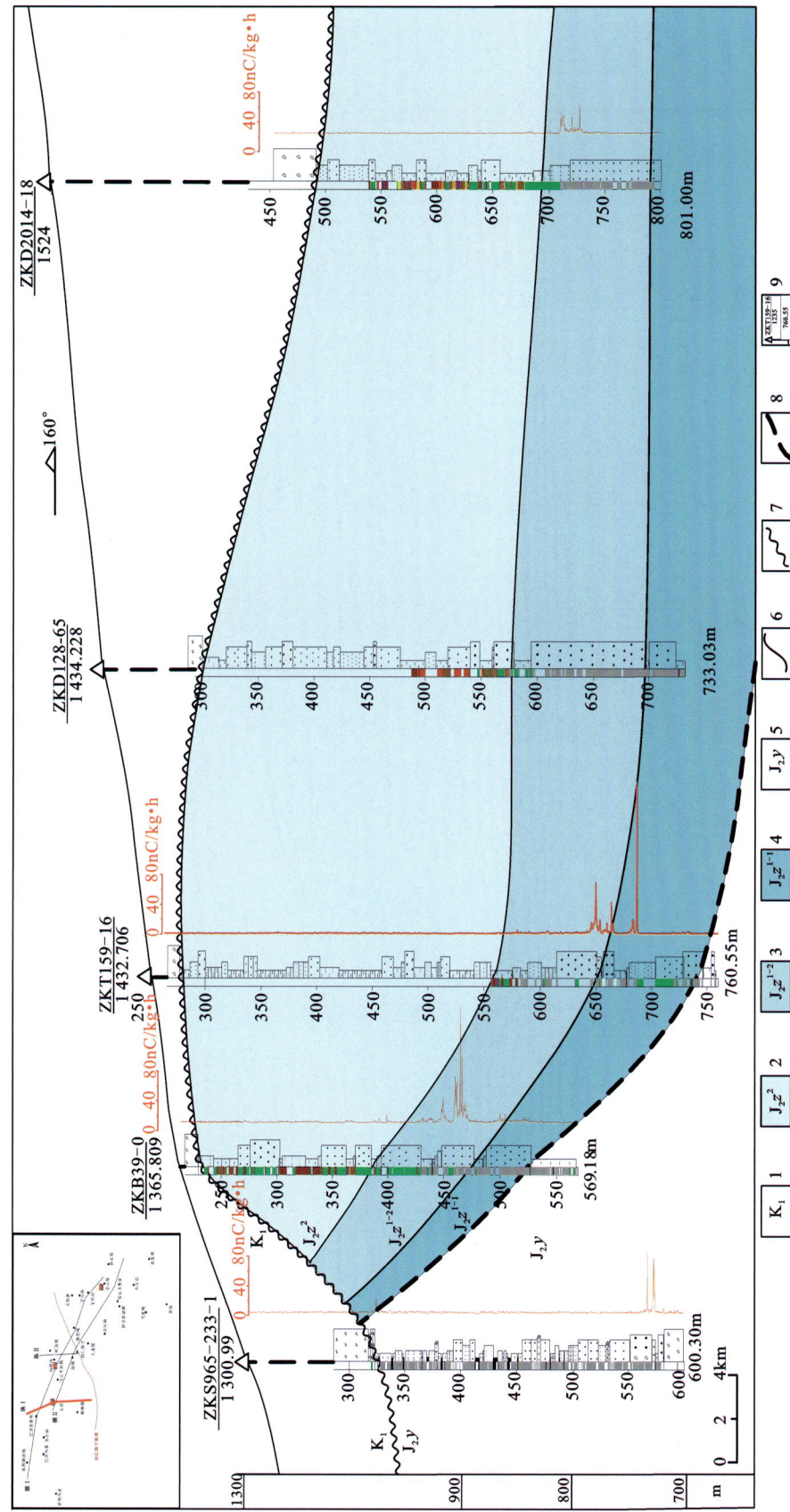

图4-4 研究区直罗组纵Ⅰ号地层对比示意图

1.下白垩统；2.直罗组上段；3.直罗组下段上亚段；4.直罗组下段下亚段；5.延安组；6.整合接触界面；7.角度不整合界面；8.平行不整合界面；9.钻孔位置、孔号、标高及孔深/m

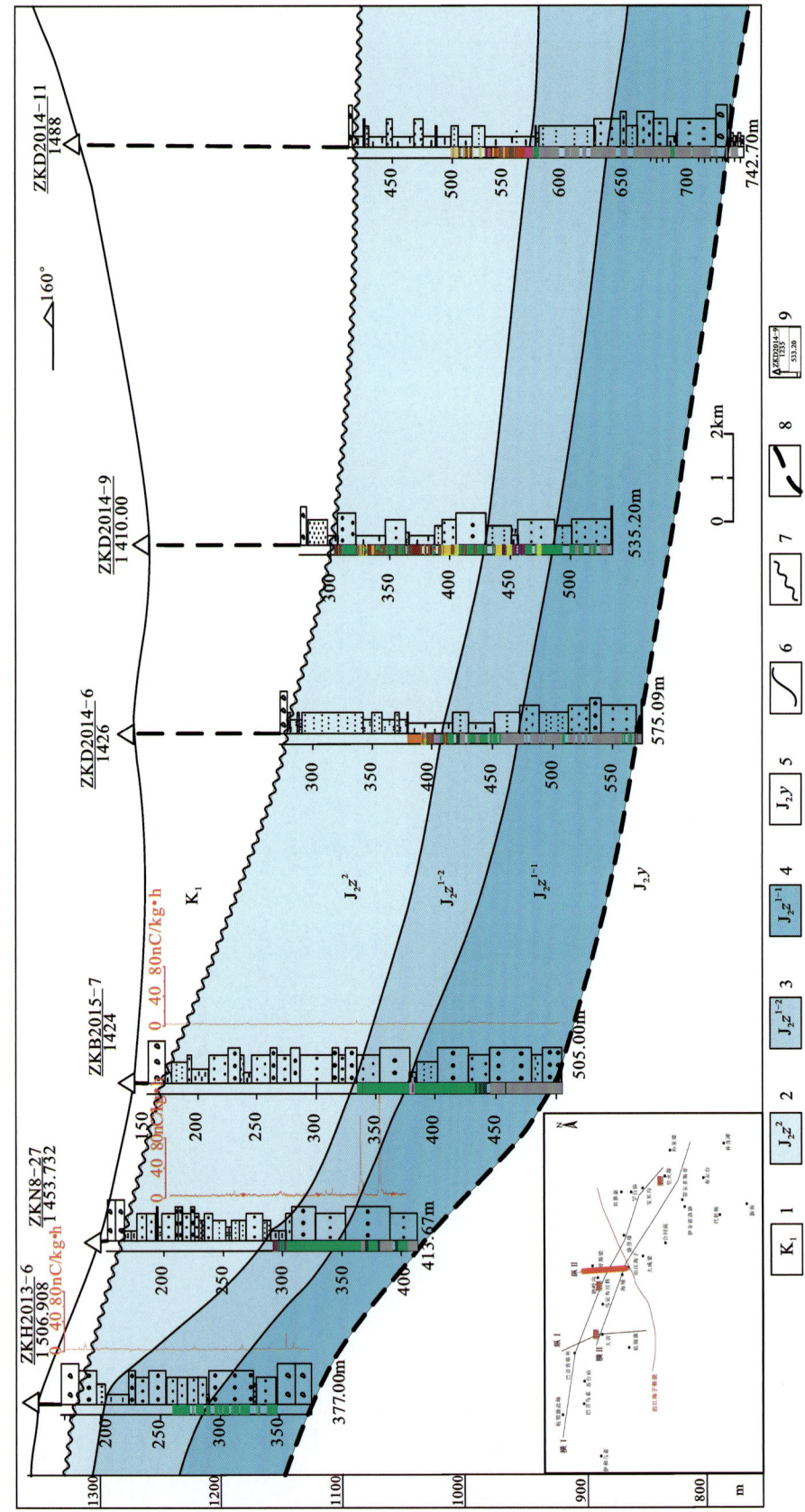

图4-5 研究区直罗组织Ⅱ号地层对比示意图

1.下白垩统；2.直罗组上段；3.直罗组下段上亚段；4.直罗组下段下亚段；5.延安组；6.整合接触界面；7.角度不整合界面；8.平行不整合界面；9.钻孔位置、孔号、标高及孔深/m

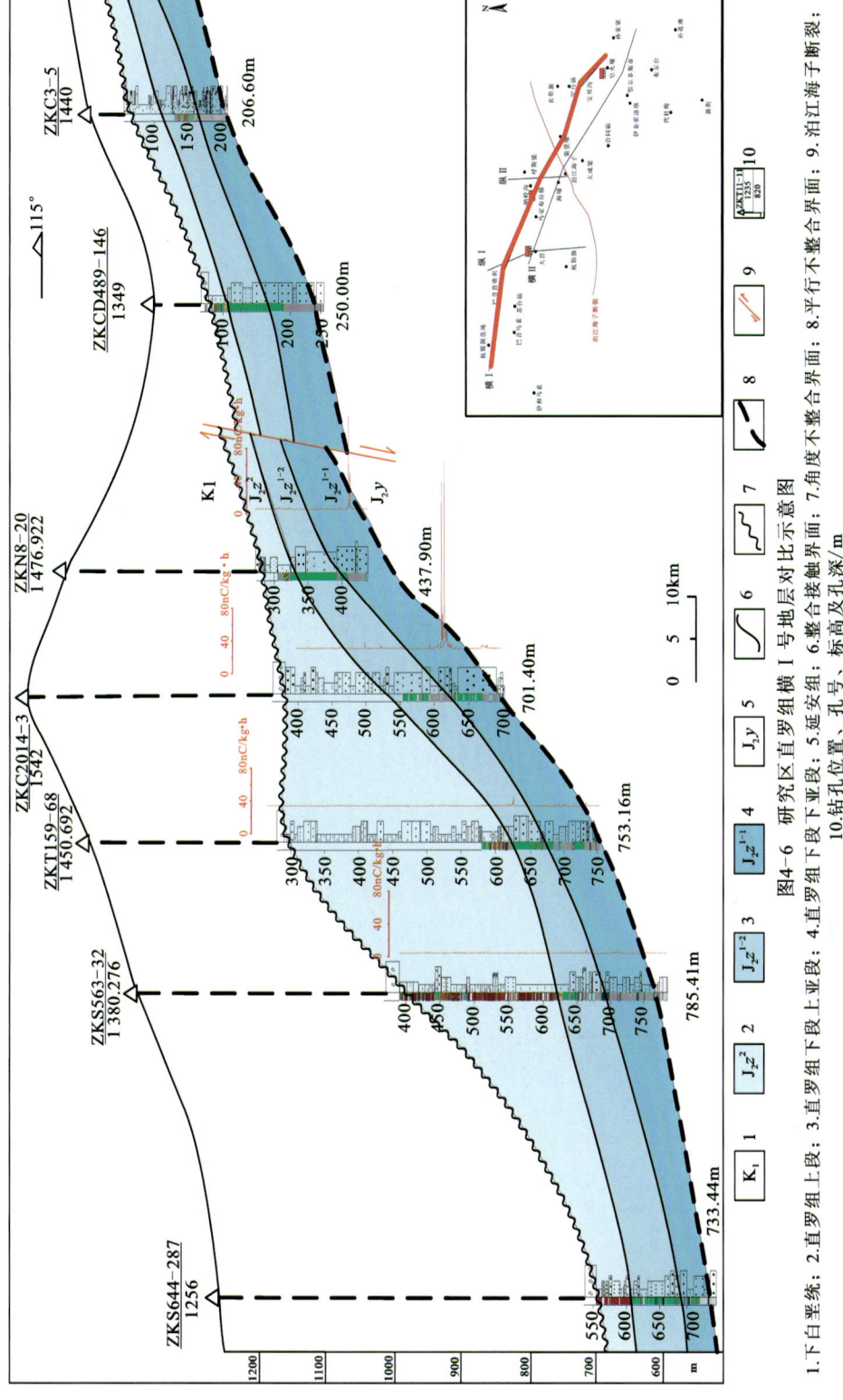

图4-6 研究区直罗组横Ⅰ号地层对比示意图

1.下白垩统;2.直罗组上段;3.直罗组下段上亚段;4.直罗组下段下亚段;5.延安组;6.整合接触界面;7.角度不整合界面;8.平行不整合界面;9.泊江海子断裂;10.钻孔位置、孔号、标高及孔深/m

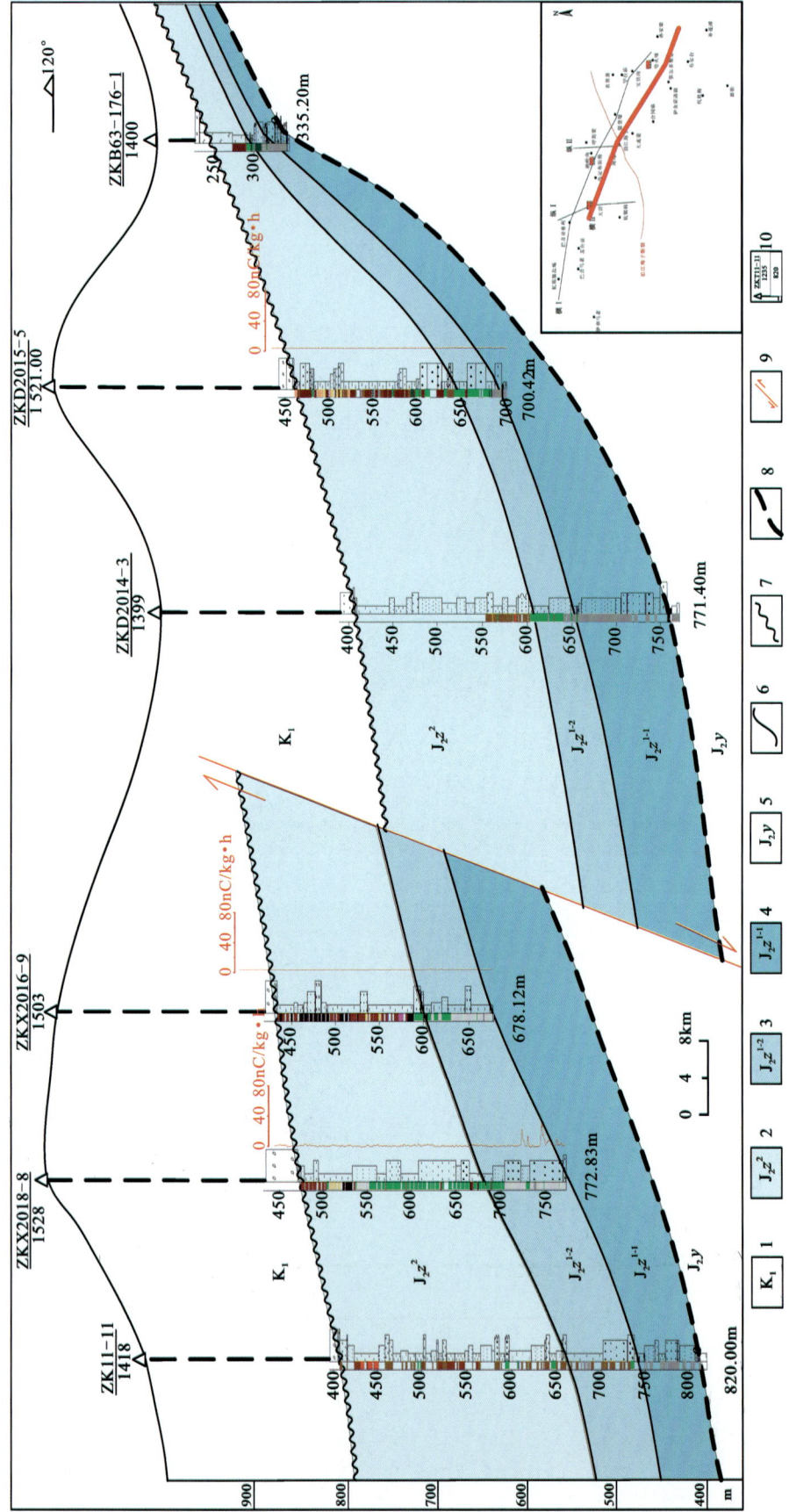

图4-7 研究区直罗组横Ⅱ号地层对比示意图

1.下白垩统；2.直罗组上段；3.直罗组下段上亚段；4.直罗组下段下亚段；5.延安组；6.整合接触界面；7.角度不整合界面；8.平行不整合界面；9.泊江海子断裂；10.钻孔位置、孔号、标高及孔深/m

第二节 铀储层空间分布规律

在等时地层格架内部，砂分散体系分析是精细刻画铀储层几何形态和空间展布的有效方法（焦养泉等，2006）。研究区直罗组下段铀储层总体呈北西-南东向展布，而且从直罗组下段下亚段到上亚段，铀储层继承性发育，但分布规模明显减小。

一、直罗组下段下亚段

直罗组下段下亚段铀储层厚度最显著的分布特征是北厚南薄。铀储层厚度的高值区（>50m）集中在研究区北部，整体呈北西-南东向展布，具有两次明显的分叉（图4-8）。北部高值区形态上似鸟足状，延伸远，分布范围大，高值部分区域较为集中，其中最大值为145.5m。高值区在研究区西北角第一次分叉，西边一支向南延伸，铀储层平均厚度为65.65m。较东边一支在柴登壕一带再次分叉，主要分叉为3支，其中最北边的为一狭长的分支，面积较小，向东胜方向延伸到柴登壕—农胜新一带。往南展布的分支范围小且延伸很短，铀储层平均厚度为61.44m。规模最大的一支呈西北-南东向展布，向成吉思汗陵方向延伸至边老楞附近，在脑营沟附近又分叉为许多树枝状的次级分支，大部分区域厚度在70m以上，平均厚度为75.6m。

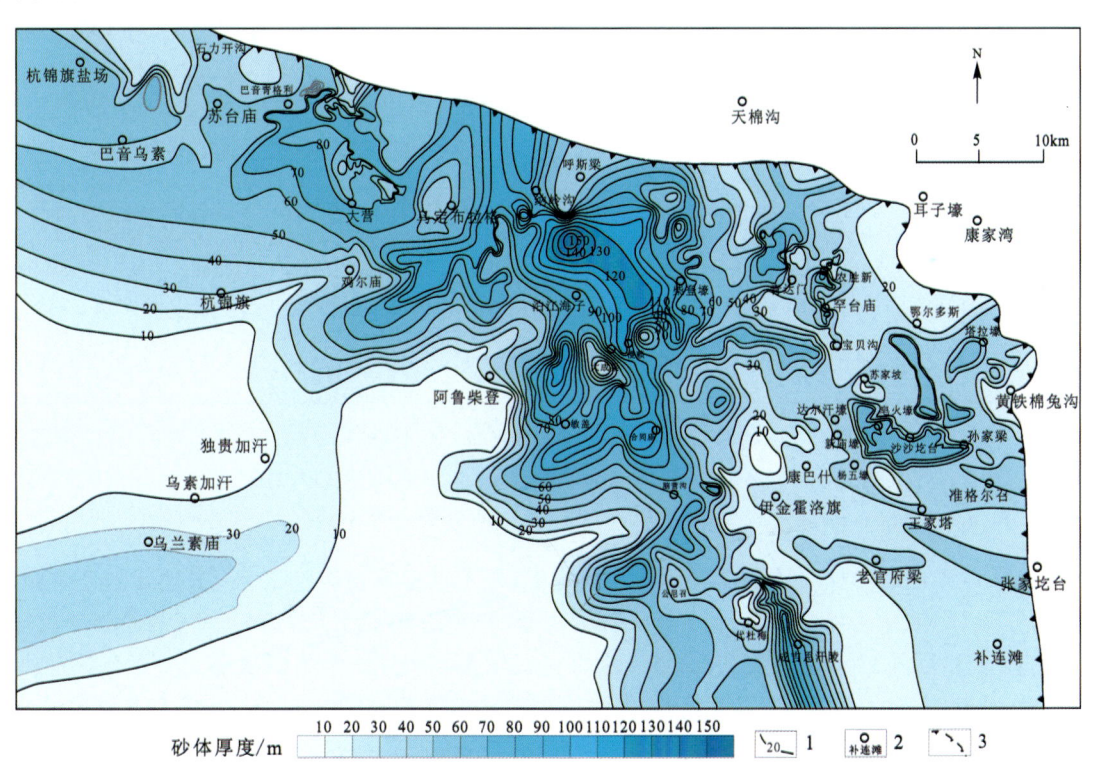

图4-8 鄂尔多斯盆地北部直罗组下段下亚段铀储层厚度图
1.厚度等值线；2.地名；3.直罗组剥蚀界线

铀储层厚度的低值区（<30m）可大致分为3块，整体上与高值区的展布方向一致，分别位于盆地东北部补连滩—康巴什一带、耳字壕—黄铁棉兔沟一带、西南部阿鲁柴登—独贵加汗—杭锦旗一带。东北部补连滩—康巴什一带低值区形态较完整，呈条带状向东南方向展布，铀储层平均厚度为17.3m。东北部耳字壕-黄铁棉兔沟低值区被此区域内的高值区及次高值区分割，已无固定形态，小面积零星分布。

西南部瑶阿鲁柴登—独贵加汗—杭锦旗一带低值区向东南方向展布，贯穿整个研究区，展布面积最大，平均厚度为15m。

总体来说，鄂尔多斯盆地北部直罗组下段下亚段铀储层厚度具有自北向南减薄的趋势，总体呈现为具有区域规模的"朵状形态"，全区铀储层平均厚度为47.95m。

二、直罗组下段上亚段

直罗组下段上亚段铀储层厚度也总体呈北厚南薄的趋势，平均厚度为41.38m，并具有多个由北向南展布的高值区（图4-9）。铀储层厚度大于50m的高值区主要集中分布于研究区北部巴音青格利—大成梁—成吉思汗陵一带，靠近北部剥蚀线的地区储层最厚。小于20m的低值区在全区均有分布，中部-南部低值区范围极大，几乎占据全部区域。

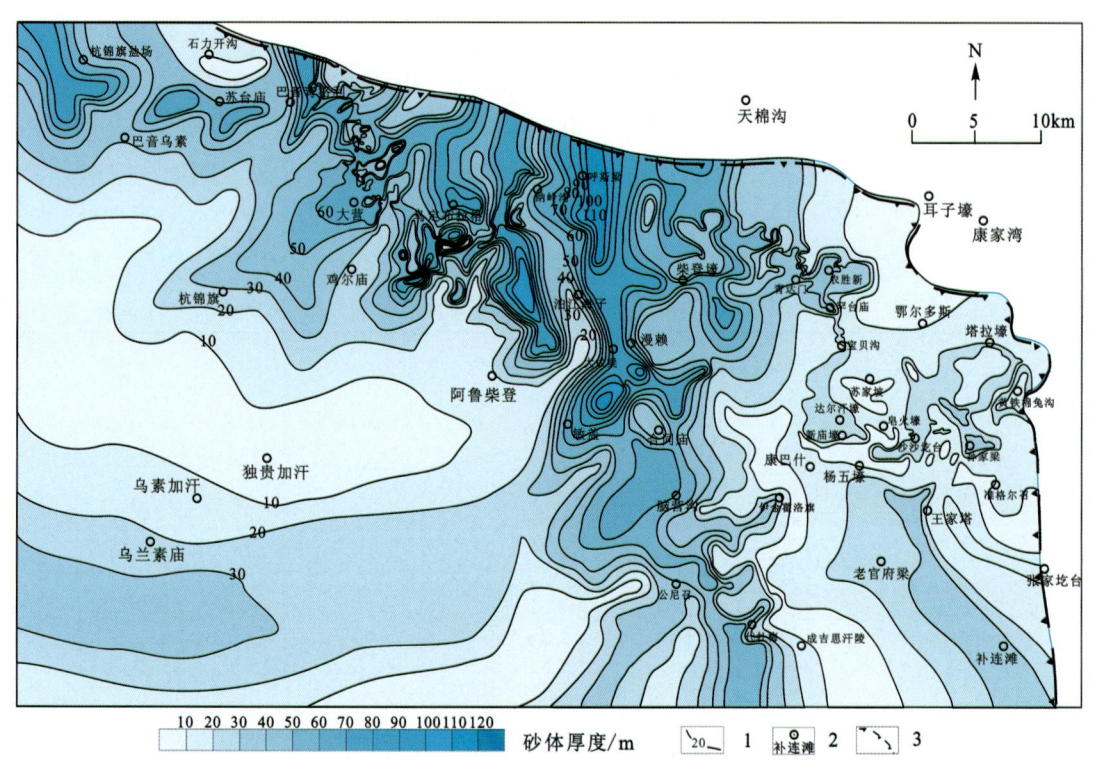

图4-9 鄂尔多斯盆地北部直罗组下段上亚段铀储层厚度图
1.厚度等值线；2.地名；3.直罗组剥蚀界线

研究区北部铀储层厚度高值区以北部剥蚀线为界，由西北向东南方向展布，主要分为3个高值带。西北角高值带以剥蚀区为界由东北向西南方向呈宽条带展布，延伸至杭锦旗一带，铀储层厚度逐渐减薄，并在末端分叉为两支，平均厚度为53.25m。北部高值带以剥蚀线为界向东南方向展布，平均厚度为62.51m。在纳岭沟—大成梁一线发育较厚，最大厚度可达119.51m，并在此向南、东南和东部方向分叉延伸：向南延伸较近，铀储层逐渐减薄，厚度主要为50～70m；向东南方向展布最远，可延伸至成吉思汗陵附近，并在脑营沟和成吉思汗陵频繁分叉，厚度主要为40～70m；向东延伸至柴登壕地区，形态不规则并频繁分叉，主要厚度为40～60m。东南部王家塔—补连滩一带发育一分布范围较小的高值区，厚度以30～40m为主，呈条带状，并向南、东南两个方向分叉变窄。

研究区铀储层厚度低值区分布范围极广，主要在成吉思汗陵以东—康巴什—鄂尔多斯和阿鲁柴登—独贵加汗一带两个地区，中间被高值区分隔开。东北部成吉思汗陵以东-康巴什-鄂尔多斯低值区沿剥蚀线向南北方向展布，并向西延伸至伊金霍洛旗附近，平均厚度为11.8m，在罕台川—东胜—伊金霍洛旗地区，低值带分布不连续，其中被多个分布范围很小的较高值区分隔，并且在东胜—伊金霍洛旗地区分布多个极小的零值区。阿鲁柴登—独贵加汗一线低值区分布范围极大，多呈条带状由西向东展布，研究区中部—南部全为低值区，平均厚度为9.8m。

第三节 含铀岩系沉积成因解释

通过钻孔岩芯分析和沉积编图等工作，对鄂尔多斯盆地北部的含铀岩系进行了成因分析，包括沉积体系类型识别和沉积体系域重建。研究发现，鄂尔多斯盆地北部直罗组底部砂体的成因并非传统认识上的辫状河成因，它既有相对早期的辫状河和辫状河三角洲沉积体系，也有相对晚期的曲流河和（曲流河）三角洲沉积体系（焦养泉等，2005，2006）。

在研究区，直罗组下段下亚段（J_2z^{1-1}）主要由辫状河沉积体系和辫状河三角洲沉积体系构成，其中辫状河三角洲平原构成了研究区的主体；直罗组下段上亚段（J_2z^{1-2}）主要由曲流河沉积体系和（曲流河）三角洲沉积体系构成。东胜铀矿田的几个典型铀矿床主要发育于两个三角洲平原的分流河道铀储层中。

一、成因标志与沉积体系类型

通过对野外露头、钻孔岩芯和砂分散体系等综合分析发现，鄂尔多斯盆地北部的直罗组下段存在4种沉积体系类型，即辫状河沉积体系、辫状河三角洲沉积体系、曲流河沉积体系和（曲流河）三角洲沉积体系。其中，辫状河沉积体系和辫状河三角洲沉积体系发育于直罗组下段下亚段时期（J_2z^{1-1}），曲流河沉积体系和（曲流河）三角洲沉积体系发育于直罗组下段上亚段时期（J_2z^{1-2}）。总体上，直罗组下段自下而上沉积体系的类型由辫状河沉积体系过渡为曲流河沉积体系，在直罗组下段下亚段时期（J_2z^{1-1}）和直罗组下段上亚段时期（J_2z^{1-2}）自北西向南东方向，沉积体系的类型由辫状河沉积体系和曲流河沉积体系分别过渡为辫状河三角洲沉积体系和（曲流河）三角洲沉积体系。

在辫状河沉积体系中，识别出了河道充填和泛滥平原等成因相，以前者为主，后者罕见。

辫状河三角洲沉积体系，在研究区显示出了典型的先倒粒序后正粒序垂向序列特色。但是由于后期剥蚀也仅残留了辫状河三角洲平原成因相组合，在其中识别出了广泛发育的辫状分流河道、分流间湾和决口扇等成因相，以及罕见的废弃分流河道、决口河道、越岸沉积和泥炭沼泽等成因相。相比而言，分流河道砂体构成了该沉积体系的骨架，是重要的铀储层；而分流间湾等特色沉积物是鉴别三角洲的重要标志。

在曲流河沉积体系中，识别出了具有侧向迁移的河道充填相、决口扇、废弃河道、泛滥平原等多种成因相。相对于辫状河而言，泛滥平原细粒沉积物更为发育。

源于曲流河入湖的三角洲沉积体系，也显示出了三角洲特有的垂向序列——先倒粒序后正粒序。直罗组下段上亚段的（曲流河）三角洲也遭到了剥蚀，但是由于自下亚段到上亚段退积的原因，上亚段不仅保留了相对完整的三角洲平原，也保留了相当规模的三角洲前缘。所以，研究区直罗组上亚段三角洲沉积体系的成因相类型丰富，既有规模较大的分流河道（潜在铀储层）、分流间湾、决口河道和决口扇，也有水下分流河道、河口坝、三角洲前缘泥等成因相。此类三角洲的分流河道继承了曲流河的一些特征，如分流河道砂体呈单一的透镜状，且侧向迁移现象明显。另外，此类三角洲平原上的分流间湾沉积物也显著增加，面积明显扩大。

二、直罗组下段下亚段沉积体系域

研究区直罗组下段下亚段和上亚段的沉积特征有明显差异,两个亚段沉积环境不同。下亚段砂体规模大,连续性好,河道间细粒沉积物不发育(图4-10),表现为辫状河沉积体系向辫状河三角洲沉积体系的过渡。

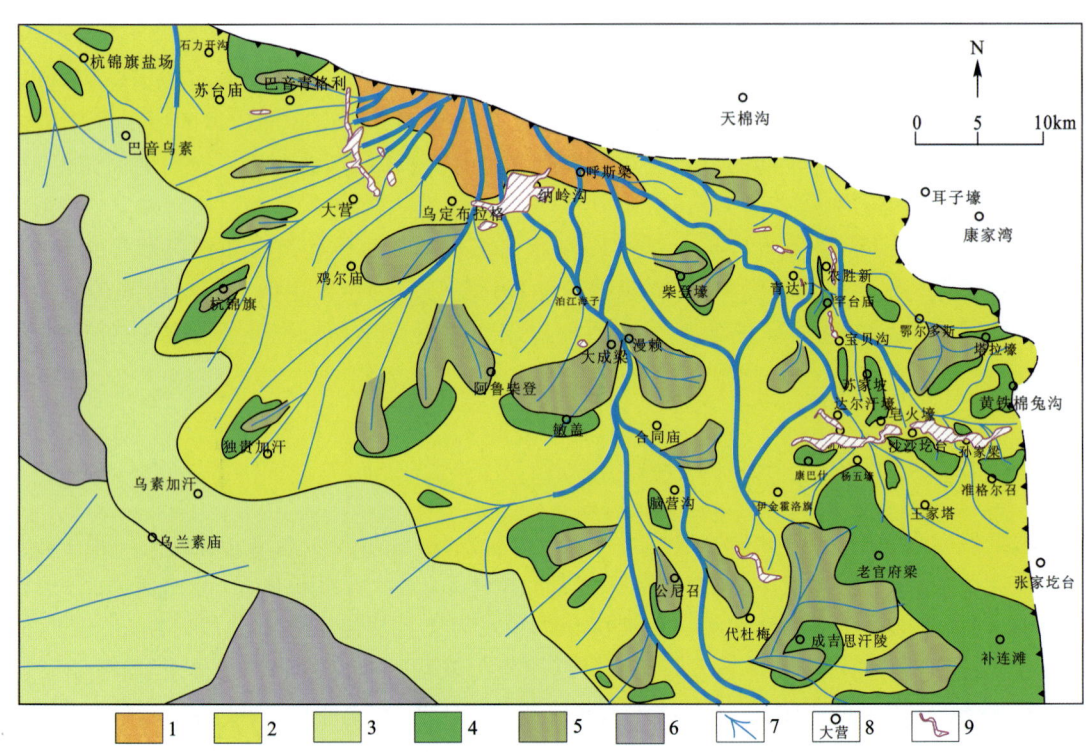

图 4-10 鄂尔多斯盆地北部直罗组下段下亚段沉积体系域图
1.辫状河体系;2.辫状河三角洲平原(分流河道);3.辫状河三角洲前缘;4.分流间湾;
5.决口河道(决口扇);6.前三角洲;7.物源体系;8.地名;9.下亚段铀矿体

辫状河沉积体系发育在研究区的北部呼斯梁—纳岭沟北西,以辫状河道为主,3条主要辫状河道宽度均在20km左右,规模很大,分别向柴登壕、大成梁和大营方向展布,泛滥平原仅在河道间小面积发育。

研究区的其他地方主要发育辫状河三角洲沉积体系的三角洲平原部分,在野外调查和钻孔资料收集的过程中获得了大量的证据:

(1)详细的钻孔资料显示,直罗组下段的下亚段垂向序列具有先倒粒序、后正粒序的特征,体现了三角洲沉积体系的特点。

(2)在露头区和部分钻孔中可以看到很明显的暴露标志,如根土岩、煤层等,表明该时期水体较浅。

(3)以呼斯梁—大成梁—脑营沟为轴线向北东和南西方向暗色泥岩厚度增大,河道开始分叉,表现为分流河道特色。

研究区内,辫状河三角洲平原由辫状分流河道和分流间湾构成,源于北部的辫状河三角洲朵体自西向东发育3条主干辫状分流河道,它们均是研究区北部辫状河向西南方向和东南方向的延伸。其中,中间的辫状分流河道规模最大,沿呼斯梁、纳岭沟一直延伸至瑶镇。主干辫状分流河道的总体展布方向为北东-南西向和北西-南东向,它们在向研究区中南部延伸的过程中有多处分叉,形成次一级规模的辫状分流河道。各分流河道间为分流间湾集中发育的地方。分流河道向分流间湾的一侧发育多处决口扇和决口三角洲。

三、直罗组下段上亚段沉积体系域

研究区直罗组上亚段砂体以透镜状为主,侧向迁移明显,河道间细粒沉积物广泛发育(图4-11),表现为曲流河沉积体系向(曲流河)三角洲沉积体系的过渡。

曲流河沉积体系位于研究区北部呼斯梁—纳岭沟地区,主体由曲流河道构成。由于曲流河侧向迁移活跃且多为叠加河道,导致其河道较宽,最宽可达30km,呈近南北向展布(图4-11)。

研究区的大部分区域都发育(曲流河)三角洲沉积体系,与下亚段相似,主要由三角洲平原部分构成。三角洲平原主要由分流河道、分流间湾和决口扇组成。分流河道由北部曲流河河道向西南和东南方向延伸。在研究区中部暗色泥岩厚度增大,分流河道出现分叉现象并有多处决口,形成决口扇沉积,分流河道间发育分流间湾沉积。三角洲平原继续向前推进进入水下,粒序结构上由先倒粒序后正粒序结构演变为更多的倒粒序结构,体现了三角洲前缘的特点。

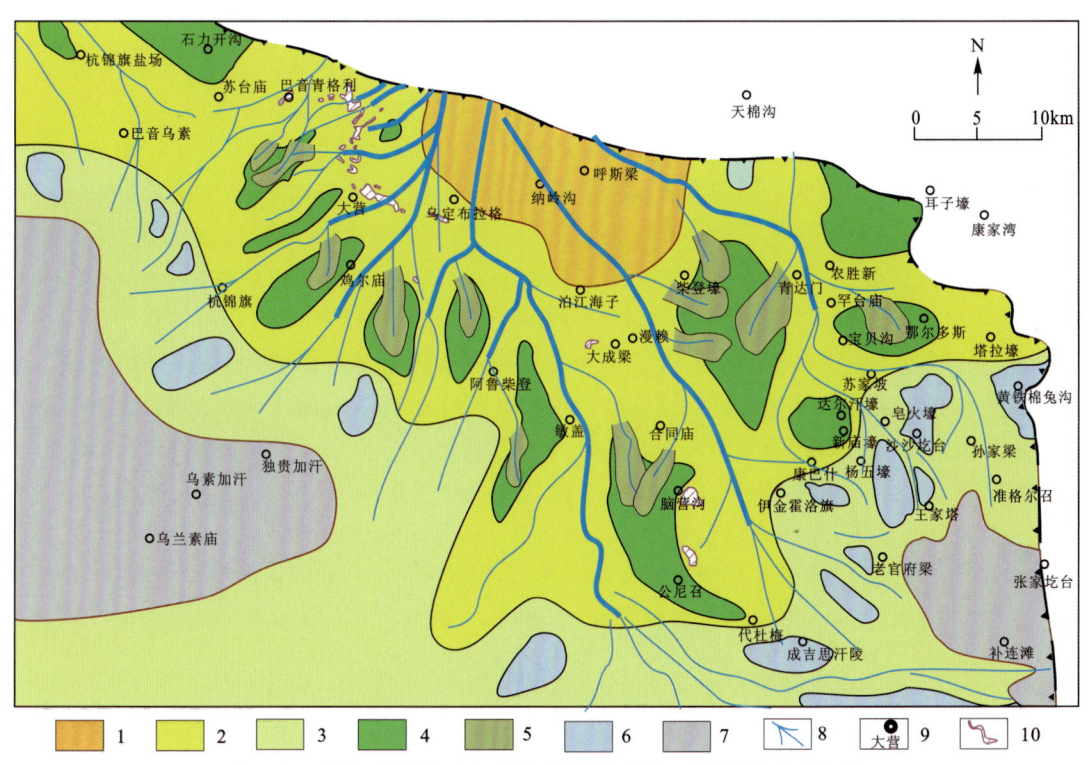

图4-11 鄂尔多斯盆地北东部直罗组下段上亚段沉积体系域图
1.曲流河;2.三角洲平原分流河道;3.三角洲前缘水下分流河道;4.分流间湾;5.决口扇;
6.水下分流间湾;7.前三角洲;8.下亚段物源体系;9.地名;10.上亚段矿床、矿体

第五章 含铀岩系岩石地球化学特征

沉积岩的后生蚀变作用繁多，依据不同的蚀变标志可划分为不同的后生蚀变类型。砂岩铀矿床的形成经受了铀储层中地下水的氧化和还原作用，因而其岩石矿物-地球化学特点能够反映地下水的氧化-还原环境。其中，铁元素可作为岩石地球化学环境中最重要的矿物形成环境的指示元素，如后生褐铁矿化是氧化改造作用的主要矿物-地球化学标志。

典型层间氧化带型砂岩铀矿床根据氧化作用的强度，沿氧化带发育方向分为完全氧化带、过渡带和还原带。完全氧化带由呈黄色和红色的岩石构成，也称完全褐铁矿化带，受隔水层（泥岩、粉砂岩、钙质层及煤层等）限制而充满整个铀储层，顺铀储层呈舌状体尖灭，铀含量较低，通常是 U^{6+} 的运移通道。过渡带主要呈现为灰色砂岩背景上的斑点状褐铁矿化和赤铁矿化（又称不完全褐铁矿化带），也可呈现为舌状体顺铀储层尖灭。由于氧化不彻底存在未氧化的灰色砂岩，形成局部还原障促使铀发生沉淀，所以铀含量增高，有时可达到工业品位。还原带主要呈灰色和浅灰色，主要发育黄铁矿、碳质碎屑等还原介质，铀含量降到背景值。铀矿体主要呈卷状产于过渡带前缘的灰色砂岩中，沿层间氧化带前锋线展布。

鄂尔多斯盆地直罗组下段含铀岩系由于受到油气及煤层气活动的影响，使得原来黄色或红色氧化带岩石被完全还原改造为灰绿色、绿色，故称之为古层间氧化带。古层间氧化带的氧化作用比较彻底，见不到固有的黄铁矿和碳质碎屑等。油气及煤层气对古氧化砂岩的还原改造作用也较为彻底，只在局部地段可见钙质红色古氧化砂岩的残留透镜体。油气及煤层气还原改造作用的同时造成过渡带岩石中褐铁矿和赤铁矿彻底消失，无法识别出原有的过渡带矿物-岩石地球化学类型（也许本来不发育过渡带岩石），目前只存在灰绿色、绿色古层间氧化带与灰色还原带两种岩石地球化学类型，铀矿体在垂向上产于灰绿色、绿色古氧化带与灰色还原带的叠置部位，在水平方向上产于灰绿色、绿色完全古氧化带与灰色还原带之间，即位于灰绿色、绿色砂岩尖灭线与灰色砂岩尖灭线之间。

第一节 古氧化砂岩残留体特征

在鄂尔多斯盆地北部，晚侏罗世和晚白垩世的上隆构造，以及伊陕单斜构造向南的适度继承性构造掀斜作用，为含氧含铀水的渗入并产生层间氧化作用及铀成矿创造了极为有利的构造条件，形成红色或黄色层间氧化带及铀的大规模富集成矿。由于后期还原改造作用，红色古氧化砂岩以钙质残留体的形式赋存于灰绿色、绿色古层间氧化带中。

直罗组下段红色或黄色砂岩虽然经过彻底的后生还原改造作用，但从现在灰绿色、绿色砂岩中仍然可以识别出古氧化带砂岩。灰绿色、绿色砂岩中见固结程度相对较高或粒度相对较细的残留红色砂岩透镜体（图 5-1），并见褐铁矿化（图 5-2a）。残留钙质砂岩透镜体中见大量残留的星点状褐铁矿（图 5-2b）。在灰绿色、绿色砂岩中偶见褐铁矿化残余（图 5-3）。局部可见泥岩夹层表面被氧化的炭化植物碎屑（图 5-3b）。灰绿色、绿色砂岩一般滴稀盐酸不起泡，反映其碳酸盐含量很低，但有时灰绿色砂岩中夹有碳酸盐含量很高的灰紫色钙质砂岩夹层，其中可见遭受强烈氧化的炭化植物碎屑（图 5-4）。

图 5-1　灰绿色砂岩中的红色砂岩残留体

a.固结程度较高的钙质红色砂岩残留体；b.粒度相对较细的红色砂岩残留体

图 5-2　褐铁矿化

a.红色砂岩残留体中褐铁矿化；b.钙质砂岩残留体中褐铁矿化

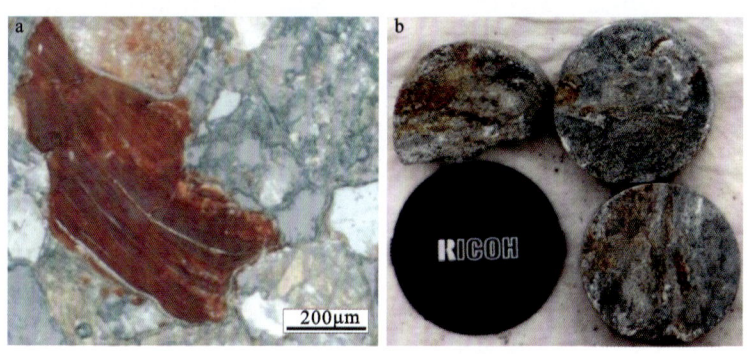

图 5-3　灰绿色砂岩中的氧化残留

a.薄片；b.岩芯

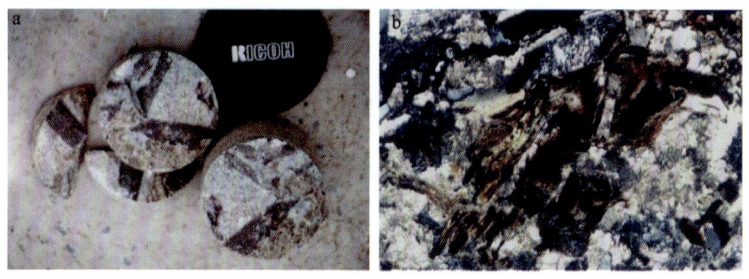

图 5-4　钙质砂岩中的强烈氧化作用

a.被氧化的炭化植物碎屑；b.被氧化的黑云母

显微镜下观察也可发现，后生氧化砂岩的典型的矿物学特征为褐铁矿化、钙质胶结以及长石黏土化（包括高岭石化和绢云母化），几乎见不到植物碳质碎屑及黄铁矿（图片 5-5）。褐铁矿常附着于填隙物、碎屑颗粒边缘、碎屑颗粒裂缝中或将整个颗粒浸染成褐色。残留红色砂岩的钙质胶结作用非常强烈，以亮晶方解石为主，部分可以在显微镜下见到两组解理。强烈的方解石胶结可以交代早期长石和石英等碎屑颗粒。

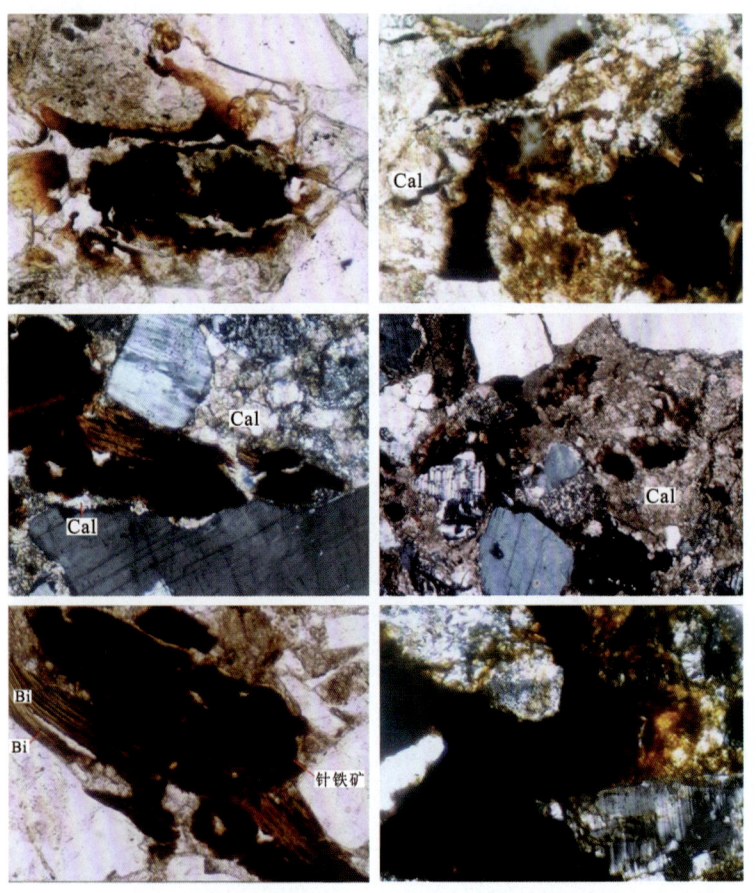

图 5-5 直罗组下段砂岩中后生氧化蚀变微观照片
Cal. 方解石；Bi. 黑云母

直罗组下段钙质红色古氧化砂岩残留体 Fe^{2+} 的平均含量为 1.13%，Fe^{3+} 平均含量为 2.37%，Fe^{3+}/Fe^{2+} 平均值为 2.11，远高于灰绿色砂岩，代表了古氧化岩石地球化学类型的存在。

据方锡珩（2005）对直罗组下段砂岩和矿石中铁含量及比值、硫分析测试结果（表 5-1），灰绿色砂岩与灰色砂岩的最大区别是 S 含量，灰色砂岩中 S 含量为 0.01%～1.55%，平均值为 0.536%；而灰绿色砂岩中 S 含量为 0.005%～0.25%，平均值为 0.046%，反映出绝大多数灰绿色砂岩基本不含黄铁矿。

表 5-1 铁含量及比值、硫含量表（据方锡珩，2005）

岩性	TFe/%		Fe_2O_3/FeO		S/%	
	变化范围	平均值	变化范围	平均值	变化范围	平均值
灰色砂岩	1.81～4.81	2.95	0.02～3.61	0.34	0.02～1.55	0.536
矿石及铀异常岩石	1.36～5.80	3.21	0.04～5.49	0.29	0.020～2.59	0.701
灰绿色砂岩	1.83～6.60	3.34	0.08～4.81	0.47	0.005～0.25	0.046

对皂火壕铀矿床直罗组下段灰色砂岩、灰绿色、绿色砂岩中的 Fe^{3+} 和 Fe^{2+} 含量进行了分析统计（表 5-2），灰色砂岩中 Fe^{3+} 含量高于 Fe^{2+} 含量，Fe^{3+}/Fe^{2+} 比值为 1.28，将黄铁矿中的 Fe^{2+} 也参与计算（样品中溶解二价铁的溶剂并不能溶解黄铁矿），据此计算的灰色砂岩及矿石中 Fe^{3+}/Fe^{2+} 比值小于 0.1，具较强的还原性；灰绿色、绿色砂岩中 Fe^{3+} 含量较 Fe^{2+} 含量低，且 Fe^{3+}/Fe^{2+} 比值分别为 0.55、0.50，也表现为还原性的特点；钙质砂岩中 Fe^{3+} 含量与 Fe^{2+} 含量接近，Fe^{3+}/Fe^{2+} 比值为 1.07；铀矿石中变价铁含量与灰色砂岩中的相近，Fe^{3+}/Fe^{2+} 比值最高，为 1.43。

表 5-2 皂火壕铀矿床中不同砂岩的铁含量表

岩石特征	灰色砂岩	灰绿色砂岩	绿色砂岩	矿石	钙质砂岩
Fe^{3+} 含量/%	1.15(102)	0.75(98)	0.75(101)	1.24(60)	0.97(59)
Fe^{2+} 含量/%	0.90(102)	1.36(72)	1.50(85)	0.87(61)	0.91(59)
Fe^{3+}/Fe^{2+}	1.28	0.55	0.50	1.43	1.07

注:( )内为样品数。

上述特征反映出灰绿色、绿色砂岩经历了早期的氧化和晚期的还原作用。固结程度相对较高或粒度相对较细的红色砂岩团块不利于烃类流体对其产生后期的还原改造作用,以残留体的形式保存了下来。灰绿色、绿色砂岩中的灰紫色钙质夹层和强烈氧化的炭化植物碎屑,也反映出遭受强烈氧化的残迹,由于钙质层的杂基全被碳酸盐交代,岩石的渗透性极低,也不能再次被油气还原,保持早期的氧化状态。灰绿色、绿色砂岩中基本不含黄铁矿(其S含量极低也反映出来)及碳质碎屑(有机碳含量低),反映曾遭受过较强烈的氧化作用,使其中所含的黄铁矿及碳质碎屑被分解破坏。泥砾具有一薄层氧化边。晚期的还原作用尽管使高价铁被还原成低价铁,但不形成黄铁矿,所以基本不含黄铁矿(S含量极低)。

第二节 后生还原改造作用

鄂尔多斯盆地北部最后一次大规模构造运动是从渐新世的河套断陷开始的,是油气、煤层气活动的减压带和排气带,对油气运移有重要影响。在河套断陷开始形成的同时,盆地北部伊陕单斜逐渐由北升南降转变为北东抬升南西下降为主的构造掀斜特点,这种差异升降造成伊陕单斜向南西倾斜。河套断陷排气带的形成和伊陕单斜构造向南西倾斜,必然造成盆地北部油气、煤层气主要向北东运移。与古生界含油气层位相比渗透性更高的直罗组含铀岩系,正好位于伊陕单斜构造的油气藏与河套断陷之间,使得古生界致密油气层中油气沿断裂构造向高渗透直罗组下段砂岩运移,沿伊陕单斜构造及地层上倾方向必然造成对直罗组黄色或红色氧化带岩石造成广泛的还原改造作用,呈现为现在的灰绿色、绿色岩石。

据欧光习(2005)对鄂尔多斯盆地北部东胜地区及皂火壕铀矿床油气包裹体研究,直罗组下段存在3个世代的油气包裹体,即代表了3次油气活动过程。其中,第三个世代油气包裹体成群或孤立分布于晚期亮晶、连晶胶结方解石矿物或裂缝方解石矿物中(图5-6),或呈线/带状分布于石英、长石碎屑的成岩愈合微裂隙中(图5-7),属晚期亮晶胶结或裂缝充填方解石矿物的原生包裹体。包裹体中液烃呈淡黄色、透明无色显示蓝白色、蓝色荧光;气烃呈灰色或显示弱蓝色荧光。其中,液烃包裹体占0~10%,气液烃包裹体占30%~50%,气烃包裹体占50%~70%。该世代油气包裹体在伊陕单斜构造北东边缘的神山沟中矿化砂岩露头和钙化木方解石脉中也比较丰富,发育丰度较高(图5-8)。根据对流体包裹体均一温度和盐度的测试(样品主要来自直罗组含矿砂岩方解石胶结物,其次为神山沟钙化木、砂岩中的裂缝方解石),认为东胜地区至少存在3期中—低温热流体活动,3期热流体活动温度都有可能处于70~170℃之间,每期热流体活动均促成了油气的运移。对比神山沟方解石脉油气包裹体与皂火壕铀矿床的晚期油气包裹体,认为晚期的构造热作用-油气活动处于新构造运动河套断陷发育期间,正是对直罗组黄色或红色氧化带岩石进行广泛的还原改造作用的时期。

通过对东胜地区直罗组下段红色氧化砂岩残留体、灰绿色砂岩和灰色砂岩3种不同岩石的油气包裹体进行气相色谱分析,得到代表古氧化带的红色砂岩残留体中烃类含量较低(图5-9),由于固结程度较高或粒度较细,油气在其中渗透性差,造成烃类含量低,还原改造作用较弱,古氧化砂岩得以残留保存。代表渗透性好的古氧化砂岩的灰绿色砂岩尽管有机碳含量很低,但具较高的烃类含量(二次还原),说明古氧化砂岩相带中具有充足的油气渗透活动,造成广泛的还原改造后仍保持了较高的烃类含量,油气活动具有强度高和持续性,认为东胜地区在河套断陷发育期间的晚期油气活动是最强的。

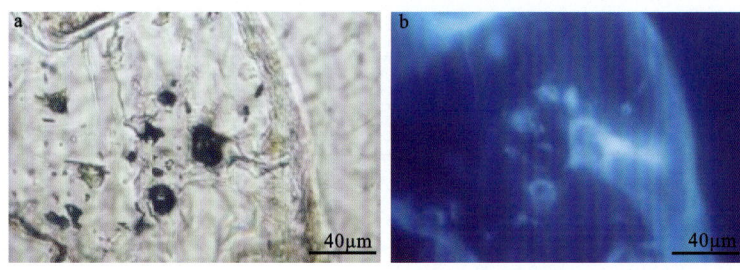

图 5-6　直罗组晚期亮晶方解石中呈灰色、无色—灰色,显示浅蓝色荧光的气烃、气液烃包裹体
（同一视域照片,a 为单偏光,b 为 UV 激发荧光）

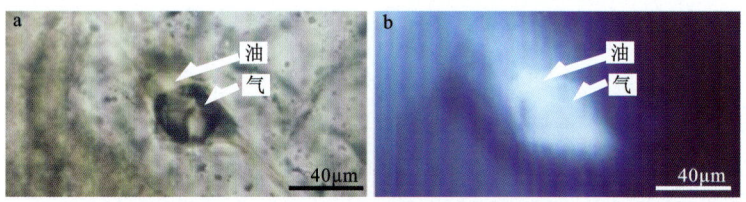

图 5-7　沿石英微裂隙分布,呈淡黄色—灰色,显示蓝绿色荧光的气液烃包裹体
（同一视域照片,a 为单偏光,b 为 UV 激发荧光）

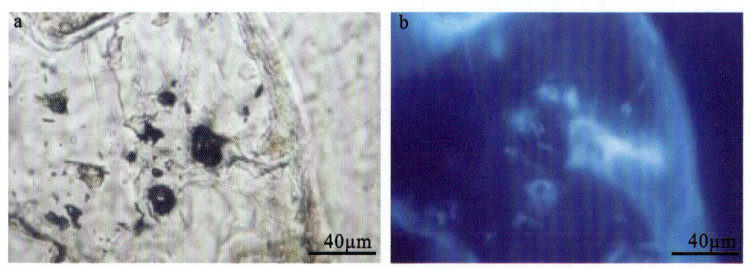

图 5-8　分布于钙化木方解石脉中呈灰色、显示弱褐黄色及浅蓝色荧光的气烃包裹体
（同一视域照片,a 为单偏光,b 为 UV 激发荧光）

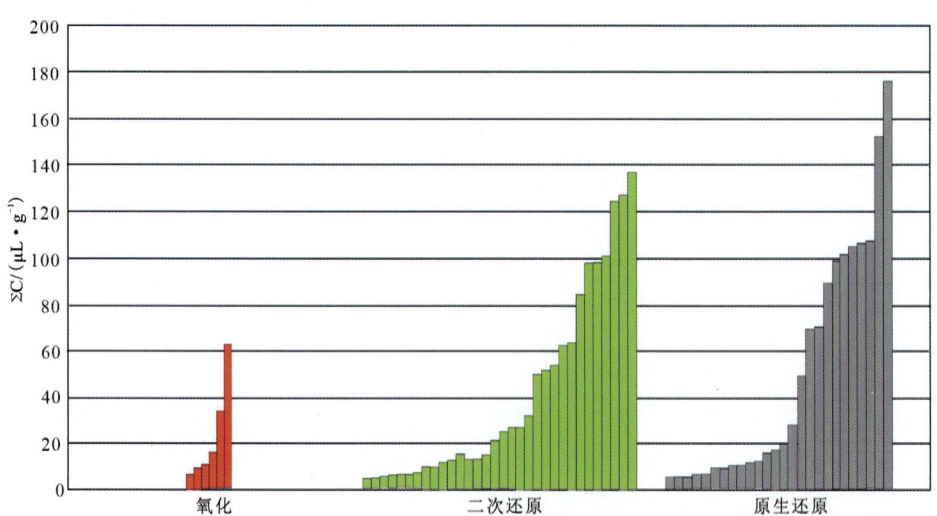

图 5-9　东胜地区下罗组下段不同岩石地球化类型烃类含量图

皂火壕铀矿床新庙壕矿段灰绿色砂岩中包裹体烃含量达 5.99~137.5μL/g（平均达到 57.2μL/g）（图 5-10）,孙家梁和沙沙圪台矿段的包裹体烃含量仅为 4.85~100.7μL/g（平均仅为 24.3μL/g）,说明成矿后对古氧化砂岩相带还原改造过程中油气活动较强,而且向皂火壕矿床西部的新庙壕矿段进一步加强。

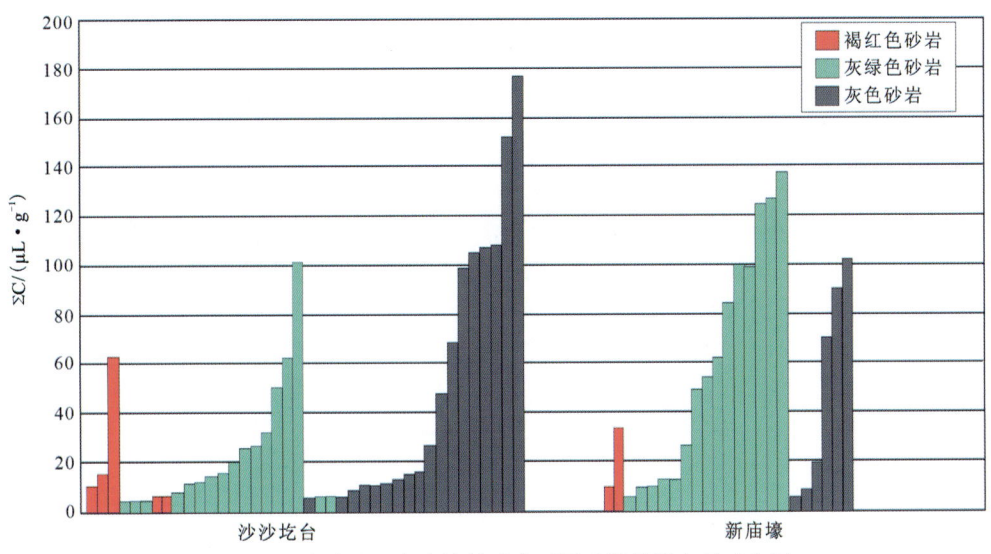

图 5-10　东胜地区皂火壕铀矿床不同矿段烃类含量对比图

通过对鄂尔多斯盆地北部东胜铀成矿区与北部罕台川、高头窑地区和南部大柳塔、中鸡地区直罗组下段砂岩中包裹体烃含量对比(图 5-11),东胜铀成矿区和北部罕台川、高头窑地区烃含量普遍较高。东胜铀成矿区烃含量为 4.85～176.1μL/g,平均达 45.3μL/g;北部罕台川、高头窑地区烃含量为 7.35～120.3μL/g,平均达 58.4μL/g。南部大柳塔、中鸡地区含量较低,烃含量为 4.99～109.7μL/g,平均含量仅为 20.4μL/g。说明东胜铀成矿区及以北罕台川、高头窑地区油气活动较强,东胜铀成矿区与南部大柳塔、中鸡地区之间发育的本害敖包-准格尔召区域性断裂构造控制了深部油气活动,沿该断裂构造上升的油气沿直罗组下段砂岩及上倾方向向北迁移到罕台川、高头窑等地区,最终排泄于河套断陷,必然造成对上述地区古氧化砂岩相带较为彻底和普遍还原改造作用。烃类含量较低的南部大柳塔、中鸡地区则发育大面积的古红色氧化砂岩,东胜铀成矿区和北部罕台川、高头窑地区不存在未被还原改造的古氧化砂岩,古氧化带岩石以渗透性较差的残留体保存了下来。

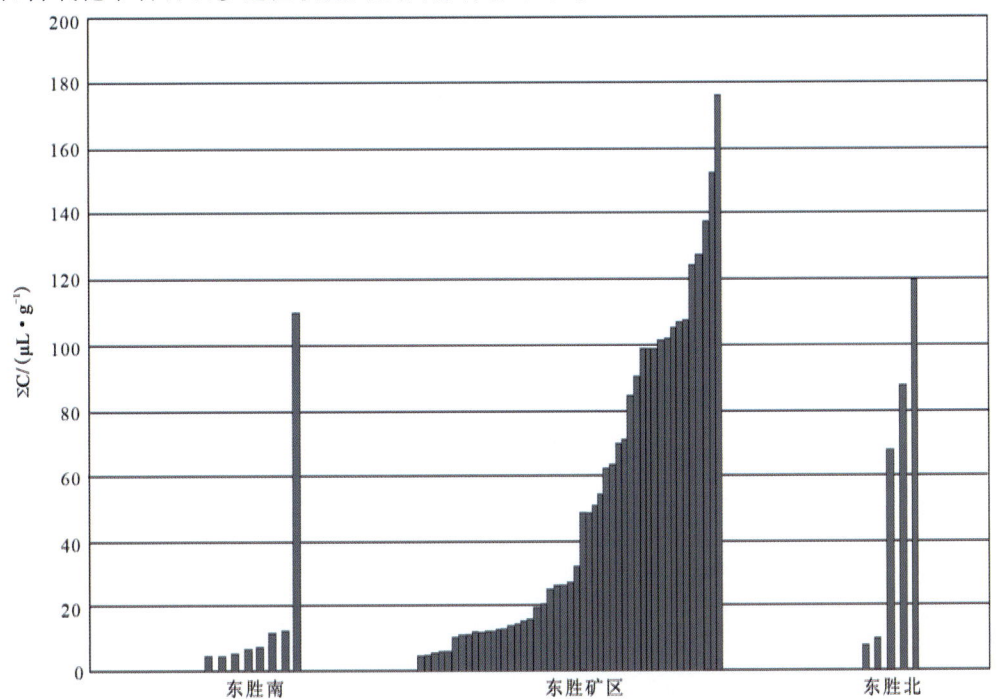

图 5-11　东胜及以北地区与东胜以南地区包裹体烃含量对比图

位于直罗组下伏的延安组含煤岩系,尽管成熟度较低(R_o约为0.5%),但是具有一定的生烃能力。根据直罗组铀储层与延安组可采煤层的直接和间接接触关系来看,延安组能够为直罗组输送足量的含烃流体参与铀成矿和二次还原改造,但是其含烃流体作用的痕迹微弱或者受到了其他含烃流体的抑制改造,或者目前在铀储层中见到的含烃流体本身就来源于延安组。

总之,鄂尔多斯盆地北部在河套断陷形成过程中具有较强的油气、煤层气活动,沿本害敖包-准格尔召区域性断裂构造上升的油气,将伊陕单斜构造及地层上倾方向的直罗组黄色或红色古氧化带岩石彻底还原改造成为灰绿色、绿色岩石。关于直罗组下伏延安组含煤岩系煤层气或称含烃流体对铀成矿的影响,尚需进一步甄辨和研究,但是无论如何两者直接的接触关系为铀成矿和二次还原提供了优势条件。

第三节 古层间氧化带蚀变特征

古层间氧化带是指由油气、煤层气对红色或黄色古氧化砂岩经还原改造形成的灰绿色、绿色岩石。方锡珩(2005)研究认为,东胜地区直罗组灰绿色砂岩黏土蚀变主要为绿泥石化、蒙皂石化、绿帘石化、伊利石化和高岭石化,绿泥石化是古层间氧化带呈现为绿色的原因。另外,该氧化带还发育碳酸盐化和褐铁矿化。

一、黏土蚀变

根据全岩 X-射线黏土矿物含量测定(未经黏土矿物分离)结果(表5-3),灰色砂岩的黏土含量为17.5%～35.4%,平均值25.6%;灰绿色砂岩的黏土含量为20.8%～37.4%,平均值28.2%;矿石的黏土含量为31.8%～35.0%,平均值33.4%。灰绿色砂岩和矿石黏土含量明显高于灰色砂岩(矿石样品数少,代表性较差),这反映出灰绿色砂岩与灰色砂岩相比,灰绿色砂岩曾经历过较强的后生改造,所以黏土总量较高,而灰色砂岩为原生带,无明显的后生改造迹象,所以黏土总量较低。

表5-3 全岩 X-射线衍射定量分析结果表　　　　单位:%

样号	岩性	矿物种类和含量					
		石英	钾长石	斜长石	方解石	黄铁矿	黏土
DS-104	J_2z^1浅灰色中粗粒砂岩	40.6	18.8	12.3	5.6	0.7	22.0
DS-127	J_2z^1浅灰色中粒砂岩	36.5	13.0	12.9	0.9	1.3	35.4
DS-168	J_2z^1浅灰色粗粒砂岩	42.7	12.4	16.0	5.2	0.9	22.8
DS-172	J_2z^1浅灰色粗粒砂岩	38.7	20.0	13.4	1.1	/	26.8
DS-174	J_2z^1浅灰色粗粒砂岩	43.3	20.0	9.7	0.4	0.8	25.8
DS-182	J_2z^1浅灰色粗粒砂岩	33.6	14.5	14.3	8.1	0.5	29.0
DS-183	J_2z^1浅灰色粗粒砂岩	29.6	13.0	17.9	18.2	3.8	17.5
DS-123	J_2z^1灰绿色中粒砂岩	46.2	19.0	13.0	0.6	0.4	20.8
DS-129	J_2z^1灰绿色中粒砂岩	23.7	38.8	9.9	0.7	/	26.9
DS-166	J_2z^1灰绿色中粗粒砂岩	28.6	21.8	13.4	/	/	36.2
DS-169	J_2z^1灰绿色粗粒砂岩	30.4	22.7	9.5	/	/	37.4
DS-181	J_2z^1灰绿色粗粒砂岩	42.3	21.9	13.4	/	/	22.4

续表 5-3

样号	岩性	矿物种类和含量					
		石英	钾长石	斜长石	方解石	黄铁矿	黏土
DS-186	J_2z^1灰绿色中粗粒砂岩	33.2	33.0	12.2	/	/	21.6
DS-187	J_2z^1灰绿色粗粒砂岩	36.2	15.8	14.9	1.3	/	31.8
DS-165	J_2z^1灰色中粒砂岩,矿石	25.4	24.6	12.7	1.0	1.3	35.0
DS-173	J_2z^1灰色中粒砂岩,矿石	35.1	10.8	11.1	10.2	1.0	31.8

通过扫描电子显微镜研究发现,灰绿色砂岩与灰色砂岩的最大区别在于灰绿色砂岩碎屑颗粒表面均覆盖有极薄的一层针叶状绿泥石(图 5-12),这可能是岩石呈绿色的主要原因。此外,灰绿色砂岩中也含有一些片状绿泥石和蒙皂石、高岭石。灰色砂岩中仅见少量片状的绿泥石,碎屑颗粒表面则为蜂巢状的蒙皂石,粒间主要是蠕虫状的高岭石(图 5-13)。

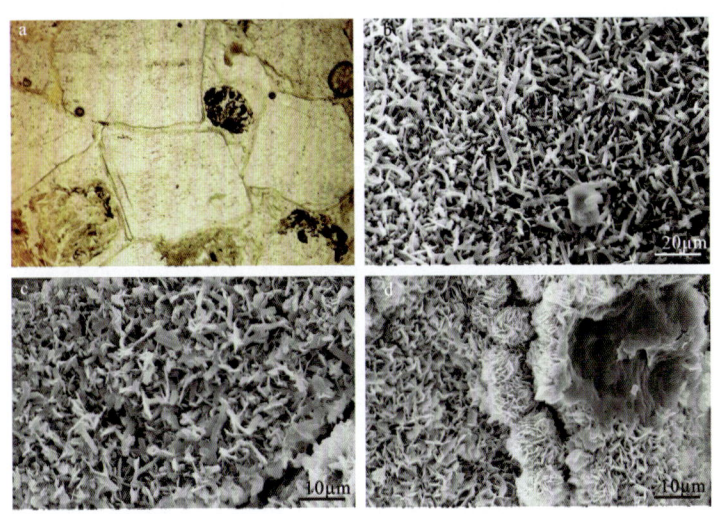

图 5-12 绿色砂岩碎屑表面的绿泥石化现象

a.碎屑颗粒边缘有一层极薄淡绿色镶边,×120,单偏光;b.碎屑颗粒表面的针叶状绿泥石,×2400,扫描电镜;
c.碎屑颗粒表面针叶状绿泥石,×4400,扫描电镜;d.碎屑颗粒表面针叶状绿泥石及绒球状绿泥石,×4800,扫描电镜

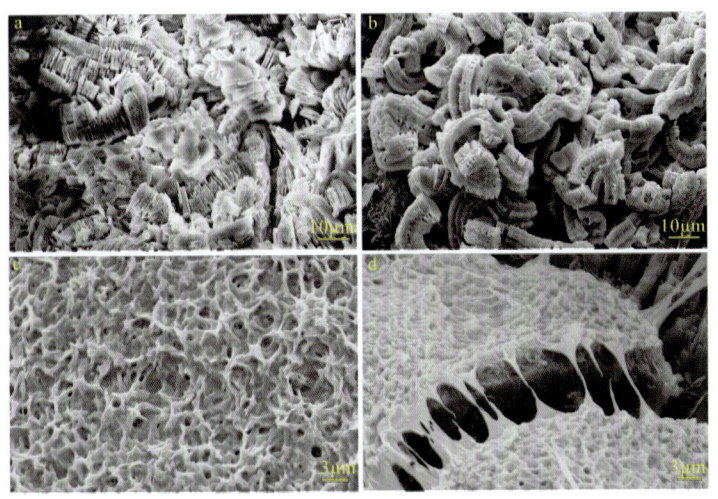

图 5-13 灰色砂岩黏土化作用类型

a.粒间的高岭石聚片状集合体,×3400,扫描电镜;b.粒间的蠕虫状高岭石集合体,×3400,扫描电镜;c.碎屑颗粒表面蜂巢状蒙脱石,×9200,扫描电镜;d.碎屑颗粒表面蜂巢状蒙脱石及丝状伊利石,丝状伊利石黏结形成黏土桥,×12 800,扫描电镜

绿泥石化主要有3种，即黑云母的绿泥石化、杂基中的绿泥石化和碎屑颗粒表面薄膜状的绿泥石化。黑云母的绿泥石化也是一种源区岩石的蚀变，部分黑云母变为叶绿泥石（图5-14），绿泥石呈叶片状，在镜下呈浅绿色，多色性显著，中正突起，具柏灵蓝色或紫色的异常干涉色，正延长，为含铁高的绿泥石，少数呈负延长，为含镁高的绿泥石。杂基中的绿泥石为鳞绿泥石（图5-15），呈细小的鳞片状集合体，在镜下呈浅绿色，中正突起，具褐色的异常干涉色，可能为成岩期或后期还原作用的产物。在灰色砂岩和灰绿色砂岩中均有前两种绿泥石化，但似乎灰绿色砂岩中多一些。第三种为披覆于碎屑颗粒表面的极细小的针叶状绿泥石集合体，在光学显微镜下无法鉴定，仅在碎屑颗粒边缘有极薄的绿色镶边（图5-12a）。在扫描电子显微镜下，这种绿泥石为极细小的针叶状绿泥石集合体（图5-12c）。第三种绿泥石是灰绿色砂岩中特有的一种蚀变，在灰色砂岩中没有见到，它是后期还原作用的产物。

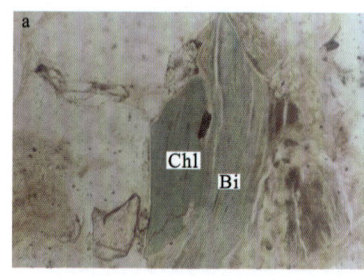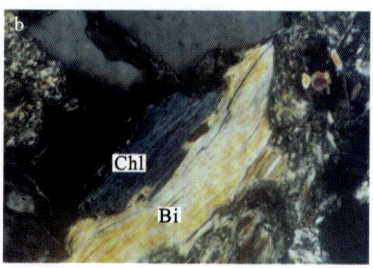

图5-14 黑云母的绿泥石化
a.绿色黑云母（Bi）部分变为叶绿泥石（Chl），×120，正交偏光；
b.绿色黑云母部分变为叶绿泥石（Chl），×120，单偏光

图5-15 杂基中的鳞绿泥石
a.绿色水云母和鳞绿泥石在单偏光下均呈绿色，不易区分，×120，单偏光；b.绿色水云母呈高干涉色（二级），而鳞绿泥石具干涉色很低的异常干涉色，×120，正交偏光

灰色砂岩、灰绿色砂岩或矿石，黏土矿物均以蒙皂石为主，占黏土总量的37%～73%。但总体来说，灰色砂岩的蒙皂石含量相对高一些。在扫描电子显微镜下，蒙皂石集合体主要呈蜂巢状产出，还有少量呈丝状、絮状产出（图5-13c、图5-13d）。蒙皂石（蜂巢状）主要形成于成岩期，部分蒙皂石（丝状及絮状）为后生氧化及晚期还原作用的产物。

绿帘石主要交代斜长石，常与水云母化或绿泥石化伴生。绿帘石在显微镜下呈浅黄绿色，弱多色性，高下突起，干涉色为二级，具异常干涉色。绿帘石主要呈浸染状细粒或细粒集合体产出（图5-16a），有时呈碎屑状产出（图5-16b）。它也是一种蚀源区岩石的蚀变，但可能部分形成于强烈碳酸盐化期（强烈碳酸盐化的岩石中，有较多的绿帘石）。

伊利石化不发育，主要为蜂窝状伊利石（图5-13）。

高岭石化有钾长石的高岭石化和杂基的高岭石化，但钾长石的高岭石化较弱，在显微镜下表现为高岭石呈尘点状（或称之为云雾状）分布在长石表面（图5-17a），但有较多的钾长石碎屑表面十分"干净"，并无高岭石化（图5-17b）。因此，这种高岭石化也是一种蚀源区岩石的蚀变。而杂基中的高岭石化相对较强，在显微镜下为细小的鳞片状集合体，低正突起，干涉色很低，为一级灰白色（图5-17c）。在扫描电子显微镜下杂基中（粒间）的高岭石呈较大的假六方片状集合体，鳞片相互叠置呈蠕虫状（图5-17d）。杂基中的高岭石为成岩期及后生氧化期的蚀变产物。

图 5-16 砂岩的绿帘石化

a. 强烈碳酸盐化砂岩中常见绿帘石(Ep)细粒集合体,×150,正交偏光;

b. 褐帘石(Al)碎屑,高正突起,干涉色为高级白,×96,正交偏光

图 5-17 高岭石化

a. 强高岭石化的钾长石(Or)碎屑,×60,正交偏光;b. 斜条纹长石(Per)碎屑,其中具钠长石条纹,×60,正交偏光;c. 粒间的高岭石(Kln)片状集合体,×150,正交偏光;d. 灰色砂岩碎屑粒间的高岭石聚片状集合体,高岭石鳞片边缘遭受较强的溶蚀,×3400,扫描电镜

水云母化主要表现为斜长石的水云母化(图 5-18a),其次为杂基的水云母化(图 5-15b)。但并不是所有的斜长石均水云母化,有的斜长石碎屑并无水云母化(图 5-18b)。因此,这种水云母化应为一种蚀源区岩石的蚀变,即蚀源区水云母化的岩石被剥蚀搬运来的,而不是沉积之后形成的。至于杂基中的水云母化,在单偏光下呈淡绿色鳞片状,有点类似于绿泥石,但在正交偏光下,干涉色较高(为二级),易于与绿泥石区分。杂基中的水云母可能是成岩期的蚀变产物。X-射线衍射分析均定名为伊利石族,必须将其进行黏土提纯后再进行衍射分析,才能确定究竟是伊利石还是水云母。

图 5-18 水云母化

a. 斜长石(Pl)碎屑的强水云母化、绿帘石化及绿泥石化,×120,正交偏光;

b. 具细而密钠长聚片双晶的更长石(Pl),无水云母化,×60,正交偏光

二、碳酸盐化

碳酸盐化大体可分为4期,第一期形成于成岩期,有泥晶方解石,在灰绿色砂岩和灰色砂岩中均有分布。方解石晶粒直径仅为几微米,呈泥晶方解石集合体,常形成放射状球粒,呈结核或团块状产出(图5-19a)。第二期碳酸盐为亮晶方解石(或称粗晶方解石),方解石晶粒较粗,直径为0.5~2mm或更大(图5-19b)。该期碳酸盐化分布面积大,在灰绿色砂岩和灰色砂岩中均有发育,其中以矿化灰色砂岩表现最强,是本区最强烈的一期碳酸盐化。发育于灰绿色砂岩中的碳酸盐化常保留有早期氧化的残迹,如浸染状分布的铁氧化物、氧化的炭化植物碎屑残留等(图5-4),反映出该期碳酸盐化为氧化期后的产物。第三期碳酸盐化在显微镜下的特征与第二期碳酸盐化极为相似,它形成于晚期还原作用之后,方解石强烈交代灰绿色砂岩的杂基和砂粒碎屑(图5-19c),主要发育于灰绿色砂岩中。第四期碳酸盐化是灰绿色砂岩最晚期的碳酸盐化,呈方解石细脉或微脉产出(图5-19d),其分布范围和强度都远不及前三期。

图 5-19 碳酸盐化

a.砂岩中的泥晶方解石团块,其中心为黄铁矿,×60,正交偏光;b.砂岩中的第一期泥晶方解石(Cal-1,呈放射状球粒)及第二期粗晶方解石(Cal-2),×50,正交偏光;c.强烈交代灰绿色砂岩杂基的第三期粗晶方解石(高干涉色),×48,正交偏光;d.灰绿色钙质砂岩晚期(第四期)的方解石细脉

三、褐铁矿化

灰绿色、绿色砂岩中的褐铁矿化是早期氧化作用的产物,但由于区内晚期的还原作用十分强烈,仅在氧化的钛铁矿边缘有少量的残留(图5-20)。在碳酸盐化强烈的地段褐铁矿化保存得比较好,岩石呈灰紫色,黑云母被氧化呈深褐色(图5-4)。

总之,灰绿色、绿色古层间氧化带蚀变特征总体表现为早期氧化蚀变叠加了后生还原改造作用。

第四节 古层间氧化带空间展布特征

如前所述,鄂尔多斯盆地北部直罗组下段只发育灰绿色、绿色古氧化带和灰色还原带两种岩石地球化学类型,在完全氧化带与完全还原带之间存在灰绿色、绿色砂岩与灰色砂岩在垂向上的叠置带(图5-21),

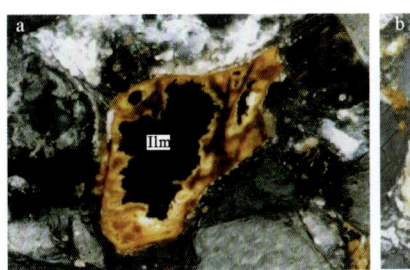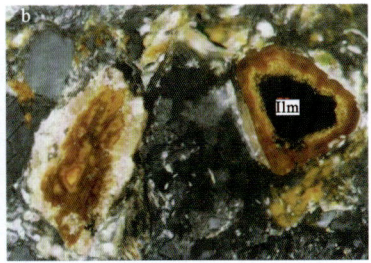

图 5-20　灰色砂岩(矿石)的褐铁矿化

a.边缘强烈氧化的钛铁矿(Ilm),×200,正交偏光；b.边缘强烈氧化的钛铁矿(Ilm),
左侧的一粒钛铁矿已全部被氧化,×200,正交偏光

而且二者之间呈现此消彼长的关系。该叠置带还习惯地被称为"过渡带",是灰绿色、绿色砂岩与灰色砂岩两种岩石地球化学类型共同发育的部位,并不是真正意义上的典型层间氧化带的灰色岩石背景发育星点状褐铁矿化的 Fe^{3+} 和 Fe^{2+} 共存部位。因此,根据不同岩石地球化学类型的砂岩厚度和所占百分含量,能更好地定量表达古层间氧化带空间展布特征和氧化带前锋线变化规律及其与铀矿化空间耦合关系。以氧化砂岩厚度与所在含矿层砂岩总厚度的比率为层间氧化带的分带"标准",分析古氧化作用强度。将氧化砂岩比率100%的区域划分为完全古氧化带,0～100%的区域划分为"过渡带",无氧化的区域划分为还原带,并对直罗组下段砂岩地球化类型进行了划分。也就是说氧化砂岩比率100%区域为完全氧化带,是灰绿色、绿色砂岩发育部位,其尖灭线是完全古层间氧化带的尖灭线,也是还原带的尖灭线；无氧化砂岩的区域为还原带,是灰色砂岩发育的部位,其尖灭线是古层间氧化带的尖灭线,也是还原带的尖灭线；两条尖灭线之间即完全古氧化带与还原带之间的0～100%区域为"过渡带",是灰绿色、绿色砂岩与灰色砂岩的垂向叠置带。

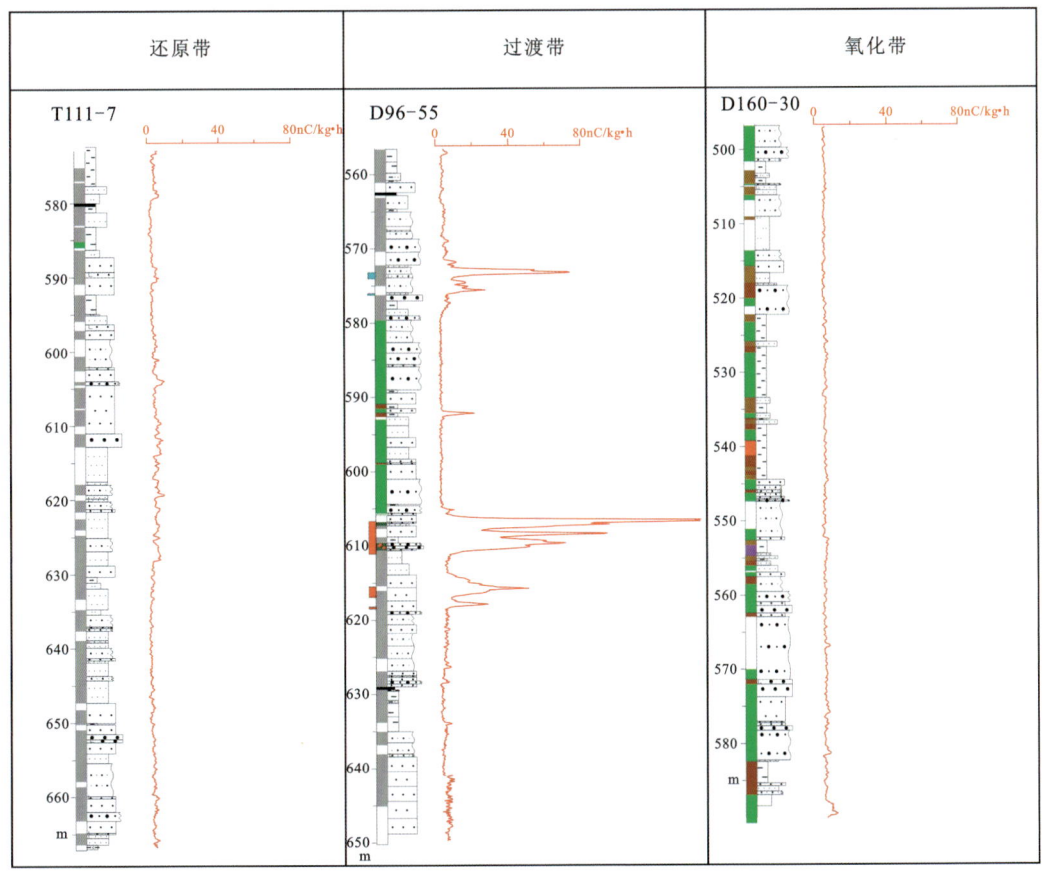

图 5-21　钻孔中古层间氧化带的宏观岩石学特征

盆地北部直罗组下段下亚段和上亚段均是重要含矿层位,所以分别对其古层间氧化带空间展布特征进行分析和总结。

一、直罗组下段下亚段

鄂尔多斯盆地北部直罗组下段下亚段氧化砂岩厚度总体呈现中部厚东西薄、北部厚南部薄的特征,厚度变化较为连续,厚度中心位于呼斯梁—泊江海子一带,呈南东向展布(图5-22),整体与主干河道砂岩展布范围一致。氧化砂岩厚度高值区集中在巴音青格利—泊江海子一线北部,氧化砂岩厚度多大于50m;北东部由于地层遭受剥蚀,导致氧化砂岩厚度较低,多在30m以下;南东部氧化砂岩厚度较薄,整体显示了氧化流体由北向南对直罗组下段下亚段砂岩进行氧化改造的特征;西北部分布小范围的氧化砂岩,但在巴音青格利地区断开,显示苏台庙西北部的氧化流体为独立来源;东部柴登壕及皂火壕铀矿床南部发育了被氧化砂岩包围的灰色砂岩残留体,氧化砂岩厚度最大值为134.80m,平均厚度为19.54m。

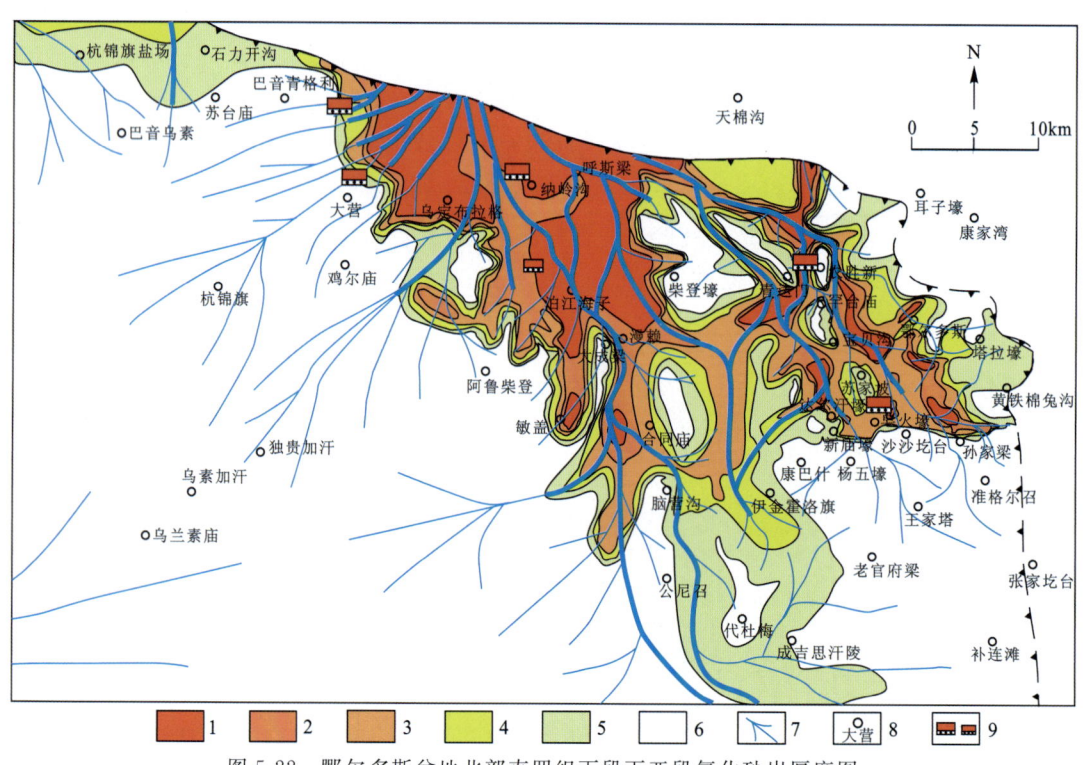

图5-22 鄂尔多斯盆地北部直罗组下段下亚段氧化砂岩厚度图
1.氧化砂体厚度大于40m;2.氧化砂体厚度30~40m;3.氧化砂体厚度20~30m;4.氧化砂体厚度10~20m;
5.氧化砂体厚度0~10m;6.氧化砂体厚度0m;7.下亚段物源体系;8.地名;9.下亚段矿床、矿体

直罗组下段下亚段砂岩氧化砂岩比率的空间分布规律与氧化砂岩厚度有着较好的一致性,总体呈现北厚南薄的特征,氧化砂岩比率变化较为连续,平均比率为40.33%(图5-23)。氧化砂岩比率大于40%的高值区范围较大,主要集中在北东部,呈面状分布,往下游方向呈舌状向南部、南西部延伸,分别受由北向南主干河道砂岩和由北东向南西分流河道砂岩的控制。由于柴登壕地区发育明显的灰色残留体,局部氧化比率砂岩呈现明显低值,该区氧化带砂岩非均质性增强。氧化砂岩比率的零值区和氧化砂岩厚度的零值区一致,位于巴音青格利—大营—泊江海子—合同庙一带。皂火壕铀矿床以南仍发育氧化作用,但氧化比率较低。

从直罗组下段下亚段氧化砂岩厚度、氧化砂岩比率的空间分布规律研究可以看出,含氧含铀水主要沿主干河道砂体由北向南运移,由于主干河道砂体具有厚度大、连续性好、渗透性好、非均质性弱的特

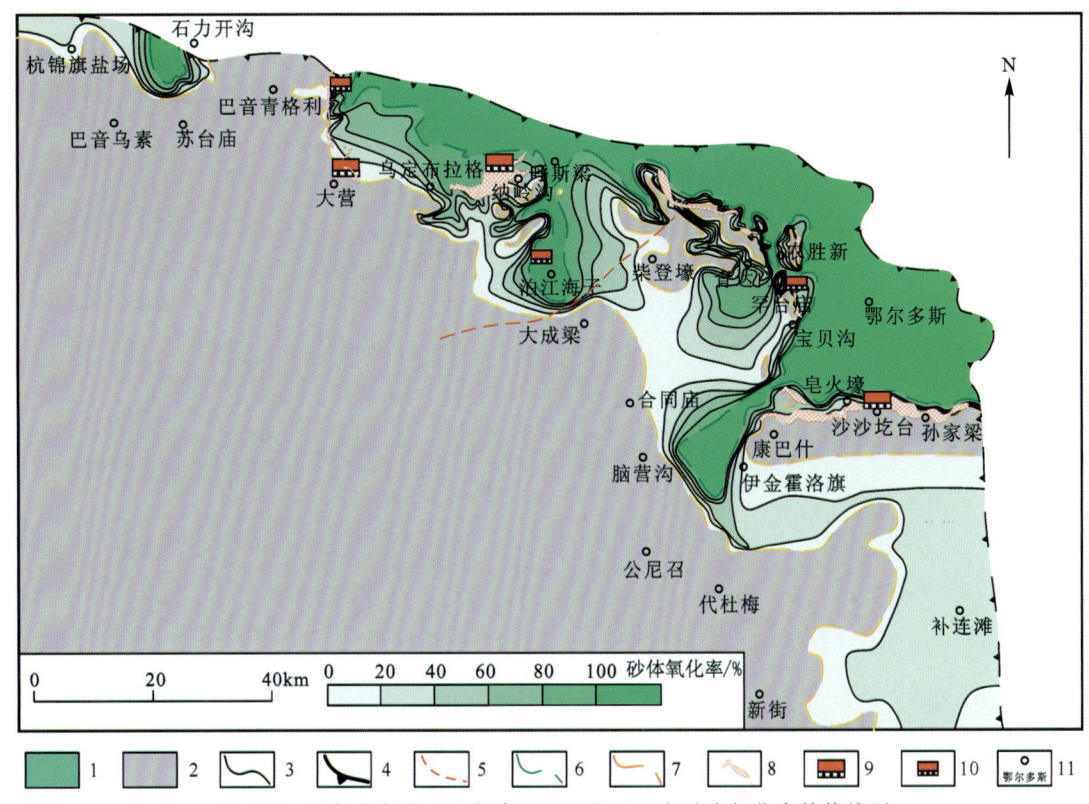

图 5-23 鄂尔多斯盆地北部直罗组下段下亚段砂岩氧化率等值线图
1.古氧化带;2.还原带;3.砂体氧化率等值线;4.剥蚀边界;5.泊江海子断裂;6.完全氧化带界线;
7.古层间氧化带前锋线;8.砂岩型铀矿体;9.矿床;10.矿体;11.地名

点,所以其氧化较为充分,是完全氧化带主要发育部位,并且基本上没有铀矿体的产出。同时,含氧含铀水沿由北东向南西发育的分流河道砂体运移,由于分流河道砂体非均质性强的特点及古水动力条件的变化,主要沿分流河道由北东向南西呈现出由完全氧化带、"过渡带"和还原带的岩石地球化学分带性,铀矿体也主要产出于分流河道中。地下水氧化作用方向、岩石地球化学空间分带性及铀矿体产出与沉积环境、伊陕单斜构造演化具有很好的空间匹配关系。

直罗组下段下亚段完全古氧化带(氧化砂岩比率为100%区域)主要发育于北东部巴音青格利—呼斯梁—罕台庙一线,发育规模较大(图5-23,图5-24),局部在泊江海子、青达门及合同庙一带呈不规则的朵状或舌状体向南、西南方向延伸,氧化带在巴音青格利地区不发育(大部分被剥蚀),仅在巴音青格利铀矿床东部发育,西部苏台庙地段北部见小范围古氧化带。直罗组沿剥蚀边界发育3个含氧含铀水渗入水系,分别位于东部农胜新—东胜地区、中部巴音青格利—呼期梁—泊江海子地区和西部杭锦旗盐池—苏台庙地区。根据物源体系,农胜新—东胜地区和巴音青格利—呼期梁—泊江海子地区含氧含铀水渗入水系向上游应该是同一水系。农胜新—东胜地区完全古氧化带顺沿氧化作用方向最长为52km(剥蚀边界与完全古层间氧化带前锋线),巴音青格利—呼期梁—泊江海子地区最长为30km,杭锦旗盐池—苏台庙地区最长为6km。完全古层间氧化带前锋线(即灰色砂岩尖灭线)形态较为复杂,沿皂火壕—伊金霍洛旗—合同庙以东—宝贝沟—农胜新—青达门—柴登壕—呼斯梁—泊江海子—纳岭沟—乌定布拉格以东—巴音青格利以东一带呈北西—北东向弯曲展布,长约280km。古层间氧化带前锋线(即灰绿色、绿色砂岩尖灭线)沿代杜梅以东—脑营沟—大成梁—大营一带呈北西—北东向弯曲展布,长约380km。二者之间的氧化-还原"过渡带"(氧化砂岩比率0~100%区域)主要分布在皂火壕—伊金霍洛旗—补连滩、柴登壕—罕台庙—合同庙、纳岭沟—泊江海、大营—巴音青格利等地区,宽度分别为14~40km、19~38km、6~38km、2~15km,平均宽度分别为18km、29km、23km、10km。另外,巴音青格利以西地区分布规模较小的氧化带和"过渡带",其向北西方向进一步发育。还原带(氧化砂岩比率为 0 区域)位于南西部,还原带发育规模较大,同时在东部罕台庙—柴登壕、皂火壕南部可见多个灰色残留体。

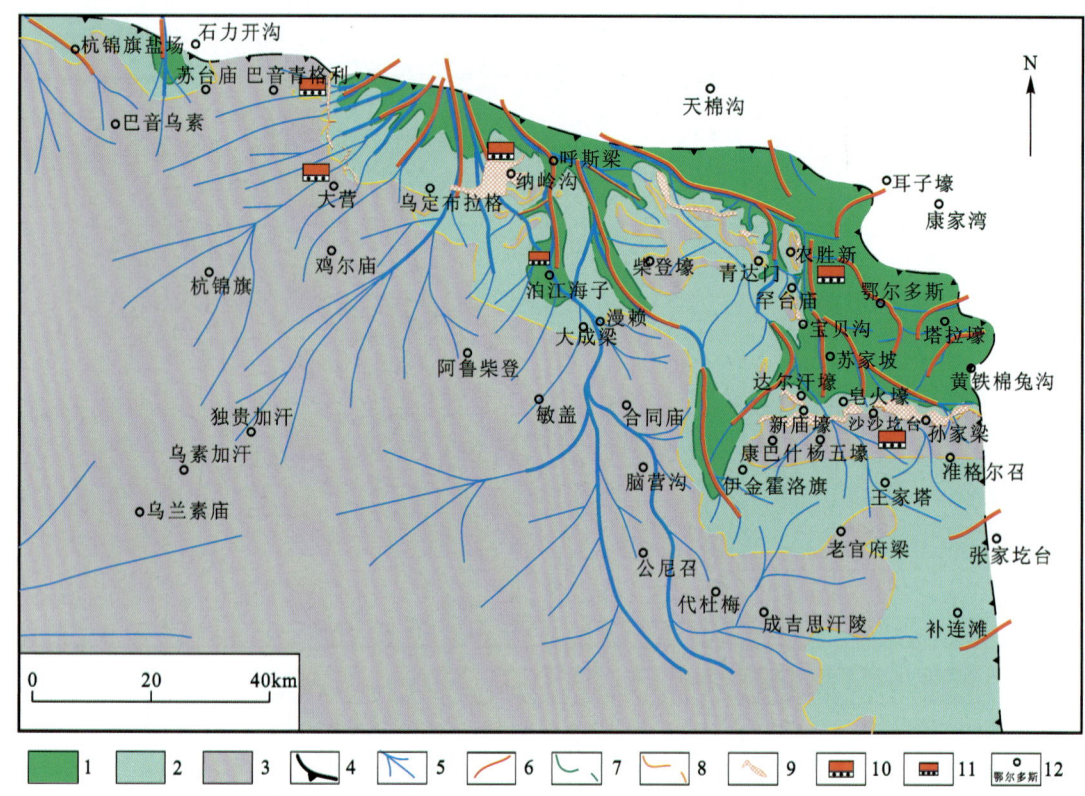

图 5-24 鄂尔多斯盆地北部直罗组下段下亚段古层间氧化带分布及氧化方向图

1.完全古氧化带;2.氧化-还原"过渡带";3.还原带;4.剥蚀边界;5.物源体系;6.古氧化方向;
7.完全氧化带界线;8.古层间氧化带前锋线;9.砂岩型铀矿体;10.矿床;11.矿体;12.地名

二、直罗组下段上亚段

鄂尔多斯盆地北部直罗组下段上亚段砂岩中氧化砂岩厚度总体呈现中部厚、东西薄的特征(图 5-25),厚度变化较为连续,厚度中心位于呼斯梁—泊江海子一带,呈南北向展布,反映了氧化砂岩厚度与主干河道砂岩具有对应关系,主要沿呼斯梁一带发育,中部氧化砂岩厚,向东西两侧逐渐减薄,高值区呈近南北向产出。氧化砂岩厚度高值区集中在北部乌定布拉格—泊江海子一线北部,氧化砂岩厚度多大于 50m,可分为东西两个分支,西部分支延伸至大营地区,东部分支沿呼斯梁—泊江海子延伸至合同庙一带,由于地层遭受剥蚀,氧化砂岩厚度较低,多在 30m 以下;东南部氧化砂岩厚度较薄,向南氧化强度逐渐减弱;西北部分布小范围的氧化砂岩,巴音青格利西部地区氧化砂岩高值区长轴方向沿南西向展布,西部巴音乌素地区氧化砂岩高值区长轴方向沿南东向产出,氧化砂岩在苏台庙地区具开口向北的"U"形展布特征。氧化砂岩厚度最大值为 103.00m,平均厚度为 32.20m。与下亚段相比,上亚段氧化砂岩厚度高值区范围变大,平均厚度增加,但连续性变差,高值区内部多见相对低值区,且部分高值区呈岛状展布,零值区面积缩小。

直罗组下段上亚段砂岩中氧化砂岩比率的空间分布规律与氧化砂岩厚度具有一定的相似性,总体呈现北、北东高,南、南西低的特征,氧化砂岩比率变化较为连续,平均比率为 85.90%(图 5-26)。氧化砂岩比率大于 80% 的高值区范围较大,主要集中在北东部,面状分布,往下游方向呈舌状体向南部、南西部延伸。东部罕台庙、柴登壕地区砂岩非均质性较强,局部氧化比率低于 80%。氧化比率低值区位

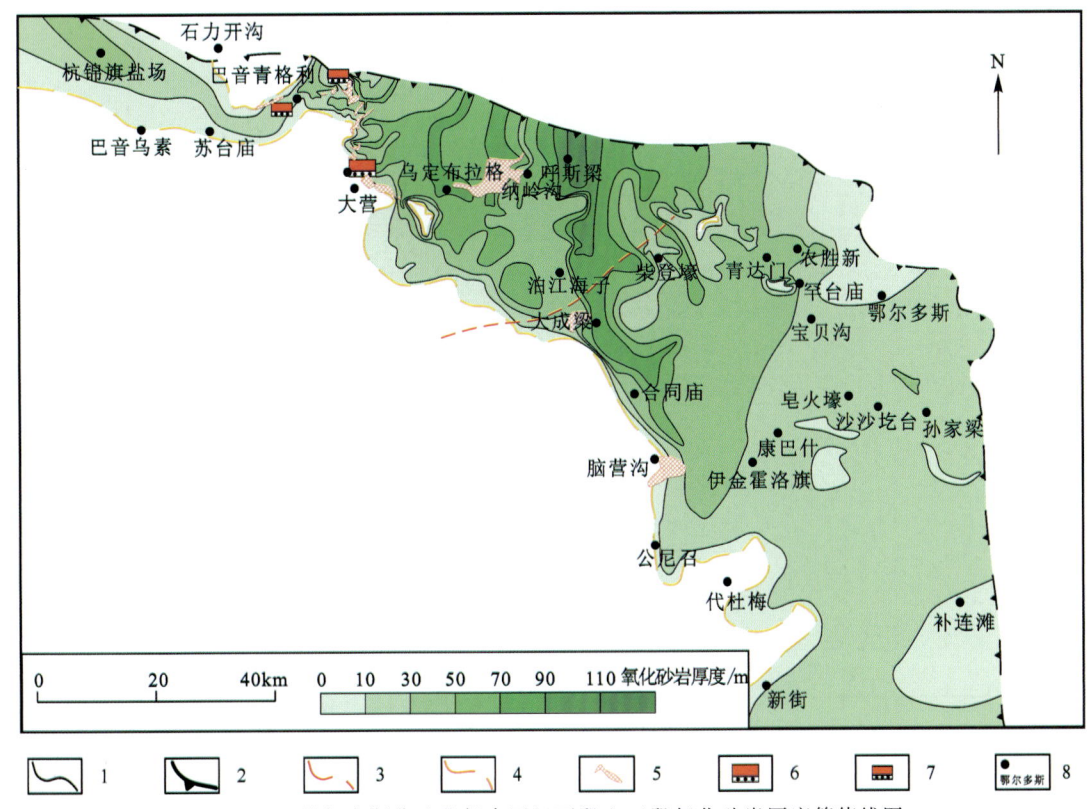

图 5-25 鄂尔多斯盆地北部直罗组下段上亚段氧化砂岩厚度等值线图
1.砂体氧化率等值线；2.剥蚀边界；3.泊江海子断裂；4.古层间氧化带前锋线；5.砂岩型铀矿体；6.矿床；7.矿体；8.地名

于高值区的南西边缘，整体面积不大，向南西过渡为氧化比率的零值区，与氧化砂岩厚度的零值区一致，位于巴音青格利—大营—泊江海子—合同庙—新街一带，皂火壕铀矿床以南氧化比率相对较高。上亚段的氧化砂岩比率整体较高，高值区分布范围更广，迁移方向也为南西方向，整体显示了上亚段比下亚段遭受了较强的氧化改造作用。

由于直罗组下段上亚段沉积特征对下亚段具有继承性，并且在直罗组沉积后，铀构造活化条件和古地下水动力条件具有类似的特征，所以氧化砂岩发育特征与下亚段也相类似。从直罗组上亚段氧化砂岩厚度、氧化砂岩比率的空间分布规律研究可以看出，含氧含铀水也主要沿主干河道砂体由北向南运移，由于主干河道砂体具有厚度大、连续性好、渗透性好、非均质性弱的特点，氧化较为充分，也是完全氧化带主要发育部位，基本上没有铀矿体的产出。由北东向南西发育的分流河道砂体同样是含氧含铀水运移的次一级通道，存在沿分流河道由北东向南西呈现完全氧化带、"过渡带"和还原带的岩石地球化学分带性，铀矿体也主要产出于分流河道中，岩石地球化学空间分带性及铀矿体产出与沉积环境、伊陕单斜构造演化具有很好的空间匹配关系。

直罗组下段上亚段的完全古层间氧化带主要发育于北东部大营—大成梁—合同庙—皂火壕一带（图5-27），发育范围大于直罗组下段下亚段，规模较大，局部在泊江海子、伊金霍洛旗一带呈不规则的朵状或舌状体向南、西南方向延伸。完全古层间氧化带在巴音青格利—杭锦旗盐场一带不发育，分布范围较窄，基本上被剥蚀。沿剥蚀边界继承了直罗组下段下亚段东部农胜新—东胜地区、中部巴音青格利—呼斯梁—泊江海子地区和西部杭锦旗盐池—苏台庙地区3个含氧含铀水渗入水系，同样含氧含铀水渗入水系向上游应该是同一水系，但是，上亚段古层间氧化带规模超过了直罗组下亚段，连续性也好于下亚段，基本连成一体。农胜新—东胜—巴音青格利—呼斯梁—泊江海子地区完全古层间氧化带顺沿氧化作用方向最长为55km，杭锦旗盐池—苏台庙地区最长为8km。完全古层间氧化前锋线形态较为复杂，沿皂火壕—伊金霍洛旗—合同庙—大成梁—泊江海子—纳岭沟—乌定布拉格—大营以东—巴音青

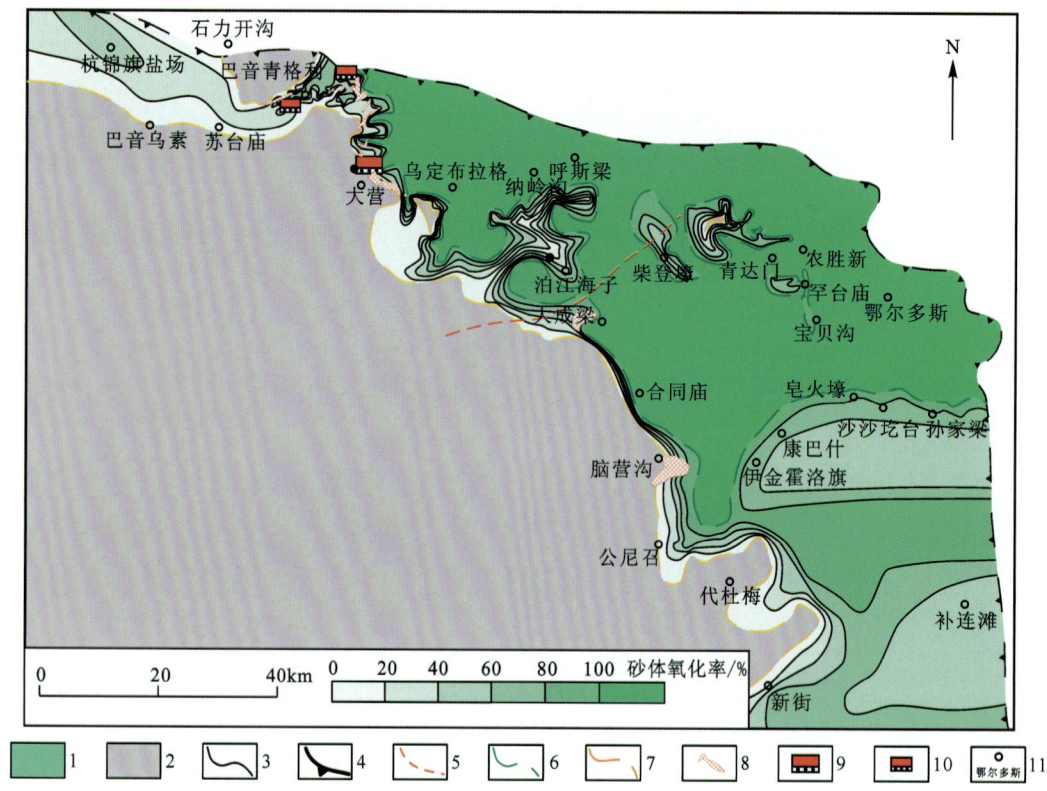

图 5-26 鄂尔多斯盆地北部直罗组下段下亚段砂岩氧化率等值线图

1.古层间氧化带;2.还原带;3.砂体氧化率等值线;4.剥蚀边界;5.泊江海子断裂;6.完全氧化带界线;
7.古层间氧化带前锋线;8.砂岩型铀矿体;9.矿床;10.矿体;11.地名

格利以东一带呈北西、北东向弯曲展布,在皂火壕、合同庙、纳岭沟、乌定布拉格等地段基本与直罗组下亚段在空间上重叠,长约230km。古层间氧化带前锋线(即灰绿色砂岩尖灭线)顺沿层间氧化作用方向比直罗组下亚段有较大的南移,发育到补连滩以南地区,沿代杜梅—公尼召—脑营沟—合同庙—鸡尔庙—大营—巴音青格利以南—巴音乌素一带呈北西、北东向弯曲展布,在代杜梅、脑营沟、合同庙、大营等地段基本上与直罗组下亚段重叠,长约320km。二者之间的氧化-还原"过渡带"主要分布在皂火壕—王家塔—补连滩地区,呈面状分布,宽为45km。其次呈北西带状分布在代杜梅—公尼召—脑营沟—合同庙—大成梁—泊江海子—纳岭沟—鸡尔庙以东—大营以东—巴音青格利—杭锦旗盐场一带,其中在合同庙地段发育最窄,为1.1km;在大成梁—泊江海子—纳岭沟—鸡尔庙以东地段呈面状分布,面积相对较大;大营以东—巴音青格利地段呈带状分布,相对较窄,宽4~10km;在杭锦旗盐场呈宽带状分布,宽6~16km。还原带位于南西部,还原带发育规模较大,在柴登壕地段、青达门以北和罕台庙地发育3个灰色残留体,与下亚段灰色残留体在空间上基本重叠。

三、垂向分布特征

鄂尔多斯盆地北部直罗组下段下亚段和上亚段氧化-还原"过渡带"表现出灰绿色、绿色砂岩与灰色砂岩明显的垂向分带性,基本上表现为上绿下灰、下绿上灰和绿灰相间分布的特点,以上绿下灰为主,各矿床具有类似的特征,这也是与典型层间氧化带型砂岩铀矿床的岩石地球化学环境的不同之处。典型层间氧化带型砂岩铀矿床的岩石地球化学环境并不具有垂向分带特征,氧化带以舌状体沿层间氧化作用方向向还原带水平尖灭,如美国怀俄明盆地、科罗拉多高原和南得克萨斯铀矿床,中亚地区乌奇库都克、肯得克秋拜等铀矿床,我国伊犁盆地和吐哈盆地铀矿床。

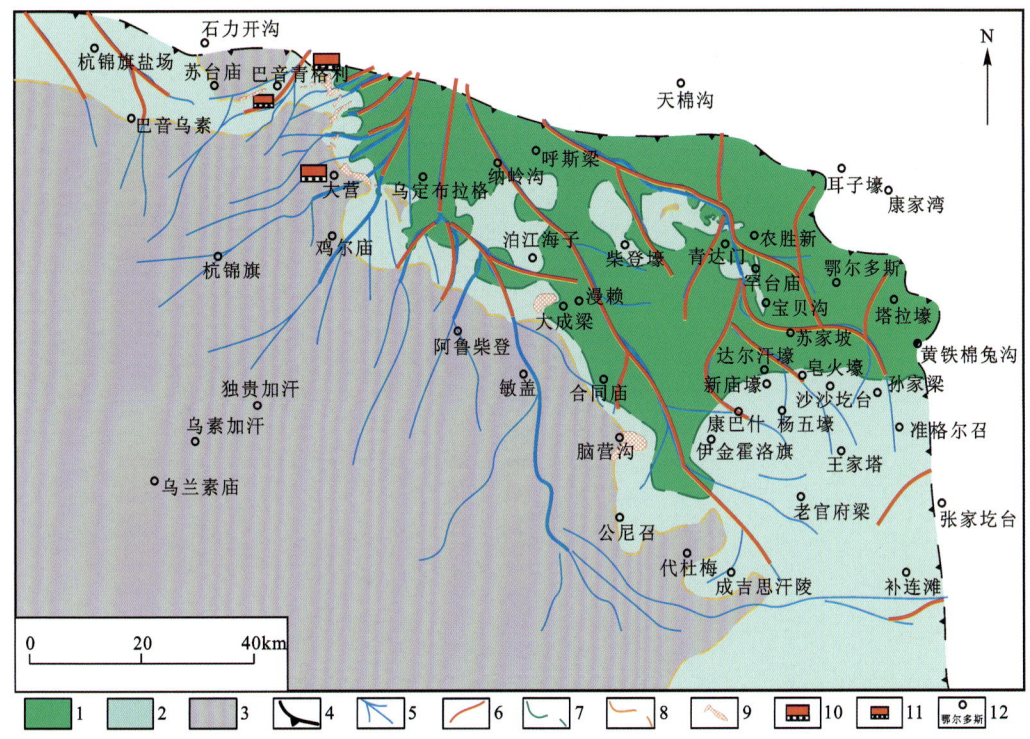

图 5-27 鄂尔多斯盆地北部直罗组下段上亚段古层间氧化带分布规律图

1.完全古层间氧化带；2.氧化-还原"过渡带"；3.还原带；4.剥蚀边界；5.物源体系；6.古层间氧化方向；
7.完全氧化带界线；8.古层间氧化带前锋线；9.砂岩型铀矿体；10.矿床；11.矿体；12.地名

  盆地北部皂火壕铀矿床直罗组下段下亚段总体上表现为上绿下灰的特点,沿氧化方向古层间氧化带以舌状体尖灭,铀矿体产于氧化带下部相邻的灰色砂岩中,以板状矿体为主(图 5-28)。纳岭沟铀矿床直罗组下段下亚段基本上也表现为上绿下灰的特点,沿氧化作用方向氧化带厚度逐渐变薄,铀矿体以板状产于氧化带下部相邻的灰色砂岩中(图 5-29)。盆地北部地球化学特征将在各矿床特征中详细论述,此处不再赘述。

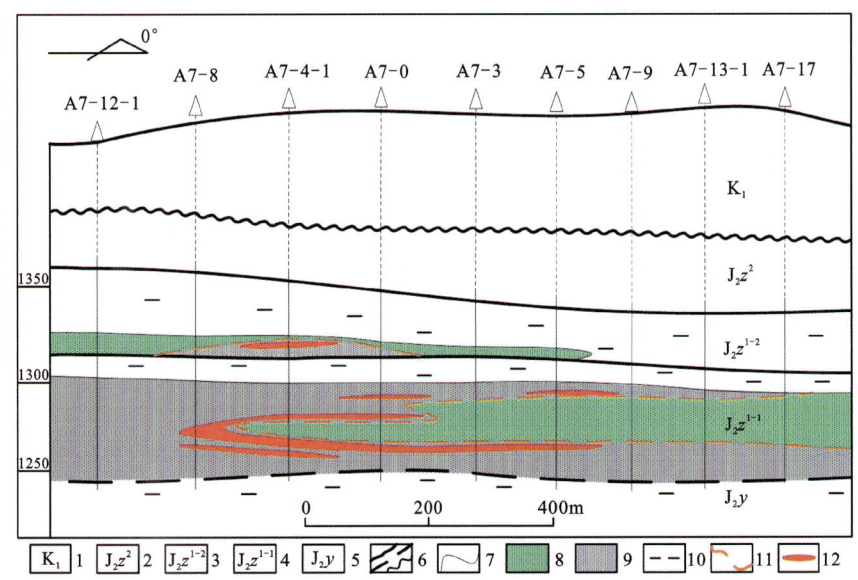

图 5-28 皂火壕矿床地质综合剖面图

1.下白垩统；2.直罗组上段；3.直罗组下段上亚段；4.直罗组下段下亚段；5.延安组；
6.整合界线/平行不整合界线/角度不整合界线；7.岩性界线；8.绿色砂体；
9.灰色砂体；10.泥岩；11.氧化带前锋线；12.铀矿体

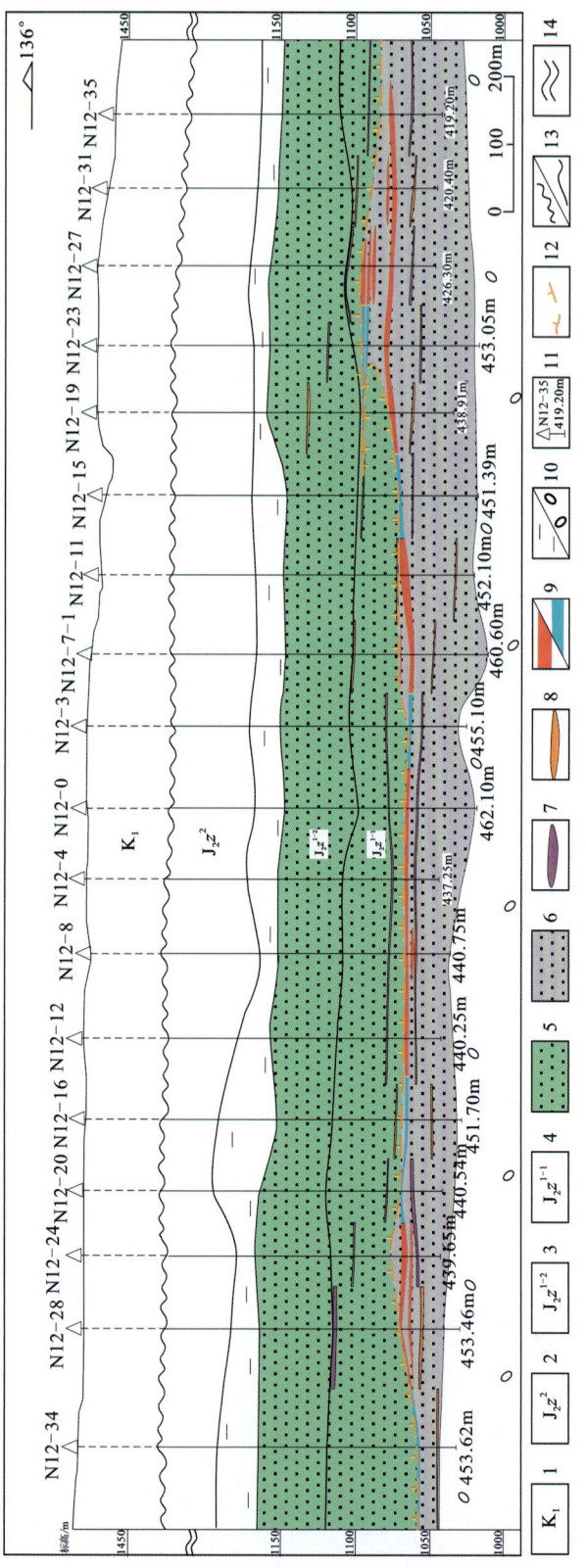

图5-29 纳岭沟铀矿床地质综合剖面图

1.下白垩统；2.直罗组上段；3.直罗组下段上亚段；4.直罗组下段下亚段；5.绿色砂岩；6.灰色砂岩；7.泥岩夹层；8.钙质砂岩夹层；9.工业铀矿体/铀矿化体；10.泥岩/砾岩；11.钻孔位置、编号及孔深；12.氧化带前锋线；13.角度不整合界线/整合界线；14.地层缩略符号

第五节 还原地球化学障

地层中能还原铀的物质可以是沉积时带入盆地的植物残骸等和成岩过程中形成的黄铁矿等，也可能是成岩之后带入的（石油、天然气等），在这两种情况下，决定层间氧化带前锋线空间定位的还原剂不仅是它的原始成分和成因，而且决定于它的后生改造作用程度。所以，地层中除了具有还原能力的固体还原剂外，还存在着易流动和挥发的强还原剂，可以是液态和气态的有机物质，也可以是包含在地层空隙中的氢和硫化氢等还原剂。一般情况下，与含铀水起反应的还原剂大体可以分为存在于岩石中的固体还原剂、水中未溶解的游离气体还原剂和存在于溶液中的还原剂。岩石中的固体还原剂属围岩组分，具有普遍意义。在含石油、天然气和煤等的能源盆地中，广泛产生具有还原性质的烃类等气体，而不同方向的含铀水与大量存在的水中未溶解的烃类等游离气体可以产生广泛的混合作用，所以，水中未溶解的烃类等游离气体还原剂在含铀水中铀沉淀和富集成矿过程具有重要的作用。溶于水中的还原剂取决于断裂构造和水力窗的存在，以层流方式运动的地下水，使得在同一含水层中不同溶液的混合范围可能较小，地段范围狭窄，与上述两种还原剂相比，起到的还原作用相对较小。另外存在的不混溶液体（如石油或油田水）也可充当还原剂，但同样，范围很受局限。

鄂尔多斯盆地北部直罗组下段灰色砂岩中不仅存在广泛的黄铁矿、炭化植物碎屑和煤屑等还原剂组成的固态还原地球化学障，而且广泛存在由油气与煤层气产生的烃类气体还原剂组成的气体还原地球化学障。

一、固态还原地球化学障

1. 黄铁矿

直罗组下段灰色砂岩中黄铁矿的还原作用是毋庸置疑的，根据宏观产出特征大致可识别出与有机质相伴生的团块状黄铁矿（图5-30a）、孤立产出的团块状黄铁矿（图5-30b）、砂泥互层中条带状黄铁矿（图5-30c）、浸染状黄铁矿（图5-30d）和星点状黄铁矿（图5-30e）。

灰色砂岩中黄铁矿化微观产出特征大体可分为3期。第一期为成岩期黄铁矿，主要表现为分布于填隙物之中的粒状黄铁矿，为杂基中浸染状分布的黄铁矿细粒，黄铁矿粒径一般为0.002~0.02mm，多数黄铁矿呈自形—半自形的立方体，少数呈胶状的球粒状及脉状（图5-31a、b、c），还有少量黄铁矿细粒产于钙质结核中（图5-31d）。

第二期黄铁矿为成岩期或成岩期后的产物，为成矿期黄铁矿，与铀矿化关系密切，常表现为与铀矿物共生（图5-32），围绕黄铁矿边缘沉淀，并部分交代早期形成的黄铁矿。在杂基中呈稀疏分布的少量大颗粒黄铁矿，其粒径一般为0.1~2.0mm。成岩期或成岩期后阶段形成的黄铁矿化与铀矿化存在密切的联系，促使了铀的沉淀和富集。

第三期黄铁矿为后生氧化期后的产物，为成矿期后黄铁矿，数量很少。黄铁矿围绕氧化的钛铁矿边缘沉淀，并部分交代钛铁矿的氧化产物（图5-33）。

根据对直罗组含矿灰色砂岩中黄铁矿单矿物的$\delta^{34}S$测试结果，黄铁矿的$\delta^{34}S$值为$-41.0‰$~$+15.8‰$，分布十分离散，表明其成因的多样性。

自然界硫同位素分馏有多种方式，黄铁矿的形成也具有多种成因。自然界黄铁矿的形成主要有细菌还原、有机物分解、有机还原及无机还原等几种方式，含矿层直罗组灰色砂岩中黄铁矿的硫同位素分馏十分明显，$\delta^{34}S$的变化达57‰，反映了与铀矿化关系密切的黄铁矿具有复杂的成因。根据自然界中的硫同位素分馏效应和地质环境中黄铁矿的形成条件，将直罗组赋矿砂岩中$\delta^{34}S$值与黄铁矿可能存在的成因关系划分如下。

图 5-30　铀储层中黄铁矿的宏观类型

a. 与碳质碎屑伴生的黄铁矿；b. 孤立产出的团块状黄铁矿；c. 砂泥互层中条带状细粒黄铁矿；
d. 浸染状黄铁矿；e. 星点状和条带状黄铁矿

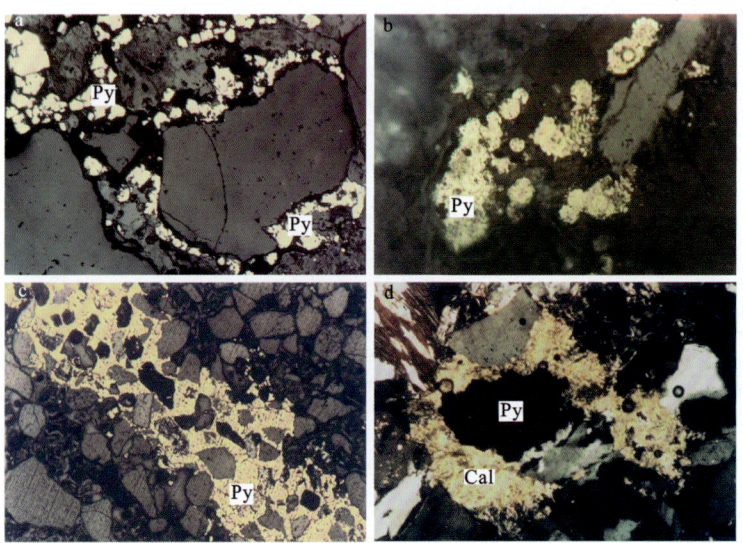

图 5-31　铀储层中的第一期成岩黄铁矿

a. 产于砂岩杂基中的黄铁矿球粒，×300，反射光；b. 产于砂岩中的黄铁矿细脉，×24，反射光；c. 产于砂岩中的黄铁矿细脉，×24，反射光；d. 砂岩中的泥晶方解石团块，其中心为黄铁矿，×60，正交偏光

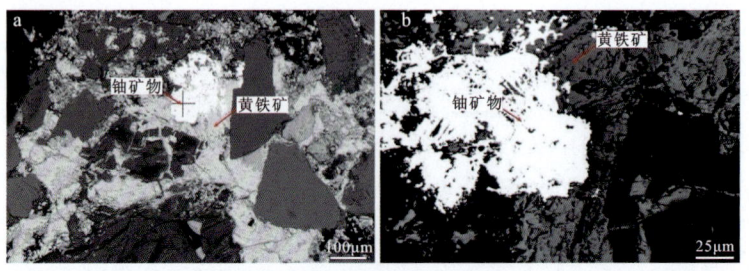

图 5-32　铀储层中与铀矿物共生的第二期黄铁矿

a、b. 铀矿物与黄铁矿共生，扫描电镜，T63-0-18，J_2z^{1-2}，591.4m

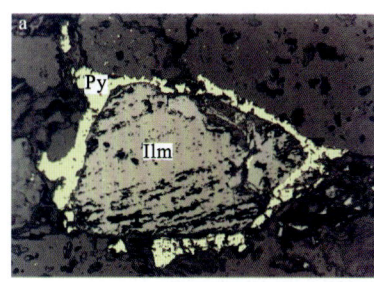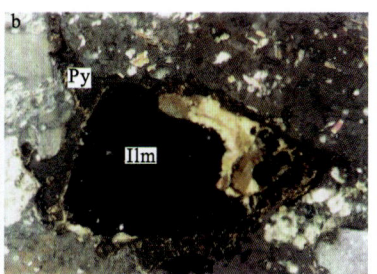

图 5-33 铀储层中第三期黄铁矿
a.围绕氧化钛铁矿产出的晚期黄铁矿，×100，反射光；
b.围绕氧化钛铁矿产出的晚期黄铁矿，×100，正交光

$\delta^{34}S$	黄铁矿成因	环境条件
$<-17.0‰$	H_2S 为硫还原细菌还原	$\leqslant 50℃$
$-17.0‰\sim+10.0‰$	H_2S 为石油热分解	$>50℃$
	H_2S 为中—低温有机还原	$100\sim170℃$（包裹体测温）

与微生物（硫还原菌）有关的黄铁矿：直罗组灰色砂岩中存在与泥质物有关的胶状、结核状的黄铁矿，其硫同位素分馏十分明显，$\delta^{34}S$ 为 $-41.0‰\sim-25.1‰$，通常都在 $-36.0‰\sim-32.2‰$ 之间，与同生沉积或早成岩阶段淤泥中典型的硫还原细菌活动有关，但是此类黄铁矿与砂岩铀矿化并无实质性的关系。灰色泥岩或砂岩中碳屑有机质经酶催化（细菌活化）还原的细粒黄铁矿，它们的硫同位素亦很轻，$\delta^{34}S$ 值为 $-39.2‰\sim-27.6‰$，应当属成岩早—中期阶段的成岩矿物。但是，在直罗组疏松砂岩内也同样发现了顺层呈脉状分布、为生物（细菌）成因的胶状或细粒黄铁矿，$\delta^{34}S$ 可达 $-30.0‰$，它们可能为热液活动提供未经还原的硫酸盐，属成岩晚期形成。总之，细菌活动在直罗组成岩的不同阶段均有出现，以成岩早期形成的结核状黄铁矿最为典型，发育较为普遍。

与原油热分解、中—低温有机还原有关的黄铁矿：直罗组中—晚期阶段到成岩期后阶段，与石油分解和有机热还原有关的黄铁矿，它们的硫同位素分馏比较明显，$\delta^{34}S$ 为 $-6.9‰\sim+7.1‰$。它们在空间上具有不同的分布形式，主要有浸染状（图 5-31a）和脉状（图 5-31c），反映为成岩中—后期不同阶段的产物，显微镜下它们主要有胶状及粒状形式。浸染状分布的黄铁矿为成岩中—晚期形成，但其反映的低温热液活动比较平稳，对铀矿化发育十分有利；而脉状黄铁矿主要是成岩期后的产物，与铀矿化具有一定的成因联系，如在直罗组发现了与铀矿化关系密切的黄铁矿脉。

灰色砂岩及矿石中 Fe^{3+}/Fe^{2+} 比值小于 0.1，反映出灰色砂岩黄铁矿广泛存在，并具较强的还原性。黄铁矿是铀的重要还原剂是普遍地质现象，但是，并不是所有黄铁矿对铀的沉淀和富集都起到还原作用，这取决于黄铁矿 Eh 值和铀从含铀水中沉淀时 Eh 值的变化。

2. 炭化植物碎屑

直罗组沉积时总体处于温暖湿润的古气候条件，我国西北地区该期孢粉组合以 *Cyathidites-Callialasporites-Classopollis*（*CCC*）（卡洛期）为代表（张泓，1998），裸子植物开始增加并占优势，卷柏、石松科植物有所减少，掌鳞杉科植物开始回升并增加，与延安期（成煤期）孢粉植物群反映的古气候应大体一致。所以，直罗组沉积时水体和植被较为发育，砂岩富含炭化植物碎屑（图 5-34a），见炭化植物碎屑胞腔、孔洞和胞腔中被黄铁矿充填等现象（图 5-34b、c、d），对铀的沉淀和富集具有广泛的还原作用。

3. 碳质碎屑

直罗组下段是在相对稳定抬升的构造背景下接受沉积，河流下切作用形成了广泛的直罗组下段深切谷，并切穿了下伏延安组煤层，河道充填组合是辫状河的主要沉积类型，大多正韵律层底部砂岩中发育以延安组煤层被冲刷到河道砂体中形成碳质碎屑为特征的冲刷面（图 5-35），使直罗组下段辫状河砂

图 5-34 炭化植物碎屑

a.灰色砂岩中的炭化植物碎屑;b.植物孢腔清晰可见,×120,反光;
c.植物孔洞被黄铁矿充填;d.植物孢腔中充填黄铁矿,×120,反光单偏光

图 5-35 直罗组铀储层灰色砂岩中的大量碳质碎屑

岩中含大量碳质碎屑,并以滞留沉积物的形式保存了下来,使被切穿的延安组煤层沿直罗组深切谷两侧完全暴露于河道砂体中。

直罗组下段灰色含矿砂岩与灰绿色、绿色砂岩相比,前者中煤屑普遍发育,而后者基本不含煤屑。煤屑对铀的沉淀和富集具有吸附作用,并与铀矿化具有明显的空间位置关系。富矿砂岩与不含矿砂岩相比,绝大多数铀矿石富集带与煤屑伴生,反映二者之间可能存在成因联系。煤屑是固体有机质的一种存在形式,与下伏被直罗组河道切穿并暴露于河道两侧的延安组煤层一起,是直罗组氧化还原地球化学障的重要组成部分。灰绿色、绿色砂岩中煤屑的普遍缺失,可能是早期的氧化作用破坏所致。

通过对直罗组下段含矿砂岩中煤屑和延安组顶部煤层的镜质组、惰性组和壳质组等显微组分的分析测试,二者基本一致,进一步证实了直罗组下段含矿砂岩中煤屑来自下伏延安组顶部煤层。

煤对水中的铀具有较强的吸附作用也是较为普遍的地质现象,但是,并不是所有煤(屑)或含煤地层都对铀具有还原能力,取决于煤 Eh 值的变化,具有足够低的 Eh 值煤才可形成铀的沉淀和富集。炭化植物碎屑与煤的还原能力差别不大。

鄂尔多斯盆地北部直罗组下段由于组成岩石还原地球化障的黄铁矿、炭化植物碎屑和煤屑等还原剂分布受沉积环境的控制，在区域上具有不均一性，是造成沿区域层间氧化前锋线，由东向西皂火壕、柴登壕、纳岭沟、大营和巴音青格利等铀矿床断续分布的因素之一。

二、气体还原地球化学障

组成气体还原地球化学障的烃类气体具有易挥发性，使得铀成矿作用过程中的气体还原地球化学障无法直观反映到现在的地质环境中，只能通过烃类气体与不同岩石地球化学环境的空间展布规律和与铀沉淀富集的相关性进行解释。

如前所述，直罗组下段3个世代的油气包裹体代表了3次油气活动过程（欧光习，2005）。其中，第一世代油气包裹体成群或均匀分布于微—细晶胶结方解石矿物中，属早期胶结方解石矿物的原生包裹体。包裹体呈灰褐色或黑褐色，均为液烃包裹体（图5-36a）。该世代油气包裹体普遍见于古氧化带灰绿色、绿色砂岩、矿化段灰色砂岩和还原带灰色砂岩中。尤其在灰白色钙质胶结砂岩及直罗组上段褐红色钙质砂岩中，该世代油气包裹体更为发育。第一世代油气包裹体的高度发育反映了在早成岩晚期—中成岩早期阶段存在一期石油、天然气的大规模活动过程，说明在成矿之前直罗组下段砂岩中已经聚集了大量的烃类等还原气体。

第二世代油气包裹体成群或均匀分布于中期中—细晶胶结方解石矿物中，或呈线/带状分布于石英、长石碎屑的成岩愈合微裂隙中，属中期胶结方解石矿物中的原生包裹体（图5-36b）。包裹体中液烃呈灰褐色、黑褐色及褐黄色，显示弱黄褐色荧光，或见黑褐色的固体沥青呈丝网状沉淀于包裹体壁上；气烃呈深灰色或灰黑色。其中，液烃包裹体占40%～60%，气液烃包裹体占30%～40%，气烃包裹体占10%～20%。虽然该世代油气包裹体在古氧化带灰绿色、绿色砂岩、矿化段灰色砂岩和还原带灰色砂岩中均有发现，但是通常以矿化段灰色砂岩和还原带灰色砂岩中最为发育（或发育丰度最大），反映了第二期次石油、天然气的大规模活动主要集中于矿化段，大量的烃类等还原气体与铀矿化有一定的关系。

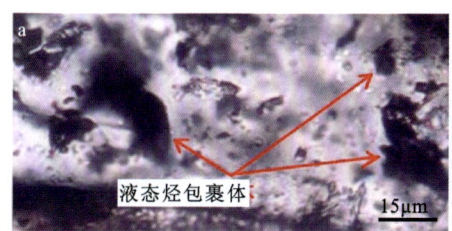 

图5-36　方解石中的两期液态烃包裹体（透射偏光）
a. 第Ⅰ期液态烃包裹体；b. 第Ⅱ期液态烃包裹体

上述两期石油、天然气大规模的活动必然产生烃类气体在直罗组下段砂岩中的大量聚集，在含氧含铀水渗入过程中充当了重要的还原地球化学障作用。

鄂尔多斯盆地北部直罗组下段灰色砂岩具较高的烃类含量，说明原生还原岩石相带中具有充足的油气渗透活动，与成矿后造成广泛还原改造时的烃类含量相近，油气活动具有持续性。东胜地区皂火壕铀矿床沙沙圪台矿段的灰色砂岩包裹体烃含量最高，达5.47～176.1μL/g（平均50.2μL/g），其次才是新庙壕矿段，为6.73～101.4μL/g（平均49.6μL/g），表明皂火壕地区直罗组砂岩铀矿化主要集中在孙家梁、沙沙圪台地段，而不是新庙壕及其他地段的原因之一。直罗组下段铀成矿区烃含量明显高于南北两侧的非铀成矿区，铀成矿区域与油气活动较强的区域基本相吻合，说明了层间氧化带及铀矿化的空间定位受油气活动的影响，油气活动产生烃类气体的还原作用阻止了层间氧化作用的向前发展。

对皂火壕铀矿床采集76件矿石和非矿石样品进行了烃类流体含量与铀含量的分析测试，分析烃类流体含量与铀矿化的相互关系。从图5-37可见，包裹体烃类含量与岩石铀含量存在较好的线性相关性，相关系数$R=0.6919$。包裹体烃类含量与全岩铀含量的相关关系说明，油气流体促使了铀的沉淀和富集。

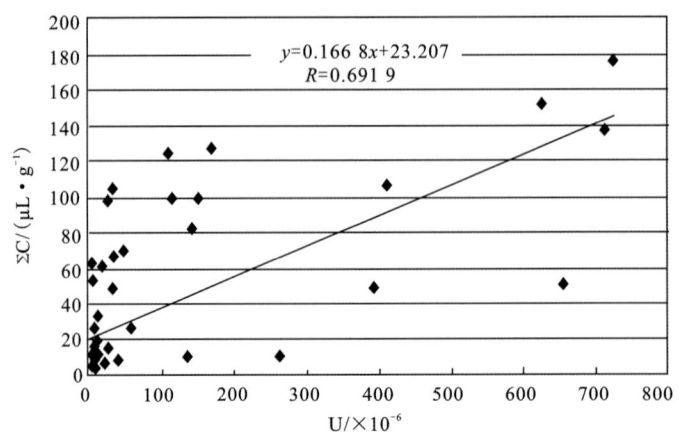

图 5-37 皂火壕铀矿床铀储层内部包裹体烃含量与全岩铀含量相关性

对皂火壕铀矿床选择无矿段、矿化段和富矿段样品,利用盐酸将其酸解使其中的烃类释放出来,在所获得的酸解烃中以甲烷占绝对优势,富矿段的甲烷含量最高,无矿段则最低(表 5-4)。重烃(C_1 以上)含量也是如此,富矿段重烃平均为 165.01 μL/kg,亦大于无矿段(62.05 μL/kg),同样显示出铀含量与烃类存在明显的正相关关系。

表 5-4 皂火壕铀矿床不同矿化段酸解烃统计

矿化类型	样品数/个	分析结果/(μL·kg^{-1})						
		CH_4	C_2H_6	C_3H_8	i-C_4H_{10}	n-C_4H_{10}	i-C_5H_{12}	n-C_5H_{12}
无矿段<0.005%	7	156.12	35.214	18.63	1.438	3.718 7	1.490 4	1.563 7
矿化段0.005%~0.049%	7	174.93	37.263	15.69	2.008 5	1.695 3	0.580 2	0.580 0
富矿段>0.05%	5	569.43	99.419	48.43	4.153 8	7.875 7	2.686 4	2.449 4

注:分析单位为原地质矿产部华西石油地质中心实验室。

上述烃类含量与铀含量的相互关系研究中应该有延安组煤成烃的参与,这也是重要的烃类来源之一,延安组煤成烃可以通过直罗组河道的侧面渗透到铀储层中,从而参与铀成矿的作用过程。

根据皂火壕铀矿床矿石油气包裹体中的饱和烃气相色谱分析(表 5-5),油气包裹体和砂岩孔隙中的 Pr/nC_{17} 和 Ph/nC_{18} 均处于低值,Pr/nC_{17} 为 0.29~0.79,Ph/nC_{18} 为 0.22~0.69,呈现出较高成熟度的特点。轻烃含量指数 C_{21}^-/C_{22}^+、$(C_{21}+C_{22})/(C_{28}+C_{29})$ 比值达 1.30~12.18,亦显示了铀矿床赋存层位的油气以轻烃为主的较高成熟度成分组成为特征。从奇数碳优势指数 CPI、OEP 仅为 1.13~1.29、0.92~1.08,也反映同样的成熟度特征。但 Pr/Ph 为 0.91~2.62,这一数据反映出油气有一部分为煤成烃混合成因,这与该地区下伏有延安组可采工业煤层的地质背景是相当吻合的。

表 5-5 皂火壕铀矿床油气包裹体饱和烃气相色谱特征

岩性	主峰碳	C_{21}^-/C_{22}^+	Pr/Ph	Pr/nC_{17}	Ph/nC_{18}	CPI	OEP
浅灰色中砂岩	C_{18}	1.77	1.25	0.29	0.22	1.29	0.96
灰色中砂岩	C_{18}	9.08	1.15	0.79	0.58	/	0.92
灰色中细砂岩	C_{19}	1.66	0.91	0.59	0.57	1.26	1.08
灰色中细砂岩	C_{18}	1.93	1.11	0.70	0.63	1.2	1.05
浅灰色中粗砂岩	C_{17}	12.18	1.04	0.69	0.69	1.13	0.99
浅灰色中砂岩	C_{17}	1.8	2.62	0.76	0.31	1.18	1.04

研究过程中发现,生烃母质树脂体以及次生有机组分具有一个共同特点,那就是在原生带中相对富集而在矿化带中严重亏损。根据多条剖面的定量统计,原生带中树脂体的含量是矿化带的 22.2 倍(表 5-6),说明煤成烃与铀矿化存在一定程度上的成因联系。

表 5-6　皂火壕铀矿床部分煤成烃母质的百分含量统计

	孢子体	角质体	树脂体	荧光质体	壳屑体	样品个数
矿化带	0	0.13	0.17	1.32	0.81	9
原生带	0.15	0.08	3.78	1.09	0.99	10

注:分析单位为核工业北京地质研究院。

树脂体进入成岩阶段就开始了它的生、排烃过程(王铁冠等,1995),延安组煤层和直罗组煤线及碳质碎屑在成岩阶段就开始了它的生、排烃过程,所以煤成烃的开始时间先于直罗组铀的主要成矿期。也就是说,煤成烃早期为赋矿层位提供了还原能力,为铀的沉淀和富集沉淀提供了还原屏障。

延安组高等植物开始沉积后,便进入了深埋的地质历程,开始了煤化作用和煤成烃作用。从延安组沉积到早白垩世末期地层大规模抬升之前,延安组经历了长达近 85Ma 的深埋阶段,整个沉降阶段基本上全部处于褐煤的演化阶段。延安组煤层和含矿层的薄煤层、煤线和碳质碎屑均具有一定的煤成烃能力,东胜地区下伏延安组煤层储量丰厚,其煤成烃的规模比含矿层中的煤成烃规模要大得多,对铀成矿起的作用不容忽视。煤成烃理论认为,要形成具有工业价值的煤成油气藏,煤系地层中树脂体含量的下限是 5%(王铁冠,1995);皂火壕铀矿床 10 个原生带样品树脂体含量平均值为 3.78%,3 个延安组的样品树脂体含量平均值 3.5%(样品数量少导致其含量可能降低),其含量与工业下限值比较接近。也就是说,含矿层位和下伏延安组不具备生成工业油气藏的条件,但是对于庞大的煤系地层来讲,为铀成矿提供所需要的还原通量是可能的,可以为铀矿床形成提供强有力的外来还原剂。所以,在铀成矿前及主要成矿期内,延安组煤系地层具备了提供烃类还原物质的基础。

采集于皂火壕铀矿床的 8 个富铀碳质碎屑样品的 R_o 均值为 0.475%(表 5-7),14 个贫铀碳质碎屑的 R_o 均值为 0.438%,可见富铀碳质碎屑的热演化程度较贫铀碳质碎屑高。延安组的 3 个煤样的 R_o 均值为 0.497%。热演化程度(R_o)由高到低的顺序为:延安煤>铀矿石碳质碎屑>非矿石碳质碎屑。碳质碎屑的热演化程度(R_o)与铀品位的变化具有很好的相关性,矿化带中铀的品位最高,与之相对应,矿化带中的碳质碎屑的煤级高于其他分带中的碳质碎屑,这可能是由于铀矿的放射性衰变产生热量,从而加速了有机质的成熟过程,焦养泉教授团队称之为"铀矿衰变的有机质 R_o 催化效应"。

表 5-7　皂火壕铀矿床 A183 剖面煤屑的有机分带规律

地球化学分带名称		原生带	矿化带	二次还原带(灰绿色、绿色砂岩)
煤的有机分带规律	显微组分	壳质组多(5.3%)	惰质组多(6.1%)	肉眼可见固体有机质很少,未参与讨论
	亚显微组分	树脂体多(3.78%) 微粒体多(0.78%)	丝质体和半丝质体多	
	变质程度	低(0.31%～0.43%)	高(0.45%～0.58%);铀的品位与有机质变质程度正相关	
	煤级	褐煤、褐煤—长焰煤	全部为长焰煤	
	生物成因黄铁矿	发现存在	发育莓球状 Py,生物成因	没发现

注:分析单位为核工业北京地质研究院。

在皂火壕铀矿床选取了延安组和直罗组下段部分岩石样品进行了系统的有机碳含量（TOC）测试分析（表5-8）。其中，直罗组紫红色泥岩2个，平均含量0.146%；直罗组灰绿色、绿色泥岩3个，平均含量0.15%；延安顶部泥岩3个，平均含量0.25%；延安组碳质泥岩3个，平均含量2.49%；延安组煤样1个，含量66.49%。直罗组紫红色泥岩、灰绿色、绿色泥岩以及延安组顶部泥岩均属于非烃源岩，延安组碳质泥岩属于中等程度的烃源岩，延安组煤则属于好的烃源岩。

表5-8 皂火壕铀矿床延安组—直罗组泥岩、煤岩有机碳含量

序号	样品编号	样品描述	有机碳/%	序号	样品编号	样品描述	有机碳/%
1	183-95-02	直罗组灰绿泥岩	0.14	7	183-87-17	延安组碳质泥岩	1.35
2	183-95-07	延安组顶部泥岩	0.32	8	183-87-18	延安组煤	66.49
3	183-95-09	延安组顶部泥岩	0.27	9	183-79-02	直罗组紫红泥岩	0.22
4	183-87-01	直罗组紫红泥岩	0.072	10	183-79-04	直罗组灰绿色泥岩	0.19
5	183-87-03	直罗组灰绿泥岩	0.12	11	183-79-10	延安组碳质泥岩	1.79
6	183-87-16	延安组顶部泥岩	0.17	12	183-71-11	延安组碳质泥岩	4.33

注：分析单位为核工业北京地质研究院。

根据对皂火壕铀矿床直罗组下段砂岩有机碳含量测试发现，灰绿色砂岩平均含量0.11%，矿化带的平均含量0.72%，原生带的平均含量0.68%（表5-9）。从灰绿色、绿色带到矿化带再到灰色带，有机碳含量出现较低到最高再到较高的变化趋势，说明有机碳也是铀沉淀和富集的还原因素之一。

表5-9 皂火壕铀矿床不同分带砂岩的有机碳含量测试结果

样品序号	不同分带	样品编号	样品描述	有机碳/%	均值/%
1	二次还原带（灰绿色砂岩）	183-95-03	灰绿色中砂岩	0.120	0.11
2		183-95-04	灰绿色细砂岩	0.110	
3		183-87-02-1	灰绿色中砂岩	0.093	
4		183-87-02-2	灰绿色中粗砂岩	0.110	
5		183-87-04	灰绿色中细砂岩	0.100	
6		183-87-05	灰绿色中粗砂岩	0.086	
7		183-87-06	灰绿色粗砂岩	0.100	
8		183-79-03	灰绿色中砂岩	0.170	
9		183-79-05	灰绿色中粗砂岩	0.120	
10		183-71-04	灰绿色中砂岩	0.079	
11		183-71-05	灰绿色中砂岩	0.079	
12		183-71-06	灰绿色中粗砂岩	0.100	

续表 5-9

样品序号	不同分带	样品编号	样品描述	有机碳/%	均值/%
13	矿化带	183-87-07	灰色中细砂岩	0.860	0.72
14		183-87-08	灰色中砂岩	2.170	
15		183-87-09	灰色粗砂岩	1.730	
16		183-87-10	灰色中砂岩	0.170	
17		183-87-11	灰色中砂岩	0.093	
18		183-87-12	灰色细砂岩	0.140	
19		183-79-06	灰色中粗砂岩	0.920	
20		183-79-07	灰色中细砂岩	0.160	
21		183-79-08	灰色中砂岩	0.250	
22	原生带	183-95-05	灰色中粗砂岩	0.120	0.68
23		183-87-补	灰色砂岩	0.290	
24		183-87-13	灰色中粗砂岩	1.080	
25		183-87-14	灰色中细砂岩	1.480	
26		183-79-09	灰色中细砂岩	0.940	
27		183-79-补	灰色砂岩	0.140	

注：分析单位为核工业北京地质研究院。

另外，直罗组下段含铀水中不排除有硫化氢或氢的存在，它们是地下水中首要的还原剂，会造成含铀地下水中 Eh 值的低负，足以使铀从地下水中完全沉淀。它们既可是生物成因，也可是非生物成因，其中一些是由直罗组有机物通过无氧生物化学氧化作用形成，也可能通过侧向迁移及沿断裂构造来自延安组和盆地深部。

总之，鄂尔多斯盆地北部直罗组下段沉积成岩和铀成矿作用过程中具有较强的石油、天然气和煤层产生的烃类气体活动，形成了气体还原地球化学障，与黄铁矿、炭化植物碎屑和碳质碎屑组成的岩石还原地球化学障在铀成矿作用过程中，促使了水中铀沉淀和富集成矿。当二者相互叠加时，沿含铀水运移方向 Eh 值的相对变化进一步增大，也就是说氧化与还原的地球化学反差度进一步增大，更有利于水中铀的沉淀和富集，易于形成规模更大、更富的铀矿化，盆地北部直罗组大规模铀成矿作用可能与此有关。从始新世开始，盆地北部河套断陷逐步形成，产生了最后一次更大规模的油气和煤层气活动，铀矿化形成时含氧含铀水的氧化作用与岩石和气体还原地球化学障的还原作用的相对平衡被打破，烃类气体的还原作用强度远远大于含氧含铀水的氧化作用强度，造成了对直罗组黄色或红色氧化带砂岩广泛和彻底的还原改造作用。岩石氧化-还原边界向河套断陷方向位移，最后彻底消失，古氧化砂岩整体呈现为现在的灰绿色、绿色岩石，只在固结程度相对较高、粒度相对较细和钙质等砂岩透镜体见残留古氧化标志，铀矿体也得以保存下来。

第六章 皂火壕铀矿床特征

皂火壕铀矿床位于内蒙古鄂尔多斯市东北约 60km 处（图 1-1），归鄂尔多斯市东胜区管辖。矿床呈东西展布，东西长约 40km，南北宽约 8km。交通便利，包府（包头-陕西府谷）公路、包头-神木铁路和 210 国道（包头-南宁）分别呈南北方向从矿床的东部、中部和西部穿过，109 国道（北京-拉萨）东西贯穿于矿床中部。

皂火壕铀矿床是鄂尔多斯盆地发现的第一个特大型砂岩铀矿床，也是我国发现的首个特大型砂岩铀矿床，赋矿层位为直罗组，由东至西由孙家梁、沙沙圪台、皂火壕及新庙壕 4 个矿段组成。矿床整体呈近东西向展布，东部以 A40 号勘探线为起点，向西至 A349 号勘探线，整个矿带东西长约 40km。该矿床已完成详查。

皂火壕铀矿床处于伊陕单斜区的东胜-靖边单斜构造的北东部（图 1-2），盖层由北东向北南东倾斜，倾角 0°～5°。盖层中褶皱构造不发育，断裂构造少见，对盖层的后期破坏不明显（图 6-1、图 6-2）。钻孔统计发现，皂火壕铀矿床含矿层最大埋深为 360.6m，最小埋深为 53.0m，平均埋深为 177.5m，总体具有自北东向南西逐渐增加的趋势。

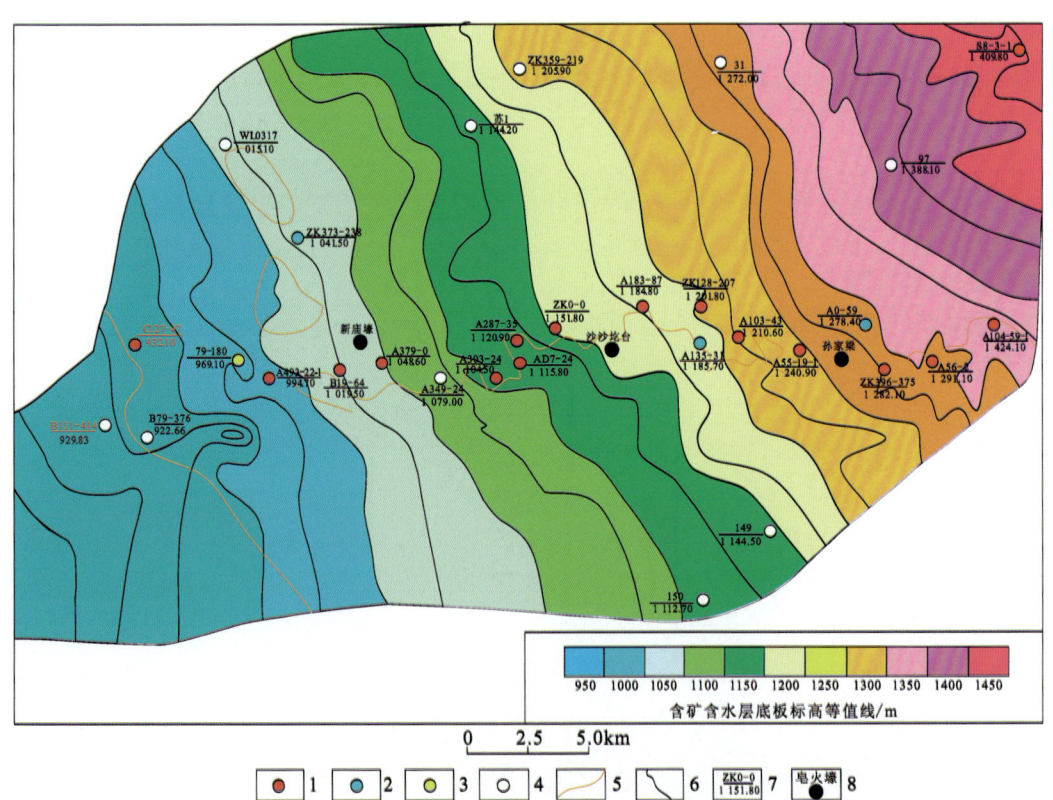

图 6-1 皂火壕铀矿床直罗组底界面标高等值线图

1.工业矿孔；2.矿化孔；3.异常孔；4.无矿孔；5.氧化带前锋线；6.底板标高等值线；7.钻孔号及顶面标高/m；8.地名

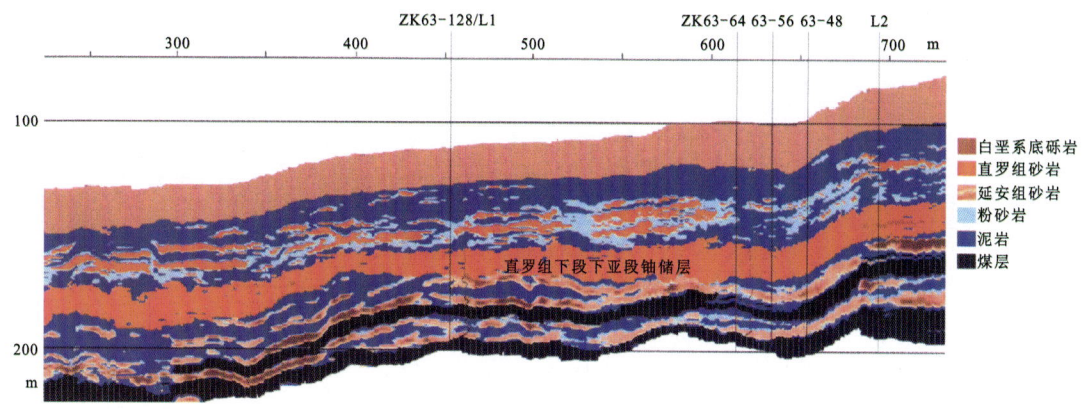

图 6-2　皂火壕铀矿床 D63 号地震剖面时间域解释成果图

第一节　沉积学特征

皂火壕铀矿床隶属于直罗组下段大型沉积朵体，拥有相似的含铀岩系基本结构和沉积体系类型，所不同的是它产出于该大型沉积朵体的东部边缘，沉积期古水流总体呈北西-南东向，仅在下亚段辫状河三角洲分流河道中具有铀成矿作用，受后期构造抬升掀斜影响，铀矿床在神山沟—黄铁棉图一带直接剥露地表。

一、区域尺度铀储层空间分布规律

从区域尺度来看，皂火壕铀矿床所在的鄂尔多斯盆地北部东胜地区直罗组早期沉积的辫状河三角洲分流河道砂体(J_2z^{1-1})组成了层间含氧含铀水良好的运移通道。东胜地区直罗组辫状分流河道砂体最显著的分布特征是：主干河道砂体在流向上贯穿该区的南北，且主干河道砂体不断向东偏南的方向分叉，形成规模相对较小的分支河道砂体。所以，鄂尔多斯盆地北部东胜地区铀储层具有规模大、厚度大、连续性好的特点(图6-3)。

在区域范围内，皂火壕铀矿床直罗组下段下亚段砂体源于罕台川一带(图6-3)。在罕台川地区及其以西约10km处发育有AI-1及AI-2两个主要河道砂体，AI-1的宽度为20km左右，AI-2的宽度较小，最宽处为4km左右。两个砂体最大厚度均大于40m，其中AI-1最大厚度达63m，AI-2最大厚度大于43m。

AI-1砂体主要呈北西-南东向展布，向东南方向分叉形成几支规模较小的AI-1-1和AI-1-2两条分支河道。两条分支河道中心厚度均在30m以上，河道间砂体的厚度一般小于20m。其中，AI-1-1河道宽度为7km左右，AI-1-2宽度为4km左右，两者都继承了向下游再分叉的特点。①AI-1-1在伊金霍洛旗以东附近分叉出AI-1-1-1、AI-1-1-2及AI-1-1-3三条次一级河道。其中，AI-1-1-1基本继承了上一级河道的展布方向，延伸至神木地区，砂体最大厚度超过40m。AI-1-1-2在南南东方向上向神木地区延伸，最大宽度达到了8km以上，中心厚度大于40m，可以看出该分支河道在此有加宽加深的演化趋势。AI-1-1-3与前两者不同，它的流向很不稳定，先是朝东北向，而后在西召以北5km左右的地方转为向南，最宽处在4km以上，中心厚度大于40m，也有加宽加深的趋势。②AI-1-2在东胜以西约10km附近向南东分叉出次级河道AI-1-2-1和AI-1-2-2。其中AI-1-2-1继承了上一级河道的展布方向，有可能与下游的AI-1-1-3合并。而AI-1-2-2则向北东与AI-2-1河道砂体会合，并共同向神山沟一带延伸。不难

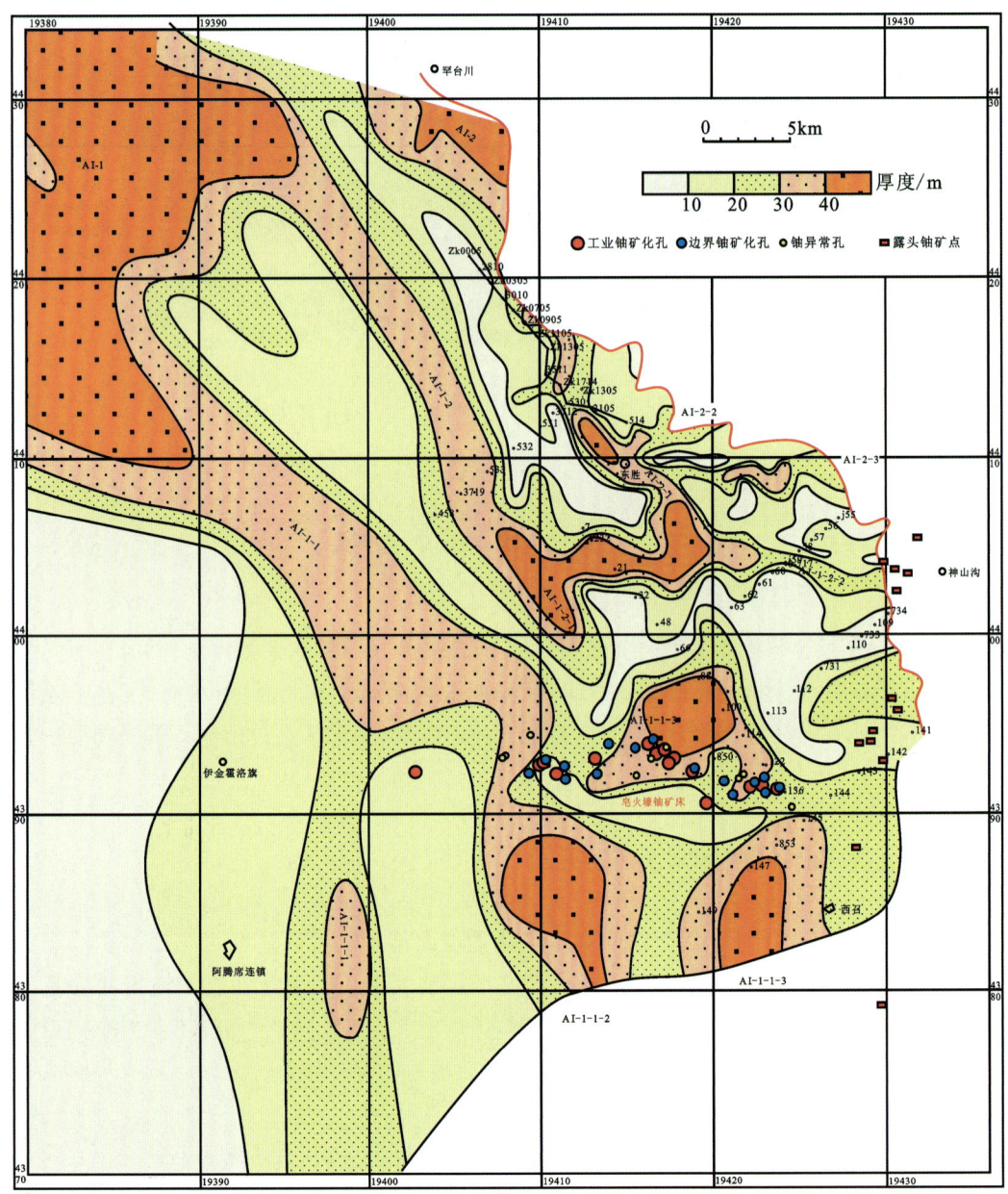

图 6-3　东胜地区直罗组下段下亚段（J_2z^{1-1}）铀储层砂体厚度平面图

看出，皂火壕铀矿床的铀矿化主要与 AI-1-1-3 和 AI-1-2-2 次级分支河道关系密切，但是 AI-2 在局部与 AI-1 存在交叉会合现象，与铀矿化也有一定关系。

皂火壕铀矿床地处乌拉山大型物源-沉积朵体的东部，隶属于辫状河三角洲平原，因此该地区钻孔揭露的直罗组下亚段多数具有正韵律，这是分流河道垂向韵律的体现（图6-4）。实际上，在神山沟一带，分流河道砂体已经开始逐渐减薄（局部仅余十几米），具有向三角洲前缘演化的趋势。最新的野外调查发现，在东胜东部安家圪台存在典型的三角洲前缘沉积，剖面上保留了一个大型分流河道砂体的边缘，它呈透镜状直接下切并覆盖于细粒分流间湾沉积物之上（焦养泉等，2021）。由皂火壕铀矿床向南，至蒙陕边界的呼和乌苏沟以及神木的考考乌苏沟（张家沟），下亚段可以完全演变为富含淡水动物化石的湖泊泥岩和粉砂岩沉积，即局部相变为分流间湾沉积，它们直接覆盖于延安组顶部风化砂岩（风化壳）之上，这一带三角洲"先倒后正"的垂向序列更为多见。

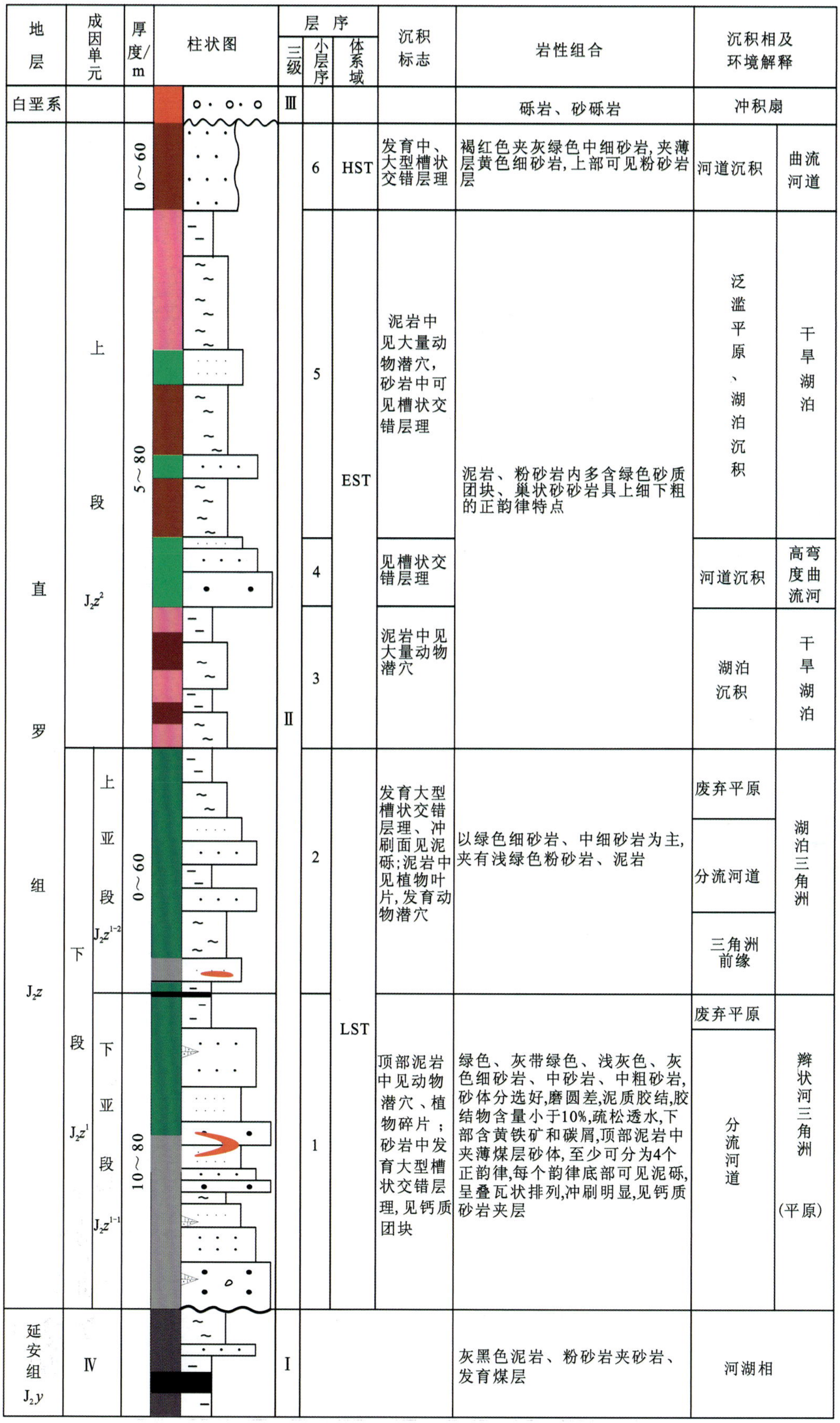

地层	成因单元	厚度/m	柱状图	层序三级	层序小层序	层序体系域	沉积标志	岩性组合	沉积相及环境解释	
白垩系				Ⅲ				砾岩、砂砾岩	冲积扇	
直罗组 J₂z	上段 J₂z²	0~60		Ⅱ	6	HST	发育中、大型槽状交错层理	褐红色夹灰绿色中细砂岩,夹薄层黄色细砂岩,上部可见粉砂岩层	河道沉积	曲流河道
		5~80			5	EST	泥岩中见大量动物潜穴,砂岩中可见槽状交错层理	泥岩、粉砂岩内多含绿色砂质团块、巢状砂砂岩具上细下粗的正韵律特点	泛滥平原、湖泊沉积	干旱湖泊
					4		见槽状交错层理		河道沉积	高弯度曲流河
					3		泥岩中见大量动物潜穴		湖泊沉积	干旱湖泊
	下段 上亚段 J₂z^{1-2}	0~60			2	LST	发育大型槽状交错层理、冲刷面见泥砾;泥岩中见植物叶片,发育动物潜穴	以绿色细砂岩、中细砂岩为主,夹有浅绿色粉砂岩、泥岩	废弃平原	湖泊三角洲
									分流河道	
									三角洲前缘	
	下段 下亚段 J₂z^{1-1}	10~80			1		顶部泥岩中见动物潜穴、植物碎片;砂岩中发育大型槽状交错层理,见钙质团块	绿色、灰带绿色、浅灰色、灰色细砂岩、中砂岩、中粗砂岩,砂体分选好,磨圆差,泥质胶结,胶结物含量小于10%,疏松透水,下部含黄铁矿和碳屑,顶部泥岩中夹薄煤层砂体,至少可分为4个正韵律,每个韵律底部可见泥砾,呈叠瓦状排列,冲刷明显,见钙质砂岩夹层	废弃平原	辫状河三角洲
									分流河道	(平原)
延安组 J₂y				Ⅰ				灰黑色泥岩、粉砂岩夹砂岩、发育煤层	河湖相	

图 6-4 皂火壕铀矿床直罗组垂向序列图

二、矿床尺度铀储层基本特征

在皂火壕铀矿床范围内,根据大量钻孔资料更精细地编制了直罗组下段下亚段铀储层砂体等厚度图(图6-5),铀储层厚度在10~70m之间,平均厚度为31.80m。由于剥蚀作用,铀矿床的北东部铀储层明显变薄,厚度小于20m。铀储层厚度在30~40m的区域基本上呈北西-南东向连续带状展布,主要属于AI-1-2主河道的次级分支。除露头区外,下亚段没有遭受剥蚀作用的影响,基本保留了沉积期的沉积面貌。

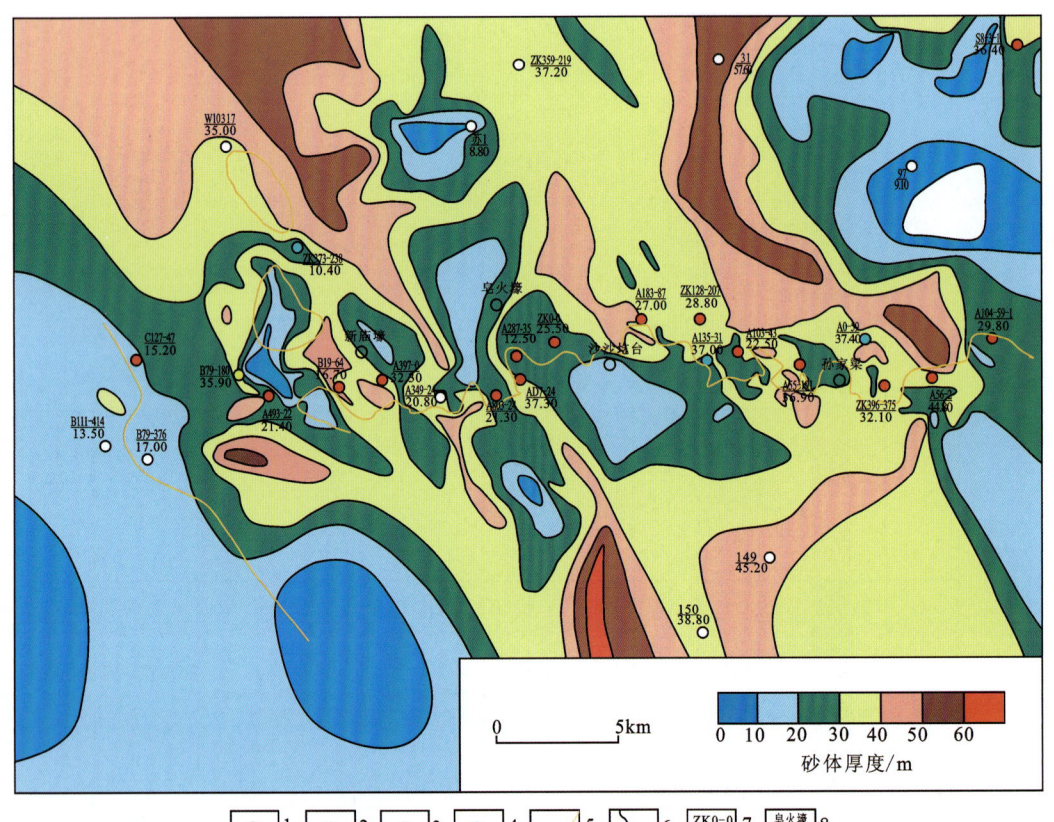

图6-5 皂火壕铀矿床直罗组下段下亚段(J_2z^{1-1})铀储层厚度等值图

1.工业矿孔;2.矿化孔;3.异常孔;4.无矿孔;5.氧化带前锋线;6.底板标高等值线;7.钻孔号及铀储层厚度/m;8.地名

皂火壕铀矿床直罗组下段下亚段铀储层的岩性主要为浅灰色、灰色、绿色、灰绿色的粗砂岩、中砂岩和细砂岩,发育大型槽状交错层理。下部含大量碳质碎屑和泥砾,顶部为厚几米至十几米的浅绿色、灰色泥岩,局部夹薄煤层或煤线。砂岩固结程度低,结构较松散。在垂向上,直罗组下亚段由6~7个下粗上细的沉积韵律组成,大多韵律层底部发育以泥砾或碳质碎屑为特征的冲刷面,韵律顶部偶见泥质或粉砂质低能沉积物。

区域上,皂火壕铀矿床直罗组下段下亚段铀储层具有连续稳定展布的特点,虽然能从中识别出系列分支河道,但实际上由于其继承了辫状河的沉积属性,所以仍表现为是一个泛连通的宏大砂体,可视为一层单斜砂体,它总体上以1°~1.5°的夹角向南西缓倾斜(图6-1、图6-2、图6-6)。由此可见,直罗组下段铀储层具有沟通蚀源区含氧含铀水渗入盆地形成大规模层间含矿流场的基本条件,而且也能够为铀沉淀与富集提供良好的成矿空间,为砂岩铀矿床的形成奠定了物质和结构基础。

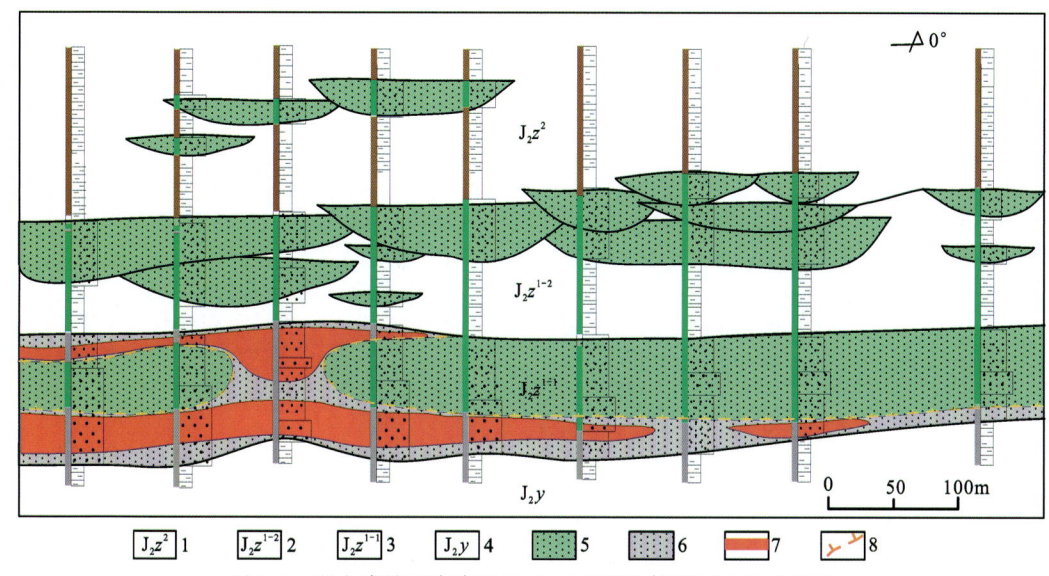

图 6-6 皂火壕铀矿床直罗组（J_2z）河道砂体剖面展布示意图

1.直罗组上段；2.直罗组下段上亚段；3.直罗组下段下亚段；4.延安组；5.绿色砂体；6.灰色砂体；7.工业矿体；8.氧化带前锋线

第二节 水文地质特征

一、水文地质结构

皂火壕铀矿床的水文地质结构较为简单，根据含铀岩系和含水岩组变化规律，自下而上可划分为 3 个含水层：延安组（J_2y）含水层——第Ⅰ含水层、直罗组下段下亚段（J_2z^{1-1}）含水层——第Ⅱ含水层、直罗组下段上亚段（J_2z^{1-2}）与直罗组上段（J_2z^2）含水层——第Ⅲ含水层，其中第Ⅱ含水层为主要含矿含水层（图 6-7）。

筛析法粒度分析表明，皂火壕铀矿床第Ⅱ含矿含水层岩性粒度多以中粒砂岩为主，泥质和粉砂质含量为 2.63%。含水层厚度为 15.3～72.9m，一般在 25.00～38.00m 之间，平均 32.90m（表 6-1）。含矿含水层具有正韵律，下部的粗砂岩、中砂岩疏松至较疏松，磨圆度为次圆状—次棱角状，分选性中等，以泥质胶结为主。上部的中砂岩、细砂岩较疏松，磨圆度为次圆状，分选性好，泥质胶结。

直罗组下段下亚段主要含矿含水层顶部存在一套稳定的低渗透泥质、粉砂质和含煤沉积物，构成了含矿含水层的顶板隔水层，其厚度为 1.5～37.0m，平均 16.1m，稳定性好。底板隔水层主要为延安组沉积末期的碳质泥岩、粉砂质泥岩（夹薄煤层），厚度 2.8～32.0m，一般大于 4.0m，稳定性也较好。顶、底板隔水层泥岩抗压强度在 2.05～8.64MPa 之间，凝聚力 0.01～0.02MPa，摩擦系数为 0.477～0.577，容重 2.09～2.32g/cm³，具有良好的隔水性能（表 6-2）。

二、渗透性和涌水量

皂火壕铀矿床的直罗组下段下亚段含矿含水层，属于碎屑岩类孔隙裂隙水。矿床水文地质孔抽水试验成果表明，孙家梁地段（A32—A79 线）含矿含水层涌水量为 6.82～30.51m³/d，渗透系数为 0.010～0.025m/d，涌水量小；沙沙圪台地段（A83—A183 线）含矿含水层涌水量为 34.34～128.04m³/d，渗透系数为 0.013～0.164m/d；皂火壕地段（A207—A349 线）含矿含水层单孔涌水量为 19.91m³/d，渗透系数为 0.016m/d（表 6-3）。分析认为，有效含水层厚度薄（14.00m）、岩性偏细（细砂岩为主），是 W15 单孔涌水量较小的主要原因。

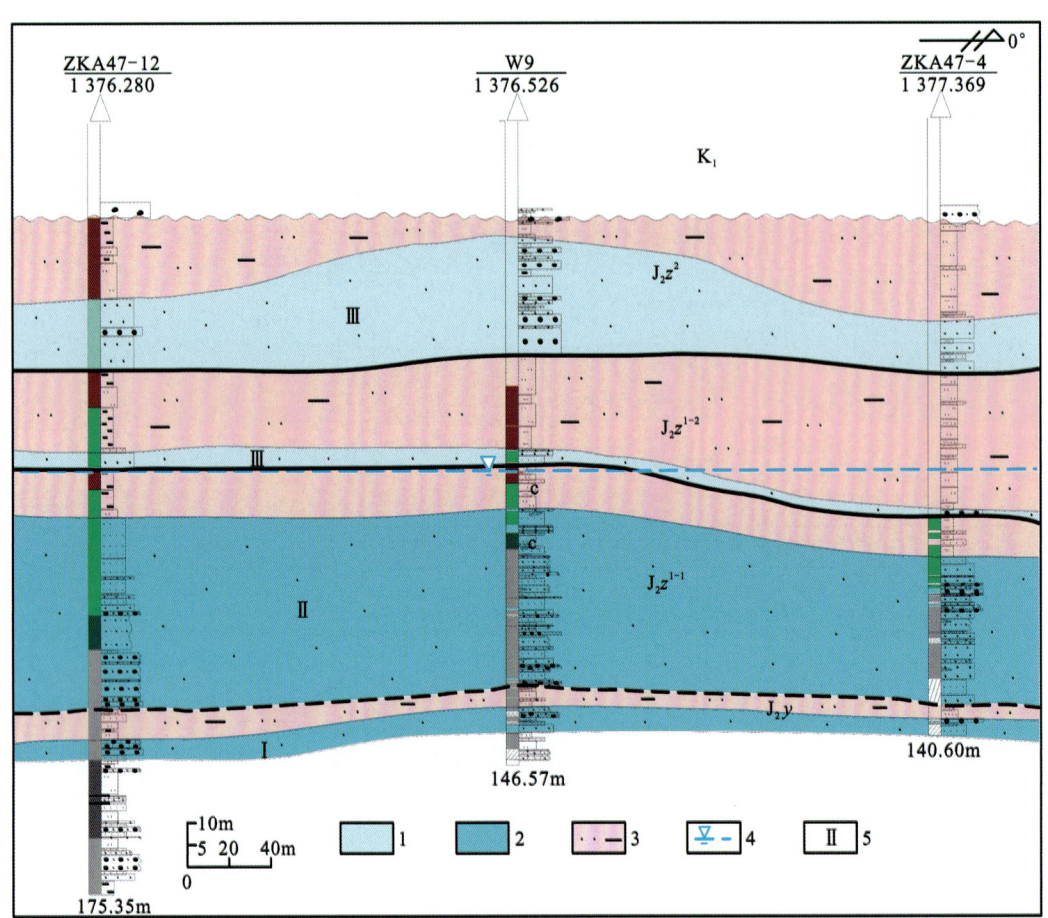

图 6-7 皂火壕铀矿床水文地质剖面示意图
1.弱含水层;2.强含水层;3.隔水层;4.水位线;5.含水层编号

表 6-1 皂火壕铀矿床直罗组下段下亚段含矿含水层特征统计表

参数	含水层顶板埋深/m	顶板隔水层厚度/m	含水层厚度/m	底板隔水层厚度/m
平均	128.2	17.5	32.9	＞5.64
最小	52.9	0.6	15.3	0.3
最大	211.5	104.0	72.9	＞43.25
统计个数	618	618	618	618

表 6-2 皂火壕铀矿床顶底板隔水层岩石物理机械性能参数

位置	岩性	容重 $\rho/(g \cdot cm^{-3})$		抗压强度 R_0/MPa		抗剪强度	
		范围	均值	试验值	均值	摩擦系数 f	凝聚力 c/MPa
顶板	泥岩、粉砂岩	2.30～2.34	2.32	8.48～8.92	8.64	0.477	0.010
底板	泥岩、粉砂岩	2.02～2.12	2.09	1.92～2.16	2.05	0.577	0.020

注:分析单位为原地质矿产部华西石油地质中心实验室。

表 6-3 皂火壕铀矿床水文地质孔抽水试验成果表

孔号	勘探线	静止水位/m	承压水头值/m	水位降深/m	涌水量/(m³·d⁻¹)	渗透系数/(m·d⁻¹)	试验地层	地段
W1	A3	78.50	16.30	27.62	9.84	0.025	J_2z^{1-1}	孙家梁
W13	A3	73.54	17.26	19.79	8.78	0.014	J_2z^{1-1}	
W9	A47	79.61	17.14	25.28	6.82	0.010	J_2z^{1-1}	
W19	A73	72.12	36.48	23.70	25.79	0.012	J_2z^{1-1}	
W6	A79	81.90	47.90	61.30	30.51	0.024	J_2z^{1-1}	
W4	A111	101.00	53.10	78.90	34.34	0.013	J_2z^{1-1}	沙沙圪台
W8	A115	80.07	61.33	56.97	85.64	0.049	J_2z^{1-1}	
W3	A143	90.07	71.83	71.50	54.64	0.026	J_2z^{1-1}	
W5	A175	56.07	85.73	34.85	128.04	0.164	J_2z^{1-1}	
W15	A203	23.70	158.80	113.21	19.91	0.002	J_2z^{1-1}	皂火壕

三、水动力特征

地下水水动力条件受气候、地形、地貌、岩性等因素控制。皂火壕铀矿床东部为隆起侵蚀构造丘陵区，北部与东胜梁隆起带（现代分水岭）接壤，南西部为波状高原区。

皂火壕铀矿床含矿含水层具有较完整的地下水系统，乌兰木伦河流域覆盖全区。在总的地势控制下，潜水由东、西、北向乌兰木伦河河谷径流汇拢，然后向南东方向径流。承压水的径流方向与潜水基本一致。下白垩统潜水与承压水之间没有稳定的隔水层，两者存在密切的水力联系，可以互相补给，并在伊金霍洛旗—东红海子—乔家壕西南的乌兰木伦河中下游流域一带形成较大面积的自流水区。

皂火壕铀矿床含矿含水层具有良好的区域性顶底板隔水层，有效地隔断了各含水层之间的水力联系，在矿床范围内地下水主要来自北部与东部隆起侵蚀构造区大气降水的渗入补给，循环条件较差，从而形成较为独立、完整的地下水系统。矿床东部孙家梁一带受东部隆起区的影响，地下水由北东向南西径流。矿床中、西部的皂火壕地段至沙沙圪台地段一带受北部分水岭的影响，地下水则由北向南承压径流。两者最终汇聚于乌兰木伦河中下游地带，向南偏东方向径流。

皂火壕铀矿床含矿含水层承压水头自东向西由低变高，在矿床东部 A32 号勘探线附近过渡为渗入水承压区，孙家梁地段承压水水头高度较低，为 13.46~19.12m，中部沙沙圪台地段为 17.14~85.33m，至西部新庙壕 B87 号勘探线承压水水头高度可达 280m。水位埋深在孙家梁地段为 77.08~106.80m，沙沙圪台地段为 56.07~101.00m，皂火壕至新庙壕地段为 20.86~23.70m。

四、水化学和水文地球化学

皂火壕铀矿床主要接受大气降水渗入补给，与地表水联系密切，地下水排泄通畅，属潜水径流强烈区，形成矿化度小于 1g/L 的以 HCO_3-Na 型、HCO_3-Ca·Mg 型水为主的大陆溶滤潜水。

皂火壕铀矿床含矿含水层的碎屑岩类孔隙水水化学类型较为单一，主要为矿化度 1g/L 左右的 HCO_3 型、HCO_3·Cl 型、Cl·HCO_3 型水，局部为 Cl·SO_4 型、Cl 型水。从鄂尔多斯市东胜区至塔拉壕一带地下水补给区向西至沙沙圪台地段,地下水矿化度由 0.3g/L 增至 1.6g/L,水化学类型也由 HCO_3 型、$HCO_3 \cdot Cl$ 型向 $Cl \cdot HCO_3$ 型、Cl 型变化,并且沿地下水流向至伊金霍洛旗自流水区,溶解氧由 9.6mg/L 减至 3.4mg/L,pH 值由 7.7 增至 11.1,Eh 值等其他指标变化不大。孙家梁地段以东地下水中未发现含 H_2S,属于氧化—弱氧化环境。孙家梁地段至沙沙圪台地段一带,地下水中发现微量的 H_2S(W1 孔中含量为 0.085mg/L),溶解氧含量较低(W3 孔中为 0.5~0.9mg/L),Eh 值为 -195~196mV,说明皂火壕铀矿床现在处于弱氧化-过渡水文地质化学环境。

第三节　岩石地球化学特征

直罗组下段下亚段是皂火壕铀矿床的赋矿层,存在 4 种岩石地球化学性类型:原生还原、后生氧化、后生还原和二次氧化。原生还原类岩性为灰色砂岩,后生氧化类岩性为红色或黄色砂岩,后生还原类岩性为灰绿色、绿色砂岩(即古层间氧化带),二次氧化类岩性为黄色砂岩。如前所述,由于后生氧化砂岩普遍被二次还原,仅存在少量钙质氧化砂岩残留体,其规模较小,不再赘述。

在成矿作用过程中,直罗组下段下亚段中的层间氧化带是从北西向南东、由北向南逐渐推进的,沿氧化作用推进方向主要由完全氧化带(灰绿色、绿色砂岩)、氧化-还原"过渡带"(灰绿色、绿色砂岩与灰色砂岩垂向叠置带)和原生还原带(灰色砂岩)3 部分构成(图 6-8)。二次氧化的黄色砂岩只发育于矿床北东部神山沟露头一带,主要受新构造运动——抬升掀斜作用影响,直罗组铀矿床大面积暴露地表,接受大气降水的补给,形成地表氧化、潜水氧化和局部层间氧化砂岩。

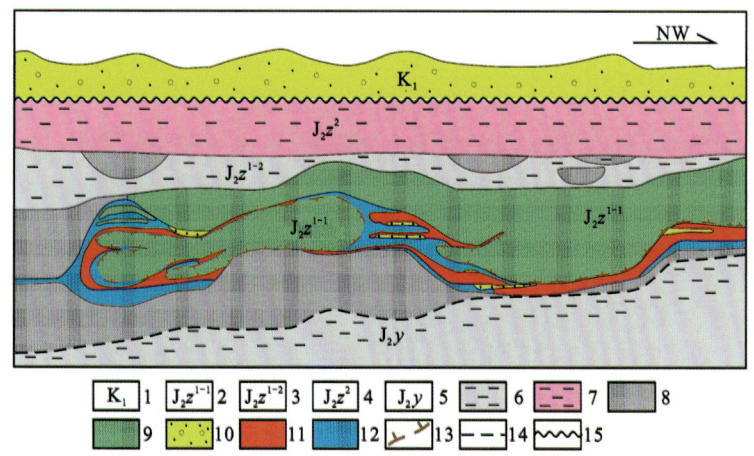

图 6-8　皂火壕铀矿床综合地质剖面示意图

1.下白垩统;2.直罗组下段下亚段;3.直罗组下段上亚段;4.直罗组上段;5.延安组;6.灰色泥岩;
7.红色泥岩;8.灰色砂体;9.绿色砂体;10.下白垩统;11.工业矿体;12.矿化体;13.氧化带前锋线;
14.地层平行不整合界线;15.地层角度不整合界线

一、完全氧化带

完全氧化带即如前所述砂岩氧化率为 100% 的区域,充满整个含矿含水层,产状与地层基本一致(图 6-8)。完全氧化带分布于皂火壕铀矿床北部(图 6-9),发育程度及分布规律受分流河道砂体的控制较为明显。在分流河道上游部位,完全氧化带具有沿近南北向带状展布的趋势,由于分流河道中心部位铀储层厚度最大、渗透性好,所以既是含氧地下水运移的主要通道,也是层间氧化作用最为充分的部位。在分流河道砂体沉积韵律变化较为频繁及砂体中泥岩隔挡层增多的部位,层间氧化作用通常受到明显抑制。受隐伏断裂构造及砂岩致密程度(钙质胶结)和粒度的影响，后生还原改造在局部地段往往不够彻底，从而残留了古氧化砂岩的痕迹，含矿层内致密钙质砂岩及顶板泥岩中可见斑点状褐铁矿化和赤铁矿化。在矿床西部、北部、北东部的分流河道间湾地段，受砂岩粒度影响，可见灰色岩石残留区域，这与早期含氧含铀水主要沿分流河道砂体运移而对分流间湾氧化改造不彻底有关。在灰绿色、绿色和红色砂岩内碳质碎屑等有机质和黄铁矿罕见。受泥岩吸附作用的影响，在铀储层顶、底板附近有铀异常显示。灰绿色或绿色砂岩与原生灰色砂岩之间不存在截然的分界线，即完全氧化带与"过渡带"之间的岩石地球化学类型的分界线是渐变的。

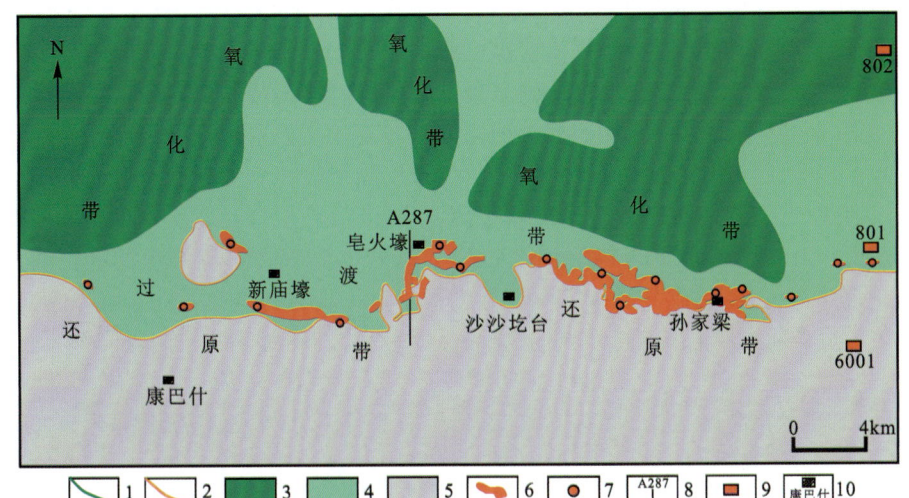

图 6-9　皂火壕铀矿床岩石地球化学环境及铀矿体产出示意图

1.灰色砂岩尖灭界线；2.层间氧化带前锋线；3.氧化带；4.过渡带；5.还原带或灰色残留体；
6.工业铀矿体；7.工业铀矿孔；8.勘探线及编号；9.铀矿化点；10.地名

二、氧化-还原"过渡带"

皂火壕铀矿床的氧化-还原"过渡带"是一种垂向上岩石地球化学类型的指状交互叠置带，即灰绿色、绿色砂岩与灰色砂岩共同叠置成"指状互层"发育的地段，也即如前所述的 0＜砂岩氧化率＜100% 的区域，该区域后生氧化和原生还原两种岩石地球化学环境共同发育，具有此消彼长的尖灭关系，并不存在真正意义上的过渡环境岩石地球化学类型。

在一些剖面上，岩石地球化学类型具有"上绿下灰"的叠置关系，铀矿化主要发育于与灰绿色、绿色砂岩相邻的下部灰色砂岩中(图 6-10)。

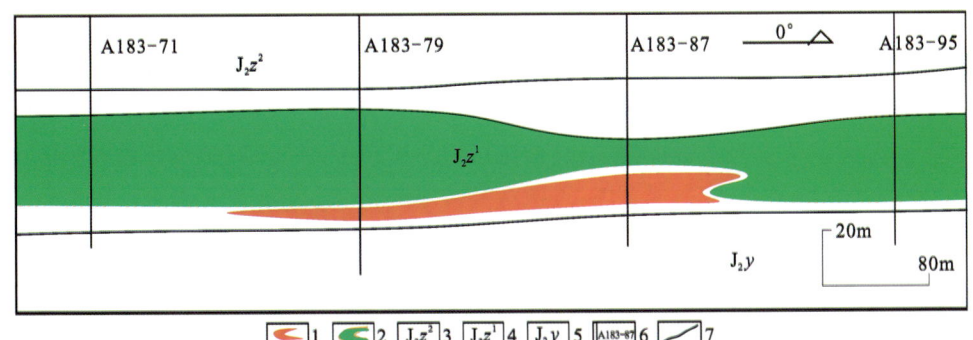

图 6-10　皂火壕铀矿床 I 号勘探线剖面图

1.工业矿体；2.氧化带；3.直罗组上段；4.直罗组下段；5.延安组；6.钻孔编号；7.岩性界线

"过渡带"的规模受限于辫状分流河道砂体的发育程度(图6-9),在孙家梁与沙沙圪台地段分流河道厚度相对稳定,"过渡带"沿勘探线方向延伸长度基本在0.5~1.0km之间,厚度在20~40m之间。在皂火壕地段,由于分流间湾沉积发育,氧化作用受阻、"过渡带"较为发育,沿勘探线方向长度可达2.0~7.0km,但是厚度相对较薄,通常在15~30m之间。"过渡带"灰色砂岩较原生还原带内灰色砂岩的黄铁矿和有机质碎屑等还原介质相对发育。

三、原生还原带

原生还原带发育于"过渡带"以南的广大区域(图6-9),即如前所述砂岩氧化率为0%的区域,与"过渡带"灰色砂岩整体连续产出,不存在严格的岩石地球化学类型的分界线(图6-8)。

在铀储层内部,氧化带、"过渡带"和还原带的空间分布规律主要取决于含氧水在分流河道不同部位迁移能力的差异。在分流河道中心部位,砂体厚度大、粒度相对较粗,是氧化带的主要发育部位,而还原带主要位于分流河道的下游,"过渡带"位于二者之间。当然,岩石地球化学类型的空间分带与分流河道不同部位的沉积微相及其还原介质的丰度也有关系,如砂岩中泥岩夹层较发育的部位或分流河道边缘岩石粒度相对变细的部位,泥质成分及有机质碎屑含量相对较高的部位也是"过渡带"发育的部位。

皂火壕铀矿床直罗组铀矿化的产出严格受灰绿色、绿色砂岩尖灭线的控制,即铀矿化受层间氧化带前锋线的控制。在平面上,富矿体主要集中在层间氧化带前锋线的两侧。在垂向上,富矿体产于灰绿色、绿色砂岩下部的相邻灰色砂岩中。铀矿体全部产于过渡带中,完全氧化带和原生还原带中没有工业铀矿体的产出。分流河道砂岩中厚度相对稳定的区域是层间氧化带的发育部位,而分流河道砂岩沉积韵律较多、砂岩粒度变化较频繁、砂岩中有机质碎屑和黄铁矿含量相对较高的部位则往往是铀矿化相对集中发育的部位,该区矿体规模也相对较大。

第四节 矿体特征

皂火壕铀矿床的矿体平面形态呈东西向沿层间氧化带前锋线断续展布。在层间氧化带前锋线北侧,矿体稳定、连续性好;在层间氧化带前锋线南侧,矿体规模则相对较小(图6-9)。在孙家梁地段,矿体东西长3.4km,南北宽2.5km,矿体呈不规则状,连续性好,主要产于直罗组下亚段辫状分流河道砂体中,只有个别矿体产于上亚段砂体中。在沙沙圪台地段,矿体总体呈北西-南东向分布,由两条相互平行的矿体构成。其中,北东部矿体长约4000m,宽在100~400m之间;南西部矿体长约6500m,宽在100~600m之间。两条矿带具有向东南部逐渐合并的趋势,从而形成向西北方向开口的"U"字几何形态。在皂火壕地段和新庙壕地段,矿体相对分散,呈带状、透镜状。比较而言,孙家梁—沙沙圪台地段矿体规模巨大,为主矿体,其长达10.80km,宽为0.10~1.56km。

皂火壕铀矿床的矿体剖面形态以板状、似层状为主,少数为卷状、透镜状(图6-6、图6-8、图6-10、图6-11)。下翼矿体主要发育于铀储层中下部,为平整的板状,尾部具有薄而长的特点,厚度薄、延伸距离长、连续性好。上翼矿体主要呈透镜状,接近铀储层的顶板产出,厚度薄、连续性差。矿体总体上由翼部向卷头部位逐渐收敛,矿体厚度由薄变厚,逐渐合并为卷头矿体,再呈楔形尖灭。在层间氧化带前锋线附近,矿体累计厚度大、层数多,向两侧层数减少、累计厚度变薄。在氧化带前锋线附近,矿体发育、矿段增多,形态复杂。矿体产状大体与地层倾角一致,矿体沿走向向南西方向缓倾。

一、矿体埋深和标高

孙家梁地段:矿体顶界埋深在67.1~183.4m之间,标高在1 258.9~1 315.3m之间;矿体底界埋深在 74.2～185.1m 之间，标高在 1 256.5～1 310.6m 之间（表6-4）。矿体总体倾向南西，矿体标高由北东向南西逐渐降低，矿体埋深受地形控制明显，但总体上仍显示由北东向南西逐渐加大。

沙沙圪台地段：矿体顶界埋深在 111.7～209.6m 之间，标高在 1 186.4～260.2m 之间；矿体底界埋深在 115.1～219.2m 之间，标高在 1 182.5～1 254.5m 之间，矿体埋深大于孙家梁地段（表6-5）。与孙家梁地段一样，矿体总体倾向南西，矿体标高由北东向南西逐渐降低，矿体埋深仍主要受地形控制。

皂火壕地段：矿体顶界埋深在 135.0～155.8m 之间，顶界标高在 1 151.0～1 161.0m 之间（表6-6）。

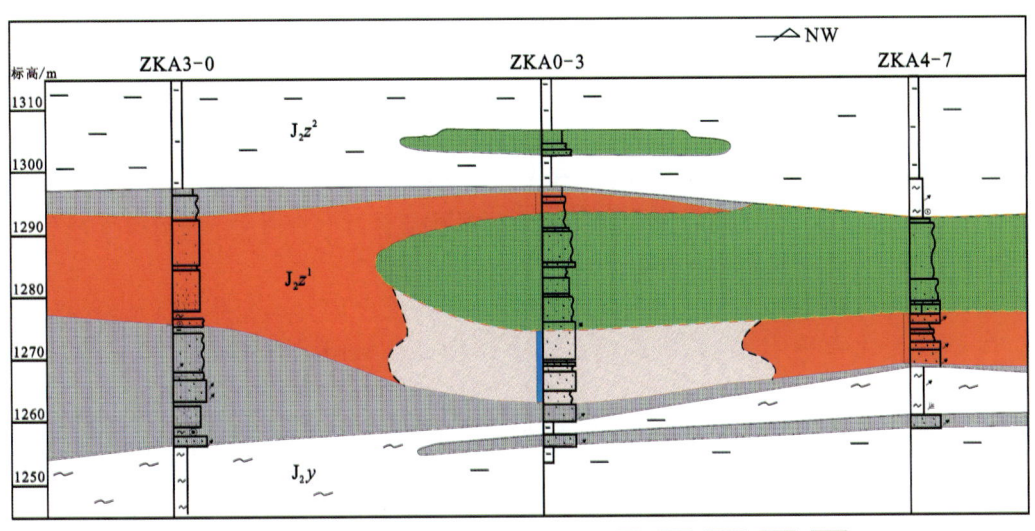

图 6-11 皂火壕铀矿床孙家梁地段Ⅰ号地质综合剖面图
1.直罗组上段；2.直罗组下段；3.延安组；4.岩性界线；5.氧化带前锋线；
6.泥岩；7.绿色砂岩；8.灰色砂岩；9.工业矿体；10.矿化体

表 6-4 孙家梁地段矿体参数特征统计表

矿体埋藏		平均值/m	均方差	变异系数/%	范围/m	钻孔个数
矿体埋深	顶界	118.5	25.3	21.3	67.1～183.4	63
	底界	130.8	23.1	17.7	74.2～185.1	63
矿体标高	顶界	1 288.4	12.0	0.9	1 258.9～1 315.3	56
	底界	1 276.2	11.0	0.9	1 256.5～1 310.6	56

表 6-5 沙沙圪台地段矿体参数特征统计表

矿体埋藏		平均值/m	均方差	变异系数/%	范围/m	钻孔个数
矿体埋深	顶界	160.3	25.7	16.0	111.7～209.6	33
	底界	169.0	25.0	14.8	115.1～219.2	33
矿体标高	顶界	1 219.9	17.2	1.4	1 186.4～1 260.2	33
	底界	1 211.2	18.3	1.5	1 182.5～1 254.5	33

表6-6 皂火壕地段矿体参数特征表

工业孔号	矿体埋深/m		矿体标高/m	
	顶界	底界	顶界	底界
ZKA271-55	155.8	178.6	1 151.0	1 128.2
ZKA239-33	135.0	138.7	1 161.0	1 157.2
ZK0-0	149.8	153.90	1 156.9	1 152.8

二、矿体厚度、品位及平米铀量

皂火壕铀矿床的矿体厚度总体表现为中间厚度大而向东、西两侧逐渐变薄，一般在层间氧化带前锋线突变部位矿体厚度大，翼部矿体厚度相对较小。矿体品位总体具有自西向东逐渐增高的趋势，高平米铀量矿体主要分布于层间氧化带前锋线附近。

在孙家梁地段，矿体厚度变化范围为1.15～12.65m，平均值为5.47m，变异系数为55.39%（表6-7）。总体上矿体厚度变化差别不大，矿体厚度由北东向南西方向逐渐变厚。矿体品位变化范围为0.017 7%～0.362 3%，平均值为0.064 1%，变异系数为145.60%。A3-1、A3-0、A16-40号孔中见品位大于0.1%的矿体。其中，A3号勘探线矿体平均品位最高，向两侧平均品位逐渐降低。矿体平米铀量变化范围为1.01～48.47kg/m²，平均值为7.63kg/m²，变异系数为124.51%，变化较大。

表6-7 孙家梁地段工业矿体厚度、品位、平米铀量变化特征统计表

含矿属性	平均值	均方差	变异系数/%	范围	钻孔个数
矿体厚度/m	5.47	3.03	55.39	1.15～12.65	63
品位/%	0.064 1	0.093 3	145.60	0.017 7～0.362 3	63
平米铀量/(kg·m^{-2})	7.63	9.50	124.51	1.01～48.47	63

在沙沙圪台地段，矿体厚度变化范围为2.10～10.50m，平均值4.35m，变异系数50.57%。品位变化范围为0.016 0%～0.156 9%，平均值0.036 3%，变异系数77.56%。平米铀量变化范围为1.04～13.65kg/m²，平均值4.00kg/m²，变异系数77.50%（表6-8）。

表6-8 沙沙圪台地段矿体厚度、品位、平米铀量变化特征统计表

含矿属性	平均值	均方差	变异系数/%	范围	钻孔个数
矿体厚度/m	4.35	2.20	50.57	2.10～10.50	33
品位/%	0.046 8	0.036 3	77.56	0.016 0～0.156 9	33
平米铀量/(kg·m^{-2})	4.00	3.10	77.50	1.04～13.65	33

在皂火壕地段，铀矿体厚度、品位与其他两个地段的平均值接近，但其平米铀含量值较低（表6-9）。

表6-9 皂火壕地段矿体特征表

工业孔号	矿体厚度/m	品位/%	平米铀量/(kg·m^{-2})
ZKA271-55	1.90	0.037 1	1.53
ZKA239-33	3.75	0.033 8	2.75
ZK0-0	1.70	0.071 3	2.63

从上述特征可以看出,由皂火壕地段逐渐向东至沙沙圪台地段和孙家梁地段,矿体厚度、品位、平米铀量具有由高变低的趋势。

第五节 矿石特征

一、矿石物质成分

皂火壕铀矿床的矿石工业类型为特征矿物含量低的含铀碎屑岩矿石。按岩性划分,主要矿石类型为砂岩,是一些疏松、较疏松的浅灰色、灰色中、细和粗砂岩,砾岩、粉砂岩、泥岩矿石较少。其中,中砂岩占50.96%,次为粗砂岩和细砂岩,分别占23.86%和22.88%,粉砂岩、泥岩共占2.21%,砾岩仅占0.09%。

矿石以深灰色—浅灰色砂岩为主,少量灰绿色砂岩,以长石砂岩为主,其次为长石石英砂岩和岩屑长石砂岩。岩石成岩程度不高,胶结疏松,一般具粒序层理。矿石中碎屑含量高,占全岩总量的86%~88%,碎屑成分比较杂,以石英为主,其次为长石和云母,少量岩屑。石英、长石及云母分别占碎屑总量的70%~79%、15%~28%及1%~5%。长石以钾长石为主(约占长石总量的2/3),其次为斜长石,部分长石黏土化较强,钾长石主要是高岭石化,斜长石主要为水云母化和绿泥石、绿帘石化,黏土化长石约占长石总量的1/3。岩屑成分主要为变质岩碎屑,岩性以石英岩、云母石英片岩为主。云母以褐色或绿色黑云母为主,绿泥石化形成叶绿泥石。上述碎屑物含量及产出特征与整个河道砂体相类似,铀的富集与上述碎屑物组分无关。另外见少量炭化植物、有机质和重矿物。

矿石的SiO_2含量在58.56%~75.58%之间,平均为68.52%;Al_2O_3含量在5.29%~13.77%之间,平均为10.95%;$TFeO_3$含量在2.15%~4.97%之间,平均为3.28%;FeO含量在1.10%~2.22%之间,平均为1.54%;P_2O_5和CaO平均值分别为0.07%和2.86%。矿石的烧失量在2.85%~10.96%之间,平均为6.33%(表6-10)。矿石化学成分及烧失量与矿石岩性无明显的规律性。

据X-射线衍射分析,矿石中黏土矿物成分主要为蒙皂石(占73.46%);其次为高岭石(占12.69%)、伊利石(占9.77%);少量为绿泥石(占7.57%);未见混层矿物(表6-11)。

表6-10 皂火壕铀矿床矿石硅酸盐全分析表

岩性	样号	分析结果/%										
		烧失量	SiO_2	FeO	$TFeO_3$	Al_2O_3	TiO_2	MnO	CaO	MgO	P_2O_5	K_2O	Na_2O
浅灰色钙质中细砂岩	-006	10.96	58.56	1.56	3.77	5.29	0.51	8.64	2.34	0.11	0.11	2.06	7.41
灰色粗砂岩	-017	4.42	72.27	2.00	3.48	11.33	0.56	2.96	2.77	0.11	0.05	2.24	0.68
灰色中粗砂岩	-018	5.55	71.23	2.06	3.54	12.46	0.54	3.64	2.77	0.12	0.05	0.79	0.42
灰色粗砂岩	-019	6.94	69.57	1.82	3.13	11.07	0.27	6.36	1.92	0.10	0.10	2.32	0.11
灰色粗砂岩	-020	5.65	72.47	2.03	3.52	11.89	0.39	2.72	2.34	0.11	0.03	2.23	0.21
灰色中砂岩	-023	4.90	70.81	1.54	3.53	11.05	0.30	1.82	2.13	0.17	0.02	3.10	1.82
灰色中砂岩	-024	4.63	69.98	1.54	3.69	12.07	0.46	2.27	1.70	0.13	0.04	2.61	2.19
灰色中粗砂岩	-027	5.91	65.83	1.25	2.15	11.39	0.11	6.27	5.96	0.13	0.07	2.56	0.28

续表 6-10

岩性	样号	分析结果/%										
		烧失量	SiO$_2$	FeO	TFeO$_3$	Al$_2$O$_3$	TiO$_2$	MnO	CaO	MgO	P$_2$O$_5$	K$_2$O	Na$_2$O
灰色中细砂岩	-029	4.95	70.19	2.09	3.53	12.49	0.50	1.14	2.13	0.22	0.02	2.67	2.01
绿色中砂岩	-030	2.85	69.15	1.57	2.59	8.49	0.43	1.14	1.49	0.14	0.01	2.78	10.25
灰色中粗砂岩	-037	4.63	73.51	1.19	2.76	11.67	0.37	1.59	1.92	0.16	0.02	3.40	0.65
灰色中砂岩	-045	3.57	75.58	1.56	2.53	10.59	0.31	0.91	1.70	0.14	0.01	4.43	0.51
灰色中细砂岩	-049	3.93	74.76	1.10	2.86	11.13	0.17	1.82	1.28	0.14	0.02	3.40	0.26
灰色中细砂岩	-050	8.76	68.53	1.47	3.47	9.40	0.76	7.05	1.49	0.13	0.09	0.29	0.32
绿色中细砂岩	Ds03-022	6.61	67.59	1.86	3.72	11.24	0.58	0.03	2.72	1.70	0.07	3.19	2.17
绿色细砂岩	-127	8.08	61.58	2.22	4.97	13.77	0.80	0.01	1.59	2.77	0.18	2.68	2.77
灰绿色中砂岩	-014	7.74	66.59	1.30	3.10	10.65	0.50	0.04	3.63	1.70	0.07	3.25	2.11
灰绿色中粗砂岩	-020	9.39	63.78	1.13	3.33	9.71	0.63	0.10	7.25	0.85	0.08	3.13	2.43
灰色中砂岩	-032	7.53	69.80	1.45	2.83	9.66	0.36	0.44	4.08	0.21	0.07	3.13	2.09
灰色中砂岩	-107	5.96	69.80	1.14	2.44	12.07	0.60	0.03	1.81	2.13	0.08	2.97	1.95
灰色中粗砂岩	-135	7.74	64.99	1.09	2.83	10.53	0.77	0.04	5.44	1.49	0.06	2.62	2.97
灰色中砂岩	-247	9.18	61.27	1.14	2.91	9.98	0.98	0.10	6.80	2.98	0.17	3.19	1.83
灰色中细砂岩	-546	5.54	70.78	1.50	4.56	11.41	1.14	0.06	0.97	1.38	0.17	2.43	1.86
灰色中砂岩	-614	6.44	65.76	1.33	3.58	13.56	0.67	0.07	2.33	1.28	0.14	3.30	2.08
平均		6.33	68.52	1.54	3.28	10.95	0.53	2.05	2.86	0.77	0.07	2.70	2.06

表 6-11 皂火壕铀矿床铀矿石中黏土矿物相对含量表

样号	岩性	高岭石/%	伊利石/%	伊/蒙混层/%	蒙皂石/%	绿泥石/%
N$_W$-001	暗绿色中细粒砂岩	27	5		55	13
N$_W$-002	浅灰色中细粒砂岩	18	12		70	
N$_W$-003	灰色中粗粒砂岩	15	7		78	
N$_W$-004	暗绿色中细粒砂岩	7	7		80	6
N$_W$-005	灰色中粒砂岩	8	5		81	6
N$_W$-006	灰色粗粒砂岩	13	10		70	7
N$_W$-007	灰色粗粒砂岩	9	10		73	8
N$_W$-008	灰色中粗粒砂岩	12	10		78	
N$_W$-009	灰色粗粒砂岩	14	14		72	
N$_W$-010	灰带绿色粗粒砂岩	14	13		73	
N$_W$-011	灰色中粒砂岩	13	10		77	
N$_W$-012	灰色中粒砂岩	7	12		75	6
平均		12.69	9.77		73.46	7.57

注：所有样品均为核工业北京地质研究院测试中心分析。

矿石主要为疏松、较疏松不等粒砂状结构,块状构造。矿石中碎屑含量高,占全岩总量的88%左右,碎屑成分以石英为主,其次为长石和云母。

胶结方式以接触式胶结为主,少见孔隙式胶结,铸体薄片研究表明(图6-12a、b),矿石中孔隙发育,主要孔隙类型为粒间溶孔,其次为不规则溶缝,少量粒内裂缝,总面孔率平均为12.76%,溶孔孔径为100.00~500.00μm,少数达1 000.00μm,溶隙宽10.00~80.00μm,溶孔溶缝与粒内裂隙呈网络状连通,连通性好,钙质砂岩矿石可见基底式和连生式胶结。

胶结物含量较低,一般小于10.00%,以水云母为主(占66.80%)(图6-12c、d)。次为方解石(占24.80%),还有黄铁矿(占4.80%)、针铁矿、褐铁矿,偶见绿泥石。

图6-12 皂火壕铀矿床矿石胶结物类型与孔隙结构
a.孔缝呈网络分布,连通性好,×40,铸体薄片;b.粒间溶孔、溶缝发育,呈网络分布,×40,铸体薄片;c.胶结物主要为水云母,少量方解石、黄铁矿,接触式胶结,×50,正交偏光;d.胶结物为水云母,接触式胶结,×50,正交偏光

二、铀存在形式

皂火壕铀矿床铀的存在形式主要有两种,即吸附铀与铀矿物。以吸附态存在的铀为主,占矿石中铀总量的70%以上。铀矿物以铀石为主,其次为水硅铀矿与钙水硅铀矿,在矿石中所占比例为13.781%~14.777%。铀石主要呈胶状,局部可见少量的自形晶。

1. 铀石的产出特征与分布形式

铀石产出于黑云母解理缝间,也产出于黄铁矿边缘(图6-13a、b、c、d)。铀石呈褐色,局部不透明,最大集合体$100\mu m \times 45\mu m$,长透镜状集合体$140\mu m \times 12\mu m$,单个颗粒最大$10\mu m$。铀石与黑云母、铀石与黄铁矿的接触界线比较清楚,分别为蚀变黑云母和黄铁矿后期沉淀产物。

铀石在矿石中均以十分细小的颗粒产出,少见结晶完好的柱状(图6-13e),主要分布在岩石、矿物的孔隙中,与蚀变黄铁矿-黑云母及碎屑的加大边关系密切(图6-13f),由此可以认为铀石是从含高铀的水溶液中沉淀结晶的。前面已阐述,矿石中的黑云母经蚀变为水黑云母或水白云母时,K_2O大量析出,其与砂岩孔隙溶液的CO_2形成K_2CO_3,K_2CO_3溶液是一种强碱性溶液,造成局部范围pH值增高,形成碱性环境。在碱性环境中,石英等硅质矿物发生溶解,溶出的SiO_2进入孔隙水中;与此同时,铀酰离子(UO_2^{2+})被还原($U^{6+} \rightarrow U^{4+}$)与溶液中的$SiO_2$作用,发生沉淀,形成铀石$[U(SiO_4)_{1-x}(OH)_{4x}]$。

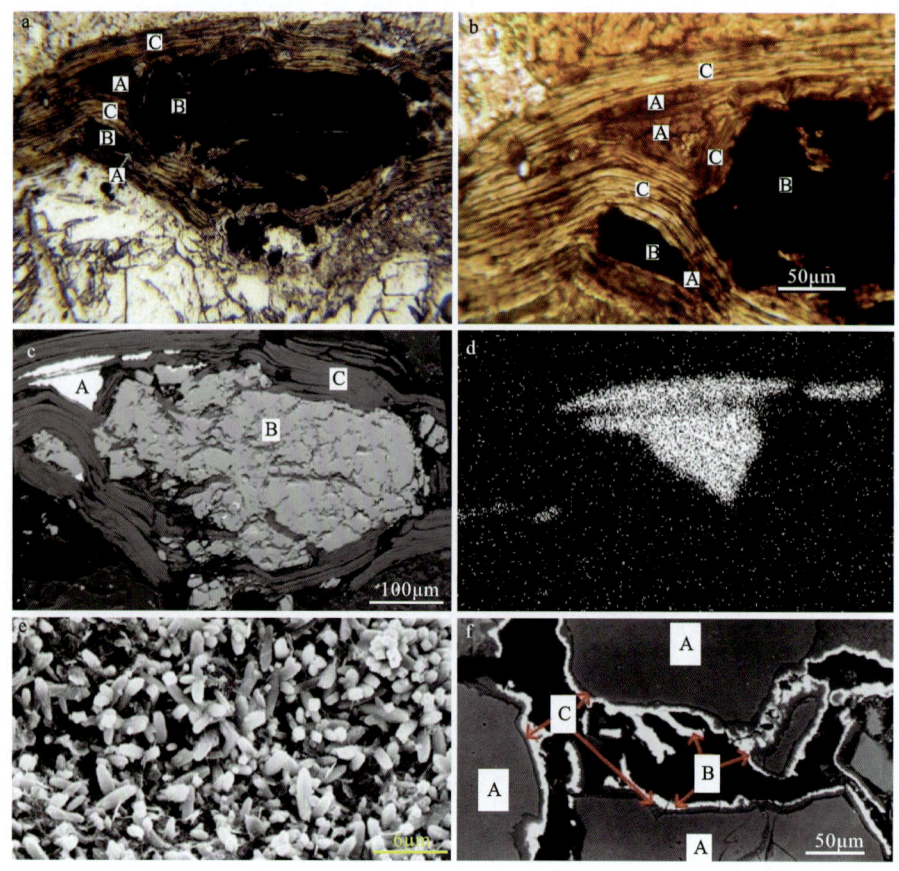

图 6-13 皂火壕铀矿床矿石中铀石的产出特征

a.矿石显微镜照相,黑云母中的黄铁矿,呈透镜状产出,A-铀矿物(铀石),B-黄铁矿,C-黑云母。钻孔 WT4,深度 161m,单偏光;b. 图 a 局部放大,铀石(A)呈褐色,局部不透明,最大集合体 100μm×45μm,长透镜状集合体 140μm×12μm,单个颗粒最大 10μm。铀石产出于黑云母解理缝间,也产出于黄铁矿边缘,单偏光;c. 与图 a 同一视域,A(白色)-铀石,产出于黑云母间和黄铁矿边缘,B(灰色)-黄铁矿,C(暗灰色)-蚀变黑云母,电子探针背散成分像(150×);d.图 c 局部铀石的 U 元素的 X-射线像(400×);e. 铀石晶体呈自形的柱状,个体最大 1μm×4μm,一般直径小于 1μm,呈晶簇产出于碎屑的表面,电子显微镜照片;f. 铀石(白色)产出于碎屑间孔隙中,往往富集于碎屑加大边的外侧,电子探针背散射图像,A-碎屑,B(白色)-铀石,C(碎屑边缘暗灰色)-碎屑加大边

用电子探针分析了 36 粒蚀变黄铁矿,有 3 粒含微量的铀(0.01%,0.02%,0.05%);分析了 20 粒蚀变黑云母,有 2 粒含微量铀(0.02%,0.05%);分析了 10 粒蚀变绿泥石,未检测出铀的存在。这说明铀没有以类质同象的形式进入这些矿物的晶格,也没有以超显微的颗粒(纳米级)分布于蚀变矿物中,从而也指示铀的物质来源与黄铁矿-黑云母-绿泥石蚀变溶液关系不大。但在蚀变过程中产出的碱性溶液为原水体中的铀物质的结晶-沉淀-富集提供了成矿环境,这进一步证实了水成铀矿成矿机理,氧化环境-铀运移、还原环境-铀沉淀的成矿机理。

2. 水硅铀矿的产出特征与分布形式

根据大量铀矿石的电子探针分析结果,皂火壕铀矿床中铀矿物主要为铀石,另存在水硅铀矿、沥青铀矿和钛铀矿等。

铀酰氢氧化物和铀酰硅酸盐常见有铀石、水硅铀矿和钙水硅铀矿。水硅铀矿为含水的钙、镁、钾、钠的铀酰硅酸盐。矿物中水的含量随气候的变化而不同,如放在干燥的条件下失去部分水,然后再放到潮湿条件下又重新吸水。

钙水硅铀矿是阳离子以钙为主的铀酰硅酸盐。钙水硅铀矿中都不同程度地含有镁,镁和钙在矿物

中可以互相置换。矿物中水的含量与它所处的大气条件有关,在干燥条件下失去部分水,当回到潮湿的条件下时又重新吸收水。一般将含水较少的钙水硅铀矿称之为准钙水硅铀矿。钙水硅铀矿属表生铀矿物,形成于氧化带发育的晚期阶段。

皂火壕铀矿床铀石(精选)的 X-射线粉晶衍射图谱见图 6-14,其中含有锆石和少量的晶质铀矿。铀石的实测粉晶衍射数据和相关文献中的铀石等矿物衍射数据见表 6-12。

表 6-12 铀石等矿物的 X-射线粉晶衍射数据

铀石(实测)		铀石		铀石 U(SiO$_4$)人工合成			钙水硅铀矿		备注
d/nm	强度	d/nm	强度	d/nm	强度	hkl	d/nm	强度	
0.466 0	6	0.463	6	0.464	95	101	0.505	8	
0.347 8	8	0.347	6	0.348	100	200	0.457	9	
0.278 7	4	0.278	4	0.278 9	45	211	0.338	10	
0.264 4	5	0.263	6	0.263 6	95	112	0.319	2	
0.245 5	2	0.245	1	0.246 3	25	220	0.303	10	
				0.232 6	4	202	0.264	7	
0.217 4	3	0.217	3	0.217 7	30	301	0.251	7	
0.200 2	3	0.199 7	3	0.199 6	30	103	0.240	4	
0.184 2	2	0.184 6	3	0.184 9	35	321	0.228	6	X-射线衍射图谱中尚有锆石的衍射峰:0.445 6(nm)、0.330 9、0.264 4(重)、0.233 6、0.222 3、0.207 2、0.191 3、0.171 3、0.165 4、0.150 8;晶质铀矿衍射峰:0.312 6、0.273 0 等
0.180 0	5	0.180 6	8	0.180 3	70	312	0.222	7	
0.173 7	2	0.173 8	4	0.173 8	35	213	0.210	5	
0.162 3	2	0.163 6	4	0.163 3	15	411	0.202	2	
0.155 9	2	0.155 8	4	0.156 1	25	420	0.198 3	6	
0.145 3	2	0.145 4	4	0.145 6	25	332	0.186 3	6	
0.142 7	2	0.142 6	4	0.142 2	25	204	0.183 2	9	
				0.141 9	5	323	0.179 4	6	
0.135 5	1	0.135 8	3	0.136 2	15	501	0.172 6	2	
0.131 9	1	0.132 0	4	0.132 0	25	224	0.159 3	3	
0.126 4	1			0.127 0	7	521	0.156 5	8	
0.124 7				0.125 4	20	512	0.153 0	4	
				0.123 2	9	105	0.148 3	1	
0.116 2	2			0.116 2	30	600	0.142 2	2	
				0.112 9	6	611			
0.111 7	2			0.111 7	20	532			
0.110 4	3			0.110 4	30	424			

注:样品分析单位为核工业北京地质研究院。

3. 铀矿物的形貌和成分

皂火壕铀矿床铀矿物与蚀变黑云母和黄铁矿关系密切。电子显微镜下观察发现铀矿物存在于砂岩的孔隙中或矿物的晶间裂隙和孔隙中(图 6-15a)。铀矿物的结晶颗粒十分微小,在电子显微镜较高倍数

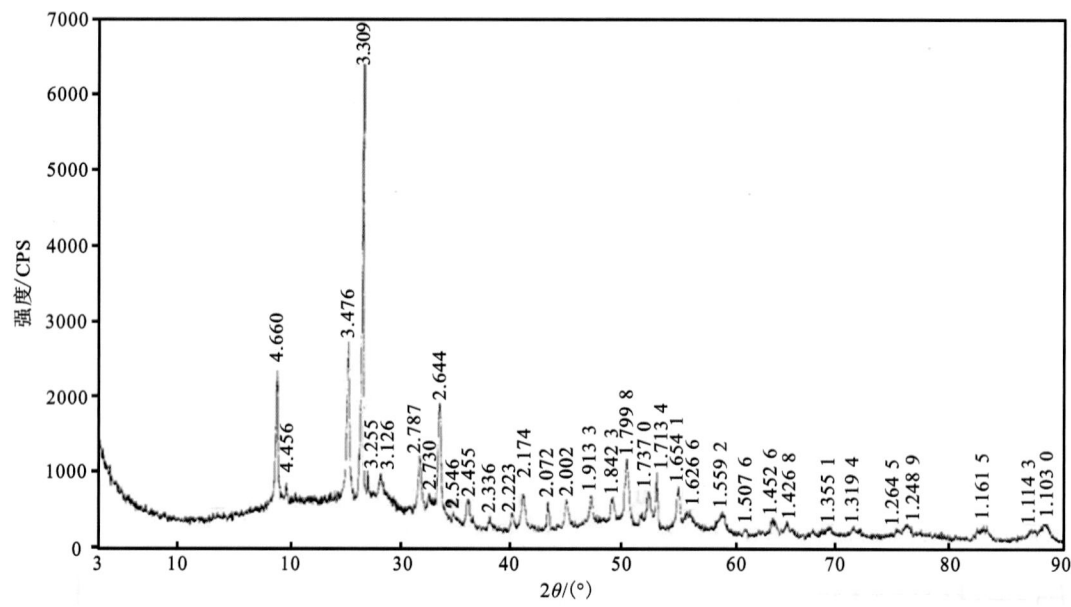

图 6-14 铀石(精选)的 X-射线粉晶衍射图(衍射峰单位 Å)

注：分析单位为核工业北京地质研究院，$1Å=10^{-10}m$。

的照片中见到铀矿物呈板状和不规则粒状，具明显的溶蚀现象，矿物的晶面有的被溶蚀成弯曲的面，有的可见纳米级的溶蚀孔(图 6-15b,c,d)。铀矿物的颗粒一般在 $1\sim3\mu m$，大者 $5\mu m$ 以上。铀矿物的晶间孔隙发育，微孔隙大小与矿物的颗粒大小大致相当，晶间孔隙度在 20%～30% 之间。这为孔隙溶液对铀矿物的结晶-溶蚀作用提供了空间，在背散射成分图像中可以见到明暗存在差异的两种铀矿物(图 6-15e)：铀石和水硅铀矿，集合体可达 20um。电子探针成分分析表明：铀石成分的特点是 U 按 UO_2 计在 62%～72% 之间，SiO_2 含量在 4%～15% 之间；水硅铀矿成分的特点是 U 按 UO_2 计在 50%～55% 之间，SiO_2 含量在 20% 左右，水硅铀矿为含水的钙、镁、钾、钠的铀酰硅酸盐。矿物中水的含量随气候的变化而不同，如放在干燥的条件下失去部分水，然后再放到潮湿条件下又重新吸水。图 6-15f,g 为成分上存在差异的铀石。

三、铀成矿年龄

采用铀矿石 U-Pb 等时线方法，对皂火壕铀矿床孙家梁地段Ⅰ号剖面的 ZKA3-0、ZKA0-3 钻孔和 A3 号剖面的 ZKA3-11、ZKA3-12、ZKA3-19 及 ZKA8-7、ZK7-0 钻孔的铀矿化样品进行了铀成矿年龄的测定(测定单位为核工业北京地质研究院)。ZKA3-19 号钻孔矿石样品 U-Pb 等时线图解获得其等时线年龄值为 $(120\pm11)Ma$(图 6-16a)。ZKA8-7 号钻孔的样品 U-Pb 等时线图解结果为 $(85\pm2)Ma$(图 6-16b)，ZKA7-0 号钻孔的样品 U-Pb 等时线年龄为 $(77\pm6)Ma$(图 6-16c)，二者在误差范围内一致。上述铀成矿年龄结果表明，孙家梁地段早期砂岩型铀矿化作用发生在早白垩世—晚白垩世，成矿年龄为 $(120\pm11)Ma$、$(85\pm2)Ma$、$(77\pm6)Ma$。

沙沙圪台地段共取 6 件钻孔样品进行铀成矿年龄测定。其中钻孔 ZKA175-79 样品的 U-Pb 等时线年龄为 $(76\pm3)Ma$(图 6-16d)；钻孔 ZKA143-47、ZKA143-77 及 ZK175-79 三个钻孔的样品在同一条 U-Pb 等时线上拟合(图 6-16e)，获得等时线年龄为 $(76\pm4)Ma$，相当于晚白垩世时铀的成矿作用。ZKA127-47 全部 9 个样品构成 $(74\pm14)Ma$ 的 U-Pb 等时线(图 6-16f)；而 ZKA111-8 孔的样品构成两条 U-Pb 等时线，一条为 $(124\pm6)Ma$(图 6-16g)，另一条为 $(84\pm4)Ma$(图 6-16h)。可见，沙沙圪台地段砂岩铀矿成矿时代主要发生在早白垩世和晚白垩世。

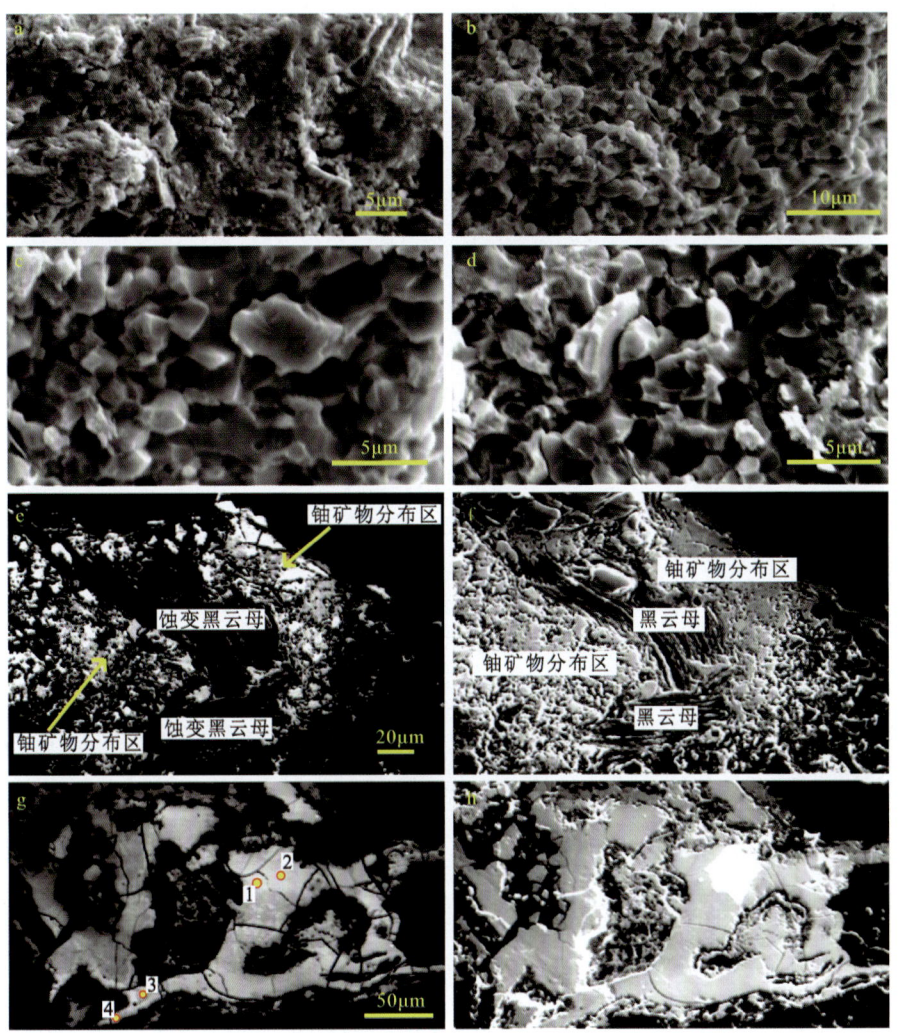

图 6-15 铀矿物的形貌和产状

a. 铀矿物在岩石裂隙中成蜂窝状集合体产出,样品号 36-10,×2000。b. 岩石裂隙面上铀矿物产出的形态,颗粒均小于 10μm,一般在 1~3μm。晶间孔隙(黑色)发育,微孔隙大小与矿物的颗粒大小大致相当。样品号 36-33,×2000;c. 铀矿物的形态:板状和不规则粒状,尚可见斜方柱状晶体。矿物具溶蚀现象:矿物晶面被溶蚀成弯曲的面,有的可见纳米级的溶蚀孔。铀矿物的颗粒在 1~5μm 之间。样品号 36-33,×4000。d. 板状和不规则粒状铀矿物,矿物间微孔隙发育,孔隙度在 30% 左右,孔隙的大小与矿物颗粒的大小大致相等,这也许是铀矿物电子探针成分分析总量偏低的原因之一。样品号 36-33,×4000。e、f. 铀矿物的电子探针背散射和扫描电镜电子图像。在背散射成分像中可以见到明暗存在差异的两种铀矿物:铀石和水硅铀矿,集合体可达 20μm。此外在蚀变黑云母中,沿黑云母的解理裂隙也有铀矿物的分布(黑云母中条纹状亮带)。样品号 36-3-3,×400。g、h. 铀矿物的电子探针背散射和扫描电镜电子图像。背散射成分图像中存在明暗不同的铀矿物,分析点 1 和 2 较亮,3 和 4 较暗,它们虽然均属于铀石,但是前者 UO_2 要高于后者,SiO_2 含量要低于后者。样品号 36-2-5,×300。e 和 g. 背散射成分像。f 和 h. 二次电子像

据 2000 年热电离质谱法铀、铅同位素测定结果,皂火壕地段铀成矿年龄为 121~93Ma,大致相当于早白垩世晚期铀的成矿作用。

东胜地区砂岩型铀矿成矿年龄表明,孙家梁地段和沙沙圪台地段铀成矿年龄为早白垩世和晚白垩世。但是,前面地质构造和古水动力条件的演化规律表明,东胜地区在直罗组沉积抬升后就开始了铀成矿作用,而 U-Pb 同位素年龄未测定出晚侏罗世成矿期,这可能是由于取样误差或被晚期铀成矿作用进一步改造的结果。

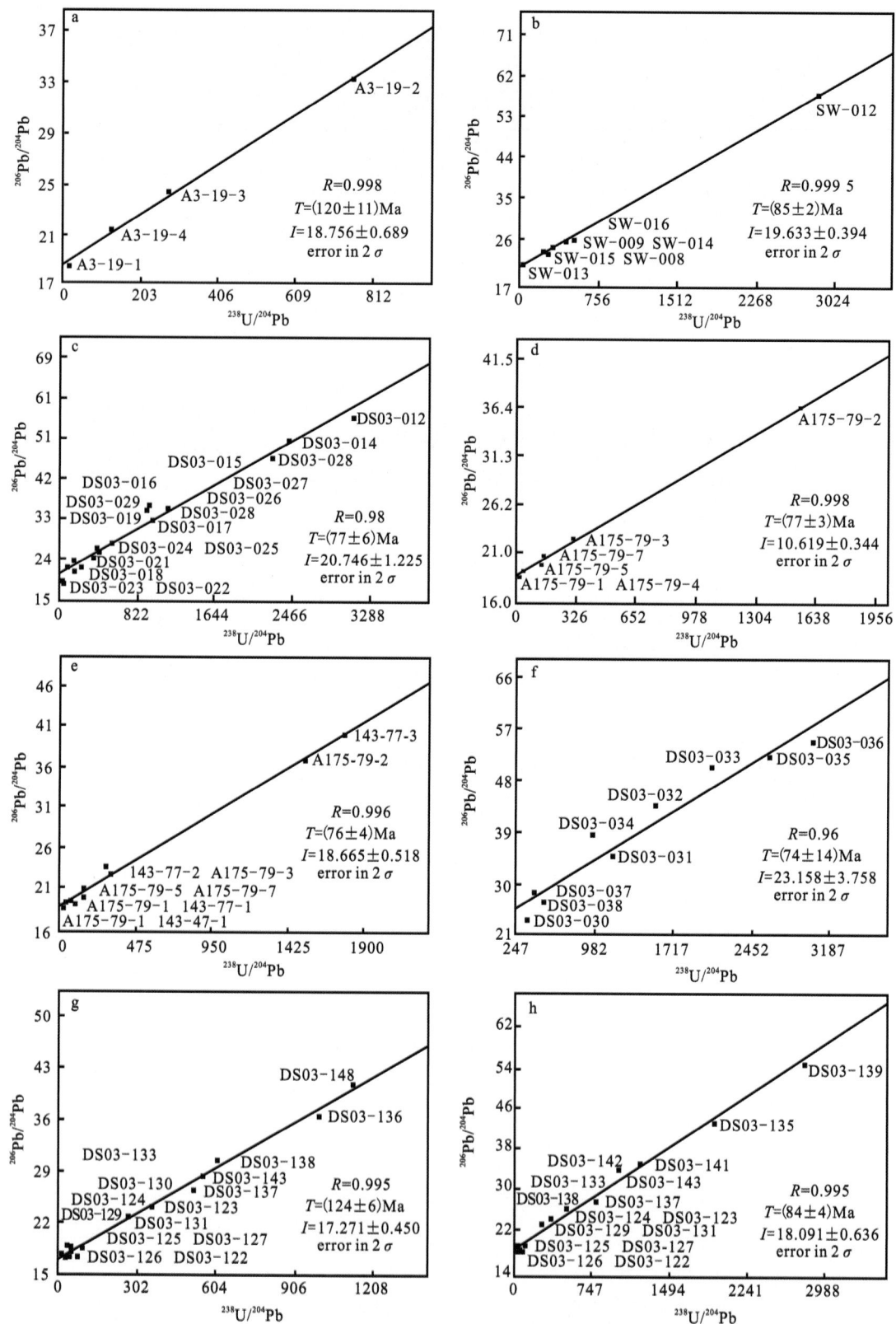

图 6-16 皂火壕铀矿床铀矿石 U-Pb 等时线图
a. ZKA3-19;b. ZKA8-7;c. ZKA7-0;d. ZKA175-79;e. ZKA143-47 和 ZKA143-77;f. ZKA127-47;g. ZKA111-8;h. ZKA175-79

第七节 铀成矿控制因素

皂火壕铀矿床具有优越的铀源、构造活化、层间渗入氧化、地下水运移通道和富集场所、还原地球化学障等铀成矿地质条件,铀矿床形成后受新构造运动及大规模二次还原作用影响,形成后生还原岩石地球化学类型即灰绿色、绿色砂岩,在皂火壕铀矿床东部孙家梁地段抬升较强,直罗组下段出露地表的局部地段,形成二次氧化作用并对原有矿体造成破坏或二次富集成矿。

1. 铀源条件

鄂尔多斯盆地北部蚀源区地质(层)体中铀含量相对较高,皂火壕铀矿床直罗组下段赋矿砂体在沉积时,铀具有明显的预富集,所以皂火壕铀矿床具有来自蚀源区地质(层)体和中生代地层的双重铀源,其中直罗组下段应该是主要的直接铀源层。

盆地北部蚀源区大面积分布的太古代、早元古代结晶岩系和不同时代的花岗岩类岩体铀含量一般较高,不仅是直罗组的物源和铀初始富集的铀源体,同时也为后期成矿提供一定的铀源(表6-13)。

表6-13 鄂尔多斯盆地北部蚀源区岩石铀丰度值

序号	时代期次(平均)	岩性代号	$Q_U/\times10^{-6}$ U	$Q_{Th}/\times10^{-6}$ Th	Th/U	序号	地层	代号	$Q_U/\times10^{-6}$ U	$Q_{Th}/\times10^{-6}$ Th	Th/U
1	元古宙早期	δ_2^1	2.9	15.3	5.3	1	乌拉山群	Ar_2WL	2.9	9.2	3.2
2	元古宙晚期	δ_2^2	3.2	6.8	2.1	2	二道注群	Pt_1ER	2.3	5.9	2.6
3	元古宙晚期	γ_2^2、δo_2^2、δ_2^2、γ_2^2	4.2	10.5	2.5	3	马尼图群	Pt_2MN	3.4	11	3.2
4	加里东晚期	δo_3^3、γo_3^3	1.5	5.9	3.9	4	渣尔泰群	Pt_2ZH	3.8	9.8	2.6
5	加里东晚期	γo_3^3、δ_3^3、γo_3^3	4.1	11.3	2.8	5	白云鄂博群	Pt_2BY	2.6	11.8	4.5
6	海西中期	γo_4^2、γo_4^2、γ_4^2	3.1	12.2	3.9	6	什那干群	Pt_2SH	1.2	2.1	1.8
7	海西中期	γ_4^2、γo_4^2、$k\gamma_4^2$、γo_4^2	7.4	26	3.5	7	寒武系—奥陶系	$\in+O$	2.2	7.5	3.4
8	海西晚期	γ_4^3、γo_4^3、δo_4^3、δ_4^3、γ_4^3	4.5	17.2	3.8	8	志留系	S	3.8	11	2.9
9	海西晚期	γ_4^3、γo_4^3	8.5	16.4	1.9	9	石炭系	C	4.3	14	3.3
10	印支期	γ_5^1	12.0	31	2.6	10	下二叠统	P_1d	3.4	9.4	2.8
11	燕山早期	$K\gamma_5^2$、γ_5^2、ε_5^2	4.0	11.5	2.9						
12	燕山晚期	γ_5^3、$K\gamma_5^3$	5.6	17.7	3.2						

由表6-13可以看出,盆地北部岩体中铀含量相对高于地层中铀含量,不同时代岩体应是直罗组原始铀富集和后期铀成矿的主要铀源体。元古宙早期—海西中期的各类岩体铀含量相对较低,基本在$3\times10^{-6}\sim4\times10^{-6}$之间;海西中期—燕山早期各类岩体铀含量较高,基本在$4\times10^{-6}\sim8\times10^{-6}$之间,其

中印支期花岗岩(γ_5^1)高达12.0×10^{-6}。

上述特征表明鄂尔多斯盆地北部蚀源区是铀成矿较有利的蚀源区,能为直罗组下段原始铀富集及砂岩型铀矿床的形成提供铀源。

通过研究直罗组下段砂体的 U-Pb 同位素演化特征,计算样品中原始铀含量和铀的近代得、失情况,从而了解该岩石提供铀源的能力。U_0(原始铀含量)值高说明岩石中的原始铀含量高,提供铀源有物质基础;$\Delta U[\Delta U=(U/U_0-1)\times100\%]$负值越大说明岩石近代铀迁出的比例越大,进而可以推测在成矿时该岩石也能够提供大量的活性铀。因此,根据样品的U_0和ΔU值可了解岩石中原始铀含量及其活化迁移的情况,并判断岩石提供铀源的能力。

通过对 19 件铀含量小于 0.001 0% 的钻孔岩芯样品的 U-Pb 同位素演化特征研究,利用样品中$^{206}Pb/^{204}Pb$比值最小的 Dsh-1 号样品的铅同位素组成作为直罗组岩石的初始铅,岩石形成年龄推测为170Ma(中侏罗世),计算出每个样品的原始铀含量U_0及其ΔU值(表 6-14)。

表 6-14 直罗组砂体原始铀含量及铀富集系数计算结果表

序号	样品号	样品名称	$U/\times10^{-6}$	$U_0/\times10^{-6}$	$\Delta U/\%$
1	11-4	中粗砂岩	3.34	11.01	−70
2	19-1	中粗砂岩	3.42	15.14	−77
3	3-2	中砂岩	9.61	105.01	−91
4	3-3	中砂岩	3.33	31.43	−89
5	3-4	中砂岩	3.80	10.66	−64
6	3-5	中粗砂岩	2.40	12.59	−81
7	3-022	中细砂岩	4.84	21.83	−78
8	3-023	中砂岩	3.82	16.57	−77
9	3-024	中细砂岩	2.83	48.83	−94
10	79-1	中砂岩	4.39	21.10	−79
11	95-1	中砂岩	7.16	6.94	+3
12	95-2	中粗砂岩	3.49	12.03	−71
13	77-1	中砂岩	3.50	20.74	−83
14	3-125	中砂岩	7.88	8.60	−8
15	3-126	细砂岩	3.16	8.48	−63
16	3-127	细砂岩	2.83	11.42	−75
17	3-129	细砂岩	3.94	12.54	−69
18	3-130	细砂岩	4.62	28.62	−84
19	3-131	细砂岩	4.26	13.50	−68
平均值			4.35	21.95	−69.4

注:样品分析单位为核工业北京地质研究院。

由表 6-14 可见,鄂尔多斯盆地东胜地区直罗组砂体现测铀含量平均值为4.35×10^{-6};原始铀含量U_0平均值为21.95×10^{-6},说明直罗组沉积时确有铀的预富集,具有典型的富铀砂体特点。

孙家梁地段 ZKA0-3 号钻孔所取样品的铀含量均小于 0.01%,其 U-Pb 等时线年龄为(177 ± 16)Ma(图 6-17)。显然,这个年龄值在误差范围内与直罗组的沉积年龄(中侏罗世)相吻合,也是直罗组沉积时就有铀的预富集最强有力的证据。

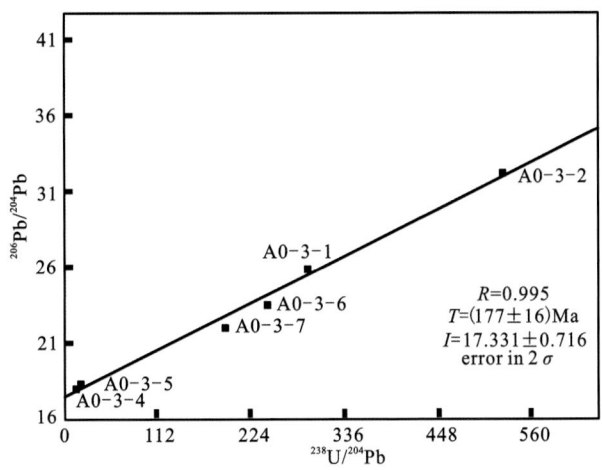

图 6-17　ZKA0-3 号钻孔样品 U-Pb 等时线图

铀的得失情况表明,除一个样品(95-1 号样)铀的变化系数 ΔU 为 +3% 外,其余均为负值,表明样品有铀的丢失,平均值为 -69.4%,即铀丢失达 69.4%,说明非矿化的岩石丢失了大量铀。

上述研究结果表明,直罗组下段赋矿砂体在沉积时具有铀预富集,砂体粒度相对较粗,以中粗砂岩为主,孔隙度较大且渗透性好,预富集的铀可以在后期的氧化作用中大量迁出。

2. 铀的构造活化迁出

皂火壕铀矿床在铀成矿作用过程中,不仅有来自盆地北部蚀原区的铀源,更重要的是直罗组下段砂体铀预富集程度高,预富集的铀可以在后期的氧化作用中大量迁出,为铀成矿提供了充足的二次铀源。

直罗组沉积后,鄂尔多斯盆地北部及东胜地区在中侏罗世晚期(安定期)没有接受沉积,盆地沉积范围有所缩小,气候更加趋于干旱,蚀源区铀源(层)体在晚侏罗世已开始遭受强烈的氧化改造作用,在干旱、半干旱古气候条件下,地表含氧水向蚀源区铀源(层)体大面积渗入,有利于 U^{4+} 转变为 U^{6+} 而活化迁出。白垩纪以冲积扇和沙漠沉积为主,古近纪—新近纪地层盐类矿产发育,如鄂尔多斯市西部是古近纪—新近纪石膏形成的中心产有杭锦旗霍鸡肯石膏矿等。这说明从中侏罗世晚期开始,一直到白垩纪、古近纪—新近纪蚀源区铀源(层)体一直保持了有利于铀活化及迁出的景观地球化学条件,为盆地铀成矿提供了丰富的铀源。

在伊陕单斜构造和掀斜构造运动的影响下,盆地北部直罗组沉积范围比延安组沉积范围大面积减小,并使延安组和直罗组从晚侏罗世开始沿着蚀源区周边地带大面积暴露于盆地周围,尤其是直罗组河道砂体直接大面积暴露地表,与蚀源区在同样的景观地球化学条件下,具备了利于铀成矿的含氧水渗入条件。直罗组下段辫状分流河道砂体呈展布规模大的连通席状砂体,含氧水渗入和氧化充分及淋滤面积大,沿河道砂体形成区域层间氧化带,顺沿河道氧化距离长达 50 多千米,使得河道砂体中原始富集的铀得以充分活化迁出,铀初始富集程度较高及活化铀丢失明显,为铀成矿提供了最为丰富的铀源。

3. 构造活化及层间渗入氧化作用

盆地北部大型伊陕单斜构造从直罗组沉积开始一直到白垩世,北升南降为主的继承性掀斜构造运动,使直罗组在沉积后风化剥蚀的铀成矿阶段古地下水的补、径、排方向基本上继承了由北向南的沉积方向及河道砂体的展布方向,伴随古气候向半干旱、干旱的转变,造成了含氧含铀水成矿系统顺沿河道砂体由北向南长期稳定地运移,形成红色或黄色区域层间氧化带。晚白垩世到古新世,盆地北部由北升南降逐渐转变为北东升南西降的掀斜构造特点,但在靠近盆地边部的东胜铀矿田一带,基本上不会改变含氧含铀水顺沿河道砂体运移的特点,铀成矿作用得以长期稳定进行。但是由于北东升南西降的这一构造运动特点,部分铀矿体产于河道的迎水面,即相邻发育于南北向河道的西、南西侧旁,在其东、北东侧旁基本见不到铀矿体。

4. 地下水运移通道及铀沉淀和富集场所

主干辫状分流河道及次级分流河道砂体通常具有较好的连通性和均质性,是成矿流体的快速运移和输导通道,氧化作用较为充分,是层间氧化带的有利发育空间。在下游分流河道尤其是其边缘部位、拐弯部位及下游分叉部位,河道频繁分叉,泥岩隔档层增多,"泥-砂-泥"结构发育,使含矿流体运移阻力增加,流体水动力状态发生变化——分流和减速,抑制了层间氧化作用的发育,分流河道砂体成为铀沉淀与富集的有利成矿空间,为铀矿床的形成奠定了物质和结构基础。皂火壕铀矿床孙家梁地段位于Ⅱ、Ⅲ河道交汇后沿下游的分叉部位,沙沙圪台地段位于Ⅲ河道边部,皂火壕地段位于Ⅲ河道的拐弯部位,在矿床西部的Ⅳ、Ⅴ河道下游分叉部位又出现了新庙壕矿段。

辫状分流河道的边缘部位、拐弯部位及下游分叉部位,砂体的非均质性随之增强,所以铀成矿与砂体非均质性具有明显的相关性。对含矿砂体厚度、含砂率与含矿率进行统计,含矿砂体最佳厚度是25～44m,其中30～35m区间成矿概率最高(图6-18)。含矿砂体的最佳含砂率为75%～90%,其中80%～85%区间成矿概率最高。这与铀矿体主要位于砂体厚度适中、含砂率中等偏高的河道边缘部位,河道中心无矿的规律相一致。隔档层主要发育于25～40m厚的砂体中(图6-19a)。如图6-19b所示,隔档层的发育数量为0～8个不等。一般情况下,砂体中不出现隔档层的概率最大(47.3%),这些钻孔中的砂体几乎表现为均质结构。大约26.7%的钻孔出现1个隔档层,11.8%的钻孔出现2个隔档层,出现3个和3个以上隔档层的概率是14.2%。这说明直罗组含矿砂体中隔档层数量的增加与其出现的概率呈负相关,即砂体中同时出现多个隔档层的概率较小(图6-19c)。研究发现,隔档层累积厚度在3m以下的钻孔几乎占统计数量的50%,其中厚度小于1m的钻孔出现概率是22.6%,1～2m的钻孔出现概率是14.7%,2～3m的钻孔出现概率是12.1%,最大的累积厚度为25.1m。进一步的统计表明,隔档层的数量与累积厚度具有线性正相关($y=2.1173x+0.1038$),相关系数为0.78。铀矿化正好位于从无隔档层到隔档层发育区的过渡部位。随着隔档层的数量增多或厚度加大,铀成矿概率降低。当隔档层数超过5个时无矿化。从铀成矿品质的角度看,随着隔档层厚度的增加,矿化品质逐渐降低。上述特征说明了矿体与辫状分流河道的空间产出关系与上述砂体非均质性-铀矿化关系相一致,说明砂体的非均质性影响了铀的沉淀和富集。

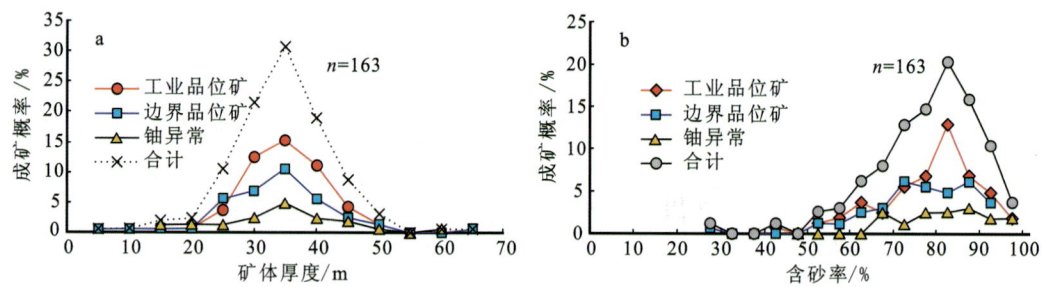

图6-18 直罗组下段下亚段砂体与铀成矿关系统计(据焦养泉,2005)

a.砂体厚度与铀成矿关系图;b.含砂率与铀成矿关系图

5. 还原地球化学障

直罗组下段下亚段辫状河分流河道砂体富含黄铁矿、炭化植物碎屑和碳质碎屑等固体还原剂,组成岩石还原地球化学障,促使了水中铀沉淀和富集。同时,晚侏罗世至白垩世甚至一直到古新世,在顺沿分流河道层间氧化作用过程中,下伏石油、天然气和煤层产生的烃类流体向直罗组砂岩层中运移,在屏蔽条件较好的辫状分流河道的边缘、拐弯及分叉等部位,泥岩层相对发育,利于还原气体的聚集并形成气体还原地球化学障。岩石还原地球化学障与气体还原地球化学障叠加组成了反差度更高的还原地球

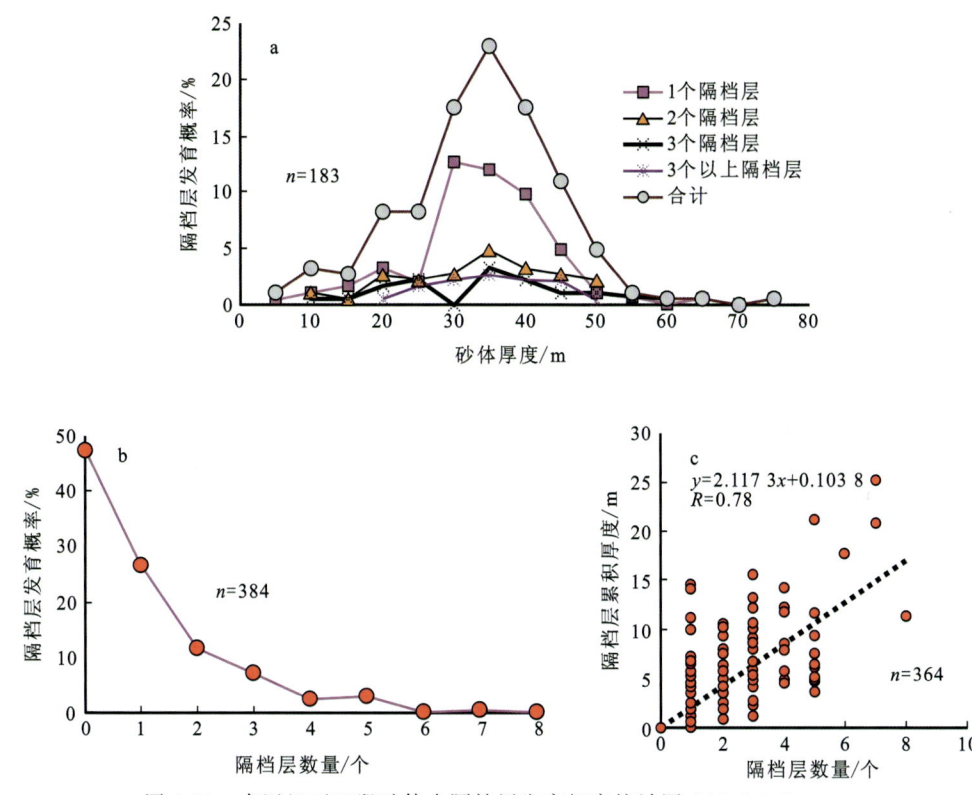

图 6-19　直罗组下亚段砂体中隔档层发育概率统计图（据焦养泉等，2006）
a.砂体厚度与隔档层发育概率相关图；b.隔档层数量与发育概率统计图；c.隔档层数量与累积厚度相关图

化学障，在氧化作用与还原作用达到了平衡状态的地质时期，含氧含铀水与还原地球化学障不断产生氧化与还原反应，使铀在氧化-还原界面上不断沉淀和富集，形成了皂火壕铀矿床。

6. 新构造运动及对层间氧化作用的影响

在中亚等地区，新构造运动决定了中生代沉积后是否具有使铀重新活化迁移的构造条件，是进行砂岩铀矿远景预测的重要依据之一。鄂尔多斯盆地北部新构造运动表现出强烈的断陷构造性质，河套断陷的形成使鄂尔多斯盆地成为开放式盆地，打破了河套断陷形成过程中统一的补、径、排古地下水铀成矿系统，地下水动力环境完全改变。由于来自盆地北部蚀源区的含氧含铀层间渗入水被切断，只能接受大气降水的垂直补给，水动力条件降低，地下水的层间渗入作用和氧化作用及铀的迁移、富集作用基本停止。

7. 新构造运动及二次还原改造作用

受新构造运动的影响，形成了河套断陷并充当了下伏烃类等还原气体的减压带和排气带，造成烃类等还原气体沿直罗组下段辫状分流河道砂体向河套断陷大规模运移，同时由于切断了来自盆地北部蚀源区含氧含铀水的渗入作用，层间氧化作用基本停止，较强烃类流体活动使得还原作用远远超过了氧化作用，造成了对古氧化岩石的后生还原改造作用，形成了现在特有的灰绿色、绿色岩石地球化学环境和铀矿床类型。皂火壕铀矿床南部东西向区域断裂构造在矿床的形成和后生还原改造过程中起到了至关重要的作用，不仅是成矿过程中含氧地下水的排泄源，而且是下伏烃类流体的上升通道。皂火壕铀矿床及东胜铀矿田正好位于该断裂构造与河套断陷之间，是下伏烃类流体向河套断陷排泄的必经之地。

8. 新构造运动及二次氧化改造作用

受新构造运动的影响，在皂火壕铀矿床北东部的神山沟一带，由于构造抬升最为强烈，使得直罗组下段辫状河砂体直接暴露地表,接受大气降水的垂直补给并形成二次层间氧化作用,造成了对早期矿体的破坏或二次富集成矿。但由于河套断陷的形成,造成没有充足的来自蚀源区和区域层间渗入水及铀源的补给,在干旱气候条件下大气降水的补给更为有限,所以二次氧化带发育规模不会太大,也只会局部造成对原有矿体的重新改造和富集,只在抬升幅度较大、埋藏较浅的皂火壕铀矿床东部孙家梁地段体现得较为明显,并且形成年轻的卷状矿体。而在皂火壕铀矿床西部沙沙圪台及以西地段、埋藏逐渐变深的纳岭沟等其他矿床均没有受到二次氧化改造作用的影响,并且卷状矿体不发育。

皂火壕铀矿床的孙家梁地段具有典型的卷状矿体产出,对铀相对富集的各部位样品进行的U-Pb同位素测定表明,除矿体卷头部位的年龄较翼部年轻外,卷头部位还具有非常大的异常Pb同位素组成的特征。ZKA3-0号钻孔位于Ⅳ号剖面卷状铀矿体的卷头部位(图6-20、图6-21),U-Pb等时线图解获得等时线年龄值为(18±1)Ma(图6-22a);ZKA3-12号钻孔位于A3号剖面铀矿体的卷头部位,U-Pb等时线图解获得其等时线年龄值为(20±2)Ma(图6-22b)。两条矿石U-Pb等时线的截距分别为(110±61)Ma和(41±9)Ma,具非常大的异常Pb同位素组成特征,表明卷头部位成矿作用的铀源是从富铀体系运移过来的,符合层间氧化带型砂岩铀成矿作用是由两翼逐渐向卷头部位推移的成矿过程,属层间氧化带型铀矿床。

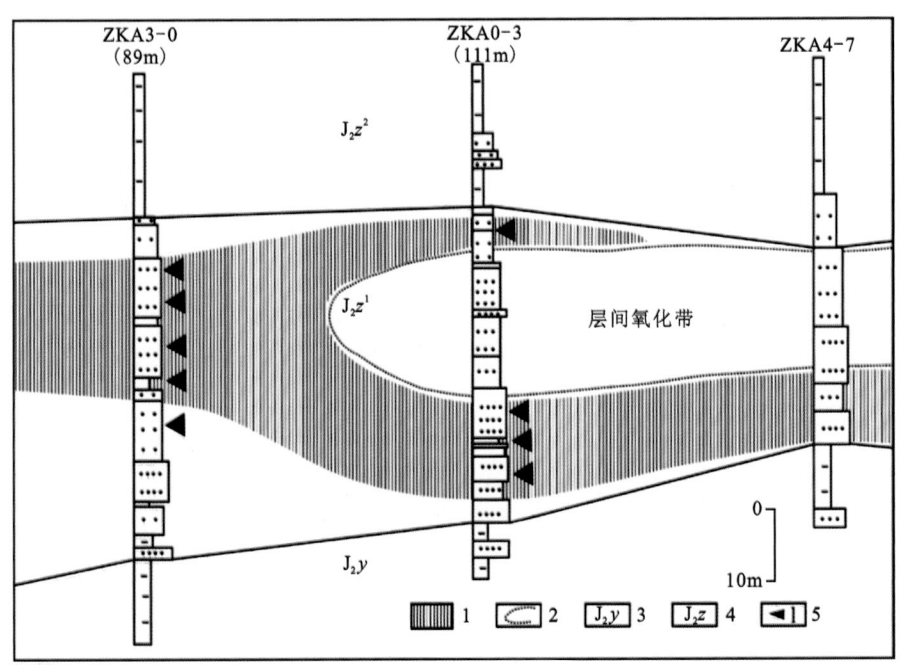

图6-20 东胜铀矿床孙家梁地段Ⅳ号地质剖面铀成矿年龄取样位置
1.矿体;2.层间氧化带前锋线;3.延安组;4.直罗组;5.取样位置

孙家梁地段卷头矿体成矿年龄较翼部成矿年龄偏年轻,较沙沙圪台和皂火壕地段铀成矿年龄也偏年轻。卷头矿体铀富集作用发生在中新世和上新世,成矿年龄为(20±2)Ma、(8±1)Ma,而翼部铀成矿年龄大,成矿年龄为(120±11)Ma、(85±2)Ma、(77±6)Ma,与沙沙圪台地段(124±6)Ma、(84±4)Ma、(76±4)Ma和皂火壕地段121~93Ma的铀成矿年龄基本一致。

从上述不同地段及孙家梁地段矿体不同部位的成矿年龄特点也可以看出,只有孙家梁地段具有中—上新世的成矿年龄,而沙沙圪台地段和皂火壕地段成矿期在晚侏罗世—晚白垩世,没有较年轻的成矿年龄,说明沙沙圪台地段和皂火壕地段没有遭受后期的再次氧化改造及铀的重新富集作用。孙家梁地段遭受了再次氧化改造及铀的重新富集,而且这种氧化改造作用发生在中-上新世,是在河套断陷形成以后发生的。

因为孙家梁地段存在铀的重新富集,所以与前面所述的该地段矿体厚度、品位、平米铀量均高于沙

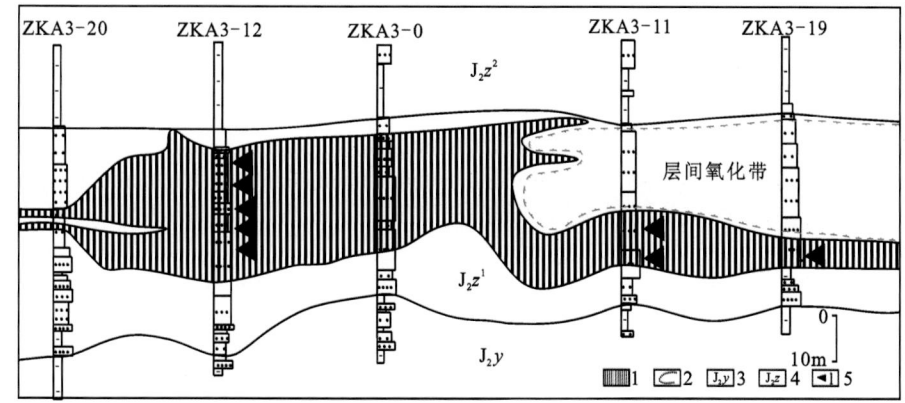

图 6-21 东胜铀矿床孙家梁地段 V 号剖面铀成矿年龄取样位置

1.矿体;2.层间氧化带前锋线;3.延安组;4.直罗组;5.取样位置

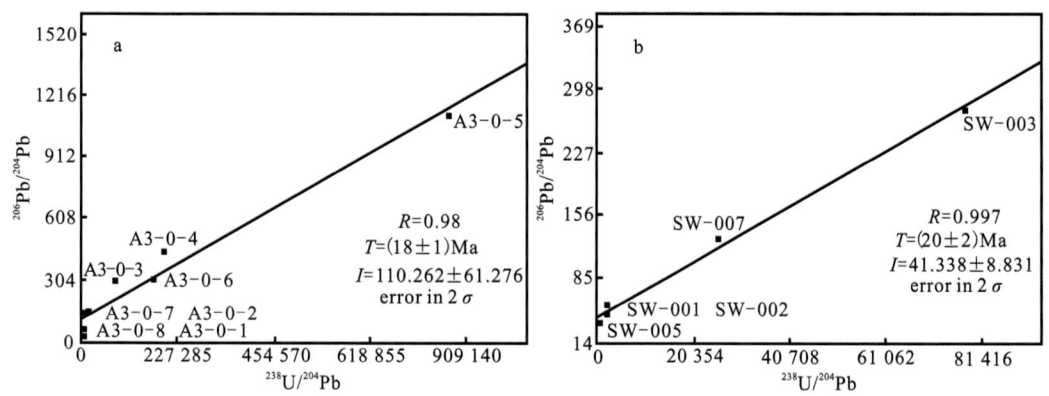

图 6-22 皂火壕铀矿床孙家梁地段铀矿卷头部位的 U-Pb 等时线图

a. ZDA3-0 号钻孔;b. ZDA3-12 号钻孔

沙圪台地段和皂火壕地段的地质现象相吻合。孙家梁地段矿体北东部的 A16 号勘线,矿石中 U^{6+} 所占比例明显增高,达 48.15%,而在矿体南西部位 U^{4+} 所占比例占绝对优势,最高为 96.98%,最低为 62.51%,说明新构造运动对铀矿体的改造及铀迁移的影响仍十分明显。

盆地北部新构造运动在抬升背景下具有弱活化性和间歇性的特点,体现出氧化改造作用可能不止一次被还原流体渗入还原作用所终止,使氧化改造作用迁出的铀不止一次的重新富集,铀的多次富集程度较高,平米铀量最高近 $40kg/m^2$。该卷状矿体在铀镭平衡系数的空间分布特征也可以看出层间氧化作用形成铀富集成矿的特点。根据大量施工钻孔对整个皂火壕铀矿床铀含量≥0.01% 的 753 个样品进行铀镭平衡系数加权平均,结果显示随着铀含量的增高,铀镭平衡系数呈降低的趋势,即偏铀,而铀含量≤0.01% 的 152 个样品统计,则明显偏镭或平衡,说明了铀的后生富集。孙家梁地段偏铀特征更加明显,其铀镭平衡系数工业孔为 0.81,矿化孔为 0.71,全部(工业孔+矿化孔)为 0.78,均偏铀。在平面上平衡系数发育方向层间氧化带方向发育,即越往层间氧化带前锋线方向越偏铀,与层间氧化作用的方向一致。在剖面上,卷头平衡系数为 0.83,翼部矿体平衡系数为 0.98,具有卷头比翼部更加偏铀的特点;在铀矿(化)体靠近层间氧化带的部位,总体趋势为偏镭,特别是下翼矿(化)体的上部较为明显;在靠近卷头或卷头部位偏镭很少,总体趋势为平衡或偏铀;在矿(化)体下翼的下部,特别是在靠近下部还原带的低含量部位,基本为平衡或偏铀(图 6-23)。上述铀镭平衡系数的特点及空间变化特征符合层间氧化带型砂岩铀矿的铀镭平衡发育特征符合层间氧化带型砂岩铀成矿的一般规律。同时,翼部矿(化)体偏铀或平衡和偏镭,垂向上从下往上(下翼)或从上往下(上翼)有重复发育的现象,即铀的迁入富集(偏铀或平衡)和迁出(偏镭)重复出现,也体现出新构造运动的特点及对原有矿体重新改造和铀富集的多期性，表明皂火壕矿床孙家梁地段二次氧化及铀成矿作用与盆地新构造运动的关系非常密切。

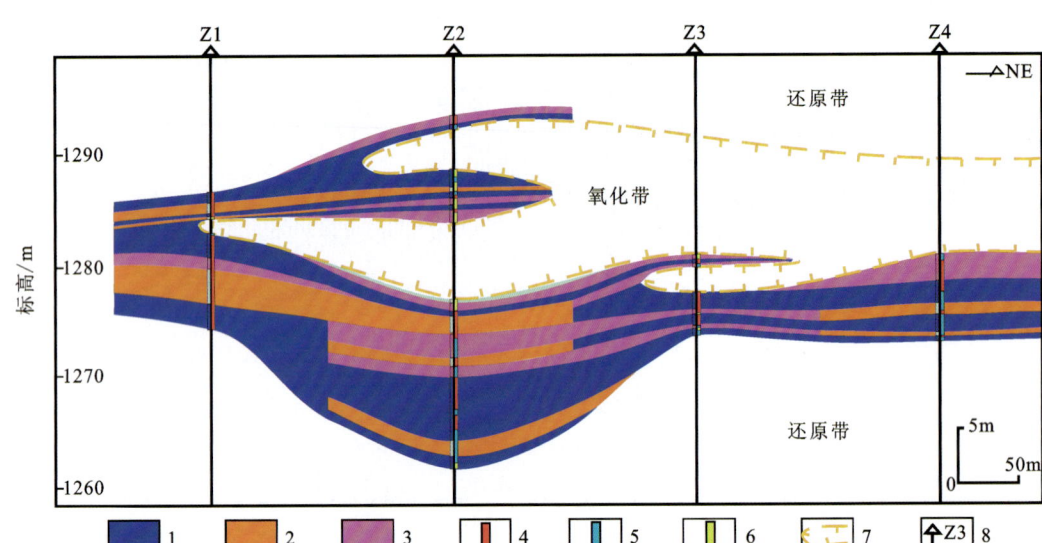

图6-23 皂火壕铀矿床孙家梁地段铀镭平衡系数剖面图

1.铀镭平衡系数(Kp)<0.90；2.0.90≤铀镭平衡系数(Kp)≤1.10；3.铀镭平衡系数(Kp)>1.10；
4.铀含量≥0.010%；5.0.005%≤铀含量<0.010%；6.铀含量<0.005%；7.层间氧化带前锋线；8.钻孔编号

第八节 铀成矿模式

根据皂火壕铀矿床控矿因素及成矿作用过程，可将矿床铀成矿作用过程划分为含矿岩系沉积预富集阶段、古层间氧化作用阶段、后期还原改造作用阶段及后期氧化改造作用4个阶段（图6-24）。

一、含矿岩系沉积预富集阶段

鄂尔多斯盆地北部蚀源区铀源丰富，其中，印支期花岗岩(γ_5^1)高达12.0×10^{-6}，为直罗组下段铀的原始富集奠定了铀源基础。直罗组下段辫状河含铀灰色砂体是铀成矿的物质基础，沉积砂岩中含有大量的炭化植物碎屑、黄铁矿和腐殖层等还原介质，对铀具有吸附作用，有利于铀的预富集，形成富铀地层，原始铀含量U_0平均值为21.95×10^{-6}。铀的预富集也可以发生在直罗组沉积后的成岩期，由于成岩期压实作用排出的孔隙水与渗入的地表水引起铀的预富集。运用钻孔定量伽马测井资料统计直罗组辫状河灰色砂体伽马数值，东胜地区塔拉壕、孙家梁、沙沙圪台、皂火壕等不同地段直罗组辫状河灰色砂体中伽马值均在3.00～4.00nC/kg·h之间，具有明显的增高现象。直罗组低品位铀矿化砂体(铀含量<0.010%)样品的U-Pb等时线年龄为(177.0 ± 16)Ma，这个年龄值在误差范围与直罗组的沉积年龄(中侏罗世)相吻合，是铀预富集的真实反映，甚至可以形成一些胚胎矿体和一些似层状矿体。上述特点是直罗组下段辫状河砂体铀的预富集最强有力的证据，具有典型的富铀砂体特点，为后期区域层间氧化作用对铀的搬运富集创造了极为有利的铀源基础，铀的预富集作用是形成皂火壕等一系列特大型、大型砂岩铀矿床不可缺少的一个地质过程(图6-24a)。

二、古层间氧化作用阶段

鄂尔多斯盆地北部直罗组古层间氧化作用阶段是层间含氧含铀水的主要渗入作用阶段，也是铀的

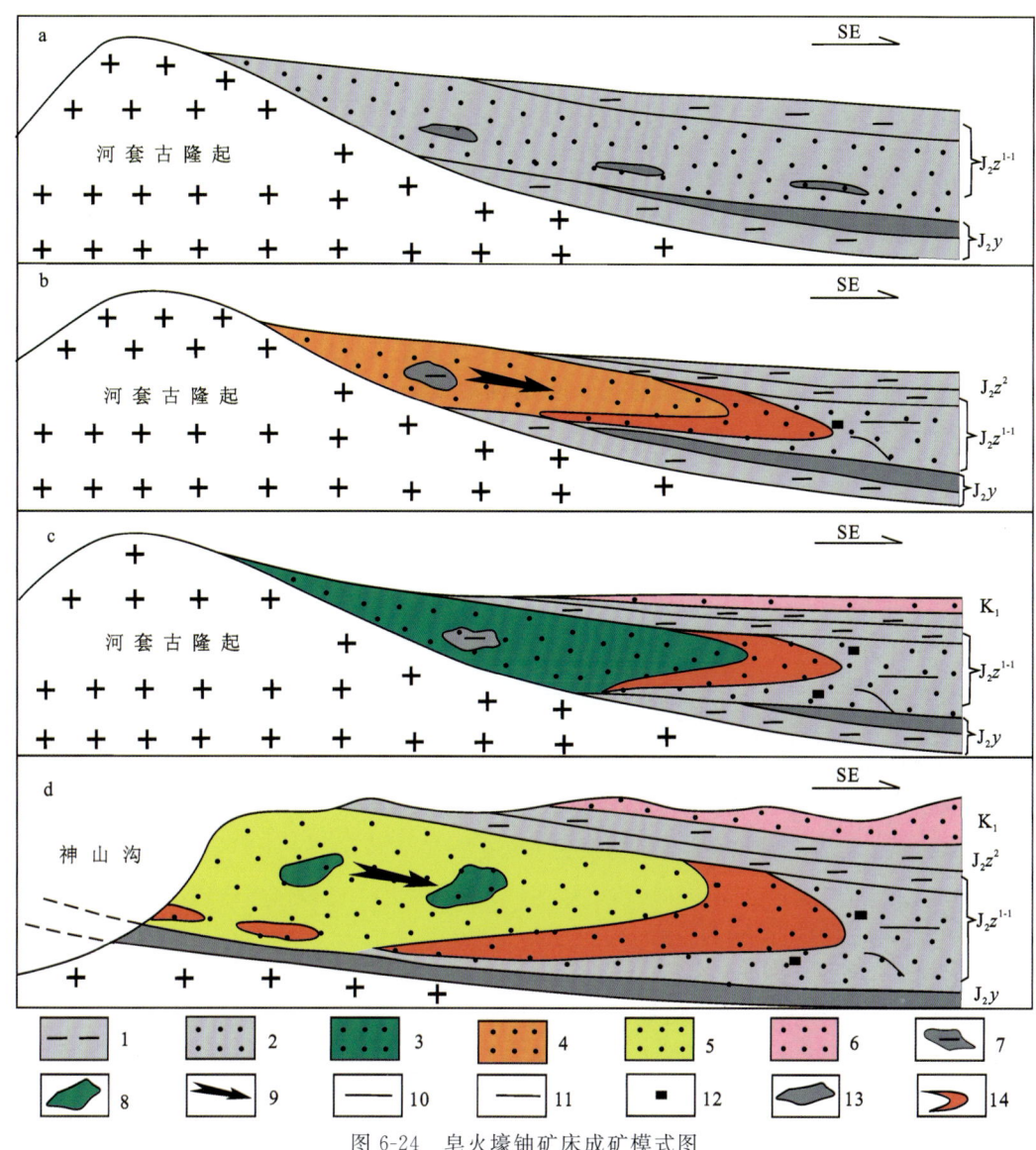

图 6-24 皂火壕铀矿床成矿模式图

1.灰色泥岩;2.灰色砂岩;3.绿色砂岩(二次还原带);4.黄色砂岩(早期氧化带);5.黄色砂岩(二次氧化带);6.紫红色砂岩;7.泥岩透镜体;8.灰绿色砂岩残留体;9.含氧含铀水运移方向;10.油气运移方向;11.煤成气运移方向;12.固体还原剂;13.铀预富集体;14.矿体。a.预富集阶段;b.古层间氧化作用阶段;c.后期还原改造作用阶段;d.后期氧化改造作用及再富集阶段

主要沉淀和富集成矿阶段。直罗组沉积后盆地北部的整体抬升和掀斜运动,古气候由潮湿已转变为干旱—半干旱,使直罗组长期暴露地表并遭受风化剥蚀,尤其在盆地北部东胜地区由于更靠近盆地边缘部位,直罗组直接暴露地表时间更长,几乎不受下白垩统沉积的影响。含氧含铀水沿直罗组砂体向下渗透,形成顺沿河道砂体由北向南为主运移的含氧含铀层间水,层间水在砂岩层中运移过程中将其预富集的铀不断淋出,铀随着含氧水不断向前运移和富集。岩石还原地球化学障与气体还原地球化学障叠加组成的还原地球化学障,在铀成矿作用过程中起到了还原剂的作用,必然阻止了层间氧化作用的进一步向前发展。随着层间氧化作用的不断进行和铀沉淀的日积月累,逐步形成铀的富集成矿,形成了皂火壕铀矿床。铀成矿时间为晚侏罗世—晚白垩世,同位素测定年龄在$(124\pm6)\sim(74\pm14)$Ma之间(图6-24b)。

在层间氧化和铀成矿作用过程中,伴随早期氧化酸性蚀变和氧化期后弱碱性蚀变,其水岩作用过程导致的矿物成分和地球化学环境等的变化是铀迁移—沉淀—富集的主控因素。

1. 早期氧化酸性蚀变阶段

早期氧化酸性蚀变主要发生在晚侏罗世—早白垩世早期,盆地北部由于受乌兰格尔凸起的影响,未接受上侏罗统安定组与下白垩统伊金霍洛组沉积,该时期为含氧水补给的鼎盛时期,地下水由大气降水和基岩裂隙水补给,蚀源区活化基岩以及直罗组下段辫状河砂体中的铀形成含氧含铀水沿含矿含水层由北向南径流,在径流过程中对含矿主岩中的黄铁矿、钛铁矿、碳屑、黑云母、基性火山岩碎屑、长石颗粒以及砂岩杂基等进行作用,使得黄铁矿、碳屑消失,并形成 SO_4^{2-},地下水呈酸性环境,有利于铀的迁移;黑云母一部分蚀变为绿泥石,一部分发生水化形成白云母或水黑云母,析出 K^+ 和 Fe^{3+};基性火山岩碎屑蚀变形成蒙脱石;长石蚀变形成高岭石和绿泥石,杂基蚀变主要形成绿泥石。上述矿物蚀变在古氧化带前锋线附近形成氧化-还原过渡环境。地下水中的铀被氧化-还原过渡带中的炭化植物碎屑、还原性气体、氧化的钛铁矿边缘、绿泥石、蒙脱石等吸附而沉淀下来,形成皂火壕铀矿床。

2. 氧化期后弱碱性蚀变阶段

氧化期后的弱碱性蚀变阶段主要发生在早白垩世后期(东胜期)—始新世早期。在早白垩世后期,东胜地区开始沉积下白垩统东胜组,由于沉积厚度逐渐增大,受地层压实作用的影响,含氧水的下渗能力减弱。早白垩世末期盆地整体抬升,遭受剥蚀,但盆地北部皂火壕地区东胜组厚度仍比较大。因此,这一时期含氧水的下渗能力总体比较弱,在氧化-还原"过渡带"内,黑云母蚀变析出大量的 K^+ 和 Fe^{3+},碳屑与地层中的碳酸盐在酸性条件下溶解,在地下水中存在大量的 CO_3^{2-},形成 K_2CO_3 溶液,使得局部地球化学环境由酸性转变为弱碱性;由于含氧水的补给相对减弱,而下部层位上升的还原性气体的作用相对增强,在蚀变云母解理缝间形成球状黄铁矿。同时,在碱性环境下,部分石英溶蚀,在黄铁矿边缘形成铀矿物,即铀石和水硅铀矿,其分布直接受蚀变黄铁矿控制。

三、后期还原改造作用阶段

第三期油气活动为油气活动最强时期,形成于新构造运动河套断陷发育期,油气、煤层气等还原流体上升扩散到含矿砂体中并受到顶部隔水泥岩的屏蔽作用,使得还原气体得以在砂岩层中横向运移和扩散,造成对古层间氧化带的后生还原,形成了广泛分布的后生还原带(灰绿色、灰色砂岩),使铀矿体完全处于还原环境中,起到了较好的保矿作用(图 6-24c)。

后生还原改造作用过程伴随着晚期还原弱碱性蚀变作用。大量还原性气体进入含矿含水层,以还原作用占主导,氧化作用基本停止。由于早期蚀变阶段黑云母蚀变为水黑云母与白云母,析出大量的 K^+ 和 Fe^{3+},地下水仍为弱碱性,早期阶段形成的晶质铀矿转变为铀石,并对整个矿床具有保护作用。这一时期铀矿物的形成仍受黄铁矿直接控制。

四、后期氧化改造作用阶段

受新构造运动的影响,皂火壕铀矿床孙家梁地段由于抬升幅度大,直罗组下段辫状河砂体直接暴露地表,产生了强烈的含氧水渗入作用,导致了早期成的铀矿体遭受破坏,沿含氧水运移方向形成了铀的重新沉淀和二次富集成矿,形成卷状矿体。同位素测定卷头矿体年龄值为 (20 ± 2)Ma 和 (8 ± 1)Ma,成矿时间为中新世,翼部成矿年龄在早白垩世—晚白垩世之间,即河套断陷形成之前。铀镭平衡系数体现出与铀成矿年龄变化趋势一致的特点,卷头偏铀、翼部偏镭(图 6-24d)。

第七章 柴登壕铀矿床

柴登壕铀矿床位于鄂尔多斯盆地北东部，地理位置上处于鄂尔多斯市东胜区以西10~30km，行政上隶属东胜区、达拉特旗，区内109国道横贯东西，且区内分布多条省道、运煤专线以及乡村公路，交通十分便利。

柴登壕铀矿床是鄂尔多斯盆地发现的第二个砂岩铀矿床，位于皂火壕铀矿床北偏西约30km（图1-3），由宝贝沟、青达门和农胜新3个地段组成，宝贝沟地段已完成普查，其他两个地段已完成预查。赋矿层位为中侏罗统直罗组下段下亚段，与皂火壕铀矿床为同一赋矿层位。宝贝沟、农胜新和青达门3个矿段组成的矿带长2~5km，宽0.1~0.9km，铀资源规模近大型。

第一节 构造特征

柴登壕铀矿床位于鄂尔多斯盆地伊陕单斜区的东胜-靖边单斜构造的北东部，与皂火壕铀矿床处于同一构造单元的相近部位。延安组顶面标高650~1350m，等值线总体呈北西-南东向等间距展布（图7-1），由北东向南西缓倾斜，说明直罗组沉积时古地形较为平缓。直罗组是在盆地北部整体抬升、北升南降且延安组遭受长期风化剥蚀的构造背景下进行沉积的，直罗组沉积早期河流发生下切侵蚀作用，使直罗组沉积环境整体表现为河流冲积平原，形成河流沉积体系，与皂火壕铀矿床具有类似的同沉积构造背景。直罗组与其底板倾斜方向一致，倾角1°~3°。直罗组褶皱构造不发育，断裂构造少见，对直罗组的后期破坏不明显，与皂火壕铀矿床具有类似特征。

根据柴登壕铀矿床及周边直罗组各个界面的三维形态特征可知（图7-2），直罗组及其上覆地层总体由北东向南西缓倾斜，各地层之间倾斜方向具有很好的继承性，均具有北东高、南西低的特点。柴登壕铀矿床宝贝沟、青达门和农胜新等地段由早到晚地层倾角逐渐变大，说明直罗组在沉积之后遭受了明显的继承性掀斜作用，是含氧含铀水渗入和运移的有利构造条件，同时存在一定的构造挤压，各地层均存在波状起伏的特点。

第二节 沉积特征

一、地层发育特征

柴登壕铀矿床直罗组地层和岩性发育特点与皂火壕铀矿床相类似，分为直罗组下段（J_2z^1）和上段（J_2z^2）（图6-4、图7-3）。下段为半潮湿、半干旱古气候环境下沉积的以砂岩为主的粗碎屑岩建造，以原生灰色碎屑岩建造为主，发育辫状河三角洲和湖泊三角洲河道砂体，两种分流河流砂体连续性均较好，

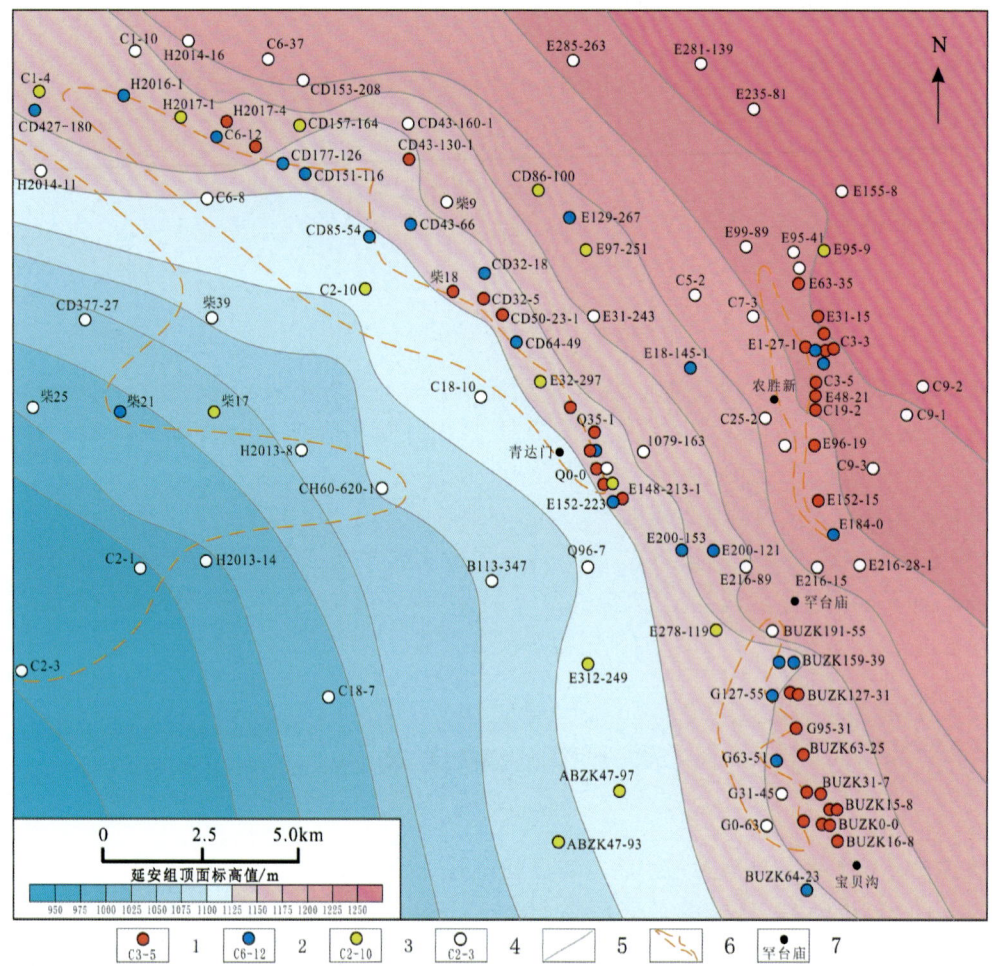

图 7-1 柴登壕铀矿床延安组顶面标高等值线示意图

1.工业矿孔及编号;2.矿化孔及编号;3.异常孔及编号;4.无矿孔及编号;
5.直罗组下段下亚段底板标高等值线;6.古层间氧化带前锋线;7.地名

且顶、底板隔水层发育稳定。同样,根据直罗组下段在沉积过程中的沉积特点及其岩性岩相特征,又可分为下亚段(J_2z^{1-1})和上亚段(J_2z^{1-2}),其中下亚段是主要的含矿目的层。

柴登壕铀矿床直罗组下段下亚段厚 16.80~139.50m,平均为 52.76m。总体上,青达门地段地层厚度较大,一般为 60~80m,并向两侧逐渐变薄;农胜新和宝贝沟及其以东地区地层厚度则较薄,一般为 20~40m,高值区(大于 40m)呈"串珠状"北西-南东向展布,其中农胜新地段地层最大厚度为 77.10m,宝贝沟地段地层最大厚度为 50.20m。工业铀矿体主要富集处的地层厚度为 40~70m,尤其富集于地层厚度突变的区域(图 7-4)。

直罗组下段下亚段沉积期处于潮湿—干旱转换的古气候背景,辫状河三角洲沉积体系中的分流河道砂岩厚度较大,连续性好,岩性为灰色、灰绿色、绿色粗砂岩和中砂岩,砂岩固结程度低,较疏松,是赋矿骨架砂体(铀储层)。铀储层砂岩一般由 6~7 个正(半)韵律层组成,在大多数韵律层底部发育明显的冲刷面,之上堆积以泥砾或碳质碎屑为特征的滞留沉积物,泥砾多呈浑圆状和次棱角状,直径大小不等。灰色砂岩中含大量碳质碎屑和黄铁矿,发育大型槽状交错层理,顶部的泥岩和粉砂岩中可见水平纹理。砂岩中有钙质夹层,厚度不等,一般厚 0.2~1m,亦见厚度达数米的透镜体,颜色呈暗紫色、浅红色或灰白色,其内可见斑点状褐铁矿化。有机质和黄铁矿多见于灰色砂岩中,有机质大多是炭化植物叶片、植物根茎或磨圆的碳质碎屑,亦可见炭化植物碎片呈层状分布,见黄铁矿交代碳质碎屑的现象。黄铁矿大多呈细晶分散状,亦见呈面状、条带状分布。

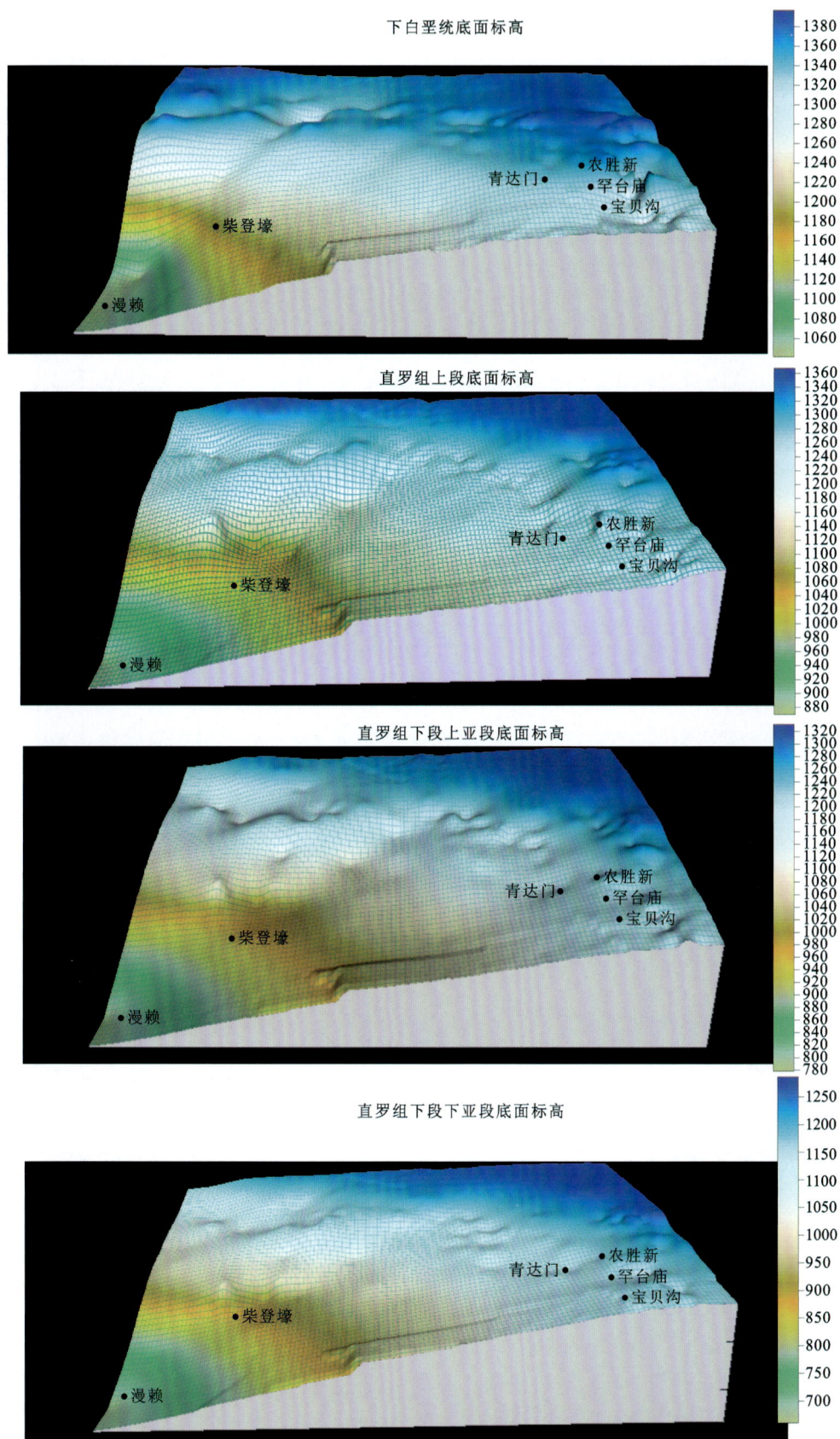

图 7-2 柴登壕铀矿床及周边地层底面标高/m 三维示意图

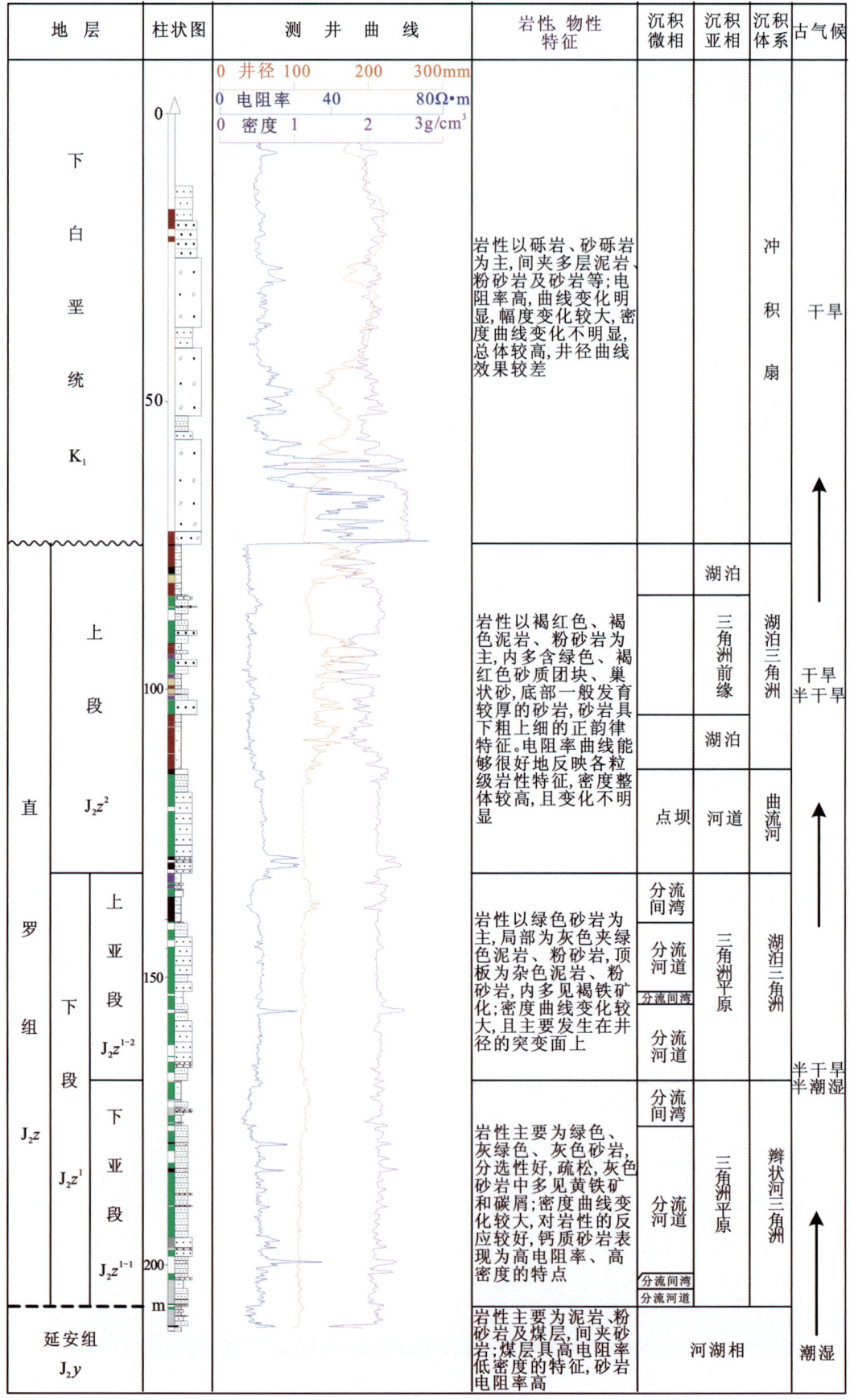

图 7-3 柴登壕铀矿床地层结构图

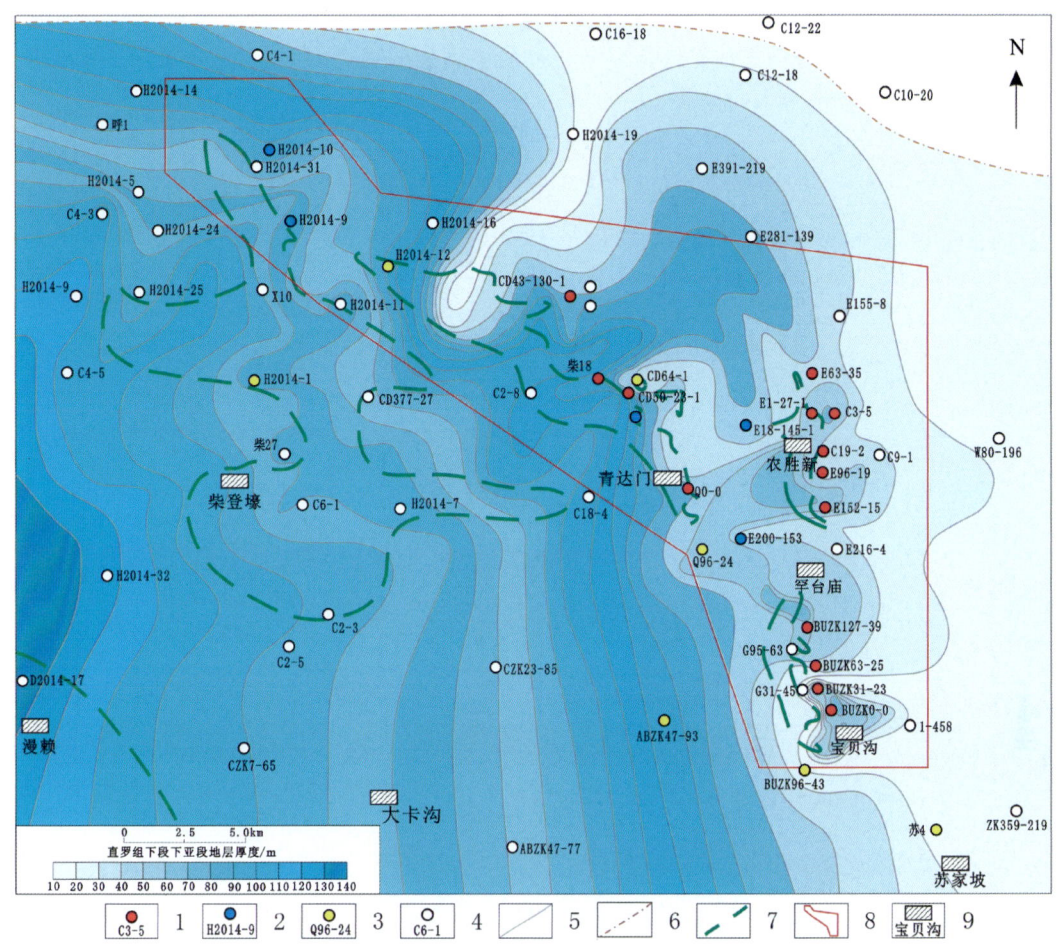

图 7-4　柴登壕铀矿床直罗组下段下亚段地层厚度等值线图

1. 工业铀矿孔及其编号；2. 铀矿化孔及其编号；3. 铀异常孔及其编号；4. 无铀矿孔及其编号；5. 等值线；
6. 剥蚀界线；7. 灰色残留体边界及氧化前锋线；8. 柴登壕铀矿床范围；9. 地名

直罗组下段上亚段为湖泊三角洲沉积体系，砂岩厚度明显变薄，连续性变差，"泥-砂-泥"互层频繁出现，岩性为绿色、灰绿色、灰色细砂岩、中砂岩、泥岩、粉砂岩。砂岩在剖面上主要以透镜体产出，砂岩胶结程度较差，结构较松散，见平行层理和小型交错层理，局部（常见于底部）见泥砾，呈叠瓦状排列，具冲刷痕迹。内部的泥岩夹层，尤其是泥岩同砂岩的接触面上多见褐铁矿化呈面状分布，局部见铀矿化主要分布于砂岩的底部。

直罗组上段为干旱古气候条件下的曲流河沉积体系和湖泊三角洲沉积体系，为一套原生红色碎屑岩建造，砂岩相对不发育。岩性以砂岩与粉砂岩、泥岩互层为主，其中泥岩、粉砂岩呈褐红、紫红、紫色，内多含砂质团块或巢状砂，砂岩呈紫色、灰绿色、褐红色，普遍发育褐铁矿化，并呈斑状或带状沿裂隙分布。直罗组上段是良好的区域隔水层。

二、辫状河三角洲铀储层特征

柴登壕铀矿床直罗组下段下亚段砂岩厚度为 6.90～130.70m，平均厚 43.76m，总体上呈北西-南东向展布，并可分为漫赖和青达门两个高值区。漫赖高值区砂岩厚度较大，厚度多大于 80m，最大可达到 130.70m（图 7-5）。该矿床处于 A1-1 主干河道向南东方向延伸的主要分流河道，河道北部较南部变化幅度大，H2014-25—H2014-1 一带可能为主要分流河道的边缘，向东至钻孔 H2014-7 附近砂岩厚度相对较薄。沿 H2014-14—X10—C2-8—C18-4—ABZK47-93 一带可能为次级分流河道，砂岩厚 40～90m，且向两侧迅速递减。在青达门、农胜新、宝贝沟地段砂岩厚度相对较薄,绝大部分为30~40m,呈多个孤岛状零星分布。目前,已发现的工业铀矿体均分布于砂岩厚度急剧突变的部位,这也说明了铀矿化的形成与砂岩厚度的变化有着非常密切的关系。

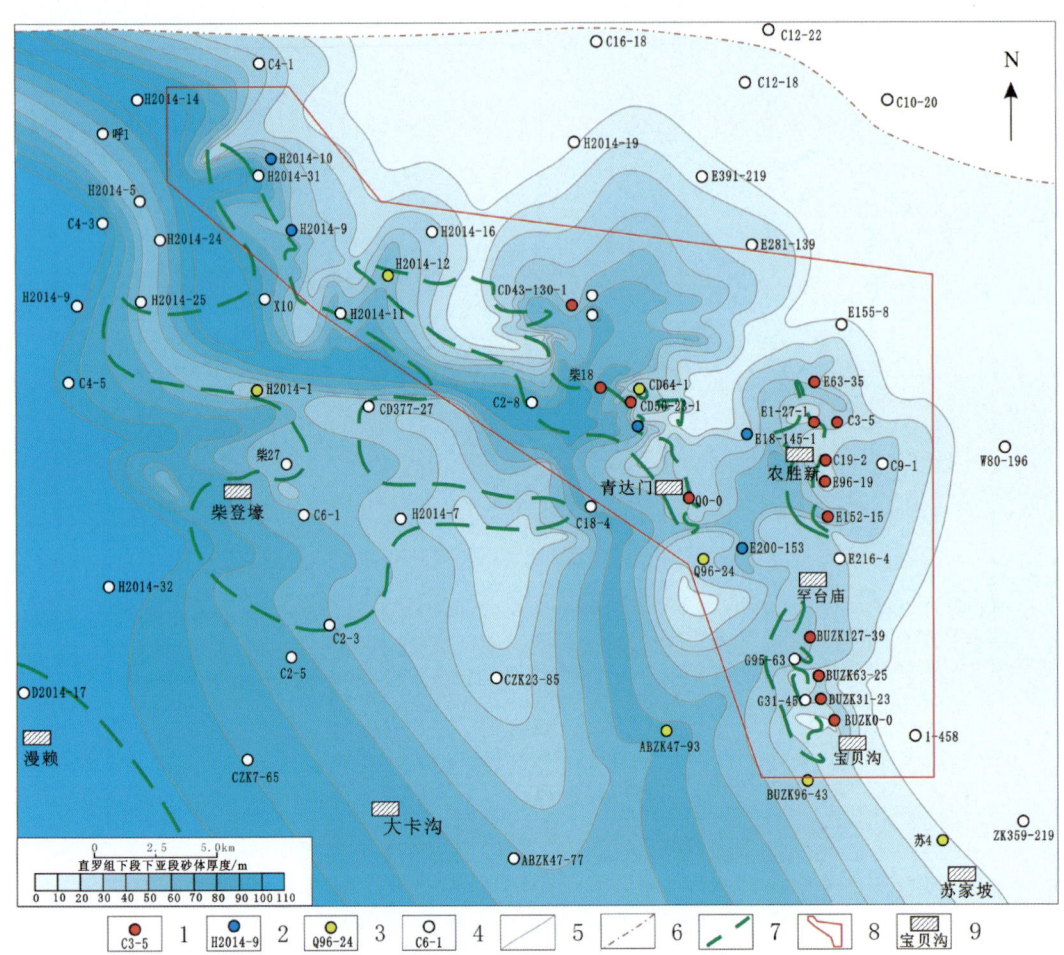

图 7-5 柴登壕铀矿床直罗组下段下亚段砂体厚度等值线图
1.工业矿孔及其编号;2.矿化孔及其编号;3.异常孔及其编号;4.无铀矿孔及其编号;5.等值线;
6.剥蚀界线;7.灰色残留体边界及氧化前锋线;8.矿床范围;9.地名

直罗组下段下亚段含砂率范围为18.75%~100.00%,平均为82.36%。整体来看,矿床含砂率大于90.00%以上的区域约占研究区的一半,低值区多呈孤岛状分布。其中,罕台庙地段低值区和矿床北东部低值区范围相对较大。罕台庙地段低值区呈北西-南东向展布,长约30km,宽约20km,其内部可分为3个小的低值区。矿床北东部低值区与剥蚀区相接触,也呈北西-南东向展布,长约30km,宽约12km,低值区内由南西向北东含砂率逐渐降低,且含砂率低于10%的范围较大。宝贝沟地段低值区范围稍小,呈北西-南东向展布,长约25km,宽约15km。宝贝沟地段含砂率变化大,其工业铀矿体主要发育于含砂率突变的部位。农胜新地段低值区范围最小,走向为东西向,长约12km,宽约4km,含砂率60%~70%,含砂率值在边部变化较大,也是工业铀矿体富集的主要区域。灰色残留体与含砂率的低值区具有一定的重合性,反映含砂率降低的区域是灰色残留体发育的空间(图7-6)。

直罗组下段下亚段以辫状河三角洲沉积体系为主,从中可以细分出辫状分流河道、河道边缘和分流间湾3种成因相,该区则以辫状分流河道及其分流间湾沉积为主。在钻孔H2014-25附近,辫状分流河道开始分叉,形成多条总体呈北西-南东向展布的次级辫状分流河道砂体。在南西区域,漫赖附近砂体较厚且含砂率较高,推测是南西区域的一条主干辫状分流河道。在东部区域,青达门附近再次分叉形成更次级的辫状分流河道。从面前的钻探揭露来看,灰色残留体多发育于河道边缘附近,铀矿体也主要富

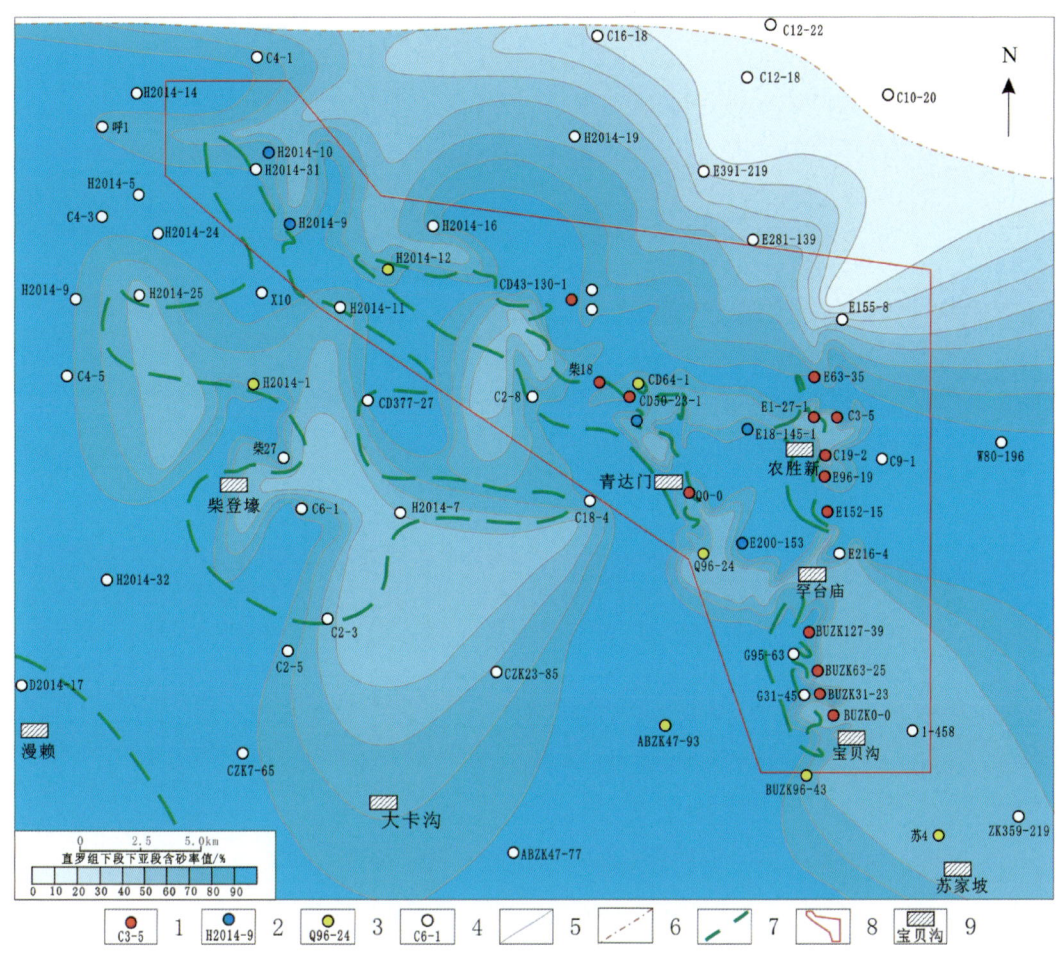

图 7-6 柴登壕铀矿床直罗组下段下亚段含砂率等值线图

1.工业矿孔及其编号；2.矿化孔及其编号；3.异常孔及其编号；4.无铀矿孔及其编号；5.等值线；
6.剥蚀界线；7.灰色残留体边界及氧化前锋线；8.矿床范围；9.地名

集于此。分析认为，位于相邻分流河道之间的分流间湾在沉积期捕集了足量的分散有机质，造成了较强的还原能力，源于辫状分流河道内部的含氧含铀流体难以完全氧化，从而在分流间湾及其与分流河道交互地带形成"灰色残留体"，并导致了铀成矿。所以，沉积相变对于铀矿体的富集具有较强的影响作用（图7-7）。

第三节 水文地质特征

一、水文地质结构

柴登壕铀矿床含水岩组结构比较简单，主要有下白垩统含水层和直罗组含水层。其中下白垩统含水层在区内广泛出露地表，含水层厚度由北东向南西逐渐变厚。直罗组含水岩组下伏于下白垩统之下，分布广泛，出露区分布于工作区的北部及北东部，大部分被下白垩统和第四系覆盖，为柴登壕铀矿床主要赋矿目的层。依据地层划分和水文地质结构特征，可将直罗组含水岩组进一步划分为直罗组上段含水层、直罗组下段上亚段含水层和直罗组下段下亚段含水层（图7-8）。

直罗组下段下亚段含矿含水层具有稳定的"泥-砂-泥"结构，顶底埋深87.00～327.35m，平均埋深

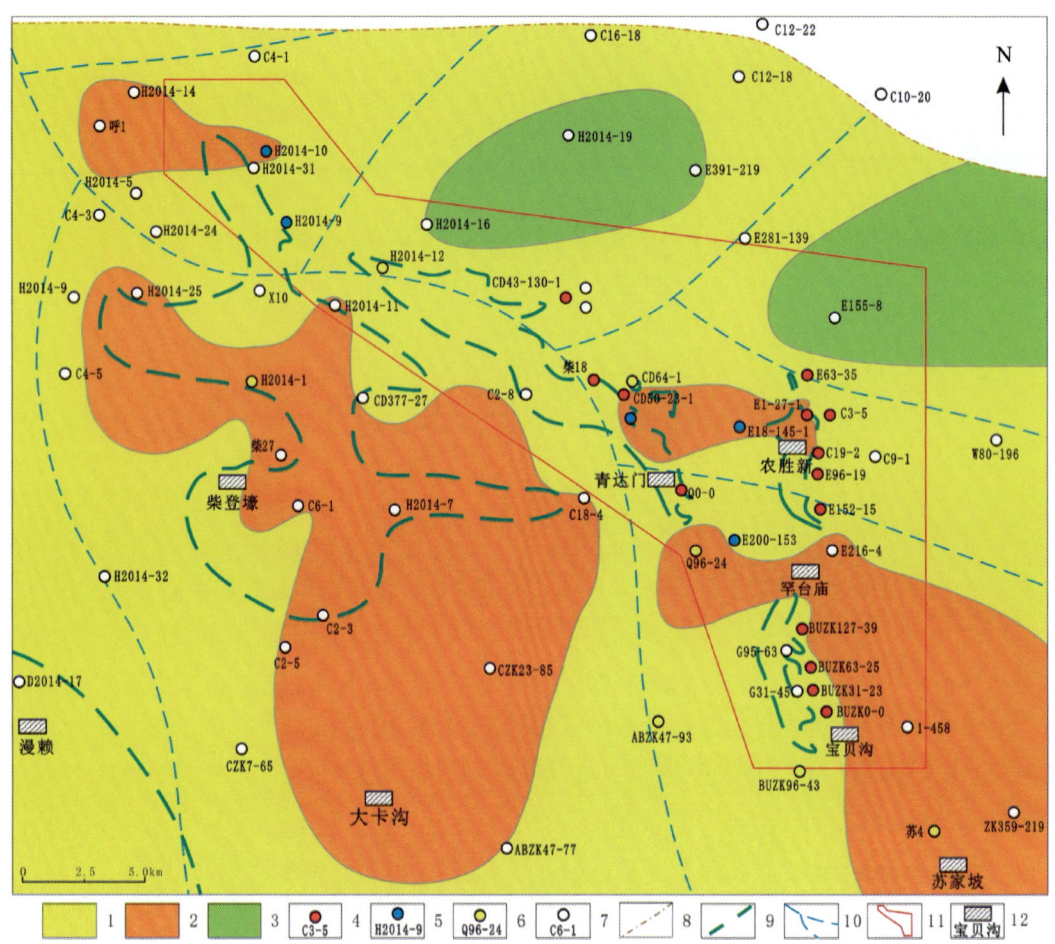

图 7-7 柴登壕铀矿床直罗组下段下亚段沉积相图

1.辫状分流河道；2.河道边缘-分流间湾；3.分流间湾；4.工业铀矿孔及其编号；5.铀矿化孔及其编号；
6.铀异常孔及其编号；7.无铀矿孔及其编号；8.剥蚀界线；9.灰色残留体边界及氧化前锋线；10.古水
流方向；11.柴登壕铀矿床范围；12.地名

207.30m（表7-1）；底板顶面埋深148.90～364.40m，平均埋深247.68m。隔水顶板主要由同组顶部的泥岩、粉砂岩组成，厚度一般为1.0～10.0m，最厚达28.80m，平均为7.57m，局部地段出现"天窗"。厚度大于1.0m的隔水层大面积分布，由于隔水层的隔水性能良好，能阻断直罗组下段上亚段含水层与含矿含水层发生水力联系；厚度小于1.0m的隔水层呈"孤岛状"，小面积分布，隔水性差，并在"孤岛状"中存在以单个钻孔控制的"天窗"，使得直罗组下段上亚段含水层与含矿含水层在"天窗"部位段发生水力联系。隔水底板主要由延安组顶部泥岩、粉砂岩组成，底板厚度一般大于3.00m，最小厚度为2.00m，最大厚度为15.52m，平均厚度为7.53m，隔水底板在区域上呈连续、稳定分布，隔水性好。

直罗组下段下亚段含矿含水层岩性为河道砂岩，各粒级砂岩均有，但主要以灰色、灰绿色、绿色粗砂岩、中砂岩为主。碎屑物成分以石英（占71.43%）、长石（占23.57%）为主，花岗岩、火山岩、变质岩、重矿物和云母次之，结构疏松，泥质胶结为主，钙质胶结次之，分选性中等，以次棱角状—次圆状为主，黏粉质含量10.00%～17.00%，平均13.00%。钙质胶结的砂岩呈透镜状分布，单层厚度一般小于1.0m，单层最厚可达6.80m。

含矿含水层厚度明显受矿床北西部的一条分流河道控制，分流河道呈北西-南东向展布，厚度总体变化趋势是由河道中心向其两侧逐渐变薄。位于河道中心沉积区，含水层厚度60～90m。除分流间湾沉积区的含水层厚度小于20m外，其他地段为分流河道向北、东、东南延伸部位，含水层厚20～50m。矿床含矿含水层厚度一般为25.0～50.0m，最小为20.59m，最厚达86.59m，平均厚40.48m（表7-1）。而农胜新和宝贝沟地段砂体厚度较薄，含水层厚度多为30～40m。

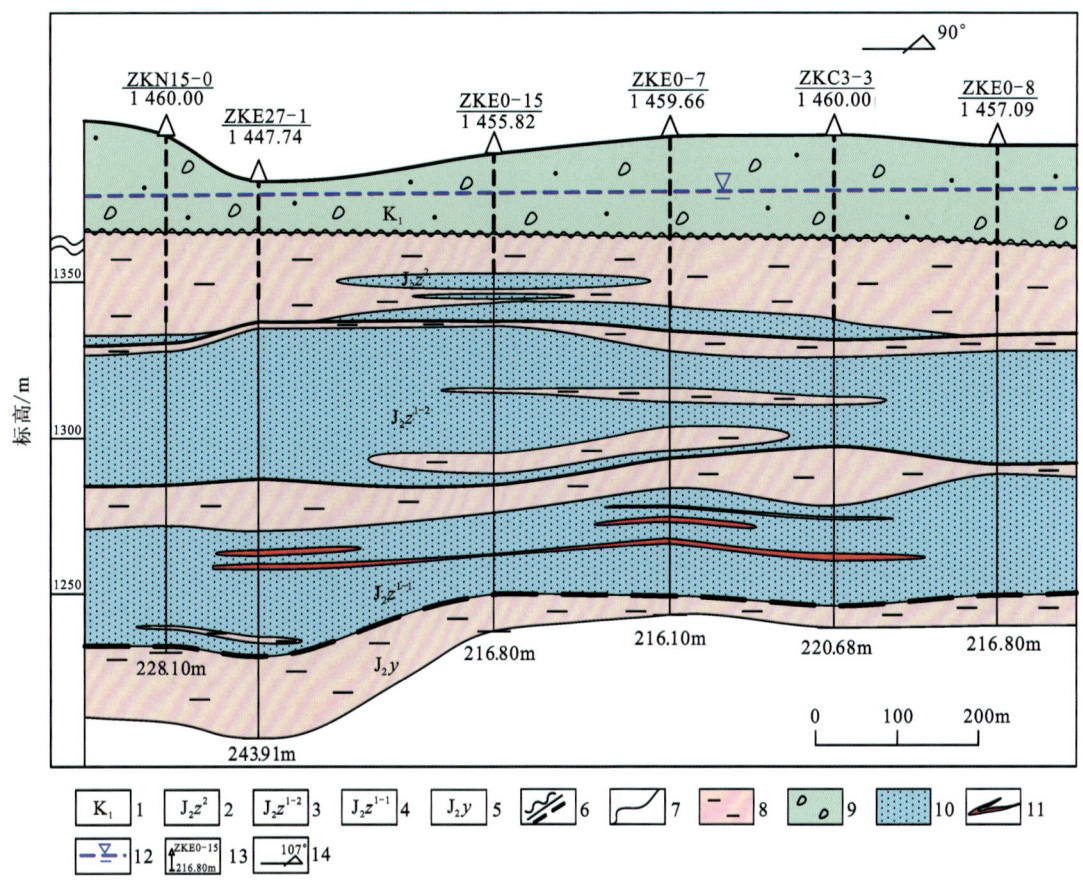

图 7-8 柴登壕铀矿床 E0 水文地质剖面示意图

1.下白垩统;2.直罗组上段;3.直罗组下段上亚段;4.直罗组下段下亚段;5.延安组;6.地层界线;7.岩性界线;
8.隔水层;9.下白垩统透水层、含水层;10.含水层;11.铀矿体;12.推测直罗组地下水等水压线;13.钻孔位置、
孔号和孔深;14.剖面方位

表 7-1 柴登壕铀矿床含矿含水层特征统计表

参数项	顶板底面埋深/m	顶板厚度/m	含水层厚度/m	底板顶面埋深/m	底板厚度/m
平均值	207.30	7.57	40.48	247.68	7.53
最小值	87.00	0.00	20.59	148.90	2.00
最大值	327.35	28.80	86.59	364.40	15.52
统计孔数/个	45	45	45	45	45

二、渗透性及水动力特征

柴登壕铀矿床含矿含水层在矿床内连续、稳定分布,呈泛连通状分布,具有稳定的隔水顶、底板,赋存承压水。含矿含水层由多个沉积韵律层叠置而成,每一个韵律层从下至上由粗粒至细粒组成,与之相对应岩石的渗透性从较强至弱。含矿段岩性以中粒砂岩为主,细粒砂岩次之,结构疏松,泥质胶结为主,粉、泥含量占 4.4%,孔隙较发育,含水性、渗透性均中等。从含矿含水层岩芯水文地质编录来看,大致判断含水层含水性、渗透性为中等偏弱。

柴登壕铀矿床直罗组下段下亚段与皂火壕铀矿床为统一的地下水铀成矿系统,区域上具有类似的地下水补、径、排特征,在矿床范围内存在良好的区域性隔水顶、底板,有效地隔断了与上、下部各含水层间的水力联系,与皂火壕铀矿床具有类似的水文地质特征。

直罗组下段下亚段地下水主要受同一含水层侧向径流的补给,地下水交替较缓慢,由于补、径、排条件差,含矿含水层地下水水化学类型以 $HCO_3·Cl-Na$ 型为主,矿化度在 $1.0g/L$ 左右。从水文地球化学分带规律分析,直罗组下段下亚段属氧化-还原水文地球化学环境。

第四节 岩石地球化学环境

柴登壕铀矿床赋矿层直罗组下段下亚段存在3种岩石地球化学环境类型:原生还原、后生氧化和后生还原。岩石原生还原地球化学类型岩性为灰色砂岩,后生氧化为红色或黄色砂岩,后生还原为灰绿色、绿色砂岩(即古层间氧化带),在区域上与皂火壕铀矿床原生还原、后生氧化和后生还原岩石地球化学类型具有类似的特点。后生氧化为红色或黄色残留体,与皂火壕铀矿床具有类似特征,不再赘述。

直罗组下段下亚段层间氧化带在铀成矿作用过程中是由北向南逐渐推进的,沿氧化作用方向具有完全氧化带(灰绿色、绿色砂岩)、氧化-还原"过渡带"(灰绿色、绿色砂岩与灰色砂岩残留体垂向叠置带)和原生还原带(灰色砂岩)(图7-9)。与皂火壕铀矿床不同的是,柴登壕铀矿床虽然受新构造运动影响,但是相对于皂火壕铀矿床抬升幅度小,直罗组未暴露地表,没有形成对直罗组下段下亚段的二次氧化作用及黄色氧化带和对原有矿体的改造破坏或再次富集。

一、完全氧化带

如前所述,完全氧化带即为砂岩氧化率100%的区域(图7-10),剖面上充满整个含矿含水层,与砂岩呈板状整合产出,产状与地层产状一致。完全氧化带分布于柴登壕铀矿床北东部,如钻孔 H2014-14 位置(图7-9)、钻孔 ZKE0-8 钻孔以南地段(图7-11),主要沿河道砂体厚度大、渗透性好、氧化作用充分的部位发育,与皂火壕矿床具有类似的特点(图7-12)。完全氧化带的底面埋深 94.00~413.20m,平均为 254.23m,底面标高 1 092.80~1 297.00m,平均为 1 189.52m,从北东向南西具有由深变浅的特征。青达门地段氧化带的底面埋深 138.80~413.20m,平均为 267.59m,底面标高 1 092.80~1 230.40m,平均为 1 175.17m,氧化带呈北东-南西向舌状展布,氧化砂岩的厚度逐渐向灰色残留体方向逐渐变薄至尖灭。农胜新地段氧化带的底面埋深 94.00~352.70m,平均为 203.63m,底面标高 1 145.30~1 297.00m,平均为 1 234.53m,且从东西两侧向中间灰绿色、绿色古氧化砂岩逐渐变薄至尖灭。宝贝沟地段氧化带的底面埋深 242.50~322.80m,平均为 284.21m,底面标高 1 138.20~1 210.05m,平均为 1 173.49m,且与农胜新地段具有相类似的特征,从东西两侧向中间灰绿色、绿色古氧化砂体逐渐变薄至尖灭。

二、氧化-还原"过渡带"

氧化-还原"过渡带"是在垂向上灰绿色、绿色砂岩与灰色砂岩叠加的地段,如钻孔 C4-2 与钻孔 BUZK0-0 之间(图7-9)、钻孔 ZKE1-27-1 与钻孔 ZKC3-3 之间(图7-11),即如前所述,0<砂岩氧化率<100%的区域(图7-10),是后生氧化和原生还原两种岩石地球化环境共同发育的部位,位于层间氧化带前锋线即灰绿色、绿色砂岩尖灭线和灰色砂岩尖灭线之间的区域,也不存在真正意义上的过渡环境岩石地球化学类型。灰绿色、绿色砂岩多位于含水层的顶部或中部,厚度为 0~95.00m,平均为 22.51m,一般为 1~3 层,总体表现为"上绿下灰"或"灰绿互层"的特征。氧化带前缘呈"舌"状突出,多呈"指状"或多

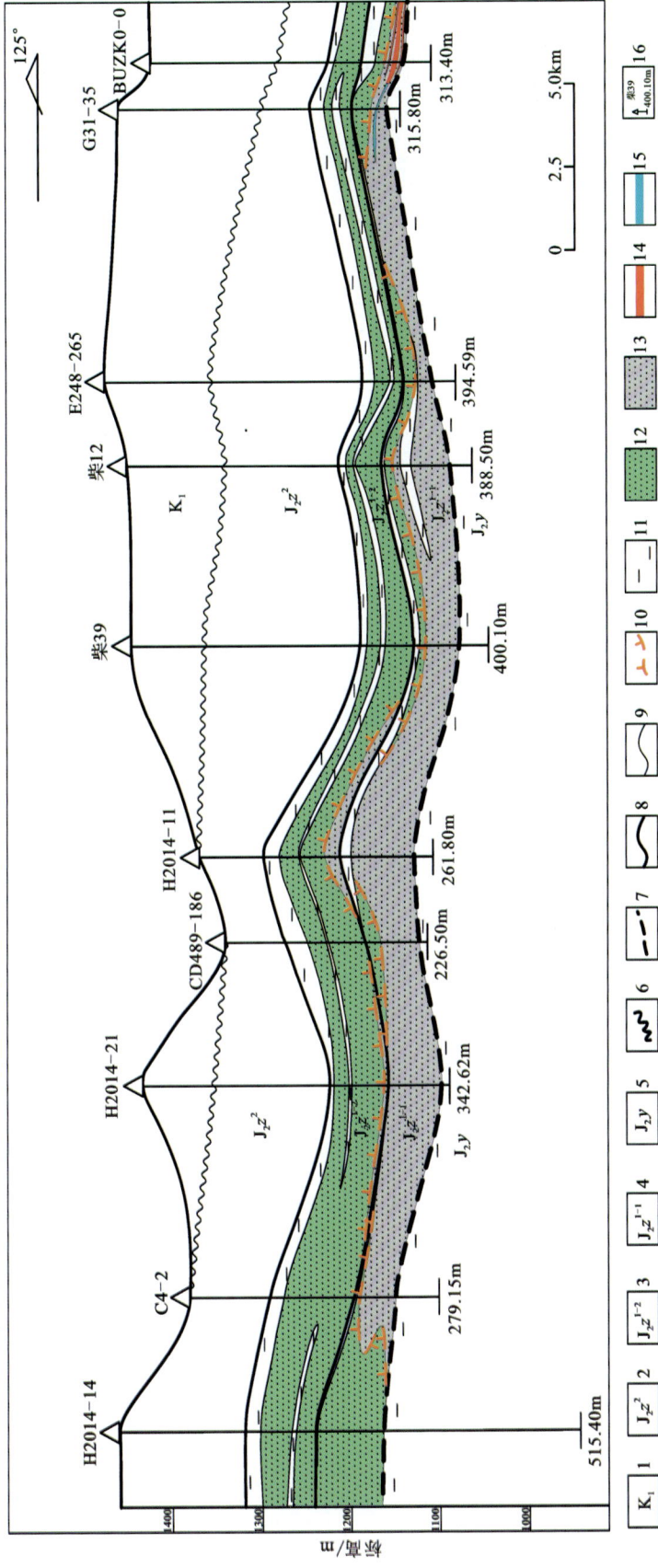

图7-9 柴登壕铀矿床北西—南东向地质综合剖面图

1.下白垩统；2.中侏罗统直罗组上段；3.中侏罗统直罗组下段上亚段；4.中侏罗统直罗组下段下亚段；5.延安组；6.地层角度不整合接触界线；7.地层平行不整合接触界线；8.地层整合接触界线；9.岩性分界线；10.氧化带前锋线；11.泥岩；12.绿色古氧化砂岩；13.灰色砂岩；14.工业铀矿体；15.铀矿化体；16.钻孔位置，孔号及反孔深

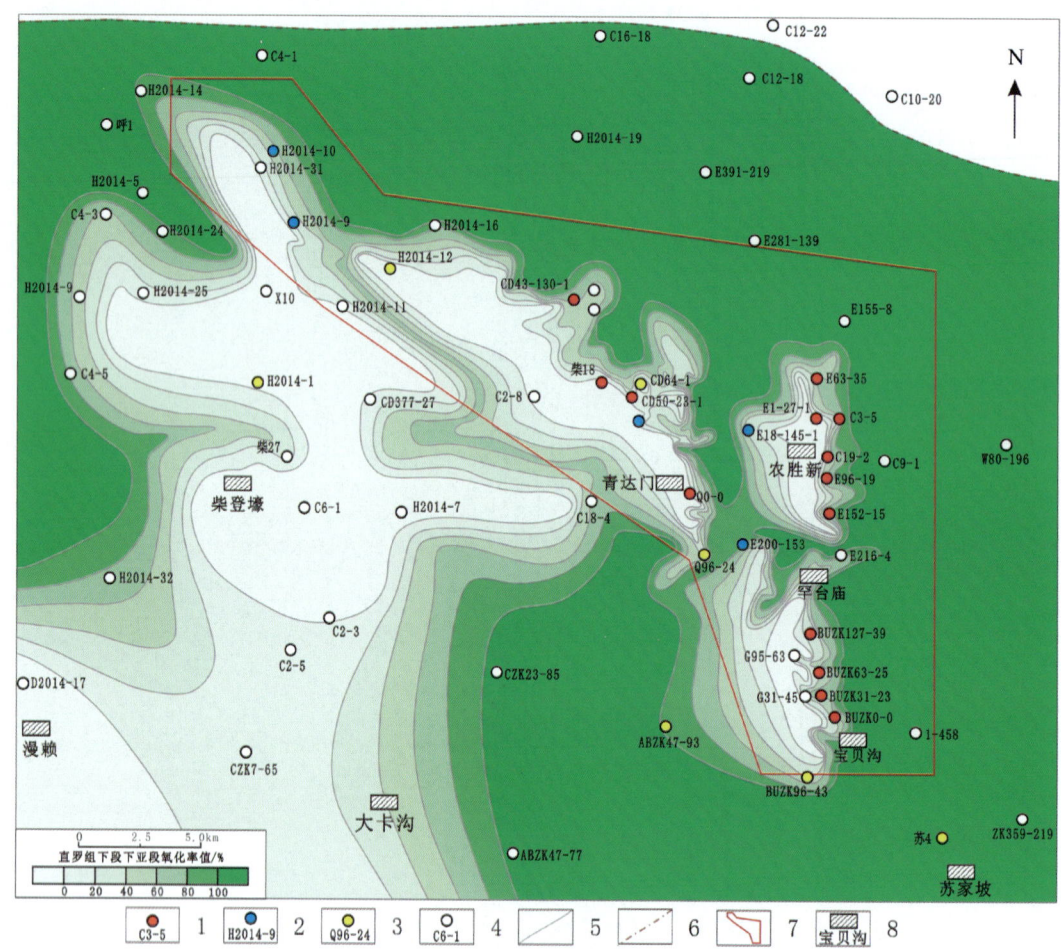

图 7-10 柴登壕铀矿床直罗组下段下亚段氧化率等值线图

1.工业矿孔及其编号；2.矿化孔及其编号；3.异常孔及其编号；4.无铀矿孔及其编号；
5.等值线；6.剥蚀界线；7.柴登壕铀矿床范围；8.地名

个"舌状"向灰色砂岩残留体方向尖灭，形态上具有较为典型的层间氧化带特征。灰色砂岩中多见碳屑、黄铁矿等还原介质。显微镜下常见一些钛铁矿被锐钛矿取代，另一些钛铁矿遭受部分氧化，中心残留钛铁矿。炭化植物碎屑或有机质细脉部分被氧化，同时伴生有较多浸染状分布的细粒黄铁矿。

"过渡带"沿完全氧化带向南东方向大面积展布，沿青达门（钻孔 C6-8—C2-10—Q0-0 一带）、农胜新和宝贝沟（钻孔 G127-55—G31-45 一带）3 个灰色砂岩残留体周边形成环状氧化，氧化带前锋线（灰绿色、绿色砂岩尖灭线）沿灰色残留体呈北西-南东向的透镜状环形展布，铀矿体产于 3 个灰色残留体与完全氧化带之间的"过渡带"内（图 7-12）。由于完全氧化带向南东方向发育多个"舌状"体（钻孔柴 9 一带、1079-163 一带和 E216-89 一带），完全氧化带前锋线（灰色砂体尖灭线）呈锯齿状特点，使"过渡带"形态较为复杂，呈不规则状北西-南东向展布。灰色残留体与完全氧化带之间的"过渡带"宽度总体上较窄，青达门地段发育宽度 0.5～2.5km，农胜新地段发育宽度 0.2～2.2km，宝贝沟地段发育宽度 0.2～2.0km。

三、原生还原带

柴登壕铀矿床原生还原带以青达门、农胜新和宝贝沟 3 个灰色砂岩残留体的形式存在，如钻孔 ZKN15-0 位置（图 7-11），均呈 3 个大小不等的透镜体展布，铀矿体明显受灰色砂岩残留体控制，产于其边缘即灰绿色砂岩尖灭线位置（图 7-12）。

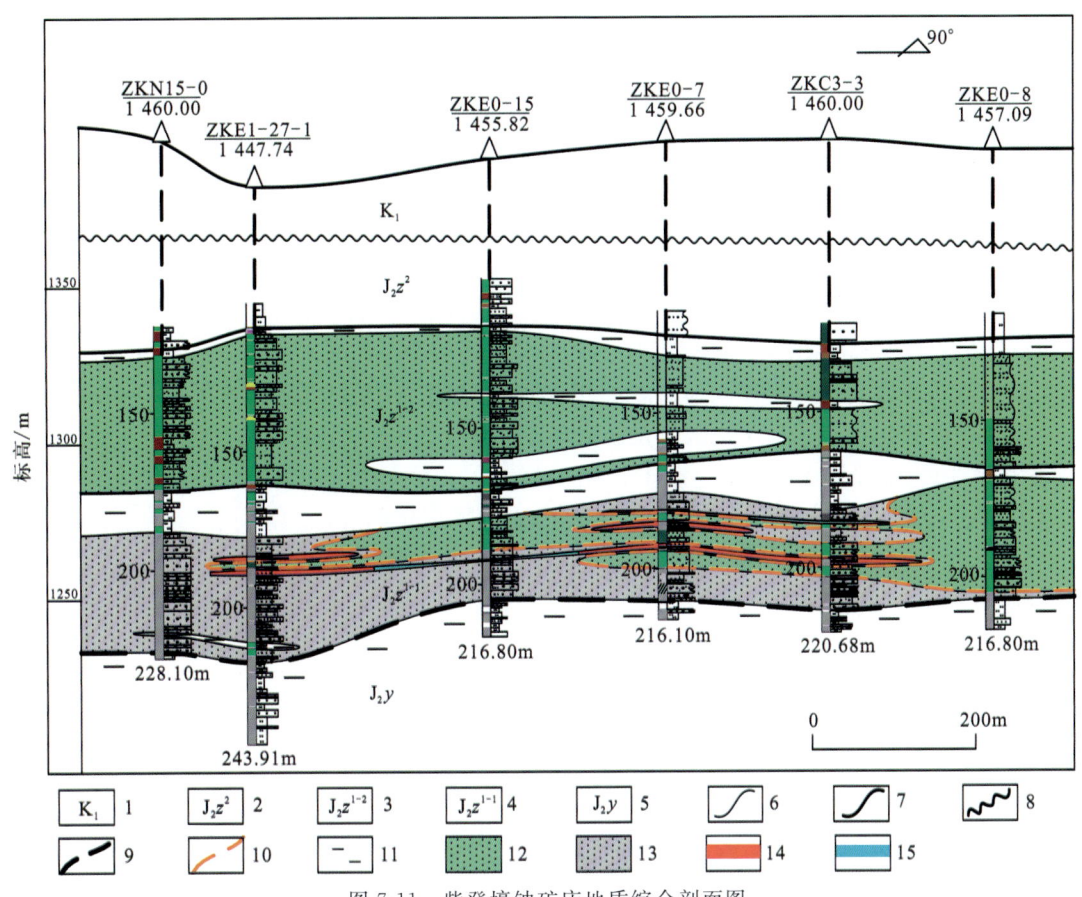

图 7-11 柴登壕铀矿床地质综合剖面图

1.下白垩统；2.直罗组上段；3.直罗组下段上亚段；4.直罗组下段下亚段；5.延安组；6.岩性界线；
7.地层整合接触界线；8.地层角度不整合接触界线；9.地层平行不整合接触界线；10.古层间氧化
带前锋线；11.泥岩；12.绿色砂岩；13.灰色砂岩；14.工业铀矿体；15.铀矿化体

青达门灰色残留体呈北西-南东向带状展布，规模相对较大。残留体长约 17km，宽 1.0～4.0km，面积约 28km²，环形氧化带前锋线长约 36km。铀矿体产于灰色残留体北东边缘，呈北西向串珠式展布。农胜新灰色残留体呈近南北向条带状展布，长约 5.5km，宽 0.2～1.0km，面积约 3.0km²，环形氧化带前锋线长约 15km。铀矿体产于灰色残留体东部边缘，呈南北向透镜状展布。宝贝沟灰色残留体也呈近南北向带状展布，局部呈齿状向东凸出，长约 6.3km，宽 0.2～2.0km，面积约 7.0km²，环形氧化带前锋线长约 15km。铀矿体产于灰色残留体东部边缘，呈南北向带状展布。

总体上，柴登壕铀矿床直罗组下段上亚段被完全氧化，但是其下亚段顶部发育一套河道边缘和泛滥平原沉积，在河道边缘和泛滥平原沉积厚度较薄的部位，下亚段层间氧化较为强烈（图 7-13）；在上亚段河道边缘和泛滥平原沉积厚度较厚的部位，下亚段的层间氧化较弱（图 7-14）。在下亚段内部，多层的河道边缘沉积控制了氧化带的发育，河道边缘沉积层数越多，氧化带越不发育，多层的韵律控制了氧化带的发育层数，氧化带呈多层薄层往前推进。灰色残留体多发育于河道边缘附近。

对柴登壕铀矿床采集和收集的 201 个样品分析结果进行统计，FeO 在灰绿色、绿色砂岩中含量较高，在含矿灰色砂岩中略低，Fe_2O_3 在褐色砂岩中含量较高，在灰色砂岩中最低，$C_{有}$、S^{2-} 和 $S_{全}$ 在含矿灰色砂岩中最高，在灰绿色、绿色砂岩中最低，可能与灰绿色、绿色砂岩经过一次氧化作用时，$C_{有}$、S^{2-} 和 $S_{全}$ 被氧化水带走，在灰绿色、绿色砂岩与灰色砂岩过渡的部位重新富集有关，从 ΔEh 可以看出，含矿灰色砂岩还原性最强，灰绿色、绿色砂岩的还原性与灰色砂岩相当，褐色砂岩的还原性最弱（表 7-2）。

第五节 矿体特征

一、矿体空间分布特征

柴登壕铀矿床矿体赋存于直罗组下段下亚段砂岩中。平面上,铀矿体产于灰色残留体的边界附近,受灰色残留体边界控制作用较为明显(图7-12),矿体宽100~900m,长0.2~5.2km。其中,青达门地段铀矿体产于灰色残留体北东部边界附近的氧化-还原叠置带内,矿体宽200m,长0.2~2.5km;农胜新和宝贝沟地段铀矿体分别位于其灰色残留体东部边界附近的氧化-还原叠置带内,整体上呈近南北向条带状展布,矿体宽100~900m,长约5km,累计矿体面积约3.2km²。矿体产出于辫状河三角洲平原的辫状分流河道砂体中,矿体上、下一般发育有河道边缘沉积(图7-13、图7-14)。

在剖面上,铀矿体发育于灰绿色、绿色砂岩下部相邻的灰色砂岩中,呈单层状(图7-9),同时发育于灰绿色、绿色砂岩上部和下部相邻的灰色砂岩中,呈双层状或多层状产出(图7-11、图7-13~图7-16)。受古层间氧化-还原界面的控制明显,呈板状、多层板状产出,局部呈透镜状。

总体上,柴登壕铀矿床的矿体分布较为分散,主矿体北部和南部矿体标高相差不大,产状平缓,但受地形的影响,矿体埋深略有变化,由北向南埋深逐渐增大。

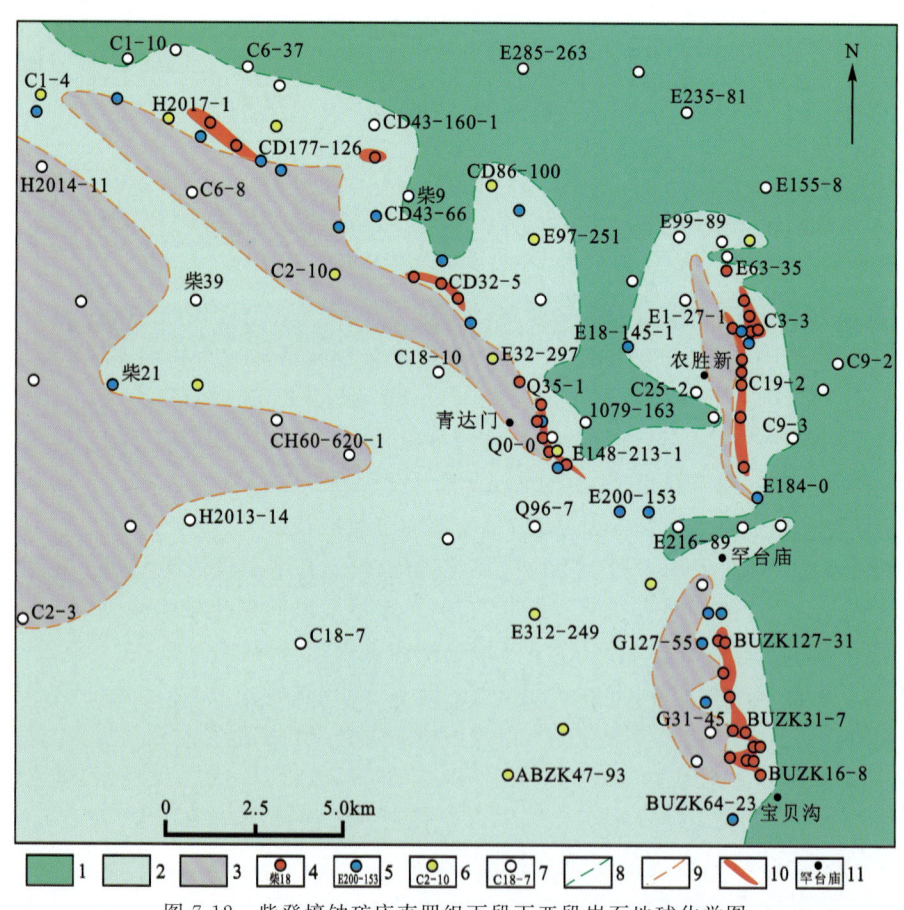

图7-12 柴登壕铀矿床直罗组下段下亚段岩石地球化学图

1.完全氧化带;2.氧化还原叠置带;3.还原带(灰色残留体);4.工业矿孔及编号;5.矿化孔及编号;6.异常孔及编号;7.无矿孔及编号;8.氧化带与叠置带分界线;9.灰色残留体边界线;10.铀矿体;11.地名

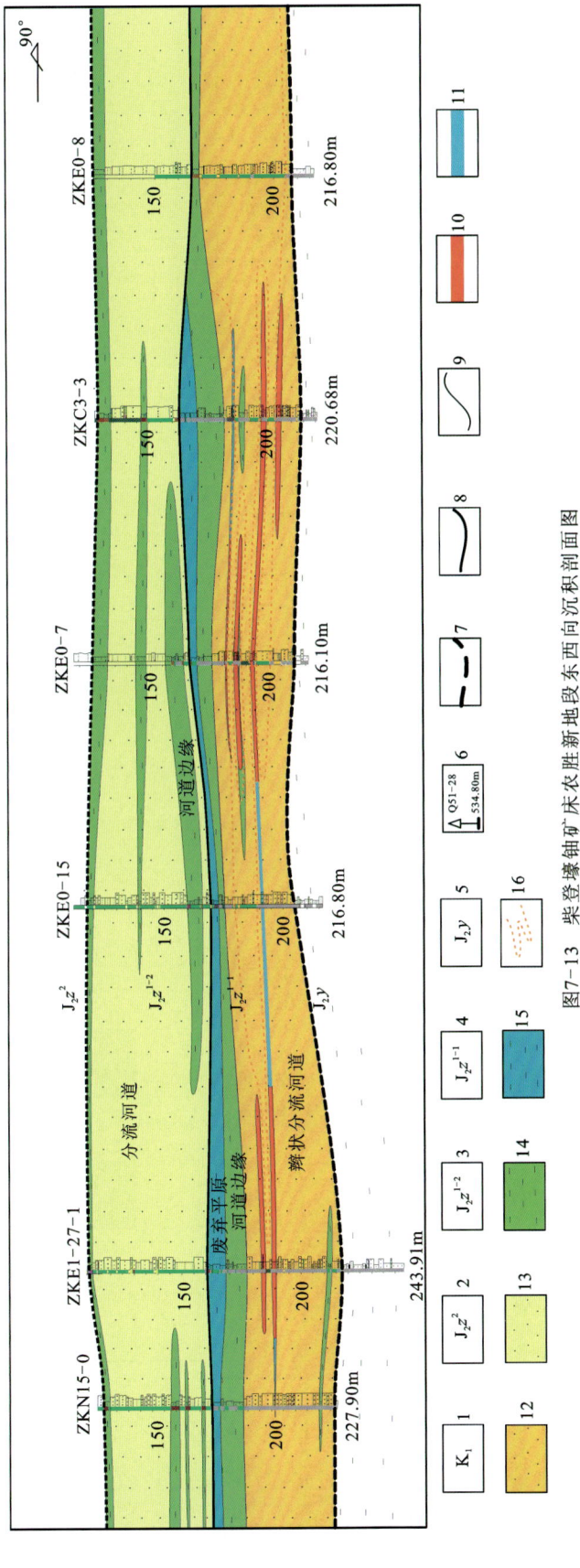

图7-13 柴登壕铀矿床农胜新地段东西向沉积剖面图

1.下白垩统；2.直罗组上段；3.直罗组下段上亚段；4.直罗组下段下亚段；5.延安组；6.钻孔；7.层位界面；8.直罗组下段上下亚段界线；9.相边界；10.工业铀矿体；11.铀矿化体；12.辫状分流河道；13.分流河道；14.河道边缘；15.废弃平原；16.氧化带前锋线

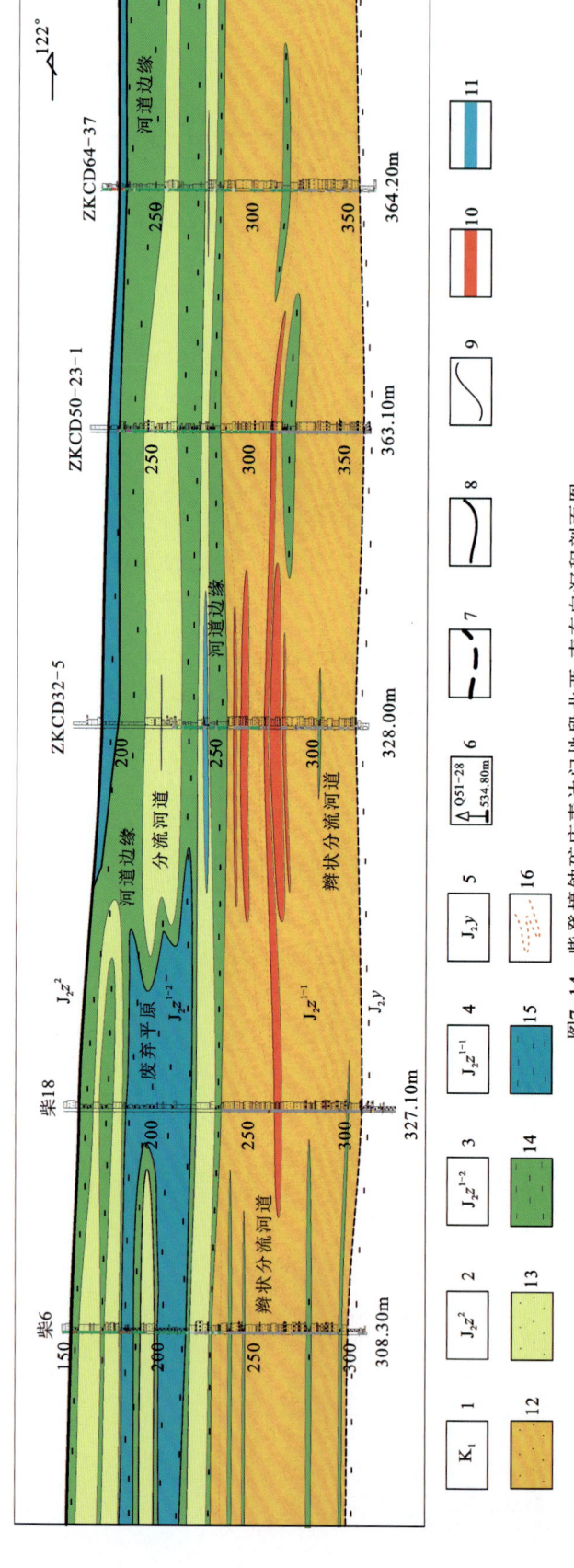

图7-14 柴登壕铀矿床青达门地段北西—南东向沉积剖面图

1.下白垩统；2.直罗组上段；3.直罗组下段上亚段；4.直罗组下段下亚段；5.延安组；6.钻孔；7.层位界线；8.直罗组下段上下亚段界线；9.相边界；10.工业铀矿体；11.铀矿化体；12.辫状分流河道；13.分流河道；14.河道边缘；15.废弃平原；16.氧化带前锋线

表 7-2 柴登壕铀矿床岩石地球化学环境指标样品分析结果

岩石类型	$\omega(FeO)$/%	$\omega(Fe_2O_3)$/%	$\omega(C_{有})$/%	$\omega(S^{2-})$/%	$\omega(S_{全})$/%	$\omega(\Delta Eh)$/mV	样品数/个
褐色砂岩	1.34	2.99	0.29	0.15	0.22	25.00	12
灰绿色、绿色砂岩	1.60	1.72	0.13	0.02	0.04	31.54	93
灰色砂岩	1.27	1.46	0.22	0.12	0.19	31.70	82
含矿灰色砂岩	1.43	2.11	0.55	0.36	0.56	33.00	14

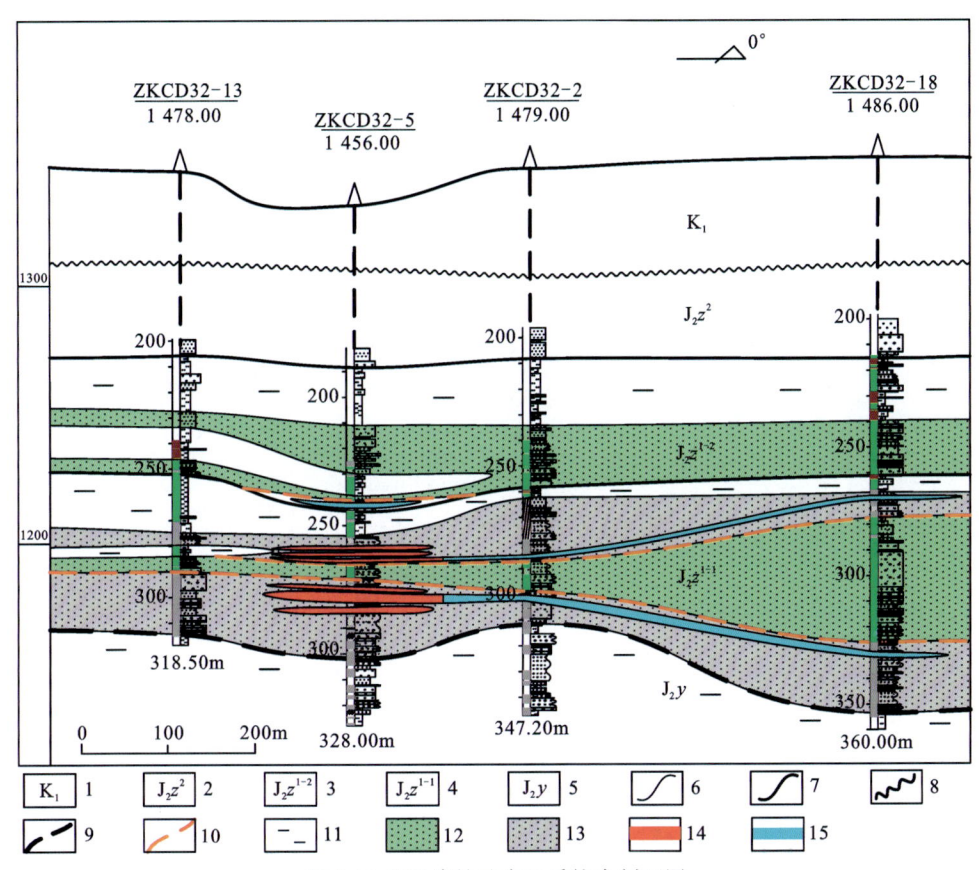

图 7-15 柴登壕铀矿床地质综合剖面图

1.下白垩统；2.直罗组上段；3.直罗组下段上亚段；4.直罗组下段下亚段；5.延安组；6.岩性界线；7.地层整合接触界线；8.地层角度不整合接触界线；9.地层平行不整合接触界线；10.古层间氧化带前锋线；11.泥岩；12.绿色砂岩；13.灰色砂岩；14.工业铀矿体；15.铀矿化体

二、矿体产出特征

青达门地段南部矿体顶面埋深范围为 298.65～339.35m，平均为 323.00m，变异系数为 5.00%，顶面标高范围为 1 152.64～1 166.81m，平均为 1 161.10m，变异系数为 0.55%；底面埋深范围为 306.85～344.65m，平均为 330.15m，变异系数为 5.05%，底面标高范围为 1 145.04～1 163.51m，平均为 1 153.95m，变异系数为 0.63%（表 7-3）。北部矿体顶面埋深范围为 175.35～310.85m，平均为 250.43m，变异系数为 20.79%，顶面标高范围为 1 144.15～1 252.62m，平均为 1 194.18m，变异系数为 3.33%；底面埋深范

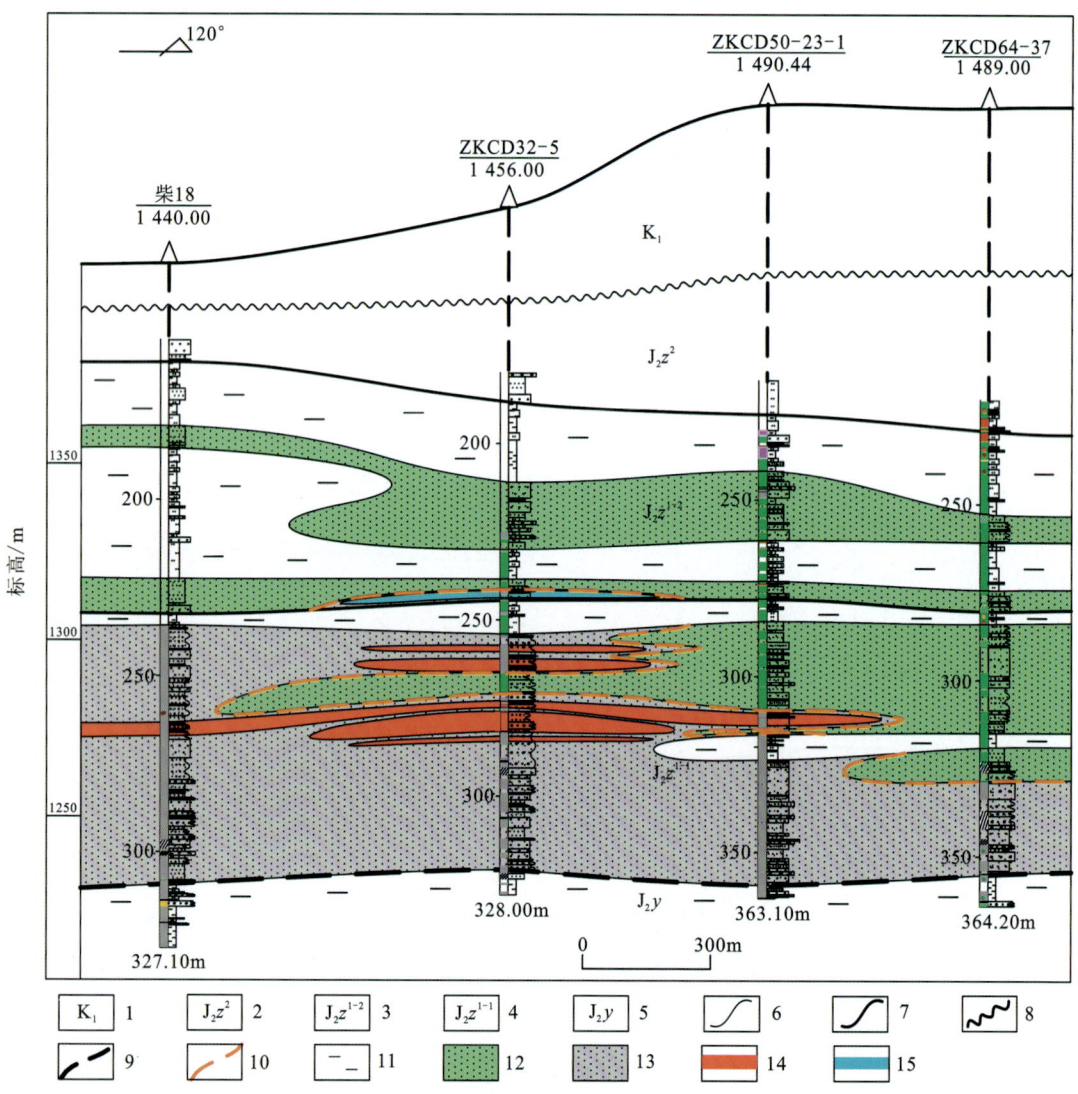

图 7-16 柴登壕铀矿床地质综合剖面图

1.下白垩统；2.直罗组上段；3.直罗组下段上亚段；4.直罗组下段下亚段；5.延安组；6.岩性界线；7.地层整合接触界线；8.地层角度不整合接触界线；9.地层平行不整合接触界线；10.古层间氧化带前锋线；11.泥岩；12.绿色砂岩；13.灰色砂岩；14.工业铀矿体；15.铀矿化体

围为 179.05~313.35m，平均为 255.31m，变异系数为 20.22%，底面标高范围为 1 142.15~1 248.92m，平均为 1 189.30m，变异系数为 3.30%（表7-4）。

表 7-3 青达门地段南部矿体埋深及标高统计表

统计类别		变化范围/m	平均值/m	变异系数/%	钻孔数/个
顶面	埋深	298.65~339.35	323.00	5.00	6
	标高	1 152.64~1 166.81	1 161.10	0.55	
底面	埋深	306.85~344.65	330.15	5.05	
	标高	1 145.04~1 163.51	1 153.95	0.63	

表 7-4　青达门地段北部矿体埋深及标高统计表

统计类别		变化范围/m	平均值/m	变异系数/%	钻孔数/个
顶面	埋深	175.35～310.85	250.43	20.79	6
	标高	1 144.15～1 252.62	1 194.18	3.33	
底面	埋深	179.05～313.35	255.31	20.22	
	标高	1 142.15～1 248.92	1 189.30	3.30	

农胜新地段矿体顶面埋深范围为154.75～213.55m,平均为186.48m,变异系数为9.00%,顶面标高范围为1 212.55～1 278.40m,平均为1 255.50m,变异系数为1.39%;底面埋深范围为157.05～215.85m,平均为193.56m,变异系数为8.43%,底面标高范围为1 210.15～1 265.30m,平均为1 248.42m,变异系数为1.25%(表7-5)。

表 7-5　农胜新地段矿体埋深及标高统计表

统计类别		变化范围/m	平均值/m	变异系数/%	钻孔数/个
顶面	埋深	154.75～213.55	186.48	9.00	11
	标高	1 212.55～1 278.40	1 255.50	1.39	
底面	埋深	157.05～215.85	193.56	8.43	
	标高	1 210.15～1 265.30	1 248.42	1.25	

宝贝沟地段矿体顶面埋深范围为259.25～307.55m,平均为281.85m,变异系数为6.02%,顶面标高范围为1 137.15～1 196.51m,平均为1 173.59m,变异系数为1.44%;底面埋深范围为270.45～310.55m,平均为289.18m,变异系数为4.61%,底面标高范围为1 131.65～1 189.44m,平均为1 166.26m,变异系数为1.41%(表7-6)。

表 7-6　宝贝沟地段矿体埋深及标高统计表

统计类别		变化范围/m	平均值/m	变异系数/%	钻孔数/个
顶面	埋深	259.25～307.55	281.85	6.02	12
	标高	1 137.15～1 196.51	1 173.59	1.44	
底面	埋深	270.45～310.55	289.18	4.61	
	标高	1 131.65～1 189.44	1 166.26	1.41	

三、矿体厚度、品位及平米铀量

柴登壕铀矿床主矿体厚度范围为1.00～12.20m,平均值为4.31m,变异系数为58.25%;品位范围为0.013 2%～0.060 6%,平均值为0.028 3%,变异系数为45.81%;平米铀量范围为1.01～12.94kg/m^2,平均值为2.74kg/m^2,变异系数为94.89%。总体上矿体厚度、品位及平米铀量变化均较大(表7-7)。

矿体分布于青达门、农胜新和宝贝沟地段3个不同的灰色残留体的边界附近,空间分布上较为分散,不同地段含矿砂岩厚度、氧化带发育情况及砂岩渗透性等情况各不相同,因此不同地段矿体的品位、厚度和平米铀量值不尽相同。

表 7-7　柴登壕铀矿床矿体厚度、品位、平米铀量特征统计表

统计类别	变化范围	平均值	变异系数/%	钻孔数/个
厚度	1.00~12.20m	4.31m	58.25	35
品位	0.013 2%~0.060 6%	0.028 3%	45.81	
平米铀量	1.01~12.94kg/m²	2.74kg/m²	94.89	

青达门地段南部矿体厚度范围为3.10~6.10m,平均为4.62m,变异系数为25.57%;品位变化范围为0.018 4%~0.060 6%,平均为0.027 1%,变异系数为61.13%;平米铀量范围为1.23~7.17kg/m²,平均为2.82kg/m²,变异系数为77.65%(表7-8),平米铀量的平面展布与厚度具有相类似的特征,厚度大和平米铀量较大的钻孔全部位于灰色残留体边界附近,且位于还原带ZKE68-263钻孔的平米铀量达到7.17kg/m²,推测可能为矿体的卷头部位。总体上,青达门地段南部矿体的厚度、品位变化较中,连续性相对较好,在灰色残留体的边缘附近矿体厚度、品位及平米铀量相对较大,受灰色残留体控制明显。青达门地段北部矿体厚度范围为2.00~7.50m,平均为4.22m,变异系数为48.84%;品位变化范围为0.018 3%~0.048 3%,平均为0.030 0%,变异系数为36.71%;平米铀量范围为1.01~4.14kg/m²,平均为2.66kg/m²,变异系数为50.65%(表7-9)。平米铀量的平面展布与厚度具有相类似的特征,厚度大、平米铀量较大的钻孔全部位于灰色残留体边界附近,呈"串珠状"展布。总体上,青达门地段北部矿体的厚度、品位及平米铀量变化较大,连续性差,厚度大、平米铀量大的钻孔均分布于灰色残留体边界附近。

表 7-8　青达门地段南部矿体厚度、品位、平米铀量特征统计表

统计类别	变化范围	平均值	变异系数/%	钻孔数/个
厚度	3.10~6.10m	4.62m	25.57	6
品位	0.018 4%~0.060 6%	0.027 1%	61.13	
平米铀量	1.23~7.17kg/m²	2.82kg/m²	77.65	

表 7-9　青达门地段北部矿体厚度、品位、平米铀量特征统计表

统计类别	变化范围	平均值	变异系数/%	钻孔数/个
厚度	2.00~7.50m	4.22m	48.84	6
品位	0.018 3%~0.048 3%	0.030 0%	36.71	
平米铀量	1.01~4.14kg/m²	2.66kg/m²	50.65	

农胜新地段矿体厚度范围为2.30~5.48m,平均为3.63m,变异系数为31.87%,;品位变化范围为0.013 2%~0.033 3%,平均为0.020 0%,变异系数为27.82%;平米铀量范围为1.02~2.56kg/m²,平均为1.51kg/m²,变异系数为31.86%(表7-10)。总体上,农胜新地段矿体的厚度、品位及平米铀量较低,且变化较小,连续性较好,矿体厚度较稳定,厚度高值区(厚度>2m)整体呈"串珠状"南北向展布,且主要

分布于 E0 号勘探线附近,厚度低值区(厚度<2m)分布于高值区的周围,呈近南北向带状展布分布于灰色残留体的东部。平米铀量总体变化均匀,呈南北向展布,平米铀量较大的钻孔全部位于灰色残留体东部边界附近。

表 7-10　农胜新地段矿体厚度、品位、平米铀量特征统计表

统计类别	变化范围	平均值	变异系数/%	钻孔数/个
厚度	2.30~5.48m	3.63m	31.87	11
品位	0.013 2%~0.033 3%	0.020 0%	27.82	
平米铀量	1.01~2.56kg/m²	1.51kg/m²	31.86	

宝贝沟地段矿体厚度范围为 1.00~12.20m,平均为 4.82m,变异系数为 80.04%;品位变化范围为 0.015 0%~0.058 9%,平均为 0.035 5%,变异系数为 38.40%;平米铀量范围为 1.01~12.94kg/m²,平均为 3.88kg/m²,变异系数为 99.28%(表 7-11)。总体上矿体厚度较稳定,厚度较大的钻孔有 3 个 (BUZK127-31、BUZK31-7、BUZK0-7),厚度高值区(厚度>4m)整体呈"串珠状"南北向展布,低值区(厚度<4m)分布于高值区的周围,呈近南北向带状展布。矿体平米铀量总体变化较均匀,高平米铀量的钻孔分布在矿体翼部,层间氧化带前锋线部位平米铀量较小,这也说明矿体卷头不发育。

表 7-11　宝贝沟地段矿体厚度、品位、平米铀量特征统计表

统计类别	变化范围	平均值	变异系数/%	钻孔数/个
厚度	1.00~12.20m	4.82m	80.04	12
品位	0.015 0%~0.058 9%	0.035 5%	38.40	
平米铀量	1.01~12.94kg/m²	3.88kg/m²	99.28	

第六节　矿石特征

一、矿石物质成分

按赋矿岩性划分,柴登壕铀矿床矿石主要为渗透性砂岩,疏松,见少量钙质砂岩(图 7-17),后者厚度较大的视为夹石,铀矿石以含铀碎屑岩性为主。含矿岩性以砂岩为主,通过对铀含量大于 0.05‰ 的砂岩进行统计,矿化在各种粒级中均有分布。含矿砂岩岩性以细粒和中粗粒为主,分别占 20.00%、26.10%,次为中细粒、中粒,分别占 16.60% 和 15.50%。工业矿段含矿岩性则以中粗粒、粗粒砂岩为主,占 65.26%,次为中粒砂岩,占 14.31%。局部为钙质砂岩或煤(表 7-12)。

据柴登壕铀矿床矿化岩石岩矿鉴定统计,各地段矿石组分具有相似特征。矿石以碎屑物为主,平均含量为 89.00%。碎屑主要由单矿物碎屑构成,见少许岩屑。单矿物碎屑主要为石英和长石,石英平均含量约 72%,长石平均含量约 25%,云母含量为 1%~2%,均为黑云母。其中石英以单晶石英为主,条纹长石多发育不同程度的高岭石化,斜长石多绢云母化,黑云母一般可见较强烈的绿泥石化且发生扭曲。岩屑含量很低,但种类较多,如石英岩、云母石英片岩、含碳云母石英片岩、碳硅板岩及花岗岩等。

图 7-17 柴登壕铀矿床矿石岩性特征
a、b. 渗透性砂岩矿芯；c. 钙质砂岩矿芯

表 7-12 柴登壕铀矿床铀矿化在各种粒级中分布统计表

粒级	煤	泥、粉	细粒	中细粒	中粒	中粗粒	粗粒	砂砾	钙质	备注
厚度/m	0.60	4.20	19.22	15.96	14.86	25.10	8.99		7.16	
比例/%	0.60	4.40	20.00	16.60	15.50	26.10	9.40		7.50	

二、矿石化学成分

通过柴登壕铀矿床矿石硅酸盐化学全分析统计结果(表 7-13)，并与地壳克拉克值对比发现，矿石和非矿石中 SiO_2 含量变化不大但较地壳克拉克值均偏低，Al_2O_3 含量明显增加而 CaO 含量降低，说明目的层直罗组下段下亚段砂岩沉积时距离物源较近，砂岩的成分成熟度低。矿石和非矿石中铁的总量均明显增加，其中 FeO 含量普遍很高、Fe_2O_3 含量略有增高，说明在后期蚀变过程中可能有铁的带入。K_2O、Na_2O 含量也明显高于克拉克值，应该和物源有关，且 K_2O 的含量要明显大于 Na_2O，这和沉积岩中含大量黏土矿物及胶体矿物有关，它们对 K 均有很强的吸附能力。

表 7-13 柴登壕铀矿床化学全分析样品分析结果(%)统计表

	SiO_2	FeO	Fe_2O_3	TFe_2O_3	Al_2O_3	TiO_2	MnO	CaO	MgO	P_2O_5	K_2O	Na_2O
矿石平均值	65.14	1.73	1.29	3.21	13.31	0.70	0.06	2.87	1.46	0.13	2.81	1.85
非矿石平均值	67.80	1.48	2.12	3.76	11.96	0.63	0.08	2.75	1.13	0.09	2.76	1.76
克拉克值	78.33	0.30	1.07		4.77	0.25	0.05	5.50	1.16	0.08	1.31	0.45

矿石的岩石化学蚀变指数(CIA)为 67.15%，非矿石的岩石化学蚀变指数(CIA)为 65.57%，说明矿石较非矿石经历的化学风化程度更高。而矿石的成分变异指数(ICV)为 0.75，非矿石的成分变异指数

(ICV)为 0.86,说明矿石和非矿石均经历了再循环或是经历了强烈的化学风化作用,且非矿石的黏土矿物含量较矿石高。另外,矿石较非矿石 FeO 含量增加,而 Fe_2O_3 含量减少,说明在成矿过程中伴随着 Fe^{3+} 向 Fe^{2+} 的转化。

三、矿石结构构造

填隙物由杂基和胶结物两部分组成。杂基主要成分为水云母、高岭石(图 7-18a)(粒间书页片状、蠕虫状高岭石、粒间粒表弯曲片状、片絮状伊蒙混层、伊利石)、伊利石、绿泥石和蒙皂石(图 7-18b)(粒间粒表弯曲片状、蜂窝状蒙皂石),可见少量的金红石,蒙皂石约占黏土总量的 58%。胶结物以水云母、方解石(粒间方解石、粒间粒表蒙皂石)、黄铁矿、针铁矿为主(图 7-18c),局部见少量杂基和伊蒙混层(图 7-18d),粒间粒表伊蒙混层、伊利石、高岭石、铀矿物)。矿石胶结方式主要为孔隙式胶结(图 7-18e),部分为接触式胶结(图 7-18f)。

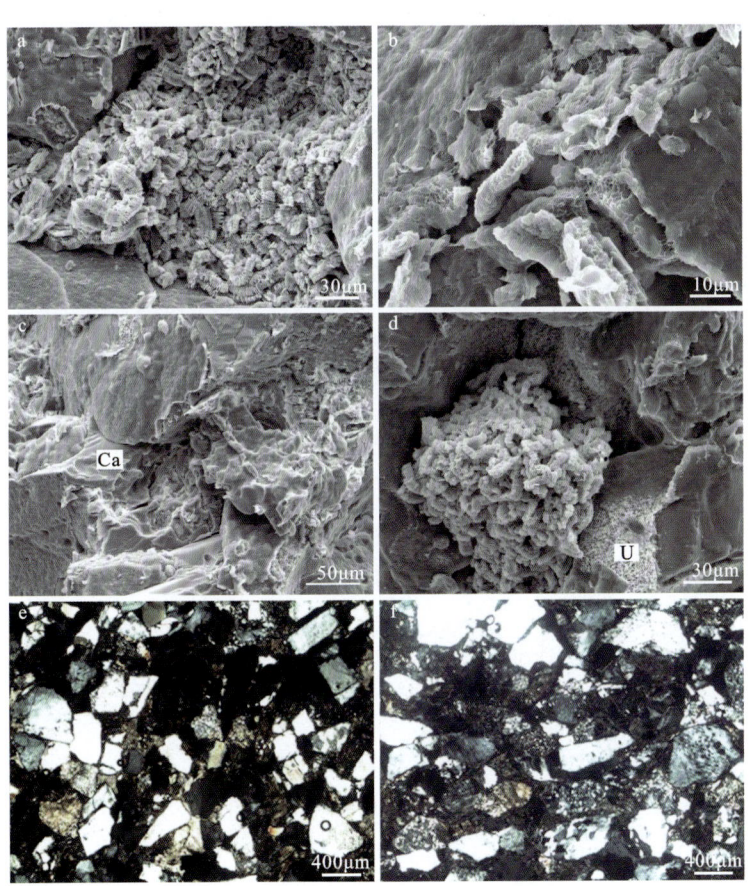

图 7-18 柴登壕铀矿床矿石矿物组构
a.高岭石;b.蒙皂石;c.方解石;d.伊蒙混层;e.孔隙式胶结;f.接触式胶结

四、铀存在形式

通常采用放射性照相、扫描电镜和电子探针微区分析等方法对铀的存在形式进行研究。柴登壕铀矿床铀矿物主要以铀石的形式存在,并以黄铁矿、绿泥石等为核心(图 7-19),附着在其边部,这可能与黄铁矿具有较强的还原性有着密切的联系。另外,铀的富集沉淀与温度、压力等环境的改变密切相关,因而使长石蚀变为绿泥石。

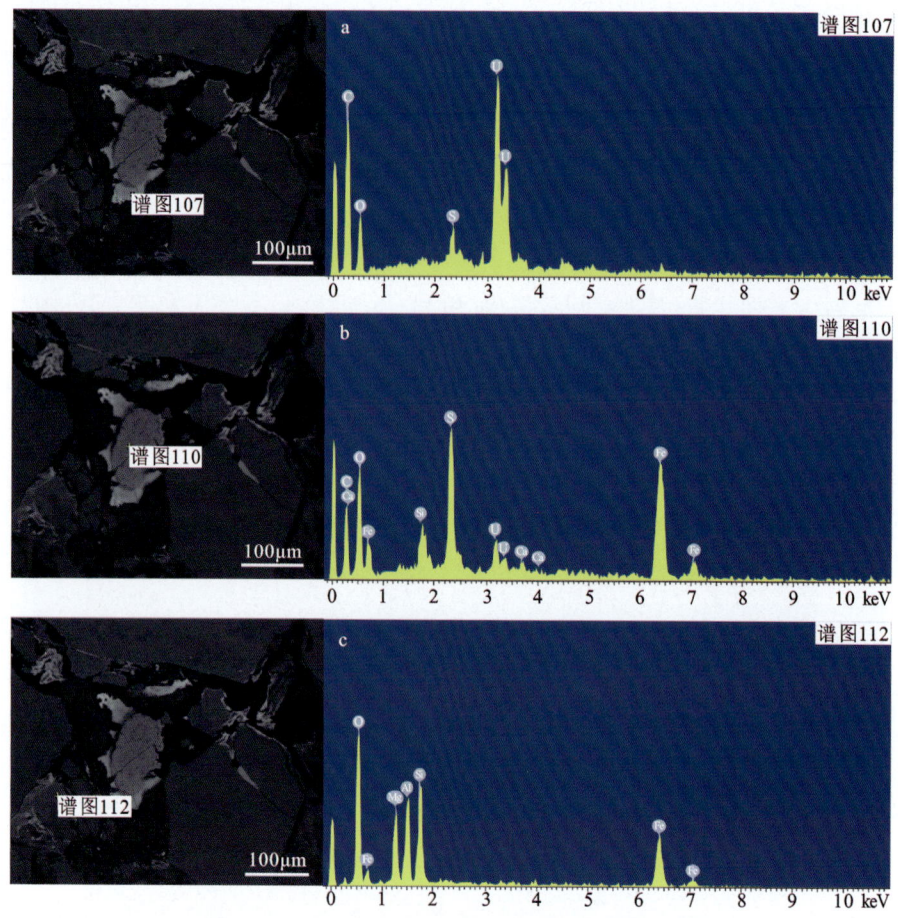

图 7-19　柴登壕铀矿床矿石矿物组构与能谱扫描
a.铀石及其能谱分析；b.黄铁矿及其能谱分析；c.绿泥石及其能谱分析

根据扫描电镜样品分析结果显示，柴登壕铀矿床铀的赋存形态主要为纤维状、丝缕状（图 7-20a）、球状、短柱状（图 7-20b）、粒间微粒状（图 7-20c）以及葡萄状（图 7-20d）。

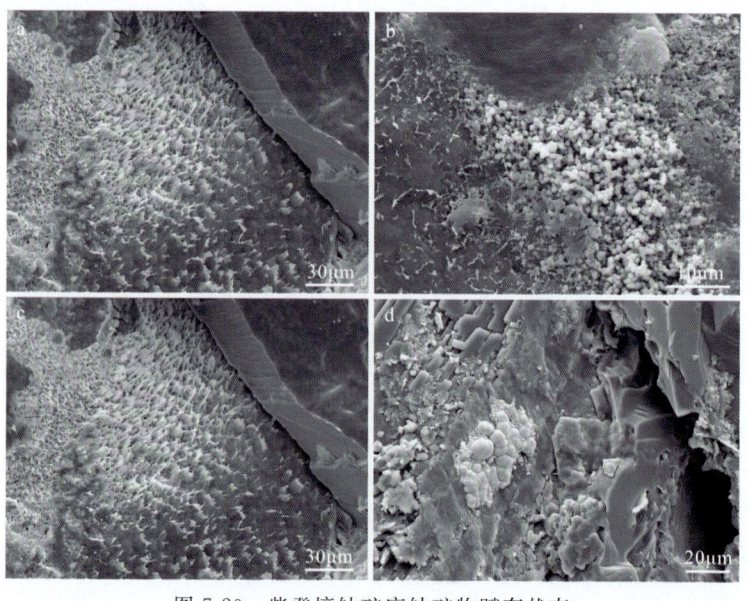

图 7-20　柴登壕铀矿床铀矿物赋存状态
a.纤维状、丝缕状铀矿物；b.铀矿床球状、短柱状铀矿物；c.微粒状铀矿物；d.葡萄状铀矿物

五、铀成矿年龄

根据柴登壕铀矿床矿石样品 U-Pb 法年龄测试结果,青达门地段的 ZKQ68-263 钻孔样品铀成矿年龄为(72±12)Ma(图 7-21a),农胜新地段的 ZKE0-7 钻孔样品铀成矿年龄为(90±5.3)Ma(图 7-21b),相当于晚白垩世早、中期。对比西部纳岭沟铀矿床成矿年龄测试结果表明,ZKN0-7 钻孔样品测得年龄为(61.7±1.8)Ma,相当于古新世;ZKN16-17 钻孔下部矿层样品测得的年龄为(56.0±5.2)Ma,介于古新世—始新世之间,上部矿层样品测得的年龄为(38.1±3.9)Ma,相当于始新世中期。以上结果表明,铀成矿具有长期性和多期性。但是,柴登壕矿床不存在皂火壕铀矿床孙家梁地段卷头矿体(20±2)Ma 和(18±1)Ma 的成矿年龄,为中新世和上新世,也就是说不存在河套断陷形成之后的成矿年龄。柴登壕铀矿床类似于皂火壕铀矿床的沙沙圪台地段和皂火壕地段,没有遭受后期的再次氧化改造及铀的重新富集作用,柴登壕铀矿床在河套断陷形成以后铀成矿作用基本终止,也见不到卷状矿体。

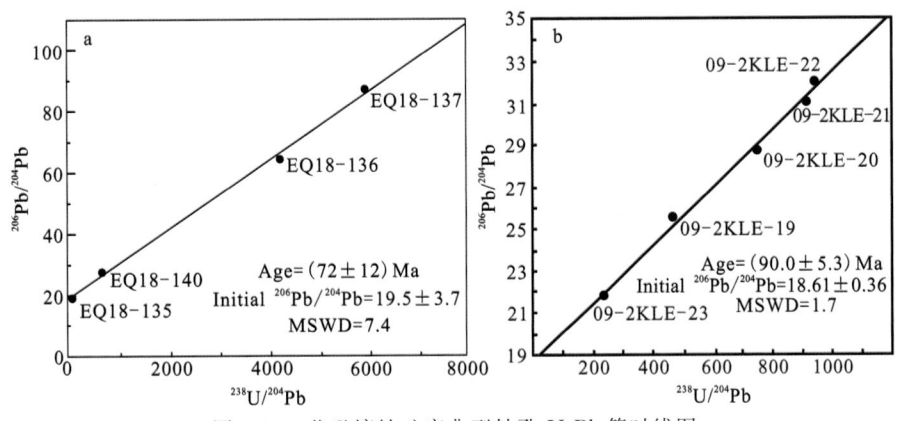

图 7-21 柴登壕铀矿床典型钻孔 U-Pb 等时线图

a.ZKE0-7 钻孔;b.ZKQ68-263 钻孔

注:分析单位为核工业北京地质研究院。

第七节 控矿因素及成矿模式

柴登壕铀矿床的铀源及构造活化迁出、层间渗入氧化作用、地下水运移通道及铀沉淀和富集场所、还原地球化学障等区域铀成矿控制因素与皂火壕铀矿床类似,在此不再赘述。后期受新构造运动及大规模二次还原作用的影响,形成后生还原岩石地球化学类型即灰绿色、绿色砂岩,但不存在二次氧化作用并对原有矿体造成破坏或二次富集成矿。

柴登壕铀矿床与皂火壕铀矿床具有类似的铀源条件,不仅有来自盆地北部蚀源区的铀源,直罗组下段砂体伽马照射量率明显增高,也显示出铀预富集程度高的特点,预富集的铀可以在后期的氧化作用中大量迁出,为铀成矿提供了充足的二次铀源。柴登壕铀矿床不同层位伽马照射量率背景值在 1.55~3.04nC/kg·h 之间变化(表 7-14),且地层时代从新到老,伽马背景值逐渐增高,说明地层时代越老,提供二次铀源的能力越强。青达门地段各地层伽马测井参数背景值相对略高于农胜新地段,宝贝沟地段与农胜新地段伽马背景值相近(图 7-22),说明青达门地段含有相对丰富的预富集铀。直罗组下段伽马照射量率略高于上段,说明直罗组下段比上段铀预富集能力相对较强。从岩石地球化学环境上对比看,灰色砂岩伽马测井参数背景值略高于灰绿色、绿色砂岩,是由于在氧化过程中灰绿色、绿色砂岩中的铀被带走。另外,根据岩石粒度与伽马照射量率的对应关系,粒度越细,伽马背景值越高,说明地层中铀的背景值的高低与还原介质相对丰富的细粒级岩石吸附作用有关。

表 7-14　柴登壕铀矿床地层伽马照射量率背景值统计表

地层		青达门/(nC/kg·h)		农胜新/(nC/kg·h)		宝贝沟/(nC/kg·h)	
		变化范围	均值	变化范围	均值	变化范围	均值
下白垩统	K_1	1.61~2.13	1.82	1.55~1.82	1.66	1.32~2.24	1.65
中侏罗统	J_2z^2	2.07~2.52	2.19	2.03~2.24	2.16	1.98~2.51	2.16
	J_2z^{1-2}	1.88~2.39	2.19	2.09~2.46	2.16	1.88~2.53	2.17
	J_2z^{1-1} 绿色	2.08~2.51	2.25	1.93~2.41	2.18	2.00~2.64	2.20
	J_2z^{1-1} 灰色	2.05~3.04	2.31	2.06~2.31	2.29	2.01~2.84	2.30
	J_2y	1.68~2.22	1.91	1.82~2.01	1.92	0.54~3.71	1.90
	J_2y 煤层	0.66~0.94	0.71	0.53~0.98	0.76	0.36~1.02	0.84

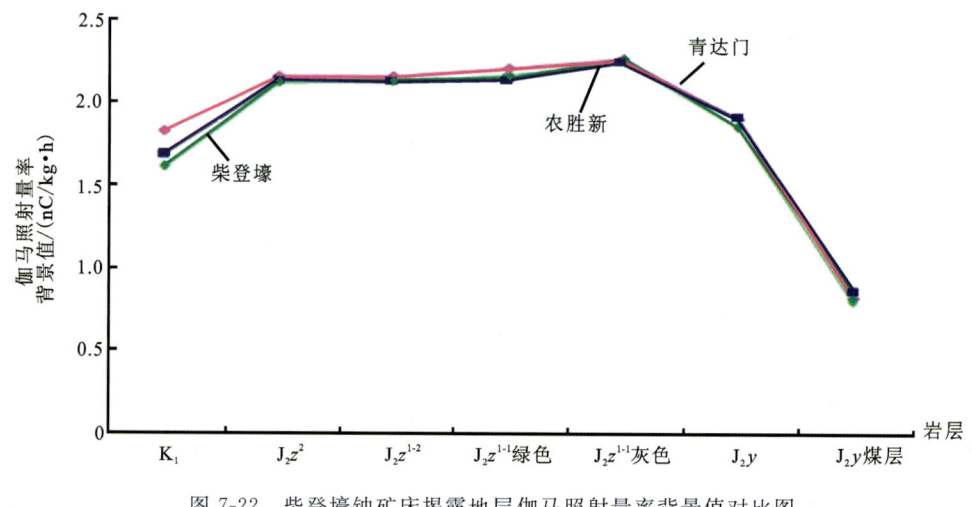

图 7-22　柴登壕铀矿床揭露地层伽马照射量率背景值对比图

与皂火壕铀矿床相比,柴登壕铀矿床直罗组下段下亚段灰色砂岩分布范围相对局限,以灰色砂岩残留体的形式发育于灰绿色、绿色砂岩中,说明灰色残留体具有较强的还原性。铀矿化均分布于灰色残留体边界附近的氧化-还原过渡带内,明显受层间氧化带前锋线即灰色残留体边界的控制,均位于河道迎水面的一侧。所以,柴登壕铀矿床与皂火壕铀矿床铀矿化与岩石地球化学类型的空间配置关系体现出不同的特点。

对直罗组下段下亚段泥岩层和钙质层进行了统计,分析其砂体非均质性与铀成矿之间的关系。

柴登壕铀矿床青达门、农胜新和宝贝沟地段铀矿化均位于泥岩夹层相对较多的区域(图 7-23),呈条带状,面积较小,与灰色残留体的形态及泥岩夹层数量具有很好的匹配性,说明泥岩夹层数量在一定程度上影响了灰色残留体的分布范围和形态。泥岩夹层数相对较多的区域也是泥岩累计厚度较大的区域,二者等值线图形态基本相似(图 7-24)。青达门、农胜新和宝贝沟地段泥岩累计厚度均呈条带状,且面积相对较小。其中,青达门地区泥岩累计厚度呈北西-南东向,泥岩夹层累计厚度为 0~10m,在南东部可达 15m 以上。农胜新和宝贝沟地区均为南北向展布,一般厚度为 0~5m,最大可达 10m 以上。泥岩夹层数多和泥岩累计厚度大的区域,砂岩非均质性增强,碳屑、煤屑和黄铁矿等还原剂增多,对烃类等气体还原剂的屏蔽作用也增强,增强了地层的还原能力,也是地下水动力条件变异的区域,铀矿化均产于泥岩夹层数量突变的部位。

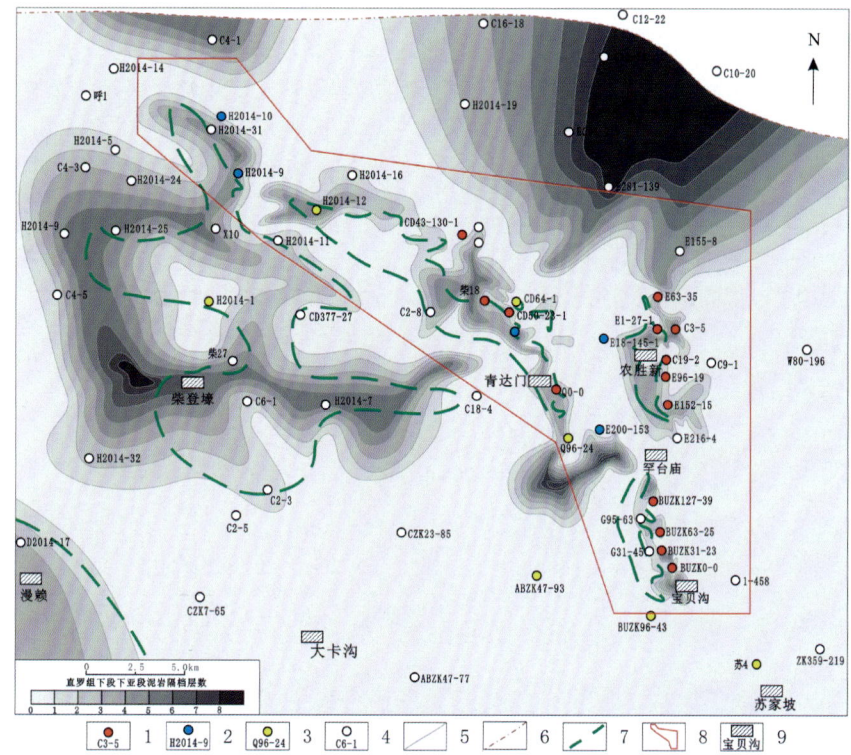

图 7-23 柴登壕铀矿床直罗组下段下亚段泥岩夹层数量等值线图

1.工业铀矿孔及其编号;2.铀矿化孔及其编号;3.铀异常孔及其编号;4.无铀矿孔及其编号;5.等值线;
6.剥蚀界线;7.灰色残留体边界及氧化带前锋线;8.柴登壕铀矿床范围;9.地名

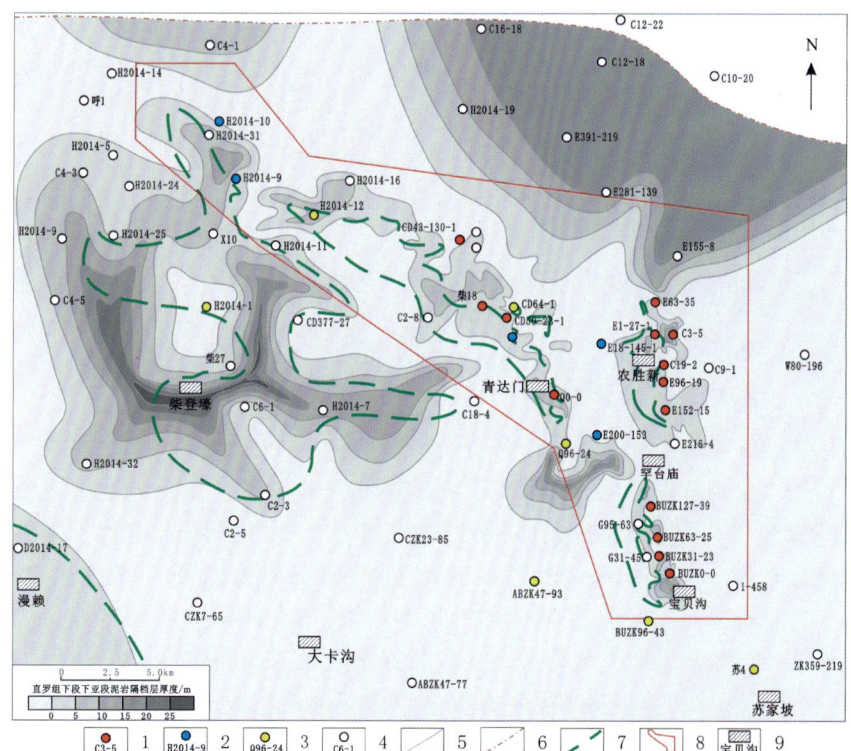

图 7-24 柴登壕铀矿床直罗组下段下亚段泥岩夹层累计厚度等值线图

1.工业铀矿孔及其编号;2.铀矿化孔及其编号;3.铀异常孔及其编号;4.无铀矿孔及其编号;5.等值线;
6.剥蚀界线;7.灰色残留体边界及氧化带前锋线;8.柴登壕铀矿床范围;9.地名

从柴登壕铀矿床直罗组下段下亚段钙质夹层数量等值线图(图 7-25)可以看出,青达门、农胜新和宝贝沟地段铀矿化基本上产于钙质夹层数量相对较多的区域。钙质夹层数量相对较多的区域也是钙质层累计厚度较大的区域,二者等值线图形态基本一致。钙质层累计厚度最大的区域为青达门地段,累计厚度可达到 22.20m,铀矿体基本产于钙质层累计厚度 1.00~4.00m 的区域。钙质夹层数量和累计厚度在一定程度上影响了地层的非均质性,进而影响了地下水动力学条件的变异,增强了对烃类等气体还原剂的屏蔽作用,促使了铀的沉淀和富集成矿(图 7-26)。

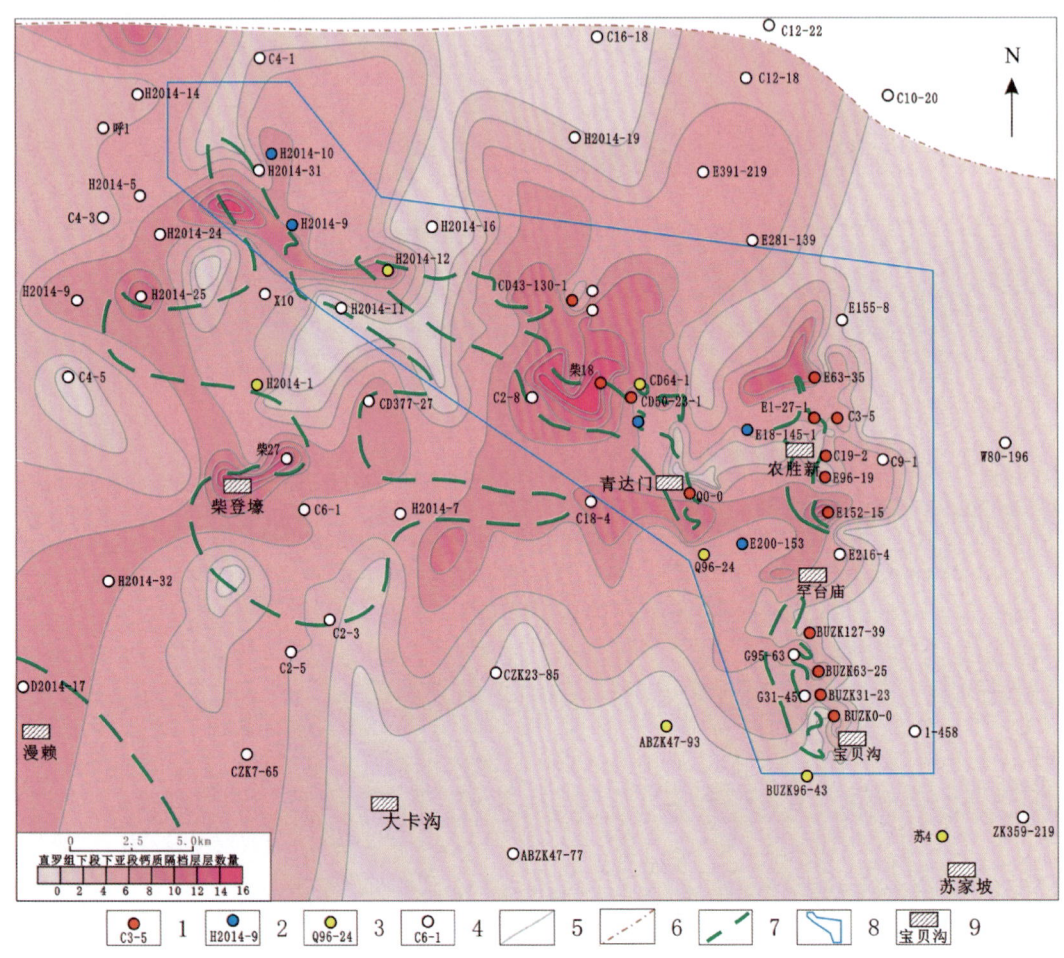

图 7-25 柴登壕铀矿床直罗组下段下亚段钙质层数量等值线图
1.工业铀矿孔及其编号;2.铀矿化孔及其编号;3.铀异常孔及其编号;4.无铀矿孔及其编号;5.等值线;
6.剥蚀界线;7.灰色残留体边界及氧化带前锋线;8.柴登壕铀矿床范围;9.地名

对柴登壕铀矿床 226 个铀镭样品进行了统计分析,经偏度、峰度检验样品符合正态分布(图 7-27a)。从铀镭平衡系数与铀含量的散点图(图 7-27b)可以看出,宝贝沟地段矿体总体上呈现铀含量越高,铀镭平衡系数越小,偏铀越严重,且平衡系数大部分分布在 0.70~1.20 之间。按样品个数统计,偏铀、平衡、偏镭数据所占比例分别为 41.59%、26.99%、31.42%,说明样品以偏铀居多,偏镭次之,再次是平衡,偏铀和平衡的样品铀含量也较高。偏铀、平衡、偏镭可能与矿体的不同采样部位有关,顺沿含氧含铀水运移方向应呈现出偏镭、平衡、偏铀的变化趋势,体现出层间渗入后生成因的特点。

综上所述,柴登壕铀矿床与皂火壕铀矿床具有类似的铀源及构造活化迁出、层间渗入氧化作用、地下水运移通道及铀沉淀和富集、还原地球化学障、新构造运动对二次还原改造和铀成矿作用的影响等区域铀成矿控制因素,属于同一地下水铀成矿系统。但是,柴登壕铀矿床灰色砂岩残留体控矿作用、不发育二次氧化改造作用及对已有矿体的改造和再次富集、不存在卷状矿体等方面与皂火壕铀矿床体现出不同的特点。

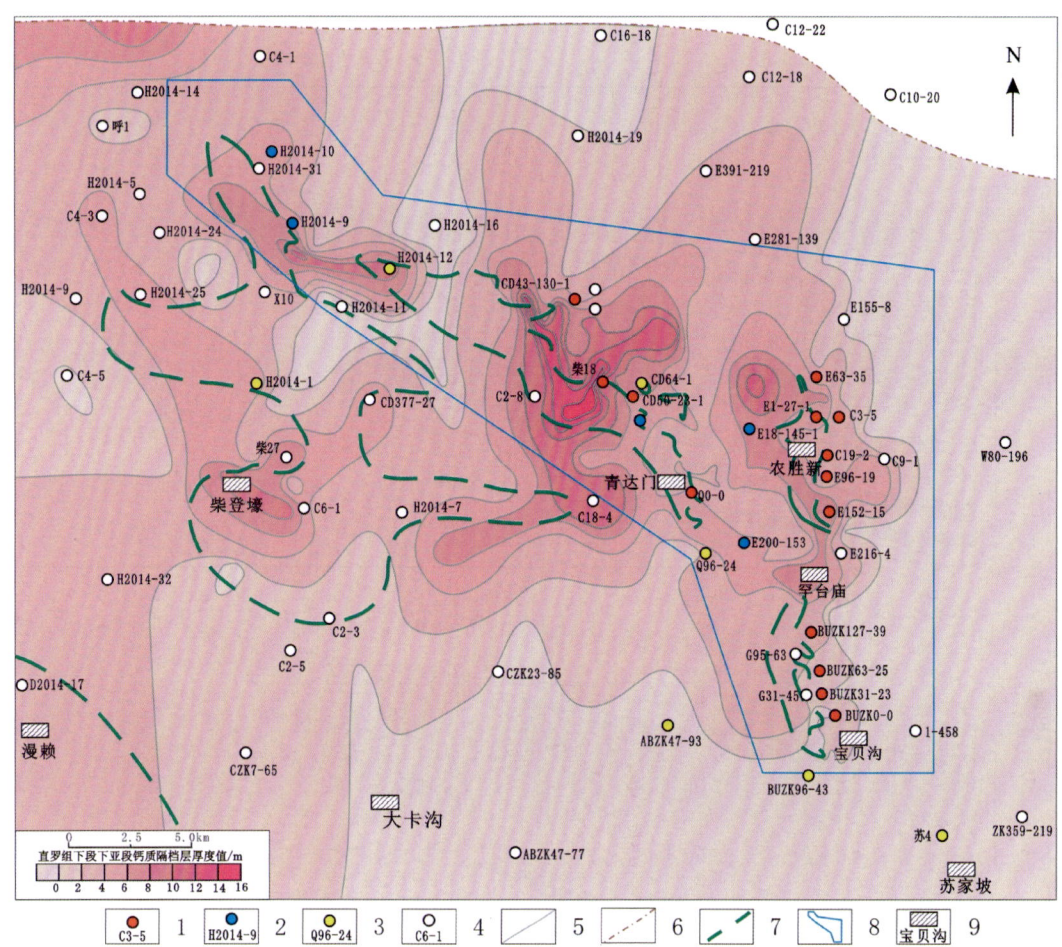

图 7-26 柴登壕铀矿床直罗组下段下亚段钙质层累计厚度等值线图

1.工业铀矿孔及其编号；2.铀矿化孔及其编号；3.铀异常孔及其编号；4.无铀孔及其编号；5.等值线；
6.剥蚀界线；7.灰色残留体边界及氧化带前锋线；8.柴登壕铀矿床范围；9.地名

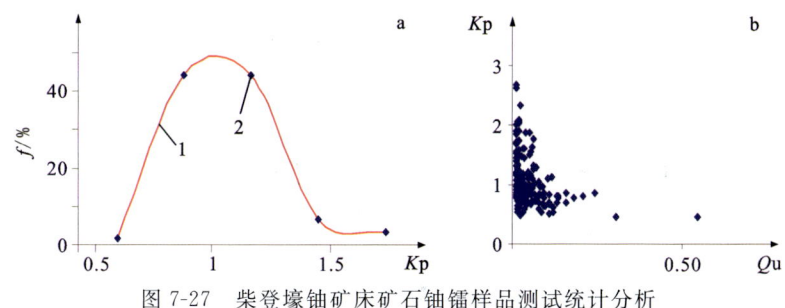

图 7-27 柴登壕铀矿床矿石铀镭样品测试统计分析

a.Kp 与 f 分布曲线图；b.Kp 与 Qu 散点图；1.$Kp<1$,样品偏铀；2.$Kp>1$,样品偏镭

根据柴登壕铀矿床控矿因素及成矿作用过程，可将矿床铀成矿作用过程划分为含矿岩系沉积预富集阶段、古层间氧化作用阶段、后期还原改造作用阶段。上述 3 个阶段与皂火壕铀矿床相类似，但不存在皂火壕铀矿床的后期氧化改造作用阶段（图 7-28）。

1. 预富集阶段

盆地北部蚀源区印支期花岗岩（γ_5^1）含量高达 12.0×10^{-6}，为柴登壕铀矿床直罗组下段铀的原始富集奠定了铀源基础。在潮湿气候条件下沉积的直罗组下段灰色砂岩含有大量的炭化植物碎屑、黄铁矿和煤屑等还原介质，对铀具有吸附作用，有利于铀的预富集，形成富铀地层，是铀成矿的物质基础，伽马

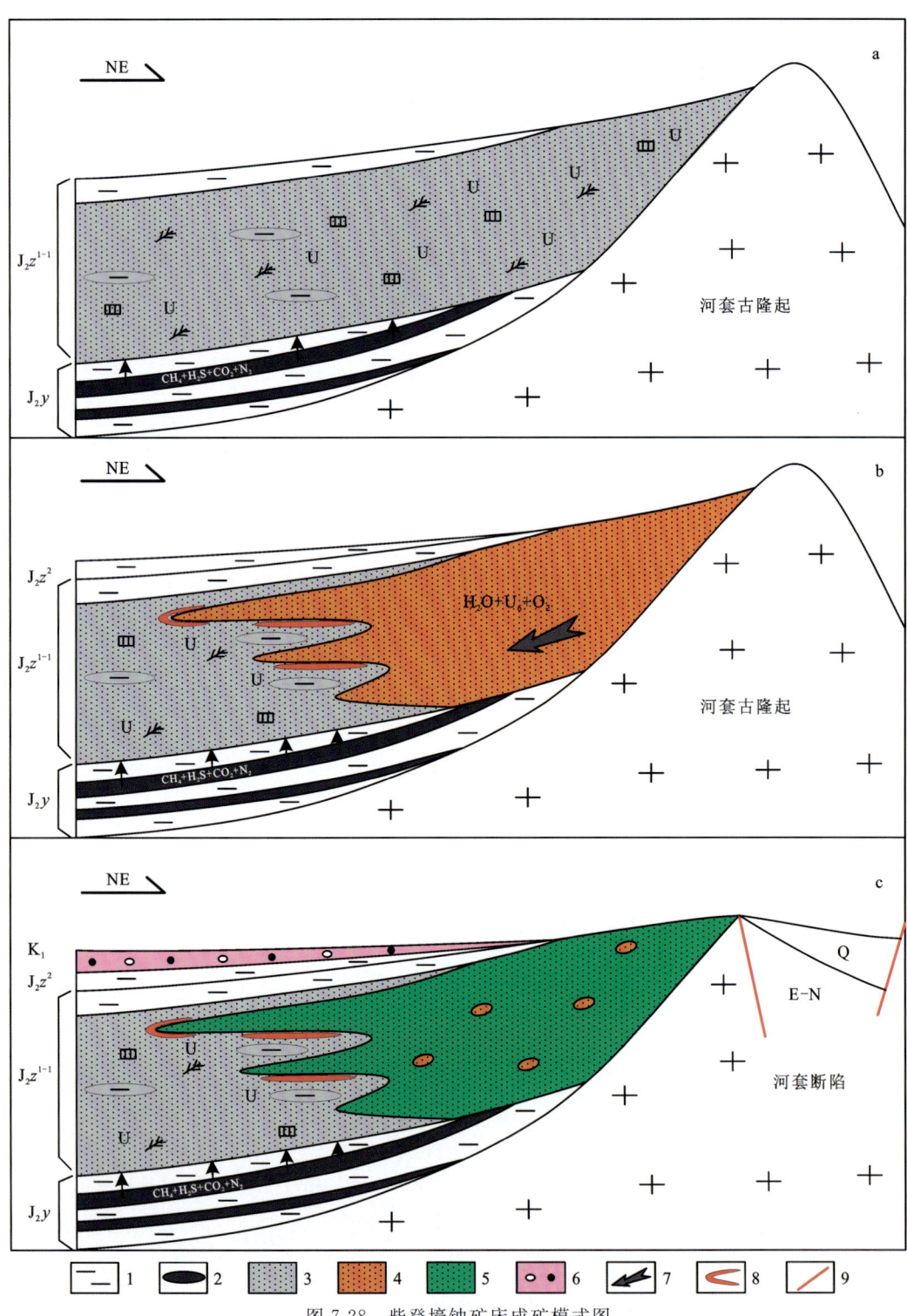

图 7-28 柴登壕铀矿床成矿模式图

1.泥岩;2.煤层;3.还原带(灰色砂岩);4.层间氧化带(红色、黄色砂岩);5.二次还原带(绿色砂岩);6.砂砾岩;7.含氧含铀流体运移方向;8.铀矿体;9.断裂

a.预富集阶段;b.古层间氧化作用阶段;c.后期还原改造作用阶段

照射量率具有明显的增高现象。柴登壕铀矿床直罗组下段下亚段与皂火壕铀矿床同样具有富铀砂岩的特点,为后期区域层间氧化作用对铀的搬运富集及柴登壕铀矿床的形成创造了极为丰富的铀源基础(图7-28a)。

2. 古层间氧化作用阶段

与皂火壕铀矿床具有类似的古层间氧化作用过程,也是柴登壕铀矿床的成矿阶段,铀成矿年龄为(90 ± 5.3)Ma、(72 ± 12)Ma和(61.7 ± 1.8)Ma,相当于晚白垩世早、中期和古新世。柴登壕铀矿床层间氧化作用更为广泛和彻底,灰色砂岩仅以残留体的形式保存下来。盆地北部整体抬升和由北向南的构造掀斜及烃类气体活动创造了含氧含铀水层间渗入并顺沿河道砂体氧化作用、气体叠加还原地球化学障、铀沉淀和富集等有利铀成矿条件,在此不再赘述(图7-28b)。

3. 后期还原改造作用阶段

柴登壕铀矿床与皂火壕铀矿床具有相同的后生还原改造条件和过程,同样受新构造运动河套断陷发育时期第三期油气活动的影响,油气、煤层气等还原流体上升扩散到古氧化带砂岩中并产生广泛的后生还原改造作用,形成灰绿色、灰色砂岩,使铀矿体完全处于还原环境,起到了较好的保矿作用(图7-28c)。

第八章 纳岭沟铀矿床

纳岭沟铀矿床位于内蒙古自治区鄂尔多斯市境内,行政上隶属鄂尔多斯市达拉特旗和杭锦旗。矿床北部有京兰铁路、110国道(图1-1),东部有包神铁路、210国道,南部有109国道,乌漫线贯穿南北,塔然高勒煤矿矿区公路横穿东西。矿床距达拉特旗政府所在地最近80km,距杭锦旗政府所在地约50km,距鄂尔多斯市政府所在地约89km。各旗县和乡镇之间均有二、三级公路或简易公路相通,村与村之间有便道相连。

纳岭沟铀矿床是在鄂尔多斯盆地发现的第3个砂岩铀矿床,位于柴登壕铀矿床北偏西约25km(图1-3)。矿床整体呈带状展布,长约10km,宽0.1~1.8km。该矿床已完成详查,铀资源规模已达到特大型。赋矿层位为中侏罗统直罗组下段下亚段,与柴登壕铀矿床和皂火壕铀矿床为同一赋矿层位。纳岭沟铀矿床取得了"CO_2+O_2"浸出工艺的重大突破并已开始工业化试采,纳岭沟铀矿床将会建设成为我国首批千吨级现代化地浸铀矿山之一。

第一节 构造特征

纳岭沟铀矿床处于伊陕单斜区的伊陕单斜构造的东胜-靖边单斜构造的北东部(图3-2),与皂火壕铀矿床和柴登壕铀矿床处于同一构造单元的相近部位。纳岭沟铀矿床直罗组底界面在区域上由北东向南西缓倾斜,在矿床位置直罗组底界面、直罗组下段顶界面和直罗组顶界面呈现出倾斜逐渐加大的趋势,说明在直罗组沉积期及后期东胜-靖边单斜存在明显的持续性构造掀斜,同时存在一定的构造挤压,使直罗组在掀斜过程中发生轻微变形,在矿床及周边各界面有不同程度的宽缓起伏,总体形成一个缓倾斜的"台阶"。

纳岭沟铀矿床直罗组下段底界面标高等值线也呈现出北东高、南西低的趋势(图8-1),等值线呈北西-南东向平行展布,局部呈蛇曲状,产状整体较缓,倾角一般为1°~3°。

据煤田地震资料解译,在纳岭沟铀矿床西南部发育一条近北东-南西向展布、倾向向北的泊江海子逆断层(图8-2)。泊江海子断裂区内延伸长度自下而上变小,下部长约75km,上部长约68km,这种平面规模的变化也反映了其活动的长期继承性。从东部地震剖面上波组错断情况及断距分析,该断裂仍应继续向东延伸。该断裂的发育导通了下部还原性气体的运移通道,为纳岭沟铀矿床提供了丰富的烃类气体等还原剂,同时也可能是含氧含铀地下水的局部排泄区。

第二节 沉积特征

一、地层发育特征

纳岭沟铀矿床产于乌拉山大型物源-沉积朵体的中上游轴部,由于沉积期古水流动力强劲,直罗组

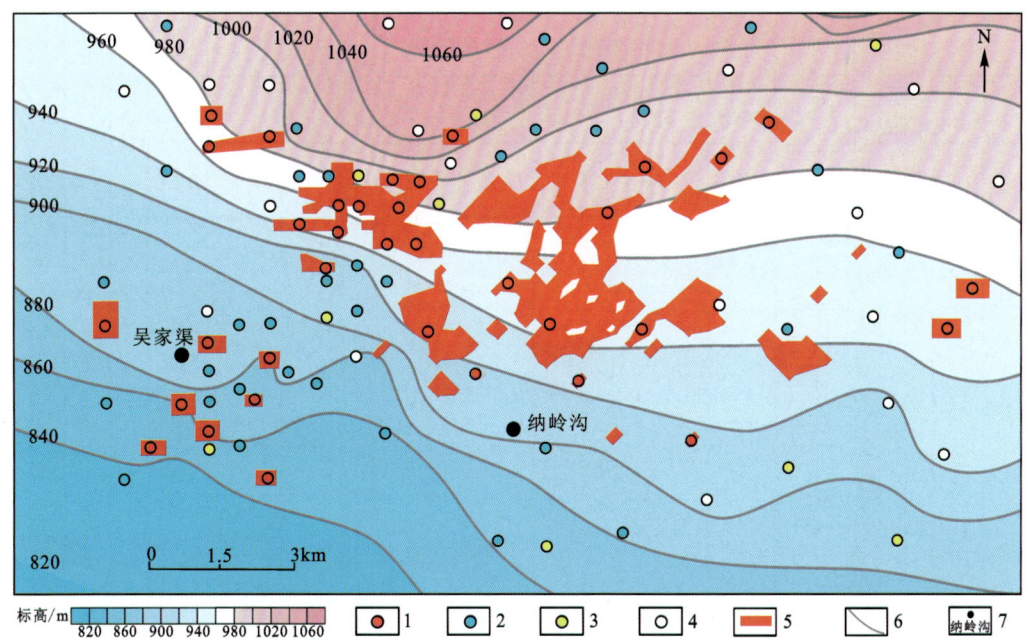

图 8-1 纳岭沟铀矿床直罗组下段底界面标高等值线图
1.工业矿孔;2.矿化孔;3.异常孔;4.无矿孔;5.工业矿体;6.等值线;7.地名

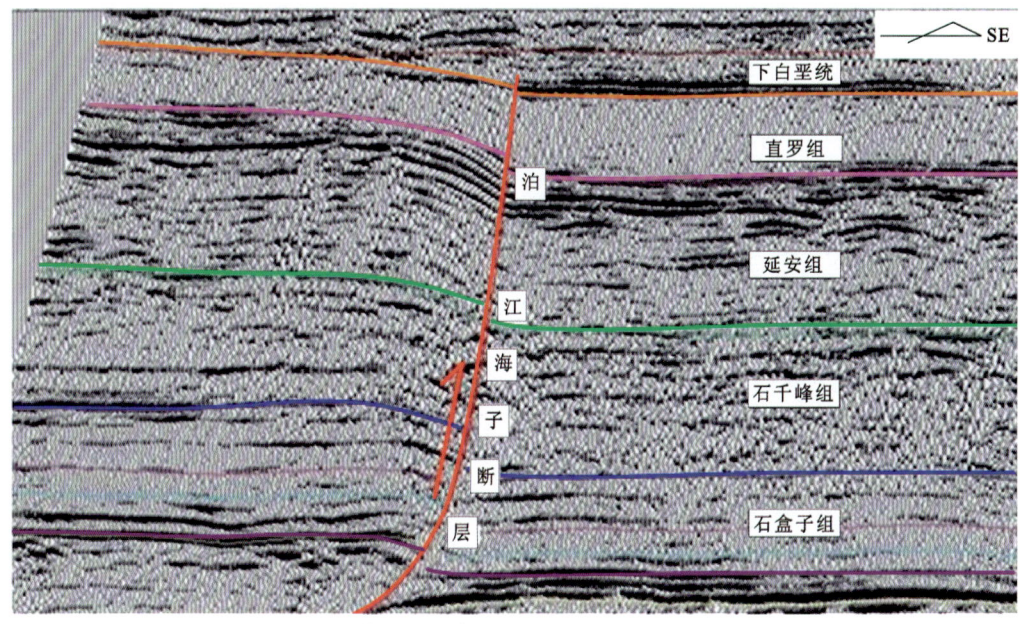

图 8-2 纳岭沟铀矿床泊江海子断层地震剖面示意图

下段不仅对下伏延安组(J_2y)造成了强烈的冲刷,还沉积了一套由砾岩、含砾砂岩和砂岩构成的铀储层。纳岭沟铀矿床存在深、浅两套大规模的砾岩层,从而构成了直罗组地层划分和对比的标志层。埋藏较深的是直罗组下段的底部砾岩层,分布广泛,视电阻率曲线表现为高幅锯齿状,厚度为 0~114.8m,平均厚 56.6m(图 8-3)。埋深较浅的另一套巨厚砾岩层(通常在 300m 以浅),属于早白垩世冲积扇-风成体系交互沉积,该层砾岩限制了直罗组的上限(图 8-4、图 8-5)。

纳岭沟铀矿床直罗组地层结构和赋矿层位与皂火壕铀矿床、柴登壕铀矿床相类似,重要区别在于直罗组下段的上、下亚段之间普遍缺失或残留了较薄的区域泥质隔档层,这主要是由于上亚段沉积期较高的古水流冲刷作用造成的。直罗组上段则与区域沉积面貌相似,以干旱古气候条件下沉积的一套紫色、紫红色和褐红色建造为标志(图 8-3、图 8-4、图 8-5)。

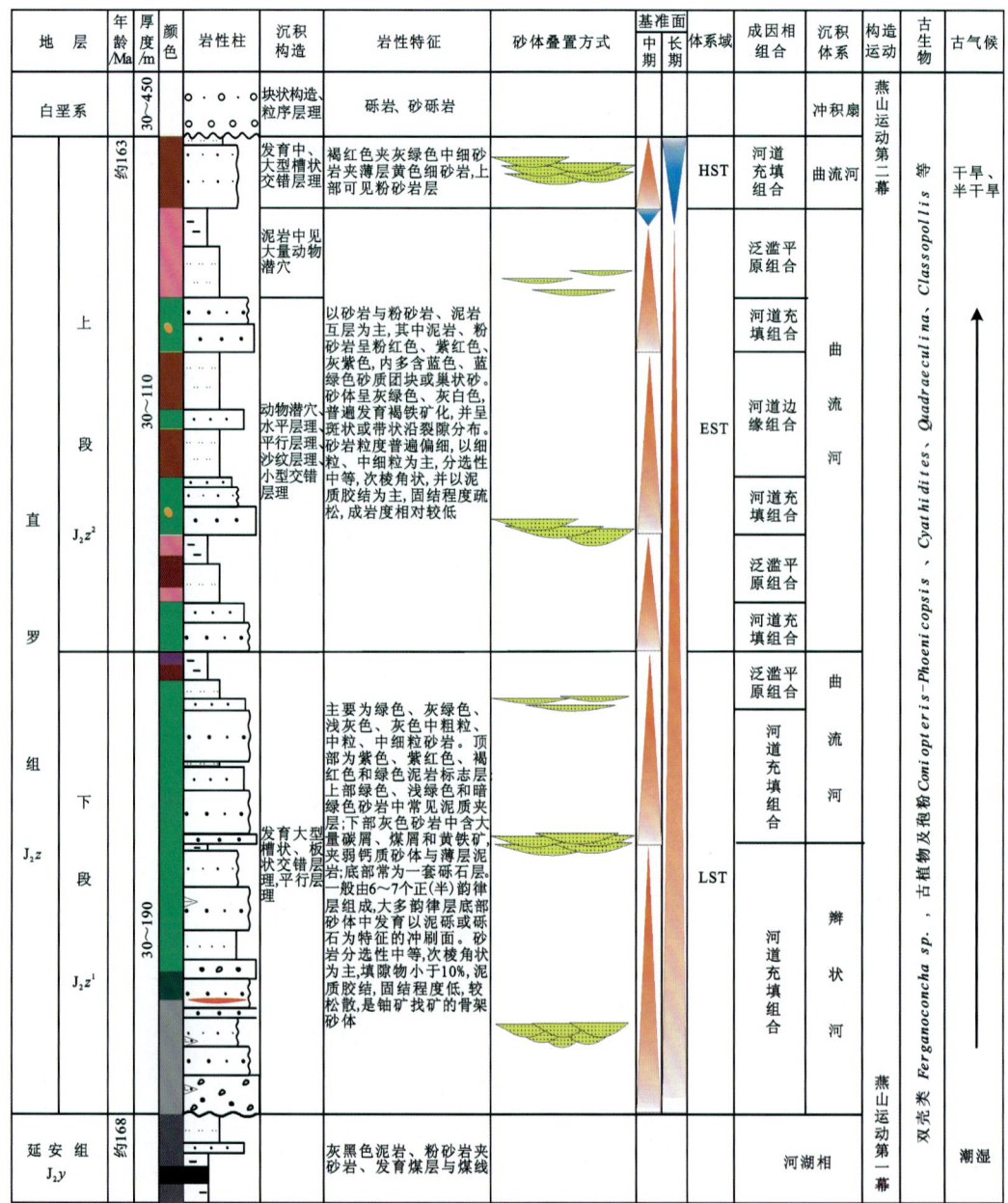

图 8-3 纳岭沟铀矿床直罗组地层结构图

直罗组下段厚度为 200.0～270.0m,平均厚度 218.6m。直罗组下段地层厚度由北东向南西逐渐变薄(图 8-6),与其底板倾斜方向出现"相反"的趋势,即底板标高较深的部位地层厚度却变薄。这一现象是由于受矿床北东侧辫状河道下切作用所影响,地层厚度较大的部位正好位于河道中心,而且现在底板的倾斜方向并不代表直罗组下段沉积时的倾斜方向。纳岭沟铀矿床比皂火壕铀矿床和柴登壕铀矿床更靠近伊陕单斜构造的北西部位,更靠近盆地边缘部位,直罗组沉积时底板在矿床位置呈现出由北西向南东倾斜的趋势。这一结论主要是根据直罗组下段下亚段底部砾岩的空间展布规律获得的。在纳岭沟铀矿床,直罗组下段下亚段底部的砂砾层厚度等值线呈北西-南东向展布,且向南东方向具有分岔现象(图 8-7),这说明直罗组下段底部曾经是乌拉山大型物源-沉积朵体中主干辫状河道发育的部位,而且古水流总体具有由北西向南东方向流动的趋势。

直罗组下段下亚段(J_2z^{1-1})底部砾岩层,岩性为灰色砾岩、砂质砾岩,局部夹薄层砂岩,砾径多为 5～50mm,最大 100mm。在垂向上,自下而上砾径具有逐渐变小的趋势。砾石呈圆状、次圆状,岩石固结程

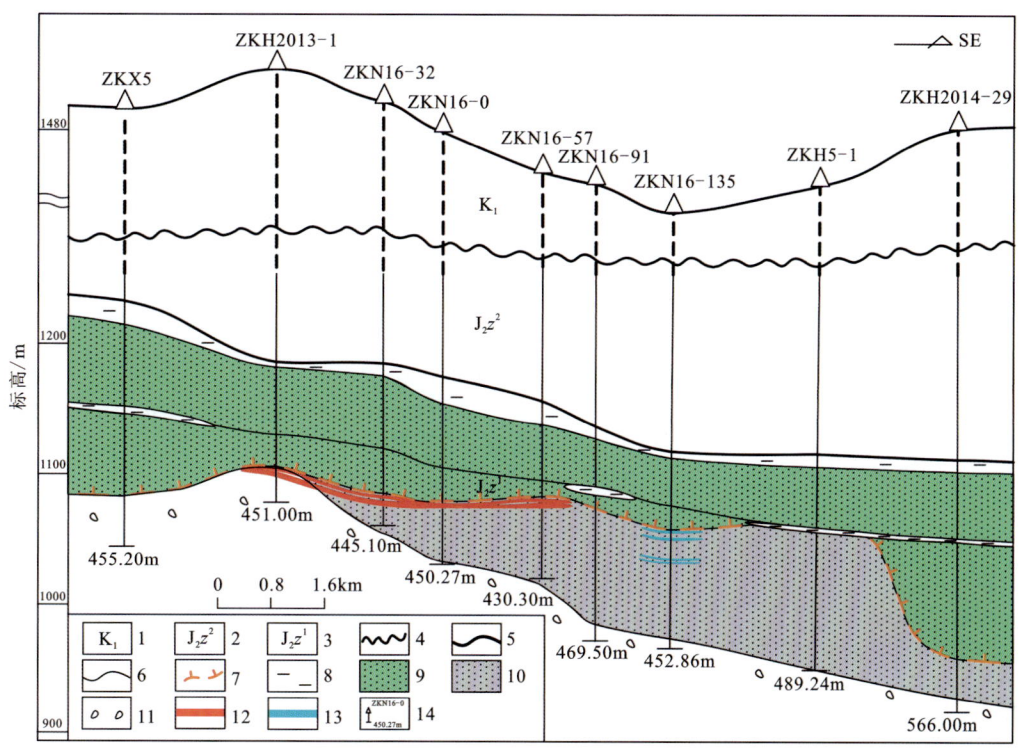

图 8-4　纳岭沟铀矿床 N16 号勘探线综合地质剖面图

1.下白垩统；2.直罗组上段；3.直罗组下段；4.地层角度不整合界线；5.地层整合界线；6.岩性界线；
7.氧化带前锋线；8.泥岩；9.绿色砂岩；10.灰色砂岩；11.砾岩；12.工业铀矿体；13.铀矿化体；
14.钻孔位置、孔号及孔深

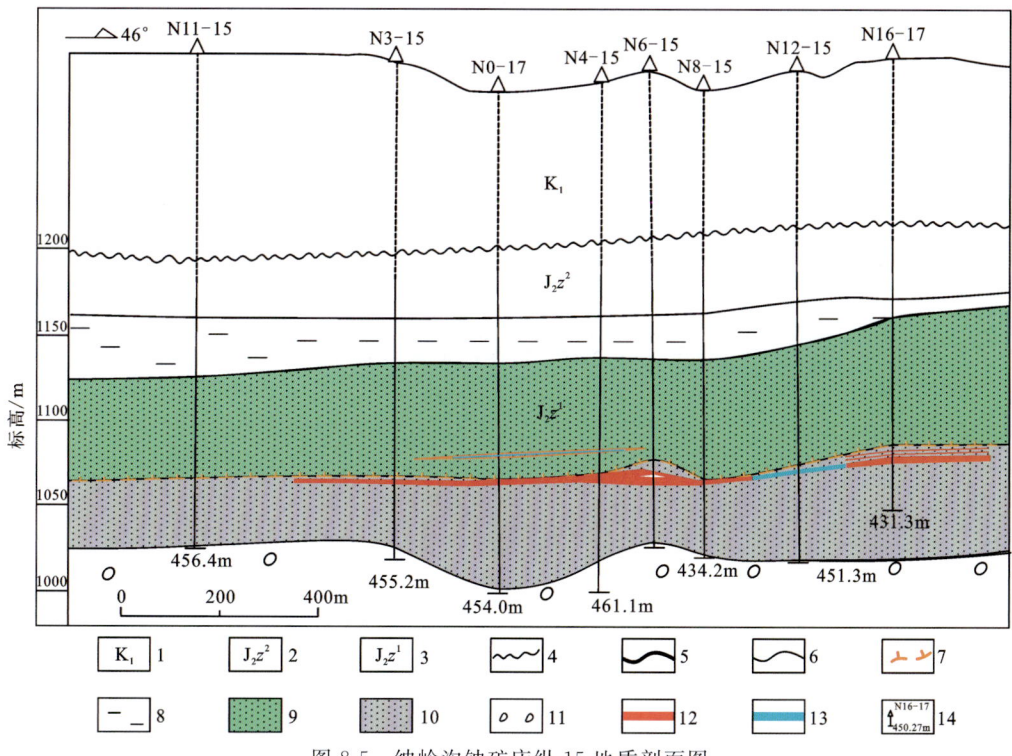

图 8-5　纳岭沟铀矿床纵 15 地质剖面图

1.下白垩统；2.直罗组上段；3.直罗组下段；4.地层角度不整合界线；5.地层整合界线；6.岩性界线；
7.氧化带前锋线；8.泥岩；9.绿色砂岩；10.灰色砂岩；11.砾岩；12.工业铀矿体；13.铀矿化体；
14.钻孔位置、孔号及孔深

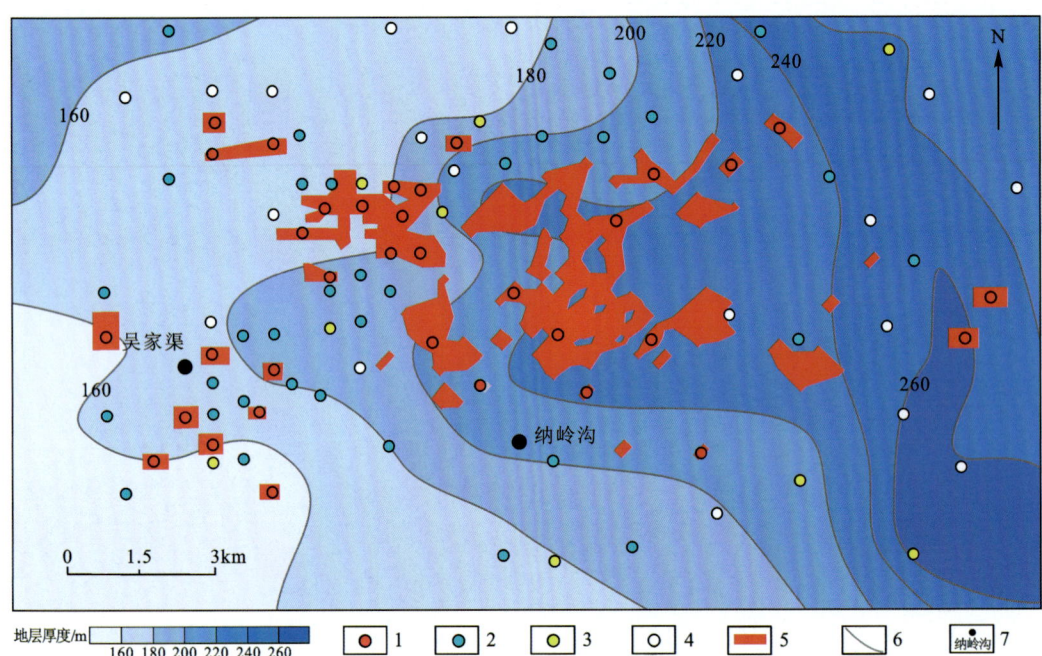

图 8-6 纳岭沟铀矿床直罗组下段地层厚度等值线图

1.工业矿孔；2.矿化孔；3.异常孔；4.无矿孔；5.工业矿体；6.等值线；7.地名

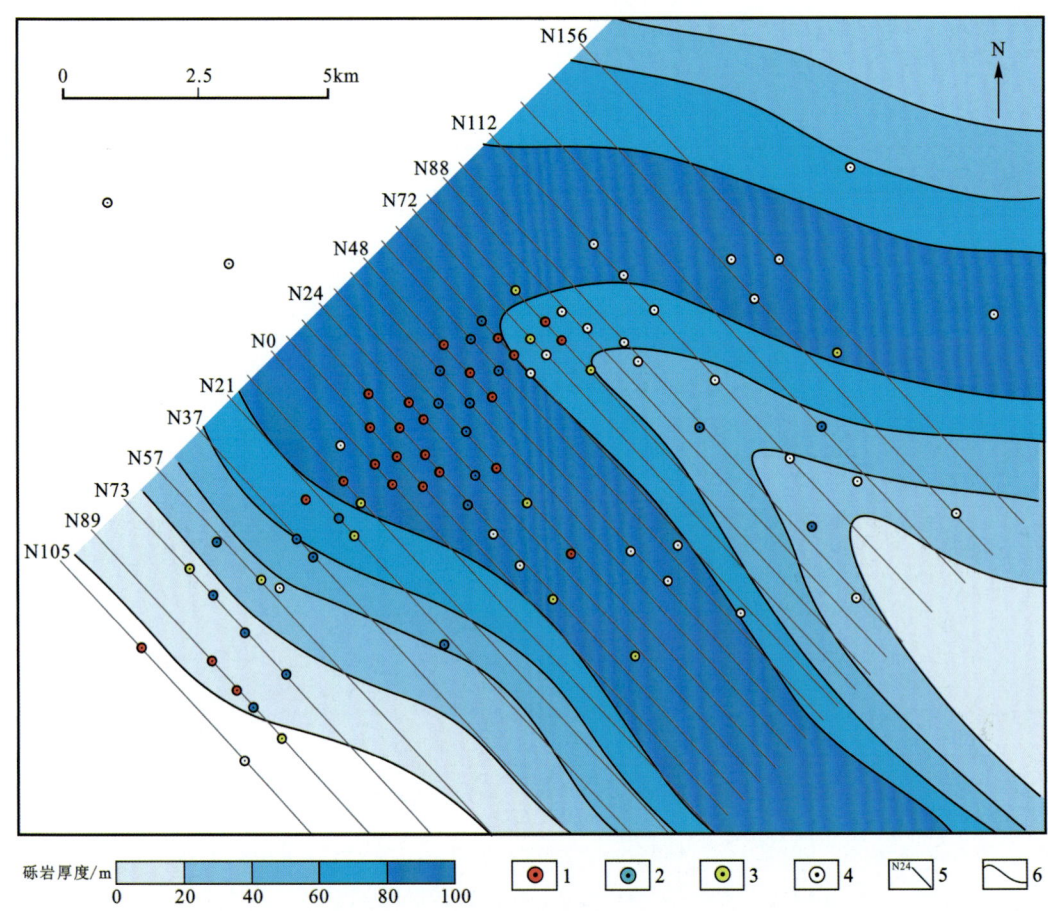

图 8-7 纳岭沟铀矿床直罗组下段下亚段底部砾岩厚度分布图

1.工业铀矿孔；2.铀矿化孔；3.铀异常孔；4.无铀矿孔；5.勘探线及编号；6.砾岩厚度等值线

度较低,较松散。砾岩中多钙质夹层,厚度一般为0.2~1.0m,多见大块炭化植物茎干、碳质碎屑和团块状黄铁矿。

直罗组下亚段砾岩层罕见铀成矿,其上部的砂岩段是主要含矿层段。砂岩段的岩性主要为浅灰色、灰色、绿色、灰绿色粗砂岩、中砂岩和细砂岩,含大量碳质碎屑,夹泥岩薄层,顶部为厚几米至十几米的浅绿色、灰色泥岩。砂岩固结程度低,较松散,是铀矿形成和储存的骨架砂体。该砂岩段一般由6~7个正(半)韵律层组成,在大多数韵律层底部冲刷面上发育富含泥砾或碳质碎屑的滞留沉积物,泥砾多呈浑圆状和次棱角状,直径大小不等,多为10~40mm,最大100mm,呈灰色和暗绿色,部分呈玫瑰红色、暗紫色,且多已钙质化。砂岩中见钙质砂岩夹层,厚度不等,一般为0.2~1.0m,偶见厚度达数米的透镜体,颜色呈暗紫色、浅红色或灰白色,其内可见斑状褐铁矿化。

纳岭沟铀矿床位于直罗早期主干辫状河道中心部位,河道对其下部延安组具有强烈的下切作用,使得延安组顶部被冲刷,导致多处煤层与直罗组底部砾岩层直接接触,煤层在后期热演化过程中形成固态干酪根、腐殖酸的同时,也释放出大量气态烃和H_2S、CO_2等含烃流体,为直罗组下段砂岩中氧化-还原作用的发育提供了还原介质。

直罗组下段上亚段(J_2z^{1-2})为绿色、灰绿色和暗绿色砂岩为主,个别钻孔见灰色砂岩。砂岩固结程度低,较松散。其顶部为紫色、紫红色、褐红色和绿色泥岩。砂岩中常见泥岩夹层,泛滥平原沉积发育,正(半)韵律更为清晰(粒度递变明显),属于曲流河沉积体系(图8-3)。

直罗组上段(J_2z^2)岩性以砂岩与粉砂岩、泥岩互层为主,其中泥岩、粉砂岩呈粉红色、紫红色、灰紫色,内多含蓝色、蓝绿色砂质团块或巢状砂。砂岩呈紫色、灰绿色、灰白色,普遍发育褐铁矿化,并呈斑状或带状沿裂隙分布。砂岩粒度普遍偏细,以细粒、中细粒为主,分选性中等、次棱角状,并以泥质胶结为主,固结程度疏松,成岩度相对较低。河道间细粒沉积物更为发育,垂向上的"二元结构"更为明显,为一套典型的曲流河沉积体系(图8-3)。

二、辫状河沉积特征

在纳岭沟铀矿床,直罗组下段为一套辫状河-曲流河沉积体系,以大量发育的砾质辫状河、砂质辫状河和砂质曲流河沉积为特色。直罗组下段砂岩宏观上呈泛连通状,是多期次多类型河道砂体垂向上叠加、侧向上相连的结果。平面上,砂体总体呈多条带状沿北西-南东向展布,砂体厚度变化较大,多在100~200m之间(图8-8)。砂岩累积厚度值在80m以上的区域,几乎在整个铀矿床可以连成板状。厚度大于140m的区域,较为连续,呈多条北西-南东向带状展布发育,是主要辫状河道的沉积记录。而厚度低于80m的区域,呈"孤岛状"及带状,分布较局限,主要位于N113线南西及N12—N28北西侧。工业矿化孔主要发育于砂岩累积厚度为80~140m的区域内,累积厚度小于60m的区域和大于180m的区域内几乎没有工业铀矿孔。

纳岭沟铀矿床直罗组下段含砂率相对较高,一般为80%~90%(图8-9)。含砂率分布规律与砂岩累积厚度图类似,相对较高的含砂率区域(80%以上),也呈现多个相互平行的北西-南东向带状展布。低于80%的区域,呈现"孤岛"状或带状,主要分布在高值区中间,也呈北西-南东向展布。含砂率高值中心带与砂岩厚度对应较好,反映了河道带状充填的特色,也反映了近源区粗粒沉积物供给充分、缺乏细粒沉积物的基本特征。含砂率低值区对应河道边缘组合的分布位置,泥质含量增高。工业矿化孔主要发育于含砂率大于80%的区域内,极少数发育于小于80%的区域内。

纳岭沟铀矿床直罗组下段下亚段的砂岩段是重要的含矿段,属于砂质辫状河道沉积(图8-10),砂岩累积厚度一般可达50~100m,总体也呈现多个北西-南东向的带状展布(图8-11)。统计发现,厚度适中的砂体有利于铀成矿,其中工业矿化孔主要位于40~90m厚的砂岩区域内,小于30m和大于100m的区域内几乎没有工业矿化。直罗组下段下亚段含砂率更高,具有与砂岩相似的宏观发育和分布特征。

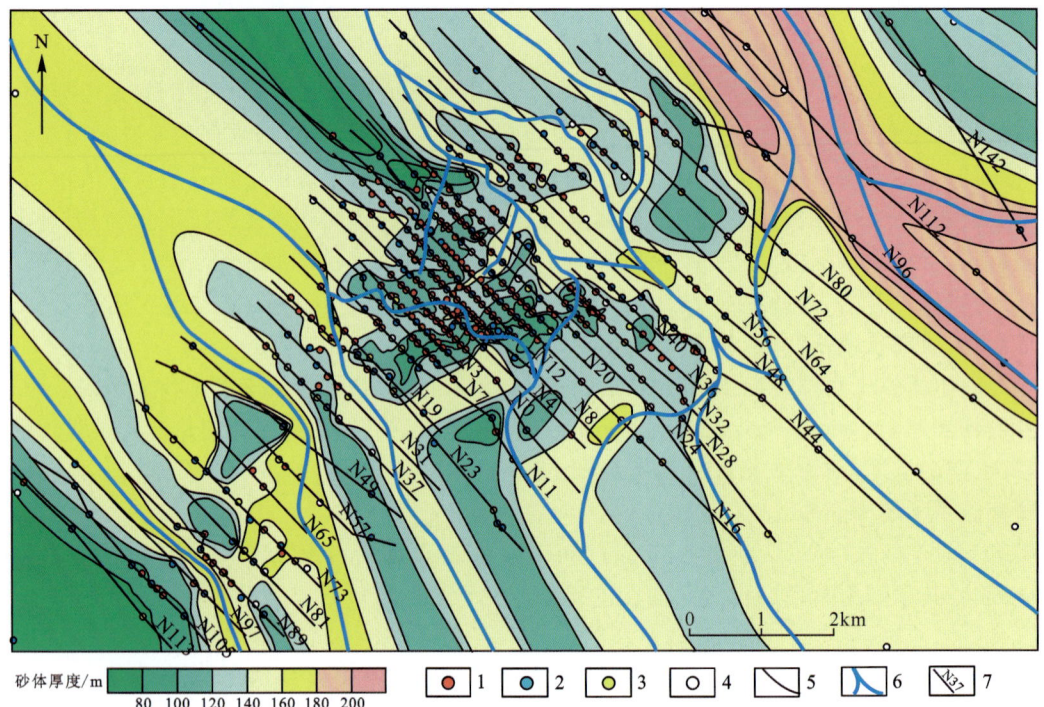

图 8-8 纳岭沟铀矿床直罗组下段砂体厚度等值线图

1.工业矿孔;2.矿化孔;3.异常孔;4.无铀矿孔;5.砂体厚度等值线;6.物源体系;7.勘探线及编号

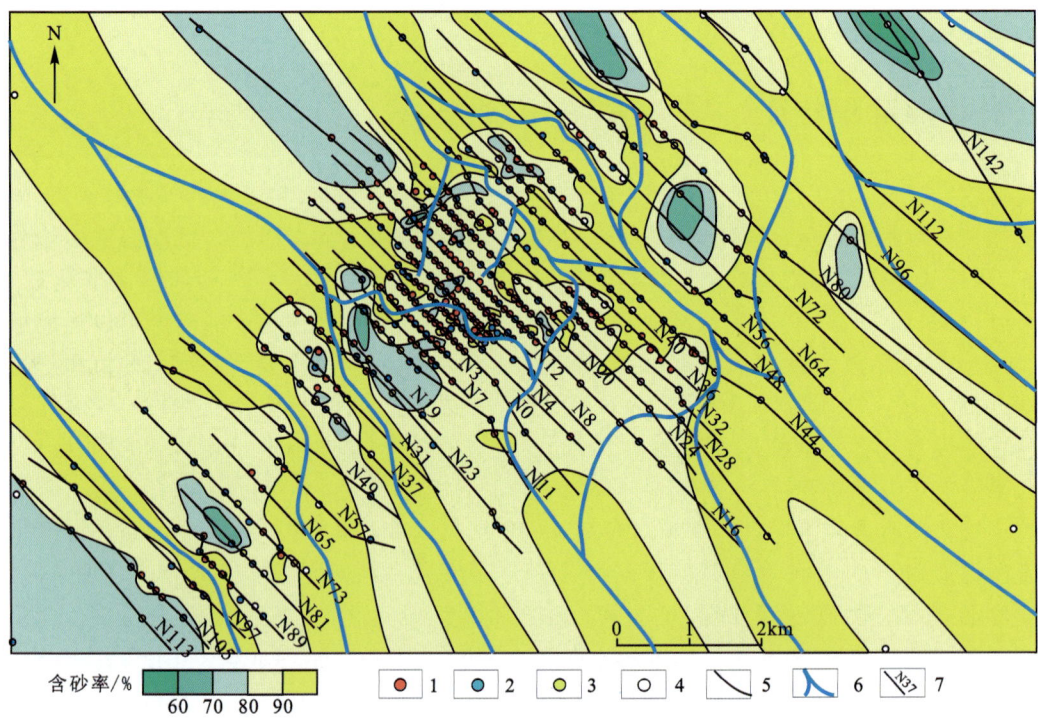

图 8-9 纳岭沟铀矿床直罗组下段含砂率等值线图

1.工业矿孔;2.矿化孔;3.异常孔;4.无铀矿孔;5.含砂率等值线;6.物源体系;7.勘探线及编号

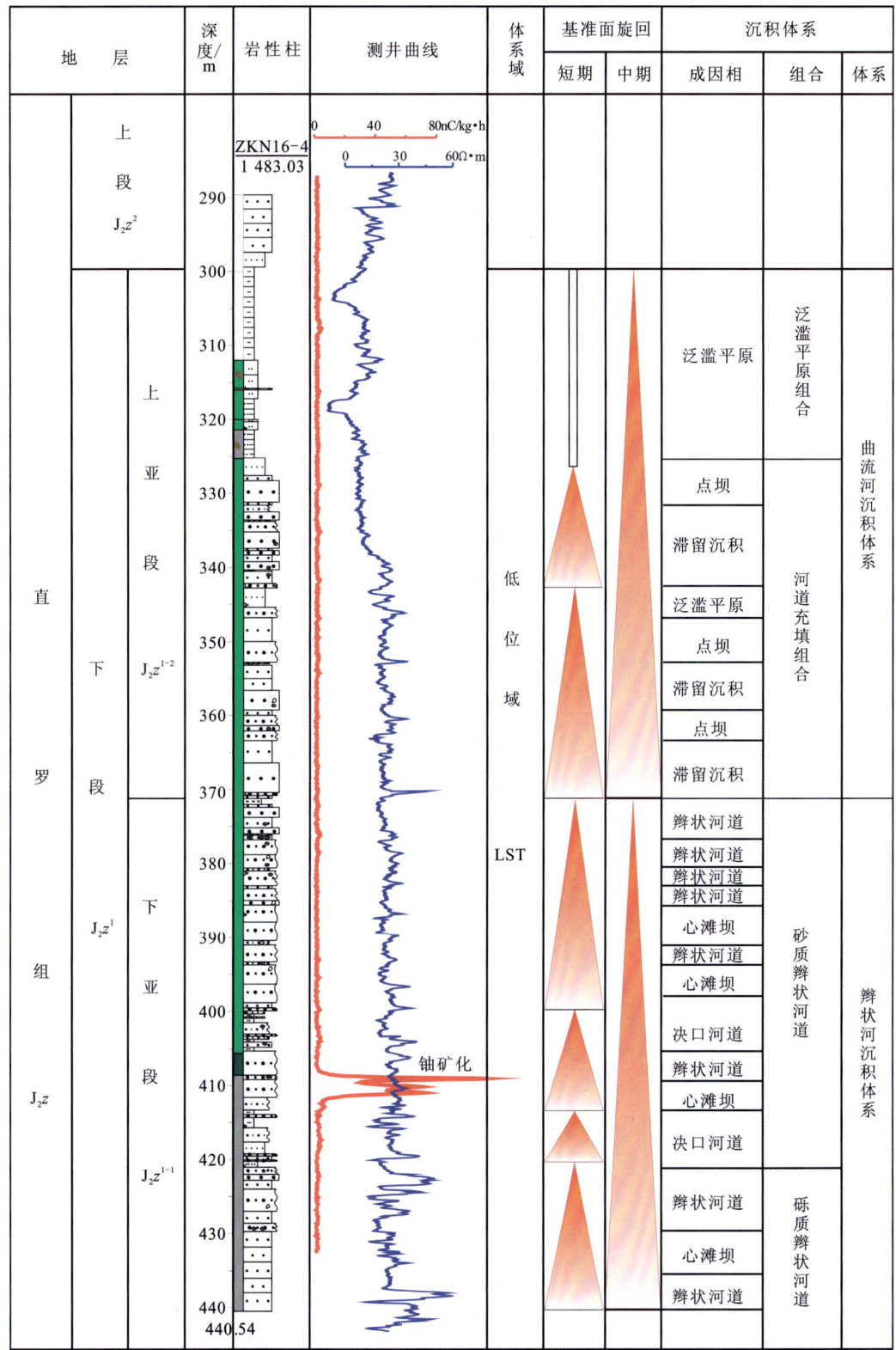

图 8-10　纳岭沟铀矿床 ZKN16-4 典型钻孔垂向成因相划分

根据砂分散体系的基本特征,在纳岭沟铀矿床直罗组下亚段识别出 6 条北西-南东向的辫状河道,以及相对应的泛滥平原沉积。由于处于高能的古水流区域,一些泛滥平原表面极易受到河道的改造,这些过渡区域被称为河道边缘沉积(图 8-12)。纳岭沟铀矿床位于盆地北东部,由于处于大型物源-沉积朵

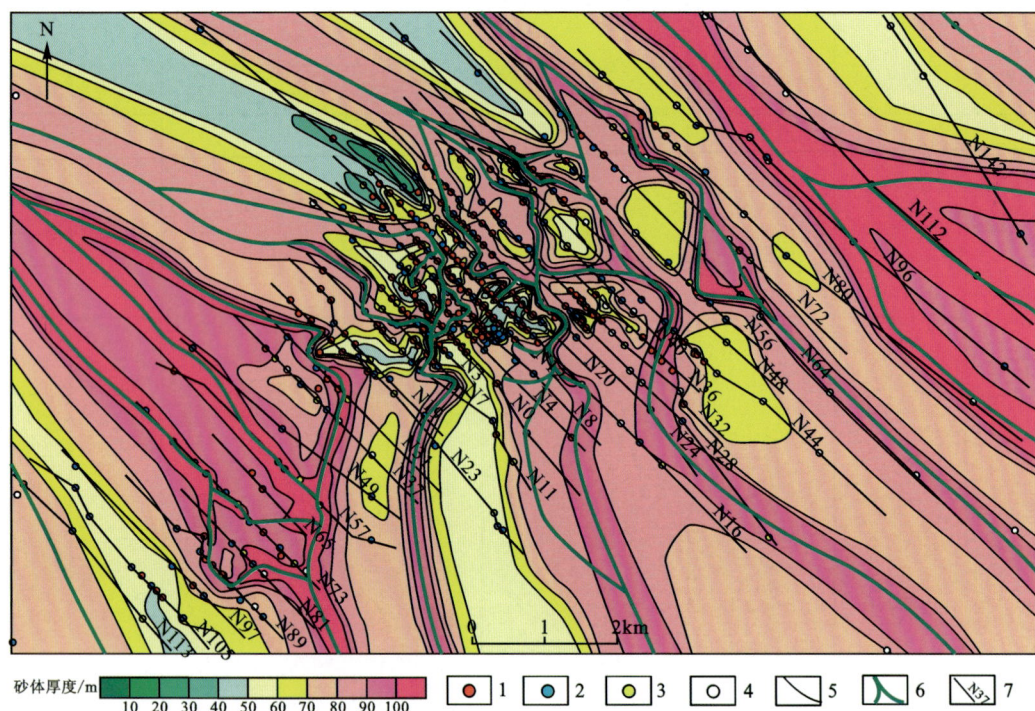

图 8-11 纳岭沟铀矿床直罗组下段下亚段砂体厚度等值线图

1.工业矿孔;2.矿化孔;3.异常孔;4.无铀矿孔;5.下亚段砂体厚度等值线;6.物源体系;7.勘探线及编号

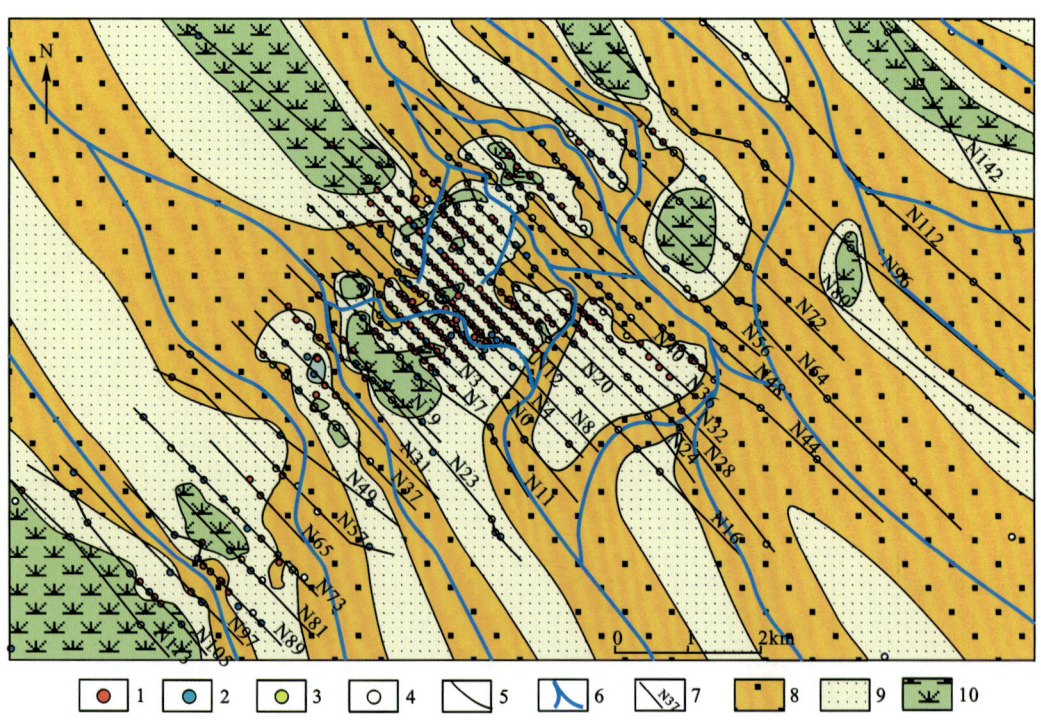

图 8-12 纳岭沟铀矿床直罗组下段下亚段沉积微相图

1.工业矿孔;2.矿化孔;3.异常孔;4.无铀矿孔;5.微相边界;6.物源体系;
7.勘探线及编号;8.辫状河道;9.河道边缘;10.泛滥平原

体的上游和轴部,因此河流沉积作用异常突出,具体表现在直罗组下段的充填组合特征上,在直罗组下亚段底部为砾质辫状河道沉积,向中上部演变为砂质辫状河道沉积,至上亚段逐步演变为曲流河道沉积,真正经典的曲流河出现于直罗组上段。辫状河具有极大的宽厚比(宽度/厚度),所以能够在宏观上形成泛连通的席状和带状砂体,但是由于砾质辫状河道沉积物中普遍发育杂基,不能够形成良好的铀储层,而砂质辫状河道沉积却具有良好的孔隙度和渗透性,能够为含氧含铀水提供优质的运移通道和铀矿储存的空间。在砂质辫状河道的相变部位,铀储层非均质性增强,同时也伴随还原介质的增强,这些要素直接改变了铀储层的岩石地球化学环境,从而导致铀的富集并成矿。因此,纳岭沟铀矿床的铀矿化主要产于直罗组下亚段砂质辫状河道的边缘,即砂质辫状河道与泛滥平原的相变部位是最有利的铀矿化区(图 8-12)。

第三节 水文地质特征

纳岭沟铀矿床直罗组下段下亚段与上亚段岩性和沉积特征有所不同,可以明确将二者划分开。但是与皂火壕铀矿床和柴登壕铀矿床不同的是,纳岭沟铀矿床下亚段与上亚段之间的泥岩层连续性较差,二者之间砂体大部分地段呈连通状,导致直罗组下段水文地质结构和岩石地球化学环境有所不同。

一、水文地质结构

纳岭沟铀矿床含水岩组结构比较简单,主要有中侏罗统直罗组含水岩组、下白垩统含水岩组和第四系含水岩组。第四系含水岩组主要分布于地表沟谷中。下白垩统含水岩组在矿床内大面积出露,广泛分布,含水岩组岩性以褐红色砂岩和砂砾岩为主。中侏罗统直罗组含水岩组在矿床内广泛分布,依据沉积作用特征、沉积环境和规模、含水岩组的垂向和水平变化特征,将直罗组分为 2 个含水层(图 8-13),即直罗组下段含水层和直罗组上段含水层,其中,直罗组下段含水层中有铀矿体产出,构成含矿含水层。由于直罗组下段下亚段与上亚段砂岩之间的泥岩层不发育,所以不存在下亚段和上亚段 2 个独立的含水层。

纳岭沟铀矿床直罗组下段含矿含水层的底板隔水层由延安组顶部泥岩、粉砂岩和煤层构成。据煤田钻孔资料,延安组顶部泥岩、粉砂岩和煤层厚度大于 3.0m,在矿床内稳定分布,隔水性好,为含矿含水层稳定的隔水底板。含矿含水层的顶板隔水层由直罗组下段顶部泥岩、粉砂岩组成(图 8-13),厚度为 1.0~46.0m,平均厚度为 16.8m。隔水层厚度一般大于 5.0m,在矿床内连续分布,能有效阻隔与直罗组上段含水层的水力联系。含矿含水层顶面埋深 140.2~431.6m,平均埋深 303.4m,砂岩底面埋深 319.8~571.6m,平均埋深 429.9m(表 8-1),顶、底板埋深由北东向南西逐渐增大。

表 8-1 纳岭沟铀矿床直罗组下段含矿含水层特征统计表

参数项	含矿含水层 埋深/m	隔水顶板 厚度/m	含矿含水层 厚度/m	砂岩底面 埋深/m	局部含矿含水层 厚度/m
平均值	303.4	17.0	131.5	429.9	41.9
最小值	140.2	1.0	86.6	571.6	15.7
最大值	431.6	46.0	200.8	319.8	80.9
统计个数/个	371	371	245	245	153

纳岭沟铀矿床直罗组下段含矿含水层呈厚层状稳定分布,岩性主要由底部砾岩和上部砂岩组成。底砾岩为砾质辫状河道沉积,呈北西-南东向展布,厚度 0~140.0m(图 8-7)。砂岩分布于整个矿床中,以中、粗粒砂岩为主,细砂岩次之,结构疏松,泥质胶结为主。含矿含水层厚度一般为 120~140m,最小厚度为 86.6m,最大厚度为 200.8m,平均厚度为 131.5m,厚度变化小。含矿含水层间夹非渗透粉砂岩、泥岩和钙质砂岩薄夹层,呈透镜状分布。其中泥岩、粉砂岩夹层一般为 1~5 层,单层厚度为 0.2~

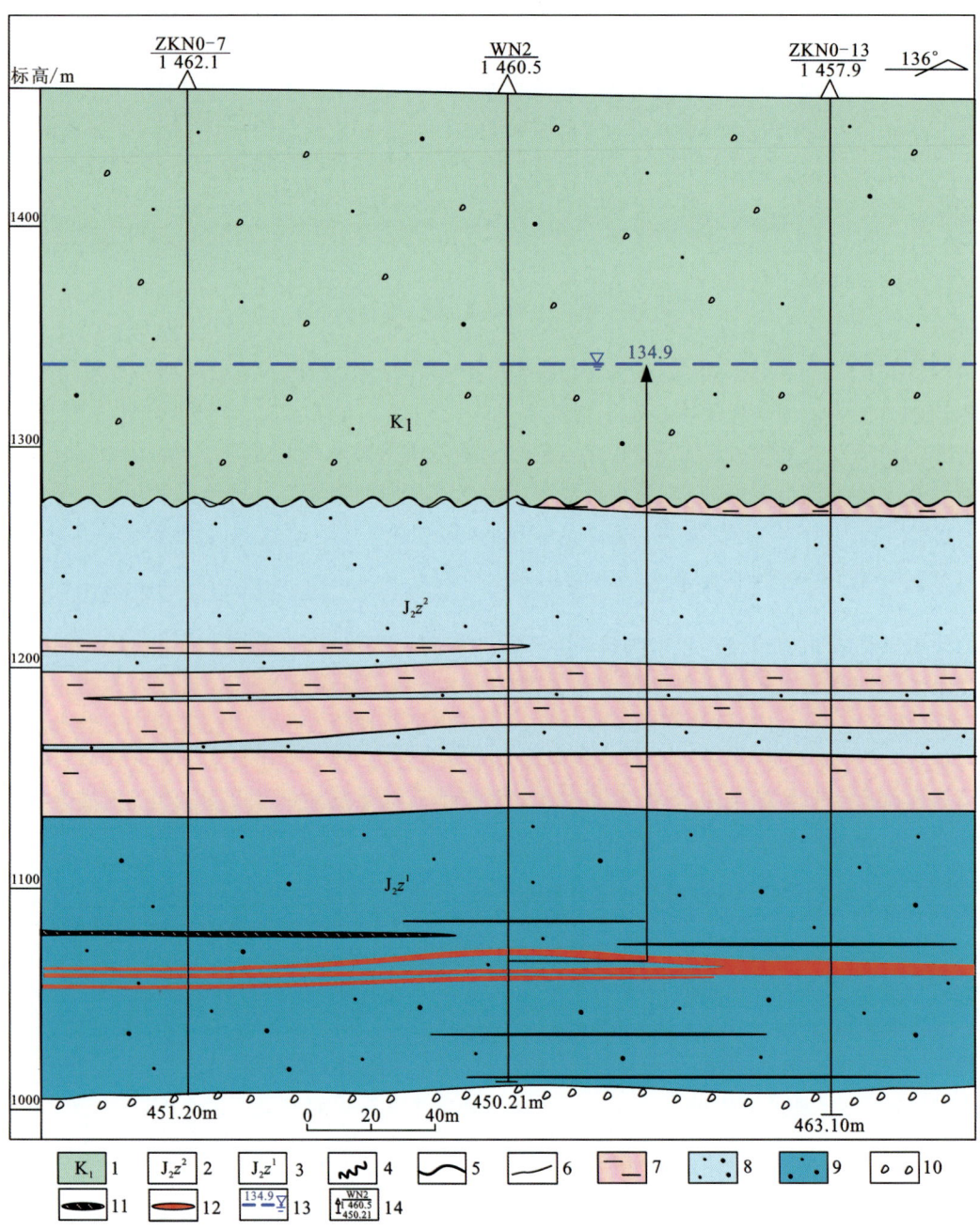

图 8-13 纳岭沟铀矿床 N0 号线水文地质剖面示意图

1.下白垩统含水岩组;2.直罗组上段;3.直罗组下段;4.角度不整合界线;5.地层界线;6.岩性界线;
7.隔水层;8.直罗组上段含水层;9.直罗组下段含水层;10.砾岩;11.局部隔水层;12.铀矿体;
13.直罗组下段承压水压线及水位埋深/m;14.钻孔位置、钻孔编号、孔口标高及孔深/m

1.5m,单层最厚达 6.7m;钙质砂岩夹层一般为 1~5 层,单层厚度为 0.2~1.0m,单层最厚达 2.2m。粉砂岩、泥岩和钙质砂岩夹层可构成局部隔水层,使含矿含水层的有效厚度变薄。含水层厚度空间变化趋势与直罗组下段砂体厚度空间变化趋势相一致,都具有由辫状河道中心向其两侧逐渐变薄的特点。

二、渗透性和涌水量

纳岭沟铀矿床直罗组下段含矿含水层在矿床内连续、稳定分布,具有稳定的顶、底板隔水层,赋存承压水。水文地质孔抽水资料显示,地下水位埋深 73.48~164.26m,水位埋深较大,水位标高为

1 325.07～1 336.98m。承压水头 161.95～200.86m，具有从北向南逐渐增大的特征(表 8-2)。

表 8-2　纳岭沟铀矿床水文地质孔抽水试验成果表

孔号	勘探线	静止水位/m	承压水头/m	水位降深/m	涌水量/(m³·d⁻¹)	单位涌水量/(L·m⁻¹·s⁻¹)	渗透系数/(m·d⁻¹)	导水系数/(m²·d⁻¹)
WN1	N32	119.67	161.95	9.38	83.64	0.103	0.55	72.55
WN3	N20	164.26	165.59	15.63	119.81	0.094	0.63	25.20
WN2	N0	134.91	200.86	15.87	123.18	0.092	0.44	17.34
WN5	N44	73.48	200.00	31.59	137.29	0.05	0.30	13.3
WN6	N32	95.39	166.66	21.4	136.94	0.075	0.62	52.26

纳岭沟铀矿床直罗组下段含矿含水层中含矿段岩性以粗砂岩、中砂岩为主，结构疏松，以泥质胶结为主，粉、泥含量占 2.3%。含矿段单孔涌水量 137.29(降深 31.59m)～119.81m³/d(降深 15.63m)，渗透系数 0.30～0.63m/d，单位涌水量 0.05～0.103L/m·s，表明含矿段的富水性和渗透性较强。

三、水动力特征

纳岭沟铀矿床直罗组下段含矿含水层接受同层地下水的侧向径流补给。地下水径流受地层产状控制，地层由北东向南西缓倾，目前地下水主要由北东向南西径流(图 8-14)，水力坡度为 3.3‰～7.1‰，地下水向矿床外缓慢径流。

四、水化学特征

纳岭沟铀矿床直罗组下段含矿含水层地下水水化学类型为 $Cl·HCO_3$-Na 和 Cl-Na，pH 值 7.2～7.9，偏弱碱性，水温 14～17℃。水中铀含量为 $(0.23～21.86)×10^{-6}$g/L(表 8-3)。水中 Cl^- 含量高，最高可达 487.44mg/L。

表 8-3　纳岭沟铀矿床含矿含水层水化学参数一览表

孔号	水化学类型	矿化度/(g·L⁻¹)	pH 值	水中铀含量/(10⁻⁶g·L⁻¹)	勘探线
WN1	Cl-Na	1.5	7.2	0.89～5.10	N32
WN2	Cl-Na	1.2	7.4	0.23～6.42	N0
WN3	Cl·HCO₃-Na	1.1	7.5	0.33～1.47	N20
WN5	Cl-Na	1.1	7.9	3.93～21.86	N44
WN6	Cl-Na	1.1	7.4	0.46～1.68	N32

第四节　岩石地球化学特征

纳岭沟铀矿床直罗组下段下亚段与上亚段之间没有明显的泥岩层，其上、下亚段砂体连通，为一个统一的含矿含水层(图 8-13)，形成一个完整的层间氧化带(图 8-4、图 8-5、图 8-15)，因此直罗组氧化带将下亚段和上亚段作为一个整体来研究。

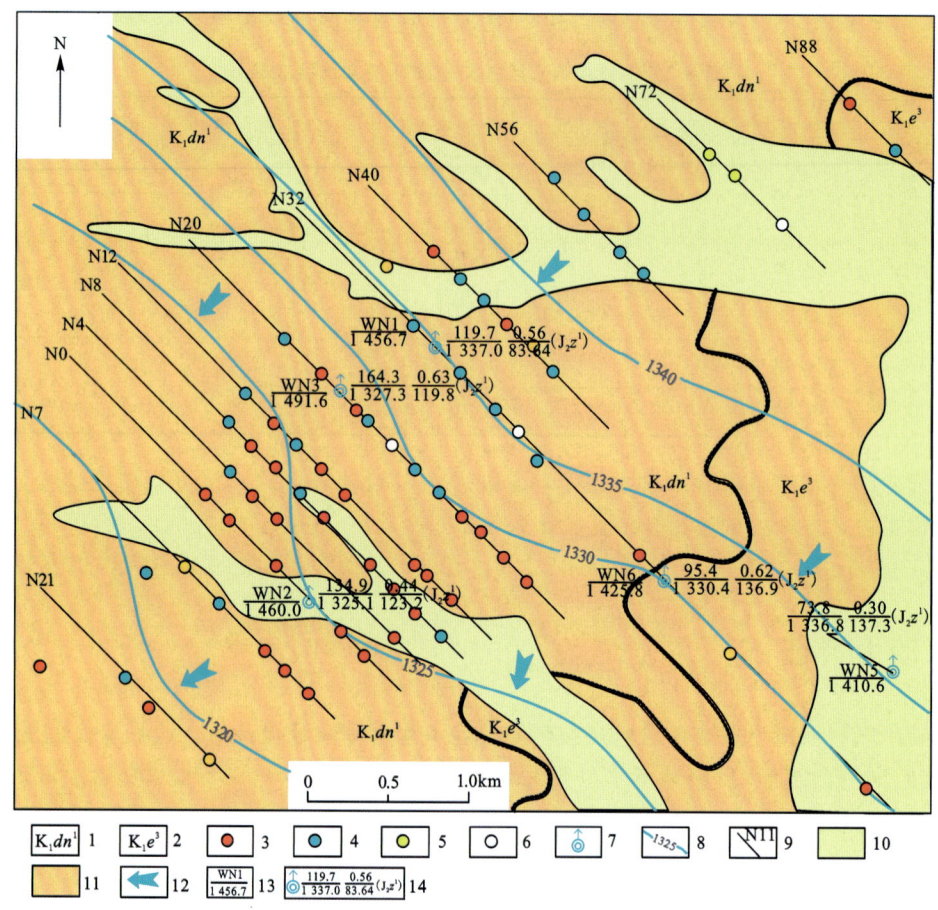

图 8-14 纳岭沟铀矿床 N37-N88 线水文地质图

1.东胜组；2.伊金霍洛组；3.工业矿孔；4.矿化孔；5.异常孔；6.无矿孔；7.抽水孔；8.直罗组下段等水压线及标量/m；9.勘探线及编号；10.松散岩类孔隙水；11.碎屑岩类裂隙孔隙水；12.直罗组下段地下水流向；13.孔号及孔口标高/m；14.涌水量/($m^3 \cdot d^{-1}$)、水位标高/m、渗透系数/($m \cdot d^{-1}$)、水位埋深/m 和含水层代号

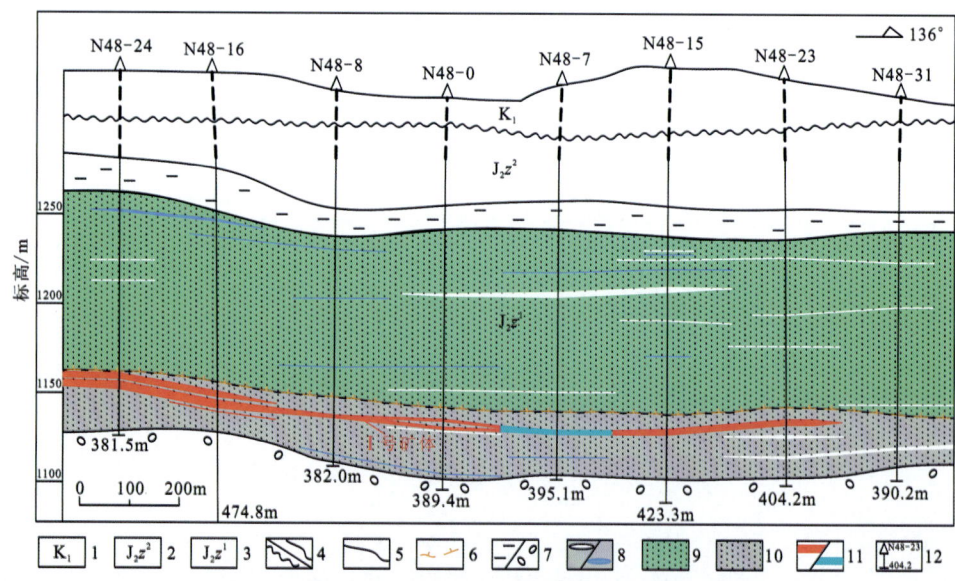

图 8-15 纳岭沟铀矿床 N48 号勘探线综合地质剖面图

1.下白垩统；2.直罗组上段；3.直罗组下段；4.角度不整合界线/整合界线；5.岩性界线；6.层间氧化带前锋线；7.泥岩/砾岩；8.泥岩夹层/钙质砂岩夹层；9.绿色砂岩；10.灰色砂岩；11.工业铀矿体/铀矿化体；12.钻孔位置、编号及孔深/m

纳岭沟铀矿床赋矿层直罗组下段存在3种岩石地球化学类型：原生还原、后生氧化和后生还原。岩石原生还原地球化学类型为灰色砂岩，后生氧化岩石地球化学类型为红色或黄色砂岩，后生还原岩石地球化学类型为灰绿色、绿色砂岩（即古层间氧化带），区域上与皂火壕铀矿床和柴登壕铀矿床的原生还原、后生氧化和后生还原岩石地球化学类型具有相似的特点。后生氧化岩石呈红色或黄色残留体零星分布于灰绿色、绿色砂岩中，与皂火壕铀矿床和柴登壕铀矿床具有类似特征，这里不再赘述。

纳岭沟铀矿床直罗组下段层间氧化带在成矿作用过程中是从北西向南东、由北向南逐渐推进的，区域上与皂火壕矿床和柴登壕铀矿床的氧化作用方向基本一致，沿氧化作用方向具有完全氧化带（灰绿色、绿色砂岩，如钻孔N112-127—N156-105-1位置）、氧化-还原"过渡带"（灰绿色、绿色砂岩与灰色砂岩残留体垂向叠置带，如钻孔N89-51—N72-103位置）和原生还原带（灰色砂岩）（图8-16）。与皂火壕铀矿床不同的是，虽然受新构造运动影响，但与柴登壕铀矿床一样没有形成二次氧化作用及黄色氧化带。与柴登壕铀矿床不同的是，与铀成矿有关的原生还原灰色砂岩沿氧化作用方向呈整体性大规模展布于古氧化带灰绿色、绿色砂岩的前缘部位，形成较大规模的氧化-还原"过渡带"和较长的层间氧化带前锋线。

一、完全氧化带

纳岭沟铀矿床直罗组下段完全氧化带即如前所述砂岩氧化率为100%的区域，充满整个含矿含水层，呈板状与砂岩整合产出（图8-16、图8-17）。氧化砂岩底界埋深最小值为283.20m，位于矿床东部。矿床区内氧化砂岩底面标高一般为880~1120m（图8-18），整体表现为北东高南西低，由北东向南西方

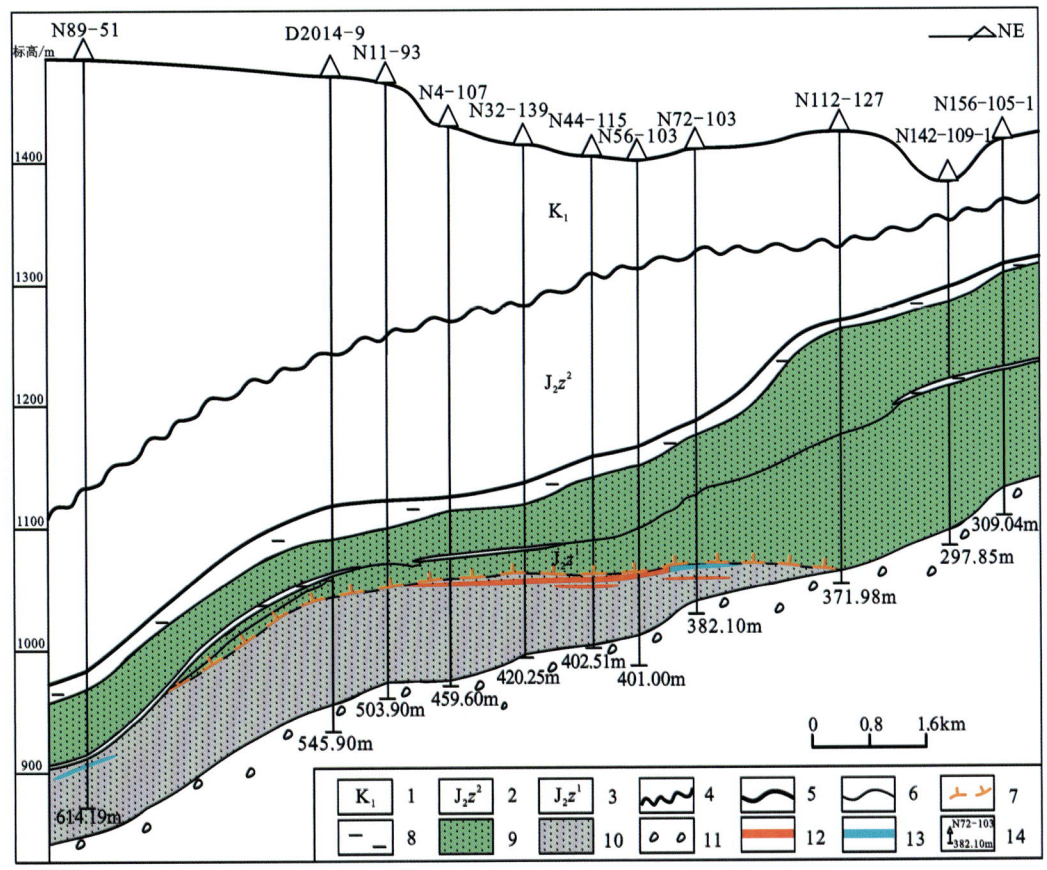

图8-16 纳岭沟铀矿床Ⅰ号纵剖面图

1.下白垩统；2.直罗组上段；3.直罗组下段；4.角度不整合界线；5.整合界线；6.岩性界线；7.氧化带前锋线；
8.泥岩；9.绿色砂岩；10.灰色砂岩；11.砾岩；12.工业铀矿体；13.铀矿化体；14.钻孔位置、编号及孔深

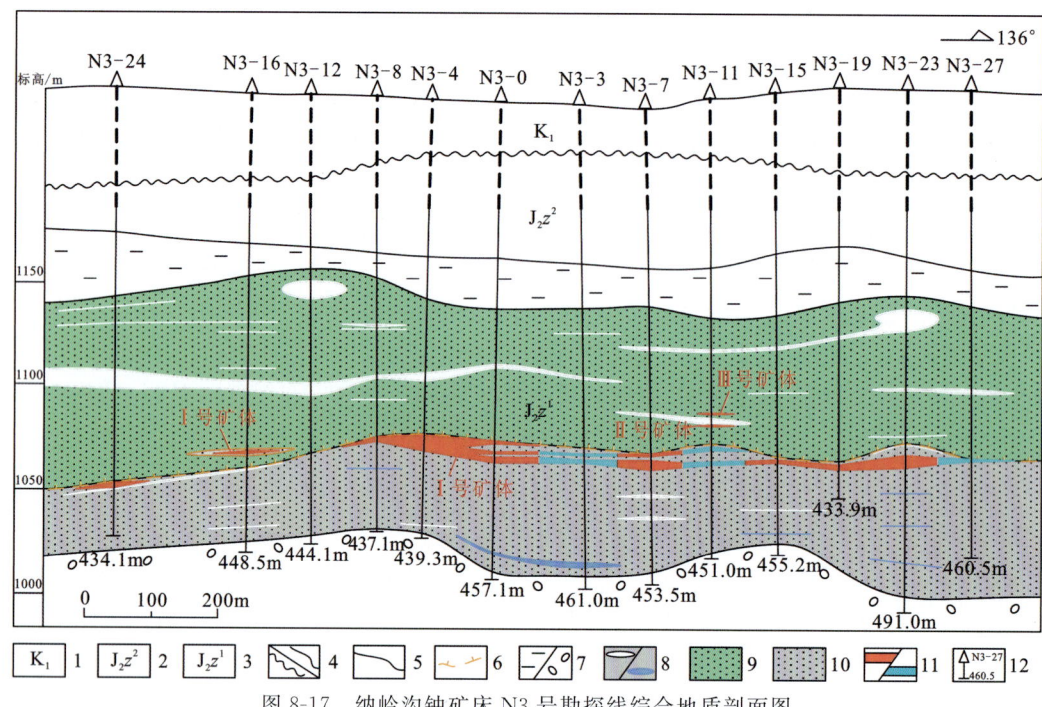

图 8-17 纳岭沟铀矿床 N3 号勘探线综合地质剖面图

1.下白垩统；2.直罗组上段；3.直罗组下段；4.角度不整合界线/整合界线；5.岩性界线；6.层间氧化带前锋线；7.泥岩/砾岩；8.泥岩夹层/钙质砂岩夹层；9.绿色砂岩；10.灰色砂岩；11.工业铀矿体/铀矿化体；12.钻孔位置、编号及孔深/m

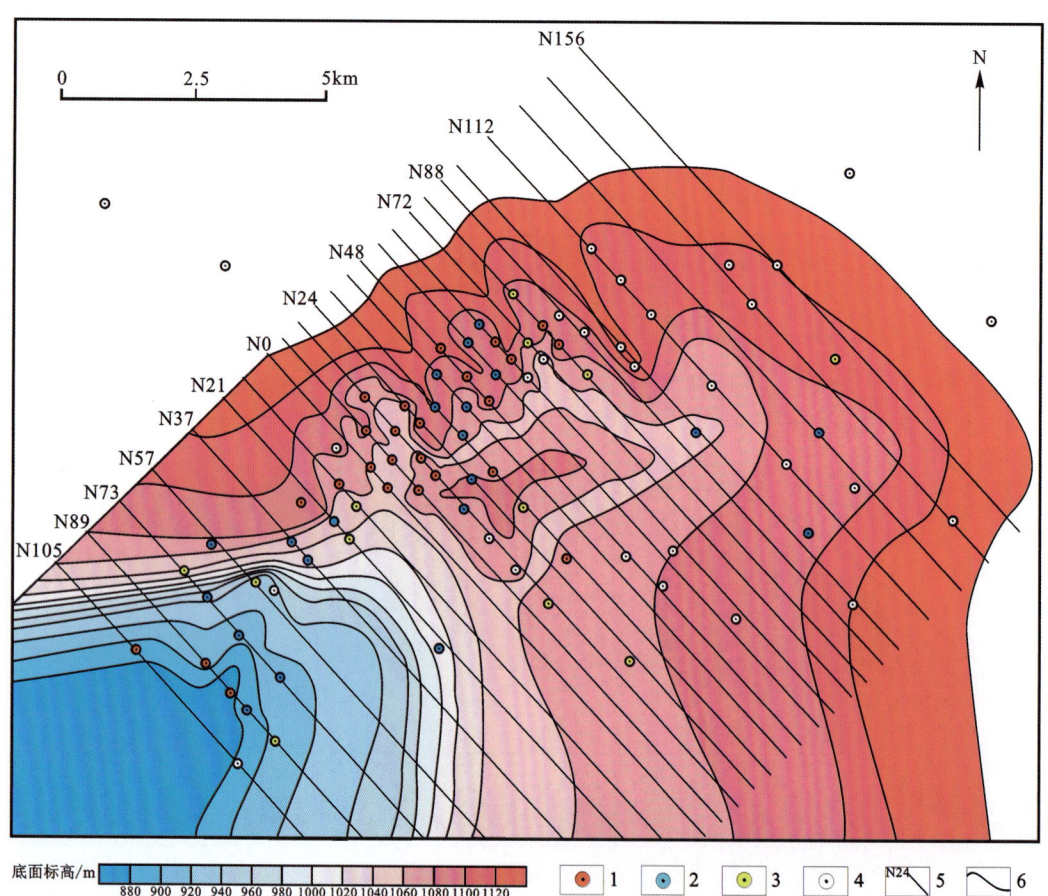

图 8-18 纳岭沟铀矿床直罗组下段下亚段氧化砂岩底面标高等值线图

1.工业铀矿孔；2.铀矿化孔；3.铀异常孔；4.无铀矿孔；5.勘探线及编号；6.底面标高等值线

向氧化砂岩底面标高逐渐变低,呈开口向南西方向的"U"形,与地层的产状基本一致,可能与东部底板抬升有关。矿床中部 N8—N72 号勘探线由北西向南东方向氧化砂岩底面标高表现为"高-低-高-低-高"的"W"形特征,中部 ZKN16-65、ZKN16-91、ZKN24-43、ZKN32-59 和 ZKN32-91 钻孔附近表现为局部高值,可能与含氧含铀水的迁移方向有关。倾向上,平均每千米氧化砂岩底面标高相差 18m,氧化砂岩底面倾角小于 1°,说明纳岭沟铀矿床的氧化底面几乎处于同一水平面。主矿体主要分布在氧化砂岩底面标高 1040~1080m 的区域,少量矿体分布于标高为 1080~1120m 的区域,南西部矿体主要分布于840~900m 的区域。

二、氧化-还原"过渡带"

纳岭沟铀矿床位于直罗组下段氧化-还原"过渡带"内,完全氧化带发育于铀矿床北部(图 8-19),主要分布于河道砂体厚度大、渗透性好、氧化作用充分的部位沿北西-南东向发育,与皂火壕铀矿床和柴登壕铀矿床具有类似的特点,发育程度及分布规律受河道砂体的控制。

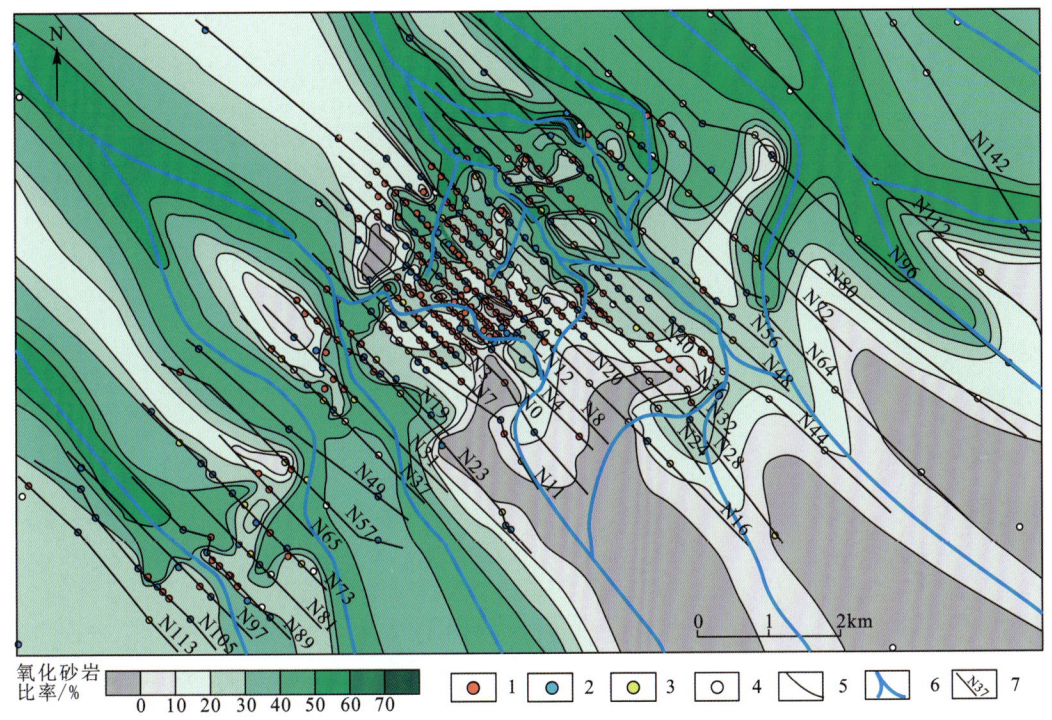

图 8-19 纳岭沟铀矿床直罗组下段氧化砂岩比率等值线图
1.工业矿孔;2.矿化孔;3.异常孔;4.无铀矿孔;5.等值线;6.物源体系;7.勘探线及编号

纳岭沟铀矿床直罗组下段氧化-还原"过渡带"与皂火壕铀矿床和柴登壕铀矿床具有类似的特点,是在垂向上灰绿色、绿色砂岩与灰色砂岩叠加的地段(图 8-15、图 8-17),即如前所述为 0＜砂岩氧化率＜100% 的区域(图 8-19),是古氧化带和原生还原带两种岩石地球化学类型共同发育的部位,位于灰色砂岩尖灭线与灰绿色、绿色砂岩尖灭线之间,也不存在真正意义上的过渡环境岩石地球化学类型。与皂火壕铀矿床和柴登壕铀矿床不同之处在于,"过渡带"发育于直罗组下段,而非上、下亚段为两个独立的岩石地球化学类型,且纳岭沟铀矿床"过渡带"灰绿色、绿色砂岩主要是靠近含矿含水层顶部发育,表现为"上绿下灰"的特点,多呈单呈状,氧化带前缘呈单个"舌状"体突出,"灰绿互层"和多个"舌状"体不发育,形态上更具有典型的层间氧化带特征。

从矿床氧化砂岩厚度百分率等值线图可以看出(图 8-19):氧化砂岩比率高值区与砂岩、含砂率及沉积体系一致,呈现北西-南东向多条高值带,含砂率 40% 以上区域带状展布。"过渡带"呈开口向南东的环带状展布,发育宽度在 7.00～12.00km 之间。氧化砂岩比率低值位于南东区域。总体表现为氧化方向以北西向南东为主,由北西向南东氧化规模逐渐变小,呈不规则多"舌状"体向南东方向凸出,直至尖灭。此外,在矿床东部 N112—N156 号勘探线上表现为由北部往南部、北东部向南西部氧化砂岩比率值逐渐变小,说明除北西向南东主氧化方向外,还存在由北向南的氧化方向。总之,北西部氧化强度较南东部强,北部氧化强度较南部强,说明铀成矿作用过程中盆地北部东胜-靖边单斜抬升背景下的掀斜构造演化、河道砂体的发育方向、含氧含铀水的运移方向三者之间基本上具有一致的空间匹配关系,也是铀成矿作用具有长期性和继承性及大规模成矿所需要的成矿地质条件。

铀矿体主要分布在氧化砂岩比率为 50%～90% 的区域,说明氧化作用较充分、氧化砂岩具有一定厚度或大于灰色砂岩的厚度才有利于铀的沉淀和富集成矿。

"过渡带"内灰绿色、绿色砂岩的发育受沉积微相的影响,由于 X-Ps3 顶部的河道边缘和泛滥平原被直罗组上亚段冲刷,没有保留,上、下亚段砂岩连通,上亚段和下亚段顶部砂岩被完全氧化,形成上、下亚段为一体的氧化带(图 8-20)。氧化带的发育受 X-Ps2 内部或顶部、X-Ps3 内部的河道边缘沉积控制,这些河道边缘细粒沉积物控制了氧化程度和发育规模。

三、原生还原带

原生还原带相邻发育于"过渡带"的南东方向(图 8-19),灰色砂岩沿河道发育于其下游方向,即如前所述砂岩氧化率为 0 的区域。还原带灰色砂岩与"过渡带"灰色砂岩整体连续产出,也不存在灰色砂岩在原生还原带与"过渡带"之间的岩石地球化学类型的分界线。

第五节 矿体特征

一、矿体空间分布特征

纳岭沟铀矿床矿体产出于直罗组下段下亚段砂质辫状河道充填和泛滥平原接触部位,矿体上、下一般发育有河道边缘的细粒沉积物(图 8-20)。在平面上,矿体呈带状近北东-南西向展布(图 8-21),与古层间氧化带前锋线展布方向基本一致,矿体延伸长度近 10km,最大宽度 1700m,矿体沿走向、倾向均有较好的连续性。主矿(层)体 I 号矿层(体)位于矿床中部,呈北东-南西向展布,整体呈带状展布,长约 6100m,宽 100～3200m,面积约 5.8km²。

纳岭沟铀矿床直罗组下段上、下亚段砂岩多连为一体,上亚段被完全氧化,呈"上绿下灰"的特点,铀矿体主要发育于古层间氧化带下部的灰色砂体中,呈单层板状产出(图 8-15、图 8-17)。矿体的具体产出位置在矿床不同部位存在差异,北东部矿体产于含矿含水层下部,而中部和南西部矿体则产于含矿含水层中下部,受古氧化带的垂向位置控制。沿勘探线方向,矿体产状与地层产状基本一致(图 8-22),与地层平行产出;垂直勘探线方向(图 8-23),矿体倾斜方向与地层倾斜方向相同,但倾斜角度明显偏小,矿体与地层的产出位置存在夹角,角度约 4°,受局部古氧化带产状与地层产状之间的倾角控制。

二、矿体产出特征

纳岭沟铀矿床矿体埋深总体具有东浅西深、北浅南深的特征。矿体顶面埋深为 307.85～522.75m,平均 390.05m,变异系数为 9.53%;矿体底面埋深为 309.45～523.55m,平均 394.15m,变异系数为 9.34%;矿体顶面标高为 972.87～1 130.11m,平均 1 073.30m,变异系数为 1.85%;矿体底面标高为

第八章 纳岭沟铀矿床

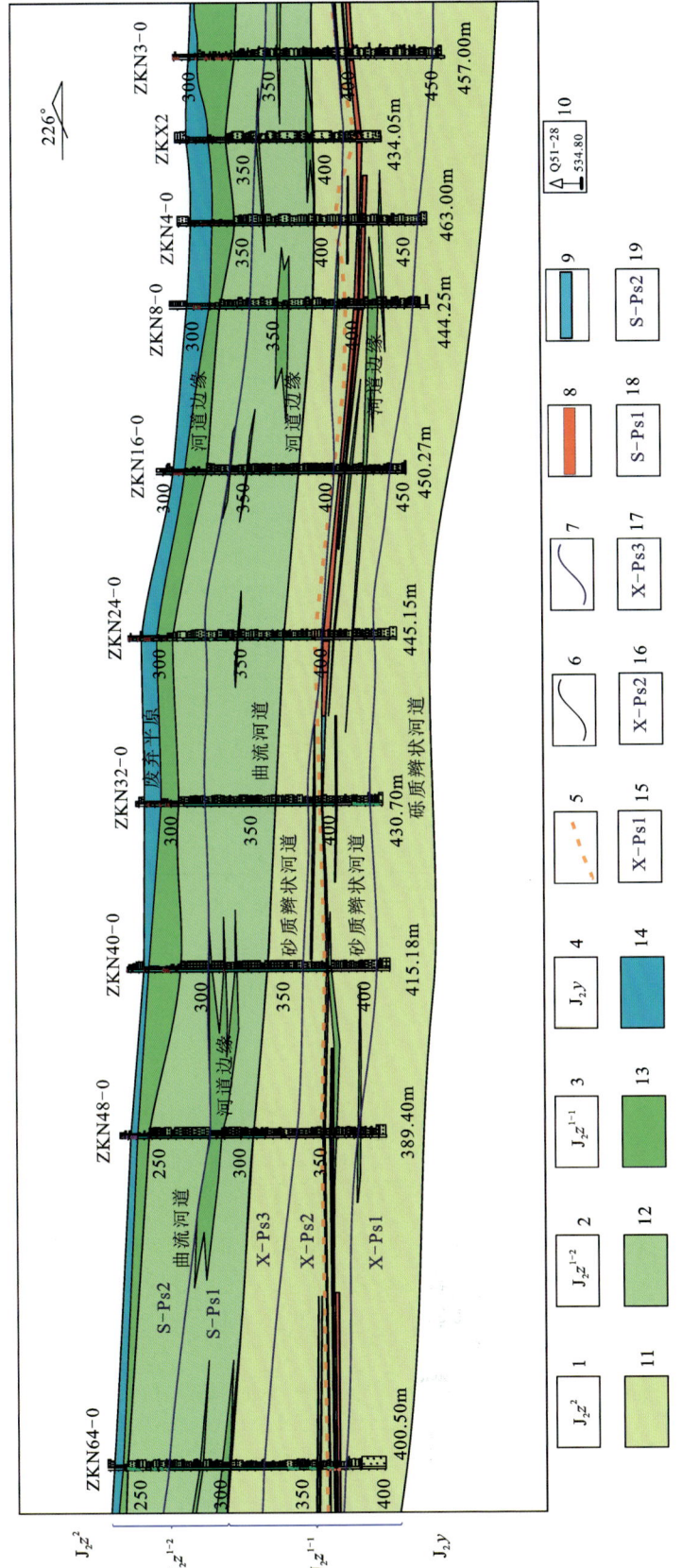

图8-20 纳岭沟铀矿床北东—南西向沉积剖面图

1.直罗组上段；2.直罗组下段上亚段；3.直罗组下段下亚段；4.延安组；5.氧化带前锋线；6.相边界；7.小层序界面；8.工业铀矿体；9.铀矿化体；10.钻孔、编号及孔深/m；11.辫状分流河道；12.分流河道；13.河道边缘；14.废弃平原；15.直罗组下亚段第一小层序；16.直罗组下亚段第二小层序；17.直罗组下亚段第三小层序；18.直罗组上亚段第一小层序；19.直罗组上亚段第二小层序

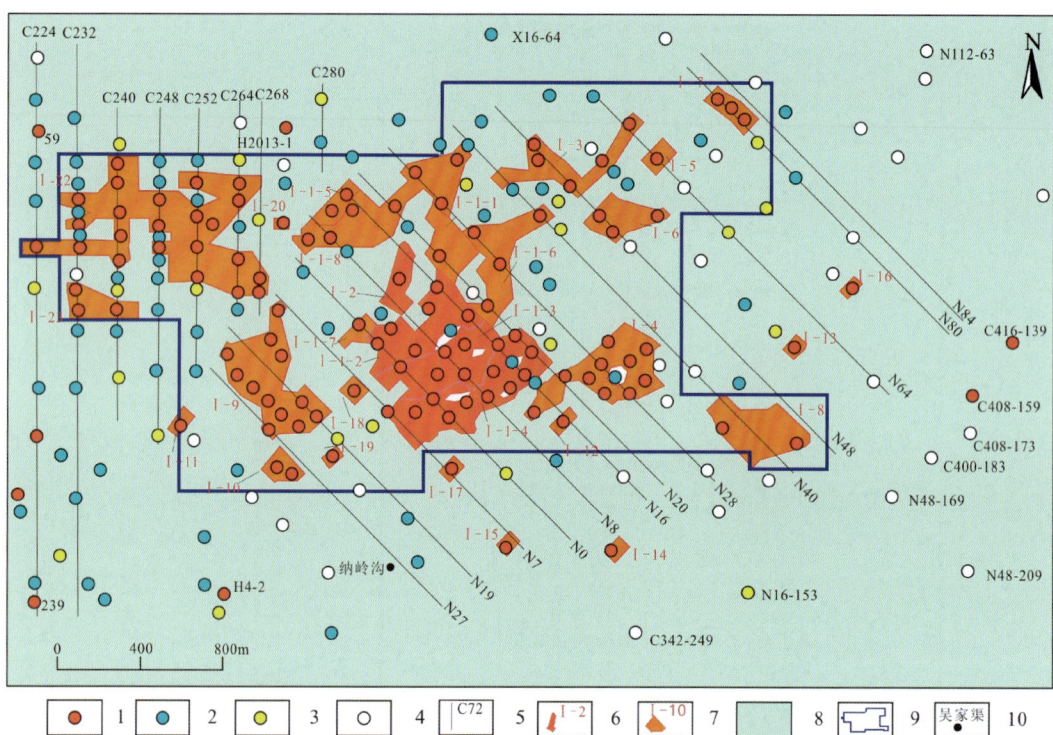

图 8-21 纳岭沟铀矿床 I 号矿体分布图

1.工业矿孔;2.矿化孔;3.异常孔;4.无矿孔;5.勘探线及编号;6.可信储量块段;
7.推断资源量块段;8.氧化-还原过渡带;9.纳岭沟铀矿床范围;10.地名

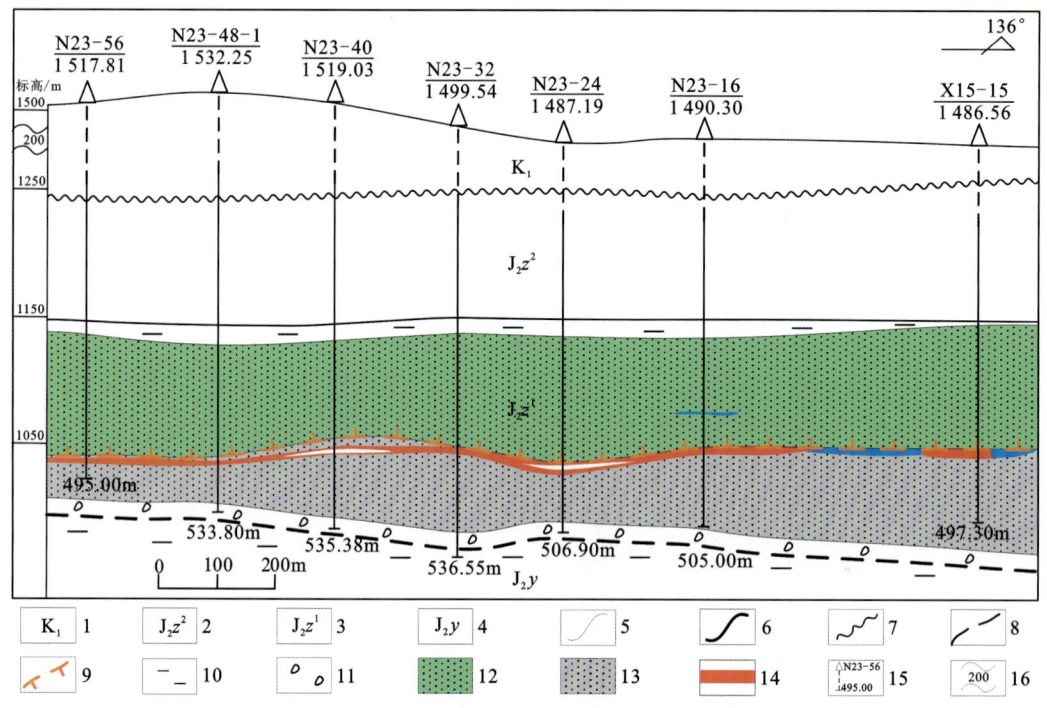

图 8-22 纳岭沟铀矿床 N23 号地质剖面示意图

1.下白垩统;2.直罗组上段;3.直罗组下段;4.延安组;5.岩性界线;6.地层整合接触界线;7.地层角度不整合
接触界线;8.地层平行不整合接触界线;9.层间氧化带前锋线;10.泥岩;11.砾岩;12.绿色砂岩;13.灰色砂岩;
14.工业矿体;15.钻孔位置、编号及孔深;16.地层缩略符号及缩略深度/m

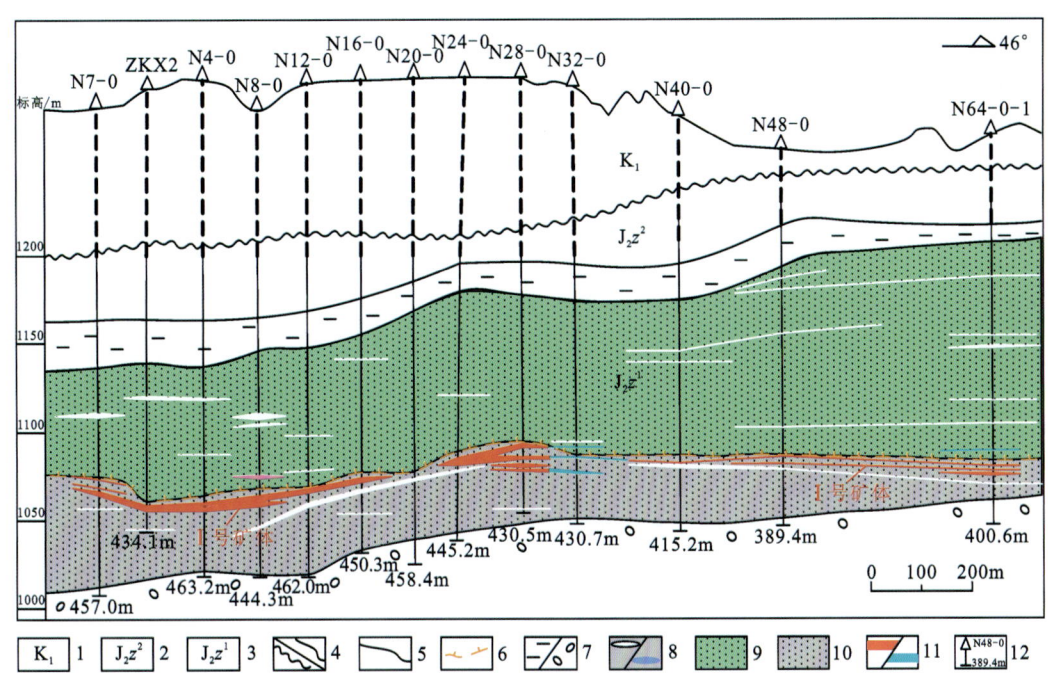

图 8-23　纳岭沟铀矿床协议区纵 0 号剖面图

1.下白垩统；2.直罗组上段；3.直罗组下段；4.角度不整合界线/整合界线；5.岩性界线；6.层间氧化带前锋线；7.泥岩/砾岩；
8.泥岩夹层/钙质砂岩夹层；9.绿色砂岩；10.灰色砂岩；11.工业铀矿体/铀矿化体；12.钻孔位置、编号及孔深

972.07～1 129.01m，平均 1 069.20m，变异系数为 1.85%。从数据上看（表 8-4），矿体顶、底面埋深变化区间分别为 214.90m 和 214.10m，而矿体顶、底面标高变化区间分别为 157.24m 和 156.94m，矿体顶、底面标高变化幅度小于埋深变化幅度，说明矿体埋深除了受矿体产状变化影响外，还在一定程度上受地形控制。

表 8-4　纳岭沟铀矿床矿层（体）埋深及标高统计表

统计类别		变化范围/m	平均值/m	均方差	变异系数/%	钻孔数/个
矿床	顶面 埋深	307.85～522.75	390.05	37.18	9.53	309
	顶面 标高	972.87～1 130.11	1 073.30	19.84	1.85	
	底面 埋深	309.45～523.55	394.15	36.82	9.34	
	底面 标高	972.07～1 129.01	1 069.20	19.77	1.85	

三、矿体厚度、品位及平米铀量

主矿体厚度为 1.10～9.30m，平均 3.68m，变异系数 52.15%，矿体厚度变化较大（表 8-5）。矿体厚度变化在平面上不具备明显的分布规律，厚度大小变化多为突变，最大厚度位于 N48 号勘探线的北部和 N20 号勘探线的南部（图 8-24）。厚度高值区多位于工业铀矿体的边缘部位，多由单孔控制，呈点状分布；低值区由多孔控制，呈不规则的带状分布。从矿体层数分区图（图 8-25）可以看出，矿体层数较多的部位主要为 N7—N28 线南部以及中部和北部的边缘部位。层数最多为 5 层，位于 N0 号勘探线南端。主矿体层数与矿体厚度具有很好的正相关性，即矿体厚度大的部位，对应矿体层数较多；矿体厚度较薄的部位多以单层矿体为主。

表 8-5 纳岭沟铀矿床矿体矿化特征统计表

矿体	参数	变化范围	平均值	均方差	变异系数/%
主矿体	厚度	1.10～9.30m	3.68m	1.87	52.15
	品位	0.024 4～0.205 3%	0.067 0%	0.05	68.40
	平米铀量	1.04～21.48kg/m²	5.12kg/m²	6.70	109.69
其他矿体	厚度	0.80～6.40m	2.52m	1.82	72.17
	品位	0.030 5～0.150 8%	0.069 0%	0.03	47.55
	平米铀量	1.08～8.62kg/m²	3.13kg/m²	2.08	66.55
总体	厚度	0.80～9.30m	3.49m	1.89	53.97
	品位	0.018 2～0.205 3%	0.067 9%	0.03	48.20
	平米铀量	1.04～21.48kg/m²	4.61kg/m²	3.83	76.18

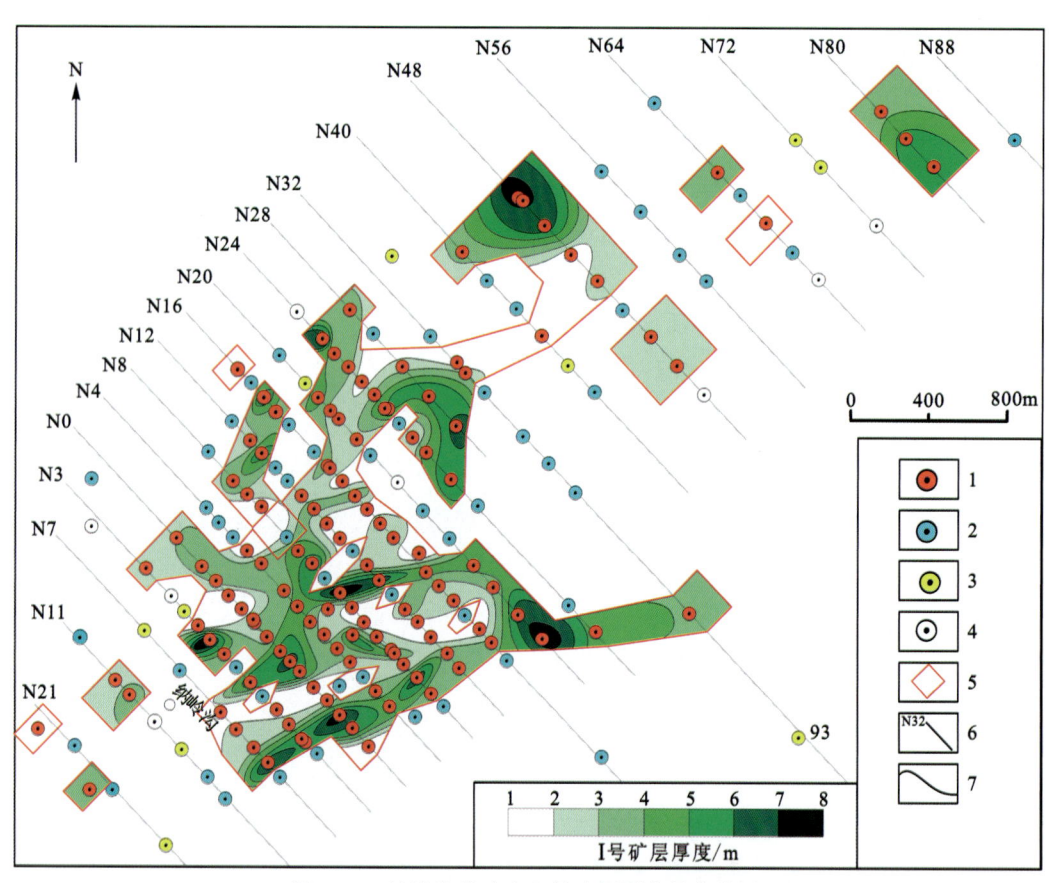

图 8-24 纳岭沟铀矿床Ⅰ号矿层厚度等值线图

1.工业铀矿孔;2.铀矿化孔;3.铀异常孔;4.无铀矿孔;5.工业铀矿体边界;6.勘探线位置及编号;7.Ⅰ号矿层厚度等值线

主矿体品位为 0.024 4%～0.205 3%,平均 0.067 0%,变异系数 68.40%,变异系数较大(表 8-5);从主矿体品位等值线图来看(图 8-26),品位 0.040 0%～0.060 0%的分布区面积最大(占 60%～70%),相对高品位区主要分布在首采段(N7—N28 线)中部和北部,呈近东西向带状展布,其他部位也有零星分布,说明矿体以低品位为主。与主矿体层数和厚度等值线图对比发现,在矿体层数和厚度较大部位,矿体平均品位多为低值区,说明矿体层数和厚度较大部位的矿化富集程度相对分散,使得矿体平均品位偏低。

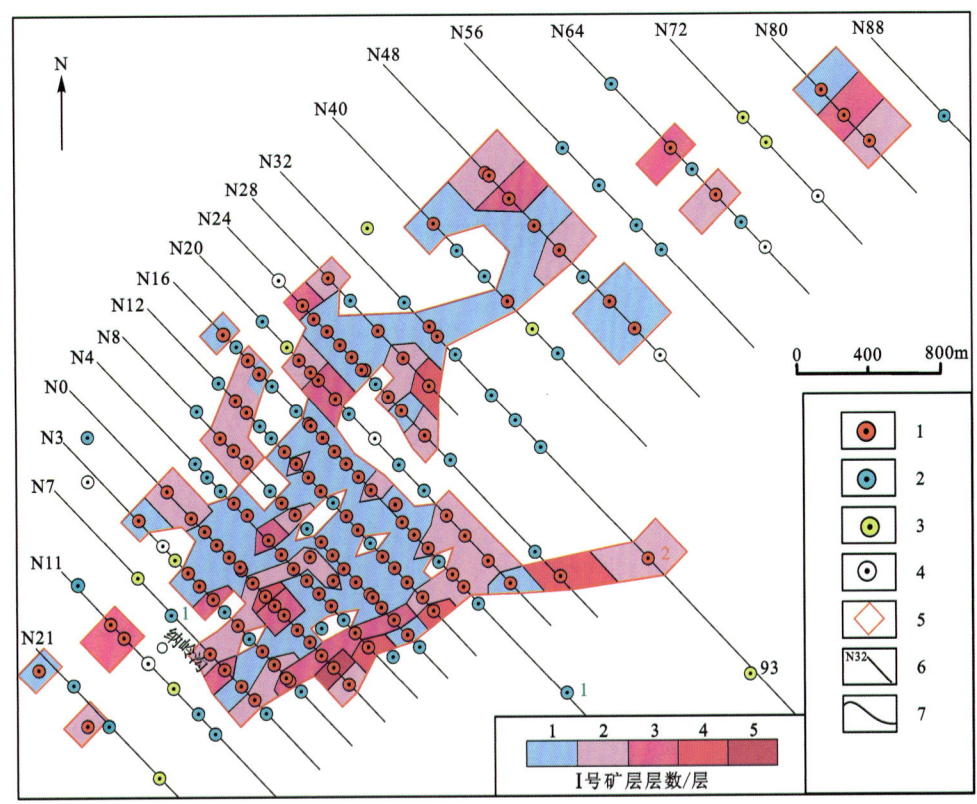

图 8-25　纳岭沟铀矿床Ⅰ号矿层层数分区图

1.工业铀矿孔;2.铀矿化孔;3.铀异常孔;4.无铀矿孔;5.工业铀矿体边界;6.勘探线位置及编号;7.Ⅰ号矿层层数分区界线

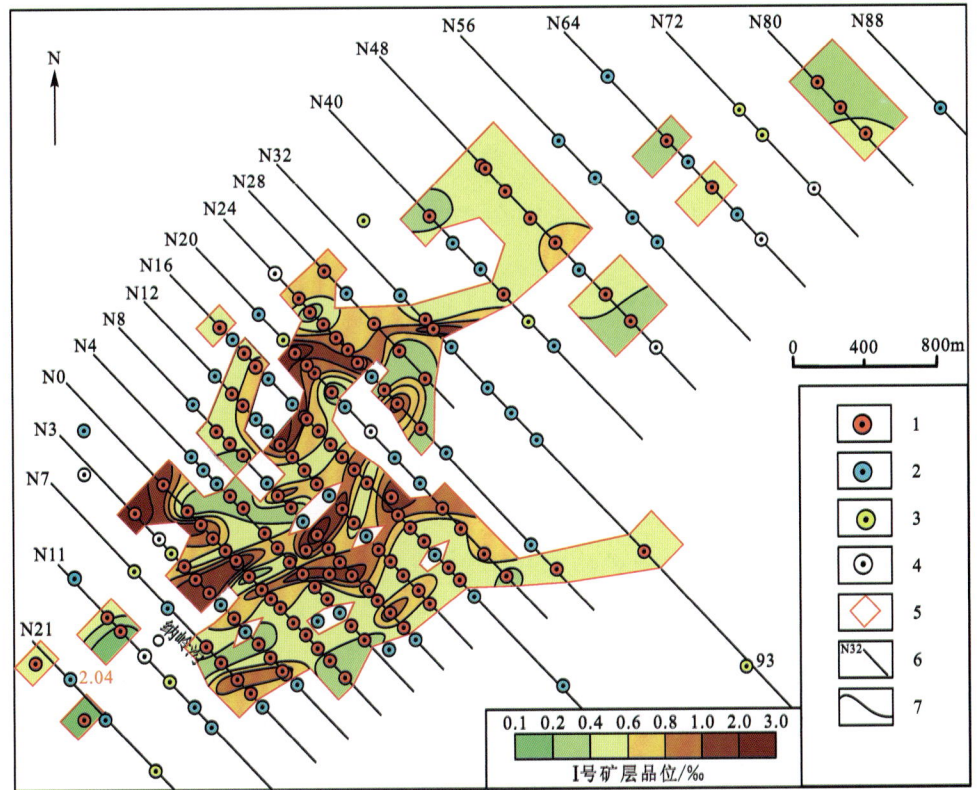

图 8-26　纳岭沟铀矿床Ⅰ号矿层品位等值线图

1.工业铀矿孔;2.铀矿化孔;3.铀异常孔;4.无铀矿孔;5.工业铀矿体边界;6.勘探线位置及编号;7.Ⅰ号矿层平均品位等值线

主矿体平米铀量为1.04~21.48kg/m²,平均5.12kg/m²,变异系数109.69%,总体变化较大(表8-5)。从主矿体平米铀量等值线图来看(图8-27),平米铀量为1~6kg/m²的区域占大部分,最大达21.48kg/m²,位于N7—N28的中心部位。平米铀量高值区呈点状分布,其分布无明显规律。与矿体厚度及品位等值线对比发现(图8-24、图8-26),平米铀量高值区与矿体厚度、品位高值区吻合性较好,说明矿体平米铀量与厚度呈正相关。

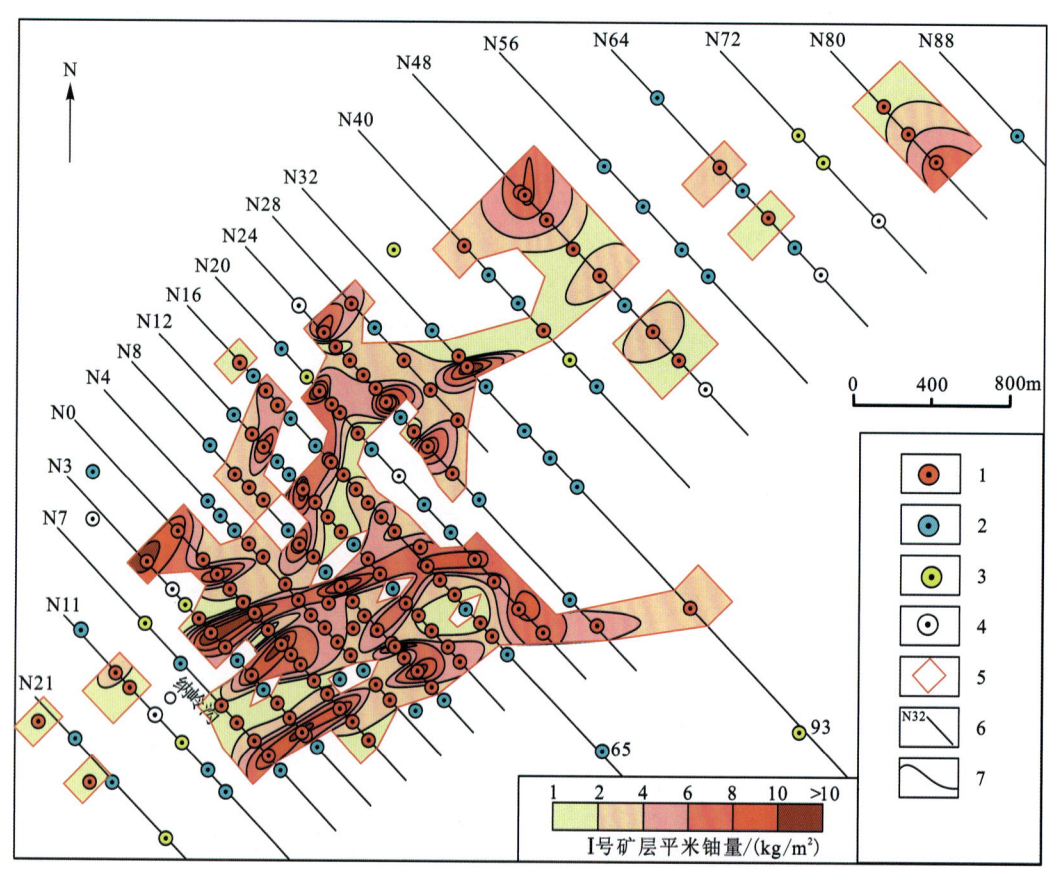

图 8-27 纳岭沟铀矿床Ⅰ号矿层平米铀量等值线图
1.工业铀矿孔;2.铀矿化孔;3.铀异常孔;4.无铀矿孔;5.工业铀矿体边界;6.勘探线位置及编号;7.Ⅰ号矿层平米铀量等值线

第六节 矿石特征

一、矿石物质成分

纳岭沟铀矿床铀矿石主要为砂岩类矿石,由碎屑物、杂基、胶结物组成,其中,碎屑成分中石英含量较高,其次是钾长石(表8-6)。石英以单晶石英为主,偶见多晶石英;岩屑含量占碎屑成分的20%~30%,成分以变质岩岩屑为主,种类较多,如石英岩、片岩、千枚岩、板岩等,其次为花岗岩岩屑及少量沉积岩岩屑。

纳岭沟铀矿床含矿砂岩、灰绿色、绿色砂岩及灰色砂岩全岩及黏土含量分析结果与镜下鉴定基本一致,含矿砂岩碎屑颗粒主要以石英为主,平均含量在49%左右,其次为长石,占25%~30%,黏土矿物约占20%。含矿砂岩与非含矿的灰绿色、绿色及灰色砂岩最大的区别在于钾长石及方解石含量,含矿砂岩钾长石含量较低,方解石含量较高(图8-28)。含矿砂岩中钾长石的高岭石化较强是造成这一现象的主要原因。蚀变过程中钾长石释放了大量的 Ca^{2+}，这些 Ca^{2+} 在"古层间氧化带"前锋附近遇到表生作用下形成的碳酸铀酰络合物，发生了方解石与铀矿物的同时沉淀，因此造成了含矿砂岩钾长石含量低，而方解石含量较高。这同时也表明了纳岭沟铀矿床铀矿物的形成与方解石具有较密切的关系。

表 8-6　纳岭沟铀矿床直罗组下段砂岩全岩分析数据平均值统计表

砂岩类型	石英/%	钾长石/%	斜长石/%	黏土总量/%	方解石/%	白云石/%	黄铁矿/%	样品数/个
含矿砂岩	49.36	11.57	15.55	18.38	7.69	0.33	0.08	23
灰色砂岩	48.94	14.29	16.14	18.30	3.08	0.25	1.35	17
灰绿色、绿色砂岩	49.16	15.71	14.42	20.29	0.50	0.31	0.00	28

注：分析结果来自核工业北京地质研究院。

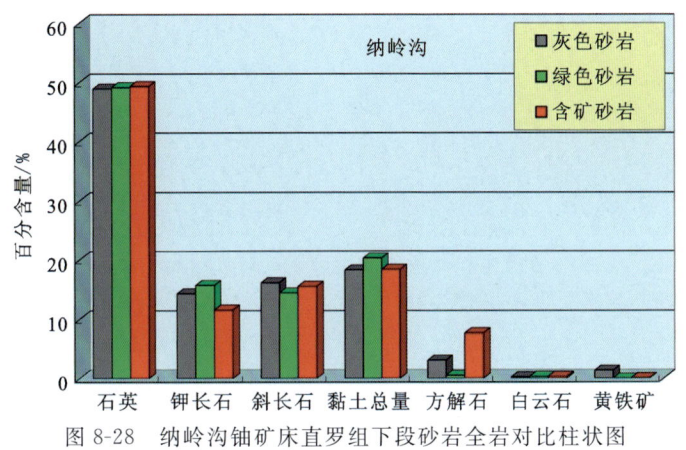

图 8-28　纳岭沟铀矿床直罗组下段砂岩全岩对比柱状图

纳岭沟铀矿床含矿碎屑岩中黏土矿物主要以杂基形式赋存于颗粒间（图 8-29）。矿石中含量为 10.3%，矿石杂基含量低于围岩，说明含矿碎屑岩分选性稍高于围岩。根据镜下鉴定及 X-射线衍射分析结果，黏土矿物成分以蒙皂石、高岭石为主，伊利石和绿泥石次之（表 8-7），多呈弯曲片状或碎片状集合体分布于碎屑颗粒之间。黏土矿物对铀具有吸附作用，在电子显微镜下含矿碎屑岩中的黏土矿物普遍含铀。

图 8-29　纳岭沟铀矿床含矿碎屑岩中黏土矿物
a. 含矿碎屑岩粒间的高岭石；b. 含矿碎屑岩粒间的蒙皂石

表 8-7　纳岭沟铀矿床直罗组下段砂岩黏土含量分析数据平均值统计表

砂岩类型	蒙皂石/%	高岭石/%	伊利石/%	绿泥石/%	样品数/个
绿色砂岩	47.33	24.03	4.36	24.27	33
灰色砂岩	61.56	17.98	10.25	9.85	52
含矿砂岩	55.85	27.85	7.78	8.44	27

注：分析结果来自核工业北京地质研究院。

纳岭沟铀矿床矿石中有机碳含量较围岩高,所见碳屑多为根须状、细脉状,在砂岩中近平行条带状顺层理延伸,具有流水冲刷搬运的特征(图8-30a、b),黑色,不透明,由丝炭化物质组成,局部呈扰乱状分布,偶见炭化植物茎秆(图8-30c)与炭化的植物叶片印模(图8-30d)。

图8-30 纳岭沟铀矿床矿石中的有机质

a.灰色粉砂质细砂岩中见根须状、细脉状碳屑,ZKN20-20,415.0m;b.沿纹层面分布的有机质,ZKN16-28,453.2m;
c.炭化植物茎秆,ZKN7-11,427.10m;d.灰色中砂岩中见炭化植物叶片印模,ZKN12-31,407.00m

纳岭沟铀矿床含矿砂岩中黄铁矿分布较广,含量一般为0~5%,大部分小于1.0%,高者可达15%,多以胶结物形式产出。其标型多样,单体有立方体状、尘埃状、显微球粒状;集合体有草莓状、结核状(图8-31a)、细脉状、树枝状、块状等,常见黄铁矿附着于碳质碎屑、炭化植物茎秆(图8-31b)、镜煤条带边部(图8-31c)。黄铁矿与铀矿化关系密切,电子探针分析结果显示,铀矿物多与黄铁矿密切共生在一起(图8-31d),呈胶结物产出的黄铁矿是吸附态铀的重要载体。

图8-31 纳岭沟铀矿床含矿砂岩中黄铁矿

a.绿色细砂岩中的黄铁矿结核,直径约1cm,ZKN16-16,335.20m;b.黄铁矿团块附着于碳质碎屑边部,ZKN16-41,377.20m;
c.黄铁矿呈薄膜状附着在镜煤条带表面,×100;d.含黄铁矿碳质碎屑周围的吸附态铀,×100

纳岭沟铀矿床共采集204组碳酸盐样品,统计结果表明,矿石中CO_2含量为0.13%~12.09%,平均含量为2.67%;围岩中CO_2含量为0.14%~4.38%,平均含量为0.70%;钙质砂岩中CO_2含量为6.35%~18.22%,平均含量为10.22%(表8-8、图8-32)。反映在矿石中碳酸盐含量明显高于围岩,钙质砂岩中含量最高。

表8-8 纳岭沟铀矿床含矿砂岩中CO_2含量统计表

岩石类别	CO_2含量/%			样品数/组
	最小值	最大值	平均值	
矿石	0.13	12.09	2.67	166
围岩	0.14	4.38	0.70	30
钙质砂岩	6.35	18.22	10.22	8

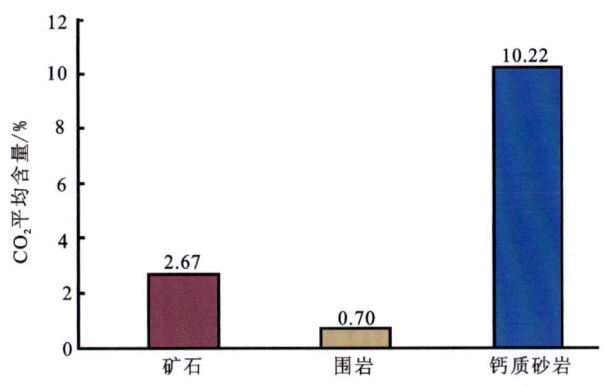

图8-32 纳岭沟铀矿床含矿砂岩中CO_2平均含量直方图

对纳岭沟铀矿床的两个工业铀矿孔的铀矿石进行酸解烃含量测定,表明矿石中富含甲烷(表8-9),在铀成矿作用过程中充当了还原剂的作用。

表8-9 纳岭沟铀矿床矿石中酸解烃含量分析结果一览表

序号	样品编号	孔号	取样位置/m	烃类含量/(μL/kg)						
				甲烷	乙烷	丙烷	异丁烷	正丁烷	异戊烷	正戊烷
1	ST-001	ZKN11-12	424.1±	66.4	11.5	3.9	0.33	0.85	0.18	0.30
2	ST-002	ZKN11-12	432.8±	403.0	79.4	32.7	2.10	8.90	0.22	0.80
3	ST-003	ZKN11-12	441.5±	242.0	49.1	20.0	1.20	4.60	0.12	0.42
4	ST-004	ZKN3-4	389.2±	118.0	22.8	8.9	0.61	2.30	0.13	0.19
5	ST-005	ZKN3-4	399.7±	97.1	19.2	6.4	0.43	1.40	0.08	0.14
6	ST-006	ZKN3-4	419.2±	66.1	13.1	5.6	0.42	1.40	0.13	0.18

注:分析结果来自核工业北京地质研究院。

二、矿石结构构造

不同品位的铀矿石的粒级分布特征存在差异(表8-10),品位大于0.03%的矿石以粗砂岩和中砂岩为主,其中,粗砂岩所占比例最高,达30.58%,中砂岩所占比例为28.10%(图8-33a);品位在0.02%~0.03%之间的矿石以粗砂岩与中粗砂岩为主,其所占比例都为34.21%,中砂岩次之(图8-33b);品位在0.01%~0.02%之间的矿石粒级分布特征与品位为0.005%~0.01%的矿石相似,都以中粗砂岩为主,中砂岩与粗砂岩次之,细砂岩与中细砂岩所占比例均较小(图8-32c、d)。以上特征说明,纳岭沟铀矿床无论是高品位矿石还是低品位矿石,均以中粗砂岩为主,中砂岩与粗砂岩次之,细砂岩与中细砂岩所占比重较少。

表8-10 纳岭沟铀矿床各品位矿石粒级分布情况

矿石品位/%	岩性					样品数/个
	细砂岩/%	中细砂岩/%	中砂岩/%	中粗砂岩/%	粗砂岩/%	
>0.03	10.33	10.74	28.10	30.58	20.25	242
0.02~0.03	10.53	2.63	18.42	34.21	34.21	38
0.01~0.02	12.75	7.84	26.47	30.39	22.55	102
0.005~0.01	4.46	10.19	28.03	34.39	22.93	157

注:原始数据来自核工业包头市地质矿产分析测试中心。

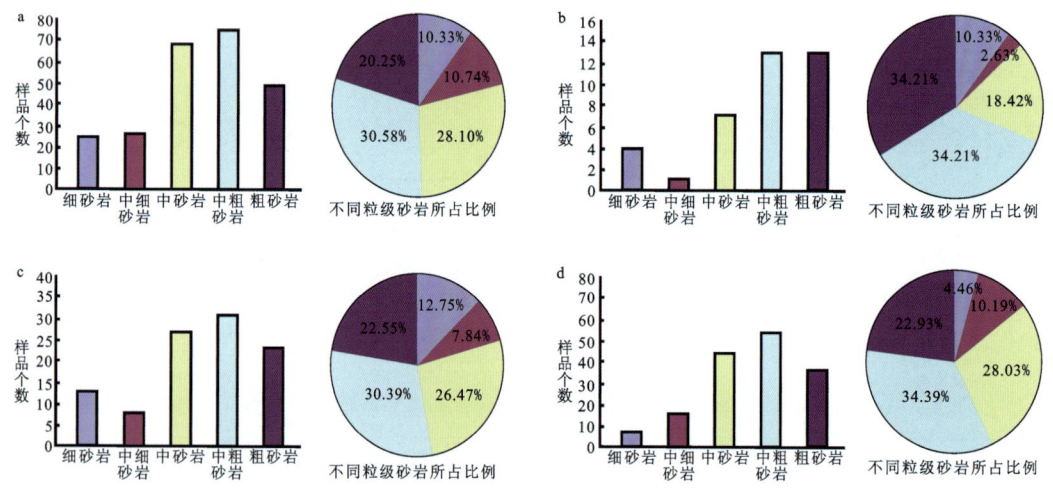

图8-33 纳岭沟铀矿床矿石品位与粒级关系
a.品位大于0.03%的矿石粒级分布规律;b.矿石品位在0.02%~0.03%之间的矿石粒级分布规律;
c.矿石品位在0.01%~0.02%之间的矿石粒级分布规律;d.矿石品位在0.005%~0.01%之间的矿石粒级分布规律

纳岭沟铀矿床矿石以杂基支撑为主,其次为颗粒支撑和颗粒-杂基支撑。填隙物由杂基和胶结物组成,矿石中岩屑颗粒间以接触式胶结为主(图8-34a),少数为孔隙式胶结、基底式胶结(图8-34b),胶结物成分以泥质为主,多为黄铁矿,其次为方解石,还有褐铁矿、针铁矿。

图8-34 纳岭沟铀矿床矿石填隙物特征
a.点接触胶结的含矿砂岩,×20;b.基底式胶结砂岩,碳酸盐化,×48

三、矿石化学成分

纳岭沟铀矿床矿石与围岩的硅酸盐全岩分析结果表明,铀矿石与围岩各主量元素含量基本相同(表 8-11,图 8-35),含矿暗绿色砂岩与灰色砂岩烧失量较围岩高,说明矿石中长石、有机质含量稍高。围岩中 FeO、Al_2O_3、CaO、Na_2O 含量均稍高于矿石。与标准砂岩成分对比可以看出,铀矿石具有 SiO_2、CaO、MgO 含量稍低,FeO、Fe_2O_3、Al_2O_3、TiO_2、K_2O、Na_2O 含量高的特征,SiO_2 含量低而 Al_2O_3、K_2O、Na_2O 含量高说明本区含矿碎屑岩中长石含量较高,成分成熟度低。FeO、Fe_2O_3 含量高则是碎屑岩中含有一定量的黄铁矿、褐铁矿或铁硅酸盐类矿物所致。CaO、MgO 含量低,说明矿石中碳酸盐的含量很低。另外,矿石中 TiO_2 含量也较高,这与矿石中含有一定量的含铀钛铁矿、钛铀矿等相关。

表 8-11 纳岭沟铀矿床矿石与围岩硅酸盐全分析统计表

类型	颜色	分析结果/%												样品数/个
		烧失量	SiO_2	FeO	Fe_2O_3	Al_2O_3	TiO_2	MnO	CaO	MgO	P_2O_5	K_2O	Na_2O	
围岩	灰绿色、绿色	4.08	66.37	1.95	4.11	13.94	0.56	0.09	4.76	0.61	0.08	2.72	2.18	34
	灰色	3.55	70.11	2.07	3.96	12.42	0.52	0.10	3.12	0.55	0.06	2.72	2.32	20
矿石	暗绿色	4.91	68.57	1.90	5.07	11.75	0.53	0.12	2.51	1.09	0.07	2.82	1.93	31
	灰色	5.90	68.49	1.49	3.83	12.08	0.63	0.08	2.57	1.14	0.08	2.76	1.88	283
标准砂岩		5.16	78.70	0.30	1.08	4.78	0.25	痕量	5.52	1.17	0.08	1.32	0.45	/

注:原始数据来源于核工业包头市地质矿产分析测试中心,标准砂岩成分据裴蒂庄(1963)。

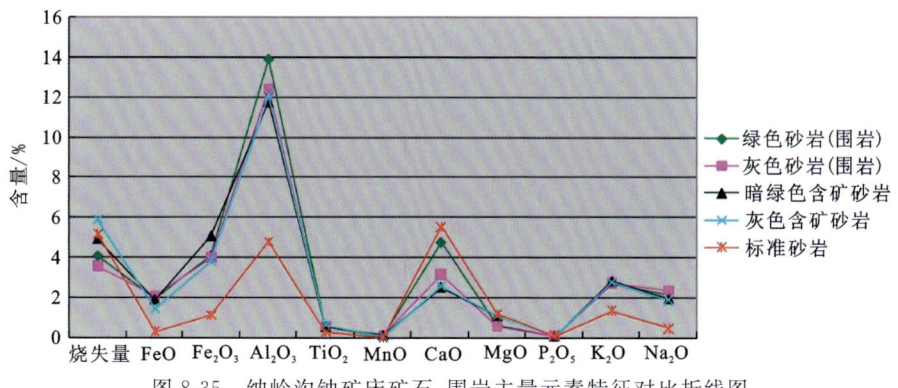

图 8-35 纳岭沟铀矿床矿石、围岩主量元素特征对比折线图

对纳岭沟铀矿床 N12-8 号钻孔中 6 个含矿样品的 30 种微量元素采用等离子体质谱分析法进行了微量元素分析,分析结果如表 8-12 所示。分析结果表明,亲石元素 Li、Be、Ba、Rb、Rs、Ba 较为富集,Rb 含量为 67.6～93.3μg/g,Ba 含量为 766～1032μg/g,Sr 含量为 230～339μg/g,较为富集;矿石中放射性元素富集明显,主要为 U,含量为 14.40～2458μg/g,具有含量高、变化大的特点。此外,Th 含量为 5.22～15.50μg/g,放射性衰变产物 Pb 有所富集,其含量为 17.4～73.7μg/g。从纳岭沟铀矿床微量元素含量折线图(图 8-36)可以看出,Cr、Co、Cu 亏损、Re、Tl、Pb、Ba 相对富集,认为均与 U 元素的富集有关。

表 8-12 纳岭沟铀矿床矿石微量元素含量(μg/g)表

取样编号		K1	K2	K3	K4	K5	K6	中国大陆壳体的区域元素丰度
样品名称		深绿色粉砂岩	深绿色粉砂岩	灰色细砂岩	灰色细砂岩	灰绿色、绿色细砂岩	灰色中粗砂岩	
取样位置/m		415.5±	416.0±	416.3±	416.8±	417.4±	418.0±	
测试结果	Li	27.6	26.8	25	20.5	23.3	20.5	6.6
	Be	2.11	2.11	1.99	1.7	1.91	1.7	0.8
	Sc	13.1	15.5	15.4	10.5	9.06	8	17
	V	112	166	223	66.1	59.5	51.2	85
	Cr	82.1	94.7	86.5	54.5	211	87.1	1650
	Co	9.57	16	17.4	7.68	10.1	8.6	75
	Ni	20.2	27.2	32.2	14.2	19.4	15.8	1.13
	Cu	8.75	17.2	9.27	6.64	11.4	10.2	35
	Zn	77.5	49.8	52.8	29.2	32.4	59	68
	Ga	20.1	20.7	17.7	15.4	16.6	16.3	13
	Rb	73.7	67.6	71.4	80.1	87.7	93.3	29
	Sr	334	339	311	252	230	240	174
	Y	12.3	15	50.2	15.1	45.1	15.9	8.6
	Nb	16.8	18.2	22.4	16	12.6	10.2	6.3
	Mo	0.23	1.04	0.41	0.25	0.83	0.43	1.1
	Cd	0.08	0.06	0.09	0.05	0.03	0.12	0.063
	In	0.05	0.06	0.06	0.04	0.03	0.03	0.056
	Sb	0.13	0.19	0.25	0.12	0.21	0.1	0.11
	Cs	2.47	2.39	1.61	1.63	1.86	1.81	1
	Ba	862	766	845	973	933	1032	253
	Ta	0.95	1.08	1.32	0.83	0.64	0.51	1.6
	W	0.86	1.35	2.00	1.34	10.50	3.47	1.3
	Re	0.01	0.04	0.08	0.06	0.13	0.20	0.000 633
	Tl	0.51	0.91	1.04	0.93	0.88	0.58	0.19
	Pb	23.00	33.60	73.70	39.00	27.30	17.40	5
	Bi	0.12	0.11	0.09	0.06	0.07	0.07	0.11
	Th	12.60	15.50	14.60	10.00	13.10	5.22	6.21
	U	14.40	53.50	2458	971.00	539.00	118.0	1.85
	Zr	195.00	149.00	217.00	144.00	124.00	94.40	78
	Hf	4.78	3.71	5.43	3.47	3.05	2.30	1.9

注：微量元素测试结果来自核工业北京地质研究院，中国大陆壳体的区域元素丰度值据黎彤等(1999)。

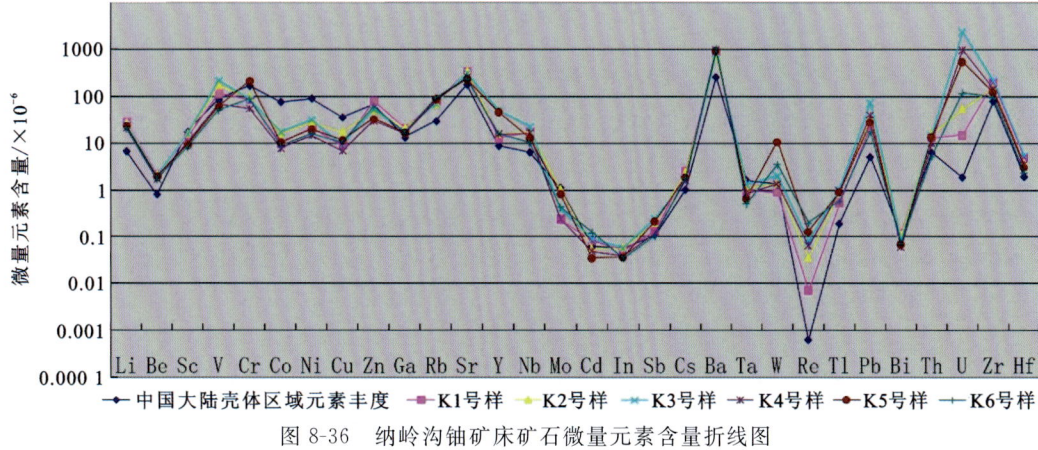

图 8-36　纳岭沟铀矿床矿石微量元素含量折线图

通过对碎屑岩中 REE 含量的统计分析，可反映出物源区的地球化学特征(Fleet，1984；Mclennan，1989)，因而 REE 可作为一种重要的物源示踪物。利用 Boynton(1984)推荐的球粒陨石 REE 数据作为标准化数值，对纳岭沟铀矿床直罗组下段 6 个样品中的 14 种稀土元素含量(表 8-13)进行标准化，结果显示 REE=13.83，说明 LREE 富集，HREE 轻微亏损，LREE、HREE 分异程度高，地壳演化成熟度高，稀土配分模式图没有表现为"右倾斜"。δEu 值为 0.48～1.00，平均值为 0.69(表 8-14)，表现为负异常，Eu 相对亏损；δCe 值为 0.86～1.08，平均值为 0.93，显示弱 δCe 负异常，轻微亏损，表现出壳型花岗岩的稀有元素特征，说明中侏罗统直罗组含矿砂岩的物源为阴山古陆中酸性火山岩。

表 8-13　纳岭沟铀矿床矿石稀土元素含量($\mu g/g$)表

取样编号		K1	K2	K3	K4	K5	K6	中国大陆壳体的区域元素丰度
样品名称		深绿色粉砂岩		灰色细砂岩		灰绿色、绿色细砂岩	灰色中粗粒砂岩	
取样位置/m		415.5±	416.0±	416.3±	416.8±	417.4±	418.0±	
测试结果	La	47.6	57.8	64.8	31	37.4	22.5	12
	Ce	80.2	100	167	80	70.4	38.4	24
	Pr	8.66	11.00	21.40	10.40	8.71	5.13	2.8
	Nd	36.10	38.30	78.70	37.90	37.90	18.10	11
	Sm	5.50	6.66	16.30	5.13	8.04	3.21	2.2
	Eu	0.89	0.97	3.67	1.15	1.76	0.98	0.63
	Gd	4.79	5.80	13.60	4.90	6.98	2.82	2.1
	Tb	0.74	0.90	2.36	0.78	1.28	0.56	0.34
	Dy	3.08	3.84	11.90	3.24	6.36	3.21	1.9
	Ho	0.52	0.63	2.10	0.56	1.11	0.60	0.39
	Er	1.66	1.94	6.23	1.85	2.84	1.71	1.1
	Tm	0.25	0.28	0.95	0.27	0.38	0.29	0.17
	Yb	1.68	1.87	5.99	1.75	2.27	1.85	1.1
	Lu	0.25	0.27	0.86	0.26	0.33	0.28	0.16

注：微量元素测试结果来自核工业北京地质研究院，中国大陆壳体的区域元素丰度值据黎彤等(1999)。$(La/Sm)_N$ 值较高，为 2.50～5.46，说明轻稀土元素内部分异程度高。$(Tb/Yb)_N$ 值为 1.35～2.51，说明重稀土元素内部分异程度稍偏高。

表 8-14 纳岭沟铀矿床稀土元素特征参数表

样品	K1	K2	K3	K4	K5	K6
ΣREE	191.92	230.26	395.86	179.19	185.77	99.643
δEu	0.53	0.48	0.75	0.70	0.72	1.00
δCe	0.95	0.95	1.08	0.85	0.94	0.86
$(La/Yb)_N$	19.10	20.84	7.29	11.94	11.11	8.20
$(La/Sm)_N$	5.44	5.46	2.50	3.80	2.93	4.41
$(Tb/Yb)_N$	1.96	2.14	1.75	1.97	2.51	1.35

四、伴生元素

对纳岭沟铀矿床进行了 Re、Se、Mo、Sc、V 5 种伴生元素分析,取样位置主要集中在工业铀矿段,配合铀、镭样同时采集,共取样 346 组,采用原子荧光光谱等分析方法对其进行分析测试。

从伴生元素含量统计表(表 8-15)可以看出,含矿砂岩中 Re、Se、Mo、Sc、V 的含量均大于地壳克拉克值,表明这 5 种伴生元素均有富集现象,其中 Se、Sc 均达到综合利用指标。伴生元素含量随着铀矿石品位的变化呈现一定的变化规律(表 8-15,图 8-37),即随着矿石中 U 品位的增高,Re、Se、V 的含量也同时增高,表现出正相关关系,在一定程度上可作为本地区铀矿化的指示元素。Se 的含量随矿石品位增高其含量呈线性增高,主要富集于铀品位>0.03%的矿石中,且所有矿石样品中 Se 含量均已达到综合利用指标;Mo 含量较低,均未达到综合利用指标,其在品位>0.03%的铀矿石中含量相对较高;Re 总体上随着矿石品位的增高而增高,但在矿石品位为 0.02%~0.03%的铀矿石中含量稍高;Sc 含量达到综合利用指标,在矿石中的含量随着矿石品位的增高没有明显变化。

表 8-15 纳岭沟铀矿床不同品位矿石伴生元素含量统计表

铀含量	铼 Re/$\times 10^{-6}$		硒 Se/$\times 10^{-6}$		钼 Mo/$\times 10^{-6}$		钪 Sc/$\times 10^{-6}$		钒 V/$\times 10^{-6}$		样品数/个
	范围	均值	范围	均值	范围	均值	范围	均值	范围	均值	
>0.03%	0.11~4.27	0.57	2.18~521.66	84.59	1.97~34.65	7.99	2.50~17.92	8.02	9.27~1 420.8	170.58	101
0.03%~0.02%	0.15~2.40	0.66	3.34~265.34	66.11	2.3~48.81	9.6	2.40~15.46	7.78	6.40~179.20	63.78	18
0.02%~0.01%	0.11~2.41	0.64	2.57~363.86	38.62	1.47~12.86	5.59	4.97~23.13	8.27	20.21~279.30	60.63	37
0.01%~0.005%	0.11~0.84	0.30	1.95~193.61	33.80	1.61~9.67	5.29	3.68~12.66	8.10	10.25~417.60	64.95	53
<0.005%	0.11~0.66	0.27	1.18~157.25	17.98	2.07~56.48	6.84	3.61~14.34	8.89	10.79~179.3	76.39	39
地壳克拉克值/$\times 10^{-6}$	0.011		0.05		0.20		3.91		20.00		/
综合利用品位/$\times 10^{-6}$	0.20~10		10.00		100~200		n		213.90		/

注:地壳克拉克值来自 Turekian(1961);数据来源于核工业包头市地质矿产分析测试中心。

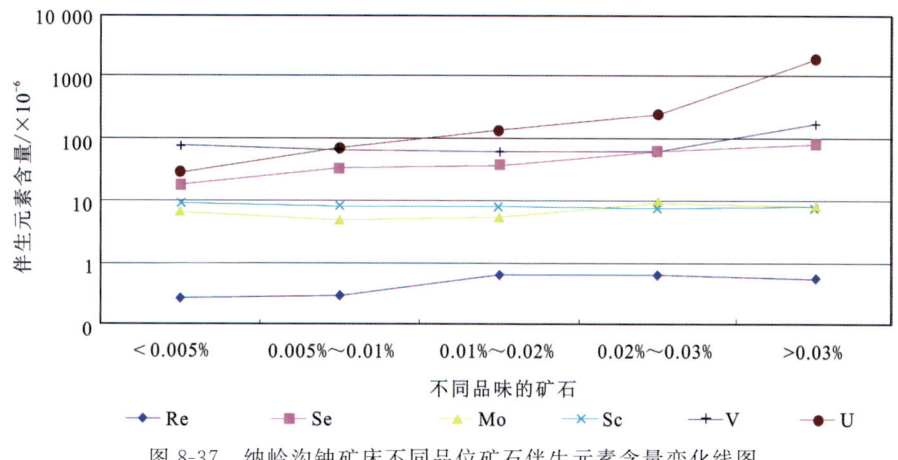

图 8-37 纳岭沟铀矿床不同品位矿石伴生元素含量变化线图

在不同的岩石地球化学环境中,伴生元素的分布具有一定的规律,如表 8-16 和图 8-38 所示。Sc 元素含量在不同环境下整体变化不大,在灰绿色、绿色砂岩略偏大,含量为 8.98×10^{-6},与灰色砂岩中的含量基本一致;灰色砂岩中的 Se 元素高于绿色砂岩,含量为 72.69×10^{-6},而灰绿色、绿色砂岩中 Se 含量为 26.36×10^{-6},说明 Se 元素更容易在还原环境下富集;Mo 元素随着地球化学障的增强富集作用明显,在灰色砂岩中含量较高,含量为 6.97×10^{-6},在灰绿色、绿色砂岩中的含量为 4.61×10^{-6},Mo 元素与铀的成矿机理及成矿部位很相似;V 元素含量整体变化不大,随着地球化学障的增强,平均含量略有增大,在灰色砂岩中含量为 119.48×10^{-6};灰色砂岩中的 Re 元素含量是灰绿色、绿色砂岩中的 3 倍以上,说明 Re 元素主要富集于还原环境。综上所述,Se、Mo、V、Re 随着地球化学障的增强平均含量均有所增大,更容易在灰色砂体中富集,与铀成矿环境密切相关。

表 8-16 纳岭沟铀矿床不同岩石地球化学环境伴生元素含量统计表

元素名称	岩石地球化学类型	数值变化范围		标准差	变异系数	平均值 /$\times10^{-6}$	地壳克拉克值 /$\times10^{-6}$	综合利用品位 /$\times10^{-6}$	样品数/个
		最小 /$\times10^{-6}$	最大 /$\times10^{-6}$						
Sc	灰色砂岩	2.40	23.13	2.71	0.33	8.24	3.91	n	282
	灰绿色、绿色砂岩	4.50	16.28	2.94	0.33	8.98			32
Mo	灰色砂岩	1.47	56.48	5.47	0.79	6.97	0.20	100~200	282
	灰绿色、绿色砂岩	1.97	7.23	1.48	0.32	4.61			32
Re	灰色砂岩	<0.10	4.27	0.66	1.32	0.50	0.011	0.2~10	282
	灰绿色、绿色砂岩	<0.10	0.22	0.04	0.26	0.16			32
Se	灰色砂岩	1.18	521.66	90.92	1.25	72.69	0.05	10	282
	灰绿色、绿色砂岩	1.62	211.11	52.28	1.98	26.36			32
V	灰色砂岩	6.40	1 420.80	180.58	1.51	119.48	20.00	213.9	282
	灰绿色、绿色砂岩	1099	417.60	103.05	0.89	91.20			32

注:表中的灰色砂岩为处于绿色砂岩与灰色砂岩接触部位的灰色砂岩,地壳克拉克值来自 Turekian(1961);数据来源于核工业包头市地质矿产分析测试中心。

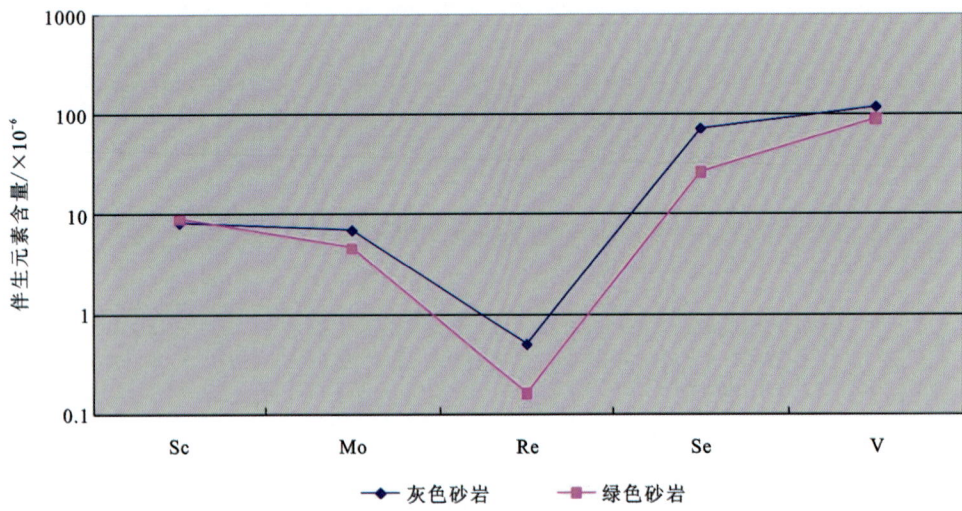

图 8-38　纳岭沟铀矿床不同岩石地球化学环境伴生元素含量折线图(对数坐标)

选择北东-南西向展布的勘探线系统取样,研究伴生元素沿矿体走向上的分布特征,对分析结果进行统计。从统计结果可以看出,Re 元素含量整体变化不大,在 N32 线附近含量稍高(表 8-17,图 8-39);Se 元素含量沿矿体走向变化较大,在 N3 线与 N64—N48 线最富集,含量分别达到 113.12×10^{-6}、99.41×10^{-6},在 N32、N16 线均有一定的富集现象;Mo 和 Sc 则近似于均匀分布;V 元素在 N3 线含量最高,为 174.98×10^{-6},N0 线含量最低。

表 8-17　纳岭沟铀矿床各勘探线伴生元素含量统计表

勘探线	伴生元素含量/$\times10^{-6}$					样品数/个
	Re	Sc	V	Mo	Se	
N64—N48	0.40	7.47	159.66	12.53	99.41	37
N32	1.34	4.75	84.65	8.70	68.81	15
N28	0.36	9.59	91.63	6.43	43.41	40
N24—N20	0.21	8.90	114.57	5.31	42.59	19
N16	0.47	8.41	92.21	4.99	64.34	96
N12—N8	0.02	9.27	85.29	6.26	45.90	11
N4	0.65	8.67	118.47	5.34	40.82	17
N0	0.51	8.85	14.22	4.76	57.69	18
N3	0.67	7.83	174.98	6.76	113.12	30
N7—N21	0.20	7.16	87.50	5.56	18.81	24

为了研究伴生元素沿矿体倾向上(北西-南东向)的变化特征,针对工作区主矿体的中部 N16 线进行系统的取样分析。分析结果表明 Re 元素含量变化微弱,在 12 号钻孔和 17 号钻孔附近含量较高,分别为 1.02×10^{-6} 和 0.91×10^{-6}(表 8-18,图 8-40);Sc 元素整体上均匀分布,含量为 $6.65\times10^{-6}\sim10.73\times10^{-6}$,变化较小;而 V 元素在 WTN4 钻孔附近富集,含量最高,为 258.72×10^{-6},3 号孔和 17 号钻孔含量有所降低;Mo 元素的变化趋势与 Sc 相似,较为稳定,均匀分布;Se 元素含量则以 WTN4 为中心在矿体倾向上向两边变高,在 3 号钻孔与 17 号钻孔处稍高,其含量分别为 86.93×10^{-6} 和 81.64×10^{-6}。

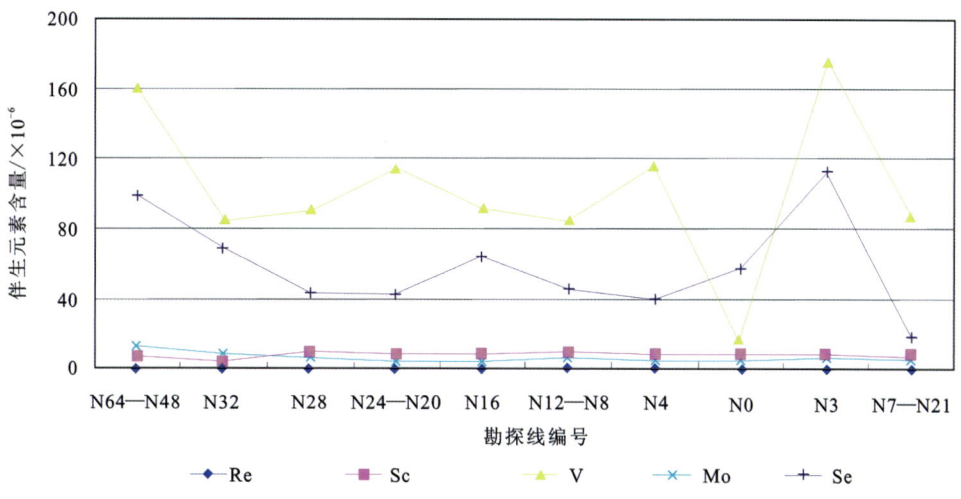

图 8-39 纳岭沟铀矿床各勘探线伴生元素含量折线图

表 8-18 纳岭沟铀矿床 N16 号勘探线伴生元素含量统计表

孔号	伴生元素含量/×10⁻⁶						样品数/个
	Re	Sc	V	Mo	Se	U	
N16-32—N16-28	0.26	8.87	35.44	3.52	20.55	550.00	11
N16-12	1.02	10.73	14.96	5.97	72.95	310.00	8
N16-4	0.17	6.65	87.20	5.07	86.93	400.00	15
N16-3	0.52	8.35	27.34	13.42	74.64	1 007.50	4
WTN-4	0.39	8.89	258.72	5.21	46.26	764.29	21
N16-17	0.91	8.57	33.43	3.74	81.64	2 775.56	22
N16-21	0.31	6.93	70.44	5.47	58.89	372.22	9
N16-33	0.02	9.30	11.27	2.70	60.55	156.67	6

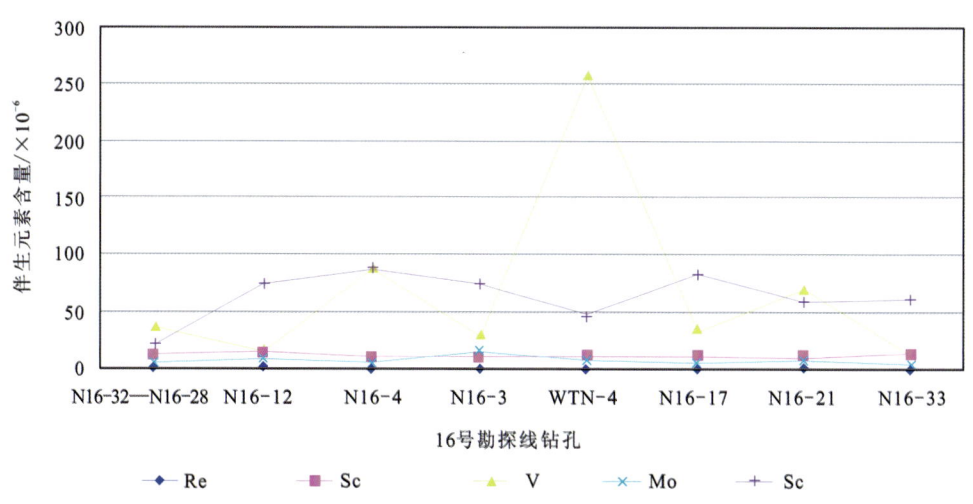

图 8-40 纳岭沟铀矿床 N16 号勘探线伴生元素含量折线图

为了研究伴生元素在垂向上的分布特征,对 WTN-4 和 WTN-6 钻孔进行了系统取样分析,对单孔样品分析结果统计表明:Re、Se、Mo、V 含量均随着岩矿芯中 U 含量的增高而增高,为正相关关系。从伴生元素折线图中可以看出,各元素的峰值与铀元素含量的峰值、伽马测井曲线的峰值整体上对应较好,其中 Mo 含量随 U 含量变化幅度相对微弱,而 Sc 变化不明显(图 8-41)。

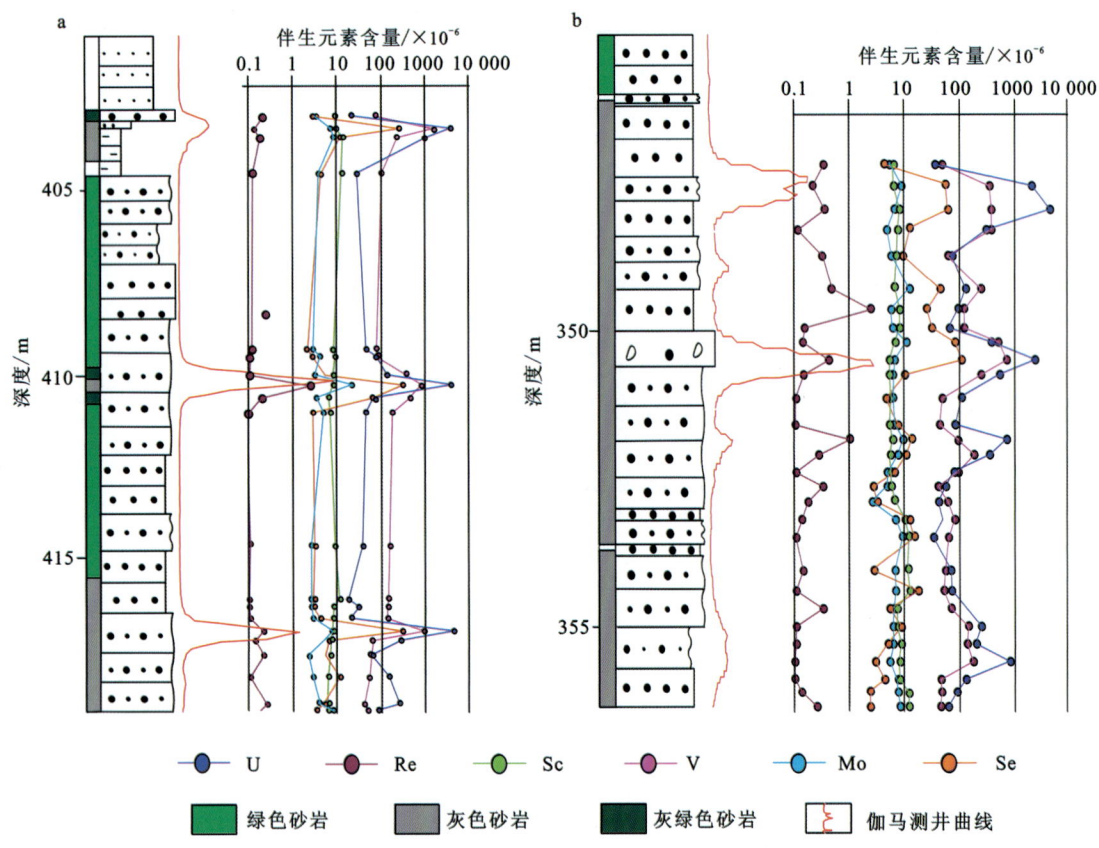

图 8-41 纳岭沟铀矿床典型钻孔工业矿化段岩芯中伴生元素含量变化规律图
a. 钻孔 WTN-4;b. 钻孔 WTN-6

为了研究各伴生元素的相关关系,采用 SPSS 地球化学数据处理软件对纳岭沟铀矿床的 285 组伴生元素样品进行了相关性分析,结果表明 U 元素与 Se、V、Re 呈正相关(表 8-19),相关系数分别为 0.463、0.465、0.549,说明铀矿化与 Se、V、Re 的富集有密切关系。

表 8-19 纳岭沟铀矿伴生元素相关性分析表

		U	Re	Sc	V	Mo	Se
U	Pearson Correlation	1	0.549**	0.094	0.465**	−0.009	0.463**
	Sig. (2-tailed)		0.000	0.256	0.000	0.910	0.000
	N	148	148	148	148	148	148
Re	Pearson Correlation	0.549**	1	0.115	0.174*	0.029	0.226**
	Sig. (2-tailed)	0.000		0.165	0.035	0.723	0.006
	N	148	148	148	148	148	148
Sc	Pearson Correlation	0.094	0.115	1	−0.056	−0.062	−0.112
	Sig. (2-tailed)	0.256	0.165		0.502	0.455	0.177
	N	148	148	148	148	148	148

续表 8-19

		U	Re	Sc	V	Mo	Se
V	Pearson Correlation	0.465**	0.174*	−0.056	1	0.210*	0.569**
	Sig. (2-tailed)	0.000	0.035	0.502		0.010	0.000
	N	148	148	148	148	148	148
Mo	Pearson Correlation	−0.009	0.029	−0.062	0.210*	1	0.121
	Sig. (2-tailed)	0.910	0.723	0.455	0.010		0.141
	N	148	148	148	148	148	148
Se	Pearson Correlation	0.463**	0.226**	−0.112	0.569**	0.121	1
	Sig. (2-tailed)	0.000	0.006	0.177	0.000	0.141	
	N	148	148	148	148	148	148

注：Sig(significance)为显著性指标，大于0.05说明平均值在大于5%的概率上是相等的，平均值在小于95%的概率上不相等，表示差异不显著；小于0.05说明平均值在小于5%的概率上是相等的，平均值在大于95%的概率上不相等，表示差异显著，小于0.01为差异极显著。

**. Correlation is significant at the 0.01 level (2-tailed).

*. Correlation is significant at the 0.05 level (2-tailed).

五、铀的赋存形式

通过电子探针和扫描电镜等手段进行分析研究，确认纳岭沟铀矿床铀矿石中铀存在形式有3种：吸附态铀、铀矿物及含铀矿物，且以吸附态铀为主。

1. 吸附态铀

矿石中吸附态铀指铀以分散吸附形式存在，是铀在各种岩石和矿物中最普遍的存在形式，而吸附形式又能分为多种类型：①铀呈离子形态分布在矿物的结晶水液体包裹体和粒间溶液中；②铀被有机质、沥青质吸附在矿物结晶表面、解理面、裂隙面上；③铀以吸附形式存在于蒙皂石、高岭石、伊利石等黏土矿物组成的杂基中；④铀被黄铁矿、泥质、钛铁矿等吸附存在于胶结物表面（图8-31c）；⑤铀被煤屑、有机质吸附（图8-31d）。

2. 铀矿物

电子探针测试结果表明纳岭沟铀矿床的铀矿物主要为铀石、沥青铀矿，见少量晶质铀矿、铀钍石和次生铀矿物（图8-42）。铀矿物多以黄铁矿、白硒铁矿、钛铁矿、榍石、有机质、萤石、磷灰石为核心，附着在其边部（图8-43）。扫描电镜显示，矿石中发育有白硒铁矿（图8-44），这和矿石伴生元素测定结果一致，进一步证明矿石中有硒元素富集。

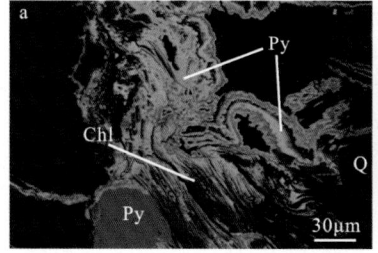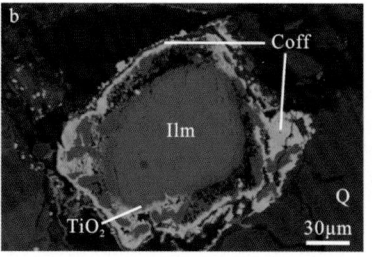

图 8-42 纳岭沟铀矿床的铀矿物类型

a. 与石英（Q）绿泥石（Chl）黄铁矿（Py）共生的沥青铀矿；b. 钛铁矿（Ilm）周边的 TiO$_2$ 颗粒和铀石（Coff）

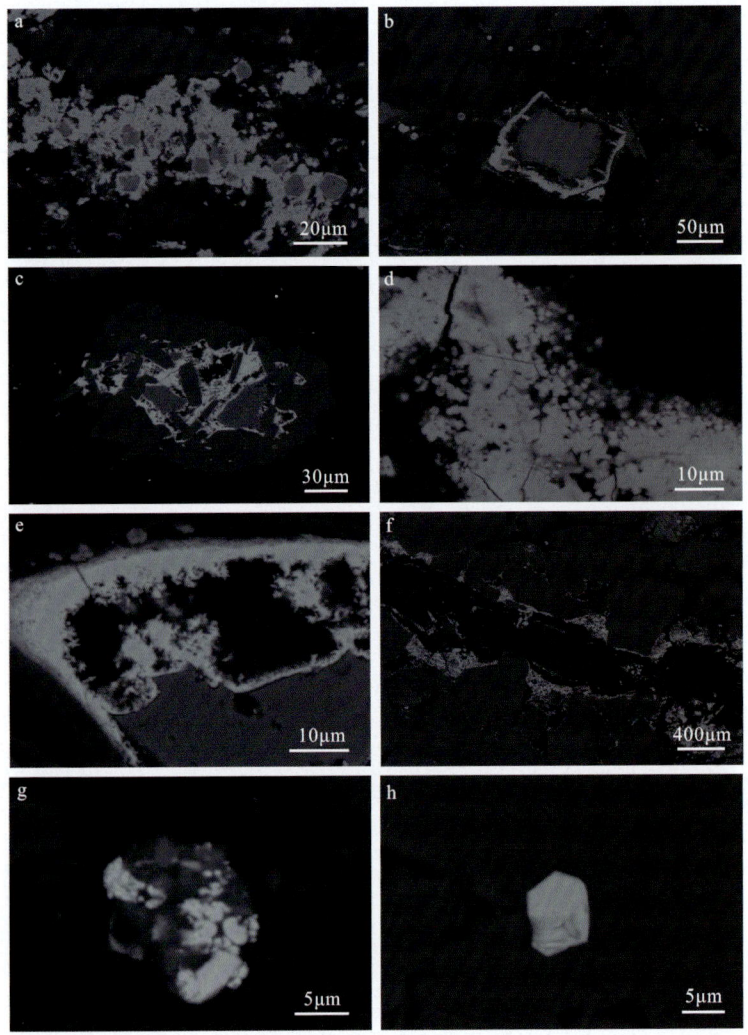

图 8-43 纳岭沟铀矿床铀矿物主要类型及存在形式

a. 亮色部位为铀石,铀石包围的灰色部位为黄铁矿;b. 亮色部位为铀石,内部灰色部位为钛铁矿;c. 亮色部位为铀矿物,铀矿物内部灰色部位为钛铁矿,暗色部位为 TiO_2;d. 亮色部位可能为硅钙铀矿;e. 亮色部位为铀石,边缘针状晶体可能为次生铀矿物,铀矿物包裹的灰色部位为榍石;f. 亮色部位为铀石,黑色脉为有机质,铀石分布在有机质边部;g. 亮色部位可能为晶质铀矿,灰色部位为 TiO_2、萤石和磷灰石;h. 暗色石英中的亮色颗粒可能为铀钍石

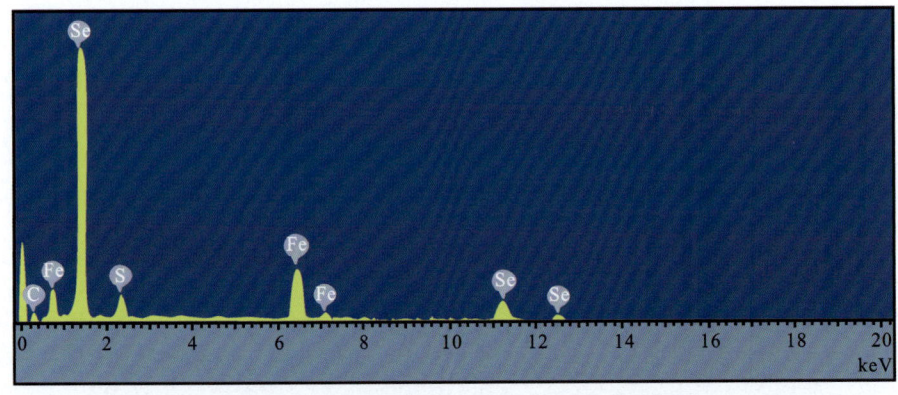

图 8-44 纳岭沟铀矿床矿石中白硒铁矿能谱图

沥青铀矿是晶质铀矿的隐晶质变种，其颗粒微小，呈细小胶粒或胶粒结合体，结晶程度低，往往与黄铁矿密切共生在一起（图 8-42a），围绕在黄铁矿表面产出或充填在裂隙中，与石英、方解石、绿泥石等共存。沥青铀矿的胶态结合体形态为弯曲的、反复交替的韵律条带，其数量随着铀矿物沉淀间断次数的增加而增多。与铀石比较，沥青铀矿含量相对较少，但其具有很强的放射性，是品位较高矿石中一种重要的铀矿物。

从沥青铀矿电子探针分析结果表（表 8-20）可见，本区沥青铀矿中 UO_2 含量较高，在 74.69%～85.11%之间；SiO_2 含量变化较大，在 0.77%～9.77%之间，SiO_2 含量较高与沥青铀矿产于石英中有关。值得注意的是，本区沥青铀矿中 CaO 含量很高，为 1.40%～13.01%，一般情况下产自花岗岩的沥青铀矿含较高的 CaO；PbO 含量稍低，为 0.10%～3.30%，说明其地质年龄相对较新，所以认为本区的沥青铀矿有一部分来自花岗岩母岩，经过后期搬运而富集于矿石中，这类沥青铀矿通常单独出现（图 8-42a）。电子探针结果还表明沥青铀矿不含 Th，符合沥青铀矿不含或微含 Th 的特征。

铀石是四价铀的硅酸盐，以 U^{4+} 和 $[SiO_2]^{4+}$ 为主要成分的化合物，多与沥青铀矿、石英等共生，具有非均质、裂纹少的特性，围绕在钛铁矿、黄铁矿周边生长（图 8-42b、图 8-43a），或沿着有机质边部发育，铀石晶簇主要为针状、长柱状、放射状吸附在其他矿物表面（图 8-45）。

从铀石的电子探针分析结果（表 8-21）可知，本区铀石 UO_2 含量较高，为 59.91%～72.73%；SiO_2 含量亦较高，为 16.36%～19.99%。

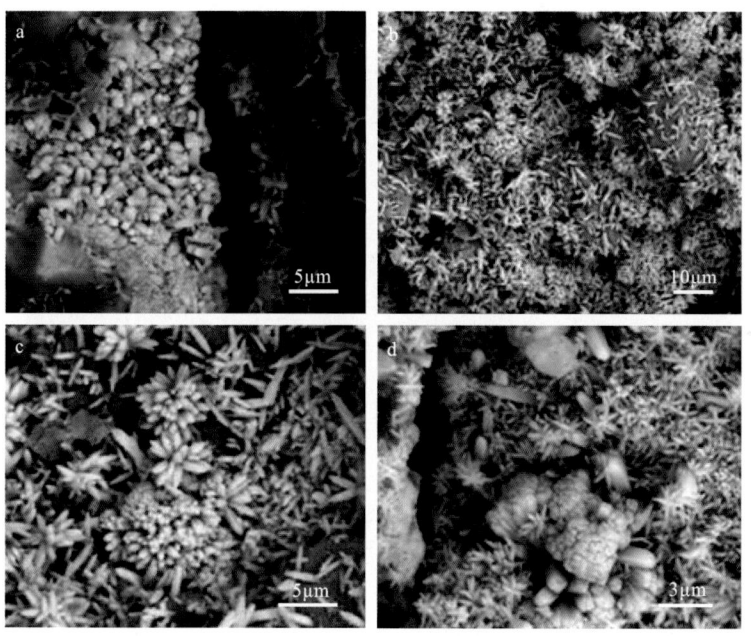

图 8-45　纳岭沟铀矿床矿石铀矿物扫描电镜照片
a.粒表衬垫式蒙皂石和粒状铀矿物；b.条束状铀矿微晶；c.花朵状铀矿微晶；
d.粒表丛状排列的铀矿物

3. 含铀矿物

含铀矿物有钍石、含铀钛铁矿。含铀矿物多以较细小的颗粒零星地分布在石英、长石和杂基中。电子探针测定钍石中 Th 含量为 30.48%和 53.47%，P_2O_5 含量相对较高，为 1.85%和 4.47%（表 8-21）。

4. 铀的价态

纳岭沟铀矿床铀的价态测试结果如表 8-22 所示，除样品 US-004 以外，其他样品分析结果中四价铀的比例均稍高，为 53.08%～77.97%，平均 60.55%。六价铀稍低，所占比例为 22.03%～46.92%，平均

表 8-20 纳岭沟铀矿床沥青铀矿电子探针分析结果表

单位：%

样号	取样位置	岩性	测点	Na$_2$O	SiO$_2$	K$_2$O	UO$_2$	Y$_2$O$_3$	MgO	CaO	PbO	As$_2$O$_5$	P$_2$O$_5$	TiO$_2$	Al$_2$O$_3$	V$_2$O$_5$	ThO$_2$	MnO	BaO	FeO	SO$_3$	合计
DT-001	ZKN6-15 404.1m	灰色粗砂岩	1	0.13	1.34	0.26	78.60	/	0.13	13.01	0.85	/	0.07	0.07	0.29	0.05	/	0.48	/	0.57	/	95.83
			2	0.32	1.49	0.33	83.33	0.07	/	10.10	1.36	0.05	0.08	/	0.22	/	/	0.40	/	0.58	/	98.34
			3	0.16	0.93	0.29	80.76	/	/	11.38	3.30	/	0.03	/	0.13	0.08	/	0.46	/	0.26	0.99	98.77
DT-003	ZKN0-25 393.6m	灰色中细砂岩	1	0.18	0.77	0.27	83.04	/	/	12.43	1.32	0.09	0.06	/	0.11	0.11	/	0.45	/	0.34	/	99.17
			2	0.80	9.77	0.32	76.06	/	0.04	4.06	/	0.11	0.14	0.42	0.91	0.62	/	0.09	/	0.07	/	93.40
DT-004	ZKN0-25 397.0m	灰色中砂岩	3	0.25	1.17	0.27	85.11	0.09	0.02	10.00	2.08	0.10	/	/	0.13	0.12	/	0.59	/	0.21	0.13	100.25
			7	0.91	9.42	0.42	64.45	0.92	0.04	1.40	0.10	/	0.19	1.39	0.77	/	9.37	0.28	/	0.51	/	90.17
DT-005	ZKN3-4 393.0m	灰色粗砂岩	1	0.46	8.66	0.29	74.69	/	0.33	4.61	/	0.15	0.05	1.00	1.53	0.49	/	0.16	0.08	0.25	/	92.74
			2	0.51	7.38	0.31	78.92	/	0.14	4.62	/	0.33	0.07	0.85	1.01	0.44	/	0.09	/	0.13	/	94.79
			3	0.33	9.09	0.28	77.67	/	0.10	3.49	/	0.13	0.06	0.62	0.74	0.51	/	/	0.13	0.11	0.05	93.19
			4	0.27	6.68	0.22	77.76	/	0.03	4.46	/	0.17	0.06	0.78	0.50	0.43	/	0.19	/	/	0.05	91.72

注：测试结果来自核工业北京地质研究院测试中心。

表 8-21 纳岭沟铀矿床铀石和钍石电子探针分析结果表

单位：%

样号	取样位置	岩性	铀矿物	测点	Na₂O	SiO₂	K₂O	UO₂	Y₂O₃	MgO	CaO	PbO	As₂O₅	P₂O₅	TiO₂	Al₂O₃	V₂O₃	ThO₂	MnO	BaO	FeO	SO₃	合计
DT-002	ZKN6-15 405.1m	灰色粗砂岩	铀石	1	0.10	19.87	0.22	69.01	0.09	0.07	2.22	/	/	0.35	0.14	1.24	0.35	/	0.07	/	0.07	/	93.80
				2	0.16	19.21	0.36	70.02	0.08	0.06	2.30	/	/	0.34	/	1.41	0.23	/	0.04	/	0.94	/	95.22
				3	0.04	19.99	0.23	70.31	/	0.09	2.38	0.07	/	0.32	/	1.22	0.27	/	/	/	0.06	0.05	94.95
				4	/	19.49	0.23	70.85	0.06	/	2.43	/	/	0.33	/	1.21	0.25	/	/	/	/	0.07	94.91
				5	0.14	19.61	0.23	68.32	/	0.04	2.15	0.12	/	0.30	/	1.33	0.31	/	0.08	/	0.05	0.04	92.60
				6	0.20	19.23	0.23	68.38	0.10	0.03	2.06	/	/	0.30	0.42	1.31	0.28	/	0.07	/	0.05	/	92.26
DT-004	ZKN0-25 397.0m	灰色中砂岩		1	0.11	17.71	0.22	62.47	1.70	0.03	1.32	/	0.06	0.34	0.09	1.05	0.55	/	/	/	0.09	/	86.07
				2	0.05	19.63	0.17	60.65	2.12	0.03	1.18	/	/	0.38	2.42	1.17	0.56	/	0.07	/	0.11	/	86.08
				4	0.22	17.42	0.19	59.91	1.49	0.04	2.97	/	/	0.43	1.45	0.88	0.85	/	/	/	0.13	/	87.00
				5	0.36	16.36	0.22	60.45	1.33	0.02	3.39	/	/	0.37	0.18	0.80	0.86	/	/	/	0.08	/	85.75
				6	0.28	19.06	0.19	61.61	1.99	/	1.63	/	/	0.31	/	1.20	0.54	/	/	/	0.05	/	87.07
DT-005	ZKN3-4 393.0m	灰色粗砂岩		5	0.12	19.33	0.21	70.62	/	0.05	3.29	/	/	0.24	/	1.04	0.76	/	0.10	/	0.05	/	95.81
				6	0.08	19.46	0.24	72.73	/	0.06	2.98	0.14	/	0.19	/	1.02	0.74	/	/	/	/	/	97.64
DT-003	ZKN0-25 393.6m	灰色中细砂岩	钍石	3	0.54	11.62	0.22	34.89	1.57	/	2.40	0.19	0.11	1.85	0.47	0.46	/	30.48	0.21	/	0.37	0.22	85.57
				4	0.06	13.41	0.09	3.68	2.31	/	4.26	0.14	/	4.47	/	0.15	/	53.47	0.36	/	0.69	0.55	83.62

注：测试结果来自核工业北京地质研究院测试中心。

39.45%。从数据上来看,高品位样品中四、六价铀所占比例变化不大,四价铀所占比例较大,为75%左右,六价铀所占比例较小,为25%左右;低品位样品中,四、六价铀所占比例变化较大,四价铀占9.32%~71.92%,平均44.77%,六价铀占28.08%~90.68%,平均55.23%。整体上,高品位样品四价铀所占比例较大,而低品位样品中六价铀所占比例较大,这一结果说明高品位矿石中富含沥青铀矿、铀石等铀矿物,低品位矿石则以吸附态铀为主。

表 8-22　纳岭沟铀矿床铀矿石中铀的价态分析结果

样品号	取样位置		岩性	总含量 U/×10^{-6}	U^{4+} 含量 /×10^{-6}	U^{6+} 含量 /×10^{-6}	U^{4+} 比例 /%	U^{6+} 比例 /%
	钻孔号	埋深/m						
US-001	ZKN6-15	398.4~398.6	灰色粗砂岩	2524	1933	591	76.58	23.42
US-002	ZKN6-15	407.0~407.2	灰色粗砂岩	739	550	189	74.42	25.58
US-003	ZKN0-25	393.9~394.1	灰色中细砂岩	300.1	234	66.1	77.97	22.03
US-004	ZKN0-25	397.1~397.3	灰色中砂岩	120.2	11.2	109	9.32	90.68
US-005	ZKN3-4	394.8~395.0	灰色粗砂岩	47.1	25	22.1	53.08	46.92
US-006	ZKN0-12	417.6~417.9	灰色中粗砂岩	19.05	13.7	5.35	71.92	28.08
平　均							60.55	39.45

注:测试结果来自核工业北京地质研究院测试中心。

六、铀成矿年龄

采用全岩 U-Pb 等时年龄测试法对纳岭沟铀矿床 ZKN16-17、ZKN0-7、ZKN12-8 号钻孔矿石样品成矿年龄进行了测试。其中,ZKN16-17 号钻孔下部矿层样品测得的年龄为(56.0±5.2)Ma,介于古新世—始新世之间,上部矿层样品测得的年龄为(38.1±3.9)Ma,相当于始新世中期(图 8-46a);ZKN0-7 号钻孔所取样品测得年龄为(61.7±1.8)Ma(图 8-46b),相当于古新世;ZKN12-8 号钻孔所取样品所测得的年龄为(84±1)Ma(图 8-46c),为早白垩世中期。以上结果表明,纳岭沟铀矿床的形成具有长期性和多期性。

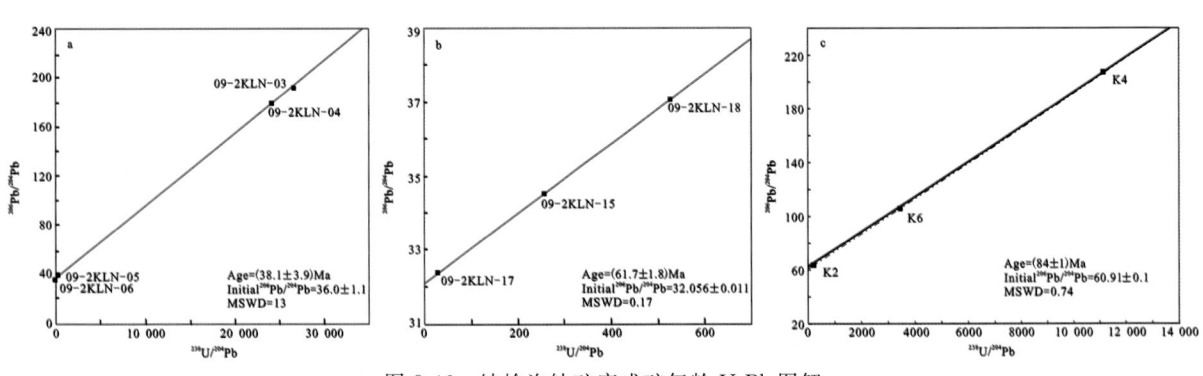

图 8-46　纳岭沟铀矿床成矿年龄 U-Pb 图解

A.纳岭沟铀矿床 ZKN16-17 钻孔 392.4~395.0m 铀成矿年龄图解;B.纳岭沟铀矿床 ZKN0-7 钻孔 395.5~396.4m 铀成矿年龄图解; C.纳岭沟铀矿床 ZKN12-8 钻孔,416.0~418.0m 铀成矿年龄图解

第七节 控矿因素及成矿模式

纳岭沟铀矿床的铀源及构造活化迁出、层间渗入氧化作用、地下水运移通道及铀沉淀和富集、还原地球化学障、新构造运动、二次还原改造作用等区域铀成矿控制因素与皂火壕铀矿床和柴登壕铀矿床类似,也属于同一地下水铀成矿系统,在此不再赘述。后期受新构造运动及大规模二次还原作用影响,形成的后生还原岩石地球化学类型即灰绿色、绿色砂岩,与柴登壕铀矿床铀成矿模式具有类似性,也不存在二次氧化作用对原有矿体造成的破坏或二次富集成矿。

纳岭沟铀矿床南部存在的泊江海子断裂对铀矿床的形成应具有控制作用,断裂呈北东向与近东西向展布,断裂构造活动具多期性与长期性(图8-2),直罗组沉积期后构造活动不仅是下部地层中还原气体上升的通道,而且也形成了铀成矿地下水"补-径-排"系统的局部排泄源,是纳岭沟铀矿床的空间构造定位因素。

对纳岭沟矿床直罗组下段下亚段砂岩非均质性进行了统计分析。砂岩中一般可见1~5层泥质夹层,最多达12层,单层厚度为0.1~6.20m,单孔累计最大厚度为12.00m,平均厚度为2.00m,累计厚度变异系数为78.0%,厚度变化较大。泥岩累计厚度与砂岩厚度比值为0.10%~10.0%,平均为2.80%,变异系数为80.00%,说明泥岩夹层厚度变化较大,分布无明显的规律性(表8-23)。直罗组下段下亚段砂岩中一般可见1~5层钙质砂岩夹层,最多达9层,单层钙质夹层厚度一般为0.10~4.30m,单层最大厚度为2.80m。单孔累计最大厚度为4.30m,平均厚度为1.40m,厚度变异系数为78.00%,厚度变化较大。钙质砂岩累计厚度与砂岩厚度比值为0.10%~5.20%,平均为0.40%,钙质砂岩累计厚度与砂岩厚度比值变异系数为261%,说明直罗组下段砂岩中钙质砂岩分布无规律性。但是,纳岭沟铀矿床铀成矿与泥岩、钙质砂岩夹层数量及厚度具有一定的相关性。当泥岩、钙质砂岩夹层在0~5层之间时,铀成矿概率最高。当泥岩、钙质砂岩夹层数大于5时,随夹层数的增加,成矿概率具有降低的趋势(图8-47a)。由泥岩、钙质砂岩累计厚度与铀成矿关系图可以看出(图8-47b),随泥岩夹层累计厚度的增加,铀成矿概率降低,而钙质砂岩夹层累计厚度在1.00~5.00m时铀成矿概率最高。泥岩和钙质砂岩夹层数多和累计厚度大的区域,也是河道边缘的部位,类似与皂火壕铀矿床和柴登壕矿床,碳屑、煤屑和黄铁矿等还原剂增多,对烃类等气体还原剂的屏蔽作用也增强,也是水动力条件变异的区域,促使了铀的沉淀和富集成矿。但是,在泥岩、钙质砂岩夹层数量过多及厚度过大的区域,砂岩厚度相对变小,在一定程度上影响了含氧含铀水在砂岩中的渗透和运移,从而影响到铀的富集成矿。

表8-23 非渗透性夹层特征表

地区	岩性	钻孔数/个	一般层数	厚度/m 区间	厚度/m 平均	与砂比 区间	与砂比 平均	层数变异系数/%	厚度变异系数/%	与砂比变异系数/%
纳岭沟铀矿床	泥岩	156	1~5	0.1~6.2	2.0	0.1~10.0	2.8	58	78	80
纳岭沟铀矿床	钙质砂岩	152	1~5	0.2~4.3	1.4	0.1~5.2	0.4	54	78	261

纳岭沟铀矿床矿体总体上以偏铀为主,按参与铀镭平衡系数计算工程数统计,113个揭穿点中65个偏铀,占总数的57.52%。铀镭平衡区所占比例次之,按揭穿点统计,平衡工程数42个,占总数的37.17%,面积较大的平衡区主要分布在N16号及相邻的勘探线,呈条带状近北东-南西向展布。偏镭区不发育,均由单工程控制,分布在N0—N16号勘探线(图8-48)。总体上看,偏铀、平衡、偏镭区分布规律性不明显,偏镭区不发育说明铀矿床形成以后含氧含铀水渗入强度和铀的富集作用减弱,更没有受到后期的再次氧化改造作用,也体现出后生富集成因的特点。

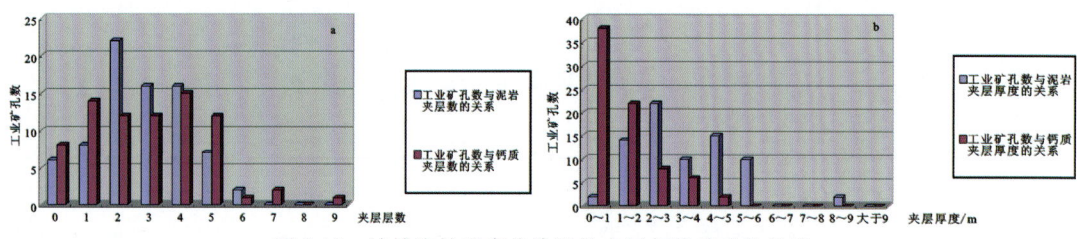

图 8-47 纳岭沟铀矿床非渗透性夹层与铀成矿的关系
a.夹层层数与铀成矿关系;b.夹层厚度与铀成矿的关系

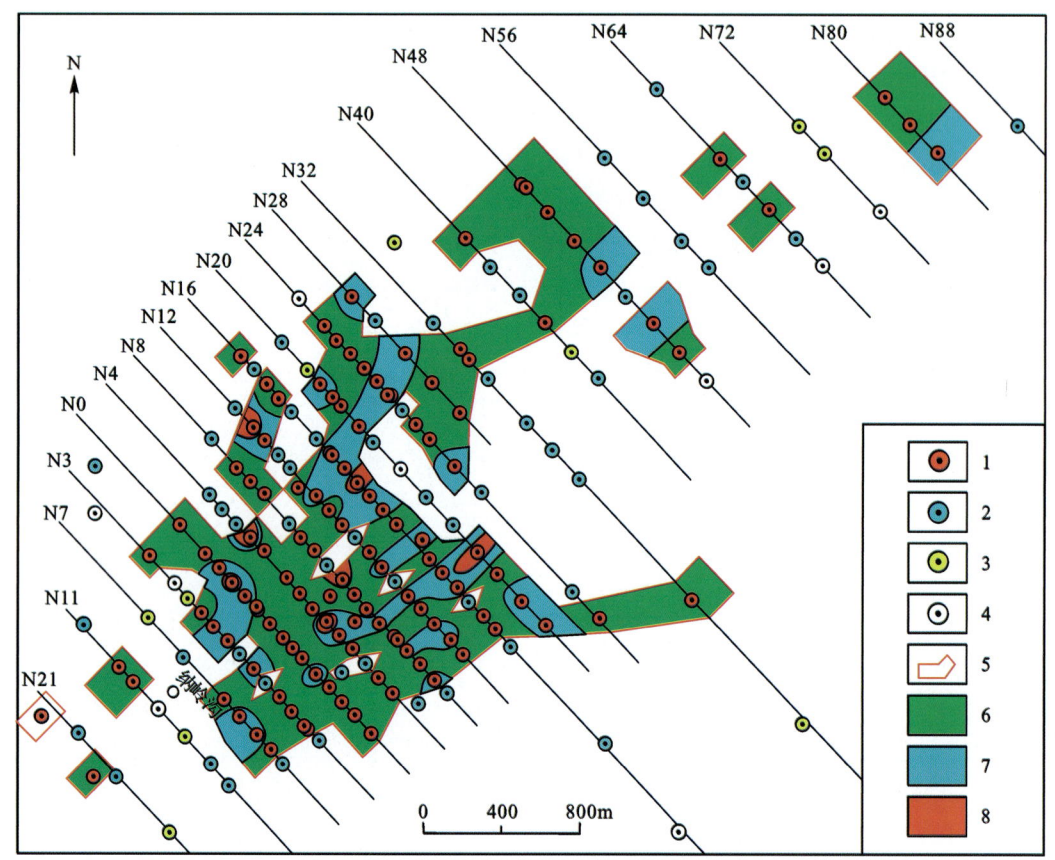

图 8-48 纳岭沟铀矿床矿体铀镭平衡系数平面分布示意图
1.工业铀矿孔;2.铀矿化孔;3.铀异常孔;4.无铀矿孔;5.工业矿体;6.偏铀区;7.平衡区;8.偏镭区

根据纳岭沟铀矿床控矿因素及成矿作用过程,可将矿床铀成矿作用过程划分为含矿岩系沉积预富集阶段、古层间氧化作用阶段、后期还原改造作用阶段。与柴登壕铀矿床相类似,纳岭沟铀矿床也不存在皂火壕铀矿床的后期氧化改造作用阶段(图 8-49)。

1.沉积预富集阶段

纳岭沟铀矿床与柴登壕铀矿床和皂火壕铀矿床具有类似的沉积预富集阶段(图 8-49a)。纳岭沟铀矿床直罗组下段下亚段灰色砂岩的铀含量变化范围为 $0.01\times10^{-6}\sim47.63\times10^{-6}$,平均值为 5.75×10^{-6};灰绿色、绿色砂岩的铀含量变化范围为 $0.01\times10^{-6}\sim9.56\times10^{-6}$,平均值为 2.16×10^{-6};红色砂岩(古氧化作用的产物)的铀含量变化范围为 $0.01\times10^{-6}\sim9.39\times10^{-6}$,平均值为 2.63×10^{-6}。黑色泥岩中铀含量平均为 7.58×10^{-6},灰色泥岩中铀含量平均为 4.29×10^{-6},绿色泥岩中铀含量平均为 4.29×10^{-6},红色泥岩中铀含量平均为 5.78×10^{-6}。通过对比,不难发现无论是被改造了的古氧化灰绿色、绿色砂岩,还是残留的古氧化红色砂岩,均存在明显的铀丢失。如果以灰色砂岩作为标准,则灰绿色、绿色

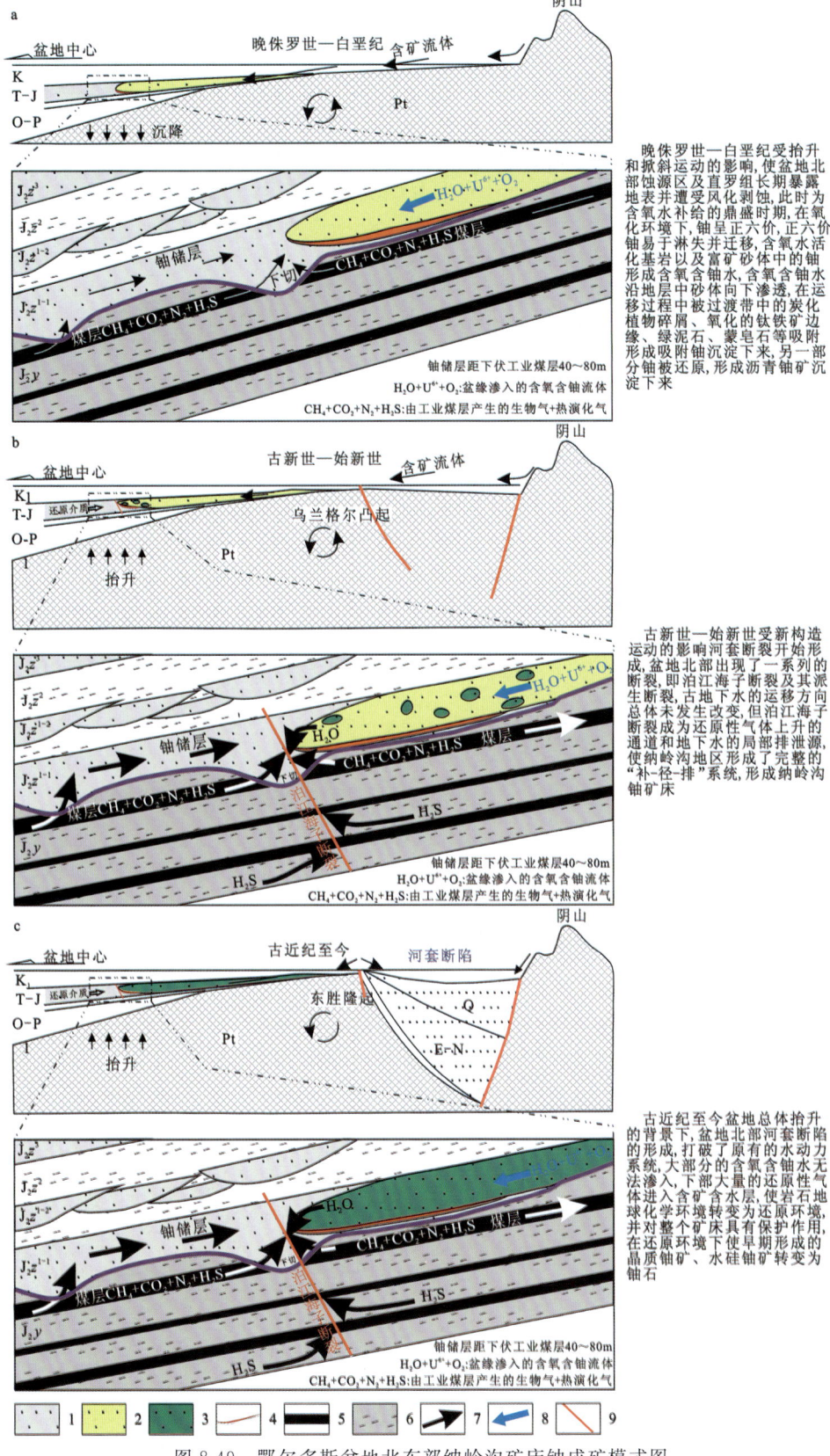

图 8-49 鄂尔多斯盆地北东部纳岭沟矿床铀成矿模式图

1.还原带;2.古层间氧化带;3.二次还原带;4.铀矿体;5.煤层;6.隔水层;
7.煤层气运移方向;8.含氧含铀流体运移方向;9.断层
a.沉积预富集阶段;b.古层间氧化作用阶段;c.后期还原改造作用阶段

砂岩和红色砂岩分别有 3.59×10^{-6} 和 3.12×10^{-6} 的铀迁出。说明中侏罗统直罗组下段由潮湿、干旱古气候转换背景中形成的富黄铁矿、炭化植物碎屑和碳质碎屑等还原介质的粗碎屑岩建造,对沉积期的铀具有吸附作用,形成的富铀地层为后期层间氧化作用对铀的释放、搬运和富集创造了铀源基础。

2. 古层间氧化作用阶段

与皂火壕铀矿床和柴登壕铀矿床具有类似的古层间氧化作用和铀成矿作用过程,在此不再赘述(图 8-49b)。

3. 后期还原改造作用阶段

纳岭沟铀矿床与皂火壕铀矿床和柴登壕铀矿床具有相同的后生还原改造条件和过程,与柴登壕铀矿床相比也没有受到二次氧化改造作用的影响,在此不再赘述(图 8-49c)。

第九章 大营铀矿床

大营铀矿床隶属于鄂尔多斯市杭锦旗,南东距鄂尔多斯市政府所在地康巴什约85km,南西距杭锦旗约25km(图1-1)。矿床南部有109国道和塔锦线(X608线),距109国道约5km,距塔锦线3km,且区内乡间简易公路四通八达。

大营铀矿床是鄂尔多斯盆地发现的第4个砂岩铀矿床,位于纳岭沟铀矿床北偏西37km(图1-3)。矿床整体呈近南北向带状展布,向北东开口的"U"形,矿体长约20km,宽0.4~2km不等。该矿床已完成普查,铀资源规模已达到超大型,不仅是我国探明的第一个超大型砂岩铀矿床,也是目前我国最大的砂岩铀矿床。大营铀矿床也属于古层间氧化带型铀矿床,但是与皂火壕、柴登壕和纳岭沟铀矿床不同的是,大营铀矿床不仅下亚段赋矿,而且上亚段也赋矿,甚至上亚段的赋矿规模还大于下亚段。

第一节 构造特征

大营铀矿床处于伊陕单斜区的东胜-靖边单斜构造的北东部(图3-2),与皂火壕、柴登壕和纳岭沟铀矿床处于同一构造单元。大营铀矿床沉积直罗组构造简单,直罗组底界面在区域上总体由北东向南西缓倾斜,发育受近东西向分布的大型褶皱和局部小型正断层影响控制(图9-1、图9-2)。褶皱发育于早白垩世之前,而断层形成于早白垩世或者早白垩世之后。

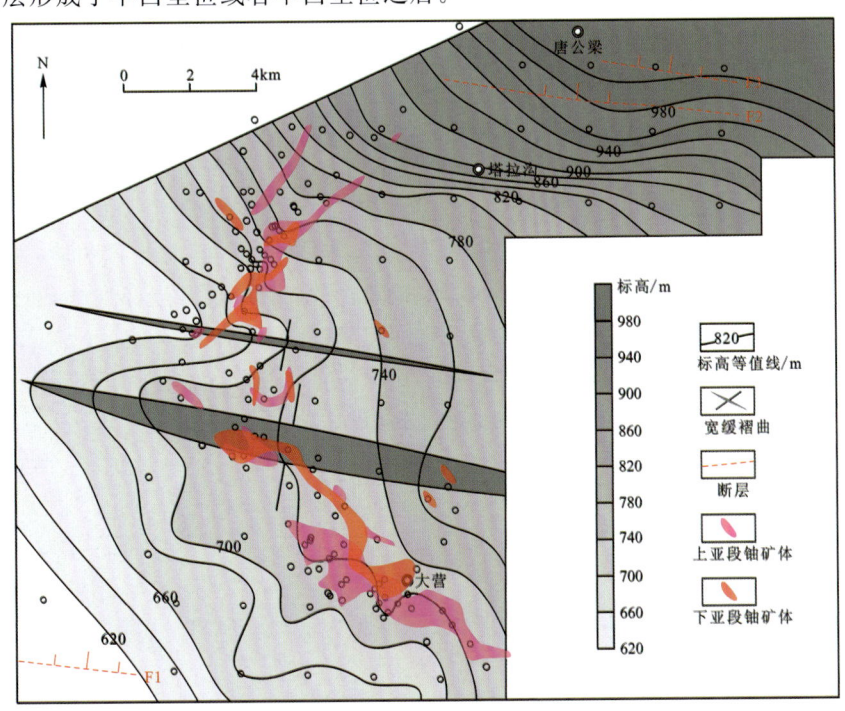

图9-1 大营铀矿床直罗组底界面标高等值线图

大型褶皱由北部向斜和南部背斜构成(图 9-1)。比较而言,北部向斜狭窄而南部背斜宽阔且稍显复杂。北部向斜轴线沿钻孔 ZK7-21—ZK19-23 一线分布;南部背斜轴线大致沿钻孔 ZK7-17—ZK19-19 一线分布。褶皱轴线均向西倾伏。北部向斜的北翼构成了唐公梁—塔拉沟一带大型的北东-南西向的陡倾斜坡,其北部边缘直罗组下段上亚段遭到剥蚀。

大营铀矿床的断裂规模较小,均为近东西走向的北倾正断层,倾角 70°。其中,F_1 断裂位于矿床南西部,延伸不足 4km,断距 20m。F_2、F_3 断裂位于矿床北东部,为切穿侏罗系和下白垩统的正断层,前者延伸 9km,断距 40m;后者延伸 4km,断距 30m(图 9-2)。

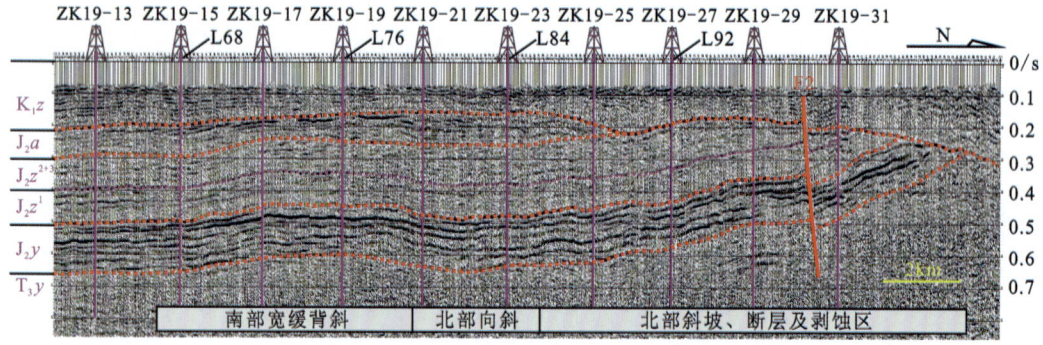

图 9-2　大营铀矿床大型褶皱和小型断裂的空间配置关系图

第二节　沉积特征

一、地层发育特征

大营铀矿床直罗组地层结构与皂火壕、柴登壕和纳岭沟铀矿床具有基本一致的特征,在区域上能够通过主要标志层与关键界面进行追踪、对比和闭合(图 9-3)。但是从沉积学的角度看,大营铀矿床直罗组下段具有显著的特殊性:①产出于乌拉山大型物源-沉积朵体的西部边缘,沉积物粒度较纳岭沟铀矿床更细,地层结构和沉积规律则类似于朵体东侧边缘的皂火壕铀矿床,只是古水流方向向左(相差约 90°);②微弱的聚煤作用和大规模的铀成矿作用由直罗组下段的下亚段延伸到了上亚段,而且上亚段成为主力含矿层。

大营铀矿床直罗组下段下亚段和上亚段砂岩的发育具有明显的继承性,总体上呈北东-南西方向展布,但下亚段砂岩厚度大、连续性好,而上亚段砂岩厚度薄、连续性差,侧向叠置明显。这可能是由辫状河-辫状河三角洲向曲流河-湖泊三角洲演变的主要表象之一。下亚段砂岩厚度大,总体上以板状分布为特征,连续性好(图 9-4),平均为 63.46m,最厚可达 94.70m。砂岩厚度高值区(厚度>70m)可分为南西部-南部高值区和中部高值区(图 9-5)。其中,南西部-南部高值区发育于钻孔 ZK7-17—ZK13-11—ZKD288-16 一带,范围较大,呈南西方向凸出的弧形,自北西向南东方向展布;中部高值区发育于乌力桂庙—钻孔 ZK19-19 一带,呈条带状自北西向南东方向展布。砂岩厚度低值区(厚度<70m)可分为南西部低值区、中部低值区和北东部低值区。三片低值区分别位于两片高值区的南西部、中部及北东部,其中,南西部低值区与中部低值区呈北西-南东向条带状展布,北东部低值区呈"U"形展布。另外,在中部低值区的南部分布有呈"品"字形展布的 3 片岛状高值区。总的来说,区内砂岩连续性较好,厚度具有低值区、高值区相间分布的特点:由南西向北东展现为低值→高值→低值→高值→低值的分布序列。

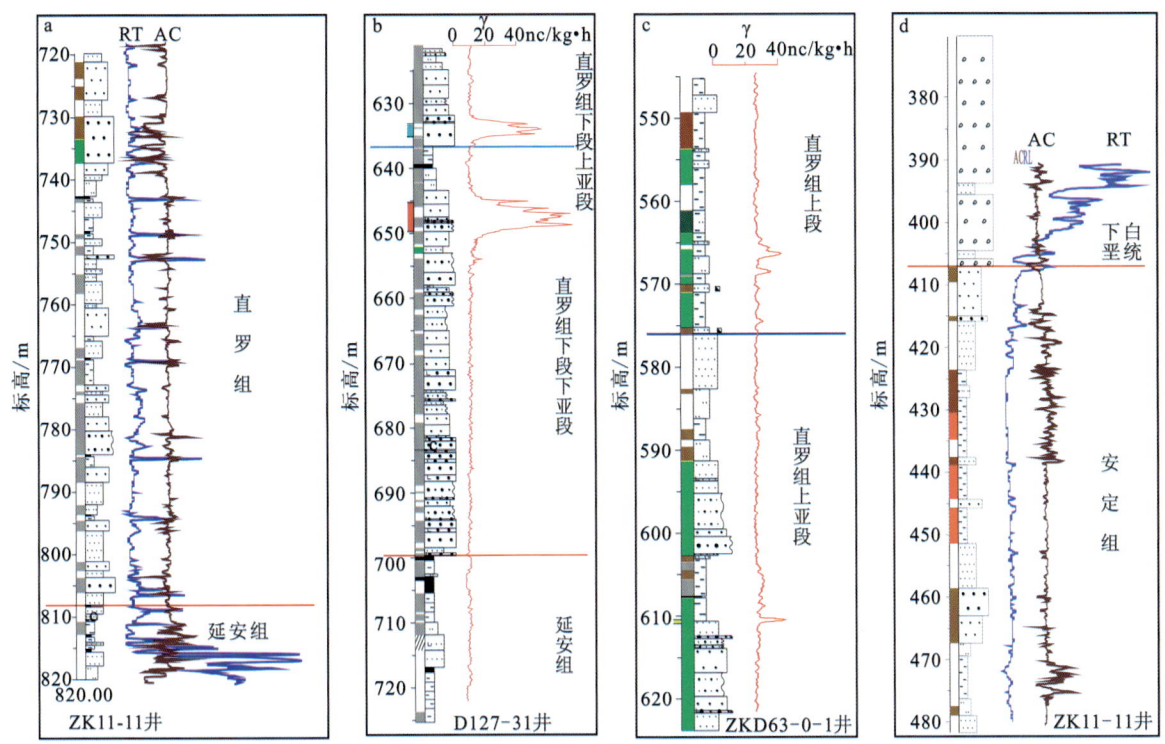

图 9-3 大营铀矿床地层划分图(据焦养泉,2012)

a、b.延安组和直罗组分界,延安组上部砂泥互层明显,且煤层厚度较大;c.安定组大套典型的
红色或褐色泥岩;d.直罗组中段大套典型的泥岩和粉砂质泥岩

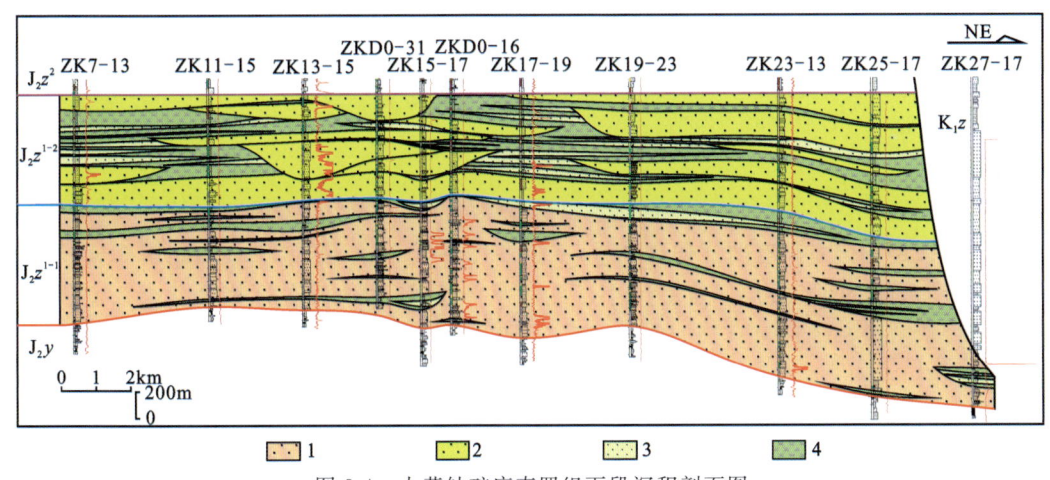

图 9-4 大营铀矿床直罗组下段沉积剖面图

1.辫状河道-辫状分流河道;2.曲流河道-分流河道;3.决口扇或决口河道;4.泛滥平原-分流间湾

直罗组下段上亚段砂岩厚度与下亚段相比具有明显的差异,厚度高值区(厚度>60m)内部多出现厚度低值区(图9-6),河道砂体的侧向迁移性明显(图9-4)。这种格局的变化,一方面说明其非均质性较强,另一方面表明其是由一种特殊的、近源的大型曲流河入湖形成的湖泊三角洲沉积体系成因。该段砂岩厚度相对较小,平均为52.35m,最厚达91.40m。砂岩厚度高值区(厚度>60m)可分为北西部高值区和南东部高值区。其中,北西部高值区发育于乌力桂庙—钻孔ZKT191-48一带,呈北西向南东的倒三角展布;南东部高值区发育于大营—塔拉沟一线,分布范围大,呈南西向北东的条带状展布。砂岩厚度低值区(厚度<60m)主要分布在南西部和北东部,分布范围均较大。其中,南西部低值区呈南北向条带状展布,而北东部低值区则呈南西-北东向条带状展布。另外,在大营—塔拉沟一线的高值区内部分布

有3片大小不等的低值区,在该高值区南东部发育一片呈近南北向条带状展布的低值区,分布面积较大。总的来说,区内砂岩的侧向迁移性明显,非均质性较强;砂岩厚度低值区分布面积大于高值区;砂岩厚度高值区内部多分布低值区,总体呈现出高值区与低值区相互交织的分布格局。

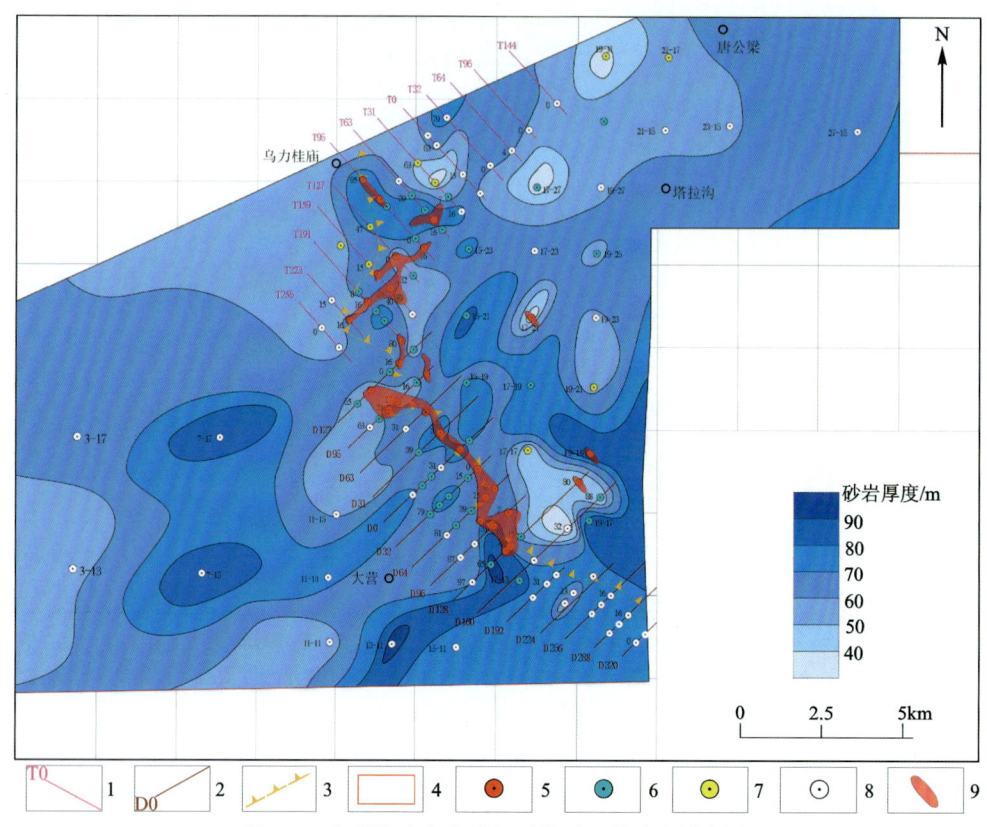

图 9-5 大营铀矿床直罗组下段下亚段砂岩厚度图
1.T 网勘探线;2.D 网勘探线;3.层间氧化带前锋线;4.勘查边界;5.工业铀矿孔;
6.铀矿化孔;7.铀异常孔;8.无矿孔;9.铀矿体

砂岩中泥岩和粉砂岩夹层的存在是铀储层非均质性的具体表现。大营铀矿床直罗组下段下亚段砂岩中细粒沉积物夹层的分布具有明显的规律性,夹层厚度高值区(厚度>25m)在北东部分布较集中,在中西部呈岛状分布,南部沉积夹层厚度整体小于北部及中西部(图9-7)。厚度变化介于0~39.25m之间,平均值为10.58m。高值区可分为北部高值区、中西部高值区和南部高值区,低值区(厚度<10m)发育较为广泛,大多沿北东-南西方向呈孤岛状或带状镶嵌于高值区中间。

大营铀矿床直罗组下段上亚段砂岩中泥岩和粉砂岩夹层累计厚度整体呈现北东厚南西薄的趋势,但在南西部也存在相对较厚的区域。最厚的位置位于塔拉沟南侧,其累计厚度达88.76m,最薄的位置位于北西部,其厚度为0.15m,全区平均厚度为23.94m。高值区(厚度>40m)可分为北东部高值区、中西部高值区和南部高值区,低值区(厚度<20m)主要位于西部和中部地区,发育范围较为广泛,呈不规则岛状展布(图9-8)。

二、砂岩岩石学特征

大营铀矿床直罗组下段砂岩以长石砂岩为主(占93.3%),其次为长石石英砂岩(4.0%)和岩屑长石砂岩(2.7%)。砂岩成分以石英为主,长石次之,含有一定量的云母、岩屑、有机质及少许重矿物(表9-1)。砂岩的成熟度相对较高,表明直罗组下段沉积环境较为稳定。

石英是碎屑物的主要成分,约占碎屑物总量的61.8%,它是比较稳定的矿物,无明显蚀变,主要为

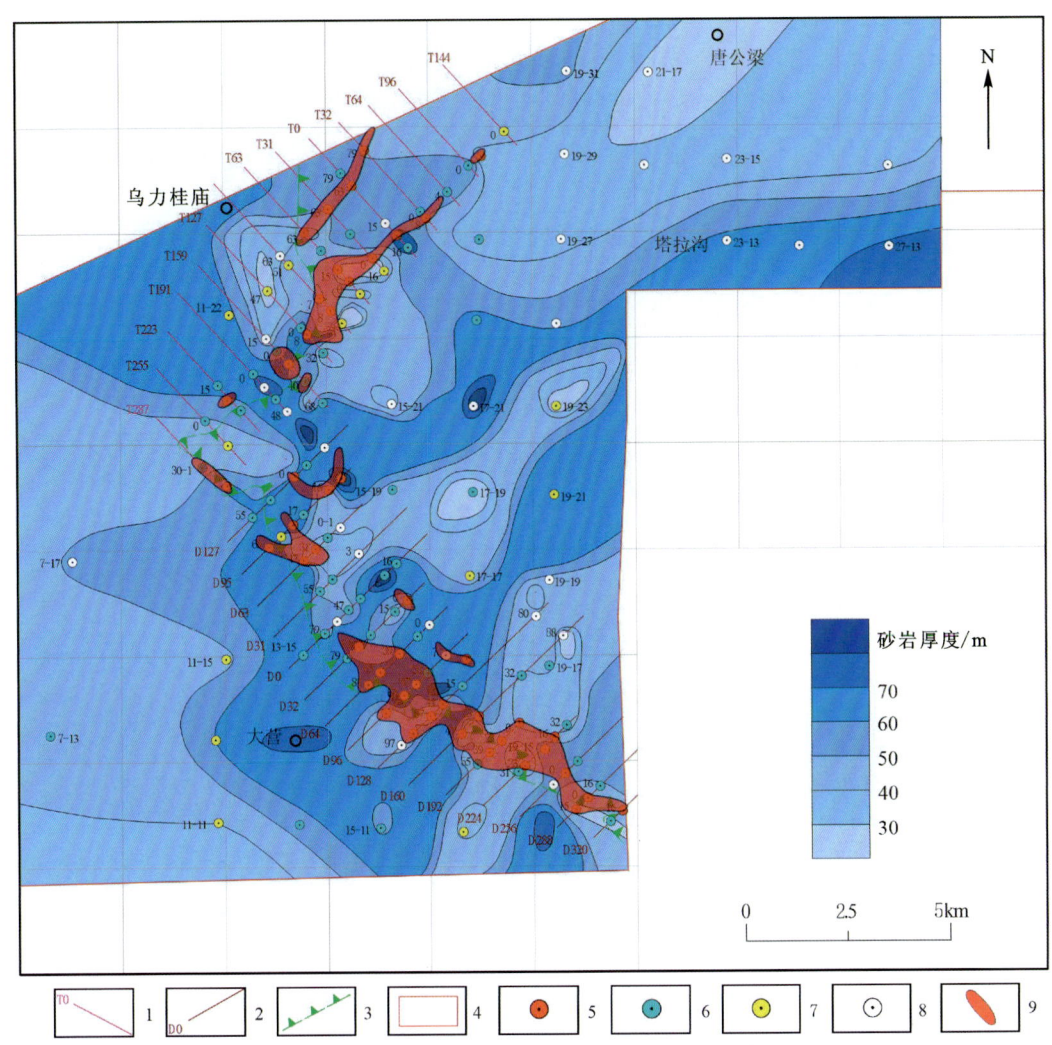

图 9-6　大营铀矿床直罗组下段上亚段砂岩厚度图
1.T 网勘探线；2.D 网勘探线；3.层间氧化带前锋线；4.勘查边界；5.工业铀矿孔；
6.铀矿化孔；7.铀异常孔；8.无矿孔；9.铀矿体

单晶石英，仅在碳酸盐化强烈的岩石中局部被碳酸盐交代。长石约占碎屑物总量的 31.1%，由条纹长石、正长石、微斜长石和斜长石组成，以钾长石为主（约占长石总量的 2/3）。长石碎屑大部分未遭受明显蚀变，部分长石黏土化较强，钾长石主要为高岭石化，斜长石主要为水云母化、绿泥石和绿帘石化（图 9-9a）。岩屑约占碎屑物总量的 1.3%，成分主要为变质岩碎屑，岩性以石英岩、云母片岩、云母石英片岩为主，其次为花岗岩岩屑、火山岩岩屑等。此外还见有花岗斑岩、流纹岩、安山岩及粉砂岩等岩屑（图 9-9b）。云母碎屑含量变化较大，一般为 2%～8%，平均为 5.8%，局部可多达 15%。一般粗砂岩及中粗砂岩含云母碎屑少，中细砂岩或细砂岩含云母碎屑多。云母碎屑以黑云母为主，含少量白云母。黑云母又以褐色黑云母为主，其次为绿色黑云母，绿色黑云母多为褐色黑云母蚀变的产物。黑云母常遭受不同程度的绿泥石化（图 9-9c），形成叶绿泥石。炭化植物或有机质碎屑在砂岩中分布很不均匀，一般含量小于 0.5%，但局部砂岩中可高达 10%～15%。炭化植物碎屑少见，多为有机质细脉或条带（图 9-9d），为成岩之后再迁移沉淀的产物。重矿物总量一般小于 1.0%，但在中细砂岩中可局部富集成层产出，达 5%以上。最常见的矿物是石榴石，其次为黄铁矿、磁铁矿，见少量绿帘石。重矿物几乎无磨圆，呈不规则状，有溶蚀现象。

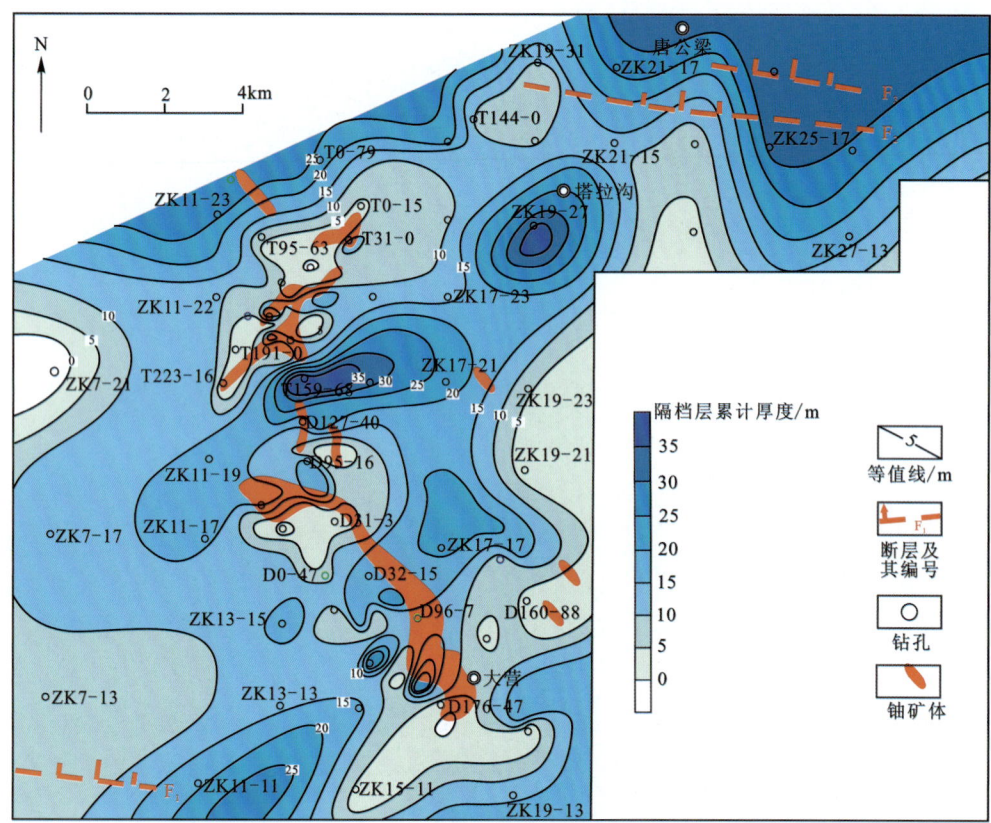

图 9-7 大营铀矿床直罗组下段下亚段砂岩中沉积隔档层累计厚度等值线图

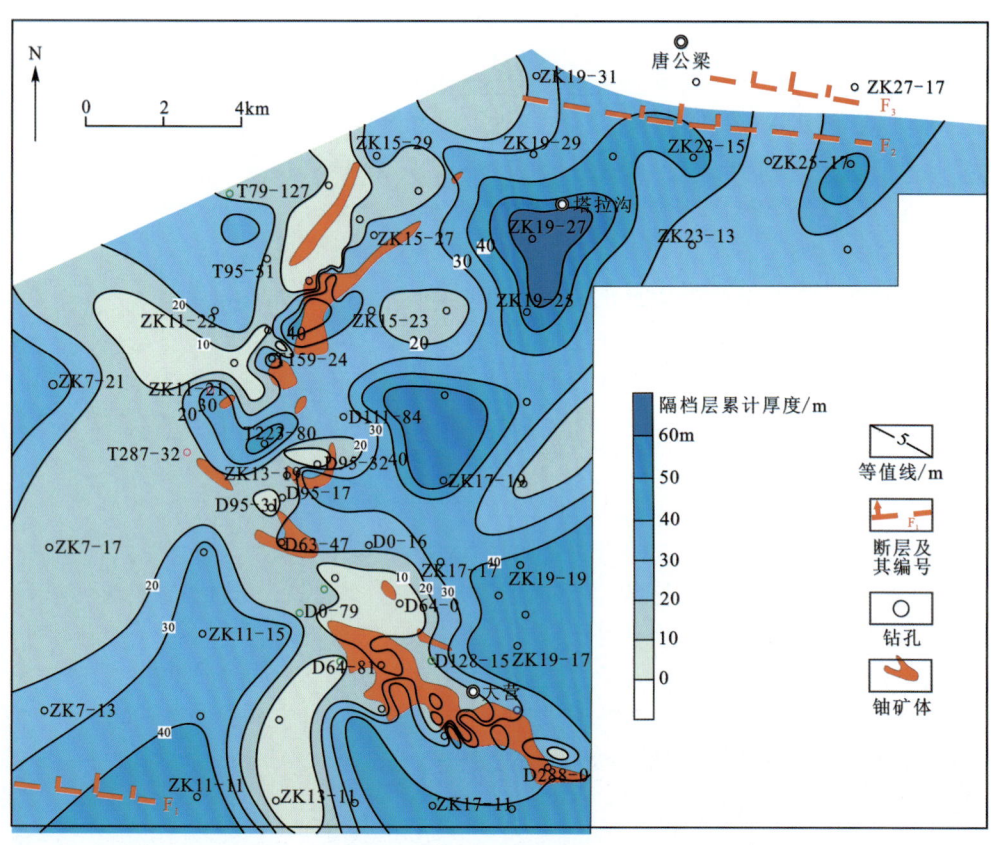

图 9-8 大营铀矿床直罗组下段上亚段砂岩中沉积隔档层累计厚度等值线图

表 9-1 大营铀矿床直罗组下段砂岩碎屑物成分统计表

层位	石英/%	长石/%	岩屑/%	重矿物/%	云母/%	有机质/%	样品数/个
J_2z^1	61.8	31.1	1.3	<1.0	5.8	<1	75

大营铀矿床直罗组下段砂岩中填隙物含量8%~33%，填隙物主要由杂基和胶结物组成，杂基主要是伊利石、高岭石、水云母，在钙质砂岩中填隙物含量较高，达18%左右；胶结物主要为方解石、黄铁矿，极少量的针铁矿和褐铁矿。砂岩碎屑物以接触式、孔隙式胶结为主，占80.8%（图9-9e）。基底式胶结较少，只占19.2%，部分碳酸盐含量达10%~20%的砂岩（或钙质砂岩）呈基底式胶结（图9-9f）。

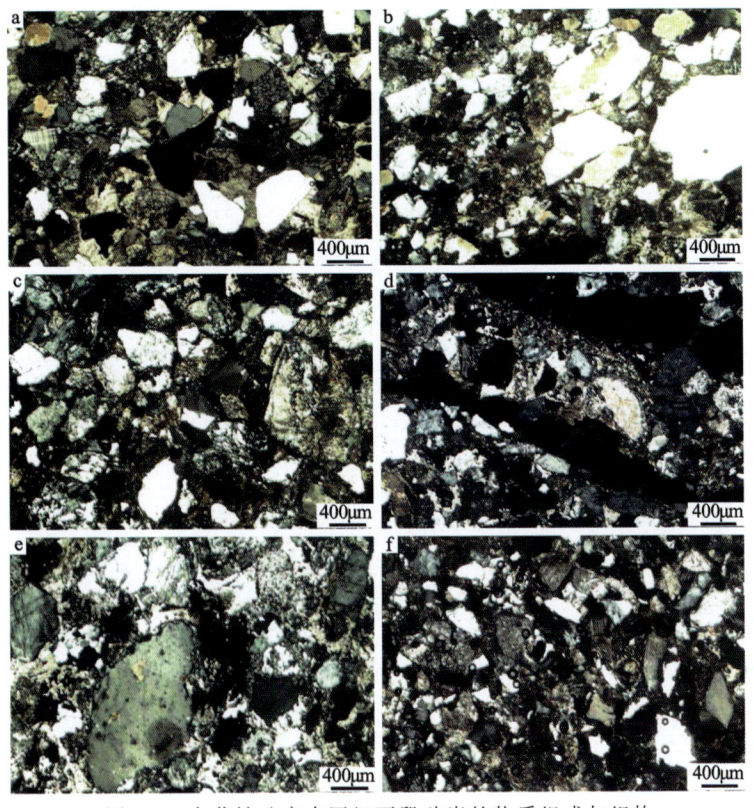

图 9-9 大营铀矿床直罗组下段砂岩的物质组成与组构
a. 长石碎屑，(+)×25；b. 变质岩岩屑，(+)×25；c. 黑云母绿泥石化，(+)×25；
d. 细脉状碳质碎屑，(+)×25；e. 孔隙式胶结，(+)×25；f. 基底式胶结，(+)×25

大营铀矿床砂岩以中粒为主，占55.22%，其次为粗粒和细粒，分别为15.30%、26.51%，粉砂和泥质仅占2.22%。含矿砂岩粒度相对较粗，泥质和粉砂含量较少（表9-2）。砂岩分选性较好（表9-3），砂岩碎屑颗粒的磨圆度较低，总体以棱角状—次棱角状为主（表9-4）。表明其砂岩结构成熟度高、沉积环境水动力条件相对稳定。

表 9-2 大营铀矿床直罗组下段岩石粒度分类统计表

样品数/个	砾/%	粗粒/%	中粒/%	细粒/%	粉、泥/%
66	0.08	15.30	55.22	26.51	2.22

表 9-3 大营铀矿床直罗组下段砂岩碎屑分选性统计表

层 位	样品数/个	差/%	较好/%	好/%	很好/%
J_2z^1	64	14.7	36.4	37.7	11.2

表 9-4　大营铀矿床直罗组下段砂岩碎屑颗粒磨圆度统计表

样品数/个	棱角—次棱角/%	次棱角—次圆/%	次圆/%	圆/%
66	72.3	25.7	1.3	0.7

大营铀矿床直罗组下段下亚段累积概率曲线呈一段式、两段式和三段式,以两段式为主,跳跃总体较发育,普遍缺失牵引总体,跳跃总体的分选性好,悬浮总体的分选性中等(图9-10)。频率直方图以正偏和对称为主,没有出现负偏(图9-11)。

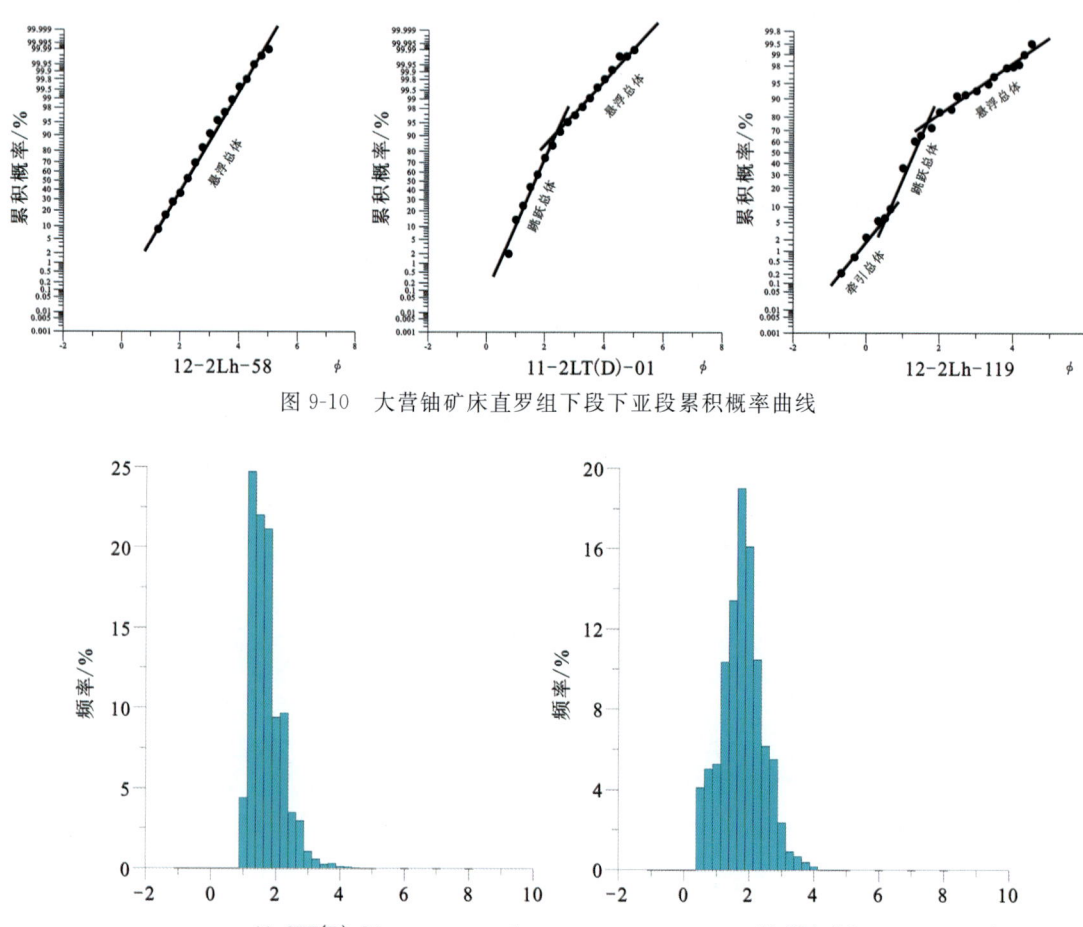

图 9-10　大营铀矿床直罗组下段下亚段累积概率曲线

图 9-11　大营铀矿床直罗组下段下亚段频率直方图

直罗组下段上亚段与下亚段不同,累积概率曲线以一段式和两段式为主,无三段式。累积概率曲线的牵引总体完全消失,但仍以两段式为主,跳跃总体较为发育,根据其斜率可得出跳跃总体的分选性好,悬浮总体的分选性中等(图9-12)。频率直方图出现正偏和对称,主要以正偏为主,与直罗组下段下亚段相似,没有负偏出现(图9-13)。

直罗组下段 C-M 图以 P-Q-R 为主,其中递变悬浮段 QR 较为发育,均匀悬浮段 RS 不发育(图9-14)。C-M 图的总体分布符合牵引流沉积的特点,主要以水流为动力,直罗组下段下亚段 P-Q 段比直罗组下段上亚段更为发育。

粒度参数包括平均粒度、标准偏差、偏度和峰度。直罗组下段下亚段平均粒度主要以中砂、细砂为主,中砂所占比例较大,分选性中等—好,分选性好所占比例较大。偏度主要表现为对称和正偏,峰度为平坦、中等、尖锐,以中等、尖锐为主。直罗组下段上亚段平均粒度与直罗组下段下亚段相似,无粗砂岩的出现,以中砂为主,分选性中等—好,与直罗组下亚段不同,偏度以正偏为主,峰度以中等为主(图9-15)。

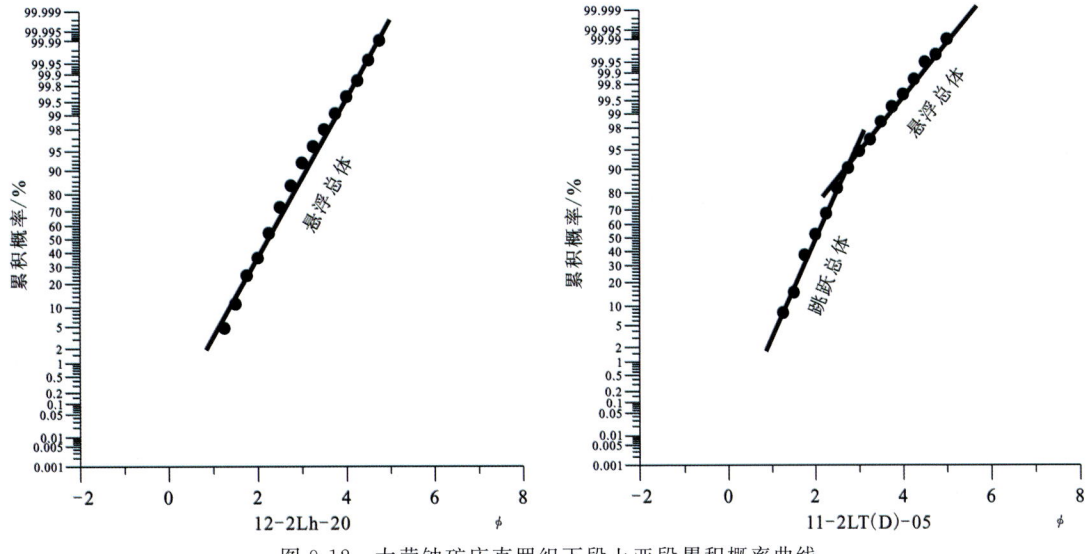

图 9-12 大营铀矿床直罗组下段上亚段累积概率曲线

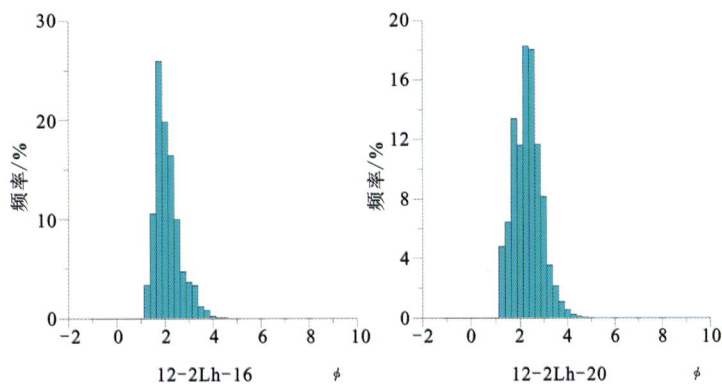

图 9-13 大营铀矿床直罗组下段上亚段频率直方图

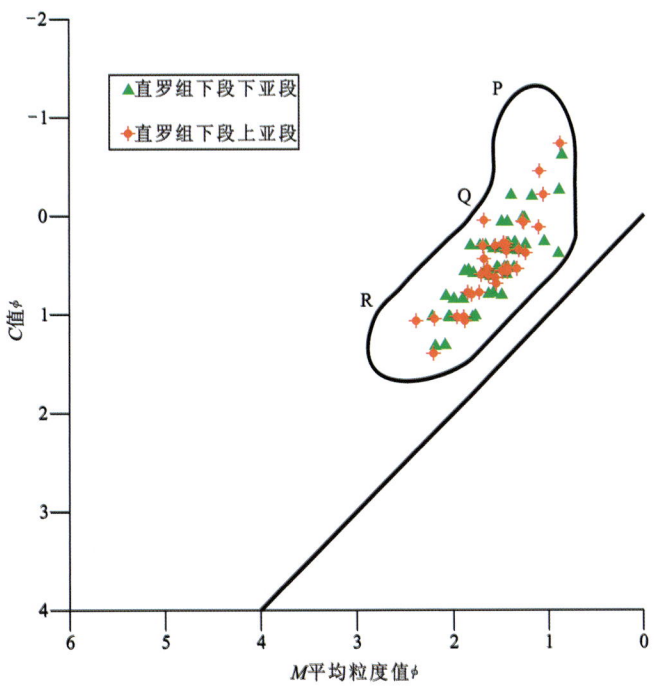

图 9-14 大营铀矿床直罗组下段 C-M 图

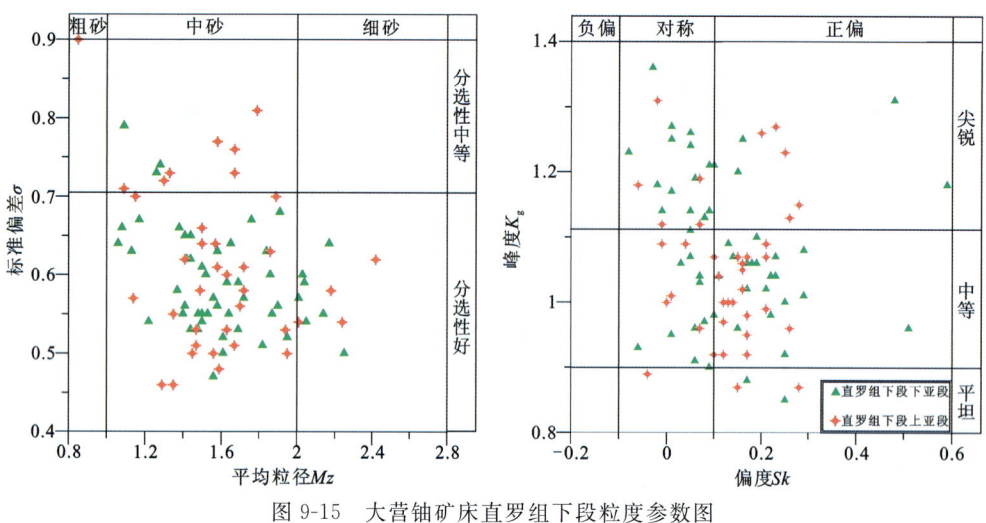

图 9-15　大营铀矿床直罗组下段粒度参数图

三、沉积体系特征

大营铀矿床直罗组下段下亚段和上亚段的沉积特征具有明显差异。下亚段砂体规模大，连续性好，河道间细粒沉积物不发育；上亚段砂体以透镜状为主，侧向迁移明显，河道间细粒沉积物广泛发育（图 9-4）。综合分析认为，直罗组下段下亚段表现为辫状河沉积体系向辫状河三角洲沉积体系的过渡，而上亚段表现为曲流河沉积体系向湖泊三角洲沉积体系的过渡。

直罗组下段下亚段由辫状河沉积体系和辫状河三角洲沉积体系构成。辫状河沉积体系发育在区内北东部唐公梁—塔拉沟一带，以辫状河道为主，河道宽 8km 左右，规模很大，呈北东-南西向展布，泛滥平原仅在河道两侧小面积发育。区内辫状河三角洲平原由辫状分流河道和分流间湾构成，自北西向南东方向共有 3 条主干辫状分流河道。其中，中南部的 2 条辫状分流河道源于唐公梁—塔拉沟一带的辫状河道。主干辫状分流河道的总体展布方向均为北东-南西向，它们在区内西部和中南部向南东部和北西部有多处分叉，形成次一级规模的辫状分流河道。各分流河道间为分流间湾集中发育的地方，主要分布在区内的北部、中西部、中南部。分流河道向分流间湾的一侧发育多处决口扇和决口三角洲（图 9-16）。

直罗组下段下亚段由曲流河沉积体系和湖泊三角洲沉积体系构成。曲流河沉积体系位于区内塔拉沟的北东地区，由曲流河河道和泛滥平原构成。由于曲流河侧向迁移活跃且多为叠加河道，导致其河道范围很宽，最宽可达 4km，呈北东-南西向展布。泛滥平原则仅限于河道之间的带状区域。大部分区域为湖泊三角洲沉积体系，与下亚段相似，主要由三角洲平原部分构成（图 9-17）。三角洲平原主要由分流河道、分流间湾和决口扇组成。分流河道由曲流河延伸而来，继承了原来的北东-南西展布方向。区内中部暗色泥岩厚度增大，分流河道出现分叉现象并有多处决口，形成决口扇沉积。分流河道间发育分流间湾沉积。

第三节　水文地质特征

一、水文地质结构

矿床内赋存的地下水类型主要有松散岩类孔隙水和碎屑岩类裂隙孔隙水。松散岩类孔隙水主要分布于矿床地表的沟谷中，赋存于第四系全新统松散冲积物中。碎屑岩类裂隙孔隙水含水岩组在矿床内

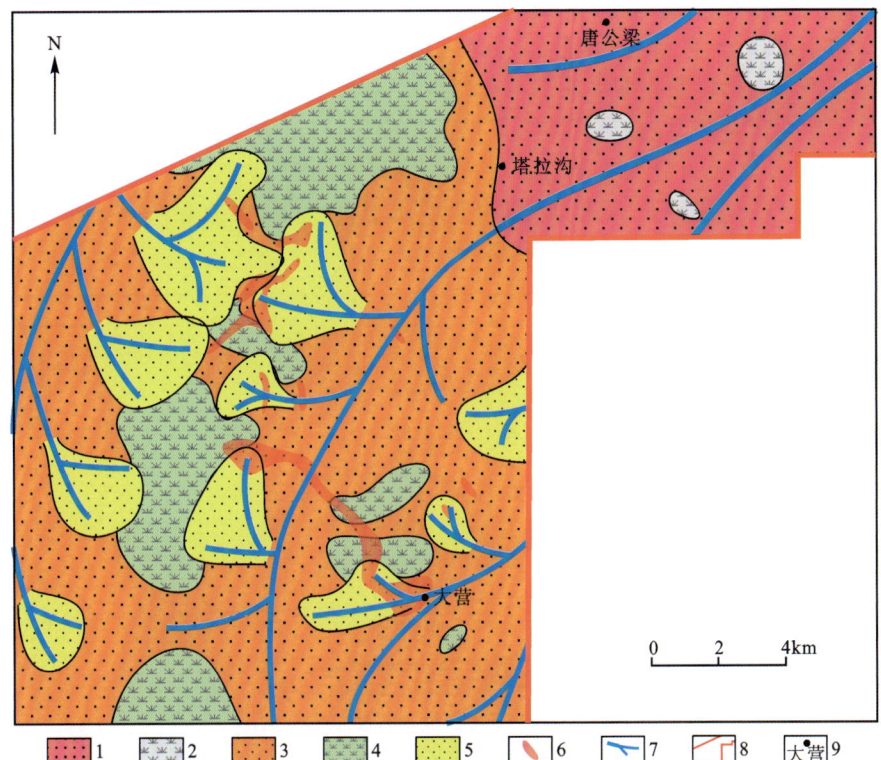

图 9-16 大营铀矿床直罗组下段下亚段沉积体系域图

1.辫状河河道沉积;2.泛滥平原;3.三角洲平原分流河道;4.三角洲平原分流间湾;
5.三角洲平原决口扇、决口三角洲;6.铀矿体;7.主流线;8.矿床边界;9.地理位置及地名

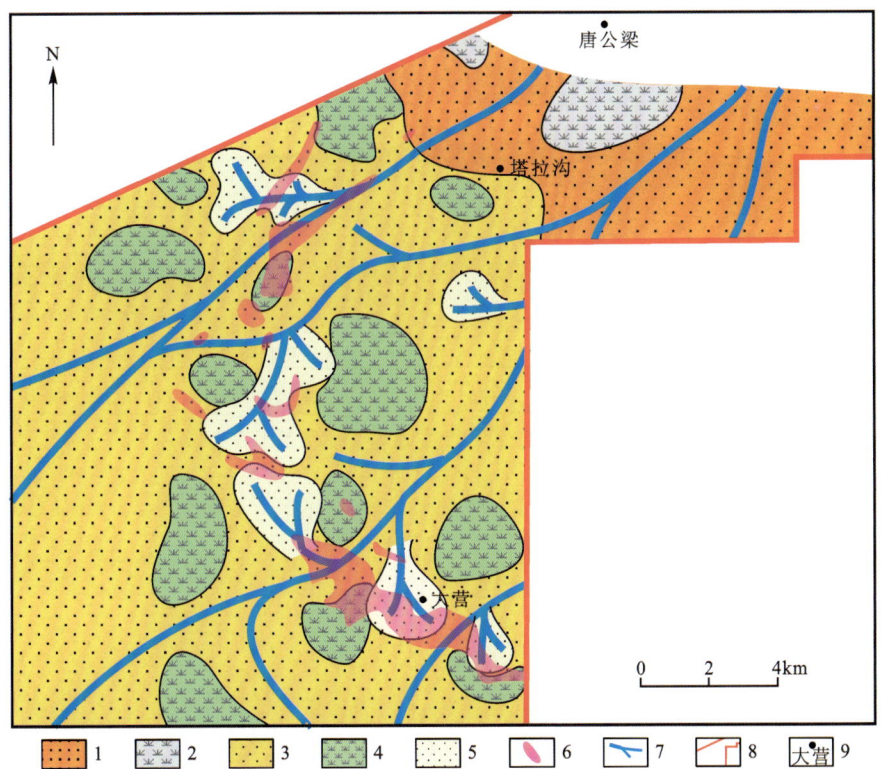

图 9-17 大营铀矿床直罗组下段上亚段沉积体系域图

1.曲流河河道沉积;2.泛滥平原;3.三角洲平原分流河道;4.三角洲平原分流间湾;
5.三角洲平原决口扇、决口三角洲;6.铀矿体;7.主流线;8.矿床边界;9.地理位置及地名

分布广泛,主要由下白垩统含水岩组及中侏罗统含水岩组组成。下白垩统(K_1)碎屑岩类裂隙孔隙水由东胜组与伊金霍洛组的砂岩、砂砾岩、粉砂岩和泥岩组成,地下水类型以潜水为主,仅在局部出现承压水。中侏罗统(J_2)碎屑岩类裂隙孔隙水地下水类型为层间承压水。

中侏罗统直罗组水文地质结构较为简单,根据沉积作用特点、沉积环境和规模、含水岩组的垂向和水平方向变化规律,自下而上可分为3个含水层:直罗组下段下亚段(J_2z^{1-1})含水层——第Ⅰ含水层、直罗组下段上亚段(J_2z^{1-2})含水层——第Ⅱ含水层、直罗组上段(J_2z^2)含水层——第Ⅲ含水层(图9-18)。其中第Ⅰ、第Ⅱ含水层为大营铀矿床主要含水层。

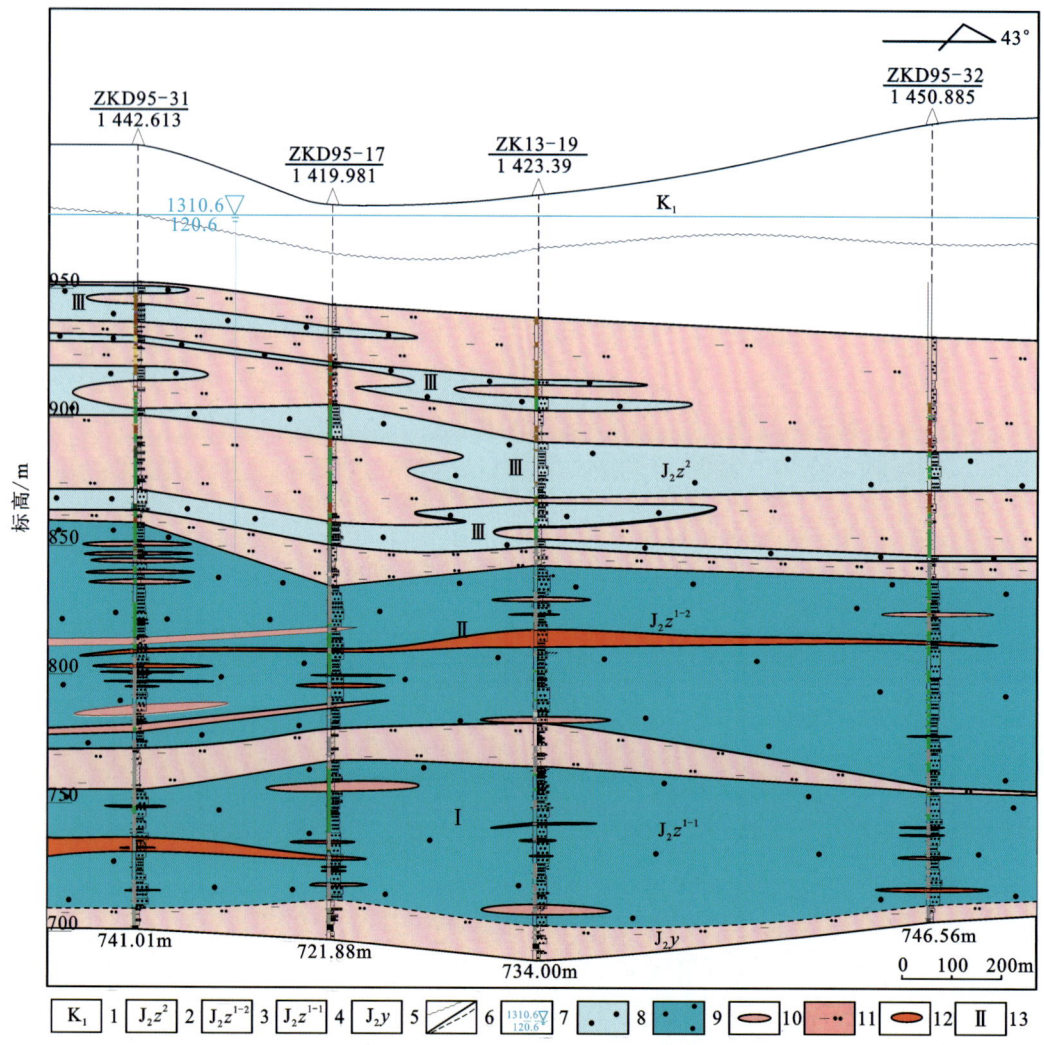

图9-18 大营铀矿床D95号线水文地质剖面示意图

1.下白垩统;2.直罗组上段;3.直罗组下段上亚段;4.直罗组下段下亚段;5.延安组;6.地层及岩性界线;7.直罗组下段下亚段地下水等水位线(左上为水位标高/m,左下为静止水位/m);8.直罗组上段含水层;9.直罗组下段含水层;10.非渗透夹层(泥岩、粉砂岩和钙质砂岩);11.泥岩、粉砂岩隔水层;12.铀矿体;13.含水层编号

二、主要含水层

1. 第Ⅰ含水层

直罗组下段下亚段第Ⅰ含水层,厚度一般40~80m,最薄为31.10m,最大厚度为94.70m,平均厚度为63.46m,变异系数为19.60%,含水层厚度变化小,稳定性较好(表9-5)。岩性以灰绿色、绿色及灰色

粗砂岩、中粗砂岩、中砂岩为主,其次为细砂岩。碎屑颗粒磨圆度以次棱角状为主,胶结疏松—较疏松,固结程度低,泥质胶结为主,分选性中等—较好。砂岩中多含泥砾和细砾,碎屑间孔隙较发育,连通性较好,从岩性-岩相条件看,其含水性、富水性、渗透性可与邻区纳岭沟铀矿床类比。该含水层中分布有钙质砂岩、泥岩和粉砂岩夹层。钙质砂岩夹层有1~9层,呈透镜状,单层厚度一般为0.2~1.0m,单层最大厚度为3.7m;泥岩和粉砂岩夹层有1~3层,呈透镜状,单层厚度一般在0.5~3.8m,单层最大厚度为17.0m。

表9-5 直罗组下段第Ⅰ含水层特征统计表

参数项	顶板埋深/m	隔水顶板厚度/m	含水层厚度/m	隔水底板厚度/m
平均值	637.72	5.87	63.46	8.82
最小值	418.00	0	31.10	0.30
最大值	875.80	24.5	94.70	36.30
标准差	58.17	4.37	12.44	5.95
变异系数/%	9.12	74.44	19.60	67.46
统计钻孔个数	185	185	185	146

含水层顶板底面标高等值线与其底板顶面标高等值线具有类似的变化特征(图9-19、图9-20),其顶、底板标高受地形和构造影响,由北东向南西缓倾。隔水底板为延安组顶部的灰色粉砂岩、泥岩、致密高岭土化细砂岩等,厚度一般为3.0~20.0m,最小厚度大于0.30m,最大厚度为36.30m,平均厚度为8.82m,连续性、稳定性较好;其埋深一般在570~660m之间,最大可达875.80m,最小418.00m,平均埋深637.72m,变异系数为9.12%,埋深变化小(表9-5)。隔水顶板(直罗组下段上亚段隔水底板)为同组泥岩、泥质粉砂岩,粉砂岩,薄煤层等,厚度一般在2.0~10.0m(图9-21),最大厚度24.50m,平均为5.87m,厚度变异系数为74.44%,厚度变化较大。厚度2.0~10.0m 的隔水层占据了矿床大部分面积,稳定性、隔水性较好;厚度小于2.0m 的隔水层,在矿床中呈孤岛状分布,范围小,隔水性差。钻孔 ZKT63-7 和 ZKT79-0 周围还存在"天窗",使下、上亚段含矿含水层发生水力联系。

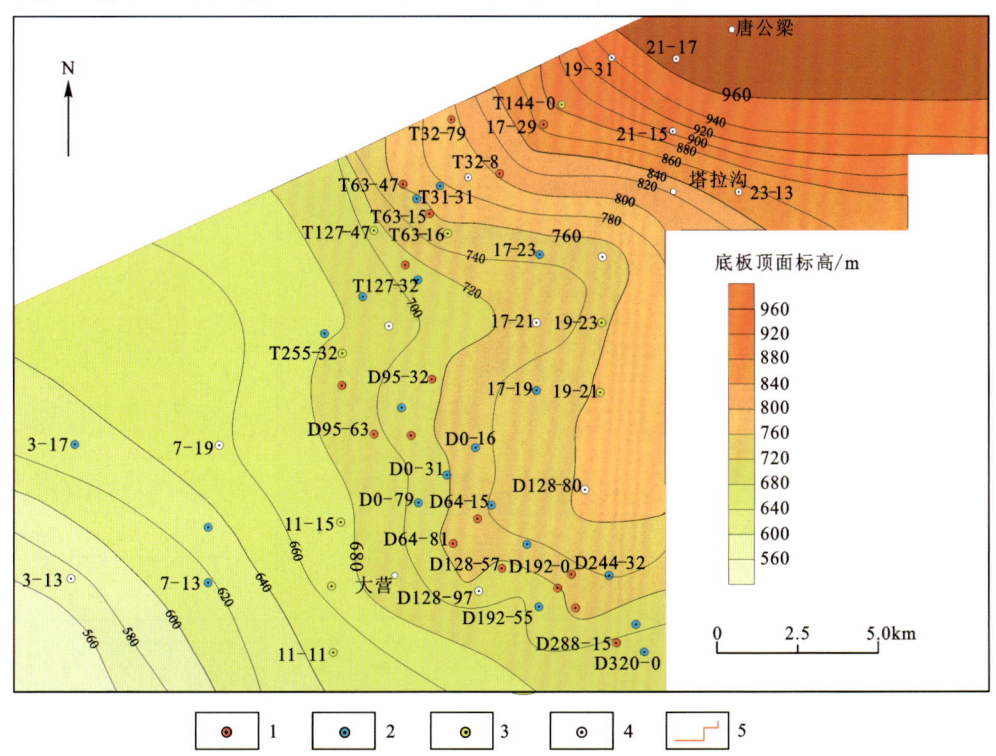

图9-19 大营铀矿床直罗组下段下亚段含水层隔水底板顶面标高等值线示意图
1.工业铀矿孔;2.铀矿化孔;3.铀异常孔;4.无矿孔;5.勘查区边界

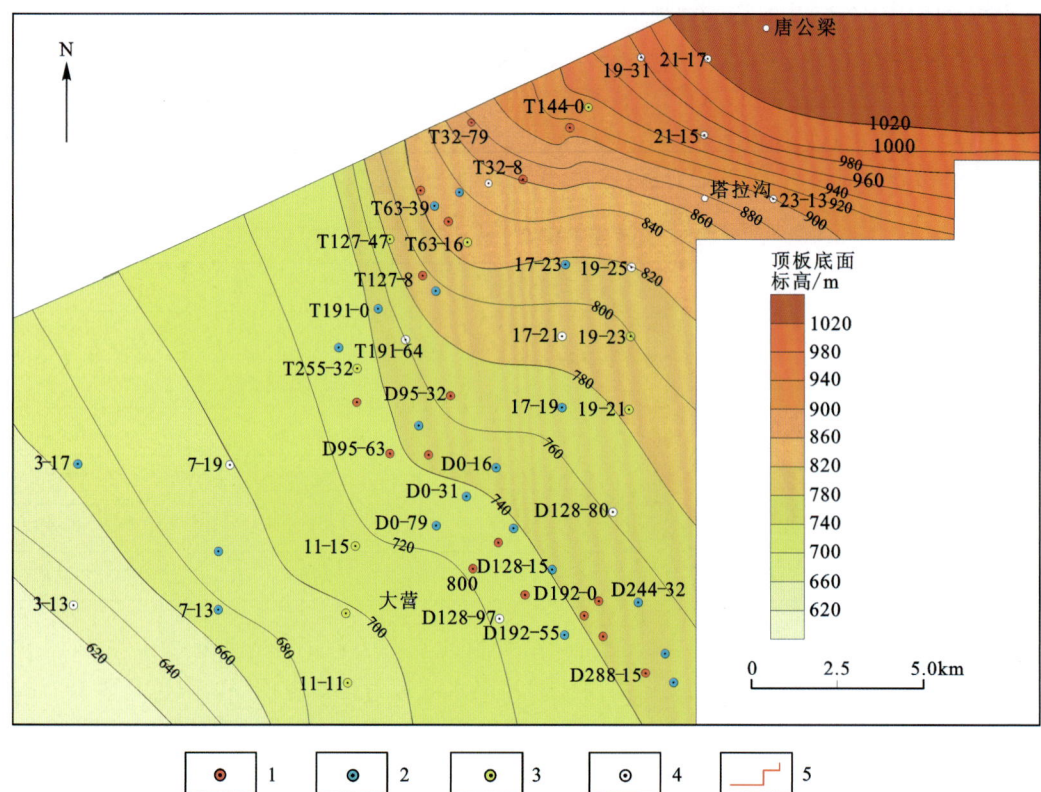

图 9-20　大营铀矿床直罗组下段下亚段含水层隔水顶板底面标高等值线示意图
1. 工业铀矿孔；2. 铀矿化孔；3. 铀异常孔；4. 无矿孔；5. 勘查区边界

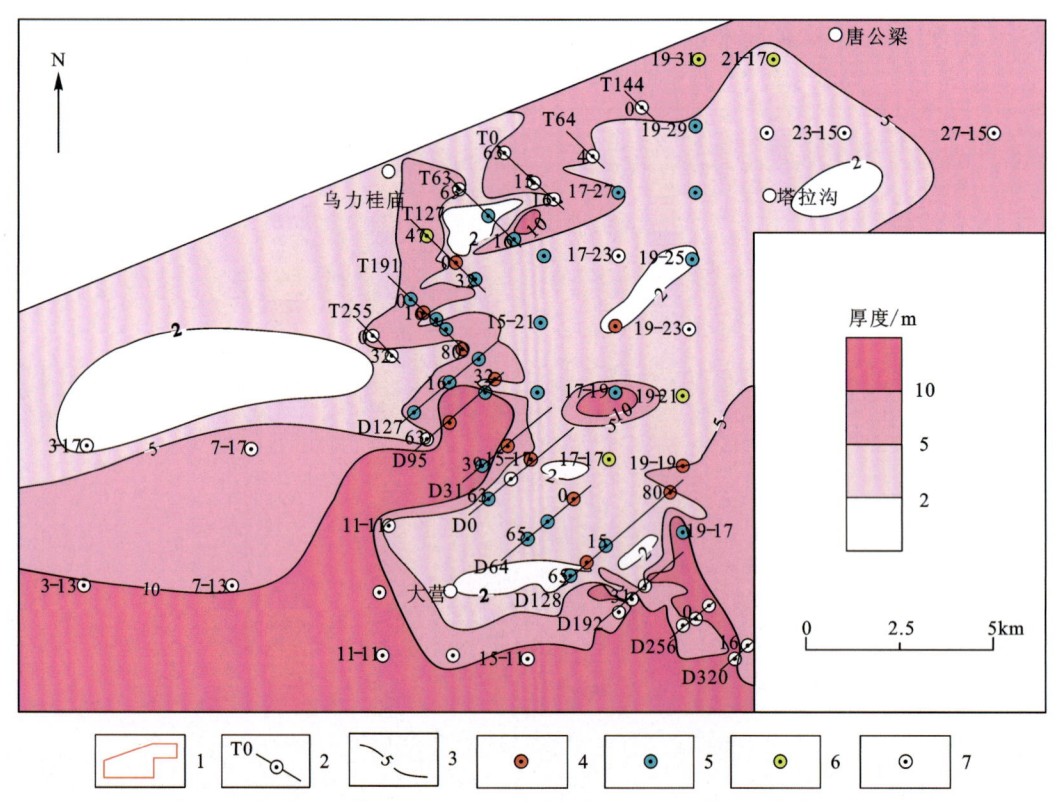

图 9-21　大营铀矿床直罗组下段下亚段含水层隔水顶板厚度等值线示意图
1. 矿床范围；2. T 网勘测线；3. 厚度等值线/m；4. 工业铀矿孔；5. 铀矿化孔；6. 铀异常孔；7. 无矿孔

2. 第Ⅱ含水层

直罗组下段上亚段第Ⅱ含水层,厚度一般为 30~70m,最小为 18.50m,最大为 91.40m,平均为 52.35m,变异系数为 27.60%,含水层厚度变化小,具有稳定连续展布的特点(表 9-6)。岩性以灰绿色、浅灰色中细砂岩、中砂岩、中粗砂岩为主,其次为粗砂岩、细砂岩。粗砂岩、中砂岩以泥质胶结为主,胶结疏松,细砂岩泥质含量较高,结构较疏松,砂岩中多含泥砾和细砾,碎屑间孔隙较发育,连通性较好,含水性、富水性、渗透性一般。分布透镜状的钙质砂岩、泥岩和粉砂岩夹层,钙质砂岩夹层有 1~8 层,单层厚度一般在 0.2~1.0m,单层最大厚度为 2.4m;泥岩和粉砂岩夹层有 1~3 层,最多 8 层,单层厚度一般在 0.5~3.0m,单层最大厚度为 15.60m。

表 9-6 直罗组下段第Ⅱ含水层特征统计表

参数项	顶板埋深/m	隔水顶板厚度/m	含水层厚度/m	隔水底板厚度/m
平均值	581.36	11.22	52.35	6.0
最小值	360.9	1.20	18.50	0
最大值	817.25	32.10	91.40	24.50
标准差	53.89	6.55	14.45	4.19
变异系数/%	9.27	58.38	27.60	69.83
统计钻孔个数	240	201	240	240

直罗组下段上亚段含矿含水层顶板底面标高等值线与其底板顶面标高等值线具有类似的变化特征(图 9-22、图 9-23),其顶、底板标高受地形、构造影响,由北东向南西缓倾。隔水顶板(直罗组上段含水层隔水底板)为同组泥岩、泥质粉砂岩、粉砂岩等,厚度一般在 5.0~15.0m,最小厚度 1.2m,最大厚度 32.10m,平均为 11.22m,厚度变异系数为 58.38%,厚度变化较小,其埋深一般在 510.0~600.0m,最大可达 817.25m,最小 360.9m,平均埋深 581.36m,变异系数为 7.35%,埋深变化小(表 9-6)。直罗组下段上亚段连续性、稳定性较好,有效地隔断了该含水层与上覆含水层的水力联系。

直罗组下段上亚段含矿含水层赋存层间承压水,地下水位埋深较大(119.48~123.51m),承压水头在 462.42~484.49m 间,对地浸开采较有利(表 9-7)。

表 9-7 大营铀矿床水文地质孔抽水试验成果表

孔号	静止水位/m	承压水头值/m	水位降深/m	单孔涌水量/(m³/d)	单位涌水量/[L/(m·s)]	渗透系数/(m/d)	导水系数/(m²/d)
SWD192-23	123.51	484.49	147.08	33.27	0.002 6	0.011 9	0.53
SWD112-55	119.48	462.42	44.66	100.96	0.026	0.083	4.39

根据大营铀矿床两个水文地质孔的抽水试验成果来看,直罗组下段上亚段含水层的单孔涌水量分别为 33.27m³/d、100.96m³/d,单位涌水量分别为 0.002 6L/m·s、0.026L/m·s,渗透系数分别为 0.011 9m/d、0.083m/d,导水系数分别为 0.53m²/d、4.39m²/d(表 9-7);直罗组下段上亚段含水层通过钻孔岩芯水文地质编录以及与邻区纳岭沟铀矿床的对比,认为直罗组下段下亚段含水层的富水性和渗透性比直罗组下段上亚段含水层的富水性和渗透性相对较好。总体上两个水文孔资料反映含矿含水层的富水性、渗透性较差。但是,两个水文孔的数据还远远代表不了大营超大型铀矿床的水文地质参数特征。

3. 第Ⅲ含水层

直罗组上段第Ⅲ含水层为曲流河沉积,河道砂体较为发育,存在利于铀成矿的"隔水-含水-隔水"的

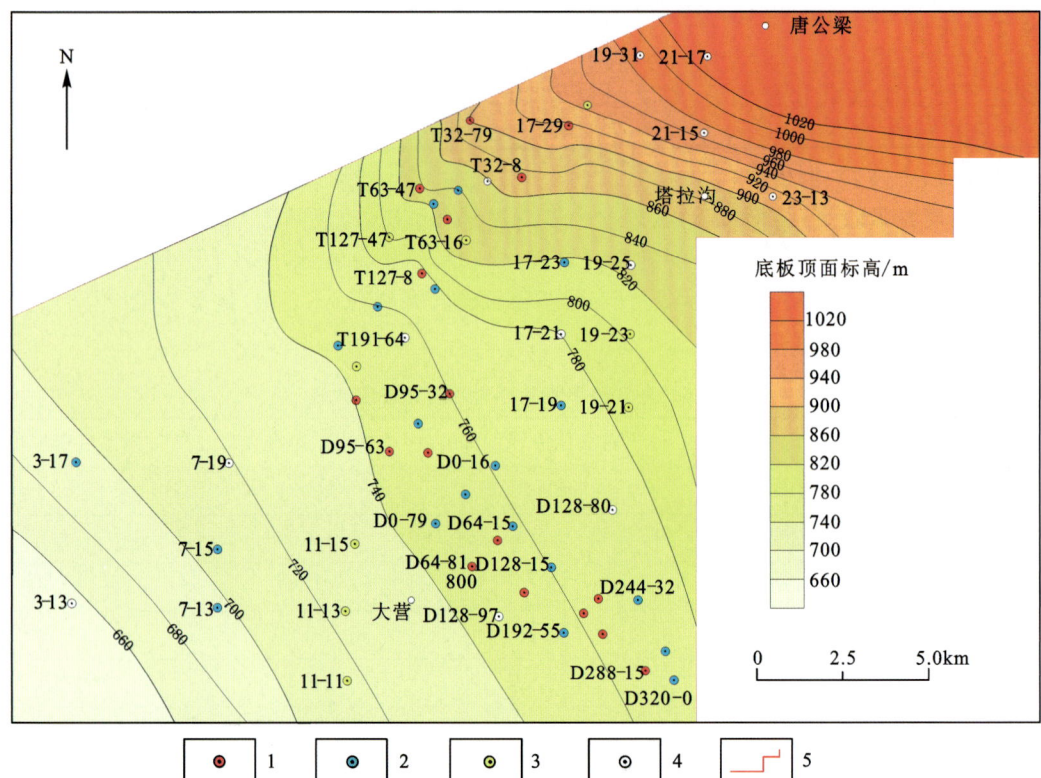

图 9-22 大营铀矿床直罗组下段上亚段含水层隔水底板顶面标高等值线示意图（图例同前）

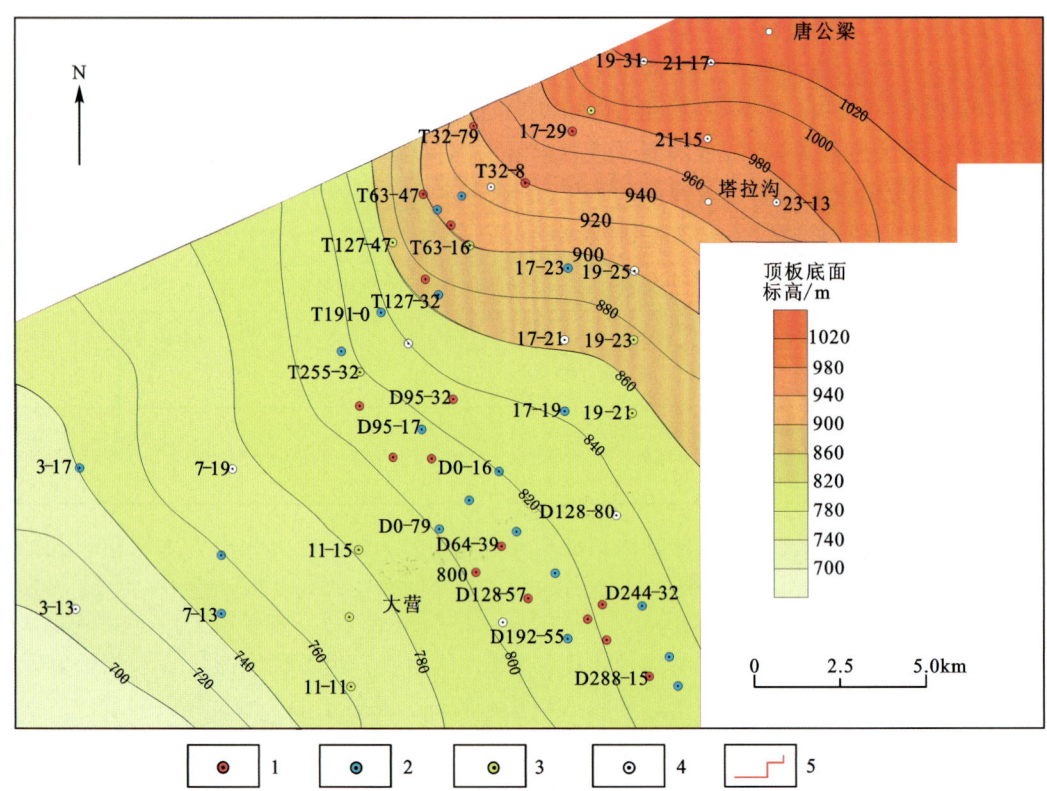

图 9-23 大营铀矿床直罗组下段上亚段含水层隔水顶板底面标高等值线示意图（图例同前）

水文地质结构,但该含水层内部稳定性差,一般出现3~4层次一级的局部含水层(图9-18)。含水层岩性主要为绿色中细砂岩和中砂岩,碎屑颗粒分选较好,次圆状—圆状,泥质胶结,泥质、粉砂质含量较高,富水性相对较差。含水层层数一般为3~5层,厚度为5~35m,在大营铀矿床中呈不连续分布。隔水顶、底板为泥岩、泥质粉砂岩,厚3.5~15m,稳定性、隔水性较好,有效地隔断了直罗组含水层与上覆含水层的水力联系。

三、含矿含水层的水理、物理力学性质

直罗组下段下亚段、上亚段含矿含水层岩性具有类似特征,主要为泥质胶结的中砂岩和中粗砂岩,间夹钙质砂岩薄层,多呈透镜状。砂岩结构疏松、较疏松、较完整,R·Q·D值一般大于80%,根据在含矿含水层中采取的工程岩样测试结果,矿体及围岩的水理、物理力学性质基本相同,天然状态的抗压强度为0.25~1.24MPa,饱和状态的抗压强度为0.04~0.31MPa,干燥状态的抗压强度为2.30~5.40MPa,软化系数为0.02~0.06,抗剪强度为0.10~0.94MPa,容重为2 055.0~2 207.5kg/m³(表9-8)。

表9-8 纳岭沟铀矿床含矿含水层及其隔水顶、底板物理力学性质表

地层代号	位置		岩性	抗压强度/MPa			抗剪强度/MPa	软化系数	天然容重/(kg·m⁻³)
				天然状态	饱和状态	干燥状态			
J_2z^{1-2}	隔水顶板		泥岩、粉砂岩	7.70	3.59	16.63	1.48	0.22	2 263.1
	含矿含水层	围岩	中、中粗砂岩	0.73	0.06	3.09	0.48	0.02	2 078.8
		含矿层	中、中粗砂岩	0.38	0.13	3.76	0.94	0.03	2 055.0
		围岩	中、粗砂岩	0.60	0.09	3.34	0.21	0.03	2 070.0
J_2z^{1-1}	隔水层		泥岩、粉砂岩	5.31	1.80	11.75	1.30	0.15	2 201.9
	含矿含水层	围岩	中、中粗砂岩	0.95	0.26	5.40	0.10	0.05	2 100.0
		含矿层	中细、中粗砂岩	1.24	0.31	5.16	0.63	0.06	2 207.5
		围岩	中粗砂岩	0.25	0.04	2.30	—	0.02	2 106.3
J_2y	隔水底板		粉砂岩	5.68	2.46	12.64	2.28	0.19	2 307.5

注:数据由宁夏地矿实验室分析。

通过对矿石的物理力学性质分析,矿石的天然抗压强度为0.38~1.24MPa,抗剪强度为0.63~0.94MPa,软化系数为0.03~0.06,天然容重为2 055.0~2 207.5kg/m³。研究区岩石饱和抗压强度<5MPa,属于极软岩类(表9-9)。

表9-9 纳岭沟铀矿床矿石物理力学性质表

地层代号	取样位置	岩性	抗压强度/MPa			抗剪强度/MPa	软化系数	天然容重/(kg/m³)
			天然状态	饱和状态	干燥状态			
J_2z^{1-2}	矿层	灰色中、中粗砂岩	0.38	0.13	3.76	0.94	0.03	2 055.0
J_2z^{1-1}	矿层	灰色中细、中粗砂岩	1.24	0.31	5.16	0.63	0.06	2 207.5

注:数据由宁夏地矿实验室分析。

含矿含水层隔水顶板为粉砂岩、泥质粉砂岩,岩性较稳定,无节理、裂隙发育,岩石完整,R·Q·D值大于90%,天然状态的抗压强度为7.70MPa,饱和状态的抗压强度为3.59MPa,干燥状态的抗压强度为16.63MPa,软化系数为0.22,抗剪强度为1.48MPa,容重为2 263.1kg/m³(表9-8)。

含矿含水层隔水底板为延安组灰色粉砂岩,无节理,裂隙发育,岩石完整,R·Q·D 值大于 90%,天然状态的抗压强度为 5.68MPa,饱和状态的抗压强度为 2.46MPa,干燥状态的抗压强度为 12.64MPa,软化系数为 0.19,抗剪强度为 2.28MPa,容重为 2 307.5kg/m³(表 9-8)。由上述分析结果可以看出含矿含水层隔水顶、底板岩石的抗压、抗剪强度均明显大于含矿含水层岩石的强度,具隔水性能优越的特点,能有效阻止矿床疏干过程中其他含水层产生的越流补给。

四、水动力及水化学特征

大营铀矿床与皂火壕、柴登壕和纳岭沟铀矿床有类似的地下水水动力和水化学特征。大营铀矿床主要接受大气降水及上部下白垩统地下水的补给,大气降水补给受地层出露范围的限制,在矿床北部边缘中侏罗统直罗组部分出露,含矿含水层可直接接受大气降水的补给,但主要是接受上覆下白垩统地下水向下越流补给。地下水的径流主要受河流相砂体的展布和地层产状的控制,地下水流向从北、北东向南及南西径流,但由于地层倾角较小,水动力相对较弱,径流缓慢,总体向乌兰木伦河排泄,并最终排泄到黄河。

大营铀矿床中侏罗统直罗组下段上亚段含水层,因受地下水补给条件较差、水交替强度较弱及埋藏深度较大等条件的制约,地下水水化学类型单一,一般以 Cl·SO$_4$-Na 型水为主,局部为 Cl-Na 型水,地下水矿化度较低,矿化度一般在 0.9~1.6g/L 之间,地下水 pH 值为 7.1~8.7,为弱碱性,水温 18~19.5℃,水中铀含量 3.51×10^{-6}~1.0×10^{-4}g/L。铀矿床地下水中 Cl$^-$ 含量高,但矿化度低,这很可能是矿床地下水化学成分形成过程中混合作用和脱碳酸作用引起的。根据水化学特征,矿床水文地球化学环境处在一个半封闭—封闭的过渡环境中(表 9-10)。

表 9-10　大营铀矿床含矿含水层水文地球化学参数一览表

孔号	水化学类型	矿化度/(g/L)	pH 值	水中铀含量/($\times10^{-6}$g/L)
SWD192-23	Cl-Na	0.9~1.1	7.1~8.7	3.54~100.5
SWD112-55	Cl·SO$_4$-Na	1.4~1.6	7.5~8.3	3.51~27.95

第四节　岩石地球化学特征

在大营铀矿床发现之前,皂火壕、柴登壕和纳岭沟铀矿床的赋矿层位仅限于直罗组下段的下亚段。然而,大营铀矿床在新层位的重大找矿突破,使直罗组下段的下亚段和上亚段都成为重要的找矿目的层。大营铀矿床直罗组下段下亚段和上亚段具有类似的岩石地球化学环境,并基本上类似于皂火壕、柴登壕和纳岭沟铀矿床,也存在原生还原、后生氧化和后生还原 3 种岩石地球化学类型,其中的后生氧化也是以残留体的形式存在。

在成矿作用过程中,大营铀矿床直罗组下段的层间氧化作用从北东向南西方向推进,基本上与铀储层砂体的展布方向一致。由此可见,由于东胜铀矿田各矿床在乌拉山大型物源-沉积朵体中的位置不同,所以砂分散体系的沉积学特征和古层间氧化带的推进方向也不相同。总体来看,乌拉山大型物源-沉积朵体中古层间氧化带总体具有由北西向南东推进的向下游呈扇状展布的几何形态。在沉积朵体的上游和轴线上,古层间氧化作用由北西向东南方向推进的特征更为明显。但是,在沉积朵体的旁侧,古层间氧化带推进的方向就有所不同。比较典型的如皂火壕铀矿床和大营铀矿床,分别位于乌拉山大型物源-沉积朵体的东、西两侧,铀储层中古层间氧化带推进的方向就呈现为镜像特征,前者由北西西向南东东方向推进,后者由北东向西南方向推进,两者相差约 90°。但是,无论是哪个铀矿床,均处于统一的铀成矿系统中,所以沿着古层间氧化带推进的方向岩石地球化学类型的演变具有一致的规律性,即沿氧化作用方向具有完全氧化带(灰绿色、绿色砂岩)、氧化-还原"过渡带"(灰绿色、绿色砂岩与灰色砂岩垂向叠置带)和原生还原带(灰色砂岩)的递变趋势。

与皂火壕铀矿床不同的是,大营铀矿床虽然受到了新构造运动的影响,但没有形成二次氧化作用及黄色氧化带。从这个角度讲,大营铀矿床与柴登壕和纳岭沟铀矿床具有相似性。

一、直罗组下段下亚段

1. 完全氧化带

大营铀矿床直罗组下段下亚段的完全氧化带,即如前所述砂岩氧化率为100%的区域,如图9-24所示位于钻孔ZKT31-0与ZKT144-0之间。完全氧化带充满了整个含矿含水层,与砂岩呈板状整合产出,产状与地层产状基本一致。氧化砂岩的深度多在575~730m之间,由北东向南西深度逐渐加大,变化趋势与地层产状大致相同,主要是伊陕单斜构造后期北东向南西的倾斜所致。

在平面上,完全氧化带发育于矿床北东部塔拉沟周围,前锋线位于唐公梁—钻孔T0-16—ZK15-21—ZK19-21一线,长约20km,呈不规则的蛇曲状展布(图9-25)。

2. 氧化-还原"过渡带"

大营铀矿床直罗组下段下亚段氧化-还原"过渡带",与皂火壕、柴登壕和纳岭沟铀矿床具有类似的特点,是灰绿色、绿色砂岩和灰色砂岩两种岩石地球化类型在垂向上共同发育和叠加的部位,如钻孔ZKT191-0与ZKT31-0之间(图9-24),该区域是如前所述0<砂岩氧化率<100%的区域(图9-25),即灰绿色、绿色砂岩与灰色砂岩呈指状尖灭的区域,同样也不存在具体的过渡环境岩石地球化学类型。"过渡带"砂岩,在垂向上表现为"上灰下绿"(图9-24)、"上绿下灰"及"灰-绿-灰"(图9-26)的特点,氧化带前缘呈单个或多个舌状体尖灭,从形态上更具有典型的层间氧化带特征。过渡带呈北东—南西—南东向弯曲带状展布,宽1.3~5km,最宽达12km,在唐公梁西部一直到大营东部,总体呈弧状分布,局部向北东部呈指状突出。

3. 原生还原带

大营铀矿床直罗组下段下亚段原生还原带,相邻发育于"过渡带"的南东方向(图9-25),灰色砂岩发育于河道-分流河道的下游,即如前所述砂岩氧化率为0的区域,如钻孔ZK11-21位置(图9-24)。与皂火壕、柴登壕和纳岭沟铀矿床具有类似的发育特点,还原带灰色砂岩与"过渡带"灰色砂岩整体连续产出,也不存在灰色砂岩在原生还原带与"过渡带"之间的岩石地球化学类型的分界线。

二、直罗组下段上亚段

1. 完全氧化带

大营铀矿床直罗组下段上亚段完全氧化带,与下亚段具有类似的发育特征,如典型剖面的钻孔ZKT64-4与ZKT144-0之间(图9-24)。其产状也与地层一致,由北东向南西深度加大。氧化砂岩发育深度多在515~700m之间,位于矿床南东部的D320号勘探线附近氧化深度最大。在垂直古氧化带推进方向的剖面上,古层间氧化带呈透镜状(图9-27)。

在平面上,完全氧化带发育于矿床北东部塔拉沟周围,与下亚段分布区域大体一致。完全氧化带前锋线位于钻孔T144-0—T0-16—ZK47-21—T191-48—ZK17-19—D64-0—D128-80一线,长约25km,呈不规则状近南北向蛇曲状展布,较下亚段氧化带前锋线形态复杂,且局部呈锯齿、舌状突出(图9-28)。

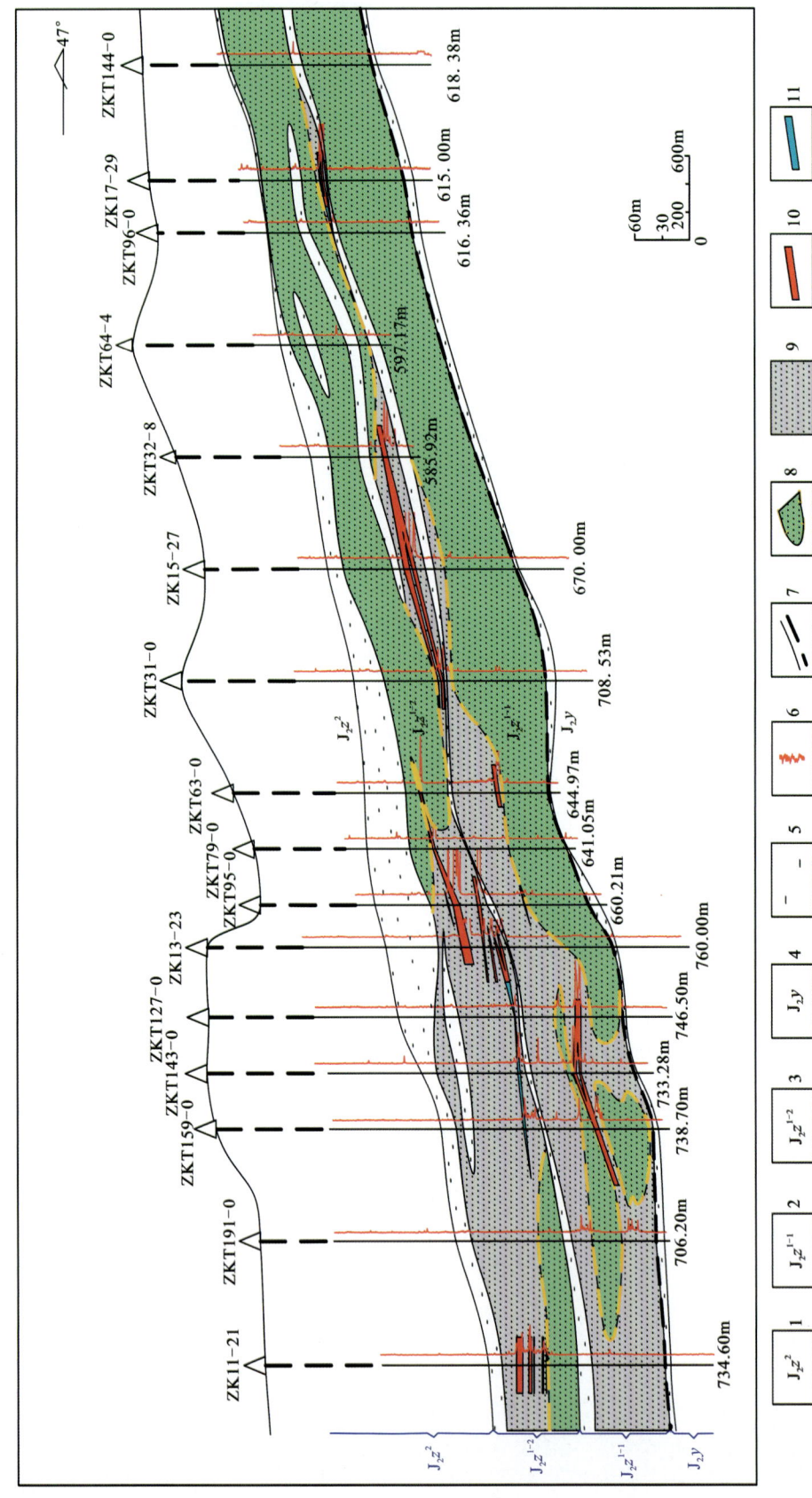

图9-24 大营铀矿床纵T0地质剖面图

1.直罗组上段；2.直罗组下段下亚段；3.直罗组下段上亚段；4.延安组；5.泥岩；6.伽马测井曲线；7.不整合界线；8.古层间氧化带及前锋线；9.灰色砂岩；10.工业铀矿体；11.铀矿化体

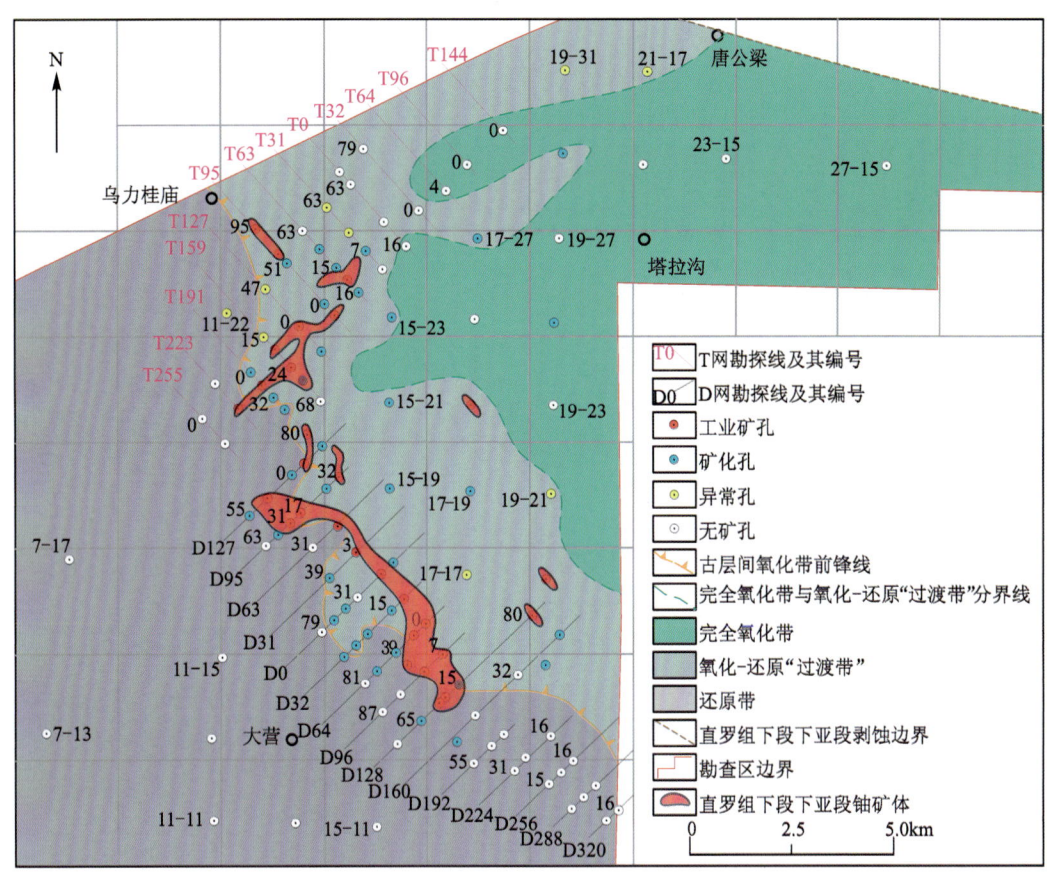

图 9-25　大营铀矿床直罗组下段下亚段岩石地球化学图

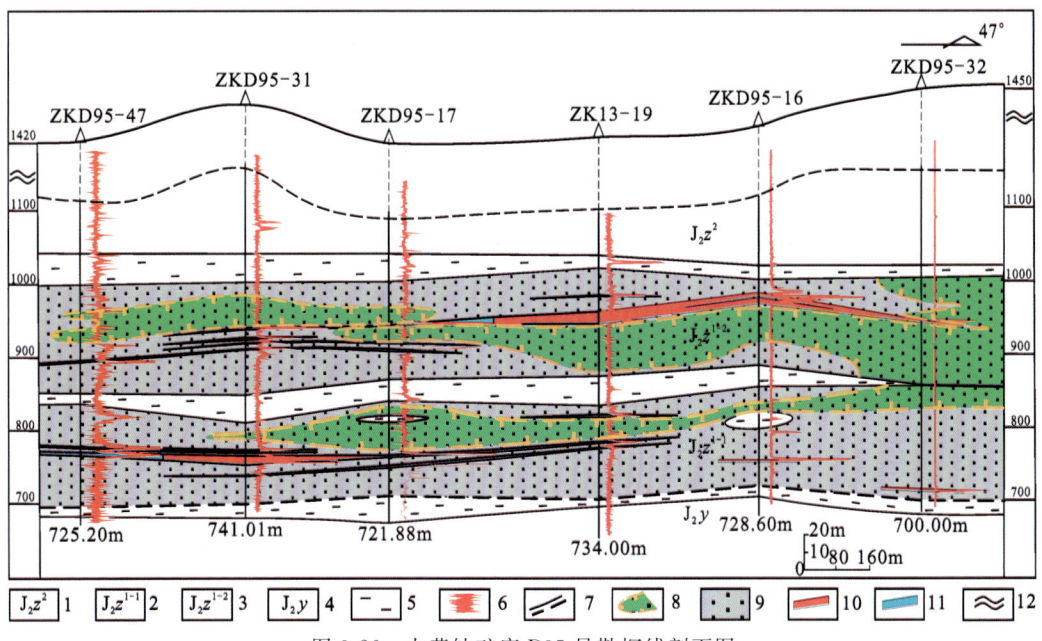

图 9-26　大营铀矿床 D95 号勘探线剖面图

1.直罗组上段；2.直罗组下段下亚段；3.直罗组下段上亚段；4.延安组；5.泥岩；6.伽马测井曲线；
7.地层及岩性界线；8.层间氧化带及前锋线；9.灰色砂岩；10.工业铀矿体；11.铀矿化体；12.地层省略符号

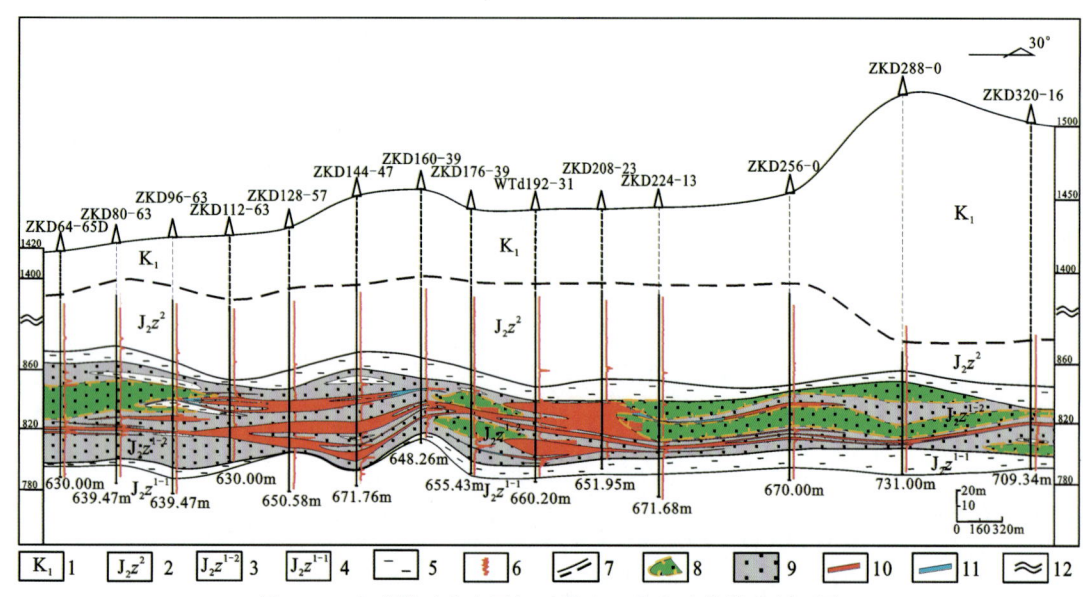

图 9-27　大营铀矿床直罗组下段上亚段主矿体纵 I 剖面图

1.下白垩统；2.直罗组上段；3.直罗组下段上亚段；4.直罗组下段下亚段；5.泥岩；6.伽马测井曲线；7.地层及岩性界线；8.层间氧化带及前锋线；9.灰色砂岩；10.工业铀矿体；11.铀矿化体；12.地层缩略符号

2. 氧化-还原"过渡带"

大营铀矿床直罗组下段上亚段氧化-还原"过渡带"与下亚段具有类似的特点，也是灰绿色、绿色砂岩和灰色砂岩两种岩石地球化学类型在垂向上共同发育的部位，如钻孔 ZK11-21 与 ZKT64-4 之间（图 9-24）、钻孔 ZKD95-47 与 ZKD95-32 之间（图 9-26）、钻孔 ZKD64-650 与 ZKD96-63 之间、钻孔 ZKD224-13 与 ZKD320-16 之间（图 9-27）等区域。在平面上，与下亚段"过渡带"大体上重叠（图 9-28），北部大致呈南北向展布，宽 0.1～5km，长约 7.5km；南部呈北西南东向展布，宽 1.5～5km，层间氧化带前锋线展布特征一致。在垂向上，氧化-还原"过渡带"表现为"上灰下绿""上绿下灰"、"灰-绿-灰"、灰绿色、绿色与灰色砂岩互层等特点（图 9-29），氧化带前缘呈单个或多个舌状体尖灭（图 9-27），具有典型的层间氧化带特征。

3. 原生还原带

大营铀矿床直罗组下段上亚段原生还原带，相邻发育于过渡带的南西方向（图 9-28），即如前所述砂岩氧化率为 0 的区域。与下亚段具有类似的发育特点，还原带灰色砂岩与"过渡带"灰色砂岩整体连续产出，两者也不存在截然的岩石地球化学类型分界线。

三、岩石地球化学环境指标特征

直罗组下段下亚段与上亚段后生蚀变具有相类似的特征，同一岩石地球化学类型的环境指标特征也基本相同，所以合并叙述。

完全氧化带与还原带之间常量元素含量无明显的变化，只是在"过渡带"的矿石中 SiO_2 含量略低，分别为 56.93% 和 62.69%。FeO 含量具分带性：从氧化带灰绿色、绿色砂岩到"过渡带"再到还原带其含量逐渐降低，最低为 1.01%。代表古氧化残留的红色钙质砂岩具明显的特殊性，SiO_2、Al_2O_3 含量明显降低，CaO 含量增高，达 13.51%（表 9-11）。

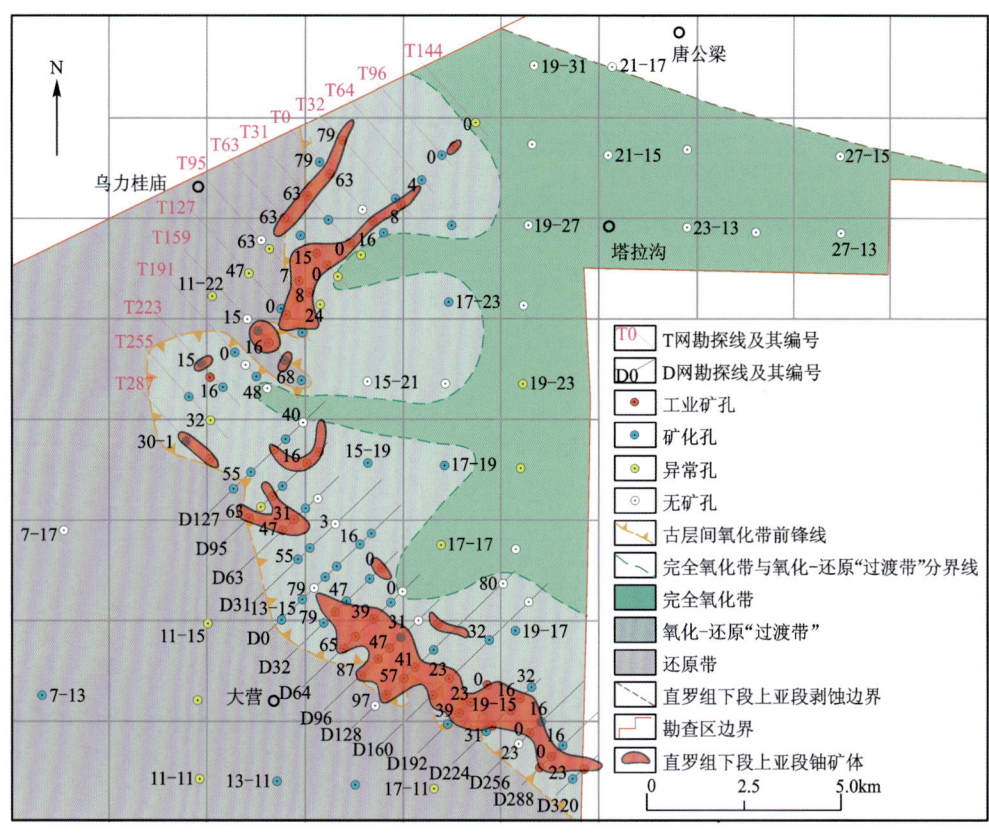

图 9-28 大营铀矿床直罗组下段上亚段岩石地球化学图

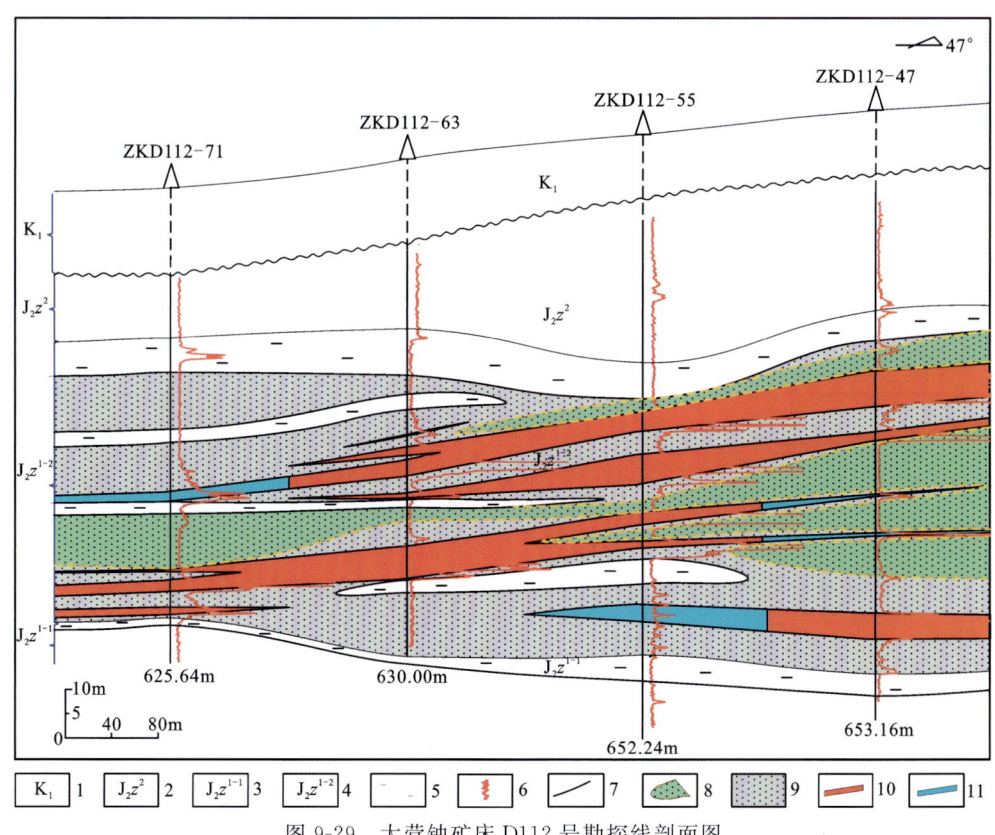

图 9-29 大营铀矿床 D112 号勘探线剖面图

1.下白垩统；2.直罗组上段；3.直罗组下段下亚段；4.直罗组下段上亚段；5.泥岩；6.伽马测井曲线；
7.岩性界线；8.层间氧化带及前锋线；9.灰色砂岩；10.铀矿带；11.铀矿化带

表 9-11　大营铀矿床古层间氧化分带的氧化物含量统计表

岩性	氧化物含量/%											样品数/个
	SiO_2	Al_2O_3	CaO	MgO	MnO	FeO	Fe_2O_3	TiO_2	P_2O_5	K_2O	Na_2O	
灰绿色、绿色砂岩（完全氧化带）	72.37	12.73	1.07	1.59	0.03	1.97	1.27	0.5	0.09	3.37	1.87	18
钙质砂岩（氧化带）	56.93	9.48	13.51	1.01	0.11	0.97	1.61	0.3	0.06	2.53	1.37	5
矿石（部分氧化带）	62.69	11.72	6.22	1.11	0.09	1.55	1.67	0.64	0.1	2.18	1.85	10
灰色砂岩（原生还原带）	67.94	5.51	6.04	0.98	0.12	1.01	1.05	0.39	0.07	3.08	1.9	11

对比层间氧化带各带 $\omega(Fe_2O_3)/\omega(FeO)$ 的数值,可以看出红色钙质砂岩(残留古氧化带)中 $\omega(Fe_2O_3)/\omega(FeO)$ 比值最高,达 1.91,这是由于氧化作用使 Fe^{2+} 变为 Fe^{3+},导致 Fe_2O_3 含量升高(表 9-12,图 9-30)。灰绿色、绿色砂岩(氧化带)中 $\omega(Fe_2O_3)/\omega(FeO)$ 比值最低,下亚段、上亚段中 $\omega(Fe_2O_3)/\omega(FeO)$ 比值分别为 0.67、0.68(表 9-12,图 9-30),反映古氧化岩石经后生再还原作用改造后的还原能力更强;灰色砂岩(过渡带) $\omega(Fe_2O_3)/\omega(FeO)$ 比值高于灰绿色、绿色砂岩(氧化带)和灰色砂岩(还原带)低于红色砂岩(残留古氧化带)。

低价硫含量在下亚段、上亚段氧化带灰绿色、绿色中含量较低,分别为 0.05% 和 0.09%,在氧化残留红色钙质砂岩中含量最低,为 0.01%。还原带的灰色砂岩与"过渡带"矿石中低价硫含量均在 0.22% 以上,是前者含量的两倍以上(表 9-12),尤以矿石中的含量最高,表明氧化带内砂岩中的黄铁矿经古氧化作用几乎全部消失,而矿石中低价硫含量最高是后期还原作用形成蚀变黄铁矿的结果。

有机碳含量在各分带中虽变化不大,但仍具规律性。还原带灰色砂岩中含量较高,氧化带灰绿色、绿色砂岩中含量降低(表 9-12),矿石中有机碳含量最高,反映了氧化带灰绿色、绿色砂岩曾经遭受氧化,有机质碎屑被大量氧化的特点。"过渡带"内矿石中有机碳含量高主要与赋矿砂岩的碎屑颗粒粒度有关。铀矿化与细小的分散状有机质碎屑吸附作用有关,而这样的有机质碎屑多存在于中细砂岩中。

表 9-12　大营铀矿床层间氧化带砂岩环境样品元素含量统计表

所在层位	宏观分带	样品数/个	FeO/%	Fe_2O_3/%	$C_有$/%	S^{2-}/%	$S_全$/%	ΔEh/mV	Fe_2O_3/FeO
J_2z^1	残留红色古氧化砂岩	5	1.45	2.78	0.16	0.03	0.01	21.2	1.91
J_2z^{1-2}	灰绿色、绿色砂岩(氧化带)	56	1.75	1.07	0.15	0.07	0.09	29.53	0.68
	灰色砂岩(过渡带)	28	1.59	1.82	0.17	0.24	0.30	37.00	1.15
	灰色砂岩(还原带)	97	1.67	1.66	0.18	0.91	0.29	42.15	1.04
J_2z^{1-1}	灰绿色、绿色砂岩(氧化带)	25	1.87	1.03	0.12	0.04	0.05	30.92	0.67
	灰色(砂岩过渡带)	53	1.60	1.67	0.15	0.32	0.44	38.08	1.08
	灰色砂岩(还原带)	66	1.66	1.39	0.16	0.13	0.22	41.66	0.91

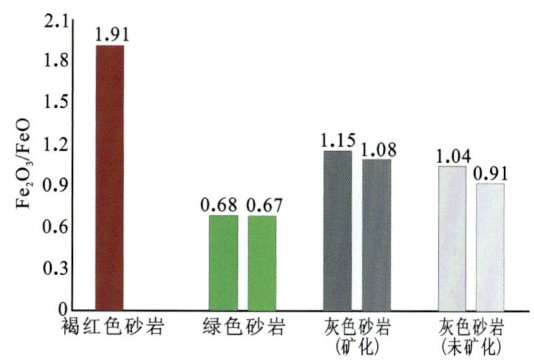

图 9-30　大营铀矿床直罗组下亚段、上亚段岩石 $\omega(Fe_2O_3)/\omega(FeO)$ 对比图

岩石比电位（ΔEh 值）在各分带中变化明显。下亚段、上亚段氧化带灰绿色、绿色砂岩中 ΔEh 值分别为 30.92mV、29.53mV，"过渡带"灰色矿石中分别为 38.08mV、37.00mV，还原带灰色砂岩中分别为 42.15mV、41.66mV。其变化规律与 $C_有$ 含量的变化趋势相同，呈递增趋势。

第五节　矿体特征

一、矿体空间分布特征

由于直罗组下段下亚段和上亚段位于乌拉山大型物源-沉积朵体的西部边缘，湖泊和泛滥平原相对发育，从而导致了垂向上多沉积旋回和韵律，这是大营铀矿具有多层氧化带和矿体的根本原因（图 9-24、图 9-26、图 9-27、图 9-29）。受沉积相变的影响，铀矿体主要产于分流河道边部。

在垂直氧化带方向的沉积剖面上（图 9-31），铀矿体主要产于下亚段的 X-Ps2、X-Ps3 和上亚段的 S-Ps1 小层序中。古氧化带受限于分流河道砂体而发育，但是 X-Ps3 顶部的河道边缘和泛滥平原沉积物局部被后期沉积事件冲刷，导致上、下亚段砂岩沟通，从而使两个亚段的古氧化带合为一个整体。

大营铀矿床矿体产于直罗组下段上、下亚段不同韵律砂岩中，铀矿化受古层间氧化带前锋线控制。平面上，直罗组下段下亚段铀矿体总体呈北西-南东向展布，长约15km，宽 0.8m～2km（图 9-25），向两端处于开放状态；直罗组下段上亚段铀矿体总体呈北东—南西—南东向展布，呈向北东开口的"U"形，长约20km，宽 0.4～2km，且局部有分叉现象（图 9-28），同样向两端处于开放状态。

直罗组下段下亚段矿体在矿床北部多产于古层间氧化带上翼，发育于含矿砂岩的中上部，受地层、河道砂体展布方向及层间氧化带发育方向影响，矿体产状与含矿砂岩的产状一致，呈向南西倾斜状。在矿床南部直罗组下段下亚段矿体多产于古层间氧化带下翼（图 9-26、图 9-29），发育于含矿砂岩的中下部，呈近水平产出，与顶、底板的产状基本一致。矿体均为平整的板状，矿化体主要沿工业矿体周边分布。直罗组下段上亚段矿体整体上较下亚段矿体连续且富集，以层间氧化带附近的翼部矿体为主，下翼矿体较上翼矿体连续性好且规模大（图 9-27），远离氧化带前锋线矿体富集减弱，连续性逐渐变差，且上下翼矿体之间的距离加大，矿体为平整的板状。

根据矿体在直罗组下段垂向上的分布特征，自下而上分为 5 个矿层。下亚段砂岩中存在 3 层铀矿（层）体：Ⅰ号矿体处于底部的含砾砂岩中，Ⅱ、Ⅱ′号矿（层）体分布于直罗组下段下亚段砂体中，Ⅱ号矿体为古层间氧化带控制的下翼矿体，Ⅱ′号矿体为上翼矿体。上亚段砂体自下而上存在两个矿层：Ⅲ号矿体为上亚段古层间氧化带控制的下翼矿体，Ⅳ号矿体为上翼矿体。不同层位矿体空间分布特征不尽相同，下面就下、上亚段各选一个主要矿层进行叙述。

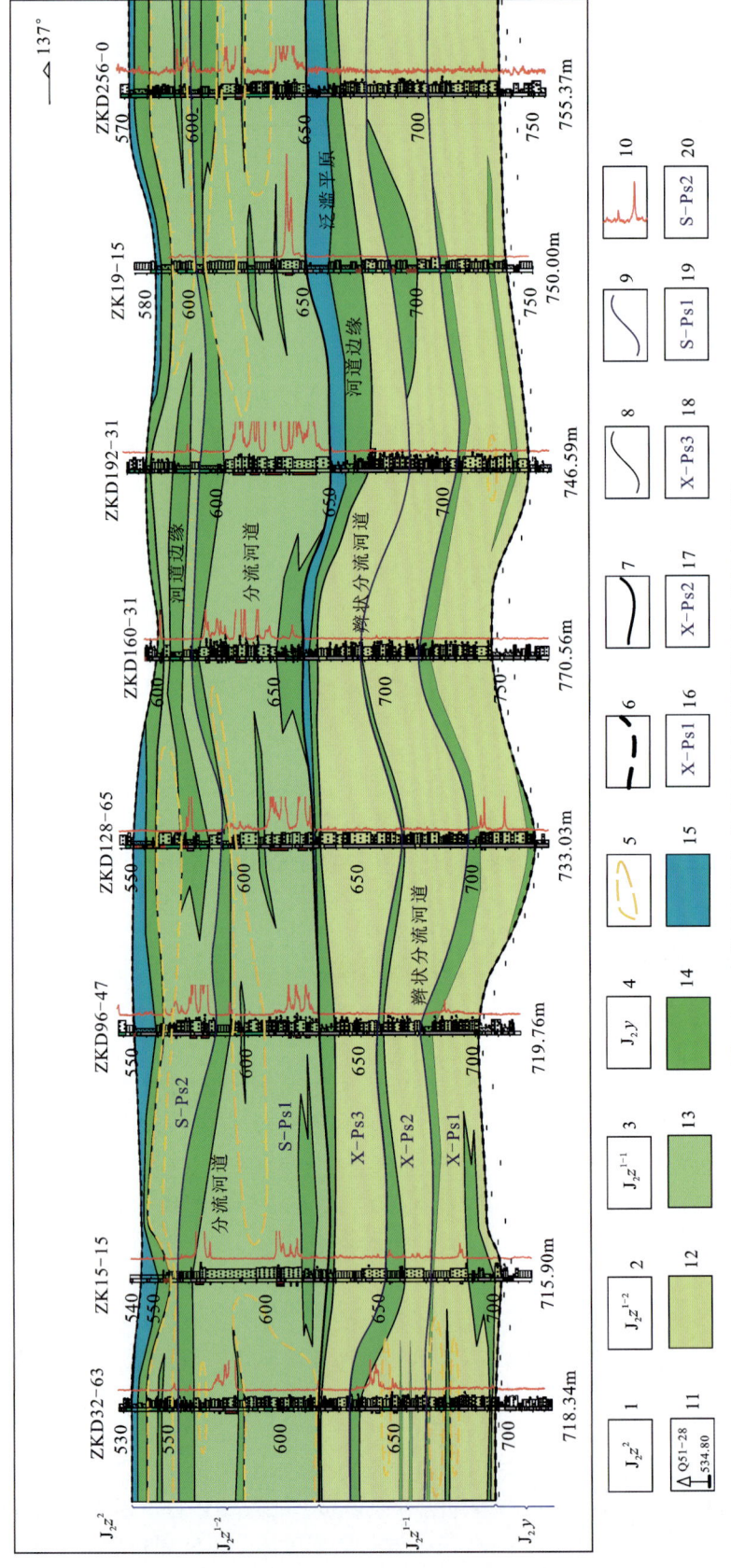

图9-31 大营铀矿床北西—南东向沉积剖面图（垂直氧化方向）

1.直罗组上段；2.直罗组下段上亚段；3.直罗组下段下亚段；4.延安组；5.氧化带前锋线；6.地层界面；7.上、下亚段界线；8.相边界；9.小层序界面；10.定量伽马曲线；11.钻孔、编号及孔深/m；12.辫状分流河道；13.分流河道；14.河道边缘；15.泛滥平原；16.下亚段第一小层序；17.下亚段第二小层序；18.下亚段第三小层序；19.上亚段第一小层序；20.上亚段第二小层序

1. 直罗组下段下亚段

直罗组下段下亚段主要为Ⅱ、Ⅱ′号矿（层）体，平面上总体呈北西-南东向展布，长约15km，宽0.8m～2km不等（图9-32），向两端还处于开放状态，矿体严格受层间氧化带前锋线的控制。Ⅱ、Ⅱ′号矿（层）体分布于下亚段砂质辫状河砂体中，Ⅱ号矿体由下亚段砂体中古层间氧化带控制的下翼矿体构成，矿体呈北西-南东向展布，呈条带状，长4.6km，宽200～1100m。Ⅱ′号矿体由直罗组下段下亚段辫状河砂体中古层间氧化带控制的上翼矿体构成，矿体在T63-T223勘探线之间呈北东-南西向展布T223-D95号勘探线之间古层间氧化带前锋线形态复杂，长3.5km，宽200～500mT63-T223号勘探线之间矿体沿层间氧化带前锋线展布方向发育，分布于层间氧化带前锋线的南东部，可能为侧向氧化与沿地下水运移方向氧化多次作用而形成的残留矿体。

剖面上，直罗组下段下亚段矿体在矿床北部多产于古层间氧化带上翼（图9-33），发育于含矿砂岩的中上部，受地层、河道砂体展布方向及层间氧化带发育方向影响，矿体产状与含矿砂岩的产状一致，呈向南西倾斜状。在矿床南部直罗组下段下亚段矿体多产于古层间氧化带下翼（图9-34）；发育于含矿砂岩的中下部，呈近水平产出，与顶、底板的产状基本一致。矿体为平整的板状。

2. 直罗组下段上亚段

直罗组下段上亚段主要为Ⅲ号矿体，古层间氧化带控制的下翼矿体，总体呈北东—南西—南东向展布，呈向北东开口的"U"形，长约20km，宽0.4～2km不等。T64—T95勘探线之间矿体具有分叉现象（图9-35），向两端同样处于开放状态。受北部砂岩发育特征及层间氧化带的控制，北东端（T95线以北）矿体有向北西转向的趋势，矿体沿走向、倾向的连续性较差，矿体呈带状、透镜状，远离层间氧化带前锋线分布或与前锋线斜交。其原因是该地段砂岩中沉积韵律增多，砂岩的非均质性增强，砂岩中层间氧化带呈多层指状由北东向南西延伸，在不同韵律层中多呈小型层间氧化带，上述矿体受局部层间氧化带前锋线控制。在T95—T63线之间，矿体沿古层间氧化带前锋线展布，矿体形态复杂，呈蛇曲状，沿走向、倾向连续性较差；在D31—D288线，矿体呈北西-南东向展布，宽带状，矿床主矿体发育在D64—D288线。Ⅲ号矿层下部还存在Ⅲ′号矿体，仍为层间氧化带控制的下翼矿体，主要产于Ⅲ号矿体下部，可渗透性夹石厚度大于7m的矿体或受沉积韵律影响产于不同的沉积韵律中的矿体，其平面上分布于层间氧化带前锋线的北东侧，并远离前锋线。

直罗组下段上亚段矿体整体较下亚段矿体连续且富集，以层间氧化带附近的翼部矿体为主，下翼矿体较上翼矿体连续性好且规模大，远离氧化带前锋线矿体富集减弱，连续性逐渐变差，且上下翼矿体之间的距离加大（图9-36）。矿体为平整的板状，富矿体主要集中在D176—D208及D112号勘探线层间氧化带前锋线附近。

二、矿体产出特征

直罗组下段下亚段Ⅱ号矿体顶界埋深在647.45～733.25m之间，平均为695.58m，变异系数为3.81%，标高在717.64～825.39m之间，平均为757.55m，变异系数为3.74%；矿体底界埋深在661.55～737.45m之间，平均为704.98m，变异系数为3.22%，标高在700.10～823.49m之间，平均为746.45m，变异系数为4.06%（表9-13）；矿体总体倾向南西，与地层倾向大体上一致，矿体标高由北东向南西逐渐降低，矿体埋深受地形控制明显，总体上显示出由北东向南西逐渐增大的趋势。Ⅱ′号矿体顶界埋深在595.75～698.75m之间，平均为660.75m，变异系数为5.13%，标高在726.57～799.73m之间，平均为759.54m，变异系数为2.95%；矿体底界埋深在600.45～703.95m之间，平均为666.38m，变异系数为5.16%，标高在711.77～796.93m之间，平均为753.91m，变异系数为3.16%；矿体总体倾向南西，与地层倾向大体一致，矿体标高由北东向南西逐渐降低。

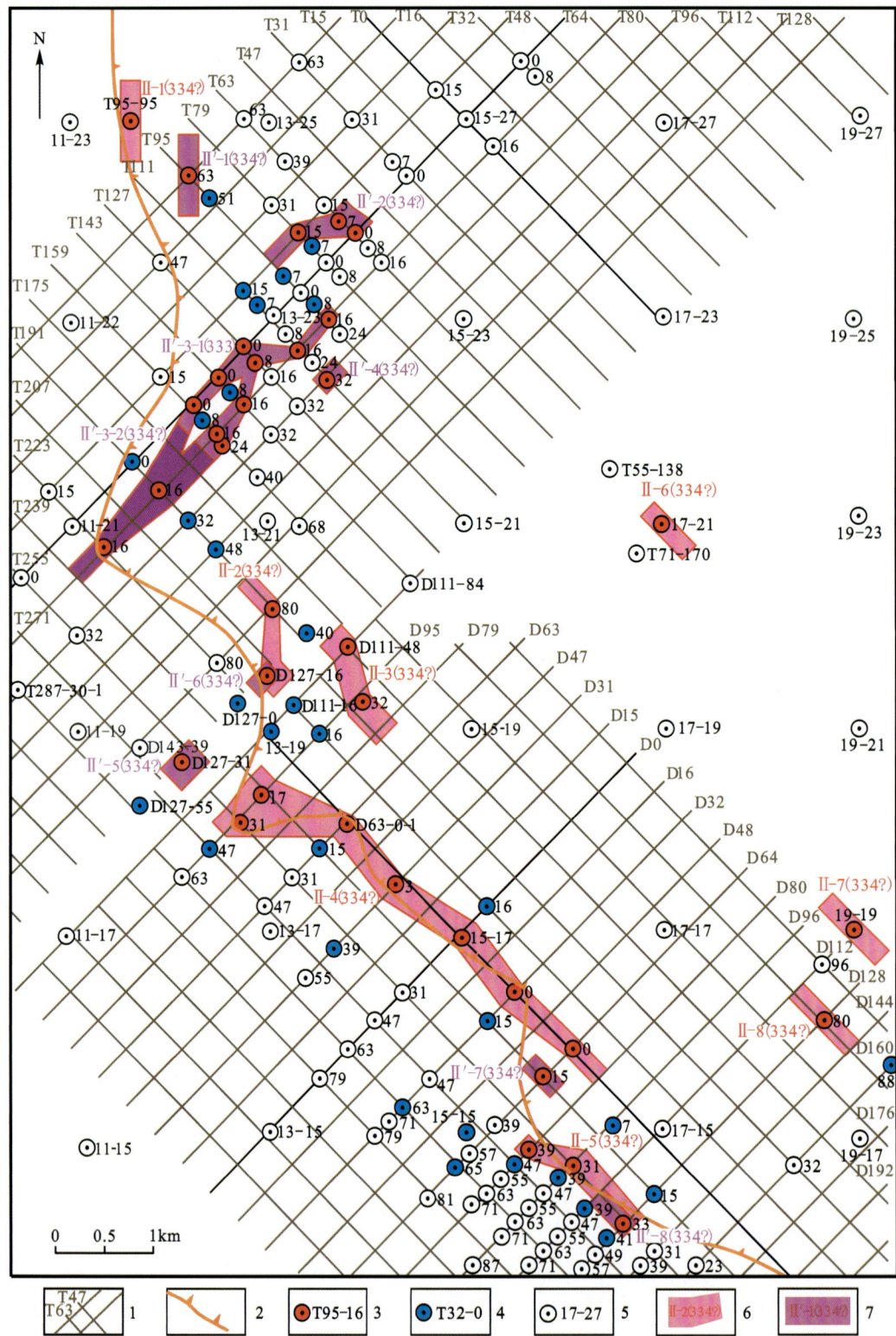

图 9-32 杭锦旗大营铀矿床Ⅱ、Ⅱ′号矿(层)体投影图

1.勘探网及编号;2.古层间氧化带前锋线;3.工业铀矿孔及编号;4.铀矿化孔及编号;
5.无铀矿孔及编号;6.Ⅱ号矿体范围及编号;7.Ⅱ′号矿体范围及编号

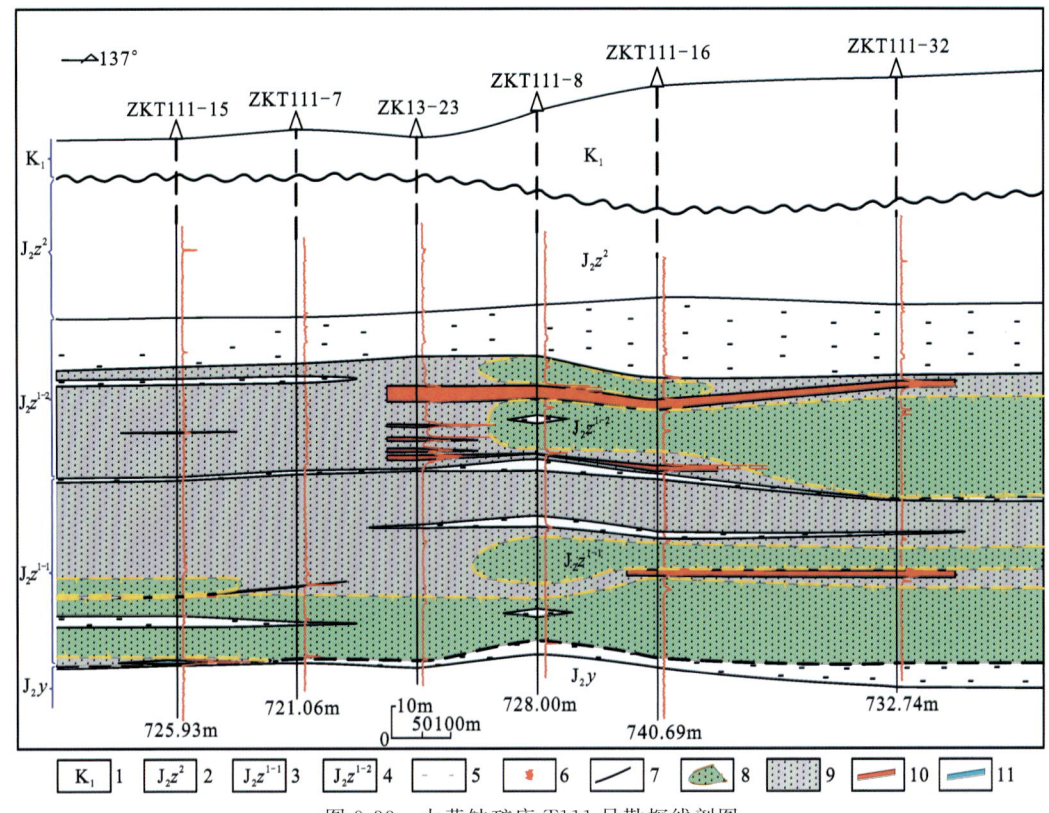

图 9-33 大营铀矿床 T111 号勘探线剖图

1.下白垩统;2.直罗组上段;3.直罗组下段下亚段;4.直罗组下段上亚段;5.泥岩;6.伽马测井曲线;
7.地层及岩性界线;8.层间氧化带及前锋线;9.灰色砂岩;10.工业铀矿体;11.铀矿化体

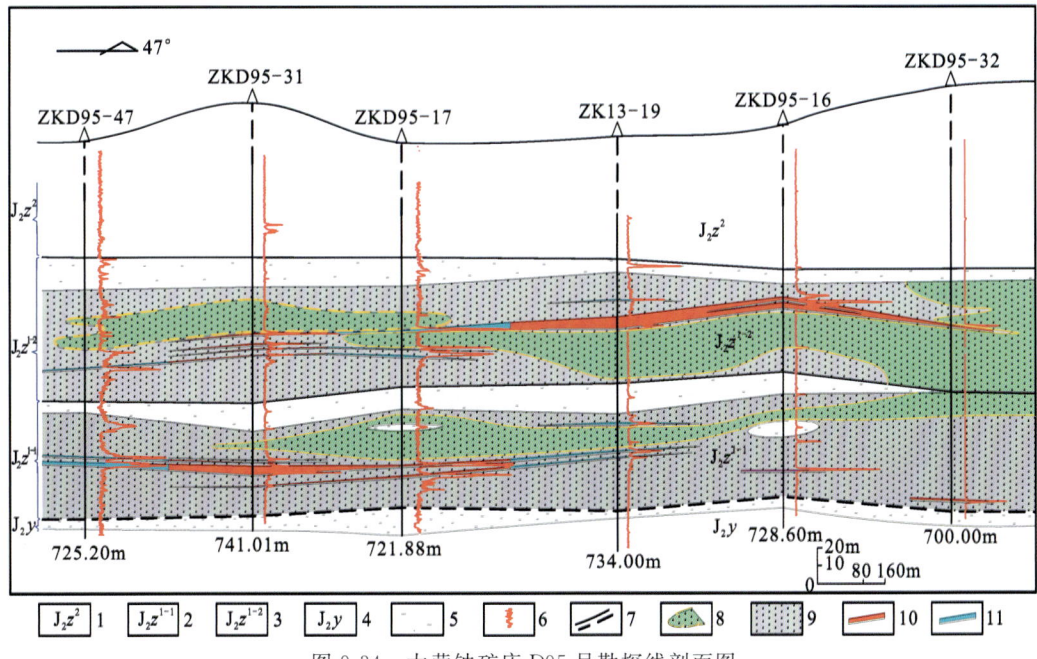

图 9-34 大营铀矿床 D95 号勘探线剖面图

1.直罗组上段;2.直罗组下段下亚段;3.直罗组下段上亚段;4.延安组;5.泥岩;6.伽马测井曲线;
7.地层及岩性界线;8.层间氧化带及前锋线;9.灰色砂岩;10.工业铀矿体;11.铀矿化体

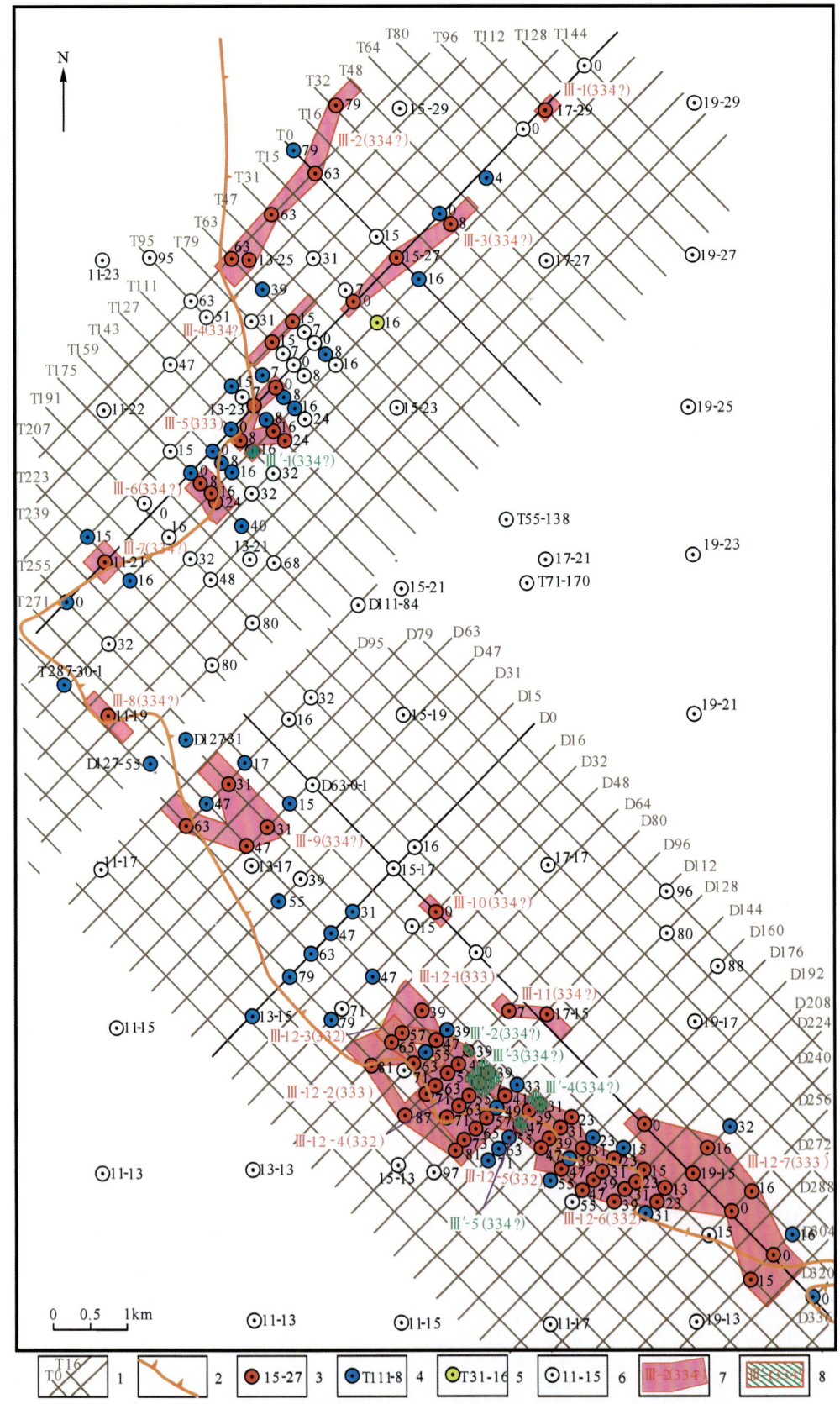

图 9-35 杭锦旗大营铀矿床Ⅲ号矿体投影图

1. 勘探网及编号；2. 古层间氧化带前锋线；3. 工业铀矿孔及编号；4. 铀矿化孔及编号；
5. 铀异常孔及编号；6. 无铀矿孔及编号；7. Ⅲ号矿体范围及编号；8. Ⅲ′号矿体范围及编号

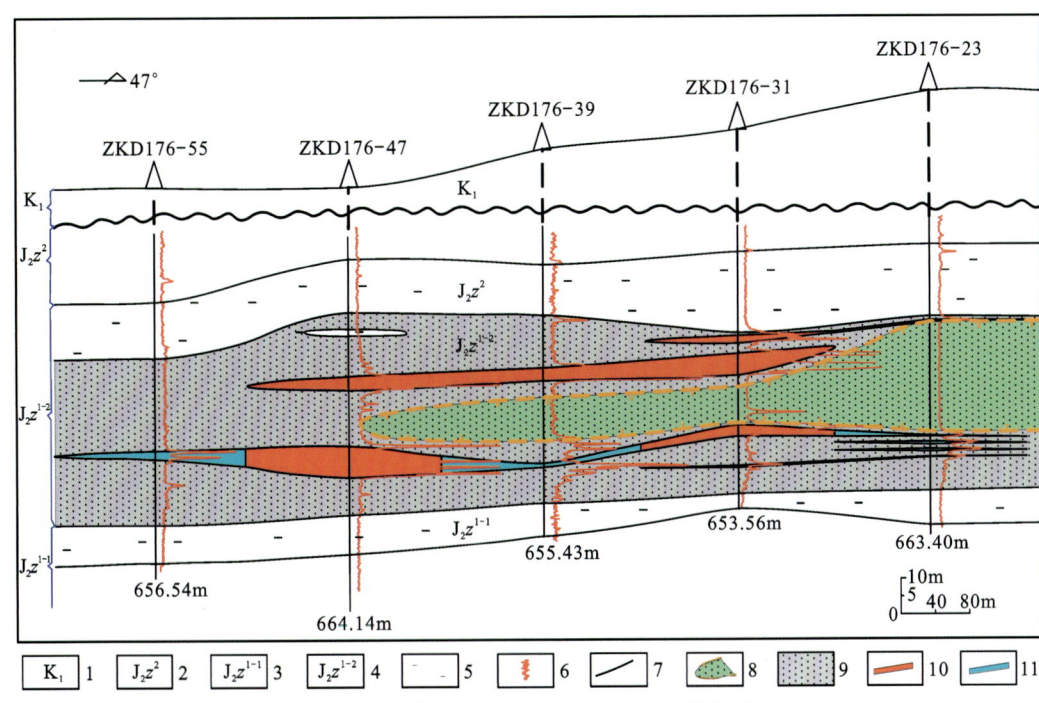

图 9-36 大营铀矿床 D176 号勘探线剖面图

1.下白垩统;2.直罗组上段;3.直罗组下段下亚段;4.直罗组下段上亚段;5.泥岩;6.伽马测井曲线;
7.地层及岩性界线;8.层间氧化带及前锋线;9.灰色砂岩;10.工业铀矿体;11.铀矿化体

表 9-13 大营铀矿床矿体参数特征统计表

矿体参数			平均值/m	均方差	变异系数/%	范围/m 起	范围/m 止	见矿孔数/个	备注
Ⅳ号矿体	矿体埋深	顶界	590.00	31.90	5.41	525.95	678.25	43	
		底界	595.86	32.26	5.41	533.85	680.15		
	矿体标高	顶界	833.07	17.49	2.09	782.26	867.70		
		底界	832.21	17.66	2.12	774.56	866.70		
Ⅲ号矿体	矿体埋深	顶界	609.16	34.93	5.73	522.65	709.05	77	
		底界	618.19	35.76	5.78	524.35	712.05		
	矿体标高	顶界	826.32	25.09	3.04	765.56	928.79		
		底界	817.29	25.59	3.13	760.26	925.09		
Ⅱ′号矿体	矿体埋深	顶界	660.75	33.90	5.13	595.75	698.75	20	
		底界	666.38	34.37	5.16	600.45	703.95		
	矿体标高	顶界	759.54	22.37	2.95	726.57	799.73		
		底界	753.91	23.81	3.16	711.77	796.93		
Ⅱ号矿体	矿体埋深	顶界	695.58	26.51	3.81	647.45	733.25	18	
		底界	704.98	22.71	3.22	661.55	737.45		
	矿体标高	顶界	757.55	28.33	3.74	717.64	825.39		
		底界	746.54	30.30	4.06	700.10	823.49		

直罗组下段上亚段Ⅲ号矿体顶界埋深在522.65～709.05m之间,平均为609.16m,变异系数为5.73%,标高在765.56～928.79m之间,平均为826.32m,变异系数为3.04%;矿体底界埋深在524.35～712.05m之间,平均为618.19m,变异系数为5.78%,标高在760.26～925.09m之间,平均为817.29m,变异系数为3.13%(表9-13);矿体总体向南西倾斜(图9-33、图9-34、图9-36),矿体埋深受地层倾向与地形控制明显,总体上显示出由北东向南西逐渐增大的趋势(图9-24)。Ⅳ号矿体顶界埋深在525.95～678.25m之间,平均为590.00m,变异系数为5.41%,标高在782.26～867.70m之间,平均为833.07m,变异系数为2.09%;矿体底界埋深在533.85～680.15m之间,平均为595.86m,变异系数为5.41%,标高在774.56～866.70m之间,平均为832.21m,变异系数为2.12%;矿体总体向南西倾斜(图9-33、图9-34、图9-36),矿体埋深受地层倾向与地形控制明显,总体上显示出由北东向南西逐渐增大的趋势。

三、矿体厚度、品位及平米铀量

1. 矿体厚度

直罗组下段下亚段Ⅱ、Ⅱ′号矿(层)体厚度变化范围为1.00～8.70m,平均值为3.88m,变异系数为47.42%(表9-14)。总体看下亚段矿体厚度较稳定,在层间氧化带前锋线突变部位厚度大,翼部矿体厚度相对较薄,即厚度较大的矿体主要集中于层间氧化带前锋线附近(图9-37)。

上亚段Ⅲ号矿体厚度变化范围为0.80～26.40m,平均值为5.71m,变异系数为88.43%(表9-14)。上亚段矿体厚度变化具有规律性,同样在靠近层间氧化带前锋线部位厚度大,层间氧化带呈舌状突出的两侧厚度大,翼部矿体厚度相对较小(图9-38)。

表9-14 大营铀矿工业矿体厚度、品位、平米铀量变化特征统计表

类别		平均值	变异系数	范围		钻孔数/个
				最小	最大	
上亚段Ⅳ号矿体	厚度/m	4.13	64.67	1.00	14.30	44
	品位/%	0.056 4	126.87	0.016 8	0.483 7	
	平米铀量/(kg·m^{-2})	4.89	85.63	1.04	19.30	
上亚段Ⅲ号矿体	厚度/m	5.71	88.43	0.80	26.40	80
	品位/%	0.034 9	70.42	0.016 2	0.182 3	
	平米铀量/(kg·m^{-2})	4.18	122.46	1.04	27.11	
下亚段Ⅱ、Ⅱ′号矿(层)体	厚度/m	3.88	47.42	1.00	8.70	41
	品位/%	0.032 3	42.76	0.016 3	0.071 9	
	平米铀量/(kg·m^{-2})	2.64	62.82	1.01	7.43	

注:以未做特高品位处理的工业矿孔为研究对象。

上亚段Ⅳ号矿体厚度变化范围为1.00～14.30m,平均值为4.13m,变异系数为64.67%。Ⅳ号矿体分布于Ⅲ号矿(层)体的上部,与Ⅲ号矿体之间可渗透性夹石厚度大于7.00m,为层间氧化带控制的上翼矿体,主要分布于层间氧化带前锋线靠古氧化带的一侧,矿体的连续性较差,厚度变化大(图9-39)。

2. 矿体品位

直罗组下段下亚段Ⅱ、Ⅱ′号矿(层)体品位变化范围为0.016 3%～0.071 9%,平均值为0.032 3%,变异系数为42.76%(表9-14)。Ⅱ、Ⅱ′号矿(层)体矿化分布总体较均匀,品位变化系数较小;主要矿体

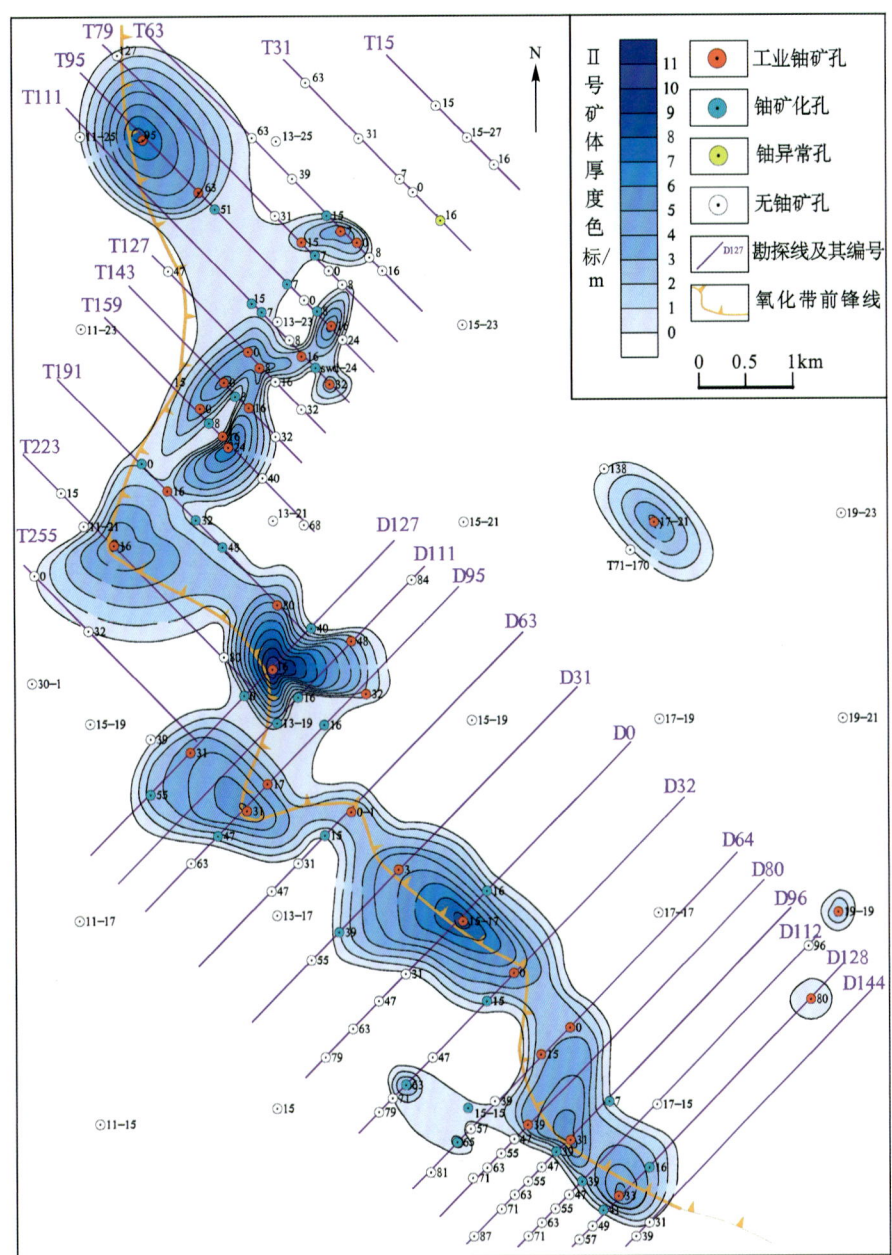

图 9-37 大营铀矿床Ⅱ、Ⅱ′号矿（层）体厚度等值线图

矿化分布较整个下亚段铀矿化分布均匀程度好。从整个矿床来看，下亚段矿体控制程度低，Ⅱ号矿体为下翼矿体，Ⅱ′号矿体为上翼矿体。上翼矿体主要分布于矿床北部，下翼矿体主要分布于矿床南东部。

上亚段Ⅲ号矿体品位变化范围为 0.016 2%～0.182 3%，平均值为 0.034 9%，变异系数为 70.42%（表 9-14）。上亚段Ⅲ号矿体铀矿化分布总体较均匀，主矿体Ⅲ-12 矿化分布更均匀。上亚段Ⅳ号矿体可渗透性矿石品位进行统计，品位变化范围为 0.016 8%～0.483 7%，平均值为 0.056 4%，变异系数为126.87%。上亚段Ⅳ号矿体铀矿化分布总体变化较大，在主矿体Ⅲ-12 范围内铀矿化分布较均匀，在矿床北部 T63—T287 线矿体品位变化较大，可能在早期古氧化作用成矿后，与后期铀成矿作用的叠加改造有关，铀矿体以上翼矿体为主，下翼矿体较上翼矿体规模小，似乎具残留矿体的特征。

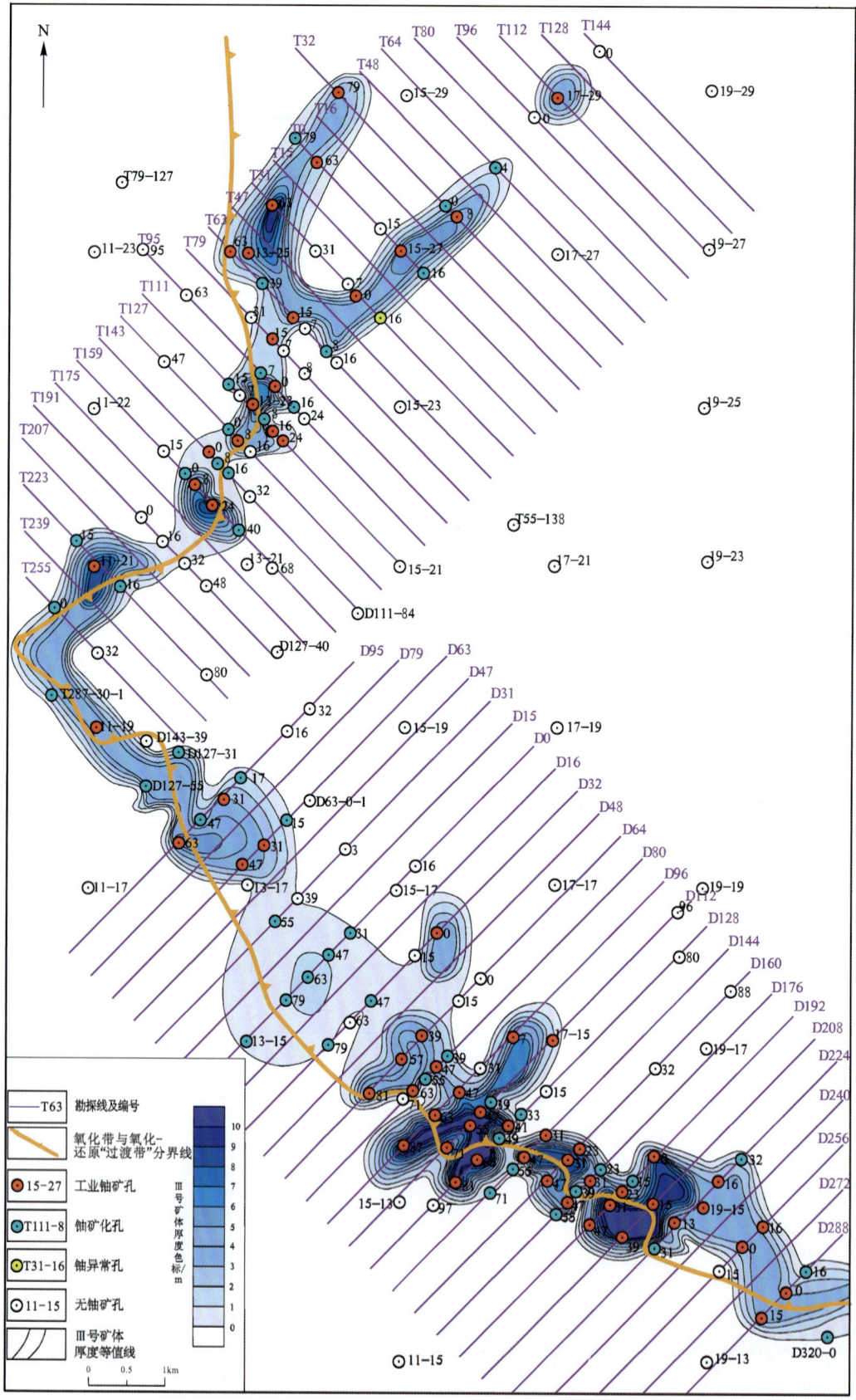

图 9-38 大营铀矿床Ⅲ号矿体厚度等值线图

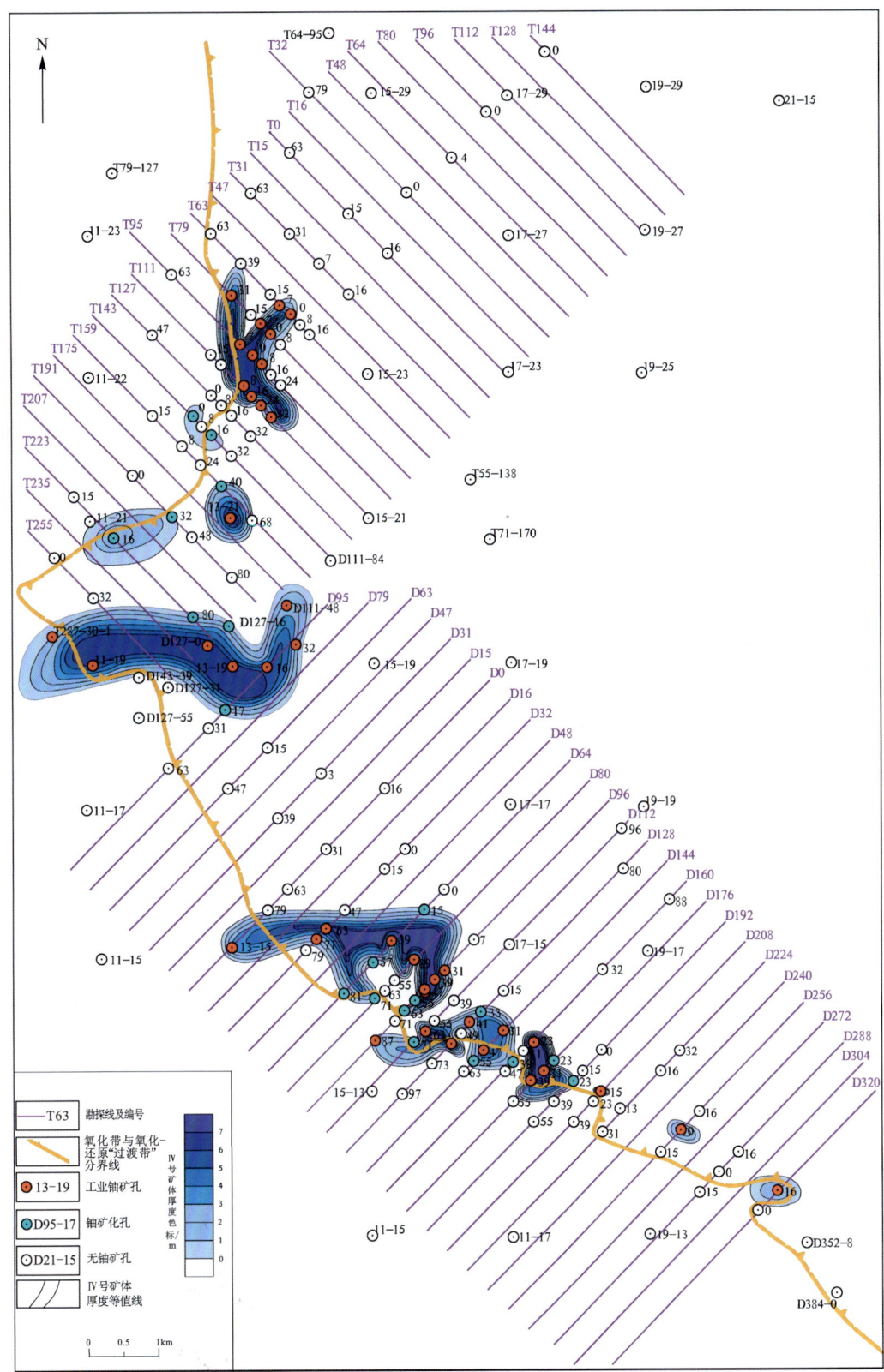

图 9-39 大营铀矿床Ⅳ号矿体厚度等值线图

3. 矿体平米铀量

直罗组下段下亚段Ⅱ、Ⅱ′号矿(层)体平米铀量变化范围为 1.01～7.43 kg/m², 平均值为 2.64 kg/m², 变异系数为 62.82%(表 9-14)。Ⅱ、Ⅱ′号矿(层)体平米铀量总体变化较均匀, 高平米铀量主要分布于层间氧化带前锋线附近, 不连续, 呈团块状(图 9-40)。

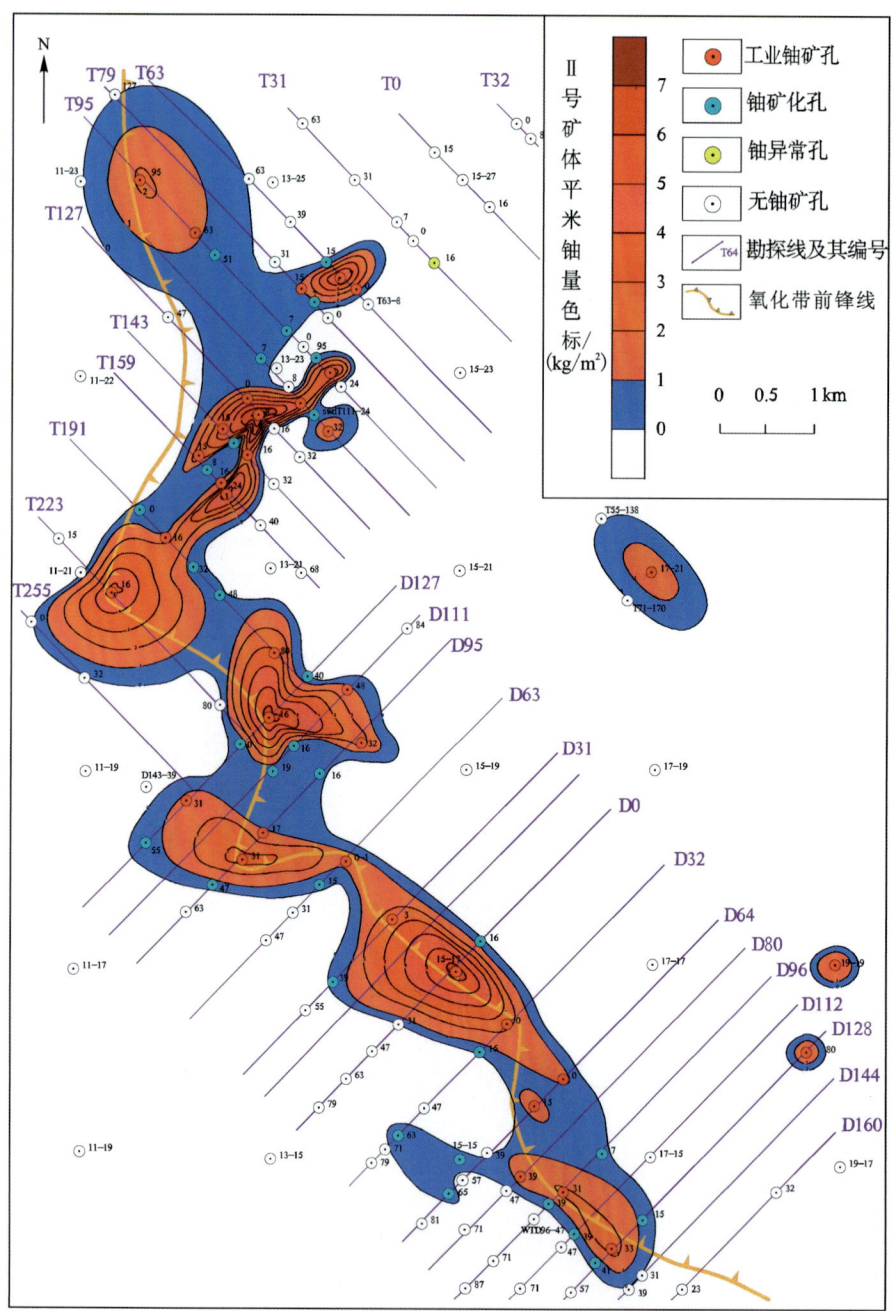

图 9-40 大营铀矿床Ⅱ、Ⅱ′号矿(层)体平米铀量等值线图

直罗组下段上亚段Ⅲ号矿体平米铀量变化范围为 1.04～27.11 kg/m², 平均值为 4.19 kg/m², 变异系数为 122.46%(表 9-14)。Ⅲ号矿体平米铀量变化较大, 局部地段出现高平米铀量矿体, 主要分布于矿床的北部和东南部, 北部高平米铀量矿体主要由品位高引起, 东南部高平米铀量矿体主要由矿体厚度大引起, 高平米铀量矿体主要分布于古层间氧化带前锋线附近(图 9-41)。上亚段Ⅳ号矿体平米铀量变化范围为 1.00～14.30 kg/m², 平均值为 4.89 kg/m², 变异系数为 85.63%。Ⅳ号矿体平米铀量变化不

大,平米铀量大于 $6kg/m^2$ 的钻孔集中分布,局部地段出现高平米铀量矿体,主要分布于矿床的北部和东南部,高平米铀量矿体主要分布于古层间氧化带前锋线附近(图 9-42)。

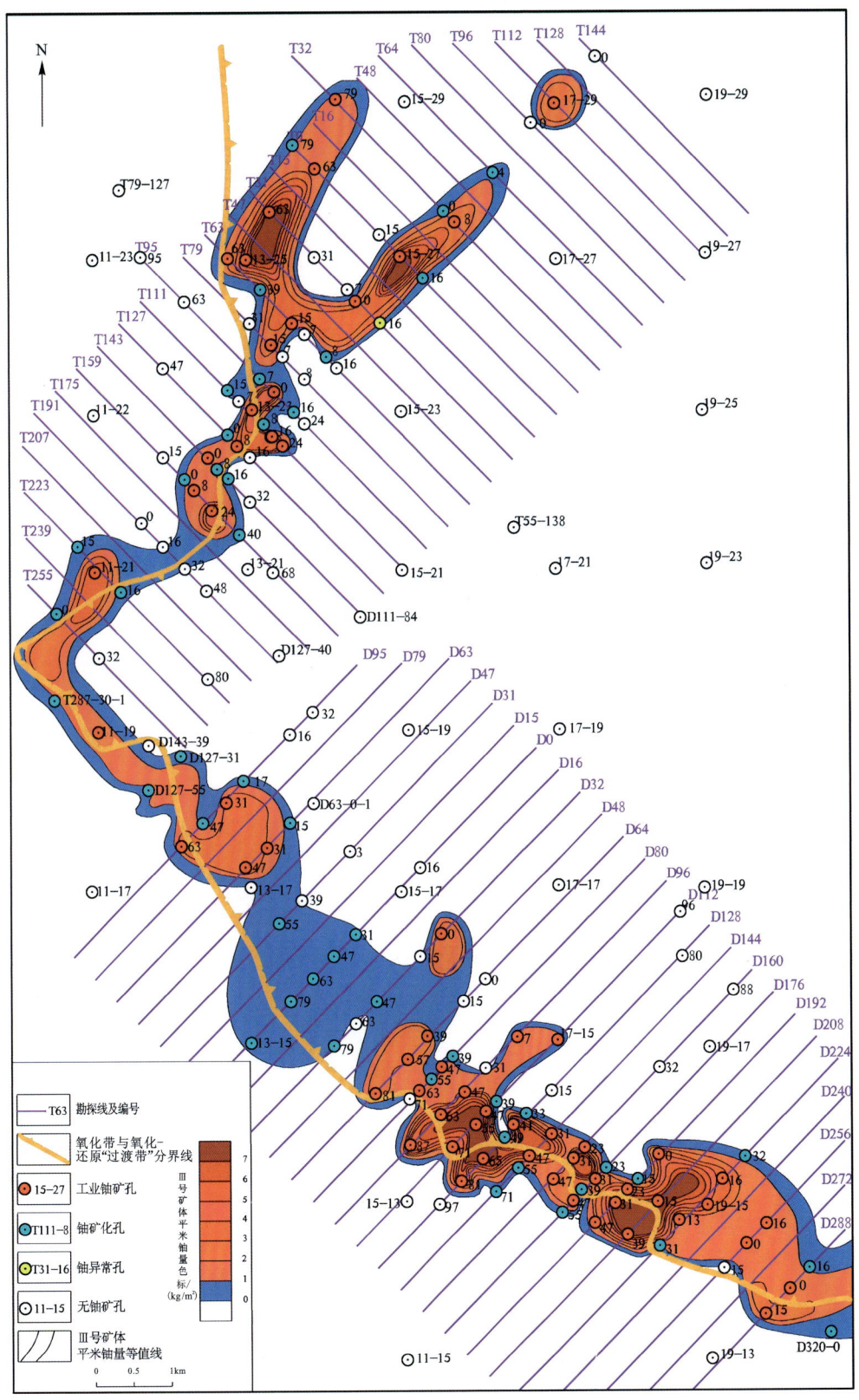

图 9-41 大营铀矿床Ⅲ号矿体平米铀量等值线图

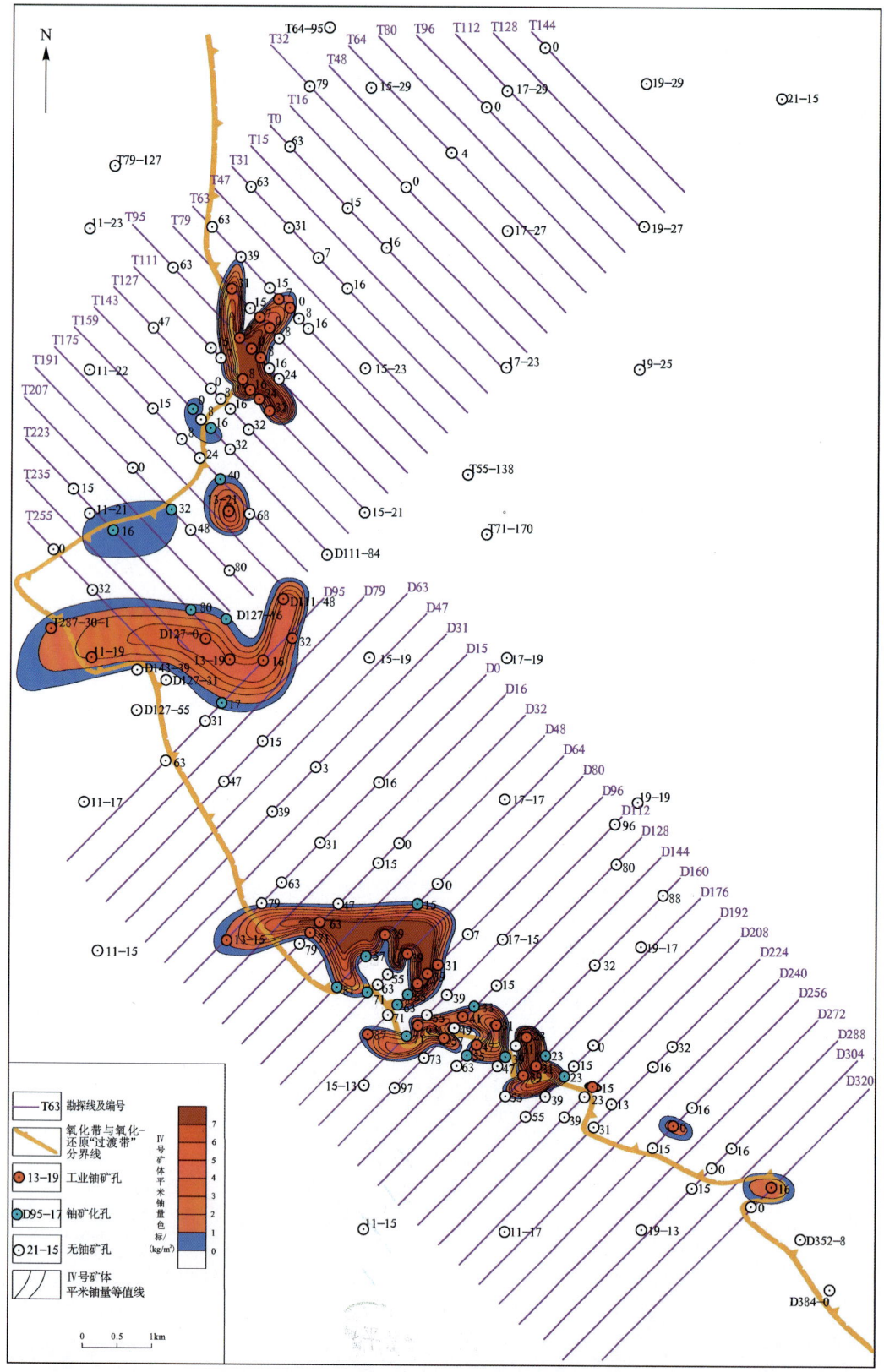

图 9-42 大营铀矿床Ⅳ号矿体平米铀量等值线图

四、矿体与含矿砂体关系

对中侏罗统直罗组下段下亚段、上亚段矿体累计厚度分别与赋矿砂岩厚度的比值（矿砂比，即有效厚度）进行统计后可以看出（表9-15），直罗组下段下亚段矿砂比变化范围为2.17%～16.67%，平均值为6.58%，变异系数为52.57%；下亚段主要矿体矿砂比变化范围为2.56%～11.89%，平均值为6.16%，变异系数为49.68%；矿砂比在古层间氧化带前锋线附近比值较大，铀具有沿层间氧化作用方向明显后生富集的特点。其他部位比较接近，说明矿体厚度和含矿砂岩厚度均相对稳定。

直罗组下段上亚段矿砂比变化范围为1.55%～68.39%，平均值为12.78%，变异系数为93.63%。上亚段主矿体Ⅲ-12矿砂比变化范围为2.44%～68.39%，平均值为14.78%，变异系数为100.07%；矿砂比在古层间氧化带前锋线附近较大，尤其在D112—D208号勘探线之间区域最大，矿砂比一般18%～30%，最大可达68.39%，同样体现出铀沿层间氧化作用方向具有明显后生富集的特点。

表9-15 大营矿床铀矿体有效厚度（矿砂比）统计表

矿层位置		统计参数	范围		平均值	变异系数/%	见矿孔数/个
			最小	最大			
上亚段	全部矿体	矿体厚度/m	1.00	26.40	6.41	80.03	106
		砂体厚度/m	23.50	93.20	54.02	25.95	
		矿砂比/%	1.55	68.39	12.78	93.63	
	主矿体Ⅲ-12	矿体厚度/m	1.50	26.4	6.90	86.09	51
		砂体厚度/m	28.30	93.230	52.41	26.50	
		矿砂比/%	2.44	68.39	14.78	100.07	
下亚段	全部矿体	矿体累计厚度/m	1.00	11.40	4.05	56.24	43
		砂体厚度/m	40.10	91.80	62.04	19.00	
		矿砂比/%	2.17	16.67	6.58	52.57	
	主要矿体Ⅱ-4	矿体厚度/m	1.70	8.70	3.98	59.80	7
		砂体厚度/m	54.20	73.20	62.83	10.73	
		矿砂比/%	2.56	11.89	6.16	49.68	

第六节 矿石特征

一、矿石物质成分

大营铀矿床以砂岩为主要的矿石类型，呈疏松、次疏松状，见少量钙质砂岩，后者视为夹石处理。根据矿石的矿物成分、化学成分、特征矿物的含量将铀矿石的工业类型归为特征矿物含量低的含铀碎屑岩矿石。

矿石以灰色—浅灰色砂岩为主，少量灰绿色砂岩，岩石成岩程度不高，胶结疏松，一般具粒序层理。矿石中碎屑含量高，占全岩总量的85%～90%，碎屑成分比较杂，以石英为主，其次为长石和云母，另外还含有少量的岩屑。石英、长石及云母分别占碎屑总量的60%～69%、20%～35%和1%～15%。长石为钾长石、微斜长石、斜长石(图9-43a),部分长石黏土化较强,钾长石主要是高岭石化,斜长石主要为水云母化和绿泥石、绿帘石化(图9-43b),黏土化长石约占长石总量的1/3。岩屑成分主要为变质岩、花岗岩碎屑,岩性以石英岩、云母石英片岩为主。云母以褐色或绿色黑云母为主,绿泥石化形成叶绿泥石。上述碎屑物含量及产出特征与整个河道砂体相类似,铀的富集与上述碎屑物组分无关。

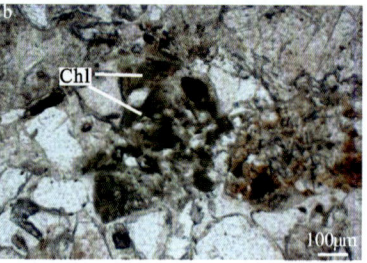

图 9-43 大营铀矿床矿石物质组成

a.矿石中的石英(Q)和斜长石(Pl);b.矿石中的绿泥石(Chl)

另外见少量炭化植物、有机质和重矿物。

X-射线衍射分析结果表明,黏土矿物主要为蒙脱石,呈蜂巢状,其含量占黏土矿物总量的60.14%;其次为高岭石、绿泥石、伊利石,呈蠕虫状、丝状、针叶状,含量分别占黏土矿物总量的28.29%、6.29%、5.29%,未见伊利石/蒙脱石混层矿物(表9-16)。

在大营铀矿床工业铀矿孔含矿含水层中连续采集了CO_2含量样品,按每个样品代表的砂岩长度做了加权平均统计(表9-17),矿石中CO_2含量平均为4.87%,非矿石中CO_2含量平均为4.39%,钙质砂岩中含量较高,平均含量为8.12%。CO_2含量均较东部的皂火壕铀矿床高。

表 9-16 铀矿石中黏土矿物相对含量表 单位:%

样号	岩性	高岭石	伊利石	伊/蒙混层	蒙脱石	绿泥石
2012SM-hd01	灰色中砂岩	32	5	/	59	4
2012SM-hd02	灰色细砂岩	26	3	/	68	3
2012SM-hd03	灰色钙质中砂岩	18	4	/	75	3
2012SM-hd04	灰色中细砂岩	45	4	/	47	4
2012SM-hd05	灰色中细砂岩	26	11	/	41	22
2012SM-hd06	灰色中细砂岩	34	3	/	59	4
2012SM-hd07	灰色中粗砂岩	17	7	/	72	4
平 均		28.29	5.29		60.14	6.29

表 9-17 岩矿石CO_2含量统计表

岩芯类别	CO_2含量/%	样品数/个
矿石	4.87	147
非矿石	4.39	35
钙质砂岩	8.12	165

二、矿石结构特征

大营铀矿床直罗组下段矿石粒级测定发现,2mm以上粗粒级矿石中铀品位高,分别达到0.107%、

0.234%与0.045%，U贡献率也较大，分别达到52.67%、22.39%与22.14%，但矿石中胶结物含量也较多，主要因长石易碎引起(表9-18)。

表9-18 铀在不同粒级矿芯内分布结果表

粒级	ZKD112-71-5			ZKD112-71-18			ZKD112-71-23		
	矿样质量/g	铀品位/%	铀贡献率/%	矿样质量/g	铀品位/%	铀贡献率/%	矿样质量/g	铀品位/%	铀贡献率/%
>2mm	38.05	0.107	52.67	38.05	0.234	22.39	34.79	0.045	22.14
0.495～2mm	170.67	0.006	13.25	92.70	0.091	21.22	215.92	0.010	30.52
0.246～0.495mm	163.46	0.006	12.69	169.73	0.046	19.64	124.81	0.008	14.12
0.074～0.246mm	82.79	0.011	11.78	152.57	0.057	21.87	68.20	0.014	13.49
0.053～0.074mm	11.40	0.015	2.21	7.52	0.121	2.29	7.54	0.017	1.82
<0.053mm	33.63	0.017	7.41	39.43	0.127	12.59	48.73	0.026	17.91
合计	500		100.00	500		100.00	500		100.00

三、矿石化学成分

以矿石样品样长为权重对矿石化学成分进行统计，直罗组下段上亚段Ⅳ、Ⅲ号矿体矿石化学成分基本相近(表9-19)，SiO_2含量平均值分别为66.20%与67.31%；Al_2O_3含量平均值分别为12.42%与11.82%；$TFeO_3$含量平均值分别为3.85%与3.72%；FeO含量平均值分别为1.79%与1.67%；有害组分P_2O_5的含量Ⅳ号矿体略高于Ⅲ号矿体，分别为0.13%与0.09%；CaO的含量基本相近，平均值分别为3.43%和3.50%。钙质砂岩矿石的烧失量较高，与矿石内含有大量的炭化植物碎屑有关，平均值为11.08%；SiO_2含量降低，与碳酸盐交代作用有关，平均值为56.87%；CaO含量增加，达10.16%。

表9-19 矿石、围岩化学成分统计表

序号	层位	铀含量/%	烧失量/%	SiO_2/%	FeO/%	TFe_2O_3/%	Al_2O_3/%	TiO_2/%	MnO/%	CaO/%	MgO/%	P_2O_5/%	K_2O/%	Na_2O/%	样品数/个
1	Ⅳ号矿体	0.244	6.92	66.20	1.79	3.85	12.42	0.75	0.10	3.43	0.89	0.13	2.64	2.12	138
2	Ⅲ号矿体	0.112	6.76	67.31	1.67	3.72	11.82	0.58	0.07	3.50	0.87	0.09	2.72	1.96	231
3	钙质矿石	0.062	11.08	56.87	1.17	7.64	10.80	0.52	0.16	10.16	0.68	0.12	1.99	1.58	7
4	矿石围岩	0.004	5.21	68.84	1.72	3.06	13.51	0.63	0.06	1.91	1.07	0.16	2.73	2.13	81
5	顶底板	0.002	8.05	65.92	2.70	5.10	12.36	0.83	0.07	1.96	1.01	0.11	2.42	1.42	7
6	J_2z^{1-1}矿层	0.100	8.27	64.64	1.54	3.64	11.86	0.56	0.09	4.96	1.04	0.10	2.62	1.67	63
7	钙质矿石	0.246	11.25	59.01	1.61	3.76	11.18	0.57	0.13	8.57	0.79	0.12	2.46	1.63	8
8	J_2z^{1-1}围岩	0.003	5.67	68.68	1.50	2.83	13.17	0.55	0.07	2.79	0.93	0.13	2.61	1.94	27

矿石围岩化学成分与矿石化学成分基本相近，仅烧失量有所降低，与灰绿色、绿色砂岩中炭化植物碎屑被氧化有关。顶底板泥岩、粉砂岩的化学成分与矿石化学成分亦相近，说明具同物源。

直罗组下段下亚段矿石化学成分SiO_2含量平均值为64.64%；Al_2O_3含量平均值为11.86%；$TFeO_3$含量平均值为3.64%；FeO含量平均值为1.54%；有害组分P_2O_5的含量较低，为0.10%；CaO含量高于上亚段矿石,平均值为 4.96%。钙质砂岩矿石的烧失量较高,与矿石内含有大量的炭化植物碎屑有关,平均值为 11.25%;SiO_2 含量降低,与碳酸盐交代作用有关,平均值为 59.01%;CaO 含量增加,达 8.57%(表 9-19)。矿石围岩化学成分与矿石化学成分略有差异,烧失量与 CaO 含量降低,Al_2O_3 含量略有增加,可能与长石风化有关。

四、共生、伴生元素

在大营铀矿床部分钻孔及部分勘探线进行了 Sc、Mo、Re、Se、V 5 种伴生元素的取样和分析工作(表 9-20)。取样位置以矿段为主,配合铀镭样品同步采集或利用铀镭副样,采用原子荧光光谱等分析方法对其进行分析测试。在一半以上的砂岩或砂岩矿石中,Sc、V、Re、Se 的浓度克拉克值都大于地壳克拉克值,揭示了这些元素在本区具有富集现象。Sc、Re、Se 元素含量的平均值达到综合利用品位,具有综合利用价值。V_2O_5 的最高含量达到综合利用品位指标,但样品采集较少,多为单样段含矿,其利用价值还需进一步研究。

表 9-20　岩矿石中伴生元素含量统计表

元素(氧化物)名称	平均值 $/\times 10^{-6}$	均方差	数值变化范围 $/\times 10^{-6}$		地壳克拉克值 $/\times 10^{-6}$	综合利用品位 $/\times 10^{-6}$	样品数 /个
			最小	最大			
Sc	10.55	3.59	1.74	26.46	18.00	n	476
Mo	9.78	2.66	0.01	38.63	1.30	100~200	476
Re	0.30	0.16	<0.01	4.55	0.000 51	0.2~10	131
Se	43.80	64.51	0.09	520.61	0.08	10	476
V_2O_5	177.35	311.13	0.004	2 973.811	140.00	800	476

Mo 增高值与富铀矿体同时出现(位于层间氧化带前锋线附近),反映出 Mo 与 U 相关性非常高。由于 Mo 的含量很低,尚未发现工业钼矿。Re 增高值出现在铀矿体边部靠近还原灰色砂岩带一侧。Se 增高值与铀矿体同时产出,分布于层间氧化带前锋线附近,且向灰色还原方向含量迅速降低,沿倾向方向延伸距离短,D96-39 为Ⅳ号矿体 Se 含量,向 D96-47 方向降低明显,D96-71 为Ⅲ号矿体,向还原方向含量降低明显,显示出与铀矿体关系密切。V_2O_5 增高值与铀矿体同时产出,具有与 Se 相同的分布特征,分布于层间氧化带前锋线附近,延伸距离短,其分布与灰色砂岩的厚度有关,在氧化-还原"过渡带"内,灰色砂岩厚度增大,V_2O_5 的含量增高,分布于偏还原带一侧。Sc 分布于氧化-还原"过渡带"内泥岩、粉砂岩夹层及细粒砂岩中,粒度较细的灰色岩石是其主要富集部位,分布于偏还原一侧(图 9-44)。

五、铀的存在形式

大营铀矿床矿石中铀的存在形式有 3 种,主要以吸附形式、独立矿物形式及含铀矿物形式存在。

吸附态铀为铀的主要存在形式之一。以吸附形式存在于高岭石、伊利石等黏土矿物中;常常存在于砂岩胶结物和岩屑、矿物碎屑物表面,或被煤、碳屑、有机质、黄铁矿(絮状、胶状、莓状)、泥质、蚀变钛铁矿等吸附(图 9-45)。

铀矿物为铀石、沥青铀矿。铀石在铀矿物中呈超显微状分布于砂岩中,电子显微镜下呈单个纺锤状或柱状晶体(图 9-46)。显微放射性照相显示出浓密的放射状 α 行迹。铀石还常与沥青铀矿、钛铀矿等共生或伴生。沥青铀矿在铀矿物中为显微状或超显微状,晶胞参数较大,平均为 5.41×10^{-10} m,属中等氧化程度。铀矿物常与乳滴状、星点状、莓状黄铁矿及碳屑共生。电子显微镜下沥青铀矿呈单矿物球粒

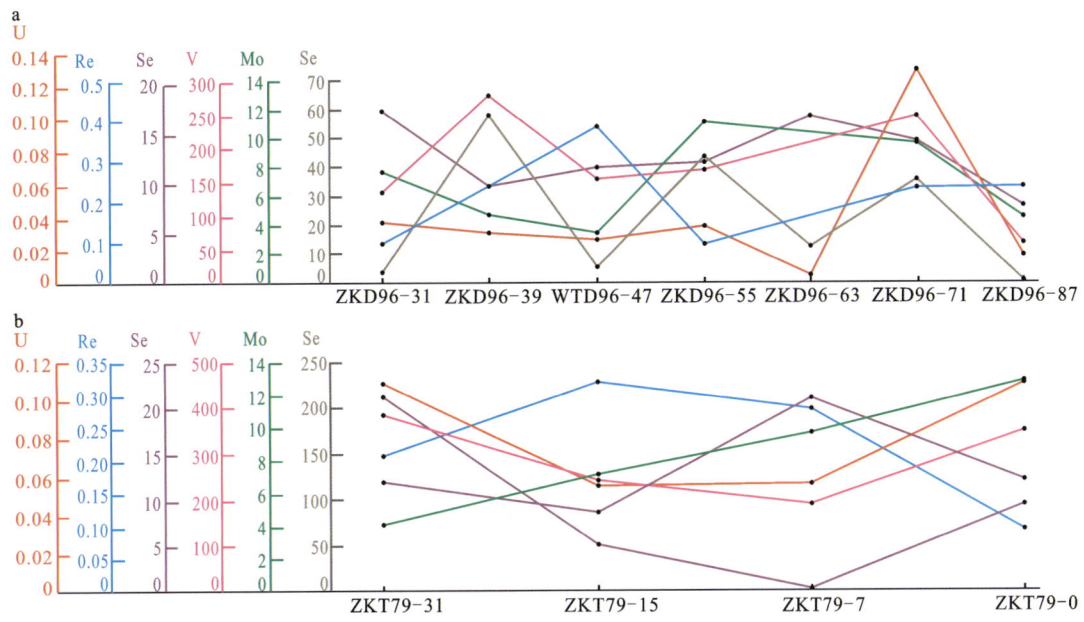

图 9-44 大营铀矿床典型勘探线伴生元素与 U 分布关系图（单位：$\times 10^{-6}$）
a. D96 号勘探线；b. T79 号勘探线

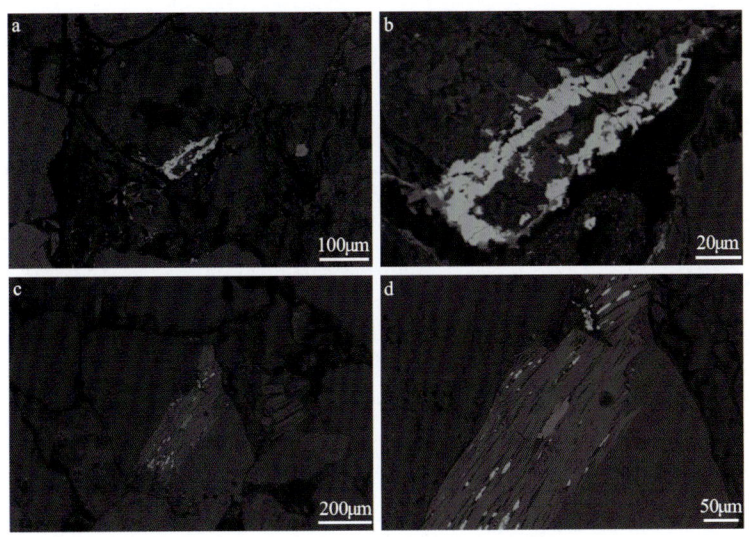

图 9-45 大营铀矿床吸附铀矿物微观特征
a. 由亮至暗色部位的矿物依次为铀矿物、黄铁矿、钾长石、钠长石、石英及黏土矿物，样品号：
2012Dhd04；b. 图 a 的局部放大。铀矿物与钾长石、黏土矿物共生；c. 由亮至暗色部位的矿物
依次为钍石、黄铁矿、黑云母、绿泥石、钾长石、钠长石、石英及其他黏土矿物，样品号：
2012Dhd07；d. 图 c 的局部放大。铀矿物与绿泥石共生。

集合体，与方解石、绿泥石共生，单矿分散球粒（0.03～1μm）或呈单个小晶体（0.01μm）常附着于石英、黄铁矿或碳质岩屑上。

含钛铀矿物对照一般的钛铀矿成分，TO_2 含量偏低，而 SiO_2 含量明显偏高（表 9-21）。往往在高品位砂岩矿石中含铀钛铁矿增多（图 9-47）。有时在砂岩矿石中基性火山岩屑中见有含铀钛铁矿，说明该矿物可能为蚀源区搬运来的重矿物，其中铀难以浸出。

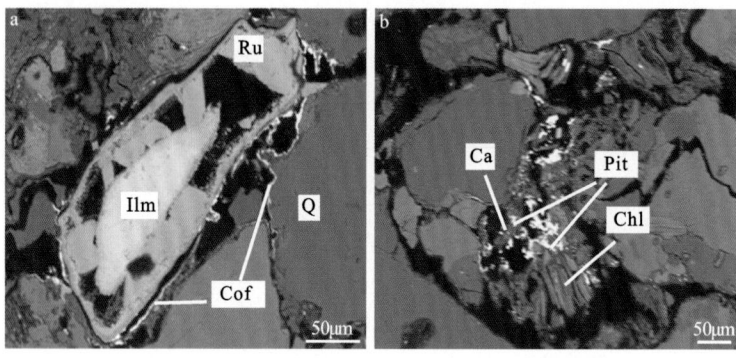

图 9-46　大营铀矿床铀石、沥青铀矿的分布及形态
Ilm.钛铁矿；Ru.金红石；Pit.沥青铀矿；Cof.铀石；Q.石英；Ca.方解石；Chl.绿泥石

表 9-21　大营铀矿床含钛铀矿物主要成分　　　　　　　　　　　　　　　　　　　　单位：%

序号	UO_2	TiO_2	Na_2O	FeO	MgO	CaO	Al_2O_3	SiO_2	V_2O_3	P_2O_5
1	38.05	32.04	0.42	0.30	0.02	1.19	0.49	9.64	0.78	0.25
2	38.85	21.49	0.44	0.32	0.02	1.16	0.45	9.92	0.65	0.18
3	35.25	37.86	0.40	0.37	0.02	1.11	0.49	9.51	0.76	0.22

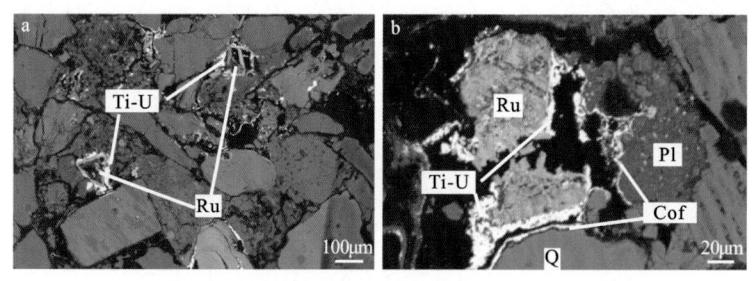

图 9-47　大营铀矿床含钛铀矿物的分布及形态
Ti-U.含钛铀矿物；Ru.金红石；Pl.斜长石；Cof.铀石；Q.石英

第七节　铀成矿控制因素及成矿模式

大营铀矿床与皂火壕、柴登壕和纳岭沟铀矿床具有类似的铀源及构造活化迁出、层间渗入氧化作用、地下水运移通道及铀沉淀和富集、还原地球化学障、新构造运动、二次还原改造作用等区域铀成矿控制因素，也属于同一地下水铀成矿系统，在此不再赘述。但是，大营铀矿床与其他铀矿床不同的是，直罗组下段上亚段具有大规模的铀成矿作用，铀的富集程度高于下亚段，是重要的赋矿层位。

根据大营铀矿床控矿因素及成矿作用过程，可将矿床铀成矿作用过程划分为含矿岩系沉积预富集阶段、古层间氧化作用阶段、后期还原改造作用阶段（图 9-48）。

1. 预富集阶段

大营铀矿床与皂火壕、柴登壕和纳岭沟铀矿床具有类似的沉积预富集阶段。统计大营铀矿床钻孔定量伽马测井资料中直罗组辫状河灰色砂体伽马数值，显示与皂火壕、柴登壕和纳岭沟铀矿床直罗组无明显差异，均在 $3.00\sim4.00\text{nC/kg}\cdot\text{h}$ 之间，也具有明显的增高现象。对大营铀矿床微量铀钍分析结果统计表明，直罗组下段灰绿色、绿色砂岩的铀含量为 15.59×10^{-6}，绿色、灰色泥岩中铀含量为 $23.72\times$

10^{-6},灰色砂岩中铀含量为 $29.46×10^{-6}$。说明大营铀矿床直罗组下段同样是富铀地层,为后期层间氧化作用对铀的搬运富集创造了铀源基础(图 9-48a)。

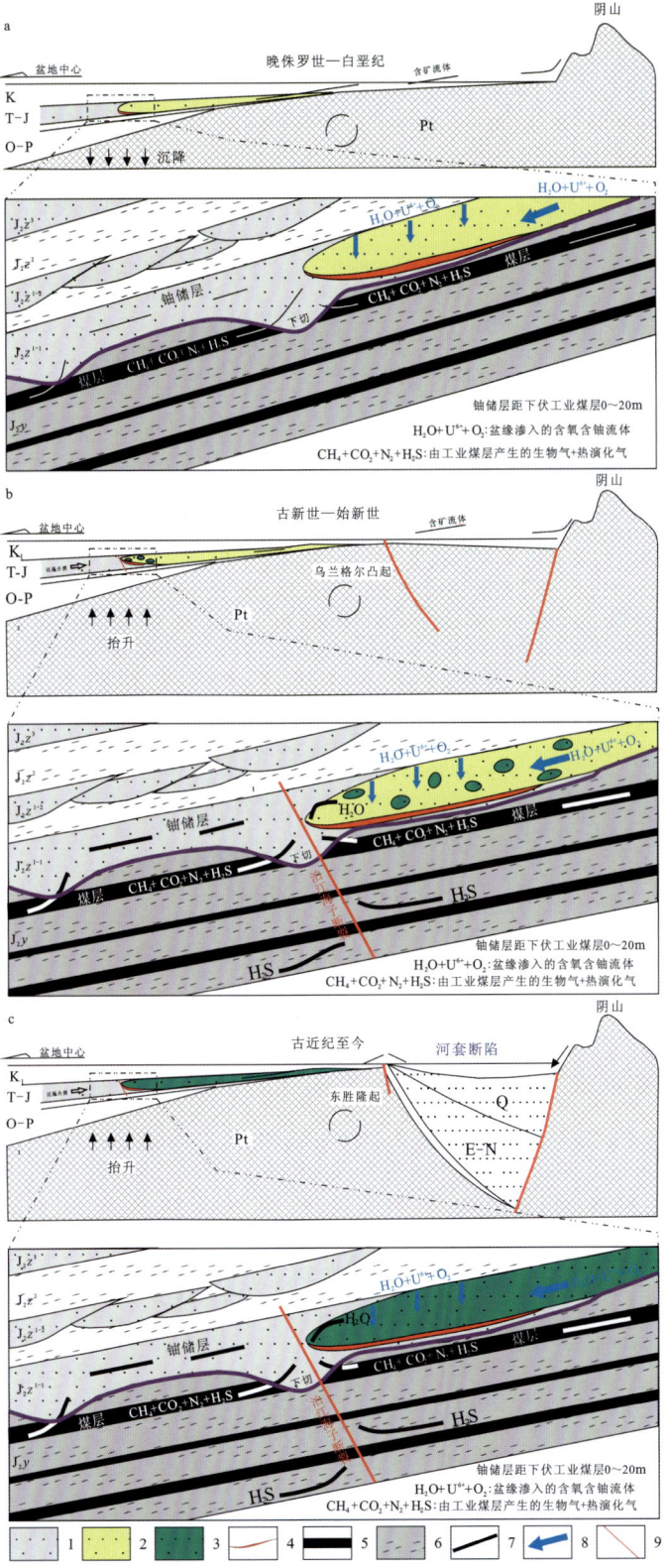

图 9-48 大营铀矿床成矿模式图(据焦养泉等,2006,2015 修改)

1.灰色砂岩;2.黄色砂岩;3.灰绿色、绿色砂岩;4.矿体;5.煤层;
6.泥岩层;7.还原性气体;8.含氧含铀水;9.断层

2. 古层间氧化作用阶段

大营铀矿床与皂火壕、柴登壕和纳岭沟铀矿床具有类似的古层间氧化作用过程，在此不再赘述（图 9-48b）。

3. 后期还原改造作用阶段

大营铀矿床与皂火壕、柴登壕和纳岭沟铀矿床具有相同的后生还原改造条件和过程，也没有受到二次氧化改造作用的影响，在此不再赘述（图 9-48c）。

第十章　巴音青格利铀矿床

巴音青格利铀矿床处于内蒙古自治区鄂尔多斯市杭锦旗内，行政上隶属于鄂尔多斯市杭锦旗（图 6-1）。北部有京兰铁路、京藏高速、兴巴高速、110 国道、S24 省道，东部有包神铁路、包茂高速以及距巴音青格利铀矿床约 20km 的运煤专线，南部有 109 国道、塔锦线，西部有 S215 省道。

巴音青格利铀矿床是鄂尔多斯盆地发现的第 5 个砂岩铀矿床，相邻于大营铀矿床北西侧（图 6-3）。矿床平面上呈南北向带状展布，南北长约 5.7km，宽 100～750m，已完成详查，铀资源规模达到特大型。矿体产于中侏罗统直罗组下段砂岩中，上、下亚段均有矿体产出，类似于大营铀矿床，受古层间氧化带控制。

第一节　构造特征

巴音青格利铀矿床处于伊陕单斜区的东胜-靖边单斜构造的北东部（图 3-2），与皂火壕、柴登壕、纳岭沟和大营铀矿床处于同一构造单元。巴音青格利铀矿床直罗组构造简单，总体以小型断裂构造为主，褶皱不发育。

巴音青格利铀矿床直罗组下段上亚段底板标高 771.38～975.22m，平均 877.66m，最大落差 203.84m；下亚段底板标高 731.24～919.22m，平均 814.17m，最大落差 187.98m（表 10-1）。直罗组下段上、下亚段底板标高等值线呈北西-南东向蛇曲状展布，标高总体具由北东向南西逐渐降低的趋势（图 10-1），北东部较高且较为陡倾，向南西逐渐降低且逐渐缓倾。除 B16 勘探线一带存在 1 处相对低洼的区域外（主要受断层影响），其余区域底板标高基本与地层厚度化趋势一致，上亚段底板标高相对于下亚段更平缓。这一特征主要受到大营铀矿床构造特征的影响，大营铀矿床的东西向展布的背斜与向斜对东部的底板高程影响不大，仅在局部有细微的变化，向斜北部的北东-南西向大型陡倾斜坡向北西延伸，从而使西南部底板平缓。巴音青格利铀矿床直罗组下亚段底板形态及上亚段顶板形态变化趋势相似，说明在直罗组下段沉积时期，构造相对稳定，地层总体较为平缓，有利于河道及砂体的稳定发育，形成具有一定规模的铀储层。直罗组沉积以后，盆地北部受整体抬升和北升南降掀斜作用的影响，有利于含氧含铀水顺延主干河道及砂体的渗入和运移，并在分流河道及砂体中形成利于铀沉淀和富集的岩石地球化学环境。随着河套断陷的形成及铀成矿作用的终止，受盆地北部北东抬升南西下降的影响，直罗组上、下亚段及底板形态逐渐形成了北东高南西低的空间展布形态。

表 10-1　巴音青格利铀矿床目的层底板标高统计表

地层	最大值/m	最小值/m	平均值/m	最大落差/m	钻孔数/个
直罗组下段下亚段	919.22	731.24	814.17	187.98	115
直罗组下段上亚段	975.22	771.38	877.66	203.84	128

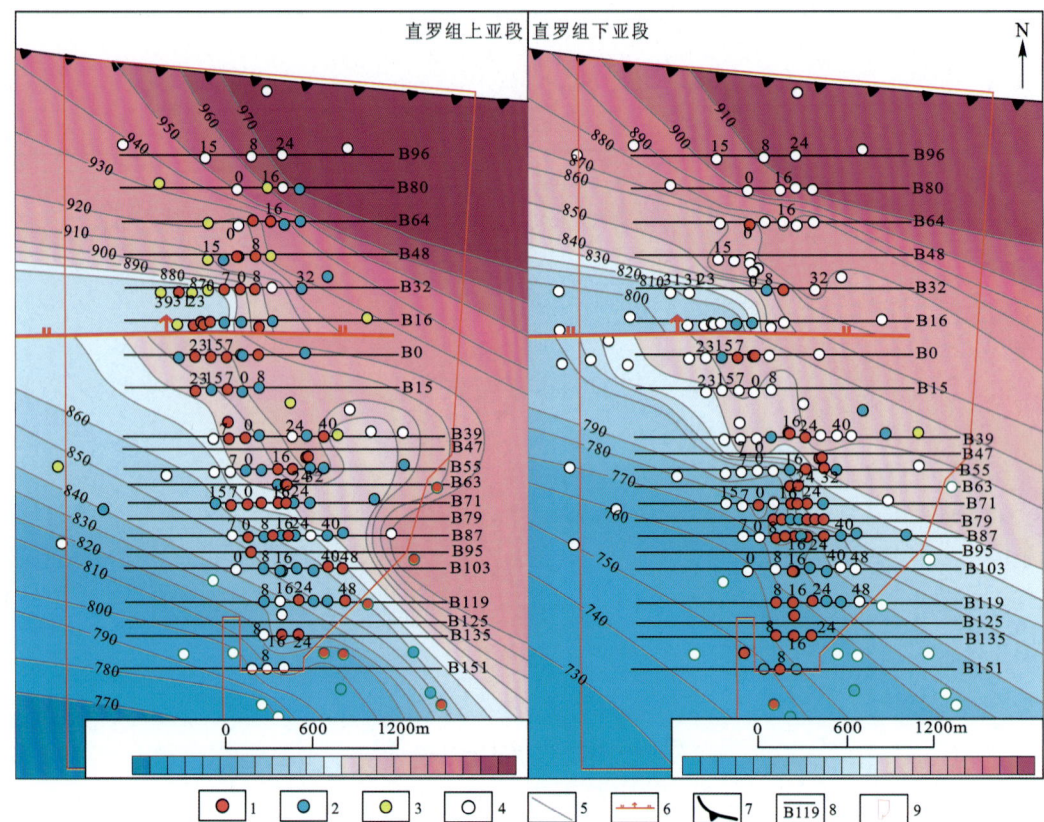

图 10-1 巴音青格利铀矿床直罗组下段底板标高等值线图

1.工业矿孔;2.矿化孔;3.异常孔;4.无矿孔;5.等值线;6.断裂;
7.剥蚀边界;8.勘探线及编号;9.巴音青格利铀矿床范围

巴音青格利铀矿床内发育东西向的断裂(图10-2),断裂自上而下主要切穿下白垩统、中侏罗统直罗组及延安组顶部地层。这些断裂构造形成于晚白垩世或者晚白垩世之后,多为近东西走向的北倾正断层,多为高角度断层,倾角60°~70°,断距达到70m,断层的北部地层抬升,断层南部地层沉降(图10-3、图10-4)。此外,在毛不拉昆对沟附近也发现了断层露头,可见的断层断距多为2~5m。这些断裂构造虽然规模较小,但延伸距离长,由巴音青格利铀矿床向西延伸至苏台庙北部,也是烃类等还原气体对地层进行二次还原改造的局部通道。

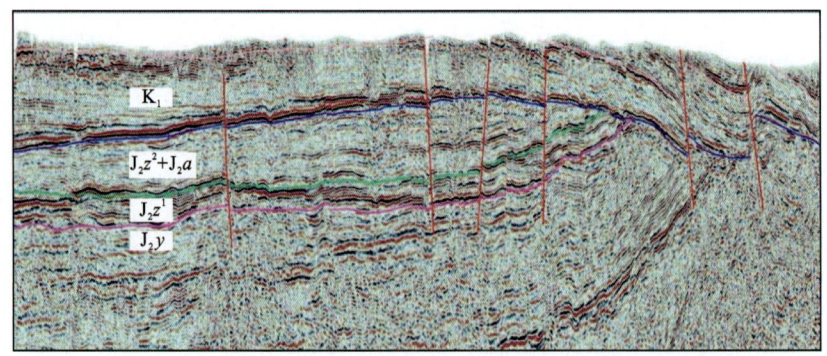

图 10-2 巴音青格利铀矿床 QZ12-2 地震剖面图(据核工业北京地质研究院,2012)

K_1.下白垩统;$J_2z^2+J_2a$.中侏罗统直罗组上段、安定组;J_2z^1.直罗组下段;J_2y.延安组

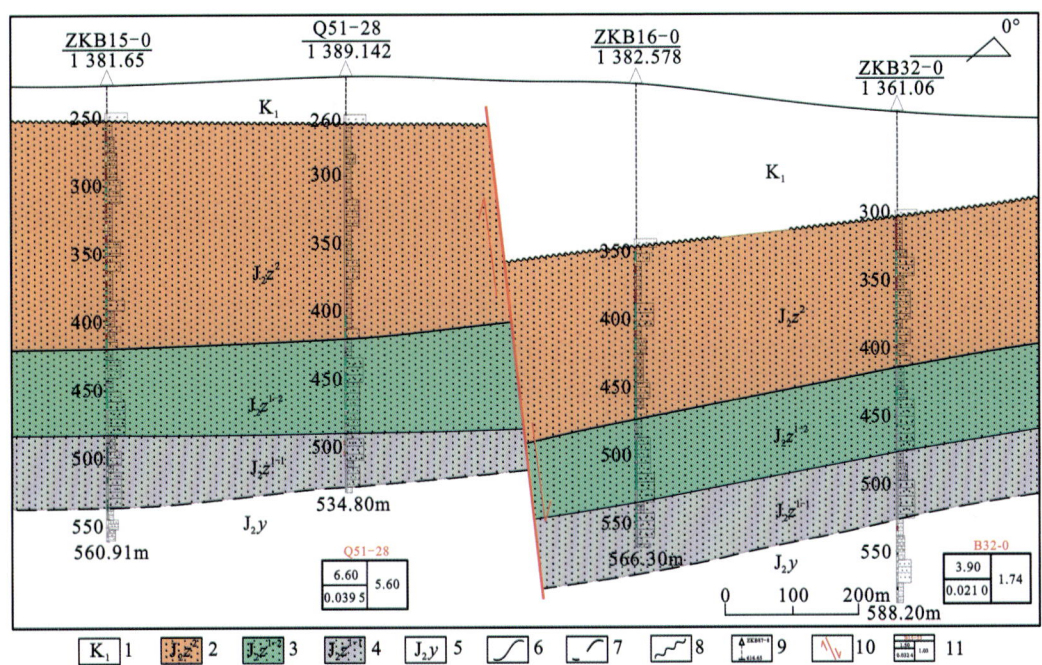

图 10-3 巴音青格利铀矿床纵 0 号勘探线地层对比剖面

1.下白垩统;2.直罗组上段;3.直罗组下段上亚段;4.直罗组下段下亚段;5.延安组;6.地层整合分界线;
7.地层平行不整合分界线;8.地层角度不整合分界线;9.钻孔位置、编号及孔深/m;10.断层;
11.孔号及单孔矿体厚度/m、品位/%、平米铀量/(kg·m^{-2})

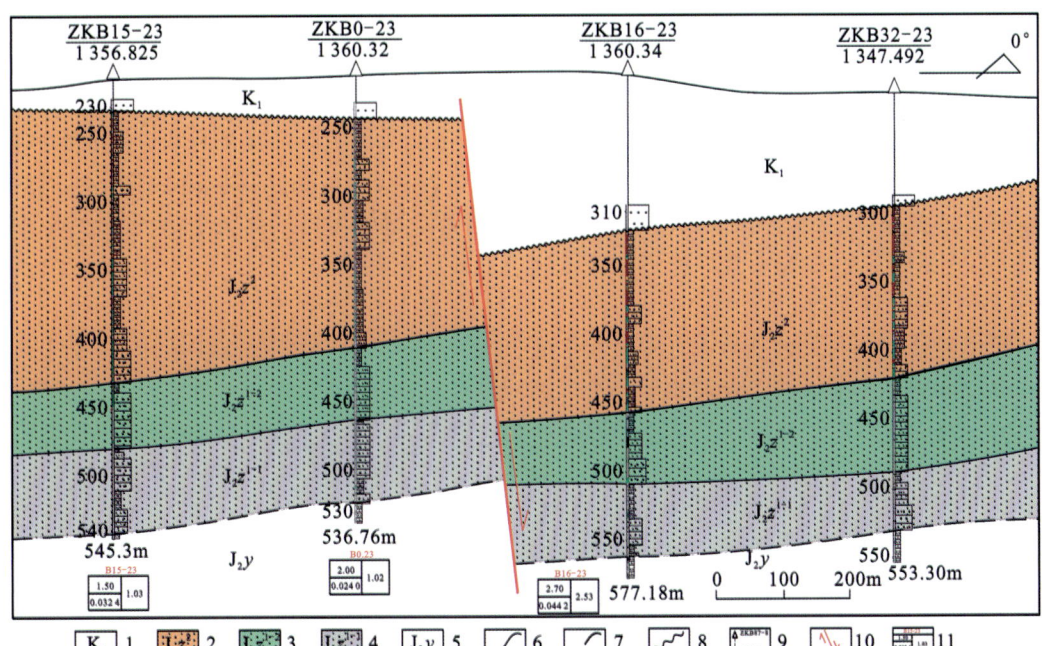

图 10-4 巴音青格利铀矿床纵 23 号勘探线地层对比剖面

1.下白垩统;2.直罗组上段;3.直罗组下段上亚段;4.直罗组下段下亚段;5.延安组;6.地层整合分界线;
7.地层平行不整合分界线;8.地层角度不整合分界线;9.钻孔位置、编号及孔深/m;10.断层;
11.孔号及单孔矿体厚度/m、品位/%、平米铀量/(kg·m^{-2})

第二节　沉积特征

一、地层发育特征

巴音青格利铀矿床与皂火壕、柴登壕、纳岭沟和大营铀矿床具有类似的发育特征，根据沉积特点和岩性岩相特征，将直罗组划分为下段（J_2z^1）和上段（J_2z^2）（图10-5），下段又分为下亚段（J_2z^{1-1}）和上亚段（J_2z^{1-2}）。下亚段和上亚段都是重要赋矿层位，类似大营铀矿床。

直罗组上段沉积厚度相对较薄，下段地层相对较厚且发育稳定，连续性较好。矿床北部受盆地北部整体抬升及北升南降的影响相对明显，直罗组呈北高南低、北浅南深的变化趋势，上段在北部遭受严重剥蚀并明显变薄或局部缺失（图10-6）。巴音青格利铀矿床直罗组在横向上埋深及厚度变化明显变小，沉积厚度及砂岩相对稳定，走势平缓（图10-7），厚度适中，是优质的铀储层。

直罗组下段下亚段岩性主要为灰绿色、绿色、浅灰色、灰色中砂岩、粗砂岩，平均厚度65.29m，最大厚度112.00m，最小厚度35.20m，总体呈现南厚北薄的变化趋势（表10-2，图10-8）。高值区位于矿床南部，地层厚度普遍大于80m，地层呈阶梯状向四周逐渐变薄，总体变化速率不大，较为稳定。低值区位于矿床北东部、北部，地层厚度小于50m，主要受盆地北部北升南降以及远离主干分流河道沉积的影响。中部区地层厚度在50～80m之间，变化速率很小，地层稳定，以钻孔ZKB0-7为中心出现小范围的低值区。矿化主要集中于巴音青格利铀矿床南部，且产于地层厚度在60～80m区间内。

直罗组下段上亚段岩性主要为灰绿色、绿色、灰色中砂岩及细砂岩互层，平均厚度84.52m，整体较下亚段厚20m，发育多个沉积旋回，最大地层厚度137.00m，最小20.50m。厚度整体发育稳定（表10-2，图10-8），普遍大于80m，只在北东部由于后期抬升剥蚀，厚度快速变薄。厚度大于100m的高值区呈岛状分布，北部位于B64—B32线，南部位于B39—B55线。低值区位于巴音青格利铀矿床北部和西部，地层厚度小于40m，最北段地层厚度小于20m，甚至趋近于0，主要受后期北部构造抬升作用的影响。北部部分地层遭到剥蚀，地层整体由北东向南西展布逐渐变厚。地层厚度区间大于80m，分布范围较为广泛，这一区间厚度变化速率很小，地层稳定。直罗组上亚段矿化规模比下亚段大，主矿体产于该层位，矿化厚度在70～100m区间内。

巴音青格利铀矿床与大营铀矿床直罗组在区域上同属于一个大型物源-沉积朵体，均位于该大型朵体的西北部边缘。直罗组下段下亚段和上亚段的沉积特征有一定差异，同时又具有明显的继承性，下亚段砂岩规模大，连续性好，河道间细粒沉积物发育少，上亚段砂岩侧向迁移明显，河道间细粒沉积物广泛发育。

直罗组下段下亚段（J_2z^{1-1}）砂岩发育稳定，大致由北东-南西向5条带状展布的分流河道砂体叠加形成。砂岩厚度在10.00～103.90m之间，多数在40～80m之间，平均厚度50.30m。砂岩厚度总体由南东向北西呈三级阶梯状逐渐变薄（图10-9a）。砂岩厚度高值区位于南部，厚度普遍大于80m，分布范围较广，变化速率较低，砂岩厚大而稳定。最厚部位位于与大营铀矿床接壤部位，在钻孔ZKB103-0—ZKT79-127一线，砂岩厚度大于90m，呈孤岛状，分布范围局限，高值区在东部呈指状向北有所延伸。低值区位于北部，厚度普遍小于40m，分布范围相对较小，变化速率较低，砂岩稳定。砂岩最薄部位在北东部，砂岩厚度小于20m，这是由于北东部整体抬升剥蚀，砂岩变薄。中部地区砂岩厚度在40～80m之间，分布范围最广，在西部变化速率较低，砂岩稳定，东部边缘变化速率较高，见两片低值区，西部钻孔ZKB0-159—ZKB16-127一线，厚度小于50m；东部钻孔ZKB16-0—ZKB16-16一线，厚度小于30m，二者分布均较为局限。下亚段矿化均产于砂岩厚度30～60m部位，小于30m的区域未见工业铀矿体产出。

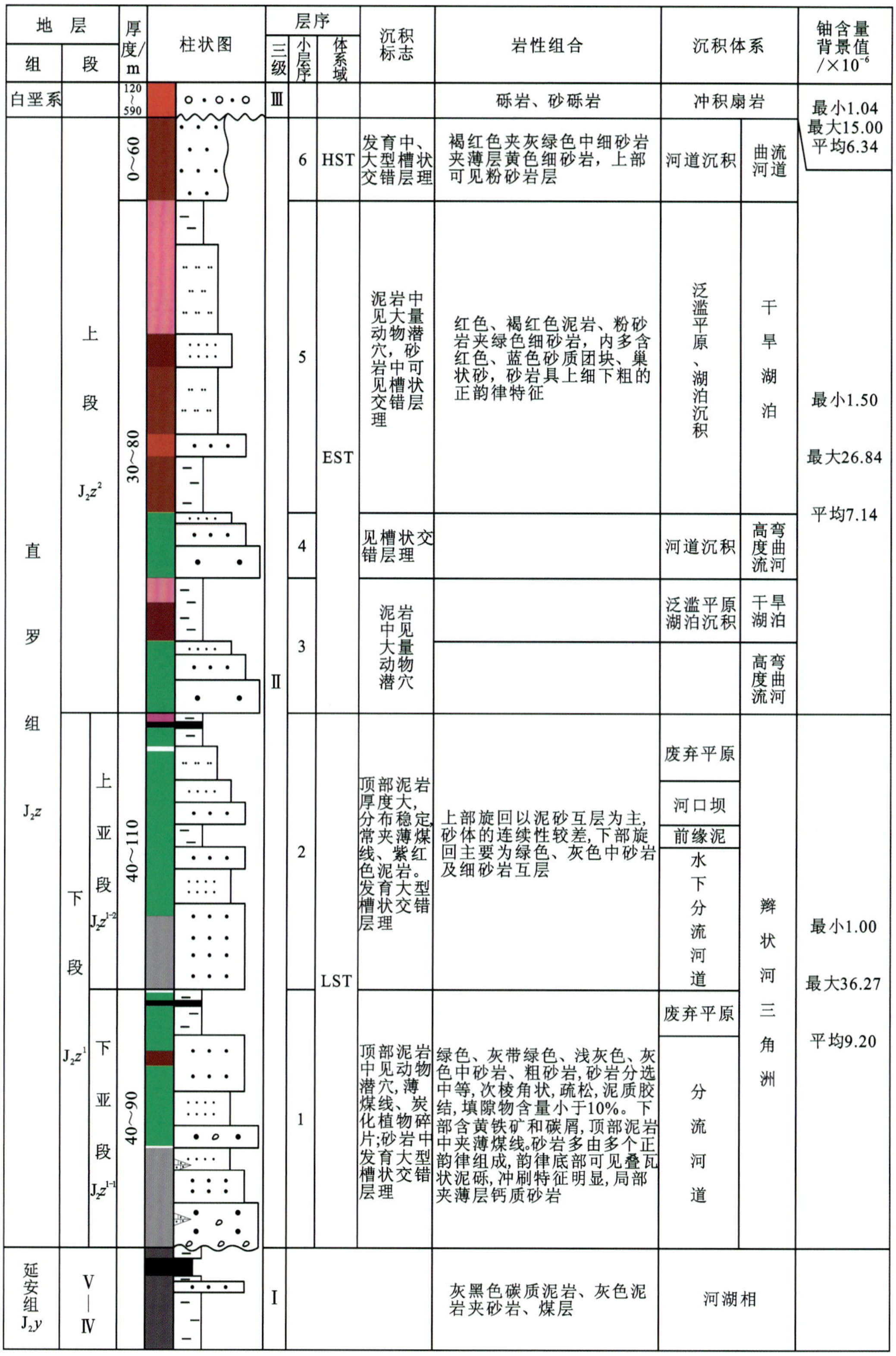

地层		厚度/m	柱状图	层序			沉积标志	岩性组合	沉积体系		铀含量背景值/×10⁻⁶
组	段			三级	小层序	体系域					
白垩系		120~590		Ⅲ				砾岩、砂砾岩	冲积扇岩		最小1.04 最大15.00 平均6.34
直罗组 J_2z	上段 J_2z^2	0~60			6	HST	发育中、大型槽状交错层理	褐红色夹灰绿色中细砂岩夹薄层黄色细砂岩,上部可见粉砂岩层	河道沉积	曲流河道	
		30~80			5	EST	泥岩中见大量动物潜穴,砂岩中可见槽状交错层理	红色、褐红色泥岩、粉砂岩夹绿色细砂岩,内多含红色、蓝色砂质团块、巢状砂,砂岩具上细下粗的正韵律特征	泛滥平原、湖泊沉积	干旱湖泊	最小1.50 最大26.84 平均7.14
					4		见槽状交错层理		河道沉积	高度弯曲流河	
				Ⅱ	3		泥岩中见大量动物潜穴		泛滥平原湖泊沉积	干旱湖泊	
										高度弯曲流河	
	下段 J_2z^1	上亚段 J_2z^{1-2}	40~110		2	LST	顶部泥岩厚度大,分布稳定常夹薄煤线、紫红色泥岩。发育大型槽状交错层理	上部旋回以泥砂互层为主,砂体的连续性较差,下部旋回主要为绿色、灰色中砂岩及细砂岩互层	废弃平原	辫状河三角洲	
									河口坝		
									前缘泥		
									水下分流河道		
		下亚段 J_2z^{1-1}	40~90		1		顶部泥岩中见动物潜穴、薄煤线、炭化植物碎片;砂岩中发育大型槽状交错层理	绿色、灰带绿色、浅灰色、灰色中砂岩、粗砂岩,砂岩分选中等,次棱角状,疏松,泥质胶结,填隙物含量小于10%。下部含黄铁矿和碳屑,顶部泥岩中夹薄煤线。砂岩多由多个正韵律组成,韵律底部可见叠瓦状泥砾,冲刷特征明显,局部夹薄层钙质砂岩	废弃平原		最小1.00 最大36.27 平均9.20
									分流河道		
延安组 J_2y	Ⅴ—Ⅳ			Ⅰ				灰黑色碳质泥岩、灰色泥岩夹砂岩、煤层	河湖相		

图 10-5 巴音青格利铀矿床地层结构图

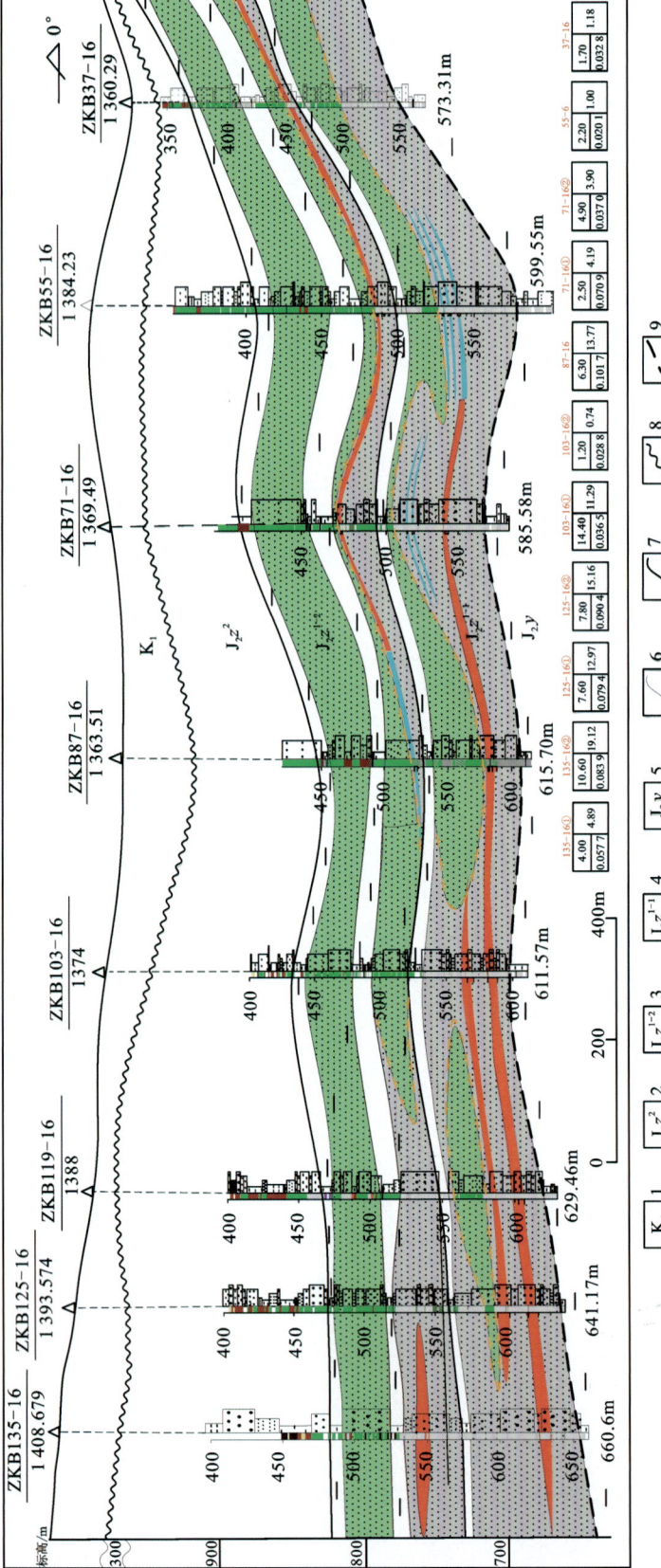

图10-6 巴音青格利铀矿床纵16号地质剖面图

1.下白垩统；2.直罗组上段；3.直罗组下段上亚段；4.直罗组下段下亚段；5.延安组；6.岩性界线；7.地层整合接触界线；8.地层角度不整合接触界线；9.平行不整合接触界线；10.氧化带前锋线；11.泥岩；12.砾岩；13.绿色砂岩；14.灰色砂岩；15.工业矿体；16.矿化体；17.地层省略符号及量值/m；18.孔号及单孔矿体厚度、品位、平米铀量

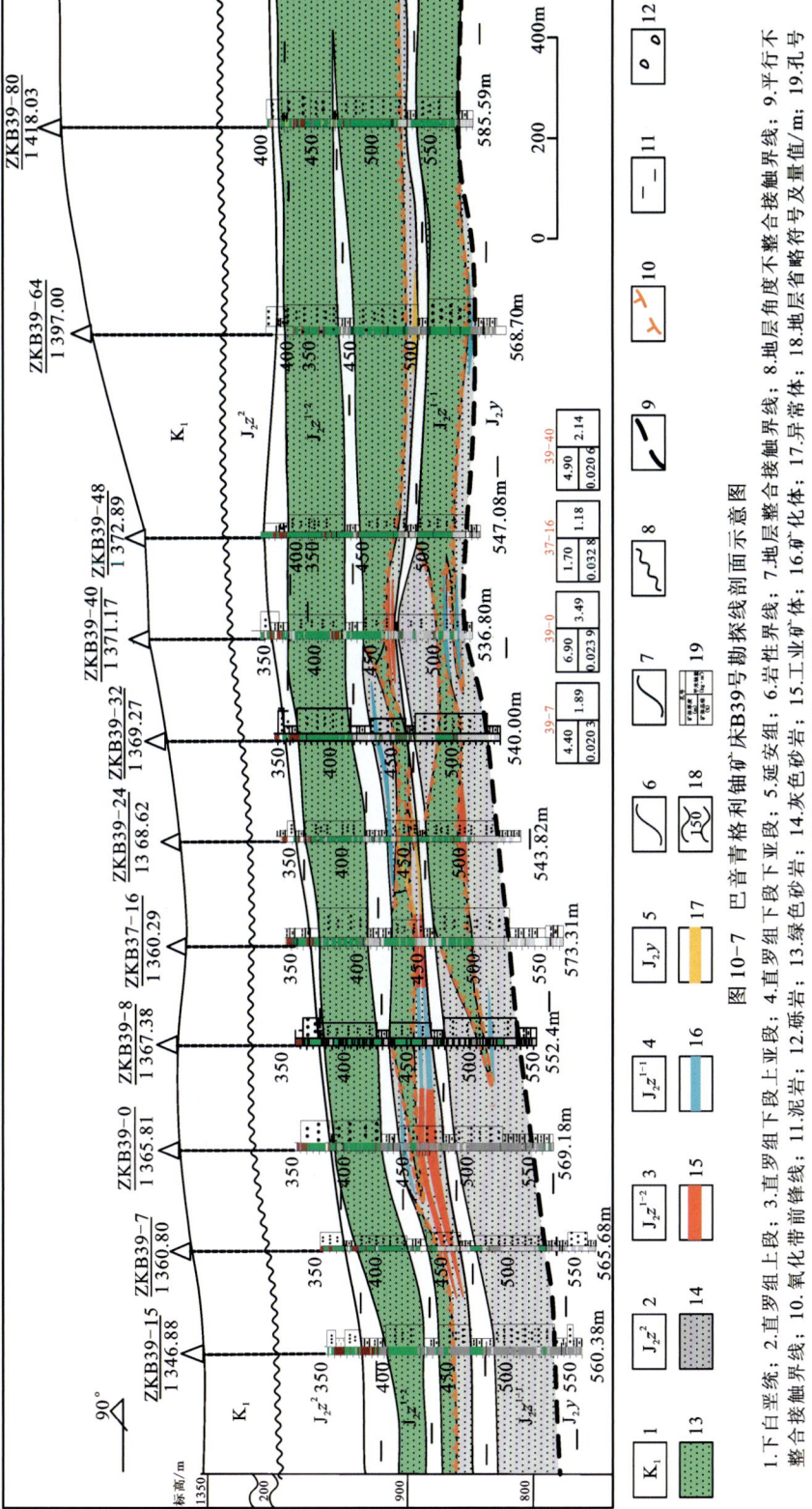

图 10-7 巴音青格利铀矿床B39号勘探线剖面示意图

1.下白垩统；2.直罗组上段；3.直罗组下段下亚段；4.直罗组下段上亚段；5.延安组；6.岩性界线；7.岩性整合接触界线；8.地层角度不整合接触界线；9.平行不整合接触界线；10.氧化带前锋线；11.泥岩；12.砾岩；13.绿色砂岩；14.灰色砂岩；15.工业矿体；16.矿化体；17.异常体；18.地层省略符号及略符号/m；19.孔号及单孔矿体厚度、品位、平米铀量

表 10-2 巴音青格利铀矿床直罗组下段下亚段地层厚度统计表

地层	最大值/m	最小值/m	平均值/m	钻孔数/个
下段下亚段	112.00	35.20	65.29	148
下段上亚段	137.00	20.50	84.52	166

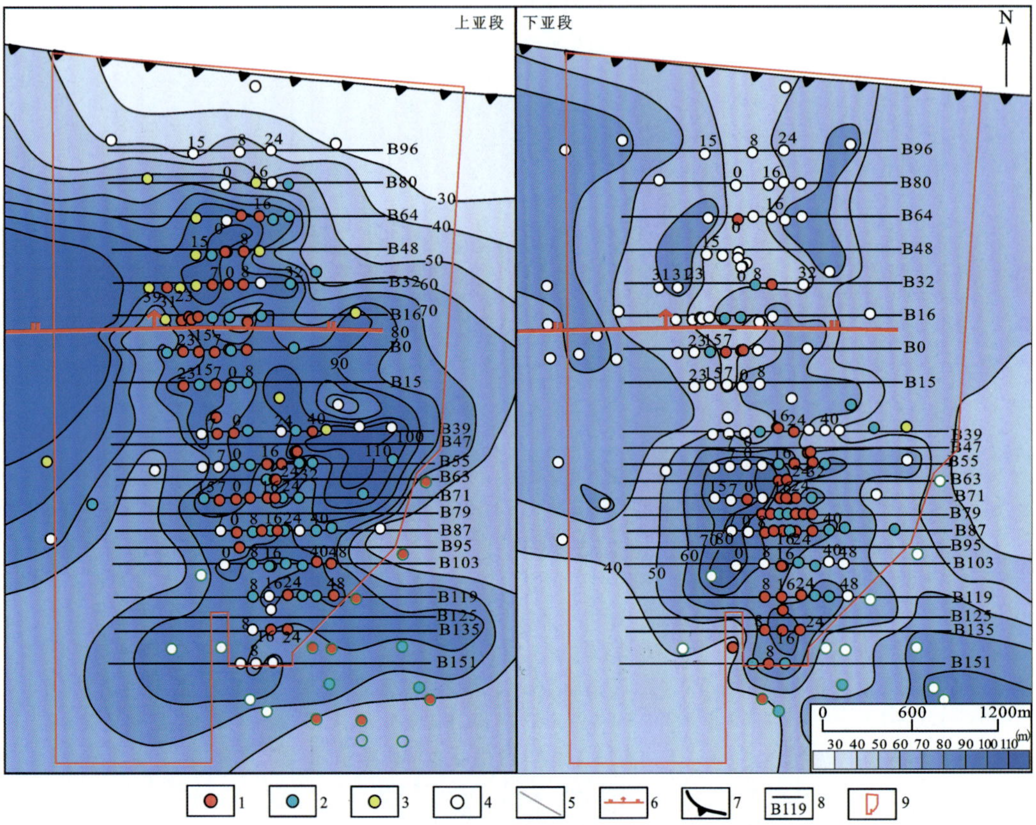

图 10-8 巴音青格利铀矿床直罗组下段地层厚度等值线图

1.工业矿孔；2.矿化孔；3.异常孔；4.无矿孔；5.等值线；6.断裂；7.剥蚀边界；8.勘探线及编号；9.巴音青格利铀矿床范围

直罗组下段上亚段砂岩厚度在 4.50～106.70m 之间，多数在 40～70m 之间，平均厚度 45.14m，较下亚段略薄，但是整体发育规模较大。砂岩厚度呈多个北东-南西向带状展布（图 10-9b），有南部厚向北西侧逐渐变薄的趋势，5 条砂岩厚度高值区位于中部，厚度普遍大于 50～90m，分布范围较广，呈近东西向带状展布，变化速率较低，砂岩厚度大而稳定。东南部与大营铀矿床接壤部位，ZKT31-63—ZKT31-7 一线，砂岩厚度大于 80m，呈近南北向带状展布，分布范围局限，但变化速率较高，高值区在东部主矿体 B32—B15 线附近出现小范围的低值区，厚度小于 40m。低值区位于北部及南部，厚度普遍小于 50m，分布范围相对较小，变化速率较低，砂岩稳定。砂岩最薄部位位于北西部，砂岩厚度小于 10m，一是由于东北部的整体抬升剥蚀，砂岩变薄，二是由于其处于三角洲边缘，原本砂岩薄。上亚段矿化均产于砂岩厚度 40～60m 部位，主矿体位于东部高值区砂岩厚度变化部位。

由图 10-9 可以看出，直罗组下段下亚段砂岩与上亚段砂岩在空间位置和发育特征上具有明显的继承性，二者均受北东-南西向分流河道的控制，砂岩厚度、含砂率均呈现出多条北东-南西向的高值带。由于二者向分流河道下游砂岩非均质性逐渐增强，各自形成了铀的富集成矿并在空间位置上基本重叠。

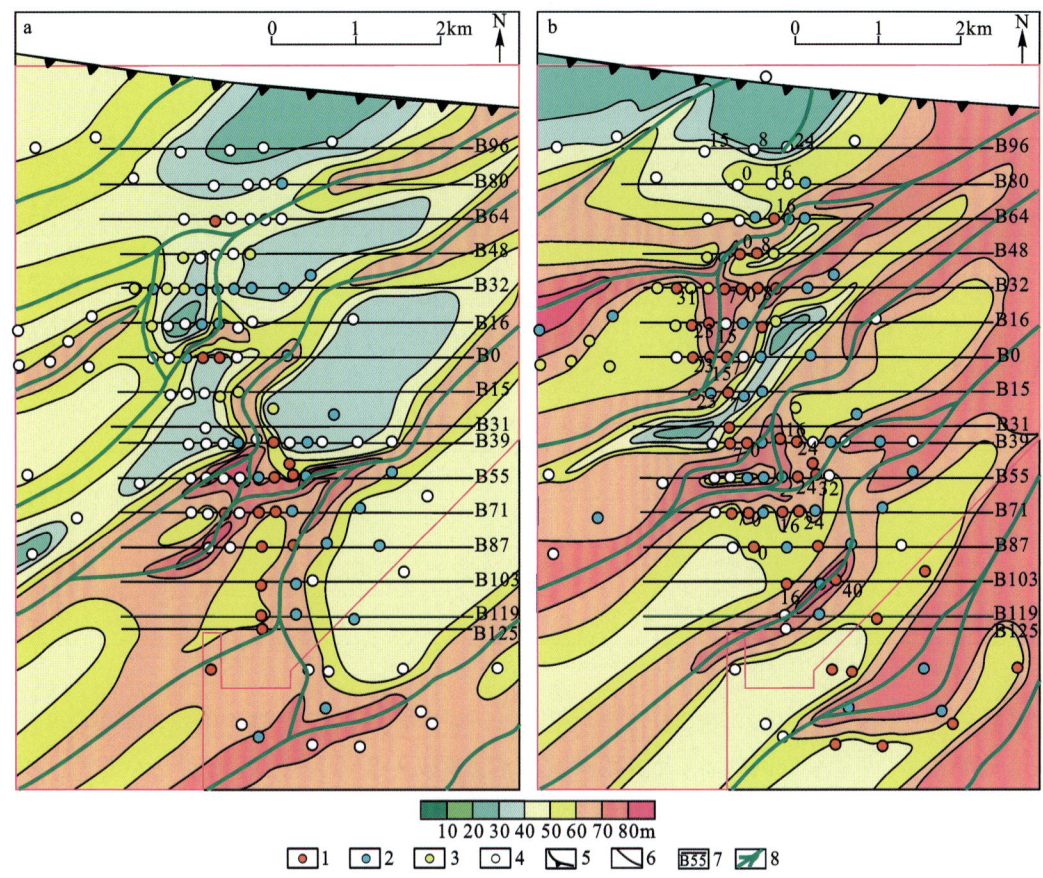

图 10-9 巴音青格利铀矿床直罗组下段砂体厚度等值线图

1.工业矿孔;2.矿化孔;3.异常孔;4.无铀矿孔;5.剥蚀区;6.砂体厚度等值线;7.剖面;8.流水线

a.直罗组下段下亚段砂体厚度等值线图;b.直罗组下段上亚段砂体厚度等值线图

二、砂岩岩石学特征

根据 Folk 砂岩分类法(图 10-10),巴音青格利铀矿床直罗组下段碎屑岩样点主要落在 2、4、5 三个区域中,即碎屑岩主要类型为长石砂岩、岩屑长石砂岩及长石石英砂岩,反映碎屑岩成分成熟度较低,长

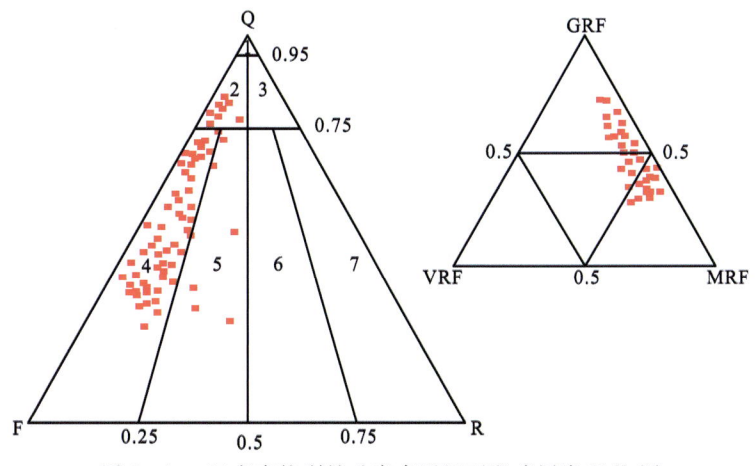

图 10-10 巴音青格利铀矿床直罗组下段碎屑岩 Folk 图

1.石英砂岩;2.长石石英砂岩;3.岩屑石英砂岩;4.长石砂岩;5.岩屑长石砂岩;6.长石岩屑砂岩;7.岩屑砂岩

注:Q 代表石英;F 代表长石;R 代表岩屑;VRF 代表火山岩岩屑;MRF 代表变质岩岩屑;GRF 代表花岗岩岩屑

石含量较高的特点。长石砂岩占 78.99%,长石石英砂岩占 12.32%,岩屑长石砂岩占 8.69%。长石砂岩占绝对优势而杂砂岩不发育,表明直罗组下段沉积环境较为稳定(表 10-5)。

表 10-5 巴音青格利铀矿床直罗组下段碎屑岩类型统计表

地层时代	长石石英砂岩/%	长石砂岩/%	岩屑长石砂岩/%	样品数/个
J_2z^1	12.32	78.99	8.69	138

直罗组下段碎屑岩碎屑物含量较高,变化于 77%~91% 之间,碎屑物成分包括石英、条纹长石、斜长石、微斜长石、岩屑、重矿物和碳屑,其中石英、长石和岩屑较常见,重矿物及碳屑含量一般小于 1%,个别可达 1%~2%(表 10-6)。

表 10-6 巴音青格利地区直罗组下段碎屑岩成分统计表

层位	碎屑成分/%						杂基/%		胶结物/%		样品数/组
	石英		长石		岩屑						
	范围	均值	范围	均值	范围	均值	范围	均值	范围	均值	
J_2z^1	31.6~77.9	50.2	15.1~46.4	42.7	0~8.9	2.5	2.1~11.7	8.4	1.0~8.8	2.3	138

注:数据来源核工业包头地质矿产分析测试中心。

石英:砂岩碎屑物主要成分,含量 31.6%~77.9%,平均 50.2%。石英的磨圆度较差,以次棱角状为主,一部分棱角状,少量呈次圆状,绝大多数具波状消光,单晶石英、多晶石英都较为常见。不同来源的石英往往特点不同,而这种特点往往反映其与母岩的关系。石英主要为来自花岗岩的石英及变质岩的多晶石英,来自花岗岩的石英常含大量气液包体(图 10-11a),呈云雾状消光;来自变质岩的石英常为多晶石英,具明显的带状消光或云状的波状消光(图 10-11b);来自火山岩的石英较为少见。碎屑物中石英的多样性,反映碎屑物母岩的多样性。石英具有裂隙发育的特征,"人"字形裂纹及网格状裂纹较发育,较大的裂隙可切穿颗粒,方解石溶蚀交代石英现象普遍。

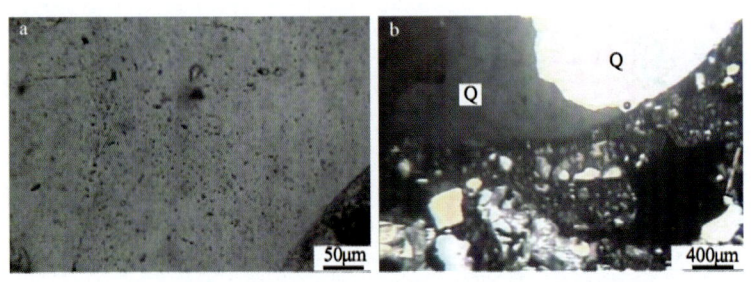

图 10-11 巴音青格利铀矿床砂岩中的石英碎屑
a.来自花岗岩的石英含大量气液包体,(+)×200;b.来自变质岩的石英具带状消光,(+)×25

长石:碎屑物中长石含量少于石英,但总体含量较高,长石含量 15.1%~46.4%,平均 42.7%。长石以条纹长石为主,斜长石、微斜长石较少。条纹长石见正条纹长石和微斜条纹长石,斜长石见卡钠复合双晶及钠长聚片双晶,微斜长石见格子双晶(图 10-12a)。长石普遍发生后生蚀变,多为强烈的高岭土化、绢云母化(图 10-12b),部分长石同样受到方解石的不均匀交代作用而呈现港湾状(图 10-12c),偶见石英、云母对方解石的交代(图 10-12d)。

岩屑:碎屑物中岩屑含量较低,一般为 0~8.9%,平均 2.5%。岩屑是反映碎屑物母岩类型的直接标志,是研究沉积物来源的重要依据。岩屑以变质岩屑及花岗岩屑为主,偶见泥岩岩屑、火山岩屑。岩屑往往颗粒粗大,通常含斑晶,出现脱玻化以后析出大量的铁质于表面。变质岩屑及花岗岩屑主要为变质岩、花岗岩碎屑,或来自于变质岩、花岗岩的多晶石英和条纹长石。岩屑的多样性反映巴音青格利铀矿床碎屑物具有多物源特征,但主要来自变质岩及花岗岩。

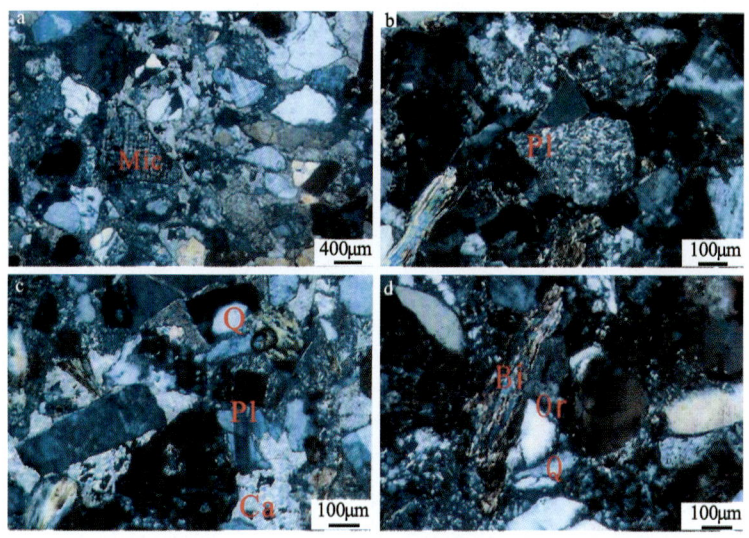

图 10-12　巴音青格利铀矿床砂岩中的长石碎屑

a.微斜长石格子双晶,(+)×25;b.斜长石强烈绢云母化蚀变,(+)×100;
c.长石、石英受到方解石交代呈港湾状,(+)×100;d.云母、石英交代长石,(+)×100;
Q.石英;Pl.斜长石;Ca.方解石;Mic.微斜长石;Pl.斜长石;Bi.黑云母;Or.正长石

云母:云母碎屑含量很少,一般小于1%,局部可达2%~3%。一般粗砂岩及中粗砂岩含云母碎屑少,中细砂岩或细砂岩含云母碎屑多。云母碎屑中包括黑云母和白云母,以黑云母为主。黑云母多为弯折状,分布于碎屑颗粒的粒间,浅褐色—暗绿色呈强多色性,部分黑云母褪色强烈,发生绿泥石化蚀变,少数蚀变为白云母、叶绿泥石。部分黑云母表面见顺解理面析出的铁质物(图10-13a)。

炭化植物或有机质碎屑:在砂岩中分布很不均匀,一般含量小于1%,但局部砂岩中可高达10%~15%。其中炭化植物碎屑少见,多为有机质细脉或条带,为变质成煤之后再迁移沉淀的产物。

重矿物:重矿物总量一般小于1%,但在中细砂岩中可局部富集成层产出,达5%以上。其中最常见的矿物是石榴石,次为黄铁矿、磁铁矿,见少量绿帘石(图10-13b),重矿物多为他形粒状。

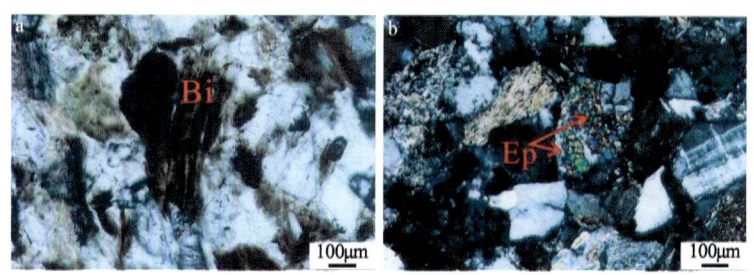

图 10-13　巴音青格利铀矿床砂岩中的黑云母和重矿物

a.黑云母(Bi)表面析出顺解理面分布的铁质,(+)×100;b.绿帘石(Ep)干涉色鲜艳,(+)×100

直罗组下段碎屑岩填隙物包括杂基及胶结物。碎屑岩填隙物以杂基为主,胶结物含量较少。岩杂基含量为2.1%~11.7%,平均8.4%。总体看杂基含量较高,说明搬运介质密度较高,碎屑物分选作用较差,沉积速率较大。杂基主要为高岭石、伊利石及蒙皂石等黏土矿物(图10-14),次为粉砂。胶结物含量较低,在砂岩中含量为1%~8.8%,平均2.3%。胶结物主要为方解石、黄铁矿,次为褐铁矿,多为成岩-后生期的沉淀产物(图10-15)。碎屑岩支撑结构以杂基支撑为主,次为颗粒支撑或颗粒-杂基支撑,杂基支撑占81.16%,颗粒支撑或颗粒-杂基支撑占18.84%。胶结类型以孔隙式胶结为主,占83.33%,基底式胶结较少,占16.67%,部分碳酸盐含量达8%~10%的砂岩(钙质砂岩)呈基底式胶结(表10-7)。

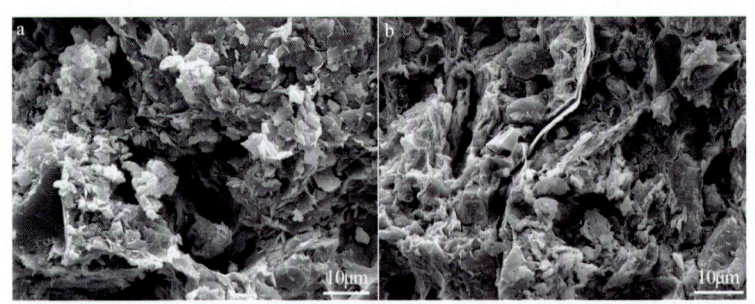

图 10-14　巴音青格利铀矿床砂岩中粒间弯曲状蒙皂、伊利石、叶片状绿泥石杂基

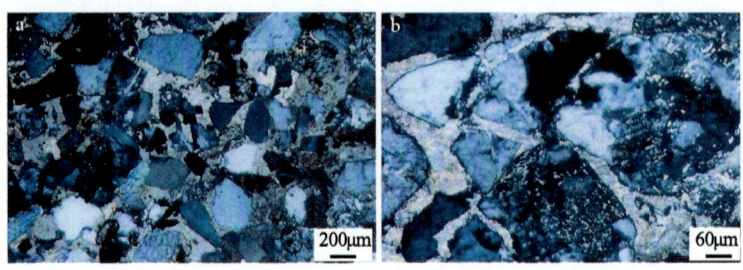

图 10-15　巴音青格利铀矿床砂岩中方解石胶结碎屑颗粒

表 10-7　巴音青格利铀矿床直罗组下段碎屑岩支撑结构及胶结类型统计表

层位	支撑结构		胶结类型		样品数/组
	杂基/%	颗粒/颗粒-杂基/%	孔隙胶结/%	基底胶结/%	
J_2z^1	81.16	18.84	83.33	16.67	138

注：数据来源核工业包头地质矿产分析测试中心。

直罗组下段碎屑岩平均粒径 Md 范围为 0.35~3.21mm，平均 1.71mm，碎屑物粒度偏粗（表10-8）；标准偏差 σ 为 0.43~1.57，岩石分选中等—较差为主，个别为好；偏度 Sk 为 -0.09~0.44，以正偏-近于对称为主，个别很正偏，未见负偏态；峰度 Kg 为 0.86~2.17，频率曲线形态以尖锐-正态为主，部分很尖锐，个别为平坦。碎屑物平均砾径变化较大，分选中等—较差，偏度为正偏近对称，即沉积物以较粗组分为主，峰度以尖锐为主，说明其具有双峰或多峰性，属于多物源沉积。在统计数据中还见到一些极端（极高或极低）的峰度值、偏度值，异常峰度值是两组沉积物混合沉积造成的，趋于零的偏度值岩性为不等粒砂岩或细—粗砂岩，即粒度差异较大的两个碎屑组分含量近似相同混合沉积造成的，频率曲线表现为平坦的马鞍状双峰曲线，这两种特殊的参数特征是河流沉积中最常见的。综上所述，巴音青格利铀矿床直罗组下段碎屑岩沉积环境为多物源的粗碎屑河流相沉积。

表 10-8　巴音青格利铀矿床直罗组下段碎屑岩成分部分数据统计表

	平均粒径 Md/mm	标准偏差 σ	偏度 Sk	峰度 Kg	样品数/组
平均值	1.71	0.96	0.12	1.36	
最大值	3.21	1.57	0.44	2.17	80
最小值	0.35	0.43	-0.09	0.86	

注：数据来源核工业包头地质矿产分析测试中心。

直罗组下段碎屑岩概率累计曲线有两种，分别为三段式和两段式。三段式的特征主要表现为：次总体以跳跃总体为主，含量在 60% 以上，滚动总体和悬浮总体较少，分别占 20% 左右。跳跃总体的斜率倾角值普遍较高，为 45°~60°，分选性中等，滚动总体和悬浮总体斜率较跳跃总体稍低，分选性中等到差，这种粒度变化符合牵引流体的特征(图10-16a、b)。两段式主要包括滚动跳跃型和跳跃悬浮型,其中,跳跃悬浮型的次总体以跳跃总体为主,含量在70%以上,悬浮总体占20%~30%。跳跃总体斜率倾角在45°~60°之间,分选性中等,悬浮总体斜率倾角较低,普遍在30°以下,分选性较差。滚动跳跃型的样品滚动总体较发育,占85%以上,斜率倾角60°以上,分选性好,跳跃总体含量少,分选性差。S截点的值的范围为2φ~2.3φ之间(图10-16c、d),水动力较强。

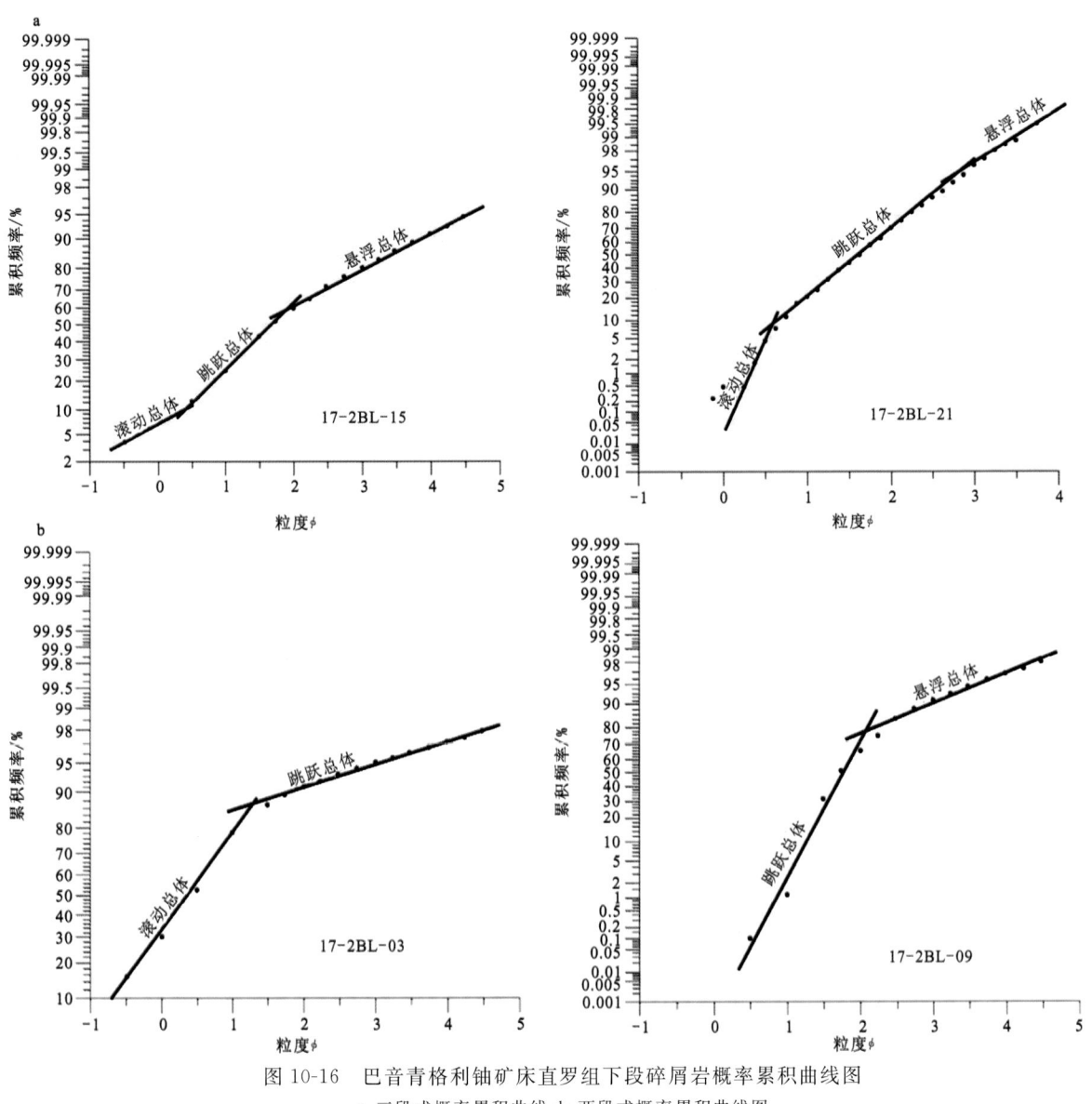

图10-16 巴音青格利铀矿床直罗组下段碎屑岩概率累积曲线图
a.三段式概率累积曲线;b.两段式概率累积曲线图

以上岩石学特征说明,巴音青格利铀矿床直罗组下段碎屑物具有非单一物源的特点,母岩总体以富铀的花岗岩、变质岩为主。砂岩分选中等—较差,总体以粗碎屑物为主,各粒级分异较差,非均质性相对较强,胶结物含量少,固结程度低。碎屑物粒度变化符合牵引流体特征。

三、沉积体系特征

巴音青格利铀矿床是大营铀矿床向北西延伸的部分,其直罗组下段沉积特征与大营铀矿床的下游基本类似,但是直罗组下段下亚段与上亚段之间的沉积特征具有明显的差异性。直罗组下亚段砂岩规模相对大,连续性好,河道间细粒沉积物不如上亚段发育;直罗组上亚段砂岩规模相对变小,侧向迁移明显,河道间细粒沉积物广泛发育。说明直罗组下段上、下两个亚段沉积环境不同,下亚段表现为辫状河三角洲沉积体系,而上亚段主要表现为湖泊三角洲沉积体系。

直罗组下段下亚段为辫状河三角洲沉积体系(图10-17),主要发育辫状分流河道、河道边缘、分流间湾及决口扇等成因相(组合)。辫状河三角洲沉积体系以三角洲平原为主体,可见多条辫状分流河道,由于地处大型物源-沉积朵体的西部边缘,所以该区辫状分流河道总体呈现由北东向南西发育和展布的趋势。三角洲平原上各分流间湾相对不发育,砂岩总体为泛连通状,砂岩厚度及含砂率仅在分流间湾部位有所下降。辫状分流河道宽1~3km,贯穿整个巴音青格利铀矿床,南部的辫状分流河道相对较宽。

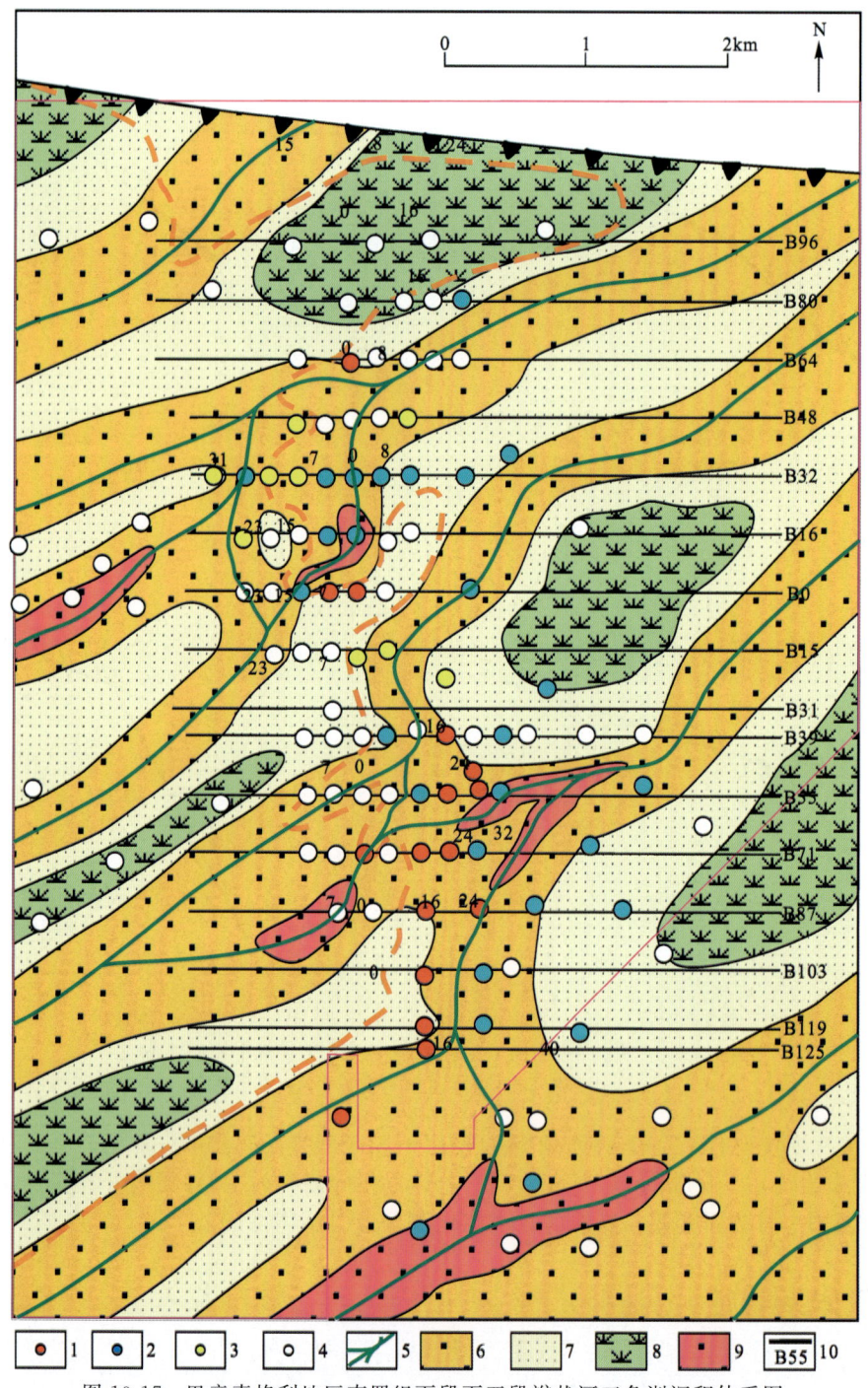

图10-17 巴音青格利地区直罗组下段下亚段辫状河三角洲沉积体系图

1.工业矿孔;2.矿化孔;3.异常孔;4.无铀矿孔;5.主流线;6.辫状分流河道;
7.辫状分流河道边缘;8.分流间湾;9.心滩;10.剖面及编号

直罗组下段上亚段由湖泊三角洲沉积体系构成(图10-18)。湖泊三角洲沉积体系呈近北东-南西向带状展布,以三角洲平原为主体,主要由分流河道、分流间湾及决口扇组成。

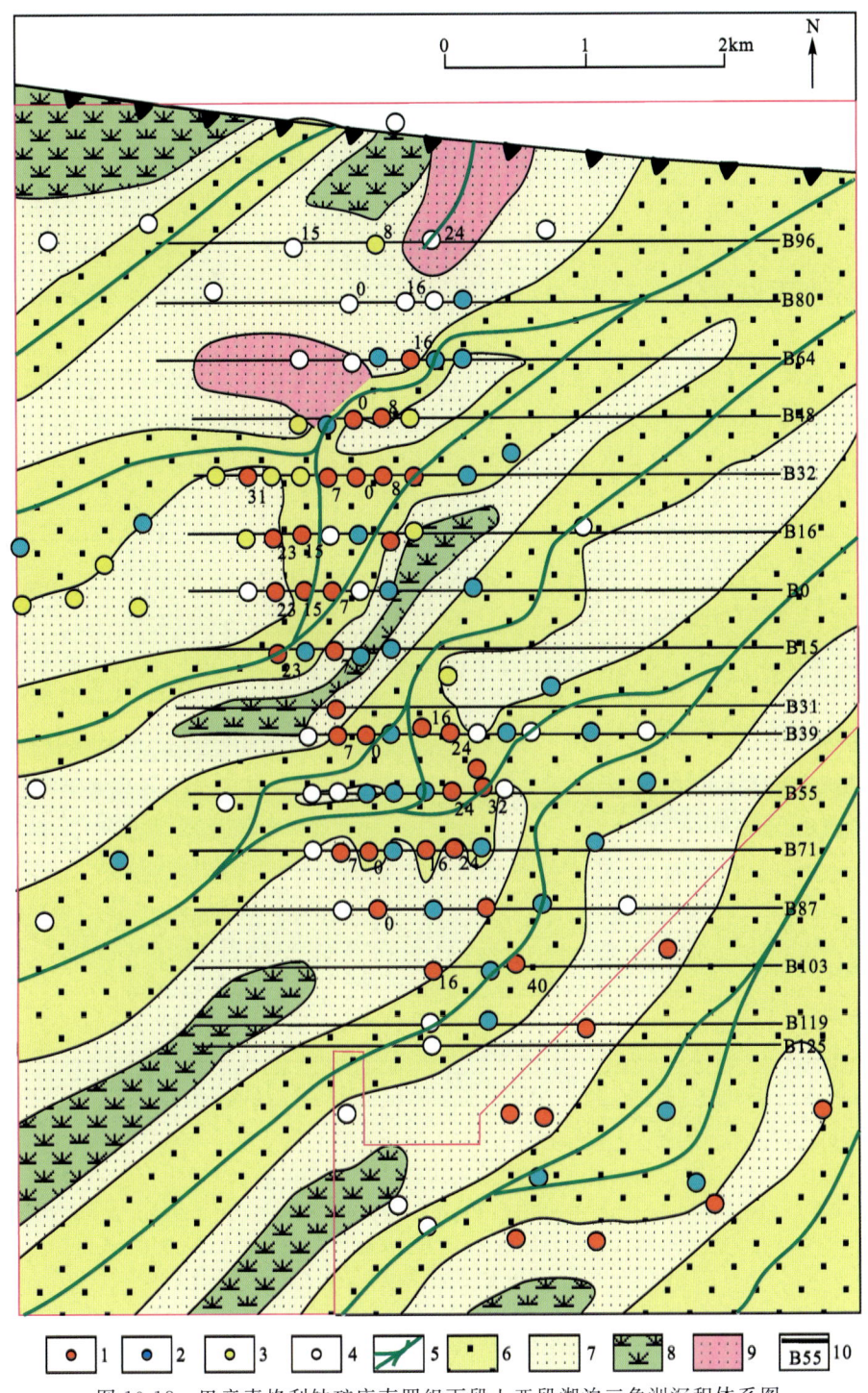

图 10-18 巴音青格利铀矿床直罗组下段上亚段湖泊三角洲沉积体系图
1.工业矿孔;2.矿化孔;3.异常孔;4.无铀矿孔;5.主流线;6.分流河道;
7.分流河道边缘;8.分流间湾;9.决口扇;10.剖面及编号

分流河道由多条北东-南西向曲流河河道延伸而来,继承了原来河道的总体延伸方向,向下游逐级分叉。各分流河道间发育分流间湾,分流间湾砂岩厚度及含砂率相对下降。分流河道向分流间湾的一侧发育决口扇沉积,面积较小,砂岩厚度及含砂率相对下降。分流河道构成砂岩的主体,砂岩叠置,在砂岩厚度及含砂率上均表现为多条高值带。区内直罗组下段上亚段主要发育6条北东-南西向分流河道，宽度均在1~2km，贯穿整个巴音青格利铀矿床，河道砂体规模相对下亚段较小。河道边缘和分流间湾沉积较发育是上亚段沉积体系的突出特点，它们总体上向下游呈开放的"喇叭口"发育，尤其是在北西部大面积发育，含砂率很低，表明已经处于乌拉山大型物源-沉积朵体的西部边缘。

第三节 水文地质特征

一、水文地质结构

巴音青格利铀矿床直罗组地层结构比较简单，根据沉积作用特点、沉积环境和规模、含水岩组的垂向配置及平面分布特征，将其自下而上分为3个含水层，即直罗组下段下亚段含水层——第Ⅰ含水层、直罗组下段上亚段含水层——第Ⅱ含水层、直罗组上段含水层——第Ⅲ含水层。其中第Ⅰ、Ⅱ含水层中赋存铀矿（化）体，为矿床的含矿含水层（图10-19），类似大营铀矿床。

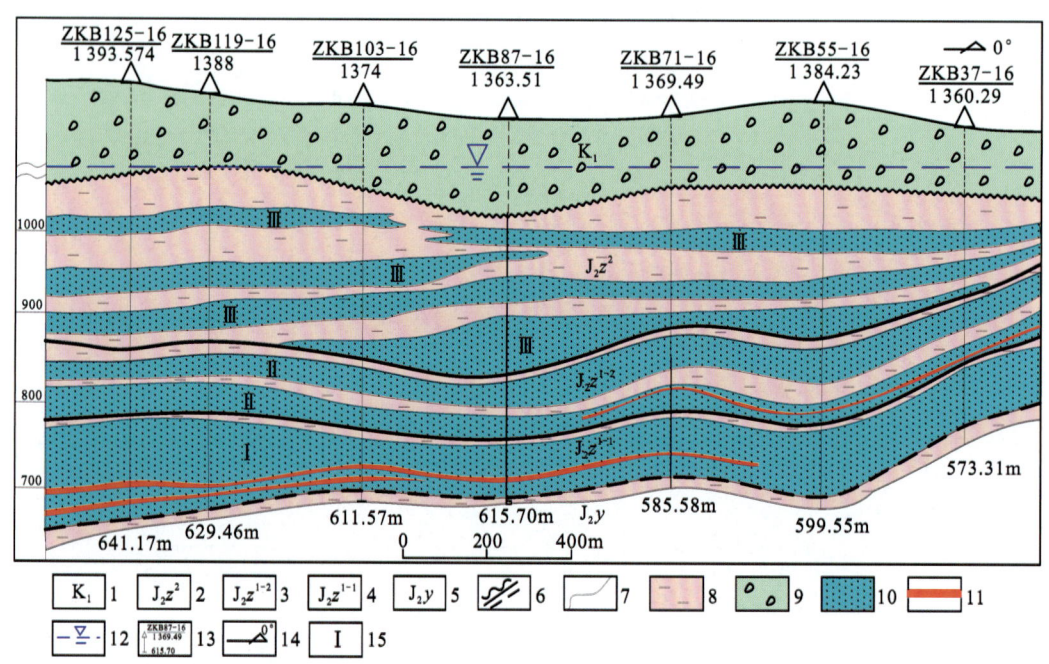

图10-19 巴音青格利铀矿床纵16号线水文地质剖面图

1.下白垩统；2.直罗组上段；3.直罗组下段上亚段；4.直罗组下段下亚段；5.延安组；6.地层界线；
7.岩性界线；8.隔水层；9.下白垩统透（含）水层；10.含水层；11.铀矿体；12.地下水位线；
13.钻孔位置、孔号和孔深/m；14.剖面线方向；15.含水层编号

二、第Ⅰ含水层特征

第Ⅰ含水层为直罗组下段下亚段含矿含水层，具有良好的"隔水-含水-隔水"水文地质结构（图10-19，表10-9）。该含水层由1~3个含水亚层组成，单层厚度一般为20~40m，单层平均厚度为30.5m，由于含水亚层顶部存在泥岩隔档层，隔档层呈透镜状产出，因此，该含水层是一个统一的含水层。含水层总厚度在2.60~104.6m之间，多数在40~80m之间，平均厚度50.8m，其厚度空间变化规律与直罗组下段下亚段砂体空间变化规律一致，并具有"北薄南厚"的特征。矿床北部直罗组遭受剥

蚀，使含水层厚度小于20m甚至尖灭。矿床B55线以南，含水层厚度为60~90m。

表10-9 直罗组下段第Ⅰ含水层与隔水层特征参数表

参数项	含矿含水层			隔水层	
	顶界埋深/m	厚度/m	底界埋深/m	顶板厚度/m	底板厚度/m
平均值	498.8	55.6	554.6	8.4	11.0
最小值	356	11.0	367.0	0.0	>2.0
最大值	597.3	103.0	663.5	26.0	32.0
钻孔数/个	137	137	137	137	124

第Ⅰ含矿含水层岩性以中砂岩、粗砂岩为主，次为细砂岩、底砾岩，夹泥岩、粉砂及岩钙质砂岩薄层。含矿含水层中夹钙质砂岩、泥岩和粉砂岩薄层，构成非渗透性层，呈透镜状展布。钙质砂岩夹层有1~6层，最多有十几层，单层厚度大多数小于1.0m，最厚达5.6m；因该含水层属辫状河沉积成因，故泥岩、粉砂岩夹层层数少且厚度薄，泥岩、粉砂岩夹层一般有1~4层，单层厚度大多数为0.1~2.0m，个别单层厚2.0~10.0m。

该含矿含水层隔水底板主要由延安组顶部的灰色粉砂岩、泥岩及薄煤层组成。大部分钻孔未揭露延安组顶部泥岩，厚度在2.0~32.0m之间，平均为11.0m，隔水性好，在矿床内稳定分布。隔水顶板由直罗组下段下亚段顶部的泥岩、粉砂岩组成，厚度介于0~26.0m之间，大多数在3.0~15.0m间，平均为8.4m(表10-9)。只在个别钻孔部位存在"天窗"，使得直罗组下亚段含水层与上亚段发生水力联系，除此之外，整个矿床分布稳定的隔水顶板，厚度一般大于3.0m，可有效阻隔上、下亚段含水层发生水力联系。

该含矿含水层底界埋深为367.0~663.5m，平均埋深554.6m(表10-9)，顶界埋深为356.0~597.3m，平均埋深498.8m。水位埋深81.05m，水位降深146.4m时，单井涌水量121.0m³/d，单位涌水量0.01L/s·m，渗透系数0.065m/d，导水系数2.5m²/d，反映B63线试验段含矿含水层的富水性弱。

三、第Ⅱ含水层特征

第Ⅱ含水层为直罗组下段上亚段含矿含水层，也具有良好的"隔水-含水-隔水"水文地质结构(图10-19)。含水层以层状稳定分布，在矿床北部呈单层状稳定分布，在矿床南部由于含矿含水层中夹有一层相对稳定的泥岩隔水层将其分为两层，即上部含水层与下部含水层，也稳定分布。其中上部含水层中未发现铀矿化，为上部非含矿含水层；而下部含水层中有铀矿体产出，为下部含矿含水层。该含矿含水层总厚度介于2.0~95.0m之间，大多数在40.0~70.0m之间，平均厚度为60m(表10-10)。其中上部非含矿含水层厚度介于2.8~47.0m之间，大多数在25.0~35.0m之间，平均厚度为26.2m；而下部含矿含水层顶界埋深368.5~567.0m，平均埋深463.0m，厚度介于2.0~62.3m之间，大多数在30.0~40.0m之间，平均厚度为34.9m，具有"南北薄、中间厚"的特征。矿床北部由于含水层遭受剥蚀，含水层变薄，厚度小于20m甚至尖灭。在矿床北部和南部，下部含矿含水层厚度相对较薄，厚度一般为30~40m；而矿床中部下部含矿含水层厚度相对较厚，厚度一般为40~60m，最厚达62.30m。

该含水层岩性以中砂岩、细砂岩为主，粗砂岩次之，夹钙质砂岩、泥岩和粉砂岩薄层，构成非渗透性层，呈透镜状展布。钙质砂岩夹层一般有0~3层，单层厚度0.2~1.0m；泥岩、粉砂岩夹层具有层数少且厚度薄的特征，层数一般有0~3层，单层厚度0.2~2.0m，局部地段泥岩、粉砂岩单层厚度大于5.0m。夹层形成局部隔水层，使含矿含水层有效厚度变薄。

表 10-10 直罗组下段上亚段含矿含水层特征参数表

含水层		厚度/m	平均值/m	钻孔数/个
上部非含矿含水层	隔水顶板	2.1～34.0	12.5	127
	含水层	2.8～47.0	26.2	127
下部含矿含水层	隔水顶板	1.1～52.0	15.6	136
	含水层	2.0～62.3	34.9	136

直罗组下段上亚段上部非含矿含水层的隔水顶板主要由褐红色、绿色泥岩、粉砂岩组成,顶板厚度范围 2.1～34.0m,平均为 12.5m(表 10-10),隔水性好,在矿床内连续稳定分布,也是直罗组上段含水层的隔水底板;下部含矿含水层的隔水顶板岩性主要由褐红色、绿色、灰色泥岩、粉砂岩、薄煤层组成,顶板厚度为 1.1～52.0m,平均为 15.6m,隔水性好,在矿床内连续稳定分布。下部含矿含水层的隔水底板是直罗组下段下亚段含矿含水层的隔水顶板。

针对直罗组下段上亚段下部含矿含水层进行抽水试验(表 10-11),据 WB1 水文地质孔抽水资料,当水位降深 12.04m,单井涌水量 233.76m³/d,单位涌水量 0.23L/s·m,渗透系数 1.37m/d,导水系数 66.5m²/d,渗透性及富水性中等;据 WB2 水文地质孔揭示,水位降深 93.66m,单井涌水量 188.81m³/d,单位涌水量 0.019L/s·m,渗透系数 0.11m/d,导水系数 3.59m²/d,渗透性及富水性较弱。从 WB1 孔和 WB2 孔抽水成果来看,同一含水层的渗透性和富水性差异明显,因 WB1 位于分流河道中心沉积区,含水砂岩粒度偏粗,以中粗砂岩为主,黏粉质含量小于 5%,孔隙多,水动力相对较强,使含矿含水层的渗透性及富水性较强;而 WB2 位于分流河道边部或河道间沉积区,含水砂岩粒度偏细,以中细砂岩为主,黏粉质含量 5%～20%,孔隙不发育,水动力相对较弱,使含矿含水层的渗透性及富水性弱。

表 10-11 直罗组下段上亚段下部含矿含水层水文地质参数表

孔号	所处勘探线	静止水位		承压水头/m	涌水量/(m³/d)	水位降深/m	单位涌水量/(L/s·m)	含水层厚度/m	渗透系数/(m/d)	导水系数/(m²/d)
		埋深/m	标高/m							
WB1	B16	71.34	1 299.82	398.11	233.76	12.04	0.23	48.55	1.37	66.5
WB1-G		71.33	1 299.72	397.37		6.09				
WB2	B87	82.47	1 299.77	407.2	188.81	93.66	0.019	32.68	0.11	3.59
WB2-G		83.0	1 299.77	408.21		16.44		31.42		

四、渗透性及地下水动力特征

巴音青格利铀矿床地下水位埋深 71.33～83.20m,水位埋深较浅,水位标高为 1 297.92～1 299.77m,基本处于同一标高线上。承压水头为 397.37～412.63m,具有从北向南逐渐增大的特征(表 10-12)。含矿段单孔涌水量 120.10(降深 147.20m)～233.76m³/d(降深 12.04m),渗透系数 0.065～1.37m/d,单位涌水量 0.01～0.23L/m·s,表明含矿段的富水性和渗透性整体较强,尤其是上亚段的富水性及渗透性相对更好。

表 10-12　巴音青格利铀矿床水文地质孔抽水试验成果表

施工年度	孔号	静止水位		承压水头/m	涌水量/(m³/d)	水位降深/m	单位涌水量/(L/s·m)	含水层厚度/m	渗透系数/(m/d)	导水系数/(m²/d)
		埋深/m	标高/m							
2018	WB1	71.34	1 299.82	398.11	233.76	12.04	0.23	48.55	1.37	66.5
	WB1-G	71.33	1 299.72	397.37		6.09		48.55		
2019	WB2	82.47	1 299.77	407.2	188.81	93.66	0.019	32.68	0.11	3.59
	WB2-G	83.0	1 299.77	408.21		16.44		31.42		
2021	WB3	82.51	1 298.67	411.80	120.10	147.20	0.01	72.20	0.065	2.60
	WB3-G	83.20	1 297.92	412.63		14.43		72.20		

五、含矿含水层水文地球化学特征

巴音青格利铀矿床含矿含水层地下水水化学形式与分布规律主要受岩性岩相和地下水循环条件制约。地下水中阳离子主要为 K^+ 和 Na^+，阴离子以 Cl^- 为主，其次为 CO_3^{2-} 和 SO_4^{2-}。地下水类型主要为 Cl-Na 型水，地下水矿化度接近 1.0g/L，pH 值 7.5～10.2，为弱碱性，水温 16～19℃，水中铀含量（0.06～1.37）$\times 10^{-6}$ g/L，水化学成分在水平和垂向上分带不明显。根据水化学特征分析，该矿床水文地球化学环境处于氧化-还原环境中（表 10-13）。

表 10-13　巴音青格利铀矿床含矿含水层水文地球化学参数一览表

施工年度	孔号	水化学类型	矿化度/(g·L⁻¹)	pH 值	水温/℃	水中铀含量/(×10⁻⁶g·L⁻¹)	备注
2018	WB1	Cl-Na	0.98～1.18	9.3～10.2	16～19	0.06～0.64	B16 线
2019	WB2	Cl-Na	1.1～1.2	7.5～7.7	19	0.1～0.2	B87 线
2021	WB3	Cl-Na	0.9～1.09	8.5～8.6	19	0.3～1.37	B63 线

第四节　岩石地球化学特征

巴音青格利铀矿床是大营铀矿床向北西的延伸部分，和大营铀矿床具有完全一致的岩石地球化学类型和相似的空间发育特征。

一、直罗组下段下亚段

1. 完全氧化带

巴音青格利铀矿床直罗组下段下亚段完全氧化带即如前所述砂岩氧化率为 100% 的区域，充满整个含矿含水层，如位于钻孔 ZKB39-80（图 10-7）、ZKT64-95（图 10-20）位置。砂岩呈板状整合产出，产状与地层产状一致,呈单层产出,沿分流河道和氧化带发育方向呈"楔状"尖灭(图10-21)。局部受河道分流、砂岩非均质性及断裂构造的影响,氧化方向改变。有时见有多层氧化现象,反映了层间氧化作用受砂岩渗透性差异与还原能力以及地下水水动力条件的影响。巴音青格利铀矿床东西向剖面(即平行分流河道方向)显示(图10-22),剖面东侧钻孔ZKB32-16几乎完全氧化,古层间氧化带呈舌状向南西延伸,反映出沿北东向分流河道自北东向南西方向氧化的特点,同时在中部古氧化带呈透镜状产出,且规模较小。南北向剖面(即垂直分流河道方向)显示(图10-6),古氧化带呈透镜状产出,是由于受垂直分流河道方向上沉积微相分割性的影响,与平面上北东-南西向舌状产出也具有一致性,均指示了氧化流体来源于分流河道北东部,反映了沿分流河道向南东方向,氧化作用逐渐变弱的特点。5条完全古氧化带与北东向展布的5条辫状分流河道对应。完全氧化带尖灭线呈北西-南东向蛇曲状展布,总长约32km。

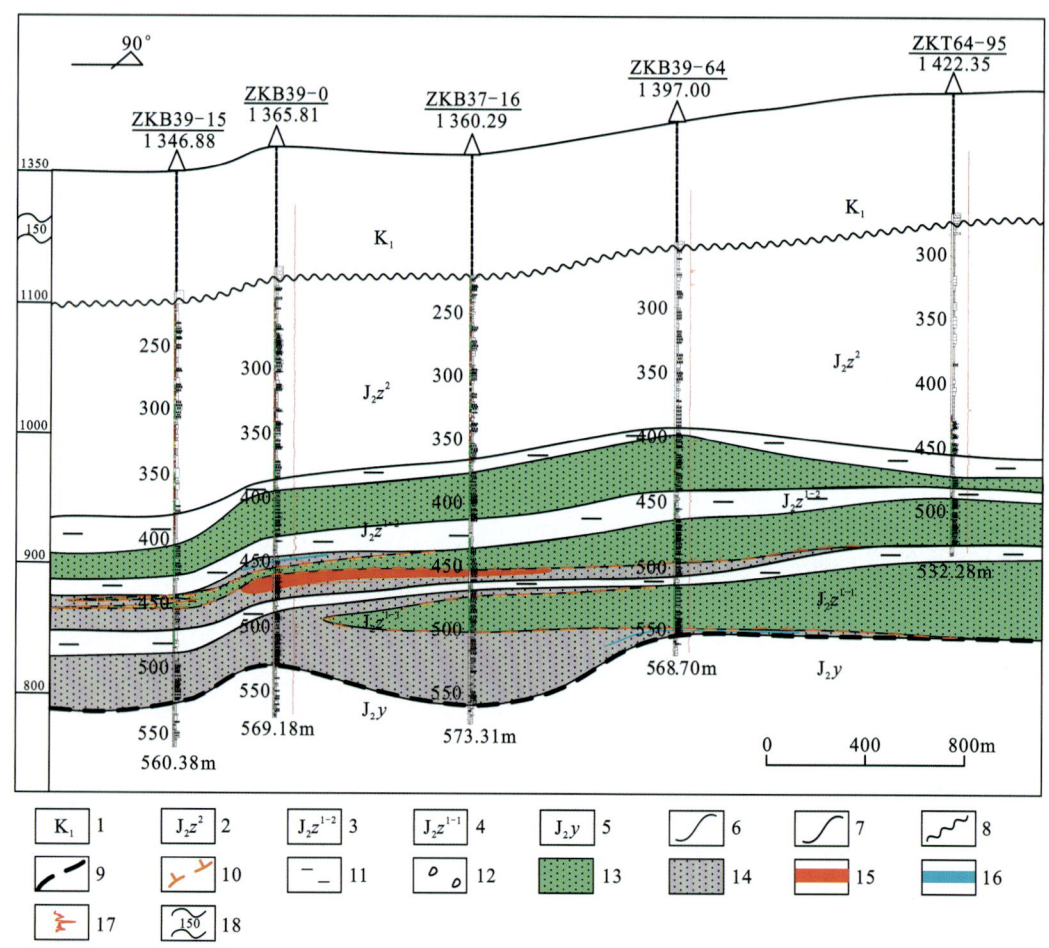

图10-20 巴音青格利铀矿床B39勘探线地质剖面图

1.下白垩统;2.直罗组上段;3.直罗组下段上亚段;4.直罗组下段下亚段;5.延安组;6.岩性界线;7.地层整合接触界线;8.地层角度不整合接触界线;9.平行不整合接触界线;10.氧化带前锋线;11.泥岩;12.砾岩;13.绿色砂岩;14.灰色砂岩;15.工业矿体;16.矿化体;17.伽马测井曲线;18.地层省略符号及缩略厚度/m

2. 氧化-还原"过渡带"

巴音青格利铀矿床直罗组下段下亚段氧化-还原"过渡带"是灰绿色、绿色砂岩与灰色砂岩叠加的地段,如位于钻孔ZKB125-16与ZKB37-16之间(图10-6)、钻孔ZKB39-8与ZKB39-48之间(图10-7)、钻孔ZKB37-16与DCB96-15之间(图10-20)、钻孔ZKB32-15与ZKB32-16之间(图10-22),是0<砂岩氧化率<100%的区域,是灰绿色、绿色砂岩和灰色砂岩两种岩石地球化学类型在垂向上共同发育的部位,是层间氧化带前锋线即灰绿色、绿色砂岩的尖灭线与灰色砂岩尖灭线之间的区域,也不存在真正意义上

的过渡环境岩石地球化学类型。"过渡带"砂岩垂向上表现为"上绿下灰""灰-绿-灰""上灰下绿"的特点,氧化带前缘呈舌状体尖灭,形态上具有典型的层间氧化带特征。"过渡带"呈现南北不规则面状展布,向矿床南部面积变大,呈指状向南西部延伸。古层间氧化带前锋线(灰绿色、绿色砂岩尖灭线)呈近南北向蛇曲状展布,总长约28km(图10-21)。

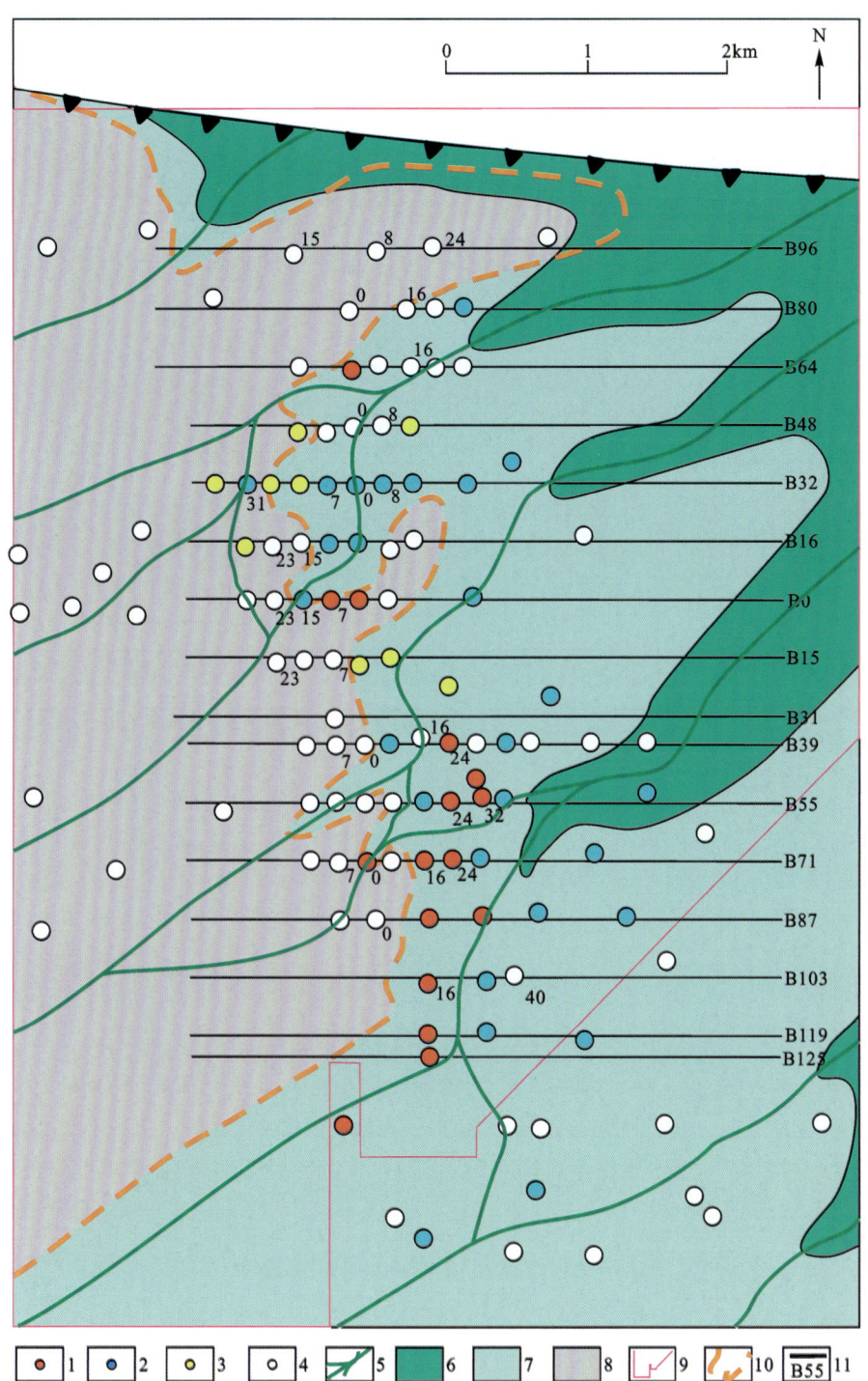

图10-21 巴音青格利铀矿床直罗组下段下亚段岩石地球化学图
1.工业矿孔;2.矿化孔;3.异常孔;4.无铀矿孔;5.流水线;6.完全氧化带;7.氧化-还原"过渡带";
8.还原带;9.巴音青格利范围;10.氧化带前锋线;11.剖面及编号

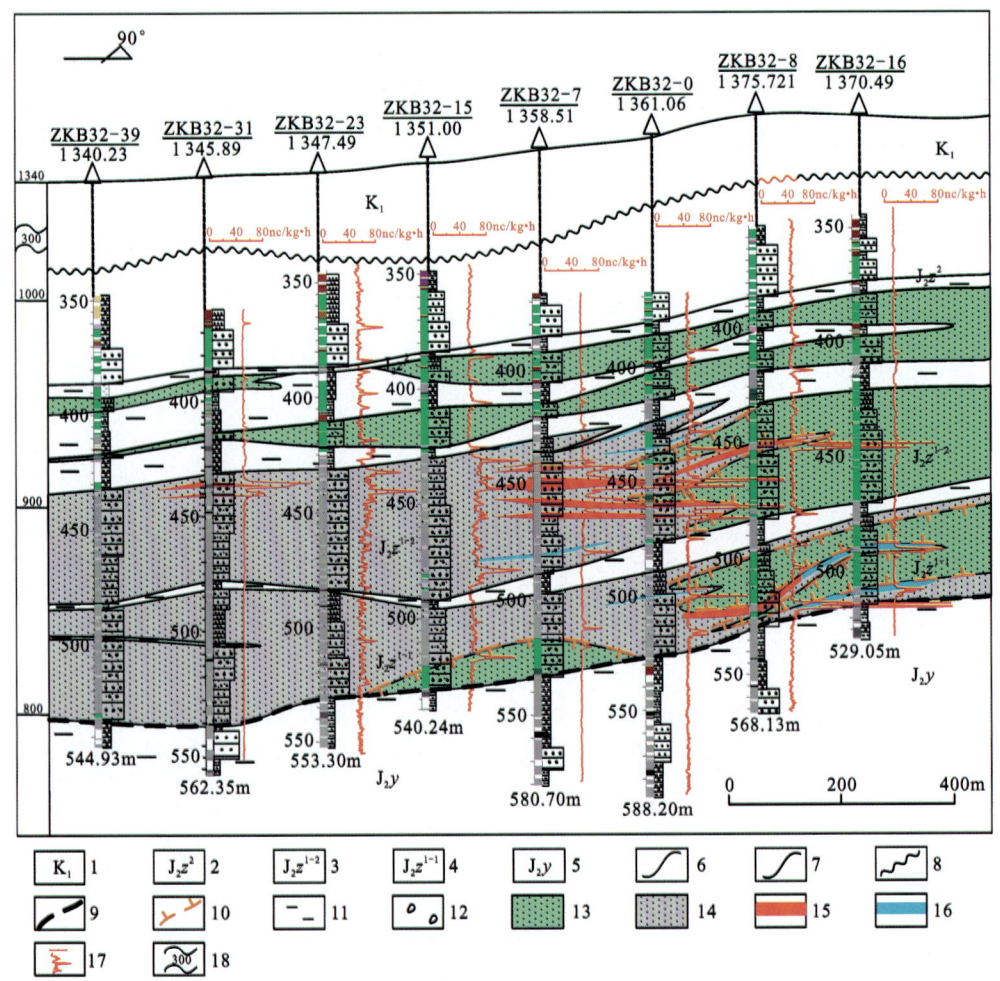

图 10-22 巴音青格利铀矿床 B32 勘探线地质剖面图

1.下白垩统;2.直罗组上段;3.直罗组下段上亚段;4.直罗组下段下亚段;5.延安组;6.岩性分界线;7.地层整合分界线;
8.地层角度不整合分界线;9.地层平行不整合分界线;10.氧化带前锋线;11.泥岩;12.砾石;13.绿色砂岩;
14.灰色砂岩;15.工业铀矿体;16.铀矿化体;17.定量γ曲线;18.地层缩略符号及缩略厚度/m

3. 原生还原带

巴音青格利铀矿床直罗组下段下亚段原生还原带相邻发育于过渡带的南东方向(图 10-21),面积较大,灰色砂岩沿辫状分流河道发育于其下游方向,即如前所述砂岩氧化率为 0 的区域。如钻孔 ZKB135-16(图 10-6)、钻孔 ZKB39-15 与 ZKB39-0 之间(图 10-7)、钻孔 ZKB32-39 与 ZKB32-23 之间(图 10-22)、还原带灰色砂岩与过渡带灰色砂岩整体连续产出,也不存在灰色砂岩在原生还原带与过渡带之间的岩石地球化学类型的分界线。

二、直罗组下段上亚段

1. 完全氧化带

巴音青格利铀矿床直罗组下段上亚段氧化较下亚段充分。由于上亚段内部发育局部稳定的泥岩隔水层,并具有一定的连续性,上亚段部分地段明显被局部泥岩隔水层分隔为下部和上部两个含水层,上部局部含水层被完全氧化(图 10-6、图 10-7、图 10-20)。在局部隔水层不发育的地段,上亚段为统一的含水层,但受局部泥岩透镜体的影响,表现出多层氧化的现象(图 10-22),铀矿体也多层产出。完全氧化带充满整个含水层,与地层产状一致,如钻孔 ZKB164-95(图 10-20)、ZKB32-8 与 ZKB32-16 之间(图 10-22)位置。完全氧化带发育于矿床的北东部分流河道上游部位,表现为由北东向南西发育的特征,呈条带状展布,向南西方向呈 5 个舌状体尖灭,其中有 4 个氧化带舌状体控制了铀矿体的产出。完全氧化带发育方向与物源和分流河道的发育方向一致(图 10-23),对下亚段具有明显的继承性,是由上亚段分流河道对下亚段分流河道的继承性和统一的地下水铀成矿系统所致,但比下亚段完全氧化带延伸更长。完全层间氧化带尖灭线呈北西-南东向蛇曲状展布,总体长约 48km。

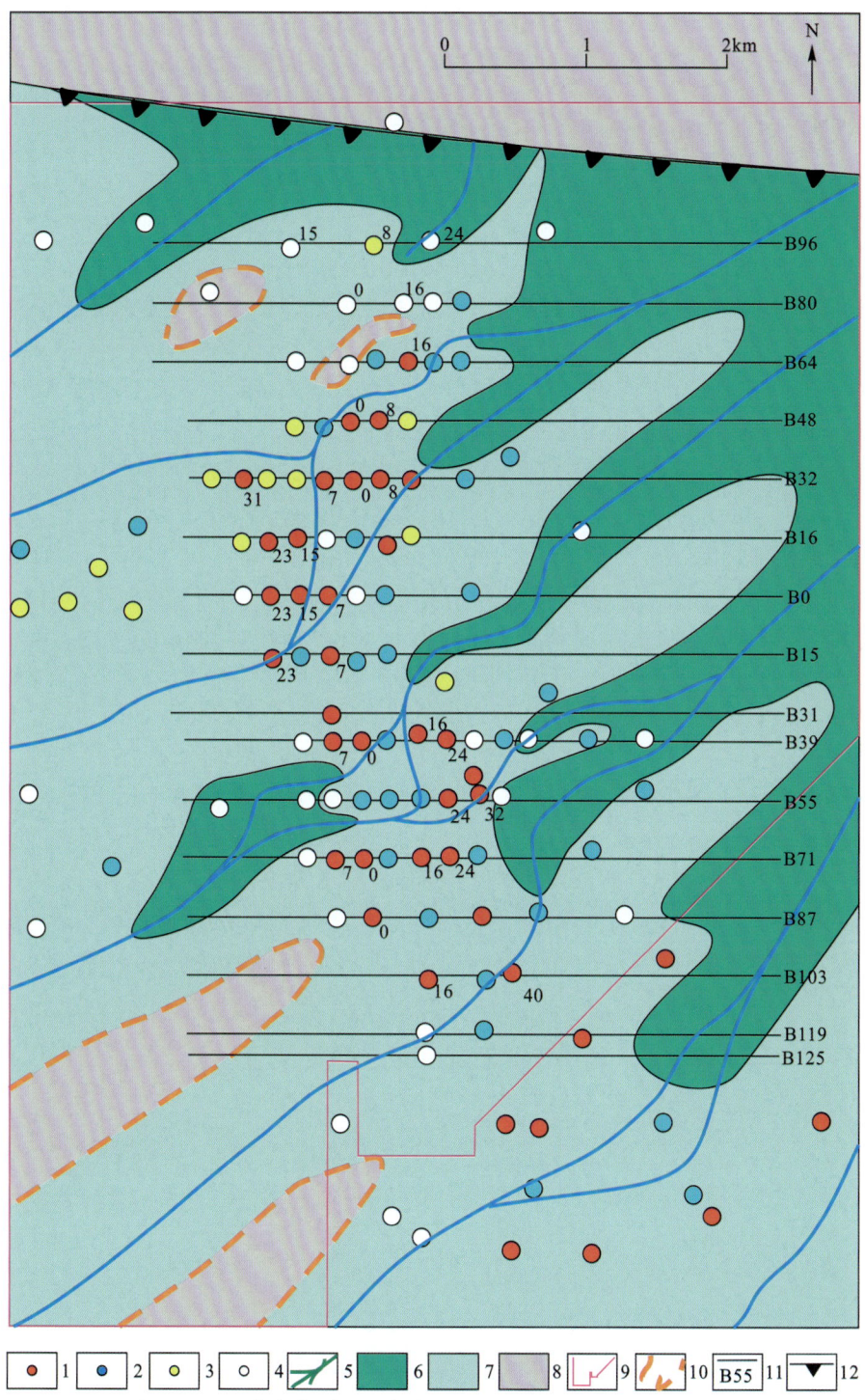

图 10-23　巴音青格利铀矿床直罗组下段上亚段岩石地球化学图

1.工业矿孔;2.矿化孔;3.异常孔;4.无铀矿孔;5.流水线;6.完全氧化带;7.氧化-还原"过渡带";8.还原带;9.巴音青格利范围;10.氧化带前锋线;11.剖面及编号;12.箭头指向剥蚀区

2. 氧化-还原"过渡带"

巴音青格利铀矿床直罗组下段上亚段氧化-还原"过渡带"是灰绿色、绿色砂岩与灰色砂岩叠加的地段，如位于钻孔 ZKB103-16 与 ZKB37-16 之间（图 10-6）、钻孔 ZKB39-15 与 ZKB39-80 之间（图 10-7）、钻孔 ZKB39-15 与 ZKB39-64 之间（图 10-20）、钻孔 ZKB32-15 与 ZKB32-0 之间（图 10-22），与下亚段"过渡带"在空间上大致重叠，继承性较为明显。"过渡带"砂岩垂向上表现为"上绿下灰""上灰下绿"和"绿-灰-绿-灰-绿-灰"互层的特点，绿灰多层互层的特点主要是由多层局部泥岩透镜体的影响所致。氧化带前锋线向南西基本超出了矿床范围，铀矿床基本上处于"过渡带"区域（图 10-23）。

3. 原生还原带

巴音青格利铀矿床直罗组下段上亚段原生还原带不发育（图 10-23），灰色砂岩沿分流河道发育于其下游方向，向矿床南西部基本上超出了矿床范围。在剖面中可见局部灰色砂岩，如钻孔 ZKB135-16 与 ZKB199-16 之间（图 10-6）、钻孔 ZKB32-39 与 ZKB32-23 之间（图 10-21），与下亚段基本重叠。

巴音青格利铀矿床直罗组下亚段和上亚段还原灰色砂岩中黄铁矿、煤屑和炭化植物碎屑发育，尤其在赋矿砂岩中分布较广。其中黄铁矿多以胶结物形式产出，其标型多样，单体有立方体状、尘埃状、显微球粒状；集合体有草莓状、结核状、细脉状、树枝状、块状等，常见黄铁矿附着于碳屑、煤屑、炭化植物茎秆、镜煤条带边部。黄铁矿与铀矿化关系密切，电子探针分析结果显示，铀矿物多与黄铁矿密切共生在一起，呈胶结物产出的黄铁矿是吸附态铀的重要载体。

三、环境指标特征

巴音青格利铀矿床直罗组下段下亚段和上亚段砂岩的全岩硫和有机碳含量最高（表 10-14），其次是灰色砂岩，再次是灰绿色砂岩和绿色砂岩。灰色砂岩全岩硫含量范围 0.015%～2.66%，平均为 0.328%，有机碳含量范围为 0.08%～1.2%，平均为 0.25%；灰绿色砂岩全岩 S 的含量范围为 0.07%～0.65%，平均含量为 0.245%，有机碳含量范围为 0.052%～0.21%，平均含量为 0.112%；绿色砂岩全岩 S 的含量范围为 0.019%～0.581%，平均含量为 0.143%，有机碳含量范围为 0.06%～0.55%，平均含量为 0.142%；矿化砂岩全岩硫含量范围为 0.153%～0.796%，平均含量为 0.502%，有机碳含量范围为 0.1%～1.88%，平均含量为 0.435%。含矿碎屑岩中有机碳含量高于围岩内含量（图 10-24），说明有机碳在氧化作用下被氧化破坏，形成可溶性络合物，经过地下水的迁移，在铀堆积带沉淀，从而造成铀堆积带中有机碳含量增高。

表 10-14 巴音青格利铀矿床全岩硫、有机碳、CO_2、CH_4 分析数据统计表

砂岩类型	灰色砂岩	灰绿色砂岩	绿色砂岩	矿化砂岩
全岩硫/%	$\dfrac{0.015\sim2.66}{0.328}$	$\dfrac{0.07\sim0.65}{0.245}$	$\dfrac{0.019\sim0.581}{0.143}$	$\dfrac{0.153\sim0.796}{0.502}$
有机碳/%	$\dfrac{0.08\sim1.2}{0.25}$	$\dfrac{0.052\sim0.21}{0.112}$	$\dfrac{0.06\sim0.55}{0.142}$	$\dfrac{0.1\sim1.88}{0.435}$
CO_2/%	$\dfrac{0.04\sim4.95}{0.983}$	$\dfrac{0.04\sim4.09}{0.88}$	$\dfrac{0.02\sim2.45}{0.327}$	$\dfrac{0.03\sim1.52}{0.365}$
CH_4/(μL/kg)	$\dfrac{13.9\sim2035}{380.32}$	$\dfrac{8.01\sim2086}{593.82}$	$\dfrac{3.01\sim1309}{275.994}$	$\dfrac{63.6\sim555}{194.638}$
样品数/个	21	9	22	8

注：诸如 $\dfrac{0.04\sim4.09}{0.88}$ 表示 $\dfrac{最小值\sim最大值}{平均值}$

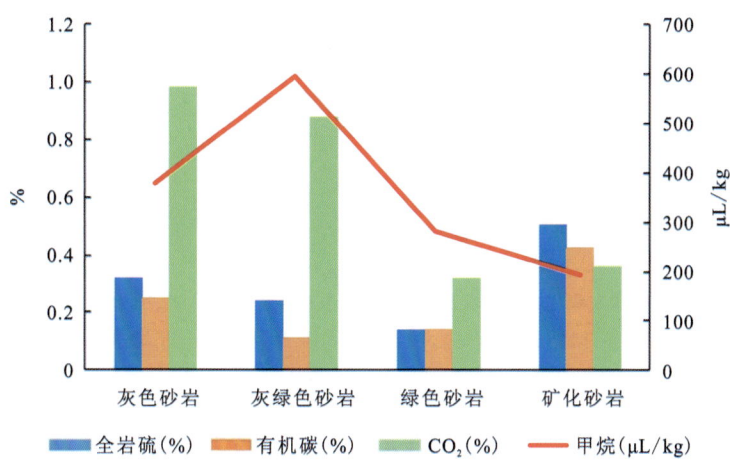

图 10-24 巴音青格利铀矿床全岩 S、有机 C、CO_2、CH_4 分析数据直方图

直罗组下亚段和上亚段灰色砂岩内 ΔEh 值大于灰绿色、绿色砂岩，铀矿石 ΔEh 大于灰色砂岩（表 10-15，图 10-25）。灰绿色、绿色砂岩中还原性物质因氧化作用被破坏，大大降低了氧化砂岩的还原能力，铀矿产出部位是还原介质相对集中的地段，其还原能力既高于灰绿色、绿色砂岩，又高于原生灰色砂岩。

表 10-15 巴音青格利铀矿床直罗组下段砂岩 ΔEh 分析数据表

砂岩类型	样品数/个	$\omega(\Delta Eh)$/mV	FeO/%	Fe_2O_3/%	$C_{有}$/%	S^{2-}/%	$S_{全}$/%
灰绿色、绿色砂岩	34	32.69	1.84	1.46	0.151	0.066	0.091
灰色砂岩	79	35.55	1.66	1.41	0.225	0.106	0.174
含矿砂岩	36	40.38	1.16	1.78	0.378	0.381	0.472

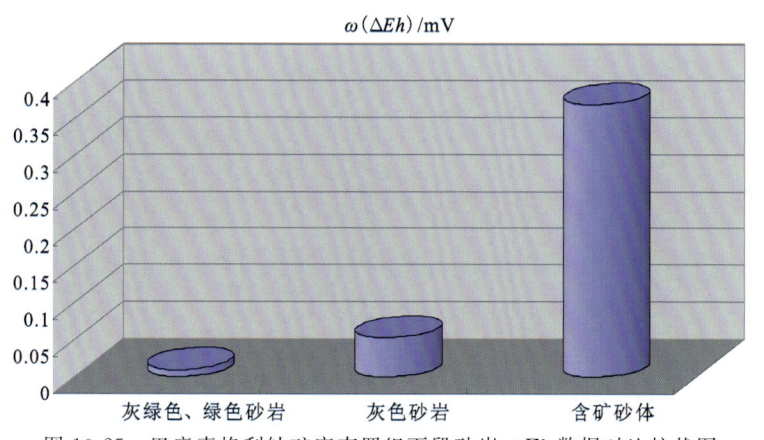

图 10-25 巴音青格利铀矿床直罗组下段砂岩 ΔEh 数据对比柱状图

砂岩型铀矿床中对铀元素沉淀和富集起到至关重要作用的还原介质是保存在砂岩内的黄铁矿与炭化植物碎屑等硫化物及有机质。巴音青格利铀矿床直罗组下段下亚段和上亚段（表 10-15）灰绿色、绿色砂岩内的 S^{2-} 与 $S_{全}$ 的含量明显低于灰色砂岩，说明该砂岩经历了较强的氧化作用，硫元素被氧化，随地下水排泄迁移。灰绿色、绿色砂岩内硫元素含量明显小于灰色砂岩（图 10-26）；赋矿砂岩内硫元素含量明显大于灰绿色、绿色砂岩及灰色砂岩，为 6 倍左右。说明原生灰色砂岩内黄铁矿被后生氧化后，虽然在下部还原性流体还原作用下部分 Fe^{3+} 转化为 Fe^{2+}，但并未形成黄铁矿，是灰绿色、绿色砂岩内未见黄铁矿的原因。灰色砂岩和赋矿砂岩未遭受后生氧化作用，保留了沉积时硫的形态，所以其含量高。

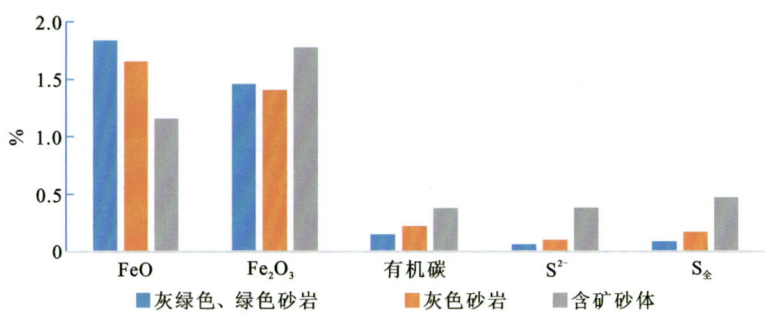

图 10-26 巴音青格利有矿床直罗组下段砂岩 S^{2-} 与 $S_全$ 分析数据对比柱状图

第五节 矿体特征

一、矿体空间分布特征

巴音青格利铀矿床直罗组下段下亚段和上亚段的分流河道均发育铀矿化,上、下亚段中铀矿化主要产于分流河道边部(图 10-27、图 10-28),反映了分流河道边缘控矿的特征,其主要原因是河道边缘主要为细粒沉积物,且发育大量还原介质,既抑制了氧化带的发育,又是地下水动力条件的变异部位,造成了铀的吸附卸载。上亚段砂岩比下亚段砂岩规模小,砂岩非均质性相对较强,铀的富集成矿规模比下亚段相对较大,工业铀矿化产于分流河道与河道边缘过渡部位偏向分流河道一侧(图 10-29)。

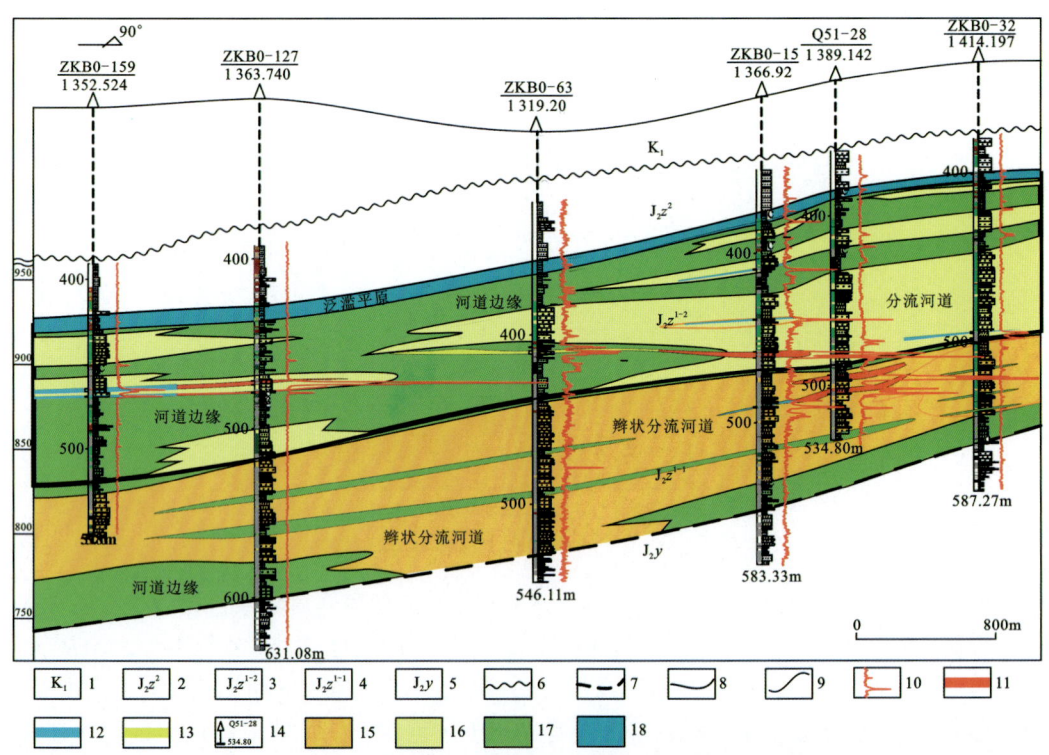

图 10-27 巴音青格利铀矿床 B0 线(东西向)沉积剖面图

1.下白垩统;2.直罗组上段;3.直罗组下段上亚段;4.直罗组下段下亚段;5.延安组;6.不整合界线;7.层序界面;8.上-下亚段界线;9.相边界;10.定量伽马曲线;11.工业铀矿体;12.铀矿化体;13.铀异常体;14.钻孔位置、孔号及孔深/m;15.辫状分流河道;16.分流河道;17.河道边缘;18.泛滥平原

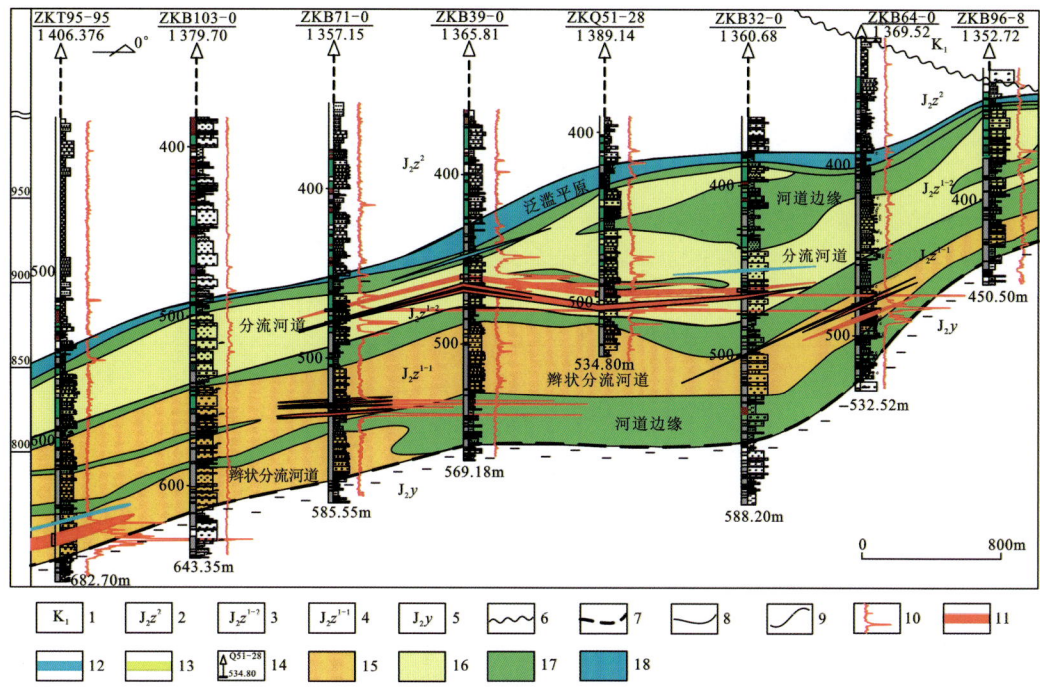

图 10-28 巴音青格利铀矿床纵 0 线(南北向)沉积剖面图

1.下白垩统;2.直罗组上段;3.直罗组下段上亚段;4.直罗组下段下亚段;5.延安组;6.不整合界线;7.层序界面;
8.上-下亚段界线;9.相边界;10.定量伽马曲线;11.工业铀矿体;12.铀矿化体;13.铀异常体;14.钻孔位置、孔号
及孔深/m;15.辫状分流河道;16.分流河道;17.河道边缘;18.泛滥平原

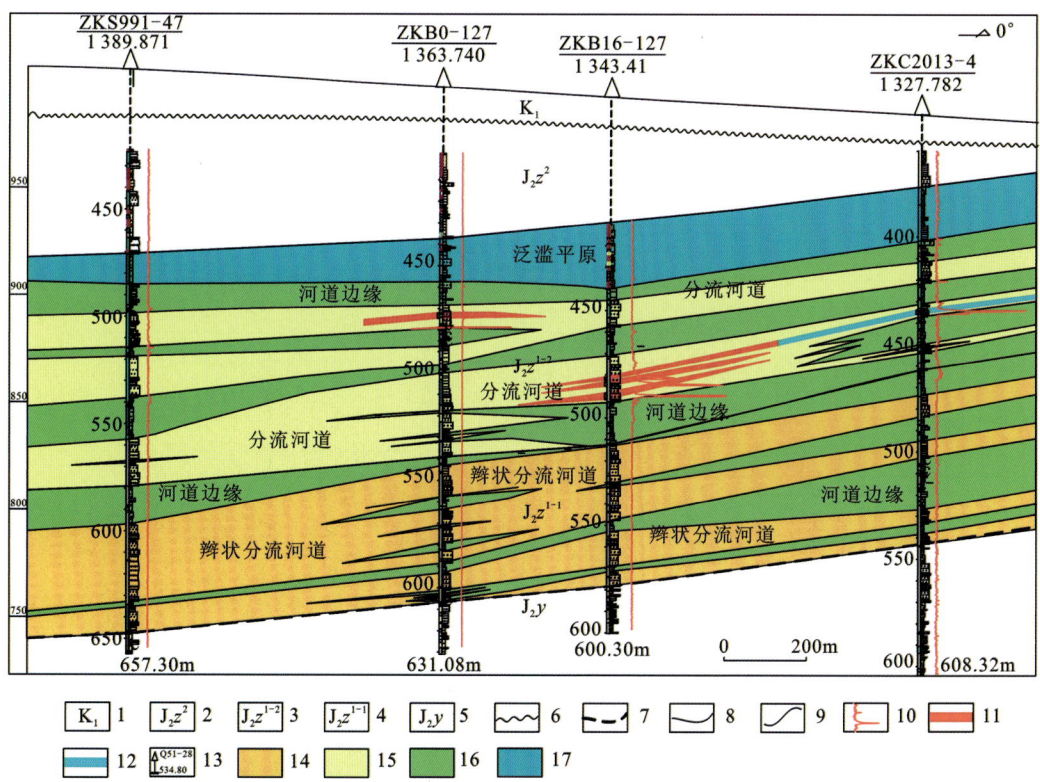

图 10-29 巴音青格利铀矿床纵 127 线(南北向)沉积剖面图

1.下白垩统;2.直罗组上段;3.直罗组下段上亚段;4.直罗组下段下亚段;5.延安组;6.不整合界线;7.层序界面;
8.上-下亚段界线;9.相边界;10.定量伽马曲线;11.工业铀矿体;12.铀矿化体;13.钻孔位置、孔号及孔深/m;
14.辫状分流河道;15.分流河道;16.河道边缘;17.泛滥平原

铀矿体受直罗组下段下亚段和上亚段古层间氧化带控制，产于层间氧化带前锋线相邻灰色砂岩中，位于氧化-还原"过渡带"，下亚段和上亚段体现出一致的特点。铀矿体产于氧化带下部，即位于灰绿色、绿色砂岩相邻下部的灰色砂岩中，形态多为板状、似层状（图10-6、图10-7、图10-20）。单层灰绿色、绿色砂岩一般发育单层矿体，灰绿色、绿色砂岩与灰色砂岩相间出现时，矿体也呈现出多层产出的特点（图10-22），受氧化带前锋线附近砂岩局部隔水层发育的影响明显，砂岩非均质性是导致层间氧化带前锋线空间定位和铀矿体产出的重要影响因素之一。

巴音青格利铀矿床矿体在平面上呈南北向展布，南北长约5.7km，宽100～750m（图10-30）。根据铀矿体在垂向上产出的不同位置，共圈出了Ⅰ、Ⅰ₁、Ⅱ、Ⅱ₁四个工业矿体（图10-31）。其中，Ⅰ、Ⅰ₁号矿

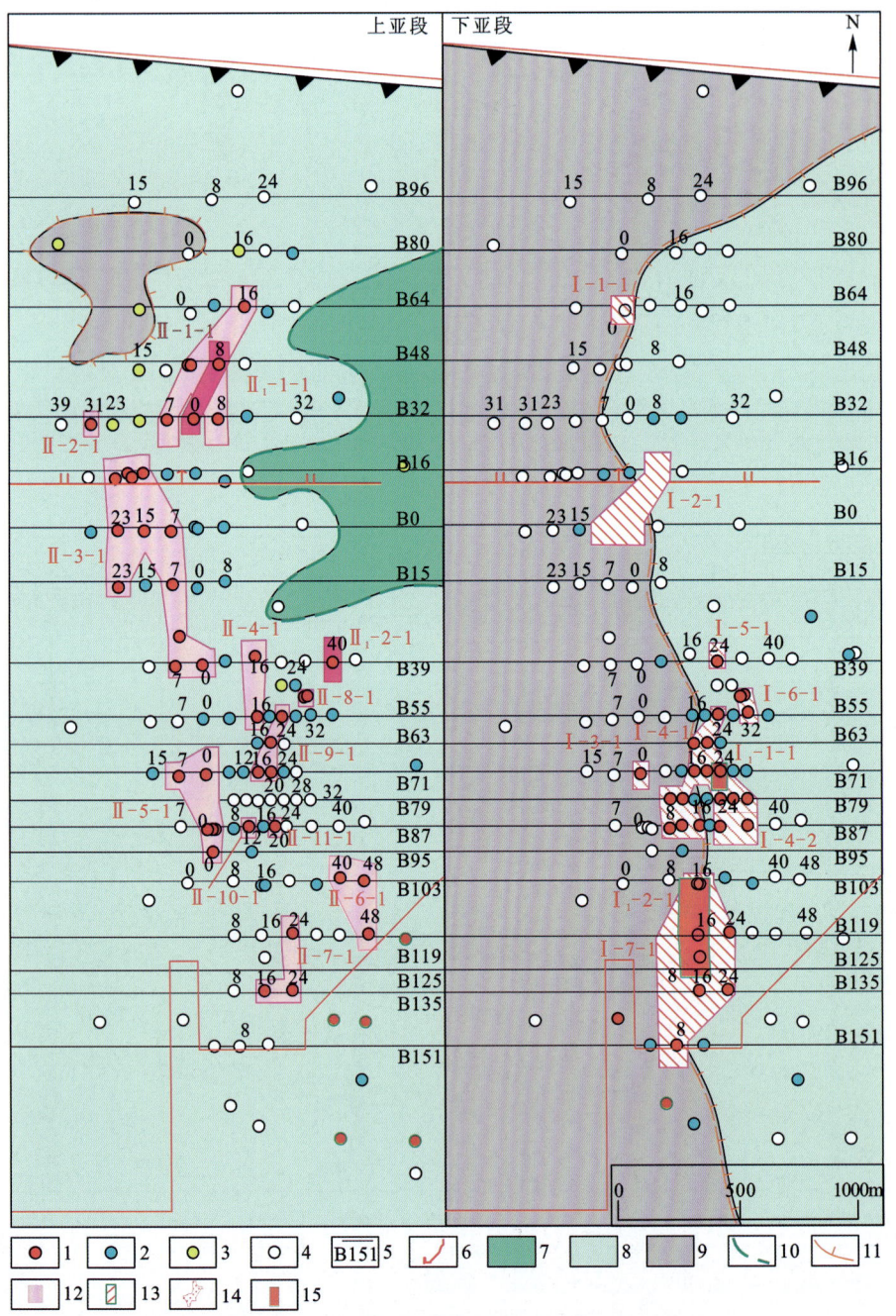

图10-30　巴音青格利铀矿床矿体水平投影图

1.工业矿孔；2.矿化孔；3.异常孔；4.无矿孔；5.勘探线及编号；6.矿床范围；7.完全氧化带；8.氧化-还原"过渡带"；9.还原带；10.完全氧化带边界；11.氧化带前锋线；12.Ⅱ号矿体；13.Ⅱ₁号矿体；14.Ⅰ号矿体；15.Ⅰ₁号矿体

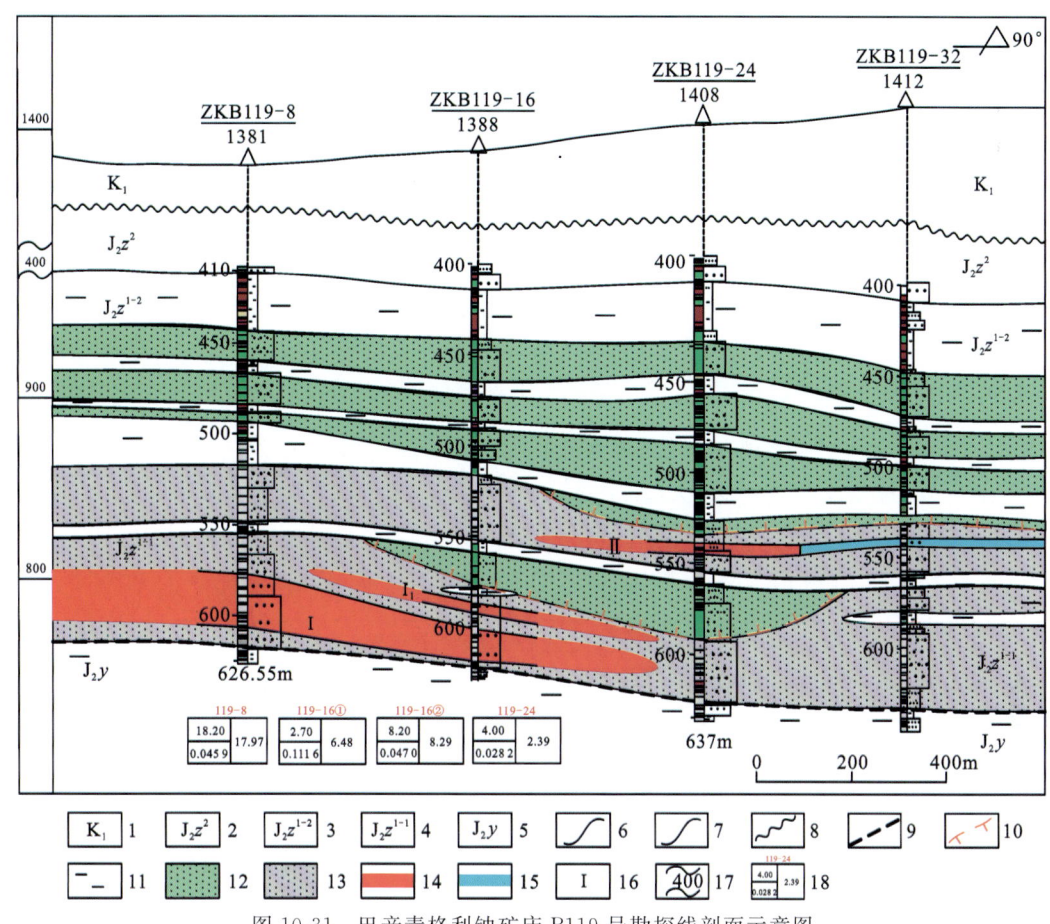

图 10-31 巴音青格利铀矿床 B119 号勘探线剖面示意图

1.下白垩统；2.直罗组上段；3.直罗组下段上亚段；4.直罗组下段下亚段；5.延安组；6.岩性界线；7.地层界线；8.角度不整合接触界线；9.平行不整合接触界线；10.氧化带前锋线；11.泥岩；12.绿色砂岩；13.灰色砂岩；14.工业矿体；15.铀矿化体；16.矿体编号；17.地层省略符号及深度/m；18.孔号及单孔矿体厚度/m、品位/%、平米铀量/(kg·m^{-2})

体均产出于直罗组下段下亚段，Ⅰ号矿体位于灰绿色、绿色古层间氧化带底部，呈板状，规模最大，连续性好，是主矿体之一；Ⅰ$_1$号矿体位于Ⅰ号矿体上部，规模较小，呈透镜状、条带状产出。Ⅱ、Ⅱ$_1$号矿体为直罗组下段上亚段矿体，均主要为氧化带下翼矿体，两个矿体垂向间距大于 7m。其中Ⅱ矿体规模最大，连续性好，是另一主要矿体。Ⅱ$_1$号矿体位于Ⅱ号矿体上部，面积较小，多呈透镜体分布。Ⅰ、Ⅱ号矿体面积占矿体总面积的 92.34%，资源量占总资源量的 93.03%，为矿床的两个主要矿体。

直罗组下亚段Ⅰ号矿体与古层间氧化带前锋线展布方向基本一致，整体呈长条带状展布，矿体长约 6.5km，宽 140～680m，南部矿体连续好(图 10-30)。矿体主要位于矿床南部，产于含矿含水层中下部，受地层、河道砂体展布方向及层间氧化带发育方向影响，矿体产状与下亚段产状基本一致，向南微倾，从北向南，矿体品位、厚度、规模均匀变大，但矿体与地层并非完全平行产出，部分地段间存在一定的夹角，角度约 2°，矿体产出相对更缓(图 10-6、图 10-7、图 10-22)。

直罗组上亚段Ⅱ号矿体与下亚段Ⅰ号矿体相似，整体呈南北向带状展布，南北长约 5.2km，东西宽 100～750m。矿体连续性整体较差，平面上由多个不连续矿体构成，多呈不规则状的梯形。矿床东部主矿体表现为氧化带下翼控矿，矿体通常产出于中部氧化舌的下翼部位(图 10-6、图 10-7)，或多层氧化砂体夹持的灰色砂体夹层中，规模较大，厚度较大，连续性较好，呈似层状、板状，局部地段呈透镜状。矿床东部矿体产出于氧化-还原叠置带偏氧化带一侧，氧化带前锋线控矿作用不明显。

二、矿体产出特征

巴音青格利铀矿床矿体顶、底界标高变化幅度小于埋深变化幅度(表10-16),矿体埋深除了受矿体产状变化影响外,还在一定程度上受地形控制,而矿体的标高变化特征受地层产状与顶、底板构造影响。

直罗组下亚段Ⅰ号矿体顶界埋深在481.25~635.35m之间,平均为559.09m,变异系数为7.35%;底界埋深在490.85~662.15m之间,平均为566.94m,变异系数为7.62%(表10-16)。顶界标高在768.61~895.17m之间,平均为828.78m,变异系数为4.06%;底界标高在757.91~893.37m之间,平均为820.92m,变异系数为4.42%。矿体顶、底界标高变异系数较小,说明矿体产状变化较稳定。矿体埋深、标高整体由北东向南西逐渐由浅变深、由高变低,与地层产状均表现出一致的变化趋势。

表10-16 巴音青格利铀矿床矿体参数特征统计表

矿体参数			平均值/m	标准差	变异系数/%	范围/m 起	范围/m 止	孔数/个
Ⅰ号矿体	矿体埋深	顶界	559.09	41.07	7.35	481.25	635.35	36
		底界	566.94	43.18	7.62	490.85	662.15	
	矿体标高	顶界	828.78	33.68	4.06	768.61	895.17	
		底界	820.92	36.29	4.42	757.91	893.37	
Ⅰ$_1$号矿体	矿体埋深	顶界	564.49	30.40	5.39	518.85	594.45	5
		底界	577.21	31.00	5.37	523.55	602.35	
	矿体标高	顶界	816.47	22.69	2.78	798.85	854.18	
		底界	803.75	25.71	3.20	791.22	849.49	
Ⅱ号矿体	矿体埋深	顶界	475.99	32.20	6.77	415.35	545.55	40
		底界	485.42	31.24	6.44	431.35	554.85	
	矿体标高	顶界	901.53	21.49	2.38	865.89	954.82	
		底界	892.10	19.61	2.20	861.89	929.82	
Ⅱ$_1$号矿体	矿体埋深	顶界	461.28	0.92	0.20	460.75	462.35	3
		底界	466.88	2.05	0.44	464.85	468.95	
	矿体标高	顶界	913.61	15.15	1.66	900.31	930.09	
		底界	908.01	17.43	1.92	894.21	927.59	

直罗组上亚段Ⅱ号矿体顶界埋深在415.35~545.55m之间(表10-16),平均为475.99m,变异系数为6.77%;矿体底界埋深在431.35~554.85m之间,平均为485.42m,变异系数为6.44%。顶界标高在865.89~954.82m之间,平均为901.53m,变异系数为2.38%;底界标高在861.89~929.82m之间,平均为892.10m,变异常系数为2.20%。矿体埋深呈由北东向南西逐渐增大的趋势,与矿体标高整体由北东向南西逐渐由高变低的趋势一致,矿体总体向南西倾斜,与地层倾向一致。

三、矿体厚度、品位及平米铀量

直罗组下亚段Ⅰ号矿体厚度为2.30~20.10m,平均5.96m,均方差4.26,变异系数71.52%(表10-17)。矿体厚度整体表现为北薄南厚、东部略薄西部较厚的特点。矿体品位平均品位为0.0149%~0.1363%,

平均0.0513%，均方差0.03，变异系数60.22%，品位变化不大，品位在0.0360%～0.0470%之间分布范围最广。矿体平米铀量在1.14～19.12kg/m²之间，平均6.54kg/m²，均方差3.66，变异系数84.295%，总体变化较大，一般为3～6kg/m²。平米铀量表现为北东向南西方向逐渐变大的趋势，与分流河道及氧化作用发育方向一致，表现为典型层间氧化带型砂岩铀矿床的特点。

直罗组上亚段Ⅱ号矿体厚度为1.30～24.40m，平均5.88m，均方差5.12，变异系数87.12%（表10-17），整体表现为中间厚两侧薄的特点。品位为0.0148%～0.1265%，平均0.0401%，均方差0.02，变异系数56.49%，品位变化较小，在0.0200%～0.0500%之间分布范围最广，面积占Ⅱ号矿层总面积的70%以上，整体呈东低西高的变化趋势。平米铀量为1.00～20.19kg/m²，平均5.00kg/m²，均方差4.96，变异系数99.18%，总体变化较大，总体具有平米铀量中间厚、两侧薄的特征，高平米铀量钻孔整体呈北东-南西向展布。品位自东向西由高变低的变化趋势、高平米铀量矿体北东-南西向展布，与分流河道及氧化作用发育方向大体一致，与下亚段具有类似的变化特征。

表10-17　巴音青格利铀矿床矿体矿化特征统计表

矿体	参数	变化范围	平均值	均方差	变异系数/%	钻孔数/个
Ⅰ号矿体	厚度	2.30～20.10m	5.96m	4.26	71.52	36
	品位	0.0149%～0.1363%	0.0513%	0.03	60.22	
	平米铀量	1.14～19.12kg/m²	6.54kg/m²	5.51	84.29	
Ⅰ₁号矿体	厚度	2.70～14.40m	7.92m	5.19	65.49	5
	品位	0.0306%～0.1116%	0.0638%	0.03	51.92	
	平米铀量	2.04～15.44kg/m²	9.64kg/m²	5.37	55.66	
Ⅱ号矿体	厚度	1.30～24.40m	5.88m	5.12	87.12	38
	品位	0.0148%～0.1265%	0.0401%	0.02	56.49	
	平米铀量	1.00～20.19kg/m²	5.00kg/m²	4.96	99.18	
Ⅱ₁号矿体	厚度	2.50～4.90m	3.77m	1.21	32.01	3
	品位	0.0206%～0.0245%	0.0220%	0.002	9.74	
	平米铀量	1.30～2.14kg/m²	1.73kg/m²	0.42	24.38	

四、铀镭平衡系数分布特征

直罗组下段下亚段铀矿体铀镭平衡系数与铀含量呈负指数相关（图10-32a，表10-18），表明铀矿石含量越高，偏铀越严重。铀含量大于0.01%小于0.03%时，平衡系数Kp为1.67，严重偏铀；铀含量大于0.03%小于0.05%时，平衡系数Kp为1.17，偏镭；铀含量为0.05%～0.10%时，平衡系数Kp为0.95，平衡略偏铀；铀含量大于0.10%时，平衡系数Kp为0.86，更偏铀。

直罗组下段上亚段铀矿体铀镭平衡系数与铀含量也呈负指数相关（图10-32b，表10-18），表明铀矿石含量越高，偏铀越严重。铀含量大于0.01%小于0.03%时，平衡系数Kp为1.39，严重偏镭；铀含量大于0.03%小于0.05%时，平衡系数Kp为1.10，偏镭；铀含量为0.05%～0.10%时，平衡系数Kp为0.97，略偏铀；铀含量大于0.10%时，平衡系数Kp为0.73，更偏铀。

直罗组下、上亚段铀镭平衡系数变化特征具有相似性，均具有明显后生富集的特征。但是，上亚段铀镭平衡系数略小于下亚段，在一定程度上说明上亚段铀的迁移和富集更为明显，氧化更为充分，与前面所述上亚段与下亚段氧化带展布特征和铀的富集趋势相吻合。

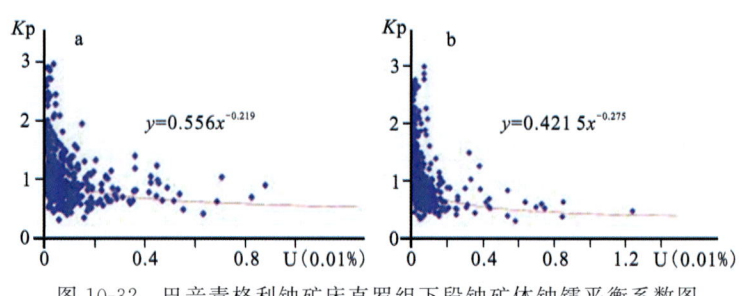

图 10-32　巴音青格利铀矿床直罗组下段铀矿体铀镭平衡系数图
a.下亚段；b.上亚段

表 10-18　直罗组下段下亚段不同铀含量铀镭平衡系数统计表

序号	品位	下亚段		上亚段	
		样品数/个	K_p	样品数/个	K_p
1	0.01%≤Qu<0.03%	119	1.67	185	1.39
2	0.03%≤Qu<0.05%	55	1.17	94	1.10
3	0.05%≤Qu<0.10%	97	0.95	99	0.97
4	0.10%≤Qu<0.30%	82	0.86	63	0.73
5	Qu≥0.30%	27	0.80	23	0.58

直罗组下亚段赋矿砂岩粒度由粗变细，铀镭平衡系数由大变小，赋矿弱钙质砂岩铀镭平衡系数为 0.88（表 10-19）。上亚段赋矿砂岩粒度由粗变细，铀镭平衡系数也由大变小，但中砂岩的铀镭平衡系数略大于粗砂岩，赋矿弱钙质砂岩铀镭平衡系数为 0.70（表 10-19）。直罗组下段上、下亚段不同岩性的铀镭平衡系数特征具有相似性，粒度越细越偏铀，可能与粒度相对较细砂岩更靠近河道边缘，且还原介质更为丰富有关。

表 10-19　直罗组下段不同岩性铀镭平衡系数统计表

序号	粒度	下亚段		上亚段	
		样品数/个	K_p	样品数/个	K_p
1	粗砂岩	109	0.97	161	0.84
2	中砂岩	130	0.88	200	0.91
3	细砂岩	43	0.85	62	0.77
4	弱钙质砂岩	98	0.88	41	0.70

直罗组下、上亚段剖面上矿体偏铀、平衡、偏镭近水平状与矿体平行产出，偏铀、平衡、偏镭交互出现，偏铀层略多，下、上亚段具有一致的变化特征。矿体的中部高铀含量矿体主要偏铀或平衡，矿体的上、下部位低铀含量矿体以偏镭为主（图 10-33），在平面上以偏铀为主。这种矿体在垂向上中间偏铀、上下偏镭和总体偏铀的变化特点，与典型层间氧化带型砂岩铀矿卷头矿体偏铀、翼部矿体偏镭具有极强的相似性，说明巴音青格利铀矿床含氧含铀水具有层间－渗入氧化作用的特征，具有典型层间氧化带型砂岩铀矿床的成矿特征。

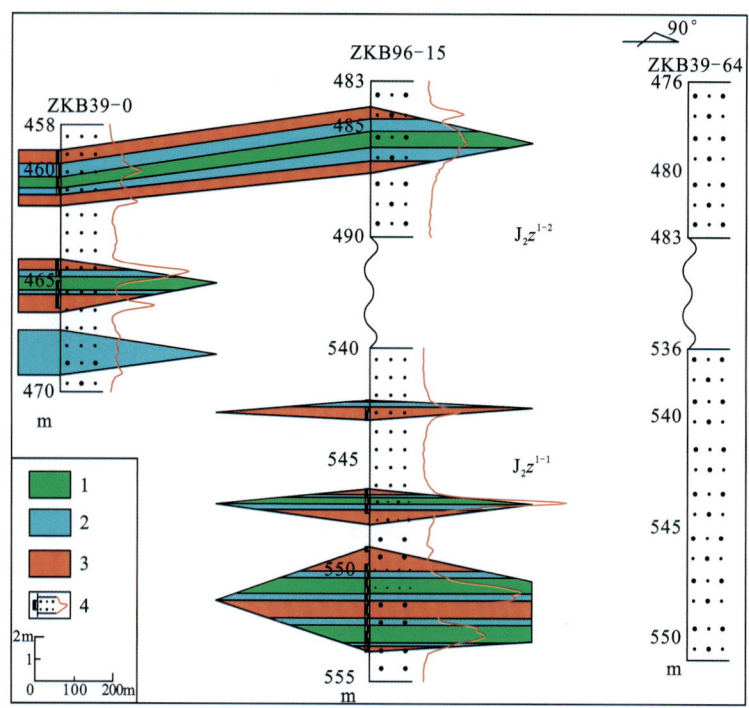

图 10-33　巴音青格利铀矿床 铀镭平衡系数(K_p)剖面图
1.K_p<0.9；2.0.9≤K_p≤1.13；3.K_p>1.1；4.岩性及伽马测井曲线

第六节　矿石特征

一、矿石物质成分

巴音青格利铀矿床含矿砂岩碎屑物主要以石英为主,平均含量在63%左右,其次为长石,约占20%,黏土矿物约占10%左右(表10-20)。其中长石以斜长石、钾长石为主,部分为微斜长石、条纹长石,由于长石抗风化能力较弱,颗粒表面多见黏土化、帘石化(主要为绿帘石和黝帘石)(图10-34a、b),部分砂岩中可见被碳酸盐交代穿插的现象(图10-34c)。

表 10-20　巴音青格利铀矿床直罗组下段砂岩全岩分析数据统计表

砂岩类型	石英/%	钾长石/%	斜长石/%	黏土总量/%	方解石/%	白云石/%	黄铁矿/%	样品数/个
含矿砂岩	63.36	8.57	11.55	10.42	5.69	0.33	0.08	18
灰色砂岩	62.94	11.29	11.14	11.95	1.08	0.25	1.35	12
灰绿色、绿色砂岩	63.16	13.71	10.42	11.90	0.50	0.31	0.00	23

注:分析结果来自核工业北京地质研究院。

含矿砂岩中黄铁矿分布较广,含量一般在0~4%之间,大部分大于1%,高者可达6%,多以胶状产出(图10-34d)。其形式多样,单体有立方体状、显微球粒状;集合体有结核状、细脉状、块状等,常见黄铁矿与黑云母关系密切,多在黑云母中产出,使黑云母挤压变形(图10-34e)。含矿砂岩中的黄铁矿又分为沉积型和蚀变型黄铁矿。沉积型黄铁矿(图10-34d)指在成岩过程中形成的黄铁矿,产出于碎屑间,有的呈胶结物产出,与铀矿化无关;蚀变型黄铁矿(图10-34e)是指与铀矿化相关,往往呈不规则微细粒状产于蚀变黑云母中,是黑云母蚀变的产物。

含矿砂岩中云母含量相对较高,平均在3%左右。砂岩中的云母多以黑云母为主,少量绢云母和白云母。部分砂岩中可见黑云母呈定向排列(图10-34f)。显微镜下鉴定显示黑云母绿泥石化现象严重、多吸水膨胀形成扫帚状(图10-34g、h),这些黑云母的形态表明其并非同沉积的碎屑黑云母,而是在沉积之后,物理化学条件改变导致其他填隙物或碎屑物质向黑云母转变(图10-34i),最终形成黑云母,部分黑云母遭受挤压后变形扭曲。

图10-34 巴音青格利地区直罗组下段砂岩显微镜镜下特征

a.斜长石(Pl)的绿帘石化(Ep)和黝帘石化(Soi),正交偏光;b.斜长石(Pl)的绿帘石(Ep)化,正交偏光;c.斜长石(Pl)被碳酸盐(Cb)交代穿插,正交偏光;d.胶状黄铁矿(Py),单偏光;e.黄铁矿(Py)在黑云母(Bi)中产出,黑云母被挤压变形,反射光;f.沥青脉周围见黑云母(Bi)呈定向排列生长,单偏光;g.黑云母(Bi)的绿泥石(Chl)化,并保留了黑云母的假象,单偏光;h.褐色黑云母吸水膨胀呈扫帚状,解理缝中有黑云母生长;i.填隙物中的碎屑物质向黑云母(Bi)转变,伴有少许伊利石(Ⅲ)化

巴音青格利铀矿床黏土矿物包括蒙脱石、伊利石、高岭石、绿泥石,主要分布于碎屑颗粒之间(图10-35)。通过分析数据可知(表10-21),不同分带砂岩黏土矿物类型均以蒙脱石为主,高岭石次之,绿泥石与伊利石含量较低。其中,灰色砂岩蒙脱石含量范围为24%~94%,平均含量为80.6%,高岭石含量范围为3%~67%,平均含量为12.84%,绿泥石含量范围为1%~17%,平均含量为3.96%,伊利石含量范围为1%~7%,平均含量为2.6%;灰绿色砂岩蒙脱石含量范围为54%~94%,平均含量为75.38%,高岭石含量范围为3%~43%,平均含量为17.88%,绿泥石含量范围为1%~10%,平均含量为4.13%,伊利石含量范围为1%~5%,平均含量为2.63%;绿色砂岩蒙脱石含量范围为23%~97%,平均含量为73.71%,高岭石含量范围为3%~43%,平均含量为17.88%,绿泥石含量范围为1%~25%,平均含量为5.18%,伊利石含量范围为1%~3%,平均含量为1.47%;矿化砂岩蒙脱石含量范围为25%~91%,平均含量为70.63%,高岭石含量范围为4%~72%,平均含量为23.5%,绿泥石含量范围为2%~8%,平均含量为3.38%,伊利石含量范围为1%~4%,平均含量为2.5%。对比不同类型砂岩的黏土矿物含量发现(图10-36),灰色砂岩蒙脱石含量相对最高,其次是灰绿色砂岩与绿色砂岩,矿化砂岩的蒙脱石含量相对最低,而矿化砂岩高岭石含量相对最高,绿色砂岩与灰绿色砂岩次之,灰色砂岩中高岭石含量相

对最低。此外,不同类型砂岩的绿泥石与伊利石含量差别不大。由巴音青格利铀矿床蒙脱石含量、高岭石含量交会图可知(图10-37),蒙脱石含量与高岭石含量呈很好的负相关性,相关系数 R^2 达到 0.945 9,表明蒙脱石可能部分是由高岭石转化而来的。

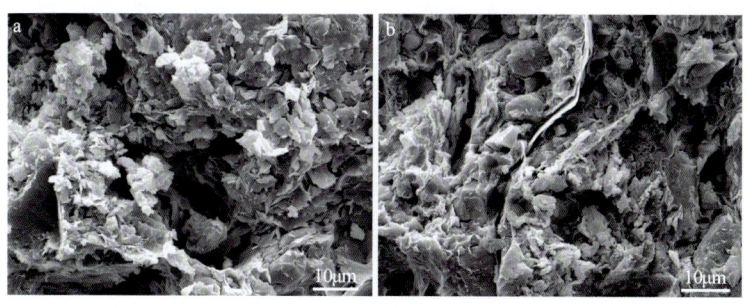

图 10-35　巴音青格利铀矿床粒间弯曲状蒙脱石、伊利石、叶片状绿泥石杂基

表 10-21　巴音青格利铀矿床直罗组下段砂岩全分析数据统计表

砂岩类型	蒙脱石/%	高岭石/%	绿泥石/%	伊利石/%	样品数/个
灰色砂岩	$\dfrac{24\sim94}{80.6}$	$\dfrac{3\sim67}{12.84}$	$\dfrac{1\sim17}{3.96}$	$\dfrac{1\sim7}{2.6}$	25
灰绿色砂岩	$\dfrac{54\sim94}{75.38}$	$\dfrac{3\sim43}{17.88}$	$\dfrac{1\sim10}{4.13}$	$\dfrac{1\sim5}{2.63}$	8
绿色砂岩	$\dfrac{23\sim97}{73.71}$	$\dfrac{1\sim63}{19.65}$	$\dfrac{1\sim25}{5.18}$	$\dfrac{1\sim3}{1.47}$	17
矿化砂岩	$\dfrac{25\sim91}{70.63}$	$\dfrac{4\sim72}{23.5}$	$\dfrac{2\sim8}{3.38}$	$\dfrac{1\sim4}{2.5}$	8

注:诸如 $\dfrac{1\sim3}{1.47}$ 表示 $\dfrac{最小值\sim最大值}{平均值}$,表中含量为相对于黏土总量的百分值。

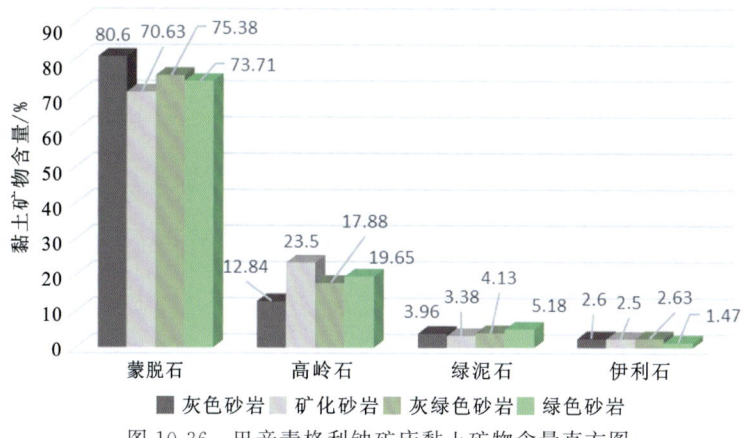

图 10-36　巴音青格利铀矿床黏土矿物含量直方图

二、矿石结构特征

巴音青格利铀矿床含矿岩性以中粒砂岩、粗粒砂岩和中粗粒砂岩为主,分别占 55.59%、20.00% 和 17.74%(表 10-22),次为中细粒和细砂岩,占 4.41% 和 2.26%。对比直罗组上、下亚段不同含矿砂岩粒度特征,下亚段含矿砂岩粒度总体偏粗,粗粒、中粗粒所占比例高,中粒相对偏低,上、下亚段中细粒和细粒砂岩所占比例相近且比例低。

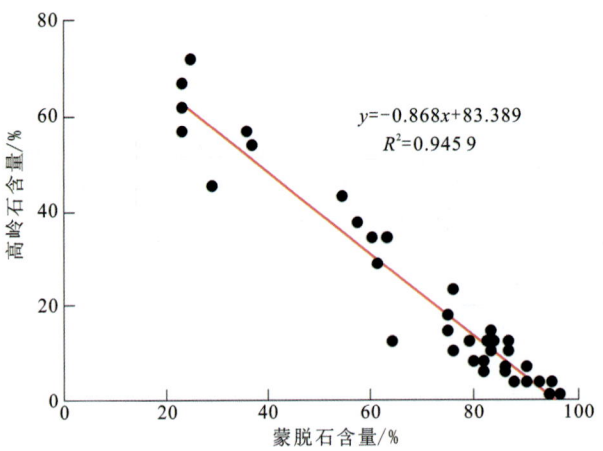

图 10-37　巴音青格利铀矿床蒙脱石含量-高岭石含量交会图

表 10-22　巴音青格利铀矿床直罗组下段矿石砂岩粒度分布统计表

样品数/个	粗砂岩		中粗砂岩		中砂岩		中细砂岩		细砂岩	
	个数	比例/%	个数	比例/%	个数	比例/%	个数	比例/%	个数	比例/%
885	177	20.00	157	17.74	492	55.59	39	4.41	20	2.26

矿床矿石主要为疏松、较疏松的浅灰色、深灰色长石砂岩和长石石英砂岩，不等粒砂状结构（图 10-38），分选较好，磨圆多为次棱角状，层理及块状构造。碎屑物含量较高，多在 88%～92% 之间，填隙物含量较低，多在 8%～12% 之间，个别达 15%。杂基支撑为主，其次为颗粒支撑。填隙物由杂基和胶结物组成，矿石中碎屑颗粒间以接触式胶结为主，少数为孔隙式胶结。杂基成分以蒙脱石为主，次为高岭石，部分含绿泥石；胶结物主要为黄铁矿、褐铁矿，还有少量方解石等。

图 10-38　巴音青格利铀矿床矿石结构特征

a. 中粗粒砂状结构，接触式胶结，胶结物为方解石、褐铁矿；b. 中粒砂状结构，孔隙式胶结，胶结物为方解石、黄铁矿

三、铀存在形式

通过电子探针和扫描电镜等手段进行分析研究，初步确认巴音青格利铀矿床矿石中铀的存在形式有 3 种：吸附态铀、铀矿物及含铀矿物，其中以铀矿物为主（表 10-23）。

吸附态铀即铀以分散吸附形式存在，是铀在各种岩石和矿物中最普遍的存在形式，而吸附形式又能分为多种类型：①铀呈离子形态分布在矿物的结晶水液体包裹体和粒间溶液中；②铀被有机质、沥青质吸附在矿物结晶表面、解理面、裂隙面上；③铀以吸附形式存在于蒙脱石、高岭石、绿泥石等黏土矿物组成的杂基中（图 10-39，图 10-40）；④铀被黄铁矿、泥质、钛铁矿等吸附存在于胶结物表面；⑤铀多被煤屑、碳屑、有机质吸附。

表 10-23 巴音青格利铀矿床电子探针分析结果

钻孔编号	Na$_2$O	SiO$_2$	UO$_2$	FeO	Al$_2$O$_3$	MgO	CaO	TiO$_2$	Y$_2$O$_3$	K$_2$O	PbO	ThO$_2$	P$_2$O$_5$	La$_2$O$_3$	Ce$_2$O$_3$	合计	铀矿物类型
ZKB32-0	0.427	17.923	63.024	0.964	1.228	0.052	1.591	0.155	3.239	0.160	0.058	/	1.925	0.164	1.030	91.940	铀石
ZKB32-0	0.004	12.022	66.317	5.824	1.068	0.240	0.974	0.171	2.256	0.169	0.141	/	2.616	/	0.680	92.482	铀石
ZKB32-7	0.052	19.829	61.349	1.349	1.387	0.053	/	2.420	0.630	/	/	/	1.205	0.182	2.426	92.590	铀石
ZKB32-7	0.051	18.825	62.777	0.386	1.467	0.115	2.273	0.336	0.700	/	/	/	1.112	0.128	2.566	90.753	铀石
ZKB15-8	0.158	17.913	62.413	1.267	1.739	2.241	0.707	0.903	1.997	2.947	0.144	0.040	0.670	0.072	0.780	93.991	铀石
ZKB15-8	0.153	16.796	61.125	1.286	2.232	0.650	1.522	0.275	2.050	0.375	0.077	/	0.635	0.012	1.125	88.313	铀石
ZKB15-8	0.12	16.325	63.844	0.603	1.283	0.076	1.073	0.310	1.929	0.217	/	/	0.551	0.153	1.011	87.495	铀石
ZKB15-8	0.658	17.782	63.827	0.401	1.19	0.023	1.050	0.141	2.331	0.162	0.082	/	1.016	0.112	0.788	89.563	铀石
ZKB15-8	0.462	17.022	65.276	0.353	1.094	0.049	1.086	0.059	2.743	0.136	0.014	/	1.249	0.047	0.534	90.124	铀石
ZKB15-7	0.177	17.646	58.744	3.221	0.595	0.137	2.502	0.173	2.980	/	0.066	/	2.396	/	0.462	89.099	铀石
ZKB15-8	0.163	11.611	56.876	1.394	0.746	0.013	0.698	15.396	1.446	0.109	0.066	/	0.413	0.041	0.372	89.344	钛铀矿
ZKB32-7	0.202	15.053	52.791	5.252	1.005	0.018	1.395	19.669	0.524	/	0.078	/	0.653	0.034	2.461	99.135	钛铀矿
ZKB32-7	/	18.249	6.92	0.136	0.663	0.014	2.853	0.277	0.399	0.001	0.035	60.930	3.256	0.449	2.532	96.714	铀钍石
ZKB32-7	/	18.792	6.947	0.175	0.771	0.009	1.758	0.214	0.335	0.080	/	58.790	3.444	0.458	1.839	93.612	铀钍石

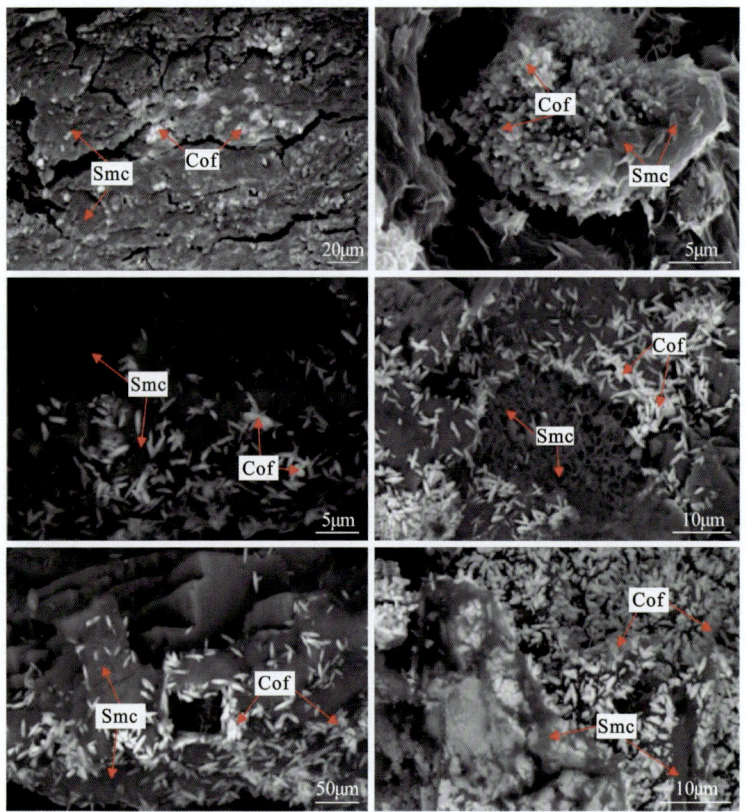

图 10-39　巴音青格利铀矿床铀石与蒙脱石相伴生

Cof. 铀石；Smc. 蒙脱石

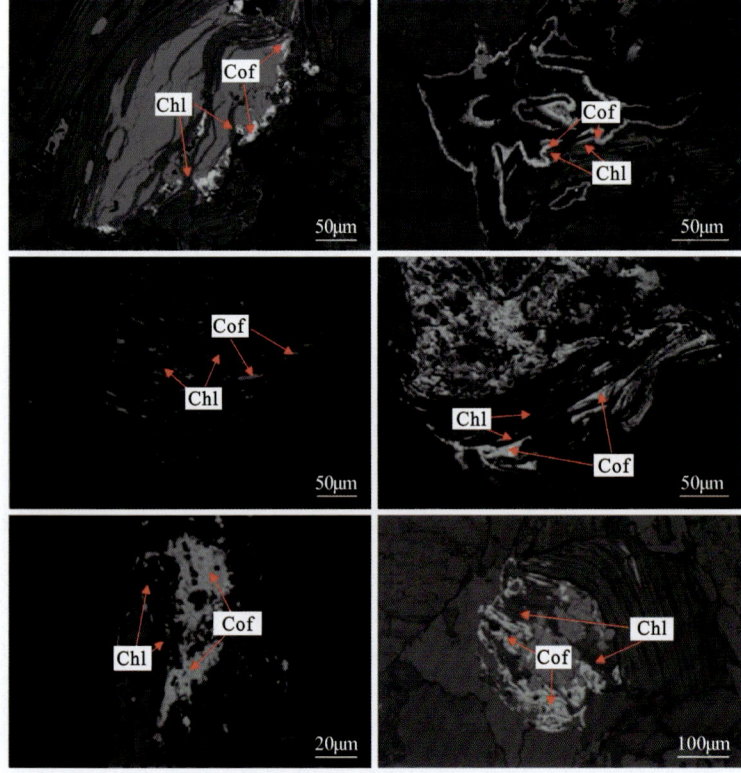

图 10-40　巴音青格利铀矿床铀石与绿泥石相伴生

Cof. 铀石；Chl. 绿泥石

铀矿物以铀石为主，含少量钛铀矿和铀钍石。因电子探针无法检出—OH、羧基、有机质等的含量，故水和有机质无法检出，导致检测总含量小于百分之百，但检测结果并不影响对铀矿物种类的定性判别。

铀石的理想化学式为$U(SiO_4)_{3-x}(OH)_{4x}$（其中$x<0.5$），铀石为四价铀的硅酸盐，广泛发育于沉积砂岩型和热液型铀矿床中。从电子探针镜下照片可以看出，铀矿物多产出于黑云母解理缝中（图10-41a、b），或围绕在钛铁矿（图10-41c）、黄铁矿、长石、黏土矿物周边生长（图10-41d），或沿着有机质边部发育。扫描电镜和能谱分析结果显示，铀矿物多呈泛白色短柱状和晶簇状（图10-41e、f），附着于斜长石、石英、钾长石以及黏土矿物（如蒙脱石）表面。

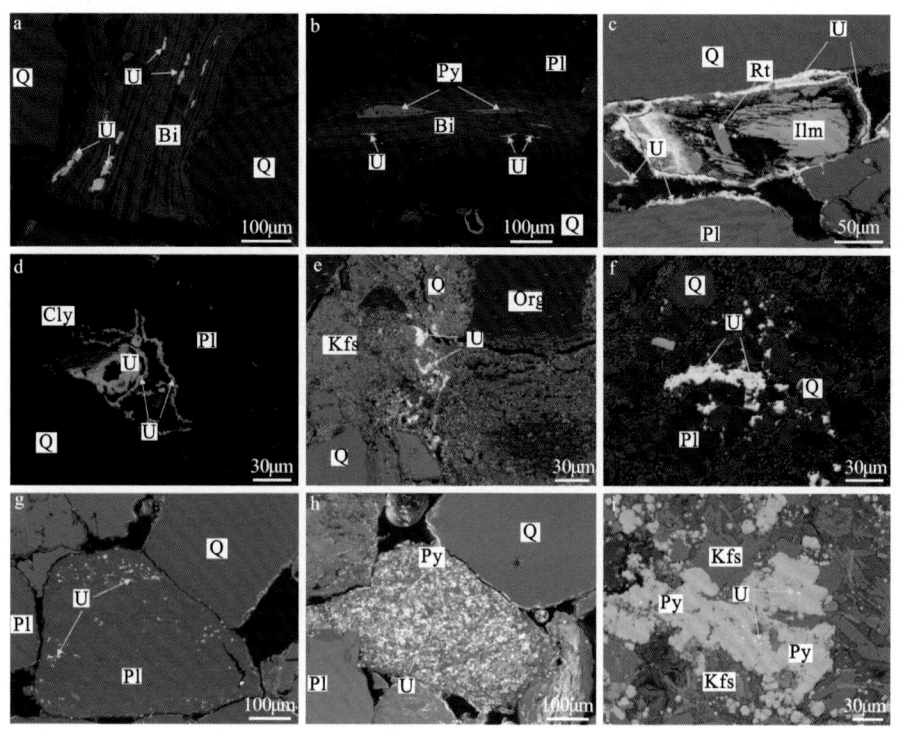

图10-41　巴音青格利铀矿床铀矿物背散射图像

a.铀矿物在黑云母（Bi）的解理缝中；b.铀矿物和黄铁矿在黑云母的解理缝中；c.铀矿物呈毛刺状、微细粒状产于钛铁矿（Ilm）和石英（Q）、长石（Pl）碎屑颗粒边缘；d.铀矿物在长石碎屑颗粒和黏土膜周边呈微细柱状产出；e.铀矿物在胶结物中产出；f.铀矿物在石英、长石的碎屑颗粒填隙物中产出；g.铀矿物在斜长石（Pl）颗粒中产出；h.铀矿物在黄铁矿表面富集；i.铀矿物在黄铁矿表面富集

钛铀矿是分布较广的一种原生铀矿物，产于多种地质条件下。钛铀矿的理想化学式为$(U,Ca,Fe,Th,Y)(Ti,Fe)_2O_6$，钛铀矿是钛、铀的复杂氧化物。钛铀矿多与钛铁矿相伴生，从电子探针分析结果可以看出，大量含Ti铀矿物（钛铀矿）多围绕在钛铁矿周边生长（图10-42），钛铀矿与钛铁矿的接触部位存在大量过渡相物质——含铀TiO_2，与钛铀矿一同构成了钛铁矿周边两条同心环带。

仅发现两例铀钍石，铀钍石的形成环境与钛铀矿一样，形成于更高的温度中。在此不再赘述。

铀矿物产于蚀变黑云母中（图10-41a、b）。背散射图像显示铀石呈微细粒状吸附在蚀变黑云母解理面上或呈透镜状集合体充填于解理缝中，研究认为黑云母、绿泥石中所含Fe^{2+}能为U^{6+}还原、沉淀营造良好的微还原环境。后期流体中的U^{6+}、SiO_2于碱性还原环境下可在矿物解理缝中沉淀，特别是黑云母蚀变产生的黏土矿物具有较强的吸附性，其复杂的吸附-还原-沉淀作用可能是铀石产于黑云母解理缝中的主要原因。铀矿物呈毛刺状、微细柱状和不规则状出现在碎屑颗粒（石英、长石）以及黏土膜周边（图10-41c、d）。含铀溶液的活动能力比较强烈，在碱性环境下，SiO_2能溶解，铀元素能与SiO_2生成铀石矿物而沉淀，所以能见到石英和长石周边出现铀石。黏土矿物具有较强的吸附作用，铀元素能被黏土矿物吸附,然后沉淀在黏土膜周边或黏土矿物中。在颗粒胶结物以及填隙物中也含铀矿物(图 10-41e、f)。另外可见一些铀矿物产于长石等碎屑颗粒中间(图 10-41g),颗粒完整未破碎,应该是从物源区携带而来。铀矿物在黄铁矿表面富集(图 10-41h、i),认为是先存在的黄铁矿在无氧条件下与水发生反应生成 H_2S,还原 U^{6+},铀矿物在黄铁矿表面富集(陈祖伊,2007),铀矿物被含钛矿物交代。通过扫描能谱,如图 4-28,从矿物的边缘依次向核部扫描,观察到成分上存在明显的变化。Fe 元素含量从边缘到核部逐渐减少至零。U 的含量从边缘处到核部逐渐增加的趋势,而 Ti 的含量是从边缘到核部逐渐减少的趋势,矿物学上反映出钛铁矿-白钛石(TiO_2)-含 U、Ti 矿物或含 Ti 铀矿物-铀石的组合递变顺序。研究认为矿床在沉积-成矿过程中蚀变钛铁矿存在一个迁出 Fe-富集 Ti-吸附还原 U 的地球化学过程,一些 U 被吸附到蚀变白钛石(TiO_2)的裂隙中,形成含铀含钛矿物,如含铀白钛矿(徐家伦等,1983)。

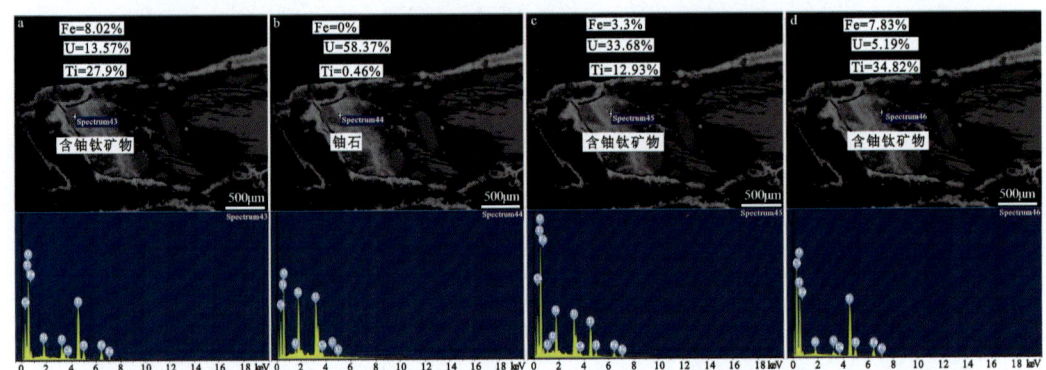

图 10-42　从边缘到核部 Fe、U、Ti 元素的含量变化图

四、铀成矿年龄

采用全岩 U-Pb 等时年龄测试法对巴音青格利铀矿床 ZKB87-2、ZKB16-15、ZKB15-7 三个钻孔矿石样品成矿年龄进行了测试,3 组铀矿石的铀成矿年龄分别为 (160±8)Ma、(72±12)Ma、(60.2±1.4)Ma (图 10-43),分别对应中侏罗世、晚白垩世以及古新世,说明该矿床在直罗组沉积时期便有铀的初始富集,晚白垩世为主成矿期,开始大规模成矿,主要铀成矿作用持续至古新世,一直到河套断陷形成。

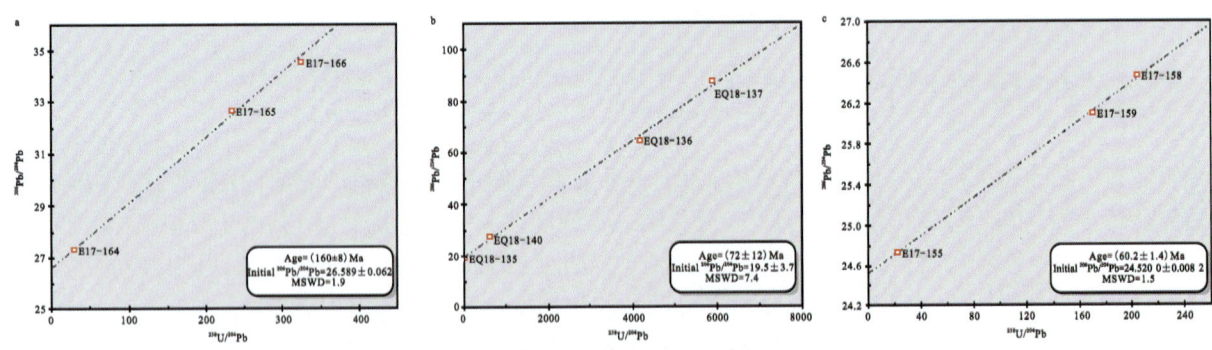

图 10-43　巴音青格利铀矿床成矿年龄 U-Pb 图解
a. ZKB87-2 钻孔铀矿石全岩 U-Pb 等时线图解;b. ZKB16-15 钻孔铀矿石全岩 U-Pb 等时线图解;
c. ZKB15-7 钻孔铀矿石全岩 U-Pb 等时线图解

巴音青格利铀矿床属大营铀矿床的北西侧延伸部分,与大营铀矿床具有基本一致的铀成矿控制因素及成矿模式,在此不再赘述。

第十一章　古矿床成因探讨及勘查经验总结

东胜铀矿田产出于鄂尔多斯盆地北部直罗组下段，主要由皂火壕、纳岭沟、柴登壕、大营、巴音青格利等铀矿床构成，矿田呈东西向展布，长约120km，南北宽约23km，构成了迄今为止我国已探明的最大的盆地铀资源基地。研究发现，东胜铀矿田各矿床虽然产出于乌拉山大型物源-沉积朵体的不同部位，但是却拥有相似的铀成矿作用特征和几乎一致的岩石地球化学找矿标志，显示其为一个超级规模的铀成矿系统。东胜铀矿田主要形成于晚侏罗世和晚白垩世的盆地整体抬升-掀斜阶段，而终止于始新世的河套断陷作用，之后的铀矿床特别是层间氧化带接受了大规模的二次还原改造以及不同程度的剥蚀和氧化改造。这是一种具有复杂演化历史的砂岩型铀矿床，也是我国特有的、唯一的"古层间氧化带型"砂岩铀矿床，属于砂岩铀矿床的一种新类型。

一、对传统水成铀成矿理论的理解

无论是美国地质学家在对怀俄明盆地、科罗拉多高原和南得克萨斯等砂岩铀矿床研究提出的"卷型"铀成矿理论，还是苏联地质学家在对乌兹别克斯坦的中卡兹尔库姆地区砂岩铀矿床研究提出的"外生-后成渗入型""次造山带成矿"铀成矿理论，均是在一定的砂岩铀矿床成矿地质条件下深入研究和系统总结出来的，在砂岩型铀成矿预测评价和勘查过程中总体上具有普遍性、适用性和指导性，但是在铀成矿的某些地质因素方面又体现出一定的地域性、阶段性和时限性。所以，砂岩型铀成矿预测评价和勘查，在充分消化吸收传统水成铀矿理论的基础上，一定要考虑工作地区具体铀成矿条件的地域性和特殊性，不能完全受传统水成铀矿理论束缚。例如，美国南得克萨斯产铀盆地主要是海平面下降驱动了含氧含铀水向盆地渗入和运移，因为在海平面处于低位期间，内陆地下水位的上升可导致地下水发生流动。苏联地质学家在中亚地区建立的"次造山带成矿理论"是在侏罗纪、白垩纪和古近纪稳定地台环境的构造背景下，从渐新世至今次造山带的地台活化阶段导致含氧含铀水的渗入成矿，地台活化阶段的次造山作用是含氧含铀水向盆地渗入和运移的构造活化条件。鄂尔多斯盆地北部在新生代表现出强烈的断陷构造运动，反而终止了此前完整的含氧含铀地下水补-径-排系统、区域层间氧化作用及铀成矿作用，盆地北部大型单斜构造在晚侏罗世至新构造运动河套断陷形成之前大型单斜构造整体抬升构造背景下北升南降的继承性构造演化是含氧含铀水向盆地渗入和运移的构造活化条件。二连盆地在晚白垩世整体抬升构造背景下，古河谷边缘断裂构造普遍开始反转，沿古河谷反转断裂构造一侧形成构造抬升和下白垩统目的层大范围剥蚀，创造了含氧含铀水向古河谷的渗入和运移条件，盆地整体抬升构造景下的古河谷边缘断裂构造反转是含氧含铀水渗入和运移的构造活化条件。所以，如何正确运用传统水成铀矿理论，结合工作区砂岩铀成矿地质条件，科学分析盆地含氧含铀水渗入和运移的构造活化条件，对合理预测铀成矿有利地区显得尤其重要。

二、烃类等还原流体在砂岩铀成矿过程中的作用

在蕴含石油、天然气和煤等能源矿产的沉积盆地中，由其产生的烃类等还原流体在砂岩铀成矿过程

中发挥重要的作用,不仅由于后期还原改造作用而改变了成矿时原有的岩石地球化学环境,而且形成气体还原地球化学障叠加于岩石还原地球化学障之上,形成更利于铀沉淀富集的"叠合"还原地球化学障。在砂岩铀成矿预测评价工作中,分析盆地还原能力及还原障时,往往只重视具有普遍意义的地层中黄铁矿、植物残骸等固体还原剂,而由于组成气体还原地球化学障的烃类气体具有易挥发性,使得铀成矿作用过程中的气体还原地球化学障无法直观反映到现在地质环境中,易流动和易挥发性使具有还原能力的烃类等还原流体形成的还原地球化学障往往被忽视。在含石油、天然气和煤等能源盆地中,广泛产生具有还原性质的烃类等还原流体与不同方向的含铀水可以产生广泛的混合作用,在含铀水中铀沉淀和富集成矿过程具有重要的还原作用。如鄂尔多斯盆地北部第一期石油、天然气的大规模活动在直罗组下段砂岩中已经聚集了大量的烃类等还原流体,第二期活动主要集中于成矿阶段,而且甲烷等烃含量与铀富集为明显正相关,说明大量的烃类等还原流体与铀矿化有一定的成因联系,在含氧含铀水渗入过程中发挥了重要的还原地球化学障作用。

上述烃类等还原流体形成的还原障不仅影响了层间氧化带前锋线空间定位,而且决定了对成矿时岩石地球化学环境的后生还原改造作用程度。中亚地区乌其库都克、萨贝尔撒依等典型层间氧化带型砂岩铀矿床不乏有烃类等还原流体对原有岩石地球化学环境的还原改造作用,但是可能由于成矿后断裂构造和油气活动较弱(相关文献中没有过多论述,也可能不存在石油和天然气),只见由于后生还原改造作用形成的局部零星分布的透镜状和斑块状灰蓝色岩石,仍保持了成矿时黄色和红色氧化带、灰色岩石背景上发育星点状褐铁矿化和赤铁矿化的过渡带和灰色岩石还原带。而鄂尔多斯盆地北部由于河套断陷的形成导致最后一次大规模的油气及煤层气活动,由烃类等还原流体产生的后生还原改造作用强度远远超过了含氧含铀水的渗入和运移强度,造成了对黄色或红色古氧化岩石的普遍的还原改造作用,形成了灰绿色、绿色后生还原岩石地球化学类型,铀矿体完全隐伏于还原环境中,有时发育二次氧化作用并在与灰绿色、绿色岩石的接触部位形成新的铀矿床,这也增加了预测评价工作的难度,容易将灰绿色、绿色岩石地球化学类型误认为原生还原地球化学类型而造成漏矿。所以,对含石油、天然气和煤等能源矿产的沉积盆地中进行砂岩铀成矿预测评价时,对烃类等还原流体的还原地球化学障作用和对岩石地球化学环境的正确判别显得十分重要。

三、构造背景及演化对砂岩铀成矿的重要性

盆地在不同的地质历史时期可能表现出不同的铀成矿条件,尤其是表现出不同的铀成矿古水动力环境,所以,应在盆地构造演化分析的基础上进一步研究不同地质时期的铀成矿条件。与中亚地区和美国产铀盆地相比,我国中新生代沉积盆地的构造活动性相对较强,稳定性较差,古水动力环境演化更为复杂,所以用构造演化的观点分析不同地质历史时期的铀成矿条件显得更为重要,不能以现代盆地特征及活动特点来分析现代铀成矿条件而代表盆地铀成矿条件。例如鄂尔多斯盆地由于新构造运动形成了不利于铀成矿的黄河等周边断陷,也正是因为这一点,从前有铀矿地质工作者将该盆地划分为铀成矿的"Ⅲ"类盆地,认为基本上不具有铀成矿前景。而用构造演化的观点分析,鄂尔多斯盆地利于铀成矿的古水动力环境是在地台阶段(侏罗纪—白垩纪),后被勘查实践所证实。鄂尔多斯盆地北部伊陕单斜构造在直罗组沉积过程中相对稳定抬升构造活动背景,形成了物源和铀源供给充分的直罗组(J_2z^{1-1}、J_2z^{1-2})远源砂质辫状河-辫状河三角洲沉积体系,为后期含氧含铀流体的运移和铀的大规模富集提供了广阔的空间、物质和结构基础;伊陕单斜构造在中侏罗世晚期一直到河套断陷形成之前相对稳定抬升的构造背景及北升南降的继承性构造掀斜演化作用,决定了直罗组在长期风化剥蚀过程中由北向南的古水动力环境继承了直罗组沉积过程中的地下水的补-径-排方向,为含氧含铀水长期稳定的层间渗入及氧化作用、铀的迁移、沉淀和富集创造了极为有利的构造条件;新构造运动河套断陷阻止了铀成矿作用的继承性发展。鄂尔多斯盆地在不同的地质历史时期的构造演化及砂岩铀成矿条件,与中亚地区截然不同。

四、沉积体系、古水动力、岩石地球化学环境之间的时空耦合关系

在砂岩铀成矿预测评价过程中,往往忽视了在对目的层同沉积构造背景及演化特征、沉积后构造背景及演化特征及其对同沉积构造背景继承性的研究基础上,对沉积体系与古水动力条件及岩石地球化学环境之间空间耦合关系及成因联系的系统研究,这种空间耦合关系及成因联系对砂岩铀成矿预测评价工作中找矿方向的确定具有十分重要的作用。沉积体系中发育的砂岩相带是利于地下水中铀运移和富集成矿的物质基础和赋矿空间,如果沉积后构造背景及演化对同沉积构造背景具有继承性,决定了目的层沉积后在抬升风化剥蚀阶段在盆地具有渗入水动力条件的地区地下水补-径-排方向与砂岩相带的展布方向一致,利于含氧含铀水渗入并在砂岩相带(如河道砂体)长距离运移,目的层被充分氧化和铀被充分淋滤,形成规模较大的氧化带和铀的富集成矿带。由此确定找矿方向应该是沿河道下游方向,结合沉积体系空间特点,在一些水动力条件的变异部位、岩石氧化和还原环境变异部位、"泥-砂-泥"结构发育部位、河道拐弯或分叉部位是铀成矿最有利的地段。如鄂尔多斯盆地北部正是直罗组沉积后风化剥蚀阶段长期继承了其沉积时整体抬升构造背景下的北升南降的构造演化特点,古地下水由北向南为主的补-径-排方向、由北向南从氧化到还原的岩石地球化学环境空间分带与河道砂体的空间展布及发育方向具有高度的空间耦合关系,含氧含铀水沿河道砂体由北向南长期稳定继承性运移形成大规模铀成矿作用及一系列铀矿床。如果目的层沉积后风化剥蚀阶段的构造背景没有继承同沉积构造背景的特点,甚至此时的物源和铀源体系与沉积时相反,则不利于含氧含铀水在有利砂岩相带中的长距离稳定运移和铀的富集成矿,如果具备其他铀成矿条件,找矿方向应该是与沉积方向相反的方向或其他地段。相对于国外产铀盆地的成矿构造背景,我国北方中新代沉积盆地相对复杂,存在目的层沉积后风化剥蚀阶段的不同地质时期构造背景及复杂多变的演化过程,这就要分析其某一地质时期利于产生古地下水补-径-排方向、岩石地球化学环境与河道砂体空间展布及发育方向具有高度的空间耦合关系的构造背景及演化特点,确定最有利找矿方向。

五、铀成矿系统

无论是中亚地区和美国的产铀盆地,还是我国鄂尔多斯盆地、二连盆地、伊犁盆地和松辽盆地,铀矿床均不是单独产出,而是呈多个排列出现,这与产铀盆地一般发育一个或多个统一的地下水铀成矿系统有关。统一的地下水铀成矿系统决定了铀矿田的形成和发育程度,但在一般情况下区域上统一的地下水铀成矿系统并不是控制着一条完整的层间氧化带前锋线,也就是说铀矿田各矿床并不是由一条层间氧化带前锋线控制的,尤其对于沉积环境相对复杂的陆相沉积盆地而言。每一个矿床是由次一级或更次一级的地下水铀成矿系统形成,次一级地下水铀成矿系统分别控制了相对独立的前锋线,决定了单个铀矿床的形成和发育程度。所以,在砂岩铀成矿预测评价和勘查过程中,应建立高级别的统一铀成矿系统和次一级的铀成矿系统,当在某一地区发现一个矿床的同时,则要把其放到区域上的高级别统一地下水铀成矿系统中进行分析,总结铀矿床与高级别统一地下水铀成矿系统及次一级铀成矿系统的空间匹配关系,指导区域上的找矿方向。地下水铀成矿系统分析主要建立在沉积体系的空间分布上,不同沉积体系或同一沉积体系不同的沉积相带决定了地下水铀成矿系统的空间展布和发育特征。如鄂尔多斯盆地北部直罗组下段发育一系列铀矿床均是由大的统一地下水铀成矿系统下游分支的次一级铀成矿系统控制,直罗组下段主干河道沉积的大的统一砂岩朵体形成了盆地北部统一地下水铀成矿系统,与大的统一物源体系相对应,但由于其砂体厚度大、连续性好、含氧水渗入水动力条件强等地质因素导致氧化作用强度大且氧化充分,地下水中铀被源源不断移至各个分流河砂体控制的次一级地下水铀成矿系统。直罗组下段下亚段6个分支物源体系形成了6个次一级地下水铀成矿系统,上亚段5个分支物源体系形成了5个次一级地下水铀成矿系统,分别与各自分流河道相对应,形成了与其对应的多个雁行状排列

的层间氧化带前锋线,分别控制形成了皂火壕、柴登壕、纳岭沟、大营和巴音青格利等铀矿床和塔然高勒、苏台庙和新胜等铀矿产地。多个次一级地下水铀成矿系统的相互叠加,形成了多个指状伸出雁列式排列的氧化舌,叠加组成了盆地北部大型的区域型层间氧化带,各矿床组成了由统一地下水铀成矿系统控制的东胜铀矿田。由此也反映出沉积体系空间展布及发育特征与古水动力条件的相关性研究在砂岩铀成矿预测评价工作中的重要性。

六、对大规模铀成矿作用的理解

砂岩大规模铀成矿作用是一个相对的概念,应该是指在一定的铀成矿地质条件下,铀成矿作用具有长期性、继承性的特点,主要是指成矿时间的长短,并不是特指空间大小的概念,更不是"大砂体、成大矿"的概念。"大砂体、成大矿"并不符合砂岩铀成矿条件,"大砂体"易于含氧含铀水的渗入与运移是毋庸置疑的,但是,砂岩厚度大,含氧含铀水在运移过程中容易造成铀的分散,缺乏"泥-砂-泥"结构,反而不利于铀的聚集成矿。根据对国内外已有矿床的统计,最利于铀聚集成矿的砂岩厚度为30~50m,渗透系数在1~20m/d之间,水流速度过快地下水中的铀也来不及沉淀富集,如鄂尔多斯盆地北部皂火壕、二连盆地巴彦乌拉等及中亚地区乌其库都克等铀矿床。砂岩是否利于成矿,关键在于"泥-砂-泥"结构即含水层厚度的合理性,而不在于砂岩厚度及规模的大小。另外,"找大矿"也不在于砂岩厚度及规模的大小,而是主要取决于有利成矿构造背景和含氧含铀水层间渗入及氧化作用的长期稳定和继承性。如鄂尔多斯盆地之所以形成世界级规模的铀矿床,主要取决于盆地北部伊陕单斜构造在中侏罗世晚期一直到新近纪黄河断陷形成之前相对稳定抬升的继承性构造掀斜演化作用,这决定了直罗组在长期风化剥蚀过程中含氧含铀水长期稳定的层间渗入,铀成矿作用的长期性决定了大规模铀成矿作用及皂火壕等一系列铀矿床的形成。

七、铀源

任何一个砂岩铀矿床的形成都离不开铀源,铀源是砂岩铀矿床重要预测评价标志之一,但是我们有时在砂岩铀矿床预测评价工作中对铀源条件的分析和研究还不够深入和系统。蚀源区地质(层)体铀背景值高,并不代表盆地铀源条件就好,当然蚀源区地质(层)体铀背景值不高则盆地铀源条件肯定不好,蚀源区地质(层)体铀背景值高和向盆地提供铀源是两个不同的概念。盆地铀源条件的好坏除了受富铀地质(层)体中铀背景值高低影响之外,更重要的是富铀地质(层)体中铀的活化和迁出条件,即提供铀源的能力。蚀源区富铀地质(层)体提供铀源的能力取决于风化壳的发育程度,风化壳的发育程度取决于化学风化和物理风化的强度,不同的风化方式决定了蚀源区提供铀源的方式也不同。富铀地质(层)体风化壳中铀含量往往很低,铀含量越低,说明铀活化和迁出的越多,向盆地提供铀源能力越强。主要由化学风化形成的矿物和化学成分发生变化的风化壳,铀被含氧水可以从蚀源区富铀地质(层)体中活化并向盆地直接提供铀源,如果盆地氧化距离短,蚀源区直接提供铀源的能力足够强也可以形成铀的富集成矿,如小型山间盆地、局部层间氧化带型和基底古河道型等砂岩铀矿床的形成,必须要有蚀源区直接提供铀源的条件,因为近蚀源区成矿,地层中铀在短距离内无法提供充足的铀源。主要由物理风化形成的与母岩成分一致、结构发生变化的风化壳,在目的层沉积过程中蚀源区富铀地质(层)体以富铀碎屑物的形式搬运至沉积盆地中,形成二次铀源,如果氧化距离足够长和氧化较为充分,地层中富铀碎屑物中铀可以大面积被淋滤为铀成矿提供丰富的铀源。所以,在大型坳陷盆地预测评价区域层间氧化带型砂岩铀矿床除了强调蚀源区直接提供铀源的能力,更为重要的是强调地层提供铀源的能力,甚至有时候可以忽略蚀源区直接提供铀源的能力。而在预测评价小型山间盆地、局部层间氧化带型和基底古河道型等砂岩铀矿床时,蚀源区直接提供铀源的能力显得尤其重要,决定了是否具有近源成矿的铀源条件。当然,自然界中某一地区不可能只发育化学风化壳或物理风化壳,只是以哪一种为主,或二者并重,结合蚀源区在不同地质时期的地形地貌和古气候条件进行综合分析。如中亚地区控制砂岩矿床形成的次造山带主要由剥蚀平原、丘陵、低山组成，是利于化学风化壳发育的地形地貌条件，富铀花岗岩风化壳（主要为高岭土）大于100m，其中，肯得克秋拜铀矿床距蚀源区5~8km，多宏别克铀矿距蚀源区只有1~2km，最大不超过5km，最近的只有几百米。俄罗斯维吉姆基底古河道型铀矿床距蚀源区只有几十至百米，是赋矿的阿塔兰京河谷和波立舍阿拉河谷上游巴依林汉高地蚀源区发育较厚富铀花岗岩风化壳。二连盆地乌兰察布坳陷北西部蚀源区卫井富铀花岗岩风化壳十分发育，也是二连盆地最好的铀源体，是形成努和廷泥岩超大型铀矿床重要地质因素。鄂尔多斯盆北部直罗组下段区域型层间氧化带发育距离长达50多千米至近百千米，富铀碎屑沉积物为铀矿床的形成提供出了丰富的铀源，可以忽略盆地北部阴山古隆起地形地貌条件、风化壳发育程度及直接提供铀源的能力。二连盆地乌尼特坳陷包尔果吉、高力罕等凹陷发育较好的砂岩及氧化带，但铀的富集作用不明显，可能与蚀源区提供铀源的能力有关。

八、断裂构造

断裂构造在砂岩铀矿预测评价工作中的重要性已在《内蒙古中西部中生代产铀盆地理论技术创新与重大找矿突破》（彭云彪等，2019）一书中进行了论述，这里进一步强调的是区域断裂构造对铀矿田空间定位的重要作用，是砂岩铀矿床区域预测评价的重要地质因素之一。在砂岩铀矿床区域预测评价工作中，往往关注的是控制矿床形成的局部断裂构造，而忽视了决定铀矿田空间定位的区域断裂构造。铀矿田的产出受区域性断裂构造的控制，如美国得克萨斯卡恩斯铀成矿区（铀矿田）及一系列砂岩铀矿床的产出均与区域性卡恩斯断裂构造有关（黄文斌和李万伦，2017），超过70%的铀矿床及铀矿点均是在距该断裂构造2km内发现的，在该断裂构造1.5km范围内铁钛氧化物被还原成硫化物。卡恩斯断裂构造即控制了地下水的区域补、径、排条件，是卡恩斯铀成矿地区地下水区域性排泄源，同时也是下伏石油、天然气等产生的烃类流体上升的通道，其控制了区域层间氧化带前锋线和铀矿田的空间定位。鄂尔多斯盆地北部位于杭锦旗-准格尔召北侧的北西西向本害敖包-准格尔召区域性断裂构造（由遥感解译所得，未进行地面调研与验证）可能类似于美国卡恩斯铀成矿区的区域性断裂构造，其控制了东胜铀矿田的空间定位。二连盆地马尼特坳陷和巴音戈壁盆地塔木素地区均发育近东西向的区域性断裂构造，并分别与塔木素铀矿田和巴彦乌拉铀矿田具有明显的空间位置关系。所以，加强区域性断裂构造对铀矿田空间定位作用的研究，是砂岩铀矿床区域预测评价的重要环节，指导区域上的找矿方向。

九、图件编制与解读

图件编制与解读是砂岩铀成矿预测评价的重要工作内容之一，预测评价工作是以图件编制与解读为基础，但是，在工作中对图件的编制与解读还存在一定的问题，如图件的统一性、阶段性及针对性还不够明确。岩相古地理图的应用还不规范，该图是突出沉积环境中的古地理条件和沉积物中的岩相特征，通常把"岩相"和"古地理"组合一起，图中突出标示的是古地理环境和沉积相，一般不突出岩性。岩相古地理图和编图范围一般较大，比例尺一般较小（小比例尺1∶300万，中比例尺1∶300万~1∶50万，大比例尺1∶50万以上），反映盆地整体性和区域性，多用于石油和煤炭等资源的预测评价。岩相古地理图突出的是地质时代的概念，而不是地层的概念，如一般称"……世（纪）岩相古地理图"，而不称"……统岩相古地理图"。所以，岩相古地理图在砂岩铀矿预测评价工作中适用性并不强，一般情况下不必编制此图，故有时把沉积体系图、岩性-岩相图等图件称为岩相古地理图并不严谨。沉积体系图是砂岩铀成矿预测评价和勘查工作最重要的图件之一，突出岩相及其岩性组合，与岩性-岩相图最大的区别在于该图件是建立在地质等时地层格架基础之上进行编制的，合理划分出不同地质时期铀成矿的有利岩性、岩相，最大特点是等时性。沉积体系图适用于砂岩铀矿地质工作的各个阶段，对1∶25万~1∶10万调查评价或编图工作显得更为重要，根据岩性、岩相发育和空间展布特征指导预测砂岩铀矿的有利地区。在普查、详查工作阶段，沉积体系图的编制可以弱化，可以对矿床进行大比例尺沉积体系的精细化解剖，用来分析沉积环境对氧化作用的影响及对铀成矿的控制作用。岩性-岩相图一般为普查、详查工作阶段所需编制的图件，比例尺相对于沉积体系图要大，编图范围一般为矿床范围。岩性-岩相图特点就是"砂岩连砂岩、泥岩连泥岩"，不考虑地层等时性，因为含氧含铀地下水在运移过程中也不考虑地层等时性的问题，顺沿不同地质时代及相连的砂岩运移。岩性-岩相图一般不单独编制，而是综合岩石地球化学环境编制岩性岩相-岩石地球化学图，用来重点分析矿床砂岩空间展布特征与岩石地球化学环境、铀矿化的空间耦合关系及成因联系，并且进一步指导矿床的普查、详查工作，合理、快速、有效圈定矿体和估算铀资源量。岩性-地球化学图突出的是岩性和岩石地球化学环境及二者之间的关系，弱化或没有沉积相的内容，一般指的是岩性岩相-岩石地球化学图配套的剖面图。对某些图件的解读上还不够系统和深入，如经常所做的目的层不整合面标高等值线图，是古地形和后期构造变形的综合反映，如果不整合面埋藏之后没有明显的区域性构造掀斜和构造变位，则不整合面等高线图相当于古地形图，可能反映不整合面上的古水系特征（地表），并可以间接反映古地下水补-径-排特征；如果有明显的区域性构造掀斜和构造变位，根据其构造演化及继承性的特点，可以分析古地下水补-径-排特征，也可能反映河道的存在空间，结合地层厚度也可以分析后期构造运动形式，但有时只停留在就地形而论地形，缺乏与其他地质要素之间关系的分析和总结。如地层厚度图可以反映盆地差异升降，如果没有后期其他因素的叠加影响，地层厚度的分布和变化就能很好反映目的层同沉积构造的性质和形态，其厚度图就是一张古构造图，构造稳定环境可以间接反映后期构造，当然在分析过程中要考虑沉积时补偿条件和不同岩性压实作用（砂岩-砾岩是原来体积的3/4，泥岩是原来体积的1/4，泥岩-煤是原来体积的1/5～1/10）的影响。在图件解读方面还存在各自图件分割性较强、把每一张图件孤立起来分析的问题，缺乏图件之间关联性、地质因素之间逻辑性的深入分析和研究。如目的层地层厚度图结合其底界不整面标高图，可以用来分析盆地构造演化、坳陷中心和沉积中心变迁及空间关系、沉积后差异升降和掀斜等构造运动形式、构造运动形式对沉积中心迁移特征和对含氧含铀水渗入及运移条件的影响等。又如沉积体系图、水文地质图（包括古水文地质图）和岩性岩相-岩石地球化学图不能相对独立分析，甚至综合为一张图件（包括主要断裂构造、铀矿化信息）分析多种地质要素之间的空间耦合关系和成因联系。进一步加强图件的针对性，如在有足够数据点的条件下，编制某一地质时期顶面不整合面古地质图，具一定角度不整合，甚至可以做到组、段，用来分析目的层的剥蚀程度和渗入条件。针对砂岩铀矿不同的岩性条件，可以编制有针对性的图件，如鄂尔多斯盆地北部白垩系砂岩"铺天盖地"而且厚度大，泥岩不发育，缺乏利于铀成矿的"泥-砂-泥"结构，在砂岩铀矿预测评价和勘查过程中，重点是寻找泥岩及"泥-砂-泥"结构的地段，而不是寻找砂岩，所以应编制砂岩层数和累计厚度图、泥岩层数及累计厚度图，结合其他地质要素进行预测评价和指导勘查工作。图件编制与解读在砂岩铀成矿预测评价和勘查工作中十分重要，不能停留在过去的固有方式上，加强图件编制的统一性、创新性，体现图件编制的阶段性、针对性，重视图件之间的关联性、地质要素之间的逻辑性。

十、钻探工程部署

钻探是砂岩铀矿床最主要的直接勘查手段，尤其在调查评价阶段钻探工程部署直接关系到找矿效率和找矿成果，而且不同类型的砂岩铀矿床钻探工程部署思路也有所区别，如何做到"长短结合、稀疏结合、深浅结合"显得尤为重要。"长短结合"是指在调查评价阶段应在最有利成矿地段部署主干勘探线，主干勘探线应垂直氧化带和砂岩相带的走向方向，尽量足够长能控制岩石氧化带、过渡带、还原带和不同的沉积相带，根据预测或初步圈定的过渡带和砂岩相带的宽度和发育特征，在平行主干勘探线两侧部署长短不等、间距不等的勘探线。首先施工主干勘探线及最有利钻孔，根据其岩石地球化学、砂岩及铀矿化等地质信息，大间距追溯另外一种岩石地球化环境，即如果钻孔控制的是岩石氧化环境，则要大间距追溯其还原环境，然后用1/2插入法进行控制，以此类推。避免在同一勘探线上在同一氧化或还原岩石地球化学环境中重复施工,这样不是找不到铀矿床,而是大大降低了找矿效率,浪费工作量。在主干勘探线上整体控制铀成矿地质环境的基础上,可以适当加密控制氧化带前锋线位置,评价氧化带前锋线含矿性,根据项目进展可以分年度加密。在施工完整主干勘探线后,选择平行主干勘探线两侧施工相对较短的勘探线,根据岩石地球化环境和砂岩相带的稳定性确定不同的勘探线距,因为在主干勘探线上大致控制了利于铀成矿的岩石过渡带和砂岩相带,所以在其走向上位置及规模已经有了一个大致的范围,平行主干勘探线两侧的勘探线不宜过长。进一步沿岩石过渡带和砂岩相带走向进行钻探施工时,采取同样"长短结合"的工程部署思路,对铀成矿环境进行循序渐进的评价。避免在调查评价阶段尤其是工作程度低的地区,采取一样长度的勘探线甚至是网格状的工程部署进行钻探施工。"稀疏结合"是指勘探线间距、钻孔间距要根据地质环境的变化特点进行部署,如在岩石地球化环境和砂岩相带走向上相对稳定的地段,勘探线间距可以适当加大,反之可以适当减小,在岩石地球化环境和砂岩相带倾向上控制同一岩石地球化学环境的规模钻孔间距可以适当加大,评价氧化带前锋线含矿性适当钻孔间距可以适当加密,避免等间距部署勘探线和钻孔。"深浅结合"是指钻孔深度的深浅变化,在工作程度较低、目的层还不明确的地区,主干勘探线首个钻孔深度适当加大,在间隔一个或几个钻孔后仍可以再加深钻孔,在大致确定目的层深度的基础上,所施工钻孔深度以揭穿目的层为目的,施工其他勘探线钻孔也是如此,在野外检查工作中发现不乏有部分钻孔远远超过了目的层深度,甚至在普查项目中也有所发现。上述总结主要是针对层间氧化带型和潜水氧化带型砂岩铀矿床,对于古河谷型和古河道型砂岩铀矿床也基本如此,区别在于古河谷型和古河道型砂岩铀矿床将进一步采取"长线距、短孔距"的钻探工程部署思路。在砂岩铀矿调查评价阶段钻探施工过程中,一定要坚持"边勘查施工、边分析研究、边调整设计"的原则,做到"长短结合、稀疏结合、深浅结合",避免只根据钻探工程设计一味地进行施工,造成工作量浪费,影响找矿效率及效果。

十一、岩石地球化学类型识别

岩石地球化学类型识别主要针对砂岩而言。众所周知,不同岩石地球化学类型的识别是砂岩铀矿床的重要工作环节之一,尤其在岩石地球化学环境较为复杂地区的调查评价阶段显得更为重要,直接影响到预测评价思路和勘查工程部署,错误识别岩石地球化学类型会造成颠覆性的错误找矿方向。

是否正确识别砂岩的继承色、原生色和次生色,会直接影响岩石地球化学环境的判断和找矿方向是否正确。继承色碎屑岩颗粒颜色,母岩机械风化的产物,继承了母岩的颜色,如长石砂岩呈红色,是母岩——花岗岩长石颗粒的颜色。继承色往往分布相对均匀,与层理整合产出,这是与次生色最大的区别所在。在编录时往往忽略了继承色的干扰,尤其对于粒度相对较粗、分选性较好的砂岩,反映在岩芯表面上的颜色为碎屑物颗粒的颜色,干扰了对次生色的正确判断。如对总体上呈灰色的长石粗砂岩进行描述时,由于大量红色长石碎屑颗粒的干扰,往往被错误描述为灰红色、灰色岩石中含红色条带或斑块等,把继承色错认为次生色,导致下一步对该岩石地球化学类型确定为氧化环境,岩石地球化学图划分为氧化带,由此误导了找矿方向,甚至向相反的方向发展。岩石主体为灰色,正确的判断应该描述为岩石呈灰色含长石碎屑物颗粒红色继承色,属还原环境岩石地球化学类型,而不是岩石氧化环境,下一步在岩石地球化学图划分为还原带。所以,钻孔岩芯编录时一定剔除继承色的干扰,特别在干旱—半干旱气候条件下的粗碎屑岩更应注意继承色的观察,对继承色单独加以描述,不能与原生色和次生色混为一起描述。继承色只有对钻孔岩芯和地质露头进行直观的识别,一旦放入图件中再无法进行判断,所以钻孔岩芯编录对继承色的识别十分重要。原生色是沉积-成岩阶段原生矿物造成的颜色,是自生矿物颜色(或有机物),赋存于碎屑岩颗粒表面和填隙物中,属岩石原生地球化学类型。如原生红色脱水氧化铁矿物(赤铁矿)在岩石中体现为红色,为原生红色岩石地球化学类型。原生色在发育特征上与继承色相类似,也往往分布相对均匀,与层理整合产出。在钻孔岩芯编录时对原生色进行单独描述,不能与继承色和原生色混为一起描述。次生色是岩石形成后,由于后生作用或风化作用使原来岩石的成分发生变化,生成新的次生矿物,致使岩石变色。如有时的红色是由原来的黄铁矿分解生成的赤铁矿所致(如果含水,则为水针铁矿而呈现为黄色),油气常使原生的红色还原为浅绿色或浅灰色。次生色发育特征与继承色和原生色明显不同,分布不均匀,蚀变不彻底时往往呈斑点状,有时蚀变彻底时会导致岩石次生色均匀分布,原生色以残留体的形式保留下来。如鄂尔多斯盆地北部直罗组下段砂岩灰绿色、绿色次生色大规模均匀分布,原生红色以残留体的形式零星分布于灰绿色、绿色砂岩中。在砂岩铀矿床预测评价和勘查工作中,重要的是正确识别出次生色,区分原生红色(或黄色)和次生红色(或黄色)、原生氧化岩石和后生氧化岩石、原生氧化带和后生氧化带,避免将原生色与次生色混在一起。有时在局部钻孔岩芯不好区分原生岩石和后生岩石地球化学类型,需要结合地层沉积时古气候条件在规模更大的范围内或区域上进行区分。如原生岩石往往与不同的沉积环境类型在空间分布上具有一定的空间耦合关系,后生岩石与不同的沉积环境类型在空间分布上的耦合关系较差,与砂岩相带有较好的空间耦合关系,尤其在扇三角洲沉积体系中表现的更为明显。在垂向上原生岩石地球化学类型与地层和层理整合产出,后生岩石地球化学类型具有穿层和穿层理的特点。

十二、后生氧化带类型识别

铁的氢氧化物是氧化改造作用的主要矿物-地球化学标志,岩石的颜色以黄色为主还是以红色为主,取决于新生铁的氢氧化物的含水程度,含水程度高主要表现为褐铁矿而呈现为黄色,含水程度低主要表现为赤铁矿化而呈现为红色。所以,后生氧化带只表现为黄色或红色两种类型。由于含氧化水的渗入方式不同,形成地表氧化带、潜水氧化带和层间氧化带,3种氧化带发育特征上表现出不同的特点,如果不能正确区分会导致找矿方向的错误。正确区分3种不同的氧化带类型对砂岩铀矿床预测评价十分重要,但在实际工作中往往会出现混淆的情况。

地表氧化带是地层在地表情况下,氧化作用发生在充气带中,几乎平行地表(包括古地表)分布,分布地表及与地表平行是区分地表氧化带与其他两种氧化带的最重要标志。地表氧化带往往相邻于潜水氧化带的上部发育,发育程度受控于潜水面的变化。地表氧化带垂直向下的氧化程度逐渐减弱,氧化作用通常发育于渗透性不同的岩石中,对岩性的选择性不强,砂岩、粉砂岩和泥岩等不同岩性中均有发育,尤其沿裂隙及两侧的岩性氧化更为充分。地表氧化带通常发育锰的氧化物和氢氧化物及硫酸盐,有机物一般会被完全氧化。由于地表氧化带是大气降水垂直渗入补给,在干旱—半干旱气候条件下大气降水垂直渗入的水量有限,含氧水没有长距离运移的过程,氧化深度不会太大,也没有来自蚀源区和地层的铀源,所以,地表氧化带不会形成具有工业意义的铀矿床,由于地表蒸发浓缩作用在泥岩和砂岩中均可以形成在大量的铀矿化点和异常点,但可造成对已有矿床的破坏或叠加改造。但是,在地表地质调研过程中,往往把地表黄色或红色砂岩误认为是潜水氧化带或层间氧化带,如曾有过去及现在的铀矿地质工作者将鄂尔多斯盆地北东部直罗组下段黄色砂岩及控制的铀矿化误认为是黄色层间氧化带及控制的铀矿化,并提出了相关的工作建议,会造成不必要的弯路。当然,也并不是出露于地表的所有氧化带都是地表氧化带,这要结合地层沉积后的构造演化特征及古水动力条件在域上更大范围内进行分析研究,结合相邻施工的钻孔,有时单从一个地表露头很难判断氧化带类型,更不能以此下结论。有时在地质剖面中也有将具有一定埋藏深度的古地表氧化带及铀矿化误认为是潜水氧化带或层间氧化带,误认为潜水氧化带的较多,这更加需要结合地层沉积后的构造演化特征、古水动力条件和与其他两种类型氧化带区别特征进行综合分析研究。

潜水氧化带是形成具有工业意义砂岩铀矿床的氧化带类型之一,也是基底古河道型砂岩铀矿床的主要氧化带类型。潜水氧化带是由潜水渗入氧化作用形成,无一定地层层位控制,平行潜水面发育,在剖面上一般呈平整的板状,在平面上为面状。潜水氧化带通常穿越不同的地层界面,与地层及产状的整合程度较差,无固定围岩。与层间氧化带相比,对岩性的选择性、与沉积体系空间耦合关系也相对较差,形成的铀矿化在粉砂岩、泥岩和煤层中也有一定规模。潜水氧化带形成地质时间跨度大,如俄罗斯乌拉尔地区潜水氧化带型砂岩铀矿床最早产于上侏罗统,北天山边缘中亚地区则最晚产于第四系沉积物中,但形成时间往往与围岩时间接近。相比于层间氧化带潜水氧化带的形成对大地构造环境的选择性更加不强,它的形成一般无特定的大地构造环境,可以形成于各种各样的构造环境中。潜水氧化带形成于开放的水文地质环境,成矿时地下水属非承压水,后期被沉积物覆盖后水文地质条件发生变化而形成承压水,这也是往往将潜水氧化带误认为是层间氧化带的原因之一。有时潜水氧化带并不是孤立存在的,潜水向前运移过程中遇到泥岩等隔水层时,或构造运动促使地下水渗入水动力强度进一步加强时,地下水水动力条件会向前逐渐变化为承压水,进一步由潜水氧化作用转为层间氧化作用,潜水氧化带转变为层间氧化带,人们习惯称之为潜水-层间氧化带和潜水-层间氧化带型砂岩铀矿床。

层间氧化带是形成最具有工业意义砂岩铀矿床的氧化带类型,是由层间水渗入氧化作用形成,层间渗入地下水系统具有承压性和明显的补、径、排系,严格受"隔水-含水-隔水"地层结构构造的限制。所以,层间氧化带对岩性具有明显的选择性,总是在透水层中发育,比弱透水层中氧化作用较充分,泥岩、粉砂岩中一般不发生氧化作用,褐铁矿化的强度沿着地下水的运移方向逐渐降低,由此形成由氧化带、过渡带和还原带明显的岩石地球化学空间分带性。层间氧化带与地层整合产出,具有层控性,在剖面上呈平整的板状,在平面上由于地下水在不同地段运移速度的差异,一般为弯曲状,尤其是受不同河道和分流河道控制的层间氧化带呈复杂多变的带状(对于海相沉积盆地形态可能相对简单),与潜水氧化带相比,层间氧化带与沉积体系具有一定的空间耦合关系。区域层间氧化带发育规模比潜水氧化带大,长度几千米至千余千米,宽度几千米至上百千米,中亚地区锡尔达林、楚-萨雷苏地区层间氧化带长千余千米,美国格兰茨铀成矿区层间氧化带长180~200km,伊犁盆地南缘层间氧化带长度大于120km,鄂尔多斯盆地北部层间氧化带长200多千米,最宽近上百千米,海相盆地比陆相盆地层间氧化带发育规模大。层间氧化带往往是多层的,可以发育在不同时代的地层、同一时代地层不同的含水层中,也可以是单层的,这取决于含水层的数量。潜水氧化带通常为单层,一般不会见到同一统、组的地层中发育多层潜水氧化带。层间氧化带形成时间一般早于成矿时间,成矿时间远远晚于围岩时间,而潜水氧化带形成时间与围岩接近。层间氧化带形成需要地层沉积后产生地下水层间渗入和运移的构造活化条件,使地层接受含氧水的补给。

潜水氧化带与层间氧化带在地表露头是无法区别的,需要在大量剖面图和平面图的基础上,综合构造、地质、水文地质等各种地质因素进行分析和判断。由于潜水氧化带和层间氧化带的形成机制及发育特征不同,形成的潜水氧化带型和层间氧化带型砂岩铀矿床也具有明显的区别。

十三、铀镭平衡研究

矿体铀镭平衡系数的应用不应仅仅停留在资源量估算上,应对其空间分布特征及与矿体发育特征、地下水运移方向、铀成矿作用及构造事件之间的关系进行分析研究,为铀矿化成因研究提供参考。如皂火壕铀矿床孙家梁地段矿体铀含量增高,铀镭平衡系数降低,即偏铀。在平面上沿层间氧化带方向发育,即越往层间氧化带前锋线方向越偏铀,与层间氧化作用的方向一致。在剖面上,卷头平衡系数偏铀,翼部矿体平衡系数偏镭及平衡,但总体趋势以偏铀为主。在矿体下翼的下部,特别是在靠近下部还原带的低含量宽带内,基本为平衡或偏铀。另外,皂火壕铀矿床在垂向上翼部偏铀或平衡和偏镭的矿体平行重复出现,反映出新构造运动具有间歇性适度抬升构造运动及对矿体垂向改造的特点。纳岭沟铀矿床矿体总体上以偏铀为主,偏镭区不发育,说明铀矿床形成以后基本没有受到后期氧化改造作用,与皂火壕铀矿床抬升幅度大、埋藏浅及后期氧化改造作用明显,纳岭沟铀矿床抬升幅度小、埋藏深及后期氧化改造作用不明显相符。巴音青格利铀矿床铀镭平衡系数变化特征与上述矿床具有相似性,同时赋矿砂岩粒度越细越偏铀,可能与粒度相对较细砂岩更靠近河道边缘,还原介质更为丰富,更利于铀的沉淀和富集成矿。巴音青格利铀矿床矿体在垂向上中间偏铀、上下偏镭和总体偏铀的变化特点,与典型层间氧化带型砂岩铀矿卷头矿体偏铀、翼部矿体偏镭具有极强的相似性。鄂尔多斯盆地北部铀矿床上述铀镭平衡系数的特点及空间变化特征,符合层间氧化带型砂岩铀矿的铀镭平衡发育特征及铀成矿的一般规律,具有层间渗入氧化作用及铀成矿作用的特征。总之,研究矿体铀镭平衡系数变化特征对分析铀矿化成因是具有参考作用的,要根据铀镭平衡系数水平和垂向的变化特征与矿体形态及空间展布的匹配关系、层间渗入氧化作用方向和构造事件等进行综合分析。

十四、成矿年龄

成矿年龄是研究矿床成因的必要手段之一,与成矿地质事件具有必然的联系。但是,砂岩铀矿床是一个开放性的地下水铀成矿系统,含氧水的渗入作用具有长期性,沿氧化作用方向铀的淋滤迁出(包括对已有矿体)、运移和富集或改造作用可能一直在进行,测定的铀成矿年龄也具多期性特点。如鄂尔多斯盆地北部铀成矿年龄有中侏罗世(铀预富集)、晚侏罗世—白垩纪、晚白垩世、古新世、始新世、中新世和上新世,几乎包含了赋矿层位直罗组沉积后的每一个地质时期,充分显示了含氧水的渗入作用具有长期性的特点。但是,不是上述所有成矿年龄均找到了主要铀成矿时间,在开放性的地下水铀成矿系统条件下确定主要铀成矿时间要结合成矿地质事件进行综合分析。鄂尔多斯盆地北部在直罗组沉积后整体抬升和伊陕单斜北升南降构造掀斜的构造背景及演化主要发生在晚侏罗世、白垩纪、古新世、始新世。晚侏罗世、白垩纪北升南降构造掀斜与直罗组赋矿砂岩发育方向、含氧水的渗入作用方向的空间耦合关系基本一致。古新世和始新世盆地北部受伊陕单斜逐步演化为北东升南西降构造掀斜,区域上直罗组赋矿砂岩发育方向、含氧水的渗入作用方向的空间耦合关系有所变差,但在相对靠近盆地北部边缘杭锦旗—东胜地区一带,基本上保持了含氧水由北向南的渗入作用方向,只是与晚侏罗世、白垩纪相比有所减弱。所以,晚侏罗世、白垩纪、古新世、始新世均是铀成矿时间,其中,白垩纪古气候条件比晚侏罗世更加趋于半干旱—干旱,比古新世和始新世各铀成矿地质因素耦合程度要好,应该是主要成矿期。中新世和上新世是河套断陷形成以后铀成矿时间,但是,河套断陷形成以后,由于蚀源区向盆地完整的层间渗入地下水铀成矿系统已不存在,铀成矿作用基本终止。中新世和上新世铀成矿年龄只能是由于盆地北东部抬升幅度大,皂火壕铀矿床靠东侧的孙家梁地段抬升至近地表,遭受大气降水垂直补给和局部渗入径流的二次氧化改造和重新富集的结果。而且中新世和上新世铀成矿年龄只出现在矿体的卷头部位,翼部矿体为(120 ± 11)Ma 和(149 ± 16)Ma,发生在早白垩纪—晚侏罗世,是盆地北部和铀矿床最早的成矿年龄,说明晚白垩世和古近纪形成的翼部矿体基本上被二次氧化破坏向前运移并重新富集,与上述皂火壕铀矿床孙家梁地段矿体铀镭平衡系数变化特征相符。皂火壕铀矿床孙家梁地段向西的沙沙圪台和皂火壕地段及柴登壕、纳岭沟、大营和巴音青格利等铀矿床均未出现河套断陷形成以后的成矿年龄,是皂火壕铀矿床孙家地段以西矿体埋深逐渐加大、含氧水的大气降水垂直补给及局部渗入径流有限而未遭受二次氧化破坏的结果。总之,判断砂岩铀矿床的成矿年龄时,不能靠一个或几个样品测试结果来说明,矿体不同部位体现出不同的成矿年龄,与开放式铀成矿地下水系统运移方向及后期二次或多次氧化改造破坏和二次富集有关,铀成矿年龄要符合砂岩铀矿床的一般成矿规律。样品采集和测试要根据矿体形态的系统性,根据成矿年龄代表矿体部位、成矿地质事件综合分析矿床铀矿成矿年龄。

十五、板状矿体成因

层间氧化带型砂岩铀矿床板状矿体的存在是一个普遍的地质现象。中亚地区乌其库都克、萨贝尔撒依等典型层间氧化带型铀矿床矿体形态以卷状为主,但也不乏有板状矿体的存在。美国得克萨斯沿岸平原卷状矿床系统中板状矿体较为发育,科罗拉多高原 San Juan 盆地称之为板状铀矿床;我国新疆伊犁盆地南缘、吐哈盆地铀矿床也广泛存在板状矿体,鄂尔多斯盆地北部、二连盆地和松辽盆地铀矿床矿体形态以板状为主,又几乎见不到卷状矿体,所以大家对我国板状矿体形态的成因讨论甚多。国外地质学家从不同的地质角度对不同层间氧化带型砂岩铀矿床矿体形态的成因进行了分析研究,提出了矿体形态与含矿砂岩渗透性及渗透过程、岩性岩相的稳定性、围岩的孔隙和裂隙的复杂程度、所含还原剂的数量、所处断块的构造活化程度，含矿围岩的岩性-地球化学特性及其中还原剂的分布特点（及均匀程度）、液体或气体后生还原剂的参与程度、含水层中地下水运移的速度及层间氧化作用的发育程度、沿地层倾向的重力驱动水流向下运移的流体界面等地质因素有关，但对同一矿床从多个地质角度对矿体形态及板状矿体成因的分析还没有系统和深入，而且，矿体形态也受矿体边界指标圈定的影响。不同地区层间氧化带型砂岩铀矿床影响矿体产出形态的地质因素有所不同，不可能有一个统一模式来解释某一矿床矿体形态及板状矿体的成因问题，也可以理解为如果矿体卷头缺失时，见到的是卷状矿体的翼部板状矿体，板状矿体是卷状矿体特殊的表现形式，所以，卷状矿体和板状矿体共存或以哪一种形态为主，甚至只发育某一种形态的矿体，是层间氧化带型砂岩铀矿床客观存在的普遍地质现象，不具有研究和讨论的意义。

十六、对"泥-砂-泥"结构的理解

众所周知，对于层间氧化带型砂岩铀矿床而言，"泥-砂-泥"地层结构有利于含氧含铀承压水形成及运移、水中铀的相对聚集成矿和地浸采铀。但是，"泥-砂-泥"地层结构不应理解为一个绝对的概念，而是一个相对的概念。只要是地层中不同粒级存在渗透性的相对差异，就会造成含氧含铀水在运移过程中水动力条件的相对差异。例如，地层中存在"细砂岩-中砂岩（或粗砂岩）-细砂岩"的地层结构，含氧含铀水在中砂岩中运移的水动力强度强于上、下发育的细砂岩，同样会造成中砂岩水中铀的相对聚集成矿，水动力强度的差异同样具有地浸采铀的地层结构条件。"细砂岩-中砂岩（或粗砂岩）-细砂岩"地层结构在鄂尔多斯盆地北部白垩系华池-环河组表现得尤为明显，与铀成矿具有十分明显的成因关系。在"细砂岩-中砂岩（或粗砂岩）-细砂岩"地层结构中的中砂岩形成了铀的聚集成矿，其中上、下发育的细砂岩充当了含氧含铀水运移的相对隔水层。所以，在厚大砂岩中进行层间氧化带型砂岩铀矿预测评价和勘查过程中，除了寻找"泥-砂-泥"地层结构，还应重视"细砂岩-中砂岩（或粗砂岩）-细砂岩"等地层结构，在钻孔岩芯编录过程中应仔细识别，在进行水文地质剖面图绘制时不应将"细砂岩-中砂岩（或粗砂岩）-细砂岩"地层结构统一划分为一个含水层，应将细砂岩划分为中砂岩或粗砂岩的相对隔水层，并以此开展铀成矿水力条件分析。

主要参考文献

陈安平,苗爱生,王浩峰,等,2000.内蒙古鄂尔多斯盆地东胜地区 2000 年度铀矿区调[R].包头:核工业二〇八大队.

陈安平,彭云彪,苗爱生,等,2004.内蒙古东胜地区砂岩型铀矿预测评价与成矿特征研究[R].包头:核工业二〇八大队.

陈安平,彭云彪,苗爱生,等,2002.内蒙古东胜地区 1∶25 万铀矿资源评价[R].包头:核工业二〇八大队.

陈安平,彭云彪,苗爱生,等,2005.鄂尔多斯盆地北部地浸砂岩型铀资源调查评价[R].包头:核工业二〇八大队.

陈安平,彭云彪,苗爱生,等,2011.内蒙古鄂尔多斯市皂火壕铀矿床普查[R].包头:核工业二〇八大队.

陈安平,张小诚,郭虎科,等,2010.内蒙古自治区东胜煤田杭东、车家渠—五连寨子勘查区铀矿勘查[R].包头:核工业二〇八大队.

陈法正,陈安平,彭云彪,等,2001.内蒙古杭锦旗—东胜地区砂岩型铀矿成矿地质条件研究及编图[R].包头:核工业二〇八大队.

陈占仓,1992.鄂尔多斯盆地聚煤规律及煤炭资源评价(内蒙古部分)[R].呼和浩特:内蒙古自治区煤田地质局.

狄永强,夏同庆,等,1996.乌兹别克斯坦共和国乌奇库都克型铀矿床[R].北京:核工业总公司地质总局.

方锡珩,2005.鄂尔多斯盆地北部地浸砂岩型铀矿时空定位和成矿机理研究[R].北京:核工业北京地质研究院.

郭庆银,2010.鄂尔多斯盆地西缘构造演化与砂岩型铀矿成矿作用[D].北京:中国地质大学(北京).

郭庆银,陈祖伊,韩淑琴,等,2008.层序地层学在砂岩型铀矿勘查中的应用现状与前景展望[J].铀矿地质(1):5-11+4.

郭三民,等,1995.国外水成铀矿原地浸出采矿技术及成矿新理论文献汇编-板状砂岩铀矿床形成时期地下水的定量模型[R].西安:核工业西北地质局.

黄净白,李胜祥,2006.试论我国古层间氧化带砂岩型铀矿床成矿特点、成矿模式及找矿前景[J].铀矿地质,23(1):7-16.

黄文斌,李万伦,2017.国外铀矿成矿理论与找矿技术进展[R].北京:中国地质图书馆、中国地质调查局地学文献中心.

焦养泉,陈安平,王敏芳,等,2005.鄂尔多斯盆地东北部直罗组底部砂体成因分析:砂岩型铀矿床预测的空间定位基础[J].沉积学报,23(3):371-379.

焦养泉,刘孟合,白小鸟,等,2010.东胜煤田杭东、车家渠子—五连寨子地区铀矿勘查基础地质研究[R].武汉:中国地质大学(武汉).

焦养泉,彭云彪,李建伏,等,2012.内蒙古自治区杭锦旗大营铀矿成矿规律与预测研究[R].武汉:中国地质大学(武汉).

焦养泉,万军伟,彭云彪,等,2011.铀储层非均质性制约下的成矿流体动力机制[R].武汉:中国地质大学(武汉).

焦养泉,吴立群,2010.侏罗系含煤岩系:铀储层特征及其与铀成矿关系[R].武汉:中国地质大学(武汉).

焦养泉,吴立群,彭云彪,等,2008.鄂尔多斯盆地西部直罗组和延安组沉积体系分析[R].武汉:中国地质大学(武汉).

焦养泉,吴立群,彭云彪,等,2015.中国北方古亚洲构造域中沉积型铀矿形成发育的沉积-构造背景综合分析[J].地学前缘,22(1):189-205.

焦养泉,吴立群,荣辉,2018.砂岩型铀矿的双重还原介质模型及其联合控矿机理:兼论大营和钱家店铀矿床[J].地球科学,43(2):459-474.

焦养泉,吴立群,荣辉,等,2011.鄂尔多斯盆地铀储层预测评价研究[R].武汉:中国地质大学(武汉).

焦养泉,吴立群,荣辉,等,2014.鄂尔多斯盆地东北部阴山物源-沉积体系重建及与铀成矿关系研究[R].武汉:中国地质大学(武汉).

焦养泉,吴立群,荣辉,等,2015.鄂尔多斯盆地北部铀储层结构和层间氧化带精细解剖[R].武汉:中国地质大学(武汉).

焦养泉,吴立群,荣辉,等,2017.鄂尔多斯盆地北部铀储层非均质性建模研究[R].武汉:中国地质大学(武汉).

焦养泉,吴立群,荣辉,等,2018.铀储层地质建模:揭示成矿机理和应对"剩余铀"的地质基础[J].地球科学,43(10):3568-3583.

焦养泉,吴立群,荣辉,等,2021.铀储层非均质性地质建模:揭示鄂尔多斯盆地直罗组铀成矿机理和提高采收率的沉积学基础[M].武汉:中国地质大学出版社.

焦养泉,吴立群,荣辉,等,2021.中国盆地铀资源概述[J].地球科学,46(8):2675-2696.

焦养泉,吴立群,荣辉,等,2021.鄂尔多斯盆地直罗组聚煤规律及其对古气候和铀成矿环境的指示[J].煤炭学报,46(7):2331-2344.

焦养泉,吴立群,杨生科,等,2006.铀储层沉积学:砂岩型铀矿勘查与开发的基础[M].北京:地质出版社.

焦养泉,杨生科,吴立群,等,2005.鄂尔多斯盆地东北部侏罗系含铀目标层层序地层与沉积体系分析[R].武汉:中国地质大学(武汉).

焦养泉,杨士恭,陈安平,等,2002.鄂尔多斯盆地东北部直罗组底部砂体分布规律及铀成矿信息调查[R].武汉:中国地质大学(武汉).

金若时,2020.鄂尔多斯盆地砂岩型铀矿成矿作用[M].北京:科学出版社.

科技信息中心情报报组,2016.砂岩型铀矿床热液成因论[R].北京:核工业北京地质研究院.

黎彤,袁怀雨,吴胜昔,等,1999.中国大陆壳体的区域元素丰度[J].大地构造与成矿学,23(2):101-107.

李思田,林畅松,解习农,等,1995.大型陆相盆地层序地层学研究:以鄂尔多斯中生代盆地为例[J].地学前缘,2(4):133-136+148.

刘池洋,赵红格,桂小军,等,2006.鄂尔多斯盆地演化-改造的时空坐标及其成藏(矿)响应[J].地质学报,80(5):617-638.

刘兴忠,1996.中国北方中新生代陆相砂岩盆地选盆[R].北京:中国核工业地质局.

刘忠厚,丁万烈,何大兔,等,2002.鄂尔多斯盆地北部1∶50万砂岩型铀矿成矿地质条件研究及编图[R].包头:核工业二〇八大队.

刘忠厚,王永君,张林,等,2011.宁夏灵武市银东地区铀矿普查[R].包头:核工业二〇八大队.

鲁超,白一鸣,任燕宁,等,2019.鄂尔多斯盆地北东部直罗组铀矿体产出与沉积体系及层间氧化带空间耦合与成因联系研究[R].包头:核工业二〇八大队.

苗爱生,2010.鄂尔多斯盆地东北部砂岩型铀矿古层间氧化带特征与铀成矿的关系[D].武汉:中国地质大学(武汉).

苗爱生,郭虎科,邢立民,等,2012.内蒙古自治区东胜煤田艾来五库沟—台吉召地段铀矿勘查[R].包头:核工业二〇八大队.

苗爱生,胡立飞,王贵,等,2016.内蒙古鄂尔多斯市罕台庙地区铀矿预查[R].包头:核工业二〇八大队.

苗爱生,胡立飞,王龙辉,等,2018.内蒙古鄂尔多斯市罕台庙地区铀矿普查[R].包头:核工业二〇八大队.

苗爱生,李西得,王佩华,等,2011.内蒙古鄂尔多斯市呼斯梁地区铀矿预查[R].包头:核工业二〇八大队.

苗爱生,陆琦,刘惠芳,等,2010.鄂尔多斯盆地东胜砂岩型铀矿中铀矿物的电子显微镜研究[J].现代地质,24(4):785-792.

苗爱生,王贵,刘忠仁,等,2015.内蒙古鄂尔多斯市纳岭沟铀矿床(N37~N88线)铀矿详查[R].包头:核工业二〇八大队.

苗爱生,王贵,王龙辉,等,2014.内蒙古鄂尔多斯市柴登地区铀矿普查[R].包头:核工业二〇八大队.

苗爱生,王贵,邢立民,等,2015.内蒙古鄂尔多斯市纳岭沟铀矿床详查[R].包头:核工业二〇八大队.

苗爱生,王佩华,李西德,等,2011.内蒙古鄂尔多斯市皂火壕铀矿床皂火壕地段(A207-A349线)普查[R].包头:核工业二〇八大队.

苗爱生,王佩华,刘正邦,等,2011.内蒙古鄂尔多斯市皂火壕铀矿床及外围普查[R].包头:核工业二〇八大队.

苗爱生,王强,乔成,等,2014.内蒙古鄂尔多斯市呼斯梁—补连滩地区铀矿调查评价[R].包头:核工业二〇八大队.

苗爱生,王永君,王佩华,等,2008.内蒙古鄂尔多斯市沙沙圪台地段铀成矿规律研究与远景分析[R].包头:核工业二〇八大队.

聂逢君,2019.巴音戈壁盆地砂岩型铀矿成矿地质条件与潜力预测研究[R].南昌:东华理工大学.

聂逢君,陈安平,2010.二连盆地古河道砂岩型铀矿[M].北京:地质出版社.

欧光习,2005.鄂尔多斯盆地北部地浸砂岩型铀矿时空定位和成矿机理研究[R].北京:核工业北京地质研究院.

彭云彪,2007.鄂尔多斯盆地东北部古砂岩型铀矿的形成与改造条件分析[D].武汉:中国地质大学(武汉).

彭云彪,焦养泉,2015.同沉积泥岩型铀矿床:二连盆地超大型努和廷同矿床典型分析[M].北京:地质出版.

彭云彪,焦养泉,陈安平,等,2019.内蒙古中西部中生代产铀盆地理论技术创新与重大找矿突破[M].武汉:中国地质大学出版社.

彭云彪,焦养泉,鲁超,等,2021.二连盆地古河谷型砂岩铀矿床[M].武汉:中国地质大学出版社.

彭云彪,李子颖,方锡珩,等,2006.鄂尔多斯盆地北部2081铀矿床成矿特征[J].矿物学报,26(3):349-355.

彭云彪,苗爱生,郭虎科,等,2012.内蒙古自治区杭锦旗大营铀矿床普查[R].包头:核工业二〇八大队.

彭云彪,苗爱生,王贵,等,2014.内蒙古自治区杭锦旗大营铀矿西段普查[R].包头:核工业二〇八大队.

彭云彪,苗爱生,王佩华,等,2009.内蒙古鄂尔多斯市皂火壕铀矿床A32-A183线详查[R].包头:核工业二〇八大队.

彭云彪,苗爱生,王佩华,等,2013.内蒙古达拉特旗纳岭沟铀矿床(N21—N88线)详查[R].包头:核工业二〇八大队.

剡鹏兵,任志勇,程二磊,等,2020.内蒙古鄂尔多斯市塔然高勒地区铀矿勘查[R].包头:核工业二〇八大队.

剡鹏兵,王贵,李强,等,2020.内蒙古鄂尔多斯市巴音青格利地区铀矿普查[R].包头:核工业二〇八大队.

孙国凡,刘景平,柳克琪,等,1985.华北中生代大型沉积盆地的发育及其地球动力学背景[J].石油与天然气地质,6(3):376-386.

王贵,邢立民,孟睿,等,2013.内蒙古鄂尔多斯市杭锦地区铀矿资源调查评价[R].包头:核工业二〇八大队.

王贵,邢立民,任志勇,等,2017.内蒙古鄂尔多斯市苏台庙—巴音淖尔地区铀矿资源调查评价[R].包头:核工业二〇八大队.

王海涛,贺航航,黄笑,等,2021.内蒙古通辽市宝林地区铀矿预查[R].赤峰:核工业二四三大队.

王双明,1996.鄂尔多斯盆地聚煤规律及煤炭资源评价[M].北京:煤炭工业出版社.

王同和,王双喜,韩宇春,等,1999.华北克拉通构造演化与油气聚集[M].北京:石油工业出版社.

王永君,张林,高龙,等,2012.鄂尔多斯盆地西北缘铀矿调查评价[R].包头:核工业二〇八大队.

王正邦,2002.国外地浸砂岩型铀矿地质发展现状与展望[J].铀矿地质,18(1):9-21.

王正邦,2003.内蒙古—东北地区地浸砂岩型铀矿1∶250万系列编图及成矿预测[R].北京:核工业北京地质研究院.

吴立群,苗爱生,荣辉,等,2011.鄂尔多斯盆地古地貌变迁与东胜铀成矿过程[R].武汉:中国地质大学(武汉).

夏文臣,金友渔,1989.沉积盆地的成因地层分析[M].武汉:中国地质大学出版社.

夏毓亮,林锦荣,刘汉彬,等,2003.中国北方主要产铀盆地砂岩型铀矿成矿年代学研究[J].铀矿地质,19(3):129-136.

夏毓亮,刘汉彬,田时丰,2007.东胜地区砂岩型铀矿成矿年代学及成矿铀源研究[J].铀矿地质,23(1):23-29.

杨建新,陈安平,李西德,等,2004.鄂尔多斯盆地北部铀资源区域评价[R].包头:核工业二〇八大队.

杨建新,刘文平,张兆林,等,2008.内蒙古鄂尔多斯市伊和乌素—呼斯梁地区1∶25万铀资源区域评价[R].包头:核工业二〇八大队.

俞礽安,司马献章,李建国,等,2018.鄂尔多斯盆地直罗组地层岩性测井响应特征[J].煤田地质与勘探,46(6):33-39+51.

张泓,1996.鄂尔多斯盆地中新生代构造应力场[J].华北地质矿产杂志,11(1):87-92.

张泓,1998.中国西北侏罗纪含煤地层与聚煤规律[M].北京:地质出版社.

张金带,2013.进入新世纪以来铀矿地质工作的探索与实践[M].北京:中国原子能出版社.

张金带,2015.西北铀矿地质志[R].北京:中国核工业地质局.

张金带,简晓飞,郭庆银,等,2013.中国北方中新生代沉积盆地铀矿资源调查评价(2000—2010)

[M]. 北京:地质出版社.

张金带,徐高中,林锦荣,等,2010. 中国北方 6 种新的砂岩型铀矿对铀资源潜力的提示[J]. 中国地质,37(5):1434-1449.

张抗,1989. 鄂尔多斯断块构造和资源[M]. 西安:陕西科学技术出版社.

张珂,2005. 鄂尔多斯盆地北部地浸砂岩型新生代构造演化研究[R]. 广州:中山大学.

张岳桥,施炜,廖昌珍,等,2006. 鄂尔多斯盆地周边断裂运动学分析与晚中生代构造应力体制转换[J]. 地质学报,80(5):639-647.

赵凤民,2006. 俄罗斯铀矿地质[R]. 北京:核工业北京地质研究院.

赵凤民,2013. 中亚铀矿地质[R]. 北京:核工业北京地质研究院.

赵凤民,乔茂德,2005. 蒙古铀矿地质[R]. 北京:核工业北京地质研究院.

赵俊峰,刘池洋,梁积伟,等,2010. 鄂尔多斯盆地直罗组—安定组沉积期原始边界恢复[J]. 地质学报,84(4):553-569.

赵俊峰,刘池洋,喻林,等,2008. 鄂尔多斯盆地中生代沉积和堆积中心迁移及其地质意义[J]. 地质学报,82(4):540-552.

郑和平,曾九云,1984. 内蒙古东胜地区铀矿点检查[R]. 包头:核工业二〇八大队.